Springer-Lehrbuch

Rolf Weiber • Daniel Mühlhaus

Strukturgleichungs-
modellierung

Eine anwendungsorientierte Einführung
in die Kausalanalyse mit Hilfe von AMOS,
SmartPLS und SPSS

Zweite, erweiterte und korrigierte Auflage 2014

 Springer Gabler

Prof. Dr. Rolf Weiber
Professur für Marketing
Innovation und E-Business
Universität Trier
Trier, Deutschland

Dr. Daniel Mühlhaus
Professur für Marketing
Innovation und E-Business
Universität Trier
Trier, Deutschland

ISBN 978-3-642-35011-5   ISBN 978-3-642-35012-2 (eBook)
DOI 10.1007/978-3-642-35012-2

Die Deutsche Nationalbibliothek verzeichnet diese Publikation in der Deutschen Nationalbibliografie; detaillierte bibliografische Daten sind im Internet über http://dnb.d-nb.de abrufbar.

Springer Gabler
© Springer-Verlag Berlin Heidelberg 2010, 2014

Gedruckt auf säurefreiem und chlorfrei gebleichtem Papier

Springer Gabler ist eine Marke von Springer DE. Springer DE ist Teil der Fachverlagsgruppe Springer Science+Business Media
www.springer-gabler.de

Vorwort zur zweiten Auflage

Das vorliegende Lehrbuch hat – trotz der allgemein als komplex angesehenen Thematik – eine erfreulich positive Aufnahme gefunden. Aufgrund der entsprechenden Nachfrage und den vielen Anregungen, Hinweisen und Fragen, die wir von unseren Lesern, Studierenden und Kollegen erhalten haben, haben wir uns entschlossen, eine zweite und erweiterte Auflage herauszugeben.

Neben Aktualisierungen, kleineren Erweiterungen in den bisherigen Kapiteln und Korrekturen haben wir im Teil III des Buches ein neues Kap. 17 zu „Zentrale Anwendungsprobleme der Kausalanalyse" aufgenommen. Dabei werden vor allem mit der „Gemeinsamen Methodenvarianz" und der „Multikollinearitätsproblematik" zwei Themenfelder adressiert, die in vielen Lehrbüchern eher stiefmütterlich behandelt werden, obwohl sie bei praktischen Anwendungen häufig von großer Bedeutung sind. Zusätzlich dazu wurden vier weitere Spezialfelder in komprimierten Kurzkapiteln behandelt, die dem Leser als Ausgangspunkt für eine intensivere Auseinandersetzung mit diesen Themen dienen können.

Ein besonderer Dank gilt Herrn Dr. Frank Buckler, der eine Akutalisierung und kritische Durchsicht des Kap. 16 „Universelle Strukturgleichungsmodelle (USM)" vorgenommen hat. In gleicher Weise danken wir Herrn Univ.-Prof. Dr. Christian M. Ringle von der Technischen Universität Hamburg-Harburg, der viele Hinweise und Anregungen zu Kap. 15 „Kausalanalyse mit PLS" gegeben und aktuelle Literaturhinweise geliefert hat.

Auch bei der Erstellung der zweiten Auflage wurden wir durch „helfende Hände" unterstützt: Unser Dank gilt dabei zunächst den Lesern für die vielen hilfreichen Anregungen, die sie über die Internetseite geleistet haben. Diese Hinweise haben uns geholfen, kleinere Korrekturen vorzunehmen und dienten als Anregung zur Ausgestaltung des neuen Kapitels „Zentrale Anwendungsprobleme der Kausalanalyse". Herrn Dipl.-Kfm. Michael Bathen gilt ein besonderer Dank für die gründliche und fruchtbare Durchsicht des Manuskripts. Er hat nicht nur bei der Korrektur der Fehler geholfen, sondern auch die mühsame Arbeit der Erstellung der endgültigen Layout-Fassung übernommen. Weiterhin haben uns insbesondere die studentischen Hilfskräfte am Lehrstuhl unterstützt. Stellvertretend genannt sei hier Frau B. Sc. Linda Becker, die vor allem bei der Transformation der einzelnen Kapitel in eBook-fähige Dateien mitgewirkt und die kapitelbezogenen Literaturverweise erstellt hat. Frau Beate Kaster gilt ein besonderer Dank für das Korrekturlesen, das sich aufgrund mehrmaliger Überarbeitungen leider gehäuft hat.

Wir hoffen, dass die vorliegende 2. Auflage auch weiterhin für die Lehre im Master- und Promotionsstudium dem Anwender hilfreiche Dienste erweisen kann und die neu aufgenommenen Inhalte dem Anfänger das Verständnis der oftmals als „komplex" wahrgenommenen Materie helfen können. Da die Vereinfachung von Sachverhalten und die Komprimierung von Inhalten unerlässlich für die Ausgestaltung eines solchen einführenden Lehrbuchs sind, dabei aber immer auch zu Einschränkungen in der Gültigkeit führen, gehen alle daraus resultierenden Ungenauigkeiten sowie die in der Druckfassung noch verbliebenen Mängel selbstverständlich zu unseren Lasten.

Trier, Januar 2014   Rolf Weiber
                                                                   Daniel Mühlhaus

Vorwort zur ersten Auflage

Strukturgleichungsmodelle sind in allen Wissenschaftsdisziplinen von größter Bedeutung, da sie das Standardinstrument zur empirischen Prüfung von Hypothesensystemen darstellen. Dabei stehen oftmals die Beziehungen zwischen hypothetischen Konstrukten (sog. latenten Variablen) im Fokus des Interesses. Da diese Größen jedoch nicht beobachtbar sind, müssen sie zunächst einer Messung über die Konstruktion geeigneter Messmodelle zugänglich gemacht werden. Aus diesem Grund steht bei der Strukturgleichungsmodellierung vor dem Prozess des „reinen Analysierens" die Konzeptionierung der latenten Konstrukte, deren Operationalisierung und Güteprüfung. Da die Analyse von Strukturgleichungssystemen zudem neben der intensiven Auseinandersetzung mit der Theorie (z. B. bei der Ableitung von Hypothesen, der Konstruktion und Spezifikation von Messmodellen) auch die Verwendung von spezifischer Analysesoftware erfordert, bestehen großteils erhebliche Zugangsbarrieren zu dieser Thematik, so dass eine Kluft zwischen gut geschulten bzw. mathematisch vorgebildeten Experten und grundsätzlich interessierten Anwendern entsteht. Trotz der großen Bedeutung der *Strukturgleichungsmodellierung* für die Wissenschaft sind nur wenige Lehrbücher verfügbar. Diese wenigen Lehrbücher sind weitgehend dadurch gekennzeichnet, dass sie einerseits meist stark methodenorientiert und eher für den mathematisch versierten Leser geschrieben sind und andererseits die unterschiedlichen methodischen Aspekte (z. B. LISREL- versus PLS) häufig nur isoliert behandeln.

Vor diesem Hintergrund wurde das vorliegende Buch für den Anwender geschrieben und „einsteigergerecht" konzipiert, indem es geringst mögliche Ansprüche an mathematische Vorkenntnisse stellt. Dabei wurde besonderer Wert auf die Verzahnung zwischen Theorie bzw. Sachlogik und mathematischer Methodik gelegt und der wissenschaftliche *Prozess* der Strukturgleichungsmodellierung in allen Stufen erläutert: von der Konzeptualisierung theoretischer Konstrukte über die Spezifikation von Messmodellen, die Reliabilitäts- und Validitätsprüfung mit Hilfe der konfirmatorischen Faktorenanalyse bis hin zur Prüfung von kausalen Wirkhypothesen mittels Kovarianzstrukturanalyse und Partial Least Squares. Weiterhin wurde der Anwendungsorientierung ein hoher Stellenwert beigemessen: Alle Analysen werden an einem durchgehenden Fallbeispiel konkret und transparent durchgeführt sowie zusammenfassende Handlungsempfehlungen und weiterführende Literaturhinweise gegeben. In Teil III des Buches werden zusätz-

lich weiterführende oder als „advanced" zu bezeichnende Verfahrensvarianten wie die
Mehrgruppen-Kausalanalyse, MIMIC-Modelle und universelle Strukturgleichungsmodelle einsteigergerecht behandelt.

Das didaktische Grundkonzept wurde bewusst an dem Buch von *Back-
haus/Erichson/Plinke/Weiber*: Multivariate Analysemethoden, 12. Aufl., Berlin u. a. 2008,
orientiert, da dieses Buch in der Vergangenheit erfolgreich zur Reduktion von Anwen-
dungsbarrieren im Bereich der Multivariaten Analysemethoden beitragen konnte und sich
mittlerweile sowohl in der universitären Lehre als auch in der Praxis bewährt hat.

Die Erstellung eines solchen Buches – das dann wie so oft doch umfassender als zunächst geplant ausfällt – erfordert zumeist mehr als nur die Arbeit derjenigen Autoren,
die abschließend „in der ersten Reihe stehen". Unser Dank gilt deshalb zunächst Herrn
Dr. Frank Buckler, der das Kapitel zu universellen Strukturgleichungsmodellen kritisch
kommentiert und das Fallbeispiel mit NEUSREL gerechnet hat. Weiterhin haben uns insbesondere die Mitarbeiter am Lehrstuhl für Betriebswirtschaftslehre, insb. Marketing und
Innovation an der Universität Trier, Herr Dipl.-Soz. Christian Frey, Herr Dipl.-Kfm. Ro-
bert Hörstrup und Herr Dipl.-Kfm. Tobias Wolf durch die kritische Lektüre einzelner
Textpassagen, das „Nachrechnen" der Modelle und fruchtbare Diskussionen unterstützt.
Ein besonderer Dank gilt Frau cand. rer. pol. Julia Krimgen und Herrn cand. rer. pol.
Philip Jonathan Wegmann, die in mühseliger Kleinarbeit die Formatierung des Buches
übernommen sowie Abbildungen und die endgültige Druckvorlage erstellt haben.

Wir hoffen, dass das Buch insbesondere für die Lehre im Master- und Promotionsstudium dem Anwender hilfreiche Dienste erweisen kann und die meist als „komplex"
wahrgenommene Materie der Strukturgleichungsmodellierung für den Einsteiger verständlich aufbereitet. Da Vereinfachungen immer auch zu Einschränkungen in der
Gültigkeit führen, gehen alle daraus resultierenden Ungenauigkeiten sowie die in der
Druckfassung noch verbliebenen Mängel selbstverständlich zu unseren Lasten.

Trier, im Juli 2009   Rolf Weiber
                                                                  Daniel Mühlhaus

Internetplattform

www.strukturgleichungsmodellierung.de

Das vorliegende Buch wird durch eine Internetplattform unterstützt, die dem Leser diverse Unterstützungsleistungen bietet. Im Einzelnen zählen hierzu insbesondere folgende Serviceleistungen:

- SGM-Beispieldateien
  Für das in diesem Buch behandelte Fallbeispiel sowie für alle weiteren Beispiele werden unter diesem Register alle Syntax-, Daten- und Outputdateien zu *AMOS, SmartPLS und SPSS* bereitgestellt. Außerdem sind alle im Rahmen der Beispiele vom Anwender selbst durchzuführenden Berechnungen in entsprechenden *Excel-Dateien* hinterlegt.
- SGM-Glossar
  Unter diesem Register ist ein Glossar mit den zentralen Begriffen zur Strukturgleichungsmodellierung hinterlegt, das dem Leser einen schnellen Überglick zu wichtigen Begriffen bietet.
- SGM-Vertiefungen
  Zu ausgewählten Themen werden unter diesem Register kapitelbezogen vertiefende Hinweise und Erläuterungen des Buches gegeben (z. B. Mehrgleichungssystem des Fallbeispiels; Berechnung von MIMIC-Modellen mit SmartPLS und Vergleich zu AMOS). Hier werden auch Dateien mit Verfahrenserweiterungen und Analysen zu Erweiterungen des Fallbeispiels gegeben.
- SGM-Support
  Unter diesem Register findet der Leser das Gesamt-Literaturverzeichnis sowie das Gesamt-Stichwortverzeichnis des Buches. Weiterhin haben wir hier eine Zusammenstellung aller im Buch erläuterten Gütemaße für reflektive sowie formative Messmodelle und zu Beurteilungskriterien für den Gesamtfit eines Kausalmodells hinterlegt. Für Dozenten werden zusätzlich alle Abbildungen des Buches als PowerPoint-Datei zur Verfügung gestellt. Der Leser erhält hier auch Hinweise auf mögliche Korrekturen zum Buch und kann über ein Kontaktformular den Autoren auch Feedback zum Buch geben.

Zielsetzung und Aufbau des Buches

(A) Zielsetzungen und Charakteristika des Buches

Obwohl Strukturgleichungsmodelle in allen Wissenschaftsdisziplinen von größter Bedeutung sind, da sie das *Standardinstrument* zur empirischen Prüfung von Hypothesensystemen darstellen, bestehen dennoch meist große Zugangsbarrieren zu diesem durchaus „leistungsstarken" Methodenbündel, die z. B. bedingt sind durch

- Vorbehalte gegenüber den mathematischen Darstellungen;
- auf den ersten Blick abschreckend hohe Komplexität der Thematik (sowohl was den Theorie- als auch den Methodenbereich betrifft);
- mangelnde Kenntnis der Methoden und ihrer Anwendungsmöglichkeiten.

Ingesamt ist bei der Strukturgleichungsmodellierung eine *Kluft* festzustellen zwischen gut geschulten bzw. mathematisch vorgebildeten Experten und grundsätzlich interessierten Anwendern, die bisher nur unzureichend durch das Angebot an geeigneter Fachliteratur überwunden wird. Mit dem vorliegenden Buch verfolgen die Autoren insbesondere folgende Ziele: Zum einen soll die obige Kluft durch eine anwendungsorientierte und für den Einsteiger geeignete Darstellung der Materie überwunden werden. Zum anderen soll der *allgemeine Prozess der Strukturgleichungsmodellierung* aufgezeigt werden, der eine enge Verzahnung zwischen theoretischen bzw. sachlogischen Überlegungen mit methodischen Entscheidungen erfordert. Weiterhin werden die unterschiedlichen Ansätze der Strukturgleichungsanalyse, die in der Fachliteratur weitgehend isoliert dargestellt werden, in diesem Buch im Zusammenhang betrachtet, um so dem Anwender die Entscheidung zwischen alternativen Methodenoptionen (z. B. formative versus reflektive Messmodelle; LISREL- versus PLS-Ansatz; Modellvergleich versus Mehrgruppen-Kausalanalyse) zu erleichtern und die Zusammenhänge zu verdeutlichen.

Zur Erreichung dieser Ziele ist ein Text entstanden, der sich insbesondere an Studierende im Master- und Promotionsstudium wendet und folgende *Charakteristika* aufweist:

Leitidee des didaktischen Konzepts „Verständlichkeit vor mathematischen Details"

Es wurde größte Sorgfalt darauf verwendet, die einzelnen Methoden und Konzepte allgemein verständlich darzustellen. Die leicht verständliche Darstellung der Methoden der Strukturgleichungsanalyse hat Vorrang vor den mathematischen Details, womit das Buch geringst mögliche Ansprüche an mathematische Vorkenntnisse stellt. Durch die Verwendung von *Ablaufdiagrammen*, die Herausstellung wesentlicher Definitionen und Kernaussagen in *Kästen* sowie *„zusammenfassende Empfehlungen"* wird es auch dem Einsteiger ermöglicht, die Logik der Strukturgleichungsmodellierung leicht nachzuvollziehen und die zentralen Entscheidungsoptionen zu erkennen. Weiterhin werden am Ende thematisch zusammenhängender Kapitel *weiterführende Literaturhinweise* gegeben, die dem interessierten Leser den Zugang zu einer tiefer gehenden Auseinandersetzung mit der jeweiligen Materie ermöglichen. Die Verwendung von Marginalien und das umfassende Stichwortverzeichnis sorgen zudem für eine gute Orientierung im Buch und ein rasches Erkennen zentraler Aussagen.

Durchgehendes Fallbeispiel und Verdeutlichung anhand von AMOS, SmartPLS und SPSS

Zur Erleichterung des Verständnisses wird ein durchgehendes und für die Leser aus den unterschiedlichsten Wissenschafts- und Anwendungsgebieten eingängiges Fallbeispiel verwendet. Das Fallbeispiel ist dabei so allgemein gehalten, dass es unmittelbar nachvollziehbar ist und sich leicht auf andere Fragestellungen übertragen lässt. Alle inhaltlichen und methodischen Entscheidungen werden nach der allgemeinen Darstellung jeweils unter der Überschrift *„Entscheidungen im Fallbeispiel"* auf das Fallbeispiel übertragen. Darüber hinaus soll dem Leser die Übertragung der Darstellungen auf seine eigenen Anwendungsfälle durch das Aufzeigen der konkreten Vorgehensweise mit verbreiteten Softwarepakten erleichtert werden. Dabei wird vor allem in Teil I auf *SPSS 20* zur Durchführung der Pfadanalyse (Strukturgleichungsmodell mit manifesten Variablen), in Teil II auf *AMOS 21*[1] zur Berechnung des Kausalmodells im Fallbeispiel mit Hilfe des kovarianzanalytischen Ansatzes und in Teil III auf *SmartPLS 2.0M3*[2] zur Berechnung des Kausalmodells im Fallbeispiel mit Hilfe des varianzanalytischen Ansatzes zurückgegriffen. Alle drei Programmpakete erlauben es aufgrund ihrer komfortablen grafischen Benutzeroberfläche auch dem nicht programmiertechnisch geschulten Anwender, auf relativ intuitive Weise Strukturgleichungsmodelle zu berechnen. Die allgemeine Bedienung von

---

[1] Arbuckle, J. L.: Amos[TM] 21.0 User's Guide, Chicago.

[2] Ringle, Christian M./Wende, Sven/Will, Alexander: SmartPLS, Release 2.0 (beta), Hamburg 2005. (www.smartPLS.de).

AMOS und SmartPLS wird in Kap. 8.3 (AMOS) bzw. 15.4 (SmartPLS) erläutert, während in den einzelnen Kapiteln die unterschiedlichen Auswahloptionen und Ergebnis-Outputs jeweils mit Hilfe von Screenshots anwendungsnah dargestellt und kommentiert werden.

Transferhilfen für konkrete Anwendungsfälle

Ein besonders großes Gewicht wurde auf die inhaltliche *Interpretation der Ergebnisse* gelegt. Dabei werden insbesondere Ansatzpunkte für Ergebnismanipulationen und Gestaltungsspielräume in den einzelnen Anwendungsschritten aufgezeigt, damit der Anwender objektive und subjektive Bestimmungsfaktoren der Ergebnisse unterscheiden kann. Damit soll auch verdeutlicht werden, dass der Anwender die „Verantwortung" für seine Interpretation der Ergebnisse trägt, die – was leider oft vergessen wird – weit über eine „mechanistische" Absolvierung einzelner Arbeitsschritte hinausgeht. Insgesamt soll der gewogene Leser bei der Arbeit mit diesem Buch dafür sensibilisiert werden, publizierte Ergebnisse auch unter diesem Hintergrund zu hinterfragen. Das vorliegende Buch hat deshalb auch den Charakter eines *Arbeitsbuches*, und für alle das Fallbeispiel durchgeführten Berechnungen werden die verwendeten Daten sowie Syntax- und Output-Dateien auf der Internetseite zum Buch

www.strukturgleichungsmodellierung.de

zur Verfügung gestellt. Damit kann der Leser alle Berechnungen nochmals „selbst" überprüfen und eigene Modifikationen in den Methoden-Optionen vornehmen.

(B) Aufbau des Buches

Strukturgleichungsmodelle (SGM) basieren immer auf einem a-priori theoretisch und/oder sachlogisch abgeleiteten Hypothesensystem. Dieses wird durch ein SGM „lediglich" in eine formale Struktur gebracht und dann mit Hilfe statistischer Methoden einer empirischen Prüfung unterzogen. Die Wahrscheinlichkeit, mit einem SGM ein gegebenes Hypothesensystem auch empirisch „bestätigen" zu können bzw. nicht zu widerlegen, wird deshalb in erheblichem Ausmaß durch die Sorgfalt und die Fundierung bestimmt, mit der ein Hypothesensystem aus theoretischer und/oder sachlogischer Sicht begründet wurde. Daher sind auch für die Beurteilung der Ergebnisse der *Strukturgleichungsanalyse* (SGA) nicht allein statistische Kriterien entscheidend, sondern Theorie und Sachlogik sind von herausragender Bedeutung. Der gesamte Prozess von der Formulierung eines Hypothesensystems (Strukturmodell) bis hin zur Beurteilung der empirisch mittels den Methoden der SGA gewonnenen Ergebnisse sowie die dabei bestehenden Wechselwirkungen zwischen theoretischen Überlegungen und statistischen Methoden wird in diesem Buch als

Strukturgleichungsmodellierung bezeichnet. Nachfolgende Abbildung zeigt den Aufbau des Buches:

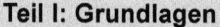

Teil I: Grundlagen

1 Bedeutung der Strukturgleichungsmodellierung
2 Kausalität und empirische Prüfung
3 Methoden der Strukturgleichungsanalyse

Teil II: Kausalanalyse *(kovarianzanalytischer Ansatz)*

4 Hypothesen- und Modellbildung *(Fallbeispiel)*	8 Modellschätzung mir AMOS
5 Konstrukt-Konzeptualisierung	9 Evaluation des Gesamtmodells
6 Konstrukt-Operationalisierung	10 Ergebnisinterpretation
7 Güteprüfung reflektiver Messmodelle *(Konfirmatorische Faktorenanalyse; KFA)*	11 Modifikation der Modellstruktur

---

Teil III: Verfahrensvarianten und Erweiterungen

12 Formative Messmodelle
13 Second-Order-Faktorenanalyse (SFA)
14 Mehrgruppen-Kausalanalyse (MGKA)
15 Kausalanalyse mit PLS *(varianzanalytischer Ansatz)*
16 Universelle Strukturgleichungsmodelle (NEUSREL)
17 Zentrale Anwendungsprobleme der Kausalanalyse

Aufgrund der herausragenden Bedeutung von Theorie und Sachlogik werden in **Teil I** des Buches zunächst die Charakteristika wissenschaftlicher Hypothesen vorgestellt und die allgemeine Vorgehensweise zu deren empirischer Prüfung erläutert. Da in diesem Buch ausschließlich Kausalhypothesen betrachtet werden, wird weiterhin der Begriff der *Kausalität* diskutiert sowie die Möglichkeiten zur Messung von Kausalität aufgezeigt. Da weiterhin im Rahmen von SGM *unterschiedliche Methoden* zur Anwendung kommen können, werden auch diese zunächst in ihren Grundzügen aufgezeigt und gegeneinander abgegrenzt.

Im Einzelnen werden dabei die Pfadanalyse (SGM mit manifesten Variablen) und die Kausalanalyse (SGM mit latenten Variablen) in Form des kovarianzanalytischen Ansatzes (sog. LISREL-Ansatz) sowie des varianzanalytischen Ansatzes (sog. PLS-Ansatz) behandelt.

Teil II bildet den Hauptteil des Buches und behandelt die *Kausalanalyse*, d. h. SGM mit *latenten* Variablen. Die Betrachtungen folgen hier einem für die Strukturgleichungs-modellierung *allgemein gültigen Modellbildungs- und Prüfungsprozess* und sind auf die Entscheidungsprobleme eines Anwenders konzentriert, der mit Hilfe eines SGM ein Hypothesensystem prüfen möchte. Entsprechend wird den aus theoretischer bzw. sachlogischer Sicht zu treffenden Entscheidungen, wie z. B. der Modellbildung und der Konstrukt-Operationalisierung, ein ebenso hoher Stellenwert beigemessen wie methodischen Aspekten. Methodisch werden hier die *konfirmatorische Faktorenanalyse* zur Prüfung reflektiver Messmodelle von latenten Variablen (hypothetischen Konstrukten) und die *Kovarianzstrukturanalyse* zur Prüfung der Konstruktbeziehungen diskutiert. Zur Verdeutlichung der Zusammenhänge wird auf ein durchgängiges *Fallbeispiel* zurückgegriffen, mit dessen Hilfe alle Schritte des *allgemeinen Prozesses der Strukturgleichungsmodellierung* erläutert werden (Kap. 4 bis 11). Die Schätzung des Kausalmodells erfolgt mit Hilfe des *kovarianzanalytischen Ansatzes* der Kausalanalyse für das in Kap. 4.2 dargestellte Fallbeispiel mit Hilfe des Programmpaketes AMOS 21.

In **Teil III** werden *Verfahrensvarianten und Erweiterungen* der SGA vorgestellt, wobei hier nur noch solche Aspekte betrachtet werden, in denen diese Varianten im Hinblick auf den allgemeinen Modellbildungs- und Prüfungsprozess aus Teil II zentrale Besonderheiten aufweisen. Da in Teil II ausschließlich reflektive Messmodelle untersucht werden, werden zunächst die Besonderheiten *formativer Messmodelle* aufgezeigt und deren Behandlung mit AMOS anhand der sog. MIMIC-Modelle erläutert. Weiterhin wird eine *Second-Order-Faktorenanalyse* mit AMOS durchgeführt, mit deren Hilfe sog. „Konstrukte höherer Ordnung" analysiert werden können. Mit der *Multi Sample-Analysis* werden dann die Betrachtungen auf die vergleichende Analyse von Kausalmodellen in mehreren Gruppen (Stichproben) ausgeweitet. Zu diesem Zweck wird das Fallbeispiel aus Teil II für zwei Stichproben betrachtet und anhand dieser Erweiterung sowohl die Vorgehensweise der Mehrgruppen-Faktorenanalyse (MGFA) als auch der Mehrgruppen-Kausalanalyse (MG-KA) erläutert. Zur Verdeutlichung der Unterschiede zwischen dem LISREL-Ansatz und dem *PLS-Ansatz* der Kausalanalyse wird weiterhin das Fallbeispiel aus Kap. 4.2 auch mit Hilfe des Programmpakets SmartPLS analysiert, und es werden die Unterschiede zwischen der Schätzung mit AMOS und SmartPLS diskutiert. Schließlich wird mit dem Ansatz der *universellen Strukturgleichungsmodelle* (USM) unter Verwendung des Programms NEUS-REL gezeigt, wie auch nicht lineare Beziehungen in einem Strukturmodell durch eine Kombination des PLS-Ansatzes mit neuronalen Netzen geschätzt werden können. Das Buch schließt mit der Behandlung zentraler Problemfelder, die bei praktischen Anwendungen der Kausalanalyse häufig auftreten (z. B. Existenz von Common Method Bias, Multikollinearität oder Moderatoreffekten) und zeigt Lösungen zu deren „Beherrschung" auf.

Damit der Leser die in diesem Buch mit AMOS 21 bzw. SmartPLS gerechneten Beispiele auch eigenständig möglichst schnell nachvollziehen kann, wurden kurze Einführungen in die *Pfadmodellierung mit AMOS 21* (Kap. 8.3) und mit *SmartPLS* (Kap. 15.4) aufgenommen. Hinweise zur Durchführung einer *Multi Group-Analysis* mit AMOS 21 findet der Leser in Kap. 14.4.

Inhaltsverzeichnis

Abkürzungs- und Symbolverzeichnis

Allgemeine Abkürzungen

AMOS	Analysis of Moment Structures
AVE	Average Variance Extracted (= DEV)
BNN	Bayes'sches Neuronales Netzwerk
C.R.	Critical Ratio
CV	Case Values (i. V. m PLS-Ansatz) Cutoff-Value (i. V. m. Gütekriterien)
DEV	Durchschnittlich extrahierte Varianz (= AVE)
d. f.	degrees of freedom
EFA	Exploratorische Faktorenanalyse
FA	Faktorenanalyse
IIK	Inter-Item-Korrelation
ITK	Item-to-Total-Korrelation
KA	Kausalanalyse
KFA	Konfirmatorische Faktorenanalyse
KITK	Korrigierte Item-to-Total-Korrelation
LISREL	Linear Structural Relationships
LV	Latente Variable
MAE	Mean Absolute Error
MAP	Minimum-Average-Partial-Technique
MAR	Missing at random
MCAR	Missing completely at random
MGA	Multi-Group-Analysis
MGFA	Mehrgruppen-Faktorenanalyse
MGKA	Mehrgruppen-Kausalanalyse
ML	Maximum-Likelihood
MSA	Measure-of-Sampling-Adequacy
MTMM	Multitrait-Multimethod-Matrix
MVA	Multivariate Analysemethoden

NMAR	Not missing at random
OEAD	Overall Explained Absolute Deviation
PLS	Partial Least Squares
S.E.	Standard Error
SFA	Second-Order-Faktorenanalyse
SGA	Strukturgleichungsanalyse
SGM	Strukturgleichungsmodell(e)
USM	Universelle Strukturgleichungsmodelle
VIF	Variance Inflation Factor

Abkürzungen für Parametermatrizen im Rahmen der Kausalanalyse

Λ_y (Lambda-y)	Matrix der Pfade zwischen y und η-Variablen (Faktorladungen)
Λ_x (Lambda-x)	Matrix der Pfade zwischen x und ξ-Variablen (Faktorladungen)
$\hat{\Gamma}$ (Beta)	Matrix der Beziehungen zwischen η-Variablen (Pfadkoeffizienten)
Γ (Gamma)	Matrix der Beziehungen zwischen ξ und η-Variablen (Pfadkoeffizienten)
Φ (Phi)	Matrix der Kovarianzen zwischen den ξ-Variablen
Ψ (Psi)	Matrix der Kovarianzen zwischen den ζ-Variablen
Θ_ε (Theta-Epsilon)	Matrix der Kovarianzen zwischen den ε-Variablen
Θ_δ (Theta-Delta)	Matrix der Kovarianzen zwischen den δ-Variablen
A (A)	Faktorladungsmatrix
I (I)	Einheitsmatrix
P (P)	Faktorwertematrix
R (R)	empirische Korrelationsmatrix
R* (R-Stern)	(durch Modellparameter) reproduzierte Korrelationsmatrix
S (S)	empirische Varianz-Kovarianz-Matrix
Σ (Sigma)	modelltheoretische Varianz-Kovarianz-Matrix
Z (Z)	Matrix der standardisierten Ausgangsdaten

Griechische Abkürzungen für Parameter und Variable im Rahmen der Strukturgleichungsanalyse

α (Alpha)	Cronbachs Alpha bzw. Alpha-Fehler
β (Beta)	Pfadkoeffizient zwischen zwei endogenen Variablen
γ (Gamma)	Pfadkoeffizient zwischen exogener und einer endogenen Variablen
δ (Delta)	Residualvariable zu einer Messvariablen x
ε (Epsilon)	Residualvariable zu einer Messvariablen y

ζ (Zeta)	Residualvariable zu einer endogenen Variablen
η (Eta)	latente endogene Variable (wird durch Kausalmodell erklärt)
ι (Iota)	Intercept (konstanter Term) einer Messvariablen
κ (Kappa)	Mittelwert des latenten Konstruktes
λ (Lambda)	Faktorladung
μ (My)	Mittelwert des Indikators
ξ (Ksi)	latente exogene Variable (im Kausalmodell exogen vorgegeben)
π (Pi)	Vektor der Modellparameter
τ (Tau)	Intercept (konstanter Term) einer Latenten Variablen
Φ (Phi)	Korrelation zwischen latenten exogenen Variablen
χ^2 (Chi-Quadrat)	Chi-Quadrat (Testgröße)
x (x)	manifeste Messvariable für eine latente exogene Variable
y (y)	manifeste Messvariable für eine latente endogene Variable

Teil I
Grundlagen

Bedeutung der Strukturgleichungsmodellierung

1

Inhaltsverzeichnis

1.1   Theorie und Sachlogik als Ausgangspunkt

Insbesondere im wissenschaftlichen Bereich besitzt die Bildung von Modellen einen zentralen Stellenwert zur Erklärung und Prognose der unterschiedlichsten Sachverhalte in der Wirklichkeit. Aber auch in der Praxis sind immer zumindest implizit formulierte Modelle existent, mit deren Hilfe komplexe reale Sachverhalte beschrieben (Erklärungsmodelle) und zukünftige Entwicklungen abgeschätzt werden (Prognosemodelle). Voraussetzung dabei ist, dass der Anwender über klare und in einer Theorie oder in der Sachlogik (z. B. durch Plausibilitätsüberlegungen oder Erfahrung) begründete Vorstellungen über die Zusammenhänge eines betrachteten Sachverhalts verfügt. Mit Hilfe der *Strukturgleichungsmodellierung* werden Aussagen über Zusammenhänge zwischen Erscheinungsgrößen der Wirklichkeit formal so gefasst, dass ihre Gültigkeit einer empirischen Prüfung unterzogen werden kann. Sie reicht von der theoretischen oder sachlogischen Hypothesenbildung über die formale Abbildung eines Hypothesensystems in sog. *Strukturgleichungen* bis hin zur empirischen Prüfung des Hypothesensystems mit Hilfe der Verfahren der Strukturgleichungsanalyse (SGA). Den Ausgangspunkt der Strukturgleichungsmodellierung bildet deshalb immer die Konzeption einer empirisch prüfbaren Theorie, wobei die diesbezüglichen Überlegungen auch für in der Praxis formulierte sachlogische Zusammenhänge von Bedeutung sind.

R. Weiber, D. Mühlhaus, *Strukturgleichungsmodellierung*, Springer-Lehrbuch,
DOI 10.1007/978-3-642-35012-2_1, © Springer-Verlag Berlin Heidelberg 2014

Unter einer *Theorie* wird allgemein ein Gefüge von systematisch formulierten Aussagen über einen bestimmten Gegenstandsbereich verstanden, das auf der Basis von Axiomen oder Annahmen erstellt wird. Obwohl Theorien als vereinfachtes Abbild der Realität bezeichnet werden können, mit deren Hilfe Erklärungen von Zusammenhängen in der Wirklichkeit gefunden werden sollen, so sind sie i. d. R. dennoch zu komplex, um sie empirisch in ihrer Gesamtheit direkt prüfen zu können. Deshalb werden aus Theorien *Hypothesen* abgeleitet, die eine empirische Prüfung der formulierten Zusammenhänge erlauben. Allgemein beinhalten Hypothesen widerspruchsfreie und aus der betrachteten Theorie begründbare Aussagen, deren Gültigkeit in der Wirklichkeit aber nur vermutet wird. Als „wissenschaftlich" werden Hypothesen dann bezeichnet, wenn sie folgende *Kriterien* erfüllen (Bortz und Döring 2006, S. 4):

1. Die Hypothese weist einen Bezug zu realen Sachverhalten auf, die sich empirisch untersuchen lassen.
2. Die Aussage einer Hypothese ist allgemeingültig, d. h. sie beinhaltet eine über den Einzelfall oder ein singuläres Ereignis hinausgehende Behauptung.
3. Der Hypothese liegt zumindest implizit die Formalstruktur eines sinnvollen Konditionalsatzes zugrunde.
4. Der Konditionalsatz muss potenziell falsifizierbar sein, d. h. es müssen Ereignisse denkbar sein, die dem Konditionalsatz widersprechen.

Die Formulierung einer Hypothese als Konditionalsatz beinhaltet Aussagen der Form „wenn-dann" oder „je-desto". Konditionalsätze implizieren eine *kausale* Abhängigkeit zwischen der Wenn-Komponente und der Dann-Komponente, wobei die Wenn-Komponente die Annahmen oder Bedingungen (sog. Antezedenzen) widerspiegelt, unter denen die Dann-Komponente als Konsequenz folgt. Bei der Überprüfung wissenschaftlicher Hypothesen werden die Antezedenz und die Konsequenz eines Konditionalsatzes durch die Ausprägungen von empirisch beobachtbaren Größen (Variable) erfasst. Die Antezedenz(en) widerspiegelnde(n) Variable(n) wird (werden) als *unabhängige Variable* und die Konsequenz betreffende Variable als *abhängige Variable* bezeichnet. Während Wenn-dann-Sätze meist auf qualitative Sachverhalte oder einzelne Ausprägungen von Variablen bezogen sind, werden Je-desto-Sätze bei quantitativen Sachverhalten oder kontinuierlich ausgeprägten Variablen formuliert. So würden z. B. zur Prüfung des Konditionalsatzes „*Je höher die Werbeausgaben (x_i), desto höher ist auch der Umsatz (y_i)*" die Ausprägungen von Werbeausgaben sowie Umsätzen empirisch erfasst und dann die in der Hypothese formulierte Beziehung untersucht, ob z. B. ein funktionaler Zusammenhang der Form $y_i = a + b \cdot x_i$ besteht.

In Abhängigkeit der Vorhersagekraft der Konsequenz eines Konditionalsatzes wird zwischen deterministischen und statistischen Hypothesen unterschieden: Bei *deterministischen Hypothesen* wird das Eintreten eines Ereignisses als sicher angesehen, wenn die im Konditionalsatz formulierten Bedingungen erfüllt sind. Demgegenüber liegen *statistische Hypothesen* vor, wenn der Eintritt eines Ereignisses nur mit einer gewissen Wahrscheinlichkeit angenommen werden kann. Allerdings können nach Karl Popper wissenschaftliche

Aussagen *nicht verifiziert* werden, d. h. es kann letztendlich *nie* der Nachweis erbracht werden, dass ein vermuteter Sachverhalt auch wirklich „wahr" ist. Der Grund hierfür ist darin zu sehen, dass es unmöglich ist, gleichzeitig alle Fälle zu prüfen, auf die sich eine Hypothese bezieht und alle Fälle zu antizipieren, die erst in der Zukunft überprüft werden können. Popper schlägt deshalb zur Prüfung von Theorien und damit auch von Hypothesen das Kriterium der *Falsifizierung* vor, d. h. das Führen eines Nachweises, dass eine Aussage bzw. Hypothese ungültig ist. Eine Theorie kann nach Popper nur dann prüfbar sein, wenn es auch möglich ist, dass ihre Beobachtungen der Wirklichkeit widersprechen. Dies ist aber nur gegeben, wenn sie *ausschließt*, dass bestimmte beobachtbare Sachverhalte *auf jeden Fall* stattfinden werden. „Ein empirisch-wissenschaftliches System muss an der Erfahrung scheitern können" (Popper 2005, S. 17). Solange eine Aussage *nicht* falsifiziert wurde, ist von ihrer Gültigkeit auszugehen.

Wissenschaftliche Hypothesen
Wissenschaftliche Hypothesen beinhalten allgemeine Aussagen über die Relation zwischen zwei oder mehreren Variablen. Die dabei formulierten Vermutungen über die Beziehung zwischen den Variablen gelten unter bestimmten, nicht raum-zeitlich gebundenen Bedingungen, die formuliert sein müssen und einen an der Wirklichkeit empirisch nachprüfbaren Gehalt aufweisen müssen.

Die empirische Prüfung von Hypothesen setzt voraus, dass sich Daten sammeln lassen, die Aufschluss über die formulierten Hypothesen geben können. Die Daten dürfen sich dabei nicht nur auf einzelne Untersuchungsobjekte beziehen, sondern müssen möglichst für die *Population* aller vergleichbaren Objekte und Ereignisse generalisierbar sein. Nur in diesem Fall kann von einer *allgemein gültigen Beziehung* zwischen den betrachteten Variablen ausgegangen werden. Weiterhin müssen die eine Hypothese bildenden Variablen durch die gesammelten Daten in Form geeigneter Beobachtungswerte abgebildet werden können, damit eine empirische Prüfung möglich wird. Durch empirische Untersuchungen hinreichend geprüfte Hypothesen werden auch als *Gesetze* bezeichnet, durch die fundierte Erklärungen und Prognosen möglich werden.

1.2 Empirische Prüfung von Hypothesen: Das Hempel-Oppenheim-Schema

Bei der *empirischen Prüfung* von Hypothesen ist dem sog. *deduktiv-nomologischen Ansatz* (DN-Ansatz) eine besondere Bedeutung beizumessen. Dieser auf Hempel und Oppenheim (1948, S. 135 ff.) zurückgehende Ansatz versucht, einen Sachverhalt dadurch zu erklären, dass aus einer allgemeinen wissenschaftlichen oder sachlogischen Gesetzmäßigkeit *und* einer empirischen Beobachtung (sog. Explanans) eine Schlussfolgerung zur

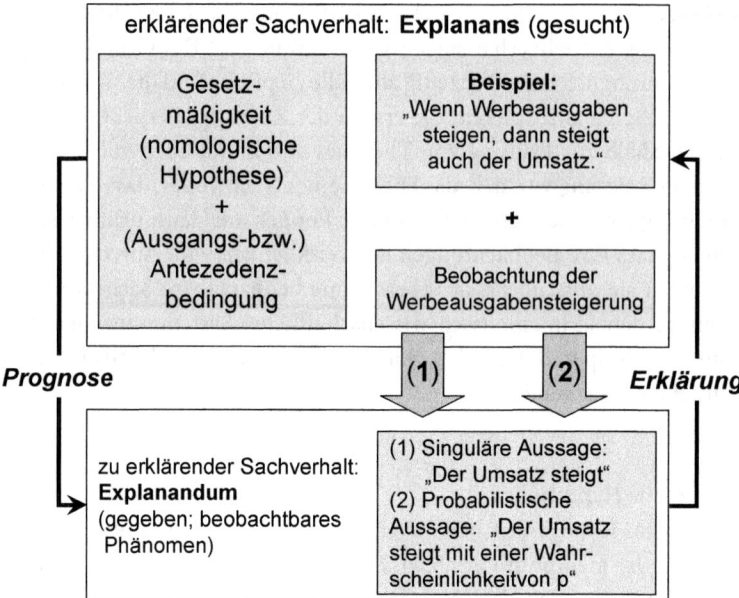

erklärender Sachverhalt: **Explanans** (gesucht)

Gesetz-
mäßigkeit
(nomologische
Hypothese)
+
(Ausgangs-bzw.)
Antezedenz-
bedingung

Beispiel:
„Wenn Werbeausgaben
steigen, dann steigt
auch der Umsatz."
+
Beobachtung der
Werbeausgabensteigerung

Prognose   **(1)**   **(2)**   *Erklärung*

zu erklärender Sachverhalt:
Explanandum
(gegeben; beobachtbares
Phänomen)

(1) Singuläre Aussage:
„Der Umsatz steigt"
(2) Probabilistische
Aussage: „Der Umsatz
steigt mit einer Wahr-
scheinlichkeitvon p"

(1) Deduktiv-nomologisch: Aus dem Explanans folgt (immer) das Explanandum.
(2) Induktiv-statistisch: Aus dem Explanans folgt mit Wahrscheinlichkeit p das Explanandum.

Abb. 1.1 Hempel-Oppenheim-Schema

Gültigkeit des Sachverhaltes (sog. Explanandum) gezogen werden kann. Das in Abb. 1.1
dargestellte *Hempel-Oppenheim-Schema* macht deutlich, dass damit immer ein Ursache-
Wirkungs-Zusammenhang zwischen Explanans und Explanandum unterstellt wird. Zur
Verdeutlichung sei folgendes Beispiel betrachtet.

Beispiel 1

Ein Hotelbetreiber hat in den letzten Monaten deutliche Umsatzsteigerungen festgestellt. Aufgrund seiner bisherigen Erfahrungen weiß er, dass sich durch Werbung der
Umsatz positiv beeinflussen lässt. Er vermutet bzw. stellt die Hypothese auf, dass seine erhöhten Werbeanstrengungen in den letzten Monaten zu den Umsatzsteigerungen
geführt haben.

Im Fall der *Erklärung* bilden in obigem Beispiel die Umsatzsteigerungen die aktuelle Beobachtung und damit das Explanandum, d. h. die zu erklärende Größe. Das Explanans bildet
sich aus der auf der Erfahrung des Hotelbetreibers beruhenden Gesetzmäßigkeit „steigende Werbeaktivitäten führen zu Umsatzsteigerungen" *und* der empirischen Prüfung, ob die
Antezedenzbedingung dieses Gesetzes, „erhöhte Werbeausgaben", auch aktuell gegeben
ist. Da diese erfüllt ist, ist davon auszugehen, dass die höheren Werbeausgaben auch zu
der Umsatzsteigerung geführt haben.

Im Fall der *Prognose* hingegen würde von der Gesetzmäßigkeit „steigende Werbeaktivitäten führen zu Umsatzsteigerungen" *und* der Antezedenzbedingung „Erhöhung der Werbeausgaben" ausgegangen. Ist beides gegeben, so würde darauf geschlossen, dass eine Erhöhung der Werbeausgaben auch zu einem höheren Umsatz führen wird. Das Beispiel macht nochmals deutlich, dass zur empirischen Prüfung eine Hypothese theoretisch oder sachlogisch eingehend fundiert sein muss. In obigem Beispiel liefert die Erfahrung des Hotelbetreibers diese Fundierung. Die Empirie kann dann „nur noch" prüfen, ob der bereits beobachteten Umsatzsteigerung auch eine Erhöhung der Werbeausgaben zugrunde lag.

In der konkreten Anwendung sind meistens mehrere wissenschaftliche Hypothesen in einem komplexen Ursache-Wirkungsgefüge zusammengefasst, das auch als *Strukturmodell* bezeichnet wird. Von „komplex" wird vor allem dann gesprochen, wenn mehrere Hypothesen *gleichzeitig* betrachtet werden und auch *Wechselbeziehungen* zwischen den Variablen auftreten können. Bei Wechselwirkungen stellt eine Variable *gleichzeitig* sowohl eine abhängige als auch eine unabhängige Größe dar. Diese wird dann auch als *intervenierende Variable* bezeichnet. Es ist die Aufgabe von sog. *Strukturgleichungsmodellen*, ein sachlogisch formuliertes Hypothesensystem in eine *formale Struktur* zu überführen und damit die empirische Prüfung von Strukturmodellen zu ermöglichen.

Strukturgleichungsmodelle (SGM)
bilden a-priori formulierte und theoretisch und/oder sachlogisch begründete komplexe Zusammenhänge zwischen Variablen in einem linearen Gleichungssystem ab und dienen der Schätzung der Wirkungskoeffizienten zwischen den betrachteten Variablen sowie der Abschätzung von Messfehlern.

Werden nur *lineare* Ursache-Wirkungsbeziehungen unterstellt, so kann das vermutete Wirkungsgefüge der betrachteten Variablen durch ein lineares Gleichungssystems abgebildet werden. Mit Hilfe der Verfahren der Strukturgleichungsanalyse können dann anhand von empirischen Daten die Wirkungsbeziehungen in einem Strukturmodell im Hinblick auf Richtung und Stärke geschätzt und mit den a-priori formulierten Vermutungen verglichen werden. Da empirischen Messungen von Variablen zumeist mit Fehlern behaftet sind, ist es ein weiteres zentrales Merkmal von SGM, dass sie in der Lage sind, gleichzeitig mit der Schätzung des Strukturmodells auch *Messfehler* „herauszufiltern" bzw. herauszurechnen.

Literatur

Bortz, J., & Döring, N. (2006). *Forschungsmethoden und Evaluation* (4. Aufl.). Heidelberg: Springer.
Hempel, C. G., & Oppenheim, P. (1948). Studies in the logic of explanation. *Philosophy of Science, 15,* 135–175.
Popper, K. (1935) *Logik der Forschung* (11. Aufl., 2005). Wien: Mohr Siebeck.

Kausalität und empirische Prüfung

2

Inhaltsverzeichnis

2.1   Kausalitätsbegriff

SGM überführen ein theoretisch formuliertes Beziehungsgefüge zwischen Variablen in eine formale Gleichungsstruktur. Dieses Beziehungsgefüge wird als *Strukturmodell* bezeichnet und spiegelt die Ursache-Wirkungsbeziehungen der betrachteten Variablen wider. Die Abbildung von Ursache-Wirkungsbeziehungen erfolgt durch die Unterscheidung zwischen abhängigen und unabhängigen Variablen, wobei die unabhängigen Variablen als die Ursachen, Bedingungen oder allgemein Antezedenzen betrachtet werden, die die Wirkungen oder allgemein Konsequenzen bei einer oder mehreren abhängigen Variablen hervorrufen. SGM nehmen dabei eine *kausale Interpretation* der Beziehung zwischen unabhängigen und abhängigen Variablen vor. Da die Annahme der Kausalität für die Strukturgleichungsmodellierung elementar ist, wird im Folgenden der Begriff der Kausalität einer genaueren Betrachtung unterzogen:

Obwohl der Kausalitätsbegriff in der wissenschaftlichen Literatur sehr differenziert diskutiert wird, so kann doch die *Ursache-Wirkungsbeziehung* zwischen Sachverhalten als ein allgemein anerkanntes und charakteristisches Merkmal der Kausalität hervorgehoben werden. Es wird eine *zeitliche Abfolge* unterstellt, bei der immer aus einer Ursache zeitlich nachgelagert eine Wirkung folgt. Insbesondere in der Philosophie, aber auch in der

R. Weiber, D. Mühlhaus, *Strukturgleichungsmodellierung,* Springer-Lehrbuch,
DOI 10.1007/978-3-642-35012-2_2, © Springer-Verlag Berlin Heidelberg 2014

Wissenschaftstheorie existiert eine breite Literatur, die sich mit dem Kausalitätsbegriff beschäftigt, wobei vor allem die Frage, was unter einer *Ursache* zu verstehen ist, thematisiert wird. Auf eine allgemeine Diskussion des Ursache-Begriffs sei hier jedoch verzichtet, und es sollte dem jeweiligen Wissenschaftsgebiet vorbehalten sein, für den konkret betrachteten Fall eine diesbezügliche Klärung vorzunehmen. Da SGM aber als statistische *Prüfverfahren* für Kausalbeziehungen verwendet werden, sei im Folgenden das Kausalverständnis in den Sozialwissenschaften herausgearbeitet:

Nach Cook und Campbell (1979, S. 31) ist ein Kausalzusammenhang zwischen einer verursachenden Größe (unabhängige Variable) und der durch sie erzeugten Wirkung (abhängige Variable) dann gegeben, wenn folgende drei Bedingungen erfüllt sind:

1. Veränderungen der unabhängigen Variablen führen zu Veränderungen der abhängigen Variablen, so dass hier ein systematischer Zusammenhang besteht. Die Veränderungen zwischen Variablen lassen sich empirisch über die *Kovarianz* messen.
2. Es besteht eine zeitliche Abfolge derart, dass die Veränderung der unabhängigen Variablen zeitlich *vor* der Veränderung der abhängigen Variablen liegt.
3. Die unabhängige Variable stellt die *einzige* plausible Erklärung für die Veränderung der abhängigen Variablen dar, die sich theoretisch oder sachlogisch fundieren lässt.

Insbesondere im Hinblick auf die Gültigkeit der dritten Bedingung sind in der Realität allerdings größte Bedenken anzumelden, da sich der Einfluss aller möglichen Ursachen auf eine Wirkung nur schwer kontrollieren lässt. Mit Blalock (1985, S. 24 f.) wird deshalb im Folgenden dann von einer (vermuteten) Kausalität gesprochen, wenn Variationen der Variablen X Variationen bei der Variablen Y hervorrufen.

Kausalität von Variablenbeziehungen
Eine Variable X ist dann eine kausale Ursache der Variablen Y, wenn eine Veränderung von Y durch eine Veränderung von X hervorgerufen wird.

Gemäß obigem Verständnis wird (zunächst) *Monokausalität* unterstellt, da genau eine Ursache existiert (X), die genau ein Ereignis (Y) auslöst. Vielfach greifen solche monokausalen Hypothesen jedoch zu kurz, da die Variationen der abhängigen Variablen durch mehrere Ursachen erzeugt werden, die entweder zusammen oder gleichzeitig nebeneinander wirken $(x_1, \ldots, x_n)$ und ein Ereignis (y) bedingen. In diesen Fällen wird von *Multikausalität* gesprochen. Die entscheidende Frage ist deshalb, ob ein Anwender überhaupt alle möglichen Ursachen kennt, die für das Eintreten einer abhängigen Variable verantwortlich sind und ob sich diese auch empirisch alle korrekt messen lassen. Da dies bei praktischen Anwendungen im Prinzip aber nie gegeben ist, berücksichtigen SGM immer eine Fehlervariable, welche die durch die unabhängigen Variablen *nicht* erklärte Varianz widerspiegelt. Die *Fehlervariable* beinhaltet dabei zum einen *Messungenauigkeiten* und umfasst zum anderen alle Einflussgrößen auf die abhängige Variable, die *nicht* durch die betrachteten unabhängigen Variablen kontrolliert werden können. Allerdings ist es i. d. R. auch nicht das Ziel wissenschaftlicher Hypothesen, alle möglichen Ursachen zu erfassen, sondern es geht um die Berücksichtigung der als *zentral* angesehenen Einflussgrößen auf eine abhängige Variable. Die Hypothesenformulierung ist deshalb meist als Wahrscheinlichkeitsaussage zu verstehen, und es wird hier von statistischen Hypothesen gesprochen. Bei *statistischen Hypothesen* werden Parameterwerte oder Kennwerte formuliert, die Vermutungen über deren Ausprägung in einer Gesamtpopulation zum Ausdruck bringen. Mit Hilfe entsprechender Tests wird dann geprüft, mit welcher Wahrscheinlichkeit die Ergebnisse einer Stichprobe auch für die Gesamtpopulation Gültigkeit besitzen. Daher lassen sich Kausalitäten empirisch *niemals mit Sicherheit* prüfen oder gar beweisen. Kriterien in Form von Assoziationsmaßen und insbesondere des Korrelationskoeffizienten können nur als *notwendige Bedingung* der Kausalität die statistische Abhängigkeit zwischen Variablen prüfen (vgl. hierzu Kap. 2.2).

Kausalhypothesen
formulieren Abhängigkeiten zwischen Variablen und deuten diese als Ursache-Wirkungszusammenhang. Der Schluss von einer statistisch nachgewiesenen Abhängigkeit auf eine kausale Ursache ist aber nur aufgrund sorgfältiger theoretischer und/oder eingehend sachlogischer Fundierungen zulässig.

Je präziser eine Kausalhypothese aus theoretischer Sicht formuliert wird, desto eher kann eine empirisch nachgewiesene Abhängigkeit zwischen zwei Variablen als Beleg für die Existenz des vermuteten kausalen Zusammenhangs gewertet werden. Folgende Angaben in einer Kausalhypothese erhöhen deren Präzisionsgrad:

*   *Zweiteilung der Variablenmenge*:
    Eine Kausalhypothese *muss* eine Unterscheidung zwischen unabhängigen und abhängigen Variablen enthalten. Die unabhängigen Variablen spiegeln dabei die Antezedenz der Kausalhypothese wider, während die abhängigen Variablen die Konsequenz abbilden. In einem Kausalsystem werden die abhängigen Variablen durch das System erklärt, weshalb sie auch als *endogene Variable* bezeichnet werden, während die unabhängigen Variablen *nicht* durch das Kausalsystem erklärt, sondern „extern" dem System vorgegeben werden (sog. *exogene Variable*). Bei Kausalhypothesen sollte ein Vertauschen von Antezedenz und Konsequenz sachlogisch nur bei unterstellten Wechselbeziehungen sinnvoll sein.
*   *Angabe des Richtungszusammenhangs*:
    Eine Kausalhypothese sollte zumindest die Richtung des Zusammenhangs angeben. Das bedeutet, dass postuliert werden muss, ob zwischen unabhängigen und abhängigen Variablen ein positiver oder ein negativer Zusammenhang besteht.

- *Angabe der Stärke des Zusammenhangs*:
  Eine Kausalhypothese sollte nach Möglichkeit auch eine Aussage zur vermuteten Stärke eines kausalen Zusammenhangs enthalten. Je präziser die diesbezügliche Formulierung erfolgt, desto besser kann auch die empirisch ermittelte Stärke eines Zusammenhangs (sog. Effektgröße) als Beleg für die Existenz eines Kausalzusammenhangs gewertet werden.

Werden bei der Formulierung eines Hypothesensystems möglichst präzise Angaben zu obigen Aspekten gemacht, so geben die *Ergebnisse der Parameterschätzungen* eines SGM wesentlichen Aufschluss über die Gültigkeit vermuteter Kausalitäten. Als erstes zentrales Indiz für Kausalität kann gewertet werden, dass die Veränderungen in den unabhängigen Variablen zu *systematischen Veränderungen* bei den abhängigen Variablen führen. Ebenso sollten die *Vorzeichen* der Parameter der Richtung des formulierten Beziehungszusammenhangs entsprechen. Ein starkes Indiz für Kausalität ist dann gegeben, wenn auch die *Effektgrößen*, d. h. die Höhe der Beziehungsgewichte, im Bereich der formulierten Vermutungen liegen. Häufig werden bei praktischen Anwendungen a-priori jedoch *keine* Angaben zu den Effektgrößen gemacht. In diesen Fällen sollten die Parameterschätzungen aber zumindest *signifikant von Null verschieden* sein. Die Effektgröße selbst dient dann als Hinweis auf den Präzisionsgrad einer vermuteten Kausalbeziehung.

2.2   Kausalität, Kovarianz und Korrelation

Der empirische Nachweis kausaler Wirkungszusammenhänge erfordert ein Instrument, mit dessen Hilfe kausale Beziehungen zwischen Variablen gemessen werden können oder zumindest auf das Vorliegen von Kausalbeziehungen geschlossen werden kann. Eine *notwendige Bedingung* für Kausalität ist die (statistische) Abhängigkeit zwischen den betrachteten Variablen. Liegt *keine* Abhängigkeit vor, so kann auch kein Kausalzusammenhang gegeben sein. Eine *hinreichende Bedingung für Kausalität* ist allerdings erst dann erfüllt, wenn aus theoretischer und/oder sachlogischer Sicht ausreichende Gründe vorliegen, eine festgestellte statistische Abhängigkeit zwischen Variablen kausal zu *interpretieren*. Beide Bedingungen werden im Folgenden im Detail diskutiert.

2.2.1   Statistische Abhängigkeit als notwendige Bedingung für Kausalität

Aus statistischer Sicht sind zwei Größen X_1 und X_2 dann *unabhängig*, wenn das Eintreten von X_1 nicht durch das Eintreten von X_2 beeinflusst wird et vice versa. Die Eintrittswahrscheinlichkeiten P_i beider Variablen beeinflussen sich damit nicht, und es gilt der

Multiplikationssatz für unabhängige Ereignisse:

$$P(X_1 \cap X_2) = P(X_1) * P(X_2) \tag{2.1}$$

Äquivalent zu (2.1) lässt sich auch formulieren:

$$P(X_1 \mid X_2) = P(X_1) \tag{2.2}$$

Während (2.1) besagt, dass die Wahrscheinlichkeit des *gemeinsamen Eintritts* von zwei statistisch unabhängigen Variablen X_1 und X_2 (mathematischer Operand: $\cap$) gleich dem Produkt der Einzelwahrscheinlichkeiten ist, besagt (2.2), dass bei statistischer Unabhängigkeit von zwei Variablen die Eintrittswahrscheinlichkeit von X_1 unter der Bedingung, dass X_2 vorliegt (mathematischer Operand: $\mid$), gleich der Eintrittswahrscheinlichkeit von X_1 ist. Ist nach obigen Kriterien *keine Unabhängigkeit* zwischen zwei Variablen gegeben, so wird auf Abhängigkeit zwischen den Variablen *geschlossen*.

Zur *statistischen Prüfung* eines Zusammenhangs zwischen zwei Variablen X_1 und X_2 kann zunächst die *empirische Kovarianz* der beiden Variablen betrachtet werden, wobei zu beachten ist, dass damit immer nur *lineare Zusammenhänge* zwischen Variablen geprüft werden. Mit Ausnahme der Betrachtungen in Kap. 16 werden auch in diesem Buch immer lineare Zusammenhänge unterstellt und mit entsprechenden statistischen Methoden geprüft. Die Annahme der Linearität ist in Wissenschaft sowie Praxis dominierend, da sie dem menschlichen Streben nach Einfachheit und Klarheit entspricht und den meisten Modellen zugrunde liegt. Sie führt aber auch zur Vereinfachung der Berechnungen und dem Auffinden eindeutiger Lösungen.

Empirische Kovarianz:

$$s(x_1, x_2) = \frac{1}{K-1} \sum_k (x_{k1} - \bar{x}_1) \cdot (x_{k2} - \bar{x}_2) \tag{2.3}$$

mit:

x_{k1} = Ausprägungen der Variable 1 bei Objekt k (Objekte sind z. B. die befragten Personen)
$\bar{x}_1$ = Mittelwert der Ausprägungen von Variable 1 über alle Objekte (k = 1, ... ,K)
x_{k2} = Ausprägung der Variable 2 bei Objekt k
$\bar{x}_2$ = Mittelwert der Ausprägungen von Variable 2 über alle Objekte
K = Stichprobenumfang

Die Kovarianz ist ein Indikator für die Systematik in den Veränderungen der Beobachtungswerte (Ausprägungen) zweier Variablen und gibt gleichzeitig die Richtung des Zusammenhangs (positiv oder negativ) an. Ergibt die Summe der Produkte der Mittelwert-Abweichungen beider Variablen über alle Beobachtungsfälle den Wert *Null*, so variieren die beiden Variablen nicht häufiger bzw. stärker miteinander als es dem statistischen Zufall entspricht. Weist hingegen die Kovarianz Werte größer oder kleiner als Null auf, so

bedeutet das, dass sich die Werte beider Variablen in die gleiche Richtung (positiv) oder
in entgegengesetzter Richtung (negativ) entwickeln, und zwar häufiger, als dies bei zufälli-
gem Auftreten zu erwarten wäre. Allerdings ist zu beachten, dass die Kovarianz *nur lineare
Abhängigkeiten* erkennt.

Die Kovarianz hat den Nachteil, dass sich für die Stärke der Kovariation kein bestimm-
tes Definitionsintervall angeben lässt, d. h. es lässt sich vorab nicht festlegen, in welcher
Spannbreite der Wert der Kovarianz liegen muss. Somit gibt der absolute Wert einer Kovarianz noch keine Auskunft darüber, wie *stark* die Beziehung zwischen zwei Variablen ist.
Es ist deshalb sinnvoll, die Kovarianz auf ein Intervall zu normieren, mit dessen Hilfe eine
eindeutige Aussage über die Stärke des Zusammenhangs zwischen zwei Variablen getroffen werden kann. Eine solche Normierung ist zu erreichen, indem die Kovarianz durch die
Standardabweichung (= Streuung der Beobachtungswerte um den jeweiligen Mittelwert)
der jeweiligen Variablen dividiert wird. Diese Normierung beschreibt für *metrische Daten*
der *Korrelationskoeffizient nach Bravais Pearson* zwischen zwei Variablen.

Korrelationskoeffizient:

$$r_{x_1,x_2} = \frac{s(x_1, x_2)}{s_{x_1} \cdot s_{x_2}} \tag{2.4}$$

mit:

$s(x_1, x_2) = $ Kovarianz zwischen den Variablen x_1 und x_2

$$s_{x_1} = \sqrt{\frac{1}{K-1} \sum_k (x_{k1} - \bar{x}_1)^2} = \text{Standardabweichung der Variablen } x_1$$

$$s_{x_2} = \sqrt{\frac{1}{K-1} \sum_k (x_{k2} - \bar{x}_2)^2} = \text{Standardabweichung der Variablen } x_2$$

bzw.

$$r_{x_1,x_2} = \frac{\sum\limits_{k=1}^{K} (x_{k1} - \bar{x}_1) \cdot (x_{k2} - \bar{x}_2)}{\sqrt{\sum\limits_{k=1}^{K} (x_{k1} - \bar{x}_1)^2 \cdot \sum\limits_{k=1}^{K} (x_{k2} - \bar{x}_2)^2}} \tag{2.5}$$

Dabei stellt der Zähler die Kovarianz zwischen den beiden Variablen x_1 und x_2 ($cov(x_1,x_2)$)
dar, die durch das Produkt der Standardabweichungen der beiden Variablen (s_{x1} und s_{x2})
dividiert wird. Durch die Division wird erreicht, dass die absoluten Werte des Korrelationskoeffizienten (d. h. ohne Beachtung des Vorzeichens) auf das Intervall [0;1] normiert
sind. Der Korrelationskoeffizient kann insgesamt Werte zwischen −1 und +1 annehmen.
Je mehr sich sein Wert *absolut* der Größe 1 nähert, desto größer ist die lineare Abhängigkeit zwischen den Variablen anzusehen. Dieser Zusammenhang wird noch einmal in
Abb. 2.1 verdeutlicht.

Korrelations-werte (r)	gemeinsame Varianz (Bestimmtheitsmaß: R^2)	Interpretation
$r = 0$	0%	statistisch unabhängig
$0,0 < r \leq 0,2$	0% bis 4%	sehr geringe Korrelation
$0,2 < r \leq 0,5$	4% bis 25%	geringe Korrelation
$0,5 < r \leq 0,7$	25% bis 49%	mittlere Korrelation
$0,7 < r \leq 0,9$	49% bis 81%	hohe Korrelation
$0,9 < r \leq 1,0$	81% bis 100%	sehr hohe Korrelation

Abb. 2.1 Interpretation der Höhe von Korrelationen

Eine Besonderheit ergibt sich im Fall von *standardisierten Variablen*: Eine standardisierte Variable z_i errechnet sich aus der ursprünglichen Variable x_i entsprechend der folgenden linearen Transformation:

Standardisierte Variable:

$$z_i = \frac{x_i - \bar{x}}{s_x} \tag{2.6}$$

mit:

$\bar{x}$ = Mittelwert der Variablen x_i $(= (\Sigma x_i)/K)$

s_x = Standardabweichung von x_i $\left(= \sqrt{\frac{\sum (x_i - \bar{x})^2}{K-1}} \right)$

Für standardisierte Variable gilt:

Mittelwert: $\bar{z} = 0$

Standardabweichung: $s_z = 1$

Die Standardisierung der Ausgangsvariablen führt nicht nur zu Vereinfachungen der Rechenoperationen, sondern auch zur Vereinfachung der Interpretation von Strukturgleichungsmodellen, ohne dass dadurch die *Beziehungsstrukturen* beeinflusst werden.

Korrelation und Kovarianz bei standardisierten Variablen

Bei standardisierten Variablen entspricht die Varianz-Kovarianz-Matrix (S) der Korrelationsmatrix (R). Standardisierte Variable sind so normiert, dass ihr Mittelwert immer Null und ihre Varianz immer 1 beträgt.

Für die Korrelation von standardisierten Variablen folgt, dass der Nenner von (2.4) den Wert 1 erhält (da hier $s_{x1} = s_{x2} = 1$ gilt) und der Zähler sich auf $1/K - 1 \; \Sigma \; (x_{k1} * x_{k2})$ reduziert (vgl. Formel (2.3)), da die Mittelwerte der Variablen in diesem Fall gleich Null sind. Für den Korrelationskoeffizienten im Fall *standardisierter Variable* folgt damit Gleichung (2.7).

$$r_{z1,z2} = \frac{1}{K-1} \sum z_{k1} z_{k2} \quad \text{bzw.} \quad \mathrm{r}_{z1,z2} = \mathrm{cov}(\mathrm{z}_1, \mathrm{z}_2) \qquad (2.7)$$

Für die Korrelationsmatrix standardisierter Variablen folgt in Matrizenschreibweise:

$$\mathrm{R} = (1/\mathrm{K} - 1)\, \mathrm{Z}\, \mathrm{Z}' \qquad (2.8)$$

mit:

Z = Matrix der standardisierten Ausgangsdaten
Z′ = Transponierte der Matrix Z
K = Anzahl der erhobenen Fälle

Korrelationen wird dann eine *statistische Bedeutsamkeit* zugemessen, wenn sie als signifikant von Null verschieden angesehen werden können. Mit Hilfe eines t-Tests kann die Nullhypothese „H_0: r = 0" überprüft werden. Im Regelfall geben Softwarepakete die Wahrscheinlichkeit p dafür an, dass die Ablehnung der Nullhypothese eine *Fehlentscheidung* darstellt. Für p ≤ 0,05 wird von signifikanten und für p ≤ 0,01 von hoch signifikanten Korrelationen gesprochen.

2.2.2 Theorie und Sachlogik als hinreichende Bedingung für Kausalität

Ein statistischer Zusammenhang zwischen zwei Variablen x_1 und x_2 sagt noch *nichts* darüber aus, ob diese Abhängigkeit zwischen den Variablen auch *kausal begründet* ist. Bei einem kausalen Zusammenhang lässt sich zwar immer auch statistische Abhängigkeit nachweisen, bei statistischer Abhängigkeit kann aber *nicht zwingend* auch auf eine kausale Beziehung geschlossen werden! Kausalität kann deshalb mit Hilfe der Korrelation nur widerlegt und damit eine Hypothese bei Vorliegen einer Nullkorrelation falsifiziert werden. Die Korrelation kann aber Kausalität nicht eindeutig nachweisen oder eine Hypothese gar beweisen.

Korrelation und Kausalität
Der Nachweis einer statistischen Korrelation zwischen zwei Variablen ist kein Beweis für Kausalität! Korrelationen dürfen ohne weitere Informationen, insbesondere ohne Prüfung durch Sachlogik, nicht kausal interpretiert werden.

Empirische Korrelationen zwischen zwei Variablen, die sich *nicht* auf eine Kausalität zurückführen lassen, können sich insbesondere aus folgenden Aspekten ergeben:

- Die Korrelation zwischen zwei Variablen ist rein zufallsbedingt.
- Ausreißer in den Daten führen zu Korrelationen, wenn sie von den übrigen Daten weit entfernt liegen.
- Zeigen zwei Variablen eine Veränderung über die Zeit, so führt das auch immer zu einer Korrelation der Variablen.
- Starke Inhomogenität in der Verteilung von zwei Variablen begünstigt das Auftreten einer Korrelation zwischen den Variablen.
- Durch Transformation von Variablen können Korrelationen auftreten: Ist z. B. eine Variable x_1 mit z korreliert und werden anschließend sowohl x_1 als auch x_2 durch z dividiert, so sind die transformierten Variablen x_1' und x_2' zwangsläufig korreliert.
- Eine Variable z, die *nicht* in einer Erhebung erfasst wurde, kann verursachend für eine beobachtete Korrelation sein. Eine solche „Drittvariable" ist vor allem dann schwer zu entdecken, wenn z bisher unbekannt ist und nur aufgrund tief gehender Sachlogik identifiziert werden kann.

Umgekehrt können aber auch statistische Abhängigkeiten vorliegen, die durch den Korrelationskoeffizienten *nicht* erfasst werden. Das gilt insbesondere für den Fall nicht-linearer Beziehungen oder beim Vorliegen einer sog. *unterdrückten Korrelation*. Bei einer unterdrückten Korrelation wird eine tatsächlich existierende Kausalbeziehung durch eine oder mehrere Drittvariablen „verdeckt", die erst bei Konstanthaltung der Drittvariablen sichtbar wird. Auf Kausalität zwischen zwei Variablen kann somit bei Vorliegen einer *signifikanten Korrelation* nur *geschlossen* werden. Ein solcher Schluss wird als zulässig angesehen, wenn

- sich ein Wirkungszusammenhang zwischen zwei Variablen *theoretisch* und/oder *sachlogisch* belegen lässt oder zumindest als hoch wahrscheinlich anzusehen ist;
- eine Variable (unabhängige Variable) der anderen Variablen (abhängige Variable; Zielvariable) *zeitlich vorgelagert* ist;
- sich eine statistische Abhängigkeit zwischen zwei Variablen empirisch nachweisen lässt. Hierzu kann ein *Signifikanztest* durchgeführt werden, bei dem geprüft wird, ob sich ein Korrelationskoeffizient signifikant von Null unterscheidet. Dabei muss kein „perfekter" Zusammenhang nachweisbar sein, da die Zielvariable neben der als unabhängig deklarierten Variablen auch noch durch andere Variablen beeinflusst sein kann.
- der beobachtete statistische Zusammenhang auch dann bestehen bleibt, wenn mögliche Drittvariableneffekte kontrolliert wurden.

Weiterhin kann einer Korrelation auch nicht die *Art* eines kausalen Zusammenhangs angesehen werden. Korrelationen können deshalb immer nur kausal *interpretiert* werden. Folgende, in Abb. 2.2 dargestellten, *Interpretationsmöglichkeiten* einer Korrelation zwischen zwei Variablen x_1 und x_2 sind denkbar:

1. Variationen der Variablen x_1 sind verursachend für Variationen der Variablen x_2.
2. Variationen der Variablen x_2 sind verursachend für Variationen der Variablen x_1.
3. Die Variablen x_1 und x_2 beeinflussen sich *wechselseitig*, d. h. es bestehen Interdependenzen.

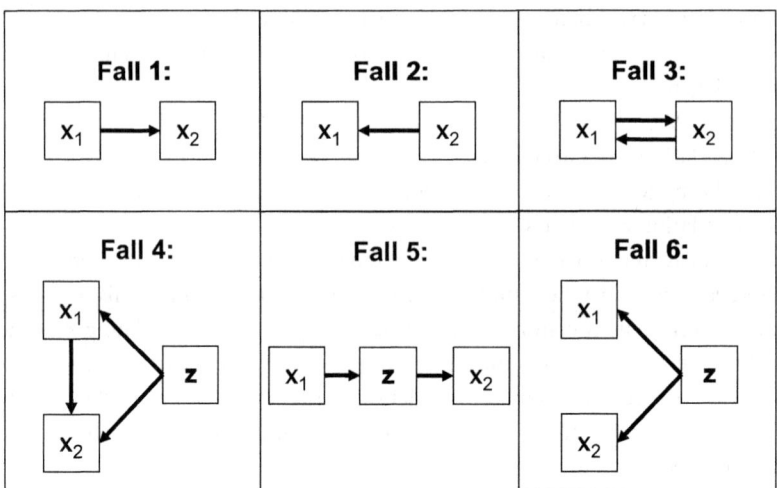

Abb. 2.2 Kausale Interpretationsmöglichkeiten einer Korrelation (Beispiele)

4. Die Abhängigkeit der Variablen x_1 und x_2 ist *teilweise* bedingt durch den Einfluss einer dritten Variablen z, die hinter diesen Variablen steht.
5. Eine Variable x_1 wirkt auf eine Variable x_2 nicht direkt, sondern ihr Einfluss wird über eine zwischengeschaltete sog. *intervenierende* Variable z gesteuert.
6. Der Zusammenhang zwischen den Variablen x_1 und x_2 resultiert *allein* aus dem Einfluss einer dritten Variablen z, die hinter den Variablen steht.

Die Fälle 1 bis 3 werden als *kausal interpretierte Korrelationen* bezeichnet, da eindeutige Wirkungsrichtungen von x_1 und x_2 unterstellt werden. In Fall 4 kann die errechnete Korrelation nur *zum Teil kausal interpretiert* werden, da x_2 nicht nur *direkt* von x_1 beeinflusst wird, sondern auch von der Drittvariablen z, die die Variable x_2 sowohl direkt als auch indirekt (nämlich über x_1) beeinflusst. Es wird hier von einer *kausal teilweise interpretierten Korrelation* zwischen x_1 und x_2 gesprochen, da die Korrelation zwischen beiden Variablen *auch* aus dem Einfluss von z resultiert. In Fall 6 liegt eine *nicht kausal interpretierte Korrelation* zwischen x_1 und x_2 vor, da die Korrelation zwischen beiden Variablen *allein* auf den Einfluss von z zurückgeführt wird. Während die Fälle 1 und 2 als Annahme der *Regressionsanalyse* zugrunde liegen, sind die Fälle 3 bis 5 typisch für SGM, die mit Hilfe der *Strukturgleichungsanalyse* untersucht werden. Der Fall 6 entspricht dem Denkansatz der *Faktorenanalyse*.[1] Im Rahmen von SGM sind i. d. R. alle Interpretationsarten einer Korrelation vorzufinden. Welche dabei relevant ist, hängt davon ab, welche Beziehungen zwischen den Variablen *vorab* postuliert wurden und theoretisch bzw. sachlogisch begründbar sind.

---

[1] Eine anwendungsorientierte Einführung zu den multivariaten Verfahren liefern Backhaus et al. 2011: Kap. 1 (Regressionsanalyse) und Kap. 7 (Faktorenanalyse).

Scheinkorrelation und Drittvariableneffekt
Eine Scheinkorrelation liegt vor, wenn sich die bivariate Korrelation zwischen zwei Variablen x_1 und x_2 durch die Wirksamkeit einer dritten Variablen z verändert (sog. *Drittvariableneffekt*).

Bei empirischen Untersuchungen ist den sog. *Drittvariableneffekten* eine hohe Bedeutung beizumessen. Folgende Drittvariableneffekte treten besonders häufig auf:

- *Scheinkorrelation*
  liegt vor, wenn zwei Variablen von einer dritten Variablen z *beeinflusst* werden und bei Kontrolle der dritten Variablen die bivariate Korrelation $r_{x1,x2}$ gleich Null wird. Bei einer Scheinkorrelation ist also keine kausale Beziehung zwischen den korrelierenden Variablen x_1 und x_2 existent. Geht dabei die Variable z den beiden anderen Variablen zeitlich voraus (sog. antezedierende Variable), so spricht man von „*Erklärung*" (Fall 6). Ist die Variable z hingegen eine intervenierende Variable, d. h. tritt sie „zwischen" x_1 und x_2, so wird von „*Intervention*" gesprochen (Fall 5).
- *Interaktion*
  liegt vor, wenn die Größe der bivariaten Korrelation $r_{x1,x2}$ in Abhängigkeit der Größe einer dritten Variable z variiert. Geht dabei die Variable z den beiden anderen Variablen zeitlich voraus (sog. antezedierende Variable), so spricht man von „Spezifikation". Ist die Variable z hingegen eine intervenierende Variable, d. h. tritt sie „zwischen" x_1 und x_2, so wird von „*Vorhersage*" gesprochen.
- *Konfundierung*
  liegt vor, wenn bei Kontrolle einer dritten Variablen z die bivariate Korrelation $r_{x1,x2}$ kleiner wird.
- *Suppression*
  liegt vor, wenn bei Kontrolle einer dritten Variablen z die bivariate Korrelation $r_{x1,x2}$ größer wird.

Die Prüfung der Existenz eines *Drittvariableneffektes* (= Kontrolle der Drittvariablen), wie er in den Fällen 4 bis 6 vorliegt, kann mit Hilfe der *partiellen Korrelation* erfolgen: Es sei unterstellt, dass sich für die Variablen x_1, x_2 und z drei Korrelationen berechnen lassen: $r_{x1,x2}$; $r_{x1,z}$; $r_{x2,z}$: Ist allein z für die Korrelation zwischen x_1 und x_2 verantwortlich, so muss die Korrelation zwischen x_1 und x_2 gleich Null sein, wenn die Variable z *konstant* gehalten wird, d. h. wenn der Einfluss von z eliminiert wird. Zur Prüfung wird der *partielle Korrelationskoeffizient* berechnet. Es gilt:
Partieller Korrelationskoeffizient:

$$r_{x1,x2\cdot z} = \frac{r_{x1,x2} - r_{x1,z} \cdot r_{x2,z}}{\sqrt{\left(1 - r_{x1,z}^2\right) \cdot \left(1 - r_{x2,z}^2\right)}} \tag{2.9}$$

mit:

$r_{x_1,x_2 \cdot z}$ = partieller Korrelationskoeffizient zwischen x_1 *und* x_2, wenn der Einfluss z
eliminiert (konstant gehalten) wird

r_{x_1,x_2} = Korrelationskoeffizient zwischen x_1 *und* x_2

$r_{x_1,z}$ = Korrelationskoeffizient zwischen x_1 *und* z

$r_{x_2,z}$ = Korrelationskoeffizient zwischen x_2 *und* z

Die Variable z ist dann allein verantwortlich für die Korrelation zwischen x_1 und x_2, wenn der partielle Korrelationskoeffizient gleich Null wird. Das ist genau dann der Fall, wenn gilt:

$$r_{x1,x2} = r_{x1,z} \cdot r_{x2,z}.$$

Allerdings wird auch nach Prüfung eines Drittvariableneffektes meist nur von einer *vorläufigen* Kausalität gesprochen, da nur diejenigen Drittvariablen geprüft werden können, über die auch Informationen zur Verfügung stehen.

Literatur

Backhaus, K., Erichson, B., Plinke, W., & Weiber, R. (2011). *Multivariate Analysemethoden* (13. Aufl.). Berlin: Springer.

Blalock, H. M. (1985). *Causal models in the social sciences*. Washington: Transaction Publishers.

Cook, T. D., & Campbell, D. T. (1979). *Quasi-experimentation: Design and analysis issues for field settings*. Boston: Houghton Mifflin.

Methoden der Strukturgleichungsanalyse (SGA)

3

Inhaltsverzeichnis

3.1   Überblick und Charakterisierung

Die Verfahren der Strukturgleichungsanalyse (SGA) gehören zur Gruppe der *struktur-prüfenden* multivariaten Analysemethoden (Backhaus und Weiber 2007, Sp. 524 ff.) und dienen der Beurteilung von a-priori theoretisch oder sachlogisch formulierten Hypothesensystemen.

> **Strukturgleichungsanalyse (SGA)**
> Die Strukturgleichungsanalyse umfasst statistische Verfahren zur Untersuchung komplexer Beziehungsstrukturen zwischen manifesten und/oder latenten Variablen

R. Weiber, D. Mühlhaus, *Strukturgleichungsmodellierung,* Springer-Lehrbuch,
DOI 10.1007/978-3-642-35012-2_3, © Springer-Verlag Berlin Heidelberg 2014

Allgemeine Charakteristika der Strukturgleichungsanalyse:

- *Zielsetzung*:
  Prüfung eines theoretisch oder sachlogisch erstellten Hypothesensystems.
- *Typen von Variablen:*
  Analyse von Ursache-Wirkungszusammenhängen zwischen manifesten und/oder latenten Variablen.
- *Variablenbeziehungen:*
  Eine Variable kann im Hypothesensystem sowohl eine abhängige (endogene) als auch eine unabhängige (exogene) Größe darstellen, wodurch Interdependenzen zwischen Variablen erfasst werden können.
- *Vorgehensweise:*
  Abbildung der Variablenbeziehungen in einem sog. *Strukturmodell* (Pfaddiagramm) und Überführung in ein lineares Mehrgleichungssystem. Eine SGA besteht aus mindestens zwei Regressionsbeziehungen, durch die das Strukturmodell abgebildet wird.
- *Schätzmethodik:*
  Die Wirkungskoeffizienten (Pfadkoeffizienten) des Strukturmodells werden simultan oder sukzessive so geschätzt, dass mit Hilfe der Parameterschätzungen und der a-priori unterstellten Variablenstruktur die zu den Variablen erhobenen Ausgangsdaten möglichst genau reproduziert werden können.

Abb. 3.1 Steckbrief zur Strukturgleichungsanalyse

und ermöglicht die quantitative Abschätzung der Wirkungszusammenhänge. Ziel der SGA ist es, die a-priori formulierten Wirkungszusammenhänge in einem linearen Gleichungssystem abzubilden und die Modellparameter so zu schätzen, dass die zu den Variablen erhobenen Ausgangsdaten möglichst gut reproduziert werden.

Abbildung 3.1 fasst zunächst die *allgemeinen Charakteristika* der SGA zusammen, die in den folgenden Kapiteln im Hinblick auf die verschiedenen Verfahrensvarianten der SGA konkretisiert werden. In diesem Kapitel wird deshalb eine Einschränkung auf die Definition der im Rahmen der SGA typischen Variablenbezeichnungen und eine Abgrenzung der im Folgenden zu behandelnden Verfahren der SGA (Pfadanalyse; Kovarianzstrukturanalyse (LISREL); Partial Least Squares (PLS)-Analyse) vorgenommen.

Im Unterschied zur „klassischen" Regressionsanalyse, mit deren Hilfe *unilaterale Zusammenhänge* der Art

$$y = a + b_1 \, x_1 + \cdots + b_n \, x_n + e \qquad (3.1)$$

geschätzt werden (Backhaus et al. 2011, S. 55 ff.), überprüft die Strukturgleichungsanalyse *komplexe Variablenbeziehungen*, die i. d. R. kausale Vermutungen des Anwenders über die Beziehungsstrukturen zwischen den betrachteten Variablen widerspiegeln. „Komplex" bedeutet dabei, dass mehrere Kausalhypothesen *gleichzeitig* betrachtet werden. Dabei können einzelne Variablen in den verschiedenen Hypothesen sowohl unabhängige als auch abhängige Variablen darstellen. Weiterhin sind auch *bilaterale Beziehungen* (Wechselbeziehungen) zwischen den Variablen möglich. SGA sind damit immer *Mehrgleichungssysteme*, die die vermuteten Wirkungszusammenhänge in mehreren Regressionsgleichungen abbilden, die dann sukzessive oder simultan geschätzt werden. Während die Regressionsanalyse eine eindeutige Unterscheidung zwischen einer abhängigen (Kriteriumsvariable) und einer oder mehreren unabhängigen Variablen (Prädiktorvariable) vornimmt, ist bei der SGA eine solche eindeutige Unterscheidung nicht erforderlich bzw. nicht möglich. Variablen, die in einem Hypothesensystem sowohl die Funktion einer abhängigen als auch die einer unabhängigen Variablen übernehmen, werden im Rahmen der SGA auch als „*intervenierende Variable*" bezeichnet. Um Verwechslungen zu vermeiden, werden die Variablen, die in einem Strukturgleichungsmodell abhängige Variable darstellen, als *endogene Variable* und diejenigen Variablen, die im gesamten Hypothesensystem nur als unabhängige Variable auftreten, als *exogene Variable* bezeichnet.

Variablenbezeichnungen in einem Strukturgleichungsmodell
Endogene Variable sind immer Kriteriumsvariable, die in einem Strukturmodell über den Einfluss anderer Größen erklärt werden.

Exogene Variable sind immer Prädiktorvariable, die in einem Strukturmodell „von außen" vorgegeben sind und der Erklärung der endogenen Variablen dienen. Sie werden durch das Modell nicht erklärt.

Intervenierende Variable sind gleichzeitig Prädiktorvariable und abhängige Variable in einem Strukturmodell, die einer anderen Prädiktorvariablen „vorgelagert" sind.

Für *jede endogene Variable* wird *genau eine* „Regressionsgleichung" formuliert, die auch als *Strukturgleichung* bezeichnet wird. Das einem Hypothesensystem zu Grunde liegende Beziehungsgefüge lässt sich durch ein sog. *Pfaddiagramm* grafisch verdeutlichen und in einem *linearen Gleichungssystem* abbilden.

Ein weiterer wesentlicher Unterschied zur klassischen Regressionsanalyse ist darin zu sehen, dass die Regressionsanalyse nur empirisch direkt messbare Variablen (manifeste Variable) betrachtet, während die SGA sowohl Beziehungen zwischen manifesten als auch zwischen latenten, d. h. empirisch *nicht* direkt beobachtbaren Variablen analysieren kann. Im ersten Fall wird von Strukturgleichungsmodellen mit manifesten Variablen gesprochen und im zweiten Fall von Strukturgleichungsmodellen mit latenten Variablen. *Latente Variable* werden in der Theorie auch als theoretische Begriffe oder hypothetische Konstrukte bezeichnet. Als ausgewählte Beispiele für latente Variablen seien genannt: Aggression;

Bindung; Einstellung; Frustration; Intelligenz; Kompetenz; Motivation; Reputation; Sozialstatus; Vertrauen; Zufriedenheit.[1]

Manifeste versus latente Variable

Manifeste Variable sind auf der empirischen Ebene direkt beobachtbar, und ihre Ausprägungen können mit Hilfe geeigneter Messinstrumente direkt erfasst werden.

Latente Variable (auch hypothetische Konstrukte oder theoretische Variable genannt) sind dadurch gekennzeichnet, dass sie sich der direkten Beobachtbarkeit auf der empirischen Ebene entziehen. Es bedarf deshalb geeigneter Messmodelle, um die Ausprägungen einer latenten Variablen in der Wirklichkeit erfassen zu können.

Besteht ein Strukturmodell nur aus manifesten und auf metrischem Skalenniveau messbaren Variablen und sind zudem keine Wechselbeziehungen zwischen den Variablen gegeben, so stellt die *Regressionsanalyse* das klassische Prüfinstrument dar (zu einer Einführung in die Regressionsanalyse z. B. Backhaus et al. 2011, S. 55 ff.). Bestehen hingegen Wechselwirkungen zwischen den manifesten Variablen, so kommt die sog. *Pfadanalyse* zur Anwendung. Sie erlaubt es, komplexe Strukturmodelle mit Hilfe mehrerer (multipler) Regressionsanalysen zu prüfen. Für Strukturmodelle, die Beziehungen zwischen latenten Variablen formulieren, sind zunächst geeignete *Messmodelle* erforderlich, mit deren Hilfe empirische Beobachtungswerte für die latenten Variablen gewonnen werden können. Unter Verwendung dieser Messwerte kann dann – analog zum Fall manifester Variable – das vermutete Wirkungsgefüge zwischen den latenten Variablen empirisch geprüft werden. Für Strukturmodelle mit latenten Variablen ist in der Literatur auch die Bezeichnung *Kausalmodelle* oder *Kausalanalyse* verbreitet.[2]

Zur Prüfung der Kausalbeziehungen zwischen latenten Variablen haben sich zwei unterschiedliche Ansätze herausgebildet: Der kovarianzanalytische und der varianzanalytische Ansatz. Der *kovarianzanalytische Ansatz* basiert auf dem Modell der (konfirmatorischen) Faktorenanalyse (vgl. Kap. 7.2.2) und interpretiert die latenten Variablen als Faktoren, die als verursachende Größen „hinter" den Indikatoren zur Messung der latenten Variablen stehen. Die Prüfung der Kausalstruktur zwischen den latenten Variablen erfolgt dabei *gleichzeitig* mit der Prüfung der Messmodelle der latenten Variablen in einem „gemeinsamen" Faktorenmodell.

---

[1] Theorien beruhen insbesondere in den Geisteswissenschaften auf solchen theoretischen Begriffen, weshalb der Strukturgleichungsmodellierung mit latenten Variablen (sog. Kausalanalyse) zur empirischen Theorie-Prüfung hier eine hohe Bedeutung beizumessen ist.

[2] Allerdings basieren auch die Wirkungsbeziehungen zwischen manifesten Variablen meist auf vermuteten Kausalitäten, so dass auch hier die Bezeichnung Kausalanalyse korrekt wäre. Ebenso unterstellen auch einfache Regressionsbeziehungen meist kausale Zusammenhänge zwischen unabhängigen und abhängigen Variablen. Wir wollen allerdings auch in diesem Buch der Konvention folgen und nur dann von Kausalmodellen oder Kausalanalyse sprechen, wenn latente Variable betrachtet werden.

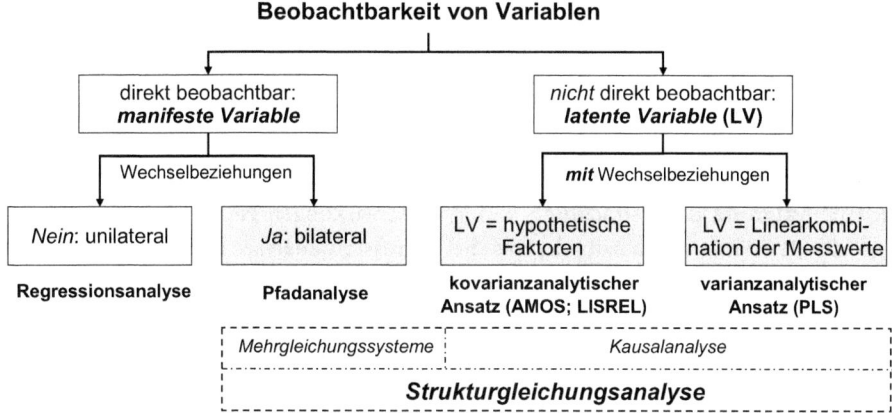

Abb. 3.2 Methoden der Strukturgleichungsanalyse

Demgegenüber geht der *varianzanalytische Ansatz zweistufig* vor: Im ersten Schritt werden aus den für die Messvariablen erhobenen Daten für die latenten Variablen Konstruktwerte berechnet. Im zweiten Schritt werden dann diese Konstruktwerte verwendet, um die Struktur des Kausalmodells mit Hilfe der Regressionsanalyse zu schätzen. Im vorliegenden Buch werden die einzelnen Schritte der Strukturgleichungsmodellierung im Detail anhand des kovarianzanalytischen Ansatzes besprochen. Für den varianzanalytischen Ansatz werden dann nur noch die zentralen Unterschiede und Besonderheiten insbesondere im Bereich der Messmodelle und der Parameterschätzung herausgearbeitet. Abbildung 3.2 bietet eine Übersicht über die verschiedenen Prüfinstrumente von Strukturzusammenhängen in Abhängigkeit der Beobachtbarkeit von Variablen.

Im Folgenden werden zunächst die Grundlagen der drei zentralen Ansätze der Strukturgleichungsanalyse behandelt und dabei auch die zentralen Unterschiede in den Verfahren erläutert. In Teil II des Buches konzentrieren sich die Betrachtungen dann ausschließlich auf den *kovarianzanalytischen Ansatz* der Kausalanalyse, und es werden hier die einzelnen inhaltlichen sowie methodischen Schritte der Strukturgleichungsmodellierung im Detail diskutiert. Der *varianzanalytische Ansatz* wird in Kap. 15 diskutiert, wobei vor allem die Besonderheiten dieses Ansatzes im Bereich der Güteprüfung behandelt werden.

3.2 Strukturgleichungsmodelle mit manifesten Variablen: Pfadanalyse

3.2.1 Grundidee der Pfadanalyse

Neben der Regressionsanalyse kann die von Wright (1921, 1923, 1934) in den 1920er Jahren entwickelte Pfadanalyse auch als „*Mutter der Kausalanalyse*" bezeichnet werden. Während die Regressionsanalyse eine eindeutige Unterscheidung zwischen einer abhängigen und einer oder mehreren unabhängigen Variablen trifft, ermöglicht es die Pfadanalyse, auch *Wechselbeziehungen* zwischen Variablen zu analysieren. Solche *Wechselbeziehungen* konkretisieren sich darin, dass Variablen *gleichzeitig* sowohl abhängige als auch unabhängige Variablen darstellen können. Für *jede endogene Variable* wird *genau eine* Regressionsgleichung formuliert, wobei diese Gleichungen auch als *Strukturgleichungen* bezeichnet werden. Aufgrund der Betrachtung von Wechselwirkungen ist die Pfadanalyse in der Lage, die Realität besser abzubilden als die Regressionsanalyse. Allerdings erfordert sie auch ein größeres theoretisches oder sachlogisches Verständnis der Zusammenhänge und ist mit einer Zunahme an Komplexität verbunden. Eine wesentliche Voraussetzung der Pfadanalyse bildet deshalb die *a- priori-Formulierung* von theoretisch oder sachlogisch begründeten kausalen Zusammenhängen, die dann mit Hilfe der Pfadanalyse einer Prüfung unterzogen werden. Diese Prüfung erfolgt dabei unter Rückgriff auf die Kovarianzen bzw. Korrelationen zwischen Variablen. Die Vorgehensweise der Pfadanalyse sei im Folgenden an einem einfachen Beispiel erklärt:

Beispiel 2

Ein Hotelbetreiber möchte wissen, wie stark seine Werbe-, Vertriebs- und Akquisitionsbemühungen seinen Umsatz in den letzten 2 Jahren beeinflusst haben. Zur Prüfung greift er auf die Kostendaten dieser Größen in den letzten 24 Monaten zurück. Allerdings ist ihm bewusst, dass seine Akquisitionsbemühungen auch durch die Werbe- und Vertriebsanstrengungen beeinflusst werden.

Zur Prüfung der Vermutung in Beispiel 2 könnte eine *multiple Regressionsanalyse* durchgeführt werden, mit deren Hilfe sich die Stärke des Zusammenhangs zwischen dem Umsatz als abhängige Variable (y) und den übrigen Größen als unabhängige Variable (x_i) schätzen ließe. In diesem Fall ergäbe sich – bei unterstellter Linearität – folgende Regressionsbeziehung, wobei b_1 bis b_3 die *partiellen Regressionskoeffizienten* darstellen, die die Einflussstärke einer unabhängigen Variablen auf die abhängige Variable angeben:

$$y = a + b_1 x_1 + b_2 x_2 + b_3 x_3 + e$$

Allerdings ist die Anwendung der Regressionsanalyse in diesem Fall als problematisch zu bezeichnen, da sie Unabhängigkeit der Einflussgrößen x_1 bis x_3, d. h. Abwesenheit von Multikollinearität unterstellt und somit von jeweils isolierten Wirkungen der unabhängigen Variablen ausgeht. Die Vermutungen des Hotelbetreibers widersprechen jedoch dieser Annahme, was sich auch grafisch mit Hilfe eines sog. *Pfaddiagramms* verdeutlichen lässt. Bei der Erstellung des Pfaddiagramms werden die Kausalbeziehungen dadurch grafisch erfasst, dass von jeder verursachenden Variablen (Prädiktorvariablen) ein Pfeil ausgeht und auf die durch sie beeinflusste endogene Variable (Kriteriumsvariable) hinweist (Darstellung: X → Y). Die Einflussstärke wird dabei durch sog. Pfadkoeffizienten p_{ij} beschrieben,

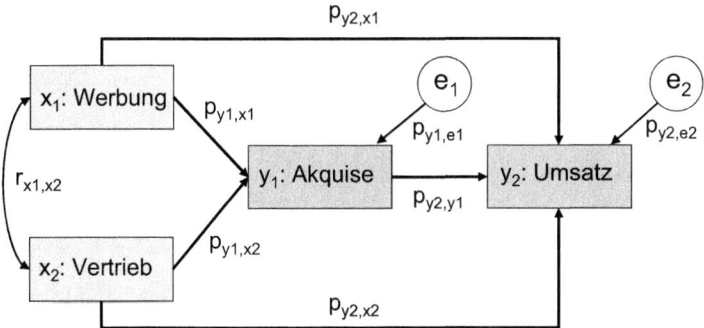

Abb. 3.3 Pfaddiagramm für Beispiel 2

die so indiziert werden, dass als erster Index jeweils die Bezeichnung der Kriteriumsvariablen steht, auf die der Kausalpfeil hinweist und als zweiter Index die Prädiktorvariablen (verursachenden Variablen), von der der Kausalpfeil ausgeht.

Die Vermutungen des Hotelbetreibers lassen sich wie folgt mit Hilfe eines Pfaddiagramms verdeutlichen:

Das Pfaddiagramm in Abb. 3.3 zeigt, dass die Werbe- und Vertriebskosten nicht nur den Umsatz beeinflussen, sondern auch die Akquisitionskosten. Damit stellen die Akquisitionskosten in diesem Beispiel ebenfalls eine abhängige Variable dar, die aber zusätzlich noch den Umsatz beeinflusst. Akquisitionskosten und Umsatz sind somit die endogenen Größen in dieser Modellstruktur, weshalb sie im Pfaddiagramm jeweils mit y gekennzeichnet wurden. Weiterhin wird deutlich, dass „Werbung" (x_1) und „Vertrieb" (x_2) exogene Größen des Modells darstellen, da sie durch das Kausalmodell nicht erklärt werden. Beide exogenen Größen beeinflussen den Umsatz aber nicht nur direkt, sondern auch *indirekt* über die Variable „Akquise". Exogene Variablen lassen sich in einem Pfaddiagramm auch dadurch erkennen, dass auf sie *kein* Pfeil hinweist, sondern von ihnen nur Pfeile ausgehen. Demgegenüber zeigt auf endogene Variablen immer mindestens ein Kausalpfeil hin.

Zur Prüfung der Kausalstrukturen werden im Rahmen der Pfadanalyse für *alle endogenen Variablen* zunächst Regressionsgleichungen aufgestellt, und es ergibt sich für unser Beispiel 2 folgendes Gleichungssystem:

$$(1) \ y_1 = p_{y1,x1} \ x_1 + p_{y1,x2} \ x_2 + e_1$$

$$(2) \ y_2 = p_{y2,y1} \ y_1 + p_{y2,x1} \ x_1 + p_{y2,x2} \ x_2 + e_2$$

Das Gleichungssystem lässt sich in Matrixschreibweise auch wie folgt darstellen:

$$\begin{pmatrix} y_1 \\ y_2 \end{pmatrix} = \begin{pmatrix} 0 & 0 \\ P_{y2,y1} & 0 \end{pmatrix} \cdot \begin{pmatrix} y_1 \\ y_2 \end{pmatrix} + \begin{pmatrix} P_{y1,x1} & P_{y1,x2} \\ P_{y2,x1} & P_{y2,x2} \end{pmatrix} \cdot \begin{pmatrix} x_1 \\ x_2 \end{pmatrix} + \begin{pmatrix} e_1 \\ e_2 \end{pmatrix} \quad \text{bzw.}$$

$$y = B \, y + P \, x + e$$

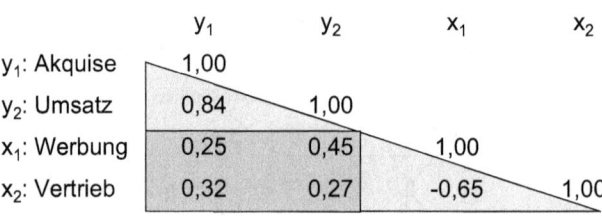

	y_1	y_2	x_1	x_2
y_1: Akquise	1,00			
y_2: Umsatz	0,84	1,00		
x_1: Werbung	0,25	0,45	1,00	
x_2: Vertrieb	0,32	0,27	-0,65	1,00

Abb. 3.4 Empirische Korrelationsmatrix fürBeispiel 2

Als *Dateninput* dient der Pfadanalyse immer die Varianz-Kovarianz-Matrix bzw. die *Korrelationsmatrix* der betrachteten Variablen. Für unser Beispiel 2 sei unterstellt, dass der Hotelbetreiber aus den vorliegenden 24 Monatsdaten die in Abb. 3.4 dargestellte empirische Korrelationsmatrix errechnet hat.

Die Korrelationsmatrix wird so aufgebaut, dass zunächst die endogenen Variablen (y_j) und anschließend die exogenen Variablen (x_i) aufgeführt werden. Dadurch spiegelt das obere linke Dreieck die Korrelation zwischen den endogenen und das untere rechte Dreieck die Korrelationen zwischen den exogenen Variablen wider. Dazwischen liegen die Korrelationen der endogenen mit den exogenen Variablen (vgl. graues Rechteck).

Weiterhin nimmt die Pfadanalyse eine *Standardisierung der Ausgangsdaten* vor, so dass alle Variablen eine Varianz von 1 und einen Mittelwert von Null besitzen. Bei standardisierten Variablen sind Varianz-Kovarianz-Matrix und Korrelationsmatrix identisch. Die Standardisierung führt weiterhin zu dem Effekt, dass der konstante Term in den Regressionsbeziehungen immer gleich Null ist und damit in den beiden Gleichungen entfallen kann. Durch die Störgrößen e_i werden alle Drittvariableneffekte (= modellexterne unabhängige Variable) erfasst, so dass die Pfadanalyse immer von einem formal *geschlossenen Kausalmodell* ausgeht, das *vollständig determiniert* ist. Die Schätzung der Pfadkoeffizienten erfolgt im Rahmen der Pfadanalyse mit Hilfe der Informationen der empirischen Korrelationen zwischen den betrachteten Variablen. Da unterstellt wird, dass die Residualpfade der endogenen Variablen weder untereinander noch mit den exogenen Variablen korrelieren, können die Pfadkoeffizienten mit Hilfe der Kleinst-Quadrat-Methode durch getrennte Regressionsanalysen ermittelt werden.

In unserem Beispiel sind zwei multiple Regressionen für die Gl. (1) und (2) zu rechnen. Zu diesem Zweck ist die Korrelationsmatrix aus Abb. 3.4 mit Angabe von Fallzahl (N = 24) und Mittelwert (jeweils 0) sowie Standardabweichung (jeweils 1) der vier Variablen in SPSS einzulesen, und es ergeben sich die in Abb. 3.5 dargestellten Ergebnisse.[3]

Durch die Betrachtung standardisierter Variablen sind die nicht standardisierten (B) und die standardisierten Regressionskoeffizienten (Beta) identisch, und der konstante Term der Regressionsgleichung ist jeweils Null. Die *standardisierten partiellen Regressionskoeffizienten* der beiden Regressionsanalysen liefern dann die *Schätzung der Pfadkoeffizienten* für das Pfaddiagramm (Kausalmodell) in unserem Beispiel 2. Da sich die

---

[3] Die SPSS-Syntax-Datei zu dieser Rechnung sowie dasselbe, in AMOS 21 umgesetzte Modell, sind auf der Internetplattform zum Buch verfügbar.

Regressionsanalyse für Gleichung (1): abhängige Variable "Akquise"

		Modellzusammenfassung		
Modell	R	R-Quadrat	Korrigiertes R-Quadrat	Standardfehler des Schätzers
1	,682ª	0,466	0,415	0,765

a. Einflußvariablen : (Konstante), Vertrieb, Werbung

		Koeffizientenª				
		Nicht standardisierte Koeffizienten		Standardisierte Koeffizienten		
Modell		Regressions-koeffizientB	Standardfehler	Beta	T	Sig.
1	(Konstante)	0,000	0,156		0,000	1,000
	Werbung	0,793	0,210	0,793	3,778	0,001
	Vertrieb	0,835	0,210	0,835	3,980	0,001

a. Abhängige Variable: Akquise

Regressionsanalyse für Gleichung (2): abhängige Variable "Umsatz"

		Modellzusammenfassung		
Modell	R	R-Quadrat	Korrigiertes R-Quadrat	Standardfehler des Schätzers
1	,935ª	0,875	0,856	0,380

a. Einflußvariablen : (Konstante), Vertrieb, Akquise, Werbung

		Koeffizientenª				
		Nicht standardisierte Koeffizienten		Standardisierte Koeffizienten		
Modell		Regressions-koeffizientB	Standardfehler	Beta	T	Sig.
1	(Konstante)	0,000	0,078		0,000	1,000
	Akquise	0,482	0,108	0,482	4,447	0,000
	Werbung	0,701	0,135	0,701	5,188	0,000
	Vertrieb	0,571	0,138	0,571	4,138	0,001

a. Abhängige Variable: Umsatz

Abb. 3.5 Berechnung der Pfadkoeffizienten in Beispiel 2 mittels Regressionsanalyse

Varianz der abhängigen Variablen aus einem durch die Regression erklärten und einem durch die Regression nicht erklärten Anteil zusammensetzt, liefert der Wert für das Bestimmtheitsmaß (R-Quadrat) den Anteil der durch die Regression erklärten Varianz. Die Koeffizienten der Störgrößen (nicht erklärte Varianzanteile) errechnen sich dann wie folgt:

$$(3)\ P_{y1e1} = \left(1 - R^2_{y1}\right)^{1/2}$$

$$(4)\ P_{y2e2} = \left(1 - R^2_{y2}\right)^{1/2}$$

Für unser Beispiel ergeben sich damit folgende Ergebnisse:

$$(3a)\ P_{y1e1} = \left(1 - 0{,}466\right)^{1/2} = 0{,}534^{1/2} = 0{,}731$$

$$(4a)\ P_{y2e2} = \left(1 - 0{,}875\right)^{1/2} = 0{,}125^{1/2} = 0{,}354$$

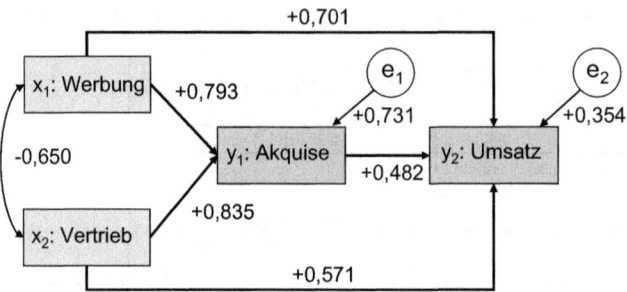

Abb. 3.6 Schätzergebnisse für die Pfadkoeffizienten im Beispiel 2

Die Ergebnisse der Berechnungen sind in Abb. 3.6 nochmals grafisch dargestellt. Folgende allgemeine Eigenschaften von Pfadkoeffizienten lassen sich festhalten:

- Pfadkoeffizienten sind *standardisierte partielle Regressionskoeffizienten* (Beta-Koeffizienten), wenn als Dateninput eine Korrelationsmatrix verwendet wird bzw. standardisierte Daten betrachtet werden.
- Die Indizierung von Pfadkoeffizienten erfolgt immer so, dass das erste Subskript die abhängige und das zweite Subskript die unabhängige Variable bezeichnet.
- Sind die unabhängigen Variablen nicht korreliert oder existiert nur eine exogene Variable (bivariater Fall), so entspricht der Pfadkoeffizient dem bivariaten Korrelationskoeffizienten.

3.2.2   Korrelationszerlegung und Fundamentaltheorem der Pfadanalyse

Die Regressionsanalyse unterstellt isolierte Wirkungen der unabhängigen Variablen auf die abhängige Variable. Diese Annahme ist gerechtfertigt, wenn *keine Multikollinearität* vorliegt, d. h. keine Korrelationen zwischen den unabhängigen Variablen bestehen. In vielen Anwendungsfällen ist diese Annahme jedoch nicht erfüllt, und Multikollinearität führt zur Verzerrung der Regressionsgewichte, da Scheinkorrelationen und Drittvariableneffekte (vgl. Kap. 2.2.2) wirksam sein können. Im Rahmen der Regressionsgleichung wird die Korrelation zwischen einer unabhängigen Variablen und der abhängigen Variablen kausal interpretiert, indem unterstellt wird, dass die unabhängige Variable die abhängige Variable nach Maßgabe des Regressionskoeffizienten bestimmt.

Durch die Pfadanalyse kann das Problem der (unkorrekten) kausalen Interpretation der Korrelation zwischen unabhängigen Variablen und abhängiger Variable bei Vorliegen von Multikollinearität und Scheinkorrelationen gelöst werden. Voraussetzung hierfür ist zunächst die *a-priori-Formulierung* eines (geschlossenen) kausalen Modells. Dieses Modell enthält die theoretisch oder sachlogisch begründeten (kausalen) Wirkungszusammenhänge zwischen Variablen unter Berücksichtigung der vermuteten Wechselwirkung zwischen den Variablen. Diese werden in Form von Kausalhypothesen, d. h. Ursache-Wirkungszusammenhängen, formuliert. Nach dem *Fundamentaltheorem der Pfadanalyse* können alle empirischen Korrelationen zwischen den endogenen Variablen und den endogenen Variablen vorgelagerten Größen eines Kausalmodells mit Hilfe der Pfadkoeffizienten und den übrigen Korrelationen reproduziert werden (Wright 1934, S. 161 ff.). Es gilt:

Fundamentaltheorem der Pfadanalyse:

$$r_{ji} = \Sigma p_{iq} r_{qj} \qquad (3.2)$$

mit:

r_{ji} = Empirische Korrelation zwischen einer endogenen Variablen i und einer kausal vorgelagerten Variablen j

p = Pfadkoeffizient

q = *alle* die endogene Variable i prädeterminierenden Variablen

Zur Reproduktion ist zunächst die endogene Variable x_i auszuwählen, und dann sind alle diese prädeterminierenden Variablen (q-Variable) zu bestimmen. Wird in Beispiel 2 etwa die Korrelation $r_{y2,x1} = 0{,}45$ betrachtet, so wird y_2 durch die Variablen q: y_1, x_1 und x_2 prädeterminiert. Mit Hilfe der Pfadkoeffizienten $p_{y2,y1} = 0{,}482$, $p_{y2,x1} = 0{,}701$ und $p_{y2,x2} = 0{,}571$ und den „verbindenden" Korrelationen $r_{y1,x1} = 0{,}25$, $r_{x1,x1} = 1{,}0$ und $r_{x2,x1} = -0{,}65$ lässt sich die empirische Korrelation von 0,45 wie folgt reproduzieren:

$$0{,}482 \cdot 0{,}25 + 0{,}701 \cdot 1{,}0 + 0{,}571 \cdot (-0{,}65) = 0{,}45$$

Das Fundamentaltheorem kann inhaltlich in der Form interpretiert werden, dass sich die Korrelation zwischen einer endogenen Variablen y_j (Kriteriumsvariablen) und einer unabhängigen Variablen x_i (Prädiktorvariablen) in einen kausalen Effekt und einen nicht-kausalen (korrelativen) Effekt zerlegen lässt.

Fundamentaltheorem der Pfadanalyse
Die Korrelationen zwischen einer Kriteriumsvariablen (abhängigen Variablen) und einer Prädiktorvariablen (unabhängigen Variablen) kann additiv in einen direkten kausalen Effekt, einen indirekten kausalen Effekt und einen korrelativen Effekt zerlegt werden. Die indirekten kausalen Effekte lassen sich durch Multiplikation der entsprechenden Pfadkoeffizienten berechnen.

Der *kausale Effekt* ergibt sich dabei durch Addition des direkten und des indirekten kausalen Effektes und ist unmittelbar über die Pfadkoeffizienten zu ermitteln. Diese Zerlegung ist allgemeingültig und unabhängig von der Größe eines Kausalmodells. Demgegenüber erfordert die Berechnung des *nicht-kausalen bzw. korrelativen Effektes* eine Gewichtung

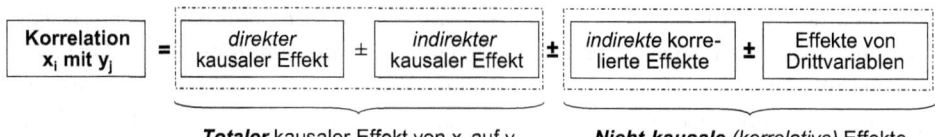

Abb. 3.7 Vollständige Zerlegung einer Korrelation

der Pfadkoeffizienten mit den Korrelationen. Nicht-kausale Effekte begründen sich in Scheinkorrelationen und der Wirksamkeit von Drittvariableneffekten. Es folgt damit die in Abb. 3.7 dargestellte Zerlegung (Opp und Schmidt 1976, S. 149).

Die obigen vier Komponenten einer Korrelation müssen allerdings nicht zwingend bei jeder Korrelation zwischen einer endogenen und einer unabhängigen Variablen vorhanden sein. Die Zusammenhänge seien für unser Beispiel 2 wiederum exemplarisch für die Korrelation zwischen „Werbung" (x_1) und „Umsatz" (y_2) verdeutlicht: Gemäß Abb. 3.4 beträgt $r_{x1,y2} = 0{,}45$. Mit Hilfe der Pfadkoeffizienten in Abb. 3.5 bzw. Abbildung 3.6 lässt sich diese Korrelation nun in folgende kausalen und nicht-kausalen Effekte aufsplitten:

(A) Kausale Effekte

- *direkter kausaler Effekt:*
  x_1 wirkt auf y_2 direkt nach Maßgabe des Pfadkoeffizienten
  $py_2,x_1 = 0{,}701$
- *indirekte kausale Effekte:*
  x_1 wirkt direkt auf die Variable „Akquise" (y_1) in Höhe von 0,793 und y_1 wirkt direkt auf y_2 in Höhe von 0,482. Damit hat x_1 über y_1
  eine indirekte Wirkung auf y_2, die sich durch Multiplikation wie folgt errechnen lässt:
  $0{,}793 \cdot 0{,}482 = 0{,}382$
- Damit folgt: *Totaler kausaler Effekt*: $0{,}701 + 0{,}382 = 1{,}083$

(B) Nicht-kausale Effekte

- *Korrelative Effekte und Drittvariableneffekte:*
  Aufgrund der Korrelation von $-0{,}65$ zwischen den exogenen Variablen x1 und x2 entstehen auch nicht-kausale bzw. korrelative Wirkungen der Variablen „Werbung" auf die Variable Umsatz, die über die Pfadkoeffzienten „transportiert" werden. Es ergeben sich zwei Effekte:
  1. über die Variable Vertrieb auf die Variable Umsatz:
     $-0{,}65 \cdot 0{,}571 = -0{,}371$
  2. über die Variable Akquise und die Variable Vertrieb auf die Variable Umsatz:
     $-0{,}65 \cdot 0{,}835 \cdot 0{,}482 = -0{,}262$
- Damit folgt: *Gesamter nicht-kausaler Effekt*:
  $-0{,}371 + (-0{,}262) = -0{,}633$

unabhängige Variable	Korrelation mit y_2 (Umsatz)		kausale Effekte			korrelativer Effekt
			direkt	indirekt	total	
Werbung x_1	0,45	=	0,701	0,382	**1,083**	-0,633
Vertrieb x_2	0,27	=	0,571	0,402	**0,973**	-0,703
Akquise y_1	0,84	=	0,482	0,000	**0,482**	0,358
	Korrelation mit y_1 (Akquise)					
Werbung x_1	0,25	=	0,793	0,000	**0,793**	-0,543
Vertrieb x_2	0,32	=	0,835	0,000	**0,835**	-0,515

Abb. 3.8 Kausale und korrelative Effekte in Beispiel 2

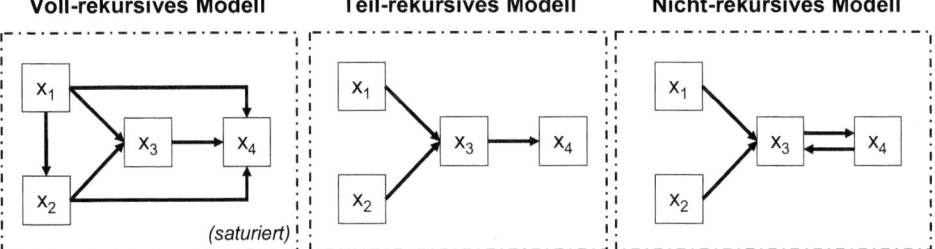

Abb. 3.9 Typen von Strukturgleichungsmodellen

Die Summe der kausalen und nicht-kausalen Effekte ergeben im Ergebnis wieder die im Ausgang betrachtete Korrelation rx_1,y_2 in Höhe von 0,45:

$$1,083 + (-0,633) = 0,45$$

Neben dieser detaillierten Bestimmung kausaler und nicht-kausaler Effekte kann der *gesamte korrelative Effekt* vereinfacht auch durch *Subtraktion* des totalen kausalen Effektes von der jeweils beobachteten Korrelation der endogenen mit der unabhängigen Variablen bestimmt werden. Abbildung 3.8 zeigt die vereinfachte Vorgehensweise im Überblick.

Für unser Beispiel 2 zeigen sich jeweils hohe kausale, aber auch hohe korrelative Effekte. Die hohen korrelativen Effekte sollten den Hotelbetreiber dazu veranlassen, seine Vermutungen (sein Modell) nochmals zu überdenken und im Hinblick auf die Wirksamkeit weiterer exogener Variablen und weiterer kausaler Zusammenhänge zwischen den betrachteten Variablen (z. B. zwischen Werbung und Vertrieb) zu prüfen.

Mit Hilfe der Pfadanalyse können unterschiedliche Typen von Modellen analysiert werden, wobei eine Unterscheidung nach rekursiven und nicht-rekursiven Modellen vorgenommen wird. Eine Darstellung dieser Modelle findet sich in Abb. 3.9. Als *rekursiv* wird ein Modell dann bezeichnet, wenn alle Variable paarweise durch Wirkungspfeile miteinander verbunden sind und in eine eindeutige Reihenfolge gebracht werden können. Hier weisen alle Kausalpfeile in die gleiche Richtung, d.h. es bestehen *keine Rückkopplungen* zwischen den Variablen. Solche Modelle werden als rekursiv bezeichnet, da die

Aufklärung der endogenen Variablen „*rückwärtsschreitend*" erfolgt. Sind in einem rekursiven Modell *alle möglichen Verbindungen* zwischen den Variablen enthalten, so wird es auch als „*voll-rekursiv*" bzw. „*saturiert*" bezeichnet. In einem Voll-rekursiven Kausalmodell sind alle Korrelationen zwischen den betrachteten Variablen kausal interpretiert und somit sind auch keine nicht-kausalen (korrelativen) Effekte mehr im Modell enthalten. Im Unterschied zu rekursiven Modellen liegen *nicht-rekursive Modelle* dann vor, wenn die Kausalpfeile *nicht* alle in die gleiche Richtung weisen und *Rückkopplungen* zwischen Variablen auftreten. Allerdings lassen sich nicht-rekursive Modelle nicht mehr mit multiplen Regressionsanalysen überprüfen, sondern es bedarf hierzu eigener Ansätze, wie sie z. B. in den Programmpaketen LISREL, EQS und AMOS enthalten sind.

3.2.3 Zusammenfassende Empfehlungen

Pfadanalysen setzen voraus, dass der Anwender über möglichst weit reichende theoretische und/oder sachlogische Kenntnisse verfügt, die es ihm erlauben, eine hinreichend begründete *a-priori-Formulierung* der zwischen den betrachteten Variablen bestehenden Kausalzusammenhänge zu formulieren. Die Pfadanalyse dient dann als *konfirmatorisches Datenanalyseinstrument* der Prüfung eines vom Anwender formulierten Kausalmodells. Allerdings ist auch bei der Interpretation der empirisch ermittelten Pfadkoeffizienten immer das theoretische bzw. sachlogische Hintergrundwissen heranzuziehen und die gewonnenen Parameterschätzungen sind auf Plausibilität zu prüfen. Im Unterschied zur Regressionsanalyse geht die Pfadanalyse explizit davon aus, dass Wechselwirkungen zwischen den betrachteten Variablen bestehen, so dass einzelne Variablen im Kausalmodell sowohl abhängige als auch unabhängige Variablen darstellen. Einen zusammenfassenden Überblick zu den zentralen Charakteristika der Pfadanalyse sowie deren Modellannahmen zeigt Abb. 3.10. Die Durchführung einer Pfadanalyse sollte sich an folgenden *Ablaufschritten* orientieren:

1. A-Priori-Formulierung des theoretischen Kausalmodells
2. Erstellung des zugehörigen Pfaddiagramms
3. Aufstellung des Gleichungssystems
4. Standardisierung der Daten und Berechnung der Korrelationsmatrix
5. Schätzung der Pfadkoeffizienten mit Hilfe der multiplen Regressionsanalyse für jede endogene Variable

In der Praxis werden häufig aufgrund unzureichenden theoretischen Wissens voll-rekursive (saturierte) Modelle definiert, so dass „nur" noch die Reihenfolge der betrachteten Variablen zu bestimmen ist. Aufgrund der Parameterschätzungen werden dann im zweiten Schritt Kausalpfade mit geringen bzw. Null-Werten aus dem Modell ausge-

Zentrale Charakteristika der Pfadanalyse:

- Voraussetzung der Pfadanalyse ist die *a-priori-Formulierung* von theoretisch und/oder sachlogisch begründeten kausalen Zusammenhängen (Kausalmodell), wobei eine Unterscheidung in endogene, intervenierende und exogene Variable vorgenommen wird. Alle Variablen werden auf *metrischem Skalenniveau* gemessen.
- Es werden *Wechselwirkungen* zwischen Variablen betrachtet, d. h. eine Variable kann gleichzeitig abhängige (endogene) und unabhängige Variable (Prädiktorvariable) sein. Es werden immer *mehrere abhängige Variablen* gleichzeitig betrachtet. Bei nur einer abhängigen Variablen enthält die Pfadanalyse die Regressionsanalyse als Spezialfall.
- Die Beziehungen zwischen den Variablen im Kausalmodell werden durch ein sog. *Pfaddiagramm* grafisch verdeutlicht.
- Für jede endogene Variable wird eine Regressionsgleichung erstellt. Zur *Schätzung der Pfadkoeffizienten* ist für jede Gleichung einer endogenen Variablen eine (multiple) Regressionsanalyse durchzuführen. Dabei ist als *Eingabematrix die Korrelationsmatrix* der Variablen zu verwenden, und die Variablen sind als „standardisiert" zu deklarieren. In diesem Fall entsprechen die Pfadkoeffizienten den *standardisierten partiellen Regressionskoeffizienten*. Die Pfadanalyse besteht somit aus einer „Serie" multipler Regressionsgleichungen.
- Die Pfadkoeffizienten geben Richtung und Stärke der Kausaleffekte in einem Modell an. Dabei wird der *totale kausale Effekt* einer unabhängigen Variablen auf eine abhängige Variable in einen direkten und einen indirekten Effekt zerlegt: Die Pfadkoeffizienten spiegeln die *direkten Effekte* wider, während sich der *indirekte Effekt* durch Multiplikation der Pfadkoeffizienten über die entsprechenden Pfade bestimmt.
- Die Varianz einer endogenen Variablen kann in einen durch die Prädiktorvariablen erklärten Varianzanteil und in einen nicht-erklärten Varianzanteil zerlegt werden. Der Einfluss von Drittvariablen auf eine endogene Variable wird durch die Störgrößen (Messfehlervariablen9 sichtbar gemacht.

Modellannahmen:

- Eine Variable muss einer anderen Variablen kausal vorangehen.
- Es bestehen lineare und additive Beziehungen zwischen den Variablen.
- Es werden metrisch skalierte und standardisierte Variable betrachtet, die ohne Messfehler erhoben werden können.
- Die Residuen sind normalverteilt.
- Die Residualpfade der endogenen Variablen sind unkorreliert und korrelieren auch nicht mit den exogenen Variablen. Aufgrund dieser Annahme können die Pfadkoeffizienten mit Hilfe der Kleinst-Quadrat-Methode durch getrennte Regressionsanalysen ermittelt werden.
- Keine Multikollinearität bei exogenen und intervenierenden Variablen.

Abb. 3.10 Steckbrief zur Pfadanalyse

schlossen. Letztendlich widerspricht diese Vorgehensweise aber der geforderten a-priori-Fundierung eines Kausalmodells und dem konfirmatorischen Charakter der Pfadanalyse. Der Pfadanalyse angemessen wäre der Ausschluss irrelevanter Effekte (Pfadkoeffizienten = Null) nur aufgrund fundierter theoretischer oder sachlogischer Kenntnisse und somit die Formulierung Teil-rekursiver Modelle.

Besteht Unsicherheit darüber, ob eine errechnete Korrelation auch theoretisch haltbar ist, so können mögliche Störfaktoren mit Hilfe der partiellen Korrelation (vgl. Formel (2.9)) herausgefiltert werden. Bei teil-rekursiven Systemen besteht häufig das Problem der Eindeutigkeit des Kausalmodells, da sich meistens mehrere Kausalmodelle finden lassen, die mit einer gegebenen Kovarianzstruktur kompatibel sind. In diesen Fällen kann der Vergleich mehrerer Modelle sinnvoll sein (vgl. Kap. 11.3.3).

3.3 Strukturgleichungsmodelle mit latenten Variablen: Kausalanalyse

3.3.1 Charakteristika und Ablaufschritte von SGM mit latenten Variablen

Im Gegensatz zu SGM mit manifesten Variablen ist bei SGM mit latenten Variablen zusätzlich eine *Operationalisierung* der betrachteten latenten Größen erforderlich. Zu diesem Zweck werden mit Hilfe von sog. *Messmodellen* empirische Beobachtungswerte für die latenten Variablen ermittelt. SGM mit latenten Variablen unterscheiden sich von solchen mit ausschließlich manifesten Variablen deshalb vor allem dadurch, dass dem *Strukturmodell* noch die *Messmodelle* der latenten Variablen „angehängt" sind. Damit können SGM mit latenten Variablen aber als *„allgemeiner Fall"* der SGA bezeichnet werden, die SGM mit manifesten Variablen als Spezialfall enthalten. Außerdem sind sie in der Lage, auch Beziehungszusammenhänge zwischen manifesten und latenten Variablen abzubilden. Aufgrund ihrer Allgemeingültigkeit werden in diesem Buch *primär* SGM mit latenten Variablen betrachtet, die in der Literatur auch unter dem Begriff *„Kausalanalyse"* behandelt werden (vgl. zu SGM mit manifesten Variablen das Kapitel zur Pfadanalyse Kap. 3.2). Allgemein bestehen SGM mit latenten Variablen (Kausalmodelle) aus drei *Teilmodellen*:

1. Das Strukturmodell bildet die theoretisch vermuteten Zusammenhänge zwischen den latenten Variablen ab. Dabei werden die endogenen Variablen durch die im Modell unterstellten kausalen Beziehungen erklärt, wobei die exogenen Variablen als erklärende Größen dienen, die selbst aber durch das Kausalmodell nicht erklärt werden.
2. Das *Messmodell der latenten exogenen Variablen* enthält die empirischen Messwerte aus der Operationalisierung der exogenen Variablen und spiegelt die vermuteten Zusammenhänge zwischen den Messwerten und den exogenen Größen wider.

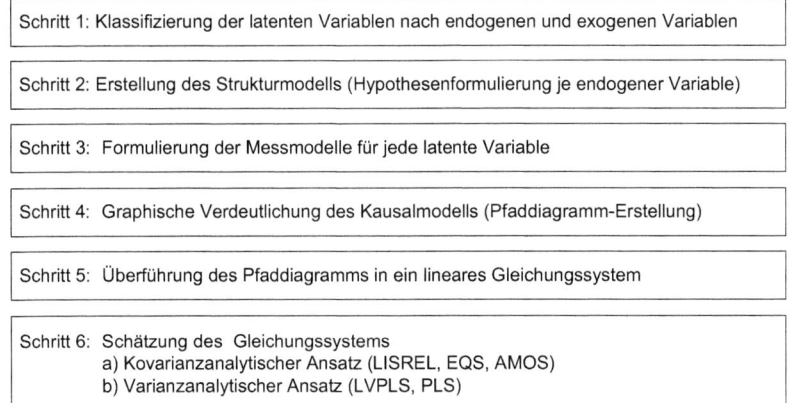

Schritt 1: Klassifizierung der latenten Variablen nach endogenen und exogenen Variablen

Schritt 2: Erstellung des Strukturmodells (Hypothesenformulierung je endogener Variable)

Schritt 3: Formulierung der Messmodelle für jede latente Variable

Schritt 4: Graphische Verdeutlichung des Kausalmodells (Pfaddiagramm-Erstellung)

Schritt 5: Überführung des Pfaddiagramms in ein lineares Gleichungssystem

Schritt 6: Schätzung des Gleichungssystems
      a) Kovarianzanalytischer Ansatz (LISREL, EQS, AMOS)
      b) Varianzanalytischer Ansatz (LVPLS, PLS)

Abb. 3.11 Ablaufschritte der Strukturgleichungsanalyse

3. Das *Messmodell der latenten endogenen Variablen* enthält die empirischen Messwerte aus der Operationalisierung der endogenen Variablen und spiegelt die vermuteten Zusammenhänge zwischen diesen Messwerten und den endogenen Größen wider.

Im Rahmen des sog. PLS-Ansatzes (vgl. Kap. 3.3.3) wird das Strukturmodell auch als *„inneres Modell"* bezeichnet und die Messmodelle zusammenfassend als *„äußeres Modell"*. In diesem Kapitel werden nur die Aspekte der *Schätzmethodik* im Rahmen der Modellierung von kausalen Hypothesensystemen fokussiert, d. h. es wird unterstellt, dass ein theoretisch oder sachlogisch eingehend fundiertes Hypothesensystem bereits vorliegt. Alle kausalanalytischen Ansätze folgen dann den in Abb. 3.11 dargestellten allgemeinen Ablaufschritten:

In Teil II des Buches konzentrieren sich die Ausführungen dann auf den *kovarianzanalytischen Ansatz* der Kausalanalyse, wobei hier die obigen Schritte an einem größeren Fallbeispiel im Detail mit Hilfe des Programmpaketes AMOS 21 dargestellt werden. In Kap. 15 des Buches wird das Fallbeispiel dann auch mit Hilfe des varianzanalytischen Ansatzes und dem Programmpaket SmartPLS gerechnet und dabei die Unterschiede zum kovarianzanalytischen Ansatz diskutiert.

Zur Verdeutlichung der weiteren Ausführungen in diesem Kapitel wird folgendes Beispiel verwendet:

Beispiel 3

Ein Hotelbetreiber geht aufgrund seiner bisherigen Erfahrungen davon aus, dass die wahrgenommene *Attraktivität* seiner Übernachtungsangebote sowohl die *Zufriedenheit* seiner Kunden als auch die *Kundenbindung* positiv beeinflusst. Weiterhin weiß er, dass neben der Angebotsattraktivität aber auch die Zufriedenheit die Kundenbindung bestimmt. Er möchte nun prüfen, ob seine sachlogischen Vermutungen auch empirisch gestützt werden können und wie stark die Beeinflussungseffekte sind. Da Attraktivität, Zufriedenheit und Kundenbindung hypothetische Konstrukte darstellen, möchte der Hotelbetreiber diese bei der empirischen Untersuchung über jeweils zwei direkt beobachtbare Indikatoren erheben, deren Formulierung aber noch aussteht.

3.3.1.1 Klassifizierung der Variablen und Erstellung des Strukturmodells

Schritt 1: Variablen-Klassifizierung
Schritt 2: Erstellung des Strukturmodells
Schritt 3: Formulierung der Messmodelle
Schritt 4: Erstellung des Pfaddiagramms
Schritt 5: Erstellung des linearen Gleichungssystems
Schritt 6: Schätzung des Gleichungssystems

Liegt ein theoretisch oder sachlogisch eingehend fundiertes Hypothesensystem vor, so erfordert die Kausalanalyse im ersten Schritt die Zuordnung der betrachteten latenten Variablen zu endogenen und exogenen Größen. In unserem Beispiel 3 formuliert der Hotelbetreiber den Zusammenhang zwischen drei latenten Variablen: Angebotsattraktivität, Zufriedenheit und Kundenbindung. Dabei stellt die Angebotsattraktivität die latent exogene Variable dar, da sie von keiner anderen Variablen beeinflusst wird, während Zufriedenheit und Kundenbindung die latenten endogenen Variablen bilden, deren Ausprägungen jeweils von der Attraktivität der Übernachtungsangebote bestimmt werden. Zur Kennzeichnung werden im Strukturmodell alle latenten endogenen Variablen mit dem griechischen Kleinbuchstaben Eta (η) und alle latenten exogenen Variablen mit dem griechischen Kleinbuchstaben Ksi (ξ) abgekürzt. Die allgemeine Notation von Variablen in einem vollständigen SGM ist in Abb. 3.12 zusammengefasst, wobei hier auch bereits die Abkürzungen für die Messvariablen enthalten sind.

Die Vermutungen des Hotelbesitzers sind für die SGA so aufzubereiten, dass *pro endogener Variable genau eine Hypothese* formuliert wird. Für unser Beispiel 3 ergeben sich damit folgende drei Hypothesen für die latenten endogenen Variablen (Schritt 2):

(1) Je höher die wahrgenommene Angebotsattraktivität (ξ_1), desto höher ist auch die Zufriedenheit der Kunden (η_1) mit den Übernachtungsangeboten (positiver Zusammenhang).

Abkürzung	Sprechweise	Bedeutung
η	Eta	latente endogene Variable, die im Modell erklärt wird
ξ	Ksi	latente exogene Variable, die im Modell *nicht* erklärt wird
y	---	manifeste Messvariable für eine latente endogene Variable
x	---	manifeste Messvariable für eine latente exogene Variable
ε	Epsilon	Störgröße für eine Messvariable y
δ	Delta	Störgröße für eine Messvariable x
ζ	Zeta	Störgröße für eine latente endogene Variable

Abb. 3.12 Variablen-Notation in einem allgemeinen SGM

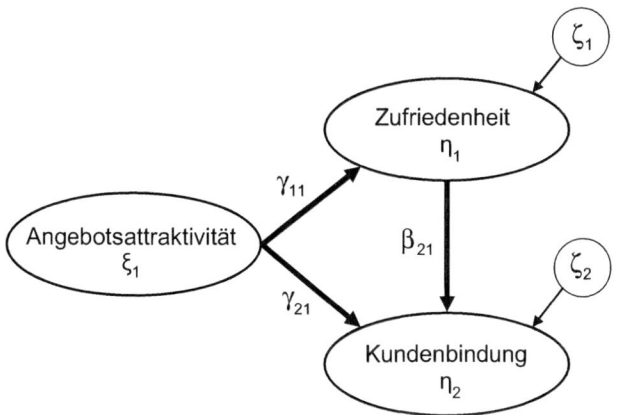

Abb. 3.13 Strukturmodell im Beispiel 3

(2) Je höher die wahrgenommene Angebotsattraktivität (ξ_1), desto größer ist auch die Kundenbindung (η_2) (positiver Zusammenhang).

(3) Je größer die Zufriedenheit (η_1), desto höher ist auch die Bindung der Kunden (η_2) an das Hotel (positiver Zusammenhang).

Die obigen Hypothesen bilden zusammen das *Strukturmodell*, das sich wie in Abb. 3.13 dargestellt grafisch verdeutlichen lässt:

Im Strukturmodell werden die latenten Variablen immer als Ellipsen dargestellt. Die vermuteten Kausalbeziehungen werden durch Pfeile verdeutlicht, wobei von exogenen Variablen immer nur Pfeile ausgehen und auf endogene Variablen immer mindestens eine Pfeilspitze hinzeigt. Weiterhin sind in obigem Strukturmodell auch die Fehlervariablen der beiden endogenen Variablen eingetragen, die mit Zeta (ζ) abgekürzt werden (vgl. auch die Konstruktionsregeln in Abb. 3.18).

3.3.1.2 Typen von Messmodellen der Kausalanalyse

Schritt 1: Variablen-Klassifizierung

Schritt 2: Erstellung des Strukturmodells

Schritt 3: Formulierung der Messmodelle

Schritt 4: Erstellung des Pfaddiagramms

Schritt 5: Erstellung des linearen Gleichungssystems

Schritt 6: Schätzung des Gleichungssystems

Latente Variablen sind dadurch gekennzeichnet, dass sie sich einer direkten Beobachtbarkeit auf der empirischen Ebene entziehen. Entsprechend bedürfen sie einer Operationalisierung, mit deren Hilfe sich Messwerte für die latenten Variablen ermitteln lassen (Schritt 3). Die folgenden Betrachtungen werden zunächst allgemein auf die im Rahmen der SGA relevanten Typen von Messmodellen konzentriert, und erst am Ende dieses Kapitels (vgl. Abb. 3.16) wird eine Konkretisierung für Beispiel 3 vorgenommen.

Der einfachste Fall zur Messung hypothetischer Konstrukte liegt in der *direkten Einschätzung* einer latenten Variablen bzw. eines hypothetischen Konstruktes mit Hilfe einer Intensitäts- oder Bewertungsskala. So könnten in unserem Beispiel 3 z. B. die Konstrukte Attraktivität, Zufriedenheit und Kundenbindung mit Hilfe von Ratingskalen wie folgt *direkt* abgefragt werden:

Wie *attraktiv* empfinden Sie die Hotelangebote?
1 = sehr gut bis 6 = ungenügend

Wie *zufrieden* sind Sie mit ihrem Hotelaufenthalt gewesen?
1 = sehr zufrieden bis 6 = sehr unzufrieden

Wie stark ist ihre Bindung an das Hotel?
1 = gering bis 6 = sehr hoch

Die Problematik, die sich bei solchen „Globalabfragen" ergibt, ist darin zu sehen, dass bei einer direkten Abfrage die Befragten mit einem Konstrukt jeweils ein sehr unterschiedliches Verständnis verbinden können und damit Messungen über mehrere Personen nicht vergleichbar sind. Weiterhin widerspricht eine solche globale Abfrage dem *Charakter* von hypothetischen Konstrukten, da sie sich häufig aus mehreren Dimensionen zusammensetzen. Zur Messung von hypothetischen Konstrukten, bei denen keine direkten Verhaltens- oder Konstruktbeobachtungen möglich sind, ist deshalb ihre Erschließung über *Messmodelle* erforderlich.

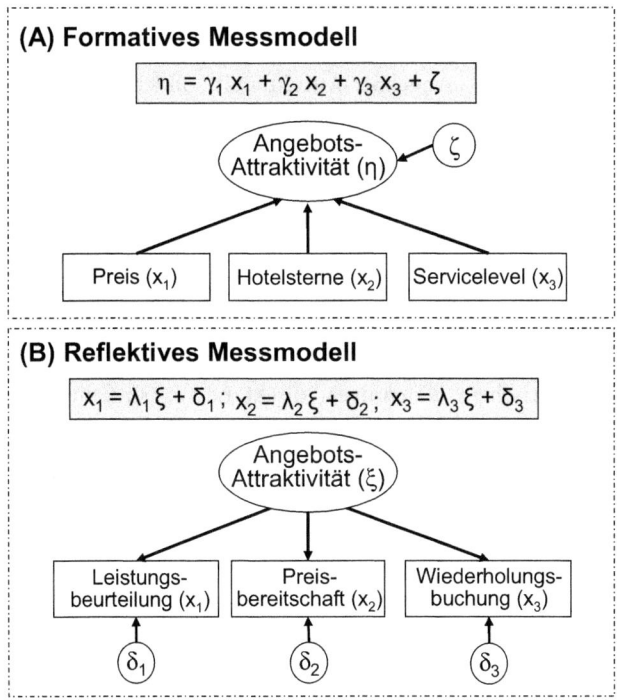

(A) Formatives Messmodell

$$\eta = \gamma_1 x_1 + \gamma_2 x_2 + \gamma_3 x_3 + \zeta$$

Angebots-Attraktivität (η) ζ

Preis (x_1)   Hotelsterne (x_2)   Servicelevel (x_3)

(B) Reflektives Messmodell

$$x_1 = \lambda_1 \xi + \delta_1 \, ; \; x_2 = \lambda_2 \xi + \delta_2 \, ; \; x_3 = \lambda_3 \xi + \delta_3$$

Angebots-Attraktivität (ξ)

Leistungs-beurteilung (x_1)   Preis-bereitschaft (x_2)   Wiederholungs-buchung (x_3)

δ_1 δ_2 δ_3

Abb. 3.14 Reflektive versus formative Messmodelle

Messmodelle für latente Variable
Messmodelle enthalten Anweisungen, wie einer latenten Variablen bzw. einem hypothetischen Konstrukt ein beobachtbarer Sachverhalt zugewiesen (= Operationalisierung) und durch Zahlen erfasst (= Messung) werden kann. Das Ergebnis der Messung wird in einer Messvariablen abgebildet, die empirisch direkt beobachtbar ist und somit eine manifeste Variable darstellt.

Zur Entwicklung von Messmodellen ist zunächst immer auf einer theoretischen oder sachlogischen Grundlage zu klären, was unter einem *Konstrukt* zu verstehen ist, um auf dieser Basis dann eine Operationalisierung des Konstruktes (vgl. Kap. 6) vornehmen zu können. Nach Blalock (1964, S. 163) lassen sich *zwei Arten von Messmodellen* zur Operationalisierung hypothetischer Konstrukte unterscheiden, die in Abb. 3.14 exemplarisch für das Konstrukt „Angebots-Attraktivität" aus unserem Beispiel 3 gegenübergestellt sind:

Formative Messmodelle folgen einem *regressionsanalytischen Ansatz* mit der Besonderheit, dass für die latente Variable als abhängige Größe der Regressionsbeziehung *keine* empirischen Messwerte verfügbar sind und diese deshalb in Relation zu anderen latenten Variablen geschätzt werden müssen. So unterstellt das in Abb. 3.14 dargestellte Beispiel, dass der „Preis (x_1)", „die Hotelsterne (x_2)" und der „Servicelevel (x_3)" eines Hotels jeweils auf metrischem Skalenniveau direkt messbar sind und *verursachende Größen* des hypothetischen Konstruktes „Angebots-Attraktivität" bilden, welches dann in Relation zu mindestens zwei weiteren latenten Variablen wie z. B. „Zufriedenheit" und „Kundenbindung" empirisch geschätzt wird.

Demgegenüber folgen *reflektive Messmodelle* einem *faktoranalytischen Ansatz* und unterstellen, dass hohe Korrelationen zwischen den Messvariablen bestehen, deren verursachende Größe die betrachtete latente Variable darstellt. In diesem Fall sind die Messvariablen so zu definieren, dass sie jeweils für sich betrachtet ein Konstrukt *in seiner Gesamtheit* möglichst gut widerspiegeln. In Abb. 3.14 wurde unterstellt, dass die Größen „Leistungsbeurteilung (x_1)", „Preisbereitschaft (x_2)" und „Wiederholungsbuchung (x_3)" auf metrischem Skalenniveau direkt messbar sind und gute Reflektoren des Konstruktes „Angebots-Attraktivität" bilden bzw. Veränderungen der Ausprägungen der „Angebots-Attraktivität" auch Veränderungen bei diesen Messvariablen bedingen.

Die obigen Darstellungen lassen erkennen, dass formativen und reflektiven Messmodellen *grundsätzlich andere Kausalhypothesen* zu Grunde liegen. Bei formativen Messmodellen wird das hypothetische Konstrukt (η) als abhängige Variable einer Kausalbeziehung verstanden, während es bei reflektiven Messmodellen die unabhängige Variable darstellt. Umgekehrt stellen die Messvariablen im formativen Messmodell die unabhängigen Variablen dar, die das Konstrukt formieren, während sie im reflektiven Messmodell jeweils die abhängige Variable bilden. Dementsprechend ist bei der Identifikation und Formulierung der Messvariablen streng darauf zu achten, in welchem Messmodell sie verwendet werden sollen, da formativ formulierte Messvariable i. d. R. nicht gleichzeitig auch als reflektive Messgrößen verwendet werden können.

Zur Identifikation von formativen bzw. reflektiven Messvariablen kann neben der unten formulierten „Kernfrage" auch der in Abb. 3.15 dargestellte Fragenkatalog von Jarvis et al. (2003, S. 203) herangezogen und damit die korrekte Formulierung formativer oder reflektiver Messvariablen gestützt werden.

Kernfrage zur Identifikation reflektiver bzw. formativer Messvariable
„Bewirkt die Veränderung in der Ausprägung einer Messvariablen eine Veränderung in der Ausprägung der latenten Variablen ($=$ formativ) oder bewirkt die Veränderung in der Ausprägung der latenten Variablen eine Veränderung in der Ausprägung der Messvariablen ($=$ reflektiv)?"

Da der zentrale Unterschied zwischen reflektiven und formativen Messmodellen in der *Umkehrung der Beziehungsrichtung* bzw. der unterstellten Kausalität zwischen den Messvariablen und einer latenten Variablen liegt, erfordern sie auch bei der Überprüfung

Kriterium	Formatives Messmodell	Reflektives Messmodell
Kausalitäts-Richtung	Von den MV zum Konstrukt	Vom Konstrukt zu den MV
• Sind die MV definierende Merkmale *oder* Erscheinungs-formen des Konstrukts?	MV sind definierende Merkmale des Konstrukts	MV sind Erscheinungsformen des Konstrukts
• Führen veränderte MV-Ausprägungen zu Veränderungen des Konstrukts?	Ausprägungen der MV sollten zu Veränderungen des Konstrukts führen	Konstruktveränderungen sollten zu Veränderungen der MV-Ausprägungen führen
Austauschbarkeit von MV	MV müssen *nicht* austauschbar sein	MV sollten austauschbar sein
• Haben die MV ähnliche Inhalte und ein „gemeinsames Thema"?	MV müssen nicht denselben Inhalt oder ein gemeinsames Thema haben	MV sollten denselben Inhalt oder ein gemeinsames Thema haben
• Verändert der Ausschluss einer MV den konzeptionellen Konstrukt-Rahmen?	Könnte den konzeptionellen Rahmen des Konstrukts verändern	Sollte den konzeptionellen Rahmen des Konstrukts nicht verändern
Kovariation zwischen den MV	MV müssen nicht zwingend kovariieren	MV sollten möglichst kovariieren
Nomologisches Netz der MV	Nomologisches Netz der MV kann sich unterscheiden	Nomologisches Netz der Indikatoren sollte sich *nicht* unterscheiden
• Sollten die MV dieselben Antezedenzen und Konsequenzen haben?	Indikatoren müssen nicht dieselben Antezedenten und Konsequenzen haben	Indikatoren müssen dieselben Antezedenzen und Konsequenzen haben
MV = Manifeste (Mess-) Variable		

Abb. 3.15 Entscheidungskriterien zur Identifikation formativer und reflektiver Indikatorvariablen. (In Anlehnung an: Jarvis, MacKenzie & Podsakoff 2003, S. 203)

unterschiedliche Instrumente. Während reflektive Messmodelle mit Hilfe der *kon-firmatorischen Faktorenanalyse* überprüft werden, ist für formative Messmodelle ein *regressionsanalytischer* Ansatz erforderlich. Sowohl der kovarianzanalytische Ansatz (LIS-REL; AMOS) als auch der varianzanalytische Ansatz (PLS) können *beide* Formen von Messmodellen modellieren und auch gemeinsam in einem Kausalmodell überprüfen.

Latente Variable im Rahmen der Strukturgleichungsanalyse
Latente Variablen werden im kovarianzanalytischen Ansatz als hypothetische Grö-ßen im Sinne der Faktorenanalyse modelliert, während der varianzanalytische Ansatz für die latenten Variablen konkrete Konstruktwerte als Linearkombination aus den erhobenen Daten errechnet.

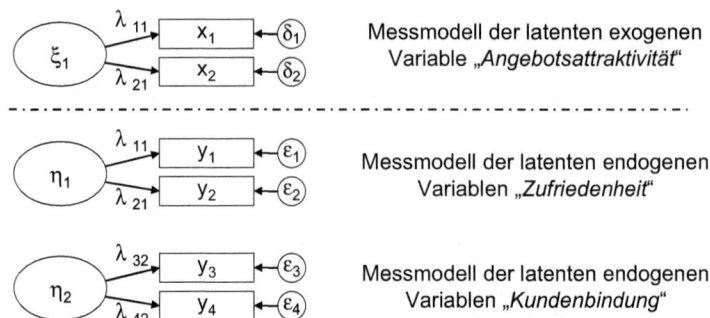

Abb. 3.16 Reflektive Messmodelle der latenten Variablen in Beispiel 3

Zu beachten ist dabei allerdings die Form, *wie* beide Ansätze *latente Variable* modellieren (vgl. Kap. 3.3.4) Weiterhin ist darauf hinzuweisen, dass Konstrukte, die im *kovarianzanalytischen Ansatz* mit Hilfe eines *formativen* Messmodells erfasst werden sollen, sich nur im Rahmen des *Strukturmodells* spezifizieren lassen (vgl. Kap. 12.3). Demgegenüber können im *varianzanalytischen Ansatz* formative Konstrukte direkt als Regressionsbeziehungen mit den Messvariablen spezifiziert und in Verbindung mit anderen latenten Größen geschätzt werden.

Bei vielen praktischen, aber auch wissenschaftlichen Anwendungen wird dem Unterschied zwischen reflektiven und formativen Messmodellen jedoch nicht hinreichend Beachtung geschenkt: So stellen z. B. Fassott und Eggert (2005) in einer Metaanalyse von 25 Beiträgen mit insgesamt 135 latenten Variablen, die in der Fachzeitschrift „Marketing ZFP" erschienen sind, fest, dass in allen Untersuchungen die betrachteten Konstrukte zwar als reflektiv behandelt wurden, aber „in 109 Fällen (80,7 %) [. . .] die Indikatoren so formuliert [waren], dass aus messtheoretischer Sicht eine formative Operationalisierung angebracht gewesen wäre" (Fassott und Eggert 2005, S. 44). In einer analog angelegten Studie kommt Eberl (2004, S. 22 f.) zu dem Ergebnis, dass auch in dem international renommierten „Journal of Marketing" von 353 latenten Variablen aus 34 Beiträgen 11 % fälschlicherweise als reflektiv spezifiziert wurden.

Bezüglich der Messmodelle in Beispiel 3 (*Schritt 3*) wird zunächst davon ausgegangen, dass alle drei latenten Variablen durch jeweils zwei noch nicht näher spezifizierte Messvariable *reflektiv* erhoben werden, d. h. sie stellen beobachtbare Erscheinungsformen der latenten Variablen in der Wirklichkeit dar. Da die Messvariablen direkt beobachtbar sind, stellen sie *manifeste* Variable dar, die zur Unterscheidung von den latenten Variablen mit lateinischen Kleinbuchstaben abgekürzt werden. Dabei werden die Messvariablen der latenten exogenen Variablen allgemein mit „x" und die Messvariablen der latenten endogenen Variablen mit „y" bezeichnet. Im Pfaddiagramm werden sie jeweils durch „Kästen" eingefasst. Für die latenten Variablen in unserem Beispiel 3 zeigt Abb. 3.16 die entsprechenden Darstellungen bei unterstellter Verwendung von jeweils zwei reflektiven Messvariablen für jedes hypothetische Konstrukt.

In der obigen Darstellung wurden auch bereits die Messfehlervariablen aufgenommen, die bei reflektiven Messmodellen für die Messvariablen von latenten exogenen Variablen allgemein mit Delta (δ) und für diejenigen von latenten endogenen Variablen mit Epsilon (ϵ) abgekürzt werden.

3.3.1.3 Pfaddiagramm für ein vollständiges Strukturgleichungsmodell mit latenten Variablen

Schritt 1: Variablen-Klassifizierung

Schritt 2: Erstellung des Strukturmodells

Schritt 3: Formulierung der Messmodelle

Schritt 4: Erstellung des Pfaddiagramms

Schritt 5: Erstellung des linearen Gleichungssystems

Schritt 6: Schätzung des Gleichungssystems

Zur Visualisierung eines theoretisch und/oder sachlogisch aufgestellten Hypothesensystems wird dieses zunächst in einem sog. *Pfaddiagramm* grafisch verdeutlicht (Schritt 4). Darüber hinaus hilft das Pfaddiagramm aber auch dabei, nochmals die Logik der theoretischen Überlegungen zu prüfen und erleichtert weiterhin die erforderliche Formulierung des Hypothesensystems in einem Gleichungssystem. Das Pfaddiagramm eines vollständigen SGM mit latenten Variablen besteht aus dem Strukturmodell und den Messmodellen für die latenten endogenen sowie latenten exogenen Variablen. Für unser Beispiel 3 lässt sich das Pfaddiagramm des vollständigen SGM relativ leicht durch „Anhängen" der Messmodelle in Abb. 3.16 an das Strukturmodell aus Abb. 3.13 erstellen.

Das Pfaddiagramm eines vollständigen SGM besitzt immer folgenden Aufbau:

- Links steht das *Messmodell der latenten exogenen Variablen*. Es besteht aus x- und ξ-Variablen und den Beziehungen zwischen diesen Variablen.
- In der Mitte wird das *Strukturmodell* abgebildet. Es besteht aus ξ- und η-Variablen und den Beziehungen zwischen diesen Variablen.
- Rechts steht das *Messmodell der latenten endogenen Variablen*. Es besteht aus y- und η-Variablen und den Beziehungen zwischen diesen Variablen.

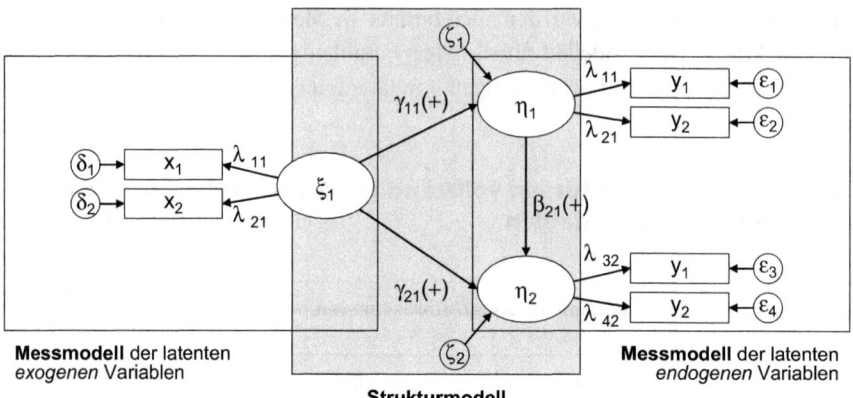

Abb. 3.17 Pfaddiagramm des vollständigen SGM für Beispiel 3

---

(1) Direkt beobachtbare (Mess-)Variablen (x und y) werden in Kästchen dargestellt, latente Variablen durch Ellipsen und Messfehlervariablen durch Kreise gekennzeichnet.

(2) Eine *kausale Beziehung* zwischen zwei Variablen (Kausalpfad) wird immer durch einen geraden Pfeil dargestellt. ($\rightarrow$).

(3) Ein Kausalpfeil hat seinen Ursprung immer bei der verursachenden (unabhängigen) Variablen und seinen Endpunkt immer bei der abhängigen Variablen.

(4) Ein Kausalpfeil hat immer nur *eine* Variable als Ursprung und *eine* Variable als Endpunkt.

(5) Je-desto-Hypothesen beschreiben kausale Beziehungen zwischen latenten Variablen, wobei die „Je-Komponente" *immer* die verursachende (ξ, η) Variable benennt und die „Desto-Komponente" die kausal abhängige (η) Größe darstellt.

(6) Der Einfluss von Störgrößen (Messfehlervariablen) wird ebenfalls durch Pfeile dargestellt, wobei der Ursprung eines Pfeils immer von der Störgröße ausgeht.

(7) Nicht kausal interpretierte *Beziehungen* werden immer durch gekrümmte Doppelpfeile dargestellt und sind *nur* zwischen latenten exogenen Variablen (ξ-Variable) oder zwischen den Messfehlervariablen (δ, ε, ζ) zulässig. ($\leftrightarrow$)

(8) Ein vollständiges Strukturgleichungsmodell besteht *immer* aus mindestens *zwei* Messmodellen und *einem* Strukturmodell.

Abb. 3.18 Allgemeine Konstruktionsregeln zur Erstellung eines Pfaddiagramms

Bei komplexeren Hypothesensystemen empfiehlt es sich, die in Abb. 3.18 zusammengefassten Konstruktionsregeln bei der Erstellung des Pfaddiagramms zu beachten, die den Konventionen entsprechen, die sich in der Anwendungspraxis herausgebildet haben.

Neben den grafischen Symbolen werden in einem Pfaddiagramm die betrachteten Variablen und Zusammenhänge auch mit Hilfe formaler Symbole gekennzeichnet, wobei die in Abb. 3.12 dargestellte Notation verwendet wird.

3.3.1.4   Erstellung des linearen Gleichungssystems

```
┌─────────────────────────────────────────────┐
│ Schritt 1:  Variablen-Klassifizierung         │
└─────────────────────────────────────────────┘

┌─────────────────────────────────────────────┐
│ Schritt 2:  Erstellung des Strukturmodells    │
└─────────────────────────────────────────────┘

┌─────────────────────────────────────────────┐
│ Schritt 3:  Formulierung der Messmodelle       │
└─────────────────────────────────────────────┘

┌─────────────────────────────────────────────┐
│ Schritt 4:  Erstellung des Pfaddiagramms       │
└─────────────────────────────────────────────┘

┌─────────────────────────────────────────────┐
│ Schritt 5: Erstellung des linearen             │
│            Gleichungssystems                   │
└─────────────────────────────────────────────┘

┌─────────────────────────────────────────────┐
│ Schritt 6:  Schätzung des                      │
│             Gleichungssystems                  │
└─────────────────────────────────────────────┘
```

Die SGA erfordert die Überführung des formulierten Hypothesensystems in ein Gleichungssystem (Schritt 5). Zu diesem Zweck ist für jede endogene Variable genau eine Gleichung zu formulieren, die die zugehörigen intervenierenden und exogenen Variablen als abhängige Größen enthält. Mit Hilfe des Pfaddiagramms lassen sich die Gleichungen relativ leicht formulieren, wobei allgemein *lineare Beziehungen* zwischen den Gleichungen unterstellt werden. Im Folgenden wird zunächst das Gleichungssystem für Beispiel 3 formuliert und dann in allgemeingültiger Form aufgestellt. Weiterhin werden die grundlegenden Annahmen der SGA sowie die Lösbarkeit (Identifizierbarkeit) eines Gleichungssystems besprochen.

Gleichungssystem und Parametermatrizen

Obwohl das Pfaddiagramm im Wesentlichen der Visualisierung eines Hypothesensystems dient, so kann mit seiner Hilfe aber auch das lineare Gleichungssystem, dessen Parameter im Rahmen der SGA geschätzt werden, leichter erstellt werden (Schritt 5). Mit Hilfe der in Abb. 3.19 dargestellten Regeln lassen sich die Gleichungen bestimmen:[4]

Es sei unterstellt, dass alle Messvariablen bei K Objekten erhoben und diese Ausgangsdaten anschließend *standardisiert* wurden. Aufgrund der Standardisierung entsprechen die Effektgrößen den Pfadkoeffizienten, und es kann der konstante Term der Gleichungen (sog. Intercepts) entfallen. Für unser Beispiel 3 ergeben sich folgende *Gleichungen*:

(A) Strukturmodell:

$$(1)\ \eta_1 = \qquad \gamma_{11}\xi_1 + \zeta_1$$

$$(2)\ \eta_2 = \beta_{21}\eta_1 + \gamma_{21}\xi_1 + \zeta_2$$

---

[4] Die Programmpakete AMOS und SmartPLS generieren das mathematische Gleichungssystem auf Basis des vom Anwender erstellten Pfaddiagramms automatisch. Es gibt allerdings auch Programmpakete, die explizit die Spezifikation des Kausalmodells in Matrizenschreibweise verlangen.

(1) Für jede abhängige (x, y und η) Variable ist genau eine Gleichung zu formulieren.

(2) Abhängige Variablen sind Variablen, auf die im Pfaddiagramm ein Pfeil hinzeigt.

(3) Unabhängige Variablen sind Variablen, von denen im Pfaddiagramm ein Pfeil aus-geht.

(4) Variablen, auf die ein Pfeil hinzeigt, stehen links vom Gleichheitszeichen und Vari-ablen, von denen ein Pfeil ausgeht, stehen rechts vom Gleichheitszeichen.

(5) Die Pfeile des Pfaddiagramms werden mathematisch durch Pfadkoeffizienten repräsentiert, deren Größe die Stärke des jeweiligen Zusammenhangs angibt.

Abb. 3.19 Regeln zur mathematischen Abbildung des Pfaddiagramms in einem linearen Glei-chungssystem

(1) Ein vollständiges Strukturgleichungsmodell besteht immer aus drei Matrizen-Gleichungen: Zwei für die Messmodelle und eine für das Strukturmodell.

(2) Die Koeffizienten zwischen je zwei Variablengruppen (λ_x und λ_y für die Mess-modelle sowie γ für das Strukturmodell) werden in einer Matrix zusammenge-fasst, wobei alle Matrizen durch griechische Großbuchstaben entsprechend den Bezeichnungen der Koeffizienten gekennzeichnet werden.

(3) Die Variablen selbst werden als *Spaltenvektoren* aufgefasst und zur Kennzeich-nung werden die *griechischen Kleinbuchstaben beibehalten*.

Abb. 3.20 Regeln zur Darstellung eines Strukturgleichungssystems in Matrizenschreibweise

(B) Reflektives Messmodell der latenten endogenen Variablen:

$$(3)\, y_1 = \lambda_{11}\, \eta_1 + \varepsilon_1$$

$$(4)\, y_2 = \lambda_{21}\, \eta_1 + \varepsilon_2$$

$$(5)\, y_3 = \lambda_{32}\, \eta_2 + \varepsilon_3$$

$$(6)\, y_4 = \lambda_{42}\, \eta_2 + \varepsilon_4$$

(C) Reflektives Messmodell der latenten exogenen Variablen:

$$(7)\, x_1 = \lambda_{11}\xi_1 + \delta_1$$

$$(8)\, x_2 = \lambda_{21}\xi_1 + \delta_2$$

Das Gleichungssystem lässt sich auch in Matrizenschreibweise abbilden, wobei die in Abb. 3.20 zusammengefassten Regeln zu beachten sind:

Die Gl. (1) bis (8) unseres Beispiels 3 lassen sich wie folgt auch in *Matrizenschreibweise* fassen:

(A) Strukturgleichungsmodell

$$\begin{bmatrix} \eta_1 \\ \eta_2 \end{bmatrix} = \begin{bmatrix} 0 & 0 \\ \beta_{21} & 0 \end{bmatrix} \cdot \begin{bmatrix} \eta_1 \\ \eta_2 \end{bmatrix} + \begin{bmatrix} \gamma_{11} \\ \gamma_{21} \end{bmatrix} \cdot \xi_1 + \begin{bmatrix} \zeta_1 \\ \zeta_2 \end{bmatrix}$$

oder allgemein:

$$\eta = B \cdot \eta + \Gamma \cdot \xi + \zeta \tag{3.3}$$

Bei der Bestimmung der Koeffizientenmatrizen B und Γ entsteht das Problem, dass für die latenten Variablen keine empirischen Beobachtungswerte vorliegen. Sie müssen deshalb mit Hilfe der manifesten Variablen aus den Messmodellen geschätzt werden.

(B) Reflektives Messmodell der latenten endogenen Variablen

$$
\begin{bmatrix} y_1 \\ y_2 \\ y_3 \\ y_4 \end{bmatrix}
=
\begin{bmatrix} \lambda_{11} & 0 \\ \lambda_{21} & 0 \\ 0 & \lambda_{32} \\ 0 & \lambda_{42} \end{bmatrix}
\cdot
\begin{bmatrix} \eta_1 \\ \eta_2 \end{bmatrix}
+
\begin{bmatrix} \varepsilon_1 \\ \varepsilon_2 \\ \varepsilon_3 \\ \varepsilon_4 \end{bmatrix}
$$

oder allgemein:

$$y = \Lambda_y \cdot \eta + \varepsilon \tag{3.4}$$

Dabei stellt Λ_y die Matrix der Pfadkoeffizienten dar, ε sind die Residuen und η der Vektor der latenten endogenen Variablen. Im Messmodell wird unterstellt, dass sich die Korrelationen zwischen den direkt beobachtbaren Messvariablen (y) auf den Einfluss der latenten Variablen (η) zurückführen lassen, d. h. die Korrelationen der Messvariablen werden *nicht* kausal interpretiert. Die latenten Variablen bestimmen damit als verursachende Größen den Beobachtungswert der Messvariablen. Mit dieser Überlegung folgt dieses reflektive Messmodell dem Denkansatz der *Faktorenanalyse* (genauer: der Hauptachsenanalyse), und die Matrix der Pfadkoeffizienten entspricht hier einer Faktorladungsmatrix. Allerdings ist zu beachten, dass die Rechenoperationen dadurch komplexer werden, da zwischen den endogenen Variablen direkte kausale Abhängigkeiten zulässig sind. In unserem Beispiel 3 weist die endogene Größe η_1 einen direkten Effekt auf die endogene Größe η_2 auf.

(C) Reflektives Messmodell der latenten exogenen Variablen

$$
\begin{bmatrix} x_1 \\ x_2 \end{bmatrix}
=
\begin{bmatrix} \lambda_{11} \\ \lambda_{21} \end{bmatrix}
\cdot \xi_1 +
\begin{bmatrix} \delta_1 \\ \delta_2 \end{bmatrix}
$$

oder allgemein:

$$x = \Lambda_x \cdot \xi + \delta \tag{3.5}$$

Dabei stellt Λ_x die Matrix der Pfadkoeffizienten dar, und δ sind die Residuen und ξ der Vektor der exogenen latenten Variablen. Auch dieses reflektive Messmodell folgt dem *Denkansatz der Faktorenanalyse*, wobei hier jedoch zwischen den latenten exogenen Variablen nur korrelative, aber keine kausalen Effekte zulässig sind.

Die obigen Einzel-Gleichungen (1) bis (8) wurden entsprechend unserem Beispiel 3 spezifiziert, während die Matrizengleichungen auch in allgemeiner Form gelten. Das bedeutet, dass die Zahl der x-, y-, η- und ξ-Variable im Prinzip beliebig ist und ihre genaue Zahl aus dem betrachteten Hypothesensystem abzuleiten ist. Die allgemeine Form eines vollständigen Strukturgleichungssystems ist nochmals in (3.6) zusammengefasst, wobei hier auch die Spezifikationen bei formativen Messmodellen aufgenommen wurden.

Gleichungen eines vollständigen Strukturgleichungssystems:
   (A) Gleichung des Strukturmodells:

$$\eta = B\,\eta + \Gamma\xi + \zeta$$

   (B) Gleichung der Messmodelle der latenten endogenen Variablen:

$$\text{(b.1) reflektiv: } y = \Lambda_y\,\eta + \varepsilon$$
$$\text{(b.2) formativ: } \eta = \gamma_y\,y + \zeta \qquad\qquad (3.6)$$

   (C) Gleichung der Messmodelle der latenten exogenen Variablen:

$$\text{(c.1) reflektiv: } x = \Lambda_x\,\xi + \delta$$
$$\text{(c.2) formativ: } \eta = \gamma_x\,x + \zeta$$

Während der *varianzanalytische Ansatz* der Kausalanalyse explizit sowohl für latente endogene als auch für latente exogene Variable formative Messmodelle verarbeiten kann, müssen im *kovarianzanalytischen Ansatz* formative Messmodelle immer über das Strukturmodell mit Hilfe von endogenen Variablen in der Variante (b.2) spezifiziert werden. Weiterhin ist zu beachten, dass die obige Notation *typisch* für den kovarianzanalytischen Ansatz ist, während im varianzanalytischen Ansatz häufig auch abweichende Notationen verwendet werden, die aber inhaltlich die gleichen Zusammenhänge widerspiegeln.

Neben den Matrizen der Effektgrößen im Strukturmodell (B und Γ)[5] sowie denen in den Messmodellen (Λ_x und Λ_y) werden bei der Schätzung des Gleichungssystems auch noch die Kovarianz- bzw. Korrelationsmatrix der latenten exogenen Variablen (Φ) und die Kovarianzmatrizen der Störgrößen bzw. Messfehlervariablen (Ψ, Θ_ε und Θ_δ) geschätzt. Ein vollständiges Strukturgleichungssystem besteht somit aus *acht Parametermatrizen*, die nochmals in Abb. 3.21 zusammenfassend dargestellt sind.

Im konkreten Anwendungsfall ist für alle acht Parametermatrizen zu bestimmen, welche Parameter zu schätzen sind (freie Parameter) und welche nicht relevant sind (Null-Parameter). Diese Entscheidung ist auf der Grundlage des jeweils betrachteten Hypothesensystems sachlogisch zu fällen. Sind durch die acht Parametermatrizen die in den Ausgangshypothesen formulierten kausalen Beziehungen mathematisch spezifiziert,

---

[5] Die Matrix **B** ist auf der Hauptdiagonale mit Nullen besetzt, und die Differenzmatrix (**I** – **B**) muss invertierbar sein, damit das Gleichungssystem lösbar ist. Die Matrix **I** stellt dabei die Einheitsmatrix dar.

Abkürzung	Sprechweise	Bedeutung
Λ_y	Lambda-y	Koeffizientenmatrix der Pfade zwischen y und η-Variablen
Λ_x	Lambda-x	Koeffizientenmatrix der Pfade zwischen x und ξ-Variablen
B	Beta	Koeffizientenmatrix der postulierten Beziehungen zwischen η-Variablen
Γ	Gamma	Koeffizientenmatrix der postulierten Beziehungen zwischen den ξ und η-Variablen
Φ	Phi	Matrix der Kovarianzen zwischen den ξ-Variablen
Ψ	Psi	Matrix der Kovarianzen zwischen den ζ-Variablen
Θ_ε	Theta-Epsilon	Matrix der Kovarianzen zwischen den ε-Variablen
Θ_δ	Theta-Delta	Matrix der Kovarianzen zwischen den δ-Variablen

Abb. 3.21 Parametermatrizen eines vollständigen Strukturgleichungssystems

so kann die Schätzung der einzelnen Parameter erfolgen. Da den beiden Varianten der SGA unterschiedliche Schätzverfahren zu Grunde liegen, werden diese gesondert in den Kap. 3.3.2 und 3.3.3 behandelt.

Annahmen der SGA mit latenten Variablen

Die SGA mit latenten Variablen versucht eine Schätzung der Modellparameter so vorzunehmen, dass die empirische Varianz-Kovarianz-Matrix (kovarianzanalytischer Ansatz) bzw. die empirischen Ausgangsdaten (varianzanalytischer Ansatz) möglichst genau reproduziert werden können. Dabei kann zwischen Messfehlern in den postulierten Kausalbeziehungen durch die Größen ζ und Fehlern in den durchgeführten Messungen (über die Größen δ und ε) unterschieden werden. Während die *Kovarianzstrukturanalyse* in der Lage ist, diese Messfehler explizit „herauszurechnen" und damit die Messfehlervarianzen die Schätzungen der Parameter des Strukturmodells *nicht* beeinflussen, kann der *varianzanalytische Ansatz* eine solche Isolierung der Messfehlervarianz *nicht* vornehmen, d. h. der erklärte Varianzanteil und die Messfehlervarianz bleiben *konfundiert*. Hierin liegt ein zentraler Unterschied der beiden kausalanalytischen Ansätze, der dazu führt, dass letztendlich ein Vergleich der Schätzergebnisse beider Ansätze nur sehr eingeschränkt möglich ist (vgl. ausführlich Kap. 3.3.4).

Bei der Lösung der Matrizengleichungen in Formel (3.6) wird von bestimmten Annahmen ausgegangen, die wie folgt begründet sind: Würde z. B. eine Störgröße δ mit einer unabhängigen Variablen korrelieren, so ist zu vermuten, dass in δ mindestens eine Variable enthalten ist, die sowohl eine Auswirkung auf ξ besitzt als auch auf die zu erklärende Variable x. Damit wäre das unterstellte Messmodell (C) falsch, da es (mindestens) eine unabhängige Variable zu wenig enthält. Weiterhin ist denkbar, dass bei einer Korrelation zwischen δ und ξ in δ eine „Drittvariable" als die Korrelation verursachende Größe enthalten ist.

Annahmen der Strukturgleichungsanalyse mit latenten Variablen

Die Störgrößen bzw. Messfehlervariablen (δ, ε und ζ) korrelieren nicht mit den latenten Variablen (ξ und η) und sind auch untereinander nicht korreliert. Es gilt also:

(a) ζ ist unkorreliert mit ξ: $\text{cov}(\zeta, \xi)$ $= 0$
(b) ε ist unkorreliert mit η: $\text{cov}(\varepsilon, \eta)$ $= 0$
(c) δ ist unkorreliert mit ξ: $\text{cov}(\delta, \xi)$ $= 0$
(d) δ, ε und ζ sind unkorreliert: $\text{cov}(\delta, \varepsilon) = \text{cov}(\delta, \zeta) = \text{cov}(\varepsilon, \zeta) = 0$

In diesem Fall könnte die vorhandene Korrelation zwischen Störgrößen und unabhängiger Variable nur durch Eliminierung der Drittvariable beseitigt werden, d. h. neben der korrelierten unabhängigen Variablen muss noch eine (theoretische) Drittvariable in das Modell aufgenommen werden. Diese Überlegung ist auch der Grund für die Annahme (d).

Bei der Schätzung der Parameter ist es u. a. möglich, etwaige Korrelationen zwischen den Störgrößen zu bestimmen. Diese Korrelationen werden für die δ-Variablen in der Matrix Θ_δ, für die ε-Variablen in der Matrix Θ_ε und für die ζ-Variablen in der Matrix Ψ erfasst. Treten zwischen den Messfehlern hohe Korrelationen auf (z. B. zwischen den δ-Variablen), so ist damit die Annahme (d) verletzt. Eine Begründung hierfür liegt z. B. darin, dass bei der Messung ein systematischer Fehler aufgetreten ist, der *alle* δ-Variablen beeinflusst oder dass gleichartige Drittvariableneffekte relevant sind. Ein solcher Umstand lässt sich dadurch beheben, dass man eine weitere hypothetische Größe einführt (also in diesem Fall eine ξ-Variable), die als verursachende Variable auf *alle* x-Variablen wirkt, bei denen die entsprechenden δ-Variablen korrelieren. Eine solche Größe wird dann als *Methodenfaktor* bezeichnet (einen aktuellen Überblick zur Verwendung von Methodenfaktoren geben Temme et al. 2009, S. 123 ff). Nach Einführung des Methodenfaktors, der in diesem Fall in kausaler Abhängigkeit mit allen x-Variablen steht, müssten die Korrelationen zwischen den δ-Variablen verschwunden sein. Strukturgleichungsmodelle gehen üblicherweise davon aus, dass Drittvariableneffekte *nicht* relevant sind, da bei deren Vorliegen die Parameter im Modell falsch geschätzt würden.

Parameterarten eines Strukturgleichungssystems

Neben den sachlogischen Überlegungen zum Hypothesensystem können weitere Überlegungen zu den Beziehungen zwischen den Variablen in Form von Aussagen über die Art der zu schätzenden Parameter einfließen. Diese Vermutungen schlagen sich in Aussagen zu den Werten der zu schätzenden Parameter nieder, wobei einzelne Elemente in den Matrizen aus Abb. 3.21

- *Nullwerte* aufweisen, wenn zwischen zwei Variablen aufgrund theoretischer Überlegungen *kein* Beziehungszusammenhang bzw. für einzelne Variable keine Relevanz vermutet wird;
- durch *gleich große Werte* geschätzt werden, wenn aufgrund sachlogischer Überlegungen *vorab* festgelegt werden kann, dass die Stärke der Beziehungen bei mehreren Variablen als gleichgroß anzusehen ist.

Diesem Sachverhalt wird im Rahmen von Strukturgleichungsmodellen durch drei Arten von Parametern Rechnung getragen, wobei der Anwender aus theoretischer Sicht *vorab* bestimmen muss, welche Parameter in seinem Hypothesensystem auftreten. Im Einzelnen werden folgende Parameter unterschieden:

4. *Feste Parameter* sind solche Parameter, denen a-priori ein bestimmter konstanter Wert zugewiesen wird. Dieser Fall tritt vor allem dann auf, wenn aufgrund der theoretischen Überlegungen davon ausgegangen wird, dass keine kausalen Beziehungen zwischen bestimmten Variablen bestehen. In diesem Fall werden die entsprechenden Parameter auf Null gesetzt und nicht im Modell geschätzt. Feste Parameter können aber auch durch Werte größer Null belegt werden, wenn aufgrund von a-priori Überlegungen eine kausale Beziehung zwischen zwei Variablen numerisch genau abgeschätzt werden kann. Auch in diesem Fall wird der entsprechende Parameter nicht mehr im Modell geschätzt, sondern geht mit dem zugewiesenen Wert in die Lösung ein.
5. *Restringierte Parameter* (contrained parameters) sind solche Parameter, die im Modell geschätzt werden sollen, deren Wert aber genau dem Wert eines oder mehrerer anderer Parameter entsprechen soll. Es kann z. B. aufgrund theoretischer Überlegungen sein, dass der Einfluss von zwei unabhängigen Variablen auf eine abhängige Variable als gleich groß angesehen wird oder dass die Werte von Messfehlervarianzen gleich groß sind. Werden zwei Parameter als restringiert festgelegt, so ist zur Schätzung der Modellstruktur nur ein Parameter notwendig, da mit der Schätzung dieses Parameters auch automatisch der andere Parameter bestimmt ist. Die Zahl der zu schätzenden Parameter wird dadurch also verringert.
6. *Freie Parameter* sind solche Parameter, deren Werte als unbekannt gelten und erst aus den empirischen Daten geschätzt werden sollen. Sie spiegeln die postulierten kausalen Beziehungen und zu schätzenden Messfehlergrößen sowie die Kovarianzen zwischen den Variablen wider.

Bevor eine Schätzung der einzelnen Parameter möglich ist, muss geklärt werden, ob die empirischen Daten eine ausreichende Informationsmenge zur Schätzung der Parameter bereitstellen können. Dieses sog. *Identifikationsproblem* ist letztendlich aber nur im Rahmen des kovarianzanalytischen Ansatzes relevant, da im varianzanalytischen Ansatz aufgrund seiner schrittweisen Vorgehensweise und seiner regressionsanalytischen Ausrichtung i. d. R. die zu schätzenden Gleichungen immer identifiziert sind.

3.3.2 Der kovarianzanalytische Ansatz (LISREL, EQS, AMOS)

3.3.2.1 Grundidee der Kovarianzstrukturanalyse

Schritt 1: Variablen-Klassifizierung

Schritt 2: Erstellung des Strukturmodells

Schritt 3: Formulierung der Messmodelle

Schritt 4: Erstellung des Pfaddiagramms

Schritt 5: Erstellung des linearen Gleichungssystems

Schritt 6: Schätzung des Gleichungssystems **a) Kovarianzanalytischer Ansatz** b) Varianzanalytischer Ansatz

Der kovarianzanalytische Ansatz der SGA geht vor allem auf die Arbeiten von Jöreskog (1970, 1973) zurück, der einen allgemeinen Ansatz zur simultanen Schätzung der Modellparameter eines vollständigen SGM auf der Basis der empirischen Varianz-Kovarianzmatrix mit Hilfe der Maximum-Likelihood-Methode entwickelt hat. Dieser Ansatz ist auch in dem Programmpaket LISREL (*LI*near Structural *REL*ationships) implementiert und bildet gleichzeitig die Basis für die Programme EQS von Bentler (1985) und AMOS 21 von Arbuckle (2012). Die Bezeichnung LISREL galt lange Zeit als Synonym für SGM mit latenten Variablen. Die Grundidee des LISREL-Ansatzes und damit der Kovarianzstrukturanalyse basiert auf der *konfirmatorischen Faktorenanalyse* (vgl. zur konfirmatorischen Faktorenanalyse ausführlich Kap. 7.2.2). Die latenten Variablen werden als Faktoren interpretiert, die „hinter" den Messvariablen stehen und entsprechend des formulierten Hypothesensystems den verschiedenen Messvariablen zugeordnet sind. Mit Hilfe der Faktorenanalyse werden dann die Faktorladungen (= Korrelationen zwischen Messvariablen und Faktoren) so geschätzt, dass die empirische Varianz-Kovarianz-Matrix (S) bzw. Korrelationsmatrix (R) möglichst genau reproduziert werden kann.

Kovarianzanalytischer Ansatz der Strukturgleichungsanalyse
Auf dem Fundamentaltheorem der Faktorenanalyse basierender ganzheitlicher Ansatz, bei dem alle Parameter eines Strukturgleichungsmodells auf Basis der Informationen aus der empirischen Varianz-Kovarianzmatrix bzw. Korrelationsmatrix simultan geschätzt werden.

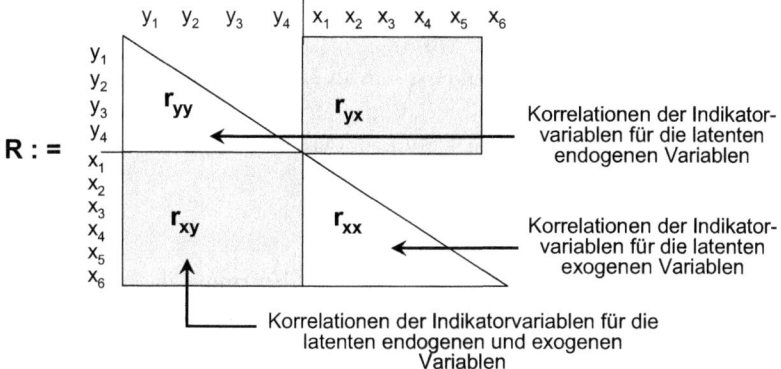

Abb. 3.22 Allgemeiner Aufbau der Korrelationsmatrix

Zur Verdeutlichung sei eine fiktive empirische Korrelationsmatrix betrachtet. Die Korrelationsmatrix wird allgemein so strukturiert, dass zunächst die Messvariablen der latenten endogenen Variablen (y) und dann die Messvariablen der latenten exogenen Variablen (x) aufgeführt werden. Abbildung 3.22 zeigt den allgemeinen Aufbau einer Korrelationsmatrix: Während die obere Dreiecksmatrix die Korrelationen zwischen den Messvariablen der latenten endogenen Variablen enthält (r_{yy}), spiegelt die untere Dreiecksmatrix die Korrelationen zwischen den Messvariablen der latenten exogenen Variablen (r_{xx}) wider. Die Werte dieser Dreiecksmatrizen dienen dazu, um mit Hilfe der Faktorenanalyse die Faktorladungen zwischen den Messvariablen und den (a-priori entsprechend dem formulierten Hypothesensystem zugeordneten) Faktoren so zu bestimmen, dass sie eine möglichst gute Reproduktion dieser empirischen Korrelationswerte ergeben.

Der mittlere Teil der Matrix enthält die Korrelationen zwischen den Messvariablen der endogenen und der exogenen latenten Größen (r_{yx}).[6] Dieser empirisch gemessene Zusammenhang zwischen den beiden Messmodellen dient primär der Schätzung der Wirkbeziehungen im Strukturmodell. Auch hier gilt es, die Modellparameter des Strukturmodells so zu schätzen, dass sie eine möglichst gute Reproduktion dieser Korrelationen ergeben. Die Reproduktion der empirischen Korrelationsmatrix durch die Modellparameter beruht dabei auf dem *Fundamentaltheorem der Faktorenanalyse.*

---

[6] Bei empirischen Korrelations- und Kovarianzmatrizen gilt $r_{xy} = r_{yx}$ bzw. $s_{xy} = s_{yx}$. Sofern keine gerichteten Beziehungen zwischen Konstrukten vorliegen, wie z. B. bei den Varianten der Faktorenanalyse, so gilt auch für die modelltheoretische Korrelations- bzw. Kovarianzmatrix ($\Sigma_{xy} = \Sigma_{yx}$). Nur bei der Kausalanalyse, bei der gerichtete Konstruktbeziehungen vorliegen, gilt: $\Sigma_{xy} \neq \Sigma_{yx}$.

Fundamentaltheorem der Faktorenanalyse
Der Wert einer Ausgangsvariablen lässt sich als Linearkombination hypothetischer Faktoren beschreiben, und die Korrelationsmatrix (R) kann insgesamt durch die Faktorladungen (A) und die Korrelationen zwischen den Faktoren reproduziert werden.

Ausgangspunkt des Fundamentaltheorems bildet die Überlegung, dass sich jeder bei einem Objekt (Person) k erhobene Messwert einer Messvariablen i (x_{ki}) als eine Linearkombination einer oder mehrerer (hypothetischer) Faktoren beschreiben lässt. Werden die Indikatorvariablen zuvor standardisiert (d. h. so linear transformiert, dass ihr Mittelwert 0 und die Varianz 1 beträgt), so lässt sich der Messwert (z_{ki}) einer standardisierten Messvariablen i bei einer Person k bei Existenz von Q Faktoren wie folgt berechnen:

$$z_{ki} = a_{i1}\, p_{k1} + a_{i2}\, p_{k2} + ... + a_{iQ} p_{kQ} \tag{3.7}$$

Um die Notation zu verkürzen, wird die Gl. (3.7) häufig auch in folgender Matrixschreibweise ausgedrückt, die die *Grundgleichung der Faktorenanalyse* darstellt:

$$Z = A\,P \tag{3.8}$$

Dabei ist Z die IxK-Matrix der standardisierten Ausgangsdaten, mit den I Messvariablen in den Zeilen und den z. B. befragten K Personen in den Spalten. Die Faktorladungsmatrix A ist eine IxF-Matrix mit den I Indikatorvariablen in den Zeilen und den F Faktoren in den Spalten. Die Matrix P ist die FxK-Matrix der sog. *Faktorwerte*, welche die (noch unbekannten) Messwerte der F Faktoren für alle K Personen beinhaltet. Da sich die Faktorwertematrix als Lineartransformation aus der standardisierten Ausgangsdatenmatrix ergibt, sind auch die Faktorwerte *standardisiert* mit einem Mittelwert von Null und einer Varianz von 1.

Die Gewichtungsgrößen a_{iq} werden als *Faktorladungen* oder *standardisierte Regressionsgewichte* bezeichnet, die den Zusammenhang zwischen einem Faktor q und einer Messvariablen i zum Ausdruck bringen. Aus statistischer Sicht spiegeln die Faktorladungen die *Korrelation* zwischen einem Faktor (Konstrukt) und einer Messvariablen wider. Bei standardisierten Messvariablen lässt sich die empirische Korrelationsmatrix durch Multiplikation der standardisierten Ausgangsdatenmatrix (Z) mit ihrer Transponierten (Z') berechnen, und es gilt (vgl. hierzu auch die Ausführungen in Kap. 2.2.1 und Formel (2.8)):

$$R = (1/K - 1)Z\,Z' \tag{3.9}$$

Wird für Z die Beziehung aus (3.8) verwendet, so lässt sich die empirische Korrelationsmatrix der Messvariablen auch mit Hilfe der Faktorladungsmatrix wie folgt reproduzieren. Für die reproduzierte Korrelationsmatrix (R*) folgt:

$$R^* = \frac{1}{K-1}(A \cdot P)(A \cdot P)' = \frac{1}{K-1} A \cdot P \cdot P' \cdot A' = A \underbrace{\left[\frac{1}{K-1} P \cdot P'\right]}_{\Phi} A' \qquad (3.10)$$

bzw. $$R^* = A \, \Phi \, A'$$

Da auch die Faktorwertematrix (P) standardisiert ist, spiegelt {1/K −1 P P'} die Korrelationsmatrix der Faktorwerte Φ (lies: Phi) wider.[7] Gleichung (3.10) wird auch als das *Fundamentaltheorem der Faktorenanalyse* bezeichnet und beschreibt den Zusammenhang zwischen der empirischen Korrelationsmatrix (R) und der Faktorladungsmatrix (A). Die Matrix R* wird auch als *modelltheoretische Korrelationsmatrix* bezeichnet, da sich mit Hilfe der Faktorladungen, die die Parameter des Modells darstellen, die empirischen Korrelationen reproduzieren lassen.

Ziel der konfirmatorischen Faktorenanalyse ist es, anhand der vom Anwender *vorgegebenen* Beziehungsstruktur zwischen Messvariablen und Faktoren, die Faktorladungsmatrix (A) so zu schätzen, dass sich mit ihrer Hilfe entsprechend Gl. (3.10) die empirische Korrelationsmatrix der Messvariablen möglichst gut reproduzieren lässt. Mit Hilfe der Parameterschätzungen können dann die zwischen Messvariablen und Faktoren (hypothetischen Konstrukten) postulierten Beziehungen überprüft werden. Dabei ist zu beachten, dass R* die empirische Korrelationsmatrix *nicht* vollständig reproduziert, da die Selbstkorrelationen der Variablen in Höhe von 1, die bei standardisierten Variablen gleichzeitig der Einheitsvarianz einer Variablen in Höhe von 1 entsprechen, im faktoranalytischen Modell auf die sog. *Faktorvarianz* oder Kommunalität „reduziert" sind.

Die Faktorenanalyse zerlegt die Varianz einer Variablen additiv in die Faktorvarianz bzw. Kommunalität einer Variablen und die Einzelrestvarianz bzw. Messfehlervarianz. Dabei spiegelt die Faktorvarianz den Varianzanteil einer Variablen wider, der durch einen oder mehrere Faktoren *erklärt* werden kann, während die Einzelrestvarianz bzw. Fehlervarianz den durch das Faktorenmodell nicht erklärten Varianzanteil einer Variablen umfasst. Die Einzelrestvarianz wird dabei nochmals in die spezifische Varianz und die Restvarianz unterschieden, wobei die spezifische Varianz den Varianzanteil einer Variablen darstellt, der nur der betrachteten Variablen zu Eigen ist und die Restvarianz Messfehler sowie ggf. Drittvariableneffekte umfasst.

Ziel der Faktorenanalyse ist es, im Rahmen der Faktorenextraktion (z. B. mit Hilfe der Hauptachsenanalyse oder dem Maximum-Likelihood-Verfahren) die Faktorvarianz von der Einzelrestvarianz zu trennen und möglichst nur denjenigen Varianzanteil zu erfassen, der auf den oder die Faktoren als *Ursache* zurückgeführt werden kann. Eine *vollständige* Reproduktion der empirischen Korrelationsmatrix R ergibt sich somit im Rahmen der

---

[7] Wird unterstellt, dass zwischen den Faktoren *keine* Korrelationen bestehen, so entspricht die Korrelationsmatrix der Faktorwerte (Φ) der Einheitsmatrix I. Da die Multiplikation einer Matrix mit der Einheitsmatrix einer Multiplikation mit „1" entspricht, vereinfacht sich in diesem Fall (3.10) zu: R* = A I A' → R* = A A'.

Faktorenanalyse entsprechend Formel (3.11), wobei die Matrix Theta (Θ) Einzelrestvarianz bzw. Fehlervarianz umfasst.

$$R = A\, \Phi\, A' + \Theta \tag{3.11}$$

Der hier dargestellte Zusammenhang gilt zunächst für die *konfirmatorische Faktorenanalyse*, also bei Hypothesensystemen, die *kein* Strukturmodell, sondern nur Messmodelle für ein hypothetisches Konstrukt betrachten. Die modelltheoretische Korrelationsmatrix R* reproduziert dabei eine der beiden Dreiecksmatrizen aus Abb. 3.22. Bei *vollständigen Strukturgleichungsmodellen* (Strukturmodell plus Messmodelle) lässt sich der Ansatz der konfirmatorischen Faktorenanalyse *verallgemeinern*, indem er auch auf die empirischen Korrelationen zwischen den endogenen und exogenen Messvariablen (mittlerer Bereich der Korrelationsmatrix in Abb. 3.22) erweitert wird. Bei dem verallgemeinerten Ansatz der Kovarianzstrukturanalyse wird die modelltheoretische Korrelationsmatrix mit Sigma ($\hat{\Sigma}$) bezeichnet und ist analog zur empirischen Korrelationsmatrix R (vgl. Abb. 3.22) in vier Untermatrizen gegliedert:

$$\hat{\Sigma} := \begin{bmatrix} \Sigma_{yy} & \Sigma_{yx} \\ \Sigma_{xy} & \Sigma_{xx} \end{bmatrix} \tag{3.12}$$

Dabei sind Σ_{xy} und Σ_{yx} „spiegelbildlich" zu verstehen. Die in (3.12) enthaltenen Teilmatrizen ergeben sich jeweils durch Multiplikation der acht Parametermatrizen eines vollständigen Strukturgleichungsmodells (vgl. Abb. 3.21) und es gilt (Jöreskog und Sörbom 1983, I.5 ff.):

$$
\begin{aligned}
\Sigma_{yy} &= \Lambda_y \cdot C \cdot \Lambda'_y + \Theta_\varepsilon && \text{mit: } C = (I-B)^{-1}(\Gamma\Phi\Gamma' + \Psi)(I-B')^{-1} \\
\Sigma_{xy} &= \Lambda_x \cdot D \cdot \Lambda'_y && \text{mit: } D = \Phi\Gamma'(I-B')^{-1} \\
\Sigma_{yx} &= \Lambda_y \cdot G \cdot \Lambda'_x && \text{mit: } G = (I-B)^{-1}\Gamma\Phi \\
\Sigma_{xx} &= \Lambda_x \cdot \Phi \cdot \Lambda'_x + \Theta_\delta
\end{aligned}
\tag{3.13}
$$

Alle Teilmatrizen von $\hat{\Sigma}$ sind gleich aufgebaut und beruhen auf dem *Fundamentaltheorem der Faktorenanalyse* entsprechend Gl. (3.11). Die Matrizen C, D, G und Φ spiegeln jeweils die Korrelationen zwischen den Faktoren (latenten Variablen) wider, die in der jeweiligen Teilmatrix betrachtet werden. Werden die vier Matrizengleichungen aus (3.13) wieder zu einer Matrix zusammengefasst, so errechnet sich $\hat{\Sigma}$ wie folgt (Jöreskog und Sörbom 1983, I.8):

$$
\hat{\Sigma} = \left[
\begin{array}{c|c}
\Lambda_y \cdot (I-B)^{-1}(\Gamma\Phi\Gamma'+\Psi)(I-B')^{-1} \cdot \Lambda'_y + \Theta_\varepsilon & \Lambda_y \cdot (I-B)^{-1}\Gamma\Phi \cdot \Lambda'_x \\
\hline
\Lambda_x \cdot \Phi\Gamma'(I-B')^{-1} \cdot \Lambda'_y & \Lambda_x \cdot \Phi \cdot \Lambda'_x + \Theta_\delta
\end{array}
\right]
\tag{3.14}
$$

Gleichung (3.14) basiert auf allen acht Parametermatrizen eines vollständigen Strukturgleichungssystems (vgl. Abb. 3.21) und die modelltheoretische Varianz-Kovarianz-Matrix ($\hat{\Sigma}$) ist somit eine Funktion der Modellparameter, was häufig auch dargestellt wird als:

$$\hat{\Sigma} = \hat{\Sigma}(\pi) \tag{3.15}$$

mit:

π = Vektor der Modellparameter

Für obigen allgemeinen Fall gilt:

$$\hat{\Sigma} = \hat{\Sigma}(B, \Gamma, \Lambda_x, \Lambda_y, \Phi, \Psi, \Theta_\delta, \Theta_\varepsilon) \qquad (3.16)$$

Da die Parametermatrizen vom Anwender zu spezifizieren sind bzw. sich aus dem Pfaddiagramm ergeben, führen Modifikationen der Parametermatrizen auch zu einer veränderten $\hat{\Sigma}$ –Matrix. Da die Parametermatrizen aber nur die mathematische Formulierung der aufgrund theoretischer oder sachlogischer Überlegungen aufgestellten Hypothesen darstellen, wird offensichtlich, dass letztendlich Schlüssigkeit und Fundiertheit des Hypothesensystems über die Ergebnisse der mit Hilfe der Kovarianzstrukturanalyse geschätzten modelltheoretischen Korrelationsmatrix entscheiden und damit auch die Güte der Modellschätzungen bestimmen.

Die Matrizengleichungen Σ_{yy} und Σ_{xx} machen deutlich, dass sowohl die latenten endogenen als auch die latenten exogenen Variablen als Faktoren im Sinne der Faktorenanalyse aufgefasst werden, die eine Varianzzerlegung entsprechend Abb. 3.23 vornimmt: Die *Faktorvarianz* ergibt sich dabei aus $\Lambda_x\Lambda_x'$ bzw. $\Lambda_y\Lambda_y'$ (sog. Kommunalitäten) und die Fehlervarianzen sind in der Matrix Θ_δ bzw. Θ_ε enthalten.[8] Die Trennung von Faktor- und Fehlervarianz bildet ein *charakteristisches Merkmal* der Kovarianzstrukturanalyse, indem sie sich wesentlich von dem varianzanalytischen Ansatz unterscheidet. Durch die Zerlegung der Varianzen der Messvariablen wird erreicht, dass die *Kovarianzstrukturanalyse* bei der Schätzung der Parameter im Strukturmodell nur noch die *Faktorvarianzen* verwendet. Dadurch können die Effektgrößen im Strukturmodell unbeeinflusst von Messfehlern geschätzt werden.

Weiterhin zeigt der Aufbau der Matrix $\hat{\Sigma}$ in Gl. (3.14), dass die Kovarianzstrukturanalyse zur Schätzung der Modellparameter *„zu keinem Zeitpunkt"* Schätzwerte für die latenten Größen benötigt und die Parameterschätzungen aus der *Gesamtstruktur* eines Kausalmodells gewonnen werden. Zur Schätzung der modelltheoretischen Varianz-Kovarianz-Matrix stehen unterschiedliche Schätzalgorithmen zur Verfügung, die sich vor allem hinsichtlich der gesetzten Verteilungsannahmen und damit den zur Verfügung stehenden Inferenzstatistiken sowie hinsichtlich des erforderlichen Stichprobenumfangs

---

[8] $\Lambda'x$ und $\Lambda'y$ sind die Transponierten der Matrizen Λx bzw. Λy. Die Λx– und die Λy–Matrix enthalten die Faktorenladungen der Messvariablen auf die latenten exogenen bzw. endogenen Variablen. $\Theta\delta$ bzw. $\Theta\varepsilon$ sind die Kovarianzmatrizen der Messfehlervariablen δ bzw. ε. Die Faktorladungen sind nichts anderes als die Regressionen der Messvariablen auf die latenten Variablen, wobei im Fall standardisierter Variablen die Regressionskoeffizienten den Pfadkoeffizienten entsprechen, die im Rahmen der Faktorenanalyse als Faktorladungen bezeichnet werden. Wird weiterhin davon ausgegangen, dass die latenten exogenen Variablen voneinander unabhängig sind, so entsprechen die Faktorladungen gleichzeitig den Korrelationen zwischen Indikatorvariablen und hypothetischen Konstrukten.

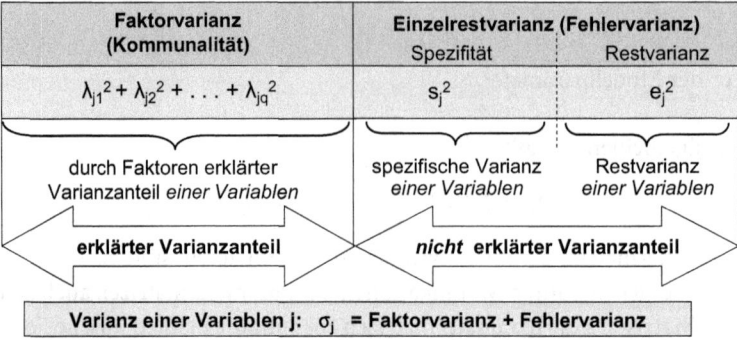

Abb. 3.23 Varianzzerlegung im faktoranalytischen Modell

unterscheiden. Diese Schätzverfahren „funktionieren" allerdings nur dann, wenn genügend empirische Informationen für die Schätzung zur Verfügung stehen, was auch als „*Identifikationsproblem*" bezeichnet wird. Im Folgenden wird deshalb zunächst das Identifikationsproblem eines (kovarianzanalytischen) Strukturgleichungssystems behandelt. Anschließend werden alternative Schätzalgorithmen besprochen.

3.3.2.2 Identifizierbarkeit des Strukturgleichungssystems

Bei Strukturgleichungssystemen mit latenten Variablen betrifft die Identifizierbarkeit des Strukturgleichungssystems zwei Problembereiche, die im Folgenden genauer betrachtet werden:

1. Prüfung, ob genügend Informationen aus den empirischen Daten zur Verfügung stehen, um die Modellparameter *eindeutig* schätzen zu können.
2. Festlegung einer *Metrik* für die latenten Variablen und die Fehlervariablen.

(1) Prüfung der Informationsmenge zur Schätzung der Modellparameter: Da im Rahmen des kovarianzanalytischen Ansatzes das Strukturgleichungssystem simultan gelöst wird, ist zunächst zu prüfen, ob die durch die empirischen Daten bereitgestellten Informationen zur Lösung auch ausreichen. Da Strukturgleichungsmodelle immer *Mehrgleichungssysteme* darstellen, ist eine Lösbarkeit nur dann gewährleistet, wenn die Zahl der Gleichungen *mindestens* der Zahl der zu schätzenden Parameter entspricht. Die Zahl der Gleichungen ist dabei immer gleich der Anzahl der unterschiedlichen Elemente in der modelltheoretischen Korrelationsmatrix Σ. Werden im Rahmen eines Strukturmodells p manifeste y-Indikatoren und q manifeste x-Indikatoren erhoben, so ergibt sich die Anzahl der zur Verfügung stehenden empirischen Korrelationen gemäß: $\frac{1}{2}\,(p+q)\,(p+q+1)$. Diese empirischen Informationen dienen der Kausalanalyse zur Bestimmung der in einem Modell enthaltenen Parameter. Wird die Anzahl der Modellparameter mit t bezeichnet, so ist ein Modell dann *identifizierbar*, wenn gilt:

Notwendige Bedingung für Identifizierbarkeit:

$$t \leq \frac{1}{2}\,(p+q)\,(p+q+1) \tag{3.17}$$

Durch Differenzbildung ½ (p + q) (p + q + 1) - t erhält man die *Zahl der Freiheitsgrade* (= degrees of freedom; kurz: d.f.) eines Gleichungssystems. Ein Gesamtmodell gilt als identifizierbar, wenn sich für alle Parameter konkrete Schätzwerte berechnen lassen, d. h. wenn alle unbekannten Modellparameter identifiziert sind.

Wird im Rahmen einer Kausalanalyse nur ein Konstrukt betrachtet, so ist die Identifizierbarkeit genau dann gegeben und damit das Gleichungssystem *eindeutig* lösbar, wenn 3 Indikatoren verwendet werden (Brown 2006, S. 62 ff.). Da in diesem Fall die Zahl der Freiheitsgrade Null beträgt (6 zu schätzenden Parametern stehen genau 6 empirische Varianzen und Kovarianzen gegenüber), stehen der Kausalanalyse jedoch keine Informationen mehr zur Bestimmung der Gütekriterien zur Verfügung. Somit kann ein solcher Fall nicht als sinnvoll angesehen werden, da die Modellparameter lediglich aus den empirischen Daten berechnet werden. Es ist deshalb empfehlenswert, bei der empirischen Erhebung sicherzustellen, dass mindestens so viele Indikatorvariable erhoben werden, wie erforderlich sind, um eine *positive* Zahl von Freiheitsgraden zu erreichen.

> **Lösbarkeit eines SGM (notwendige Bedingung)**
> Ein Strukturgleichungssystem ist nur lösbar, wenn die Zahl der Freiheitsgrade größer oder gleich Null ist. Bei praktischen Anwendungen sollte die Zahl der Freiheitsgrade (degrees of freedom; d.f.) mindestens der Zahl der zu schätzenden Parameter entsprechen.

Diese Bedingung ist i. d. R. jedoch nicht hinreichend, um die Identifizierbarkeit einer Modellstruktur mit Sicherheit überprüfen zu können. Es ist deshalb erforderlich, weitere Kriterien zur Prüfung der Identifizierbarkeit heranzuziehen. Eine nützliche Hilfestellung zur Erkennung *nicht* identifizierter Strukturgleichungsmodelle bietet das Programmpaket AMOS selbst. Die Identifizierbarkeit einer Modellstruktur setzt voraus, dass die zu schätzenden Gleichungen *linear unabhängig* sind. Von linearer Unabhängigkeit kann dann ausgegangen werden, wenn das Programm die zur Schätzung notwendigen Matrizeninversionen vornehmen kann. Ist dies nicht der Fall, so liefert das Programm entsprechende Meldungen darüber, welche Matrizen nicht positiv definit, d. h. nicht invertierbar sind. Außerdem gibt das Programm Warnmeldungen bezüglich nicht identifizierter Parameter aus. Damit in Strukturgleichungsmodellen überhaupt eine Schätzung der Parameter möglich ist, muss vor allem die verwendete empirische Korrelationsmatrix positiv definit (invertierbar) sein. Eine notwendige Bedingung dafür ist, dass die *Zahl der untersuchten Objekte größer ist als die Zahl der erhobenen Indikatorvariablen*. Kann ein Modell als identifiziert angesehen werden, so ist eine eindeutige Schätzung der gesuchten Parameter möglich.

Allerdings ist darauf hinzuweisen, dass das Problem der Identifizierbarkeit kovarianzanalytischer SGM letztendlich noch nicht endgültig gelöst ist, da eine Kombination aus
Regressionsanalyse und Faktorenanalyse vorliegt, wodurch die sich daraus ergebende komplexe Modellstruktur in ihrer *Gesamtheit* nicht eindeutig auf Identifizierbarkeit überprüft
werden kann.[9]

(2) Festlegung einer Metrik für die latenten Variablen: Da die latenten Variablen und
die Fehlervariablen nicht beobachtbare Größen darstellen, ist zunächst auch die Skala unklar, auf der sich die Ausprägungen dieser Variablen bewegen. Im Rahmen der Modell-
identifikation ist es deshalb erforderlich, diesen Variablen eine Skala zuzuweisen, damit
die Ausprägungen dieser Variablen interpretierbar werden. Da mit Hilfe der Indikatorvariablen die Messwerte für die nicht beobachteten Variablen geschätzt werden sollen, ist
es naheliegend, die Indikatorvariablen auch als Referenz für die latenten Variablen und
Fehlervariablen heranzuziehen. Hierbei bestehen grundsätzlich zwei Möglichkeiten:[10]

Die erste Möglichkeit liegt in der festen Zuweisung einer Indikatorvariablen zu einer
latenten Variablen als *Referenzvariable*. Zu diesem Zweck wird die Faktorladung einer Indikatorvariablen auf 1 gesetzt. Das bedeutet, dass die latente Variable bis auf den Messfehler
mit der gewählten Indikatorvariablen identisch ist. Als Referenzvariable sollte deshalb
möglichst der „beste" Indikator gewählt werden, wobei diese Entscheidung aufgrund von
sachlogischen Überlegungen oder mit Hilfe der Reliabilität getroffen werden kann (vgl.
Kap. 7.1.2). In gleicher Weise können auch die Pfade der Fehlervariablen auf die manifesten Variablen auf 1 fixiert werden. Eine zweite Möglichkeit besteht in der *Fixierung der
Varianz einer latenten Variablen auf 1*. Diese Vorgehensweise bietet den Vorteil, dass für
alle Indikatorvariablen die Faktorladungen frei geschätzt werden. Außerdem entspricht
in diesem Fall die Kovarianz zwischen zwei latenten Variablen ihrer Korrelation, was die
Interpretation erleichtert.

Die beiden aufgeführten Möglichkeiten zur Bestimmung einer Metrik für die nicht
beobachtbaren Variablen können jedoch zu unterschiedlichen Ergebnissen in den Parameterschätzungen führen, da durch die Fixierung von Variablen weniger Parameter bei
gleicher Informationsmenge aus den empirischen Daten zu schätzen sind und somit die
Zahl an Freiheitsgraden höher ist. Führen hingegen beide Arten der Metrik-Bestimmung
zu gleichen oder zumindest sehr ähnlichen Parameterschätzungen, so kann davon ausgegangen werden, dass die Parameterschätzungen auch zuverlässige Messungen der nicht
beobachtbaren Variablen liefern.

---

[9] Vgl. zu weiteren Kriterien, mit deren Hilfe die Identifizierbarkeit eines Strukturgleichungsmodells
überprüft werden kann: Hildebrandt 1983, S. 76 ff.

[10] Zur Festlegung der Metrik der latenten Variablen wird zusätzlich zu den zwei dargestellten Ansätzen noch die sog. Effekt-Kodierung diskutiert. Hierbei werden in allen Gruppen die Faktorladungen
eines Indikators so restringiert, dass die Summe der Faktorladungen der Summe der Indikatoren
entspricht (vgl. Temme und Hildebrandt 2009, S. 156).

Schätzverfahren	zu minimierende Diskrepanzfunktion
ML: Maximum Likelihood	$F_{ML} = \log|\Sigma| + tr\left(S\Sigma^{-1}\right) - \log|S| - (p+q)$
GLS: Generalized Least Square	$F_{GLS} = \frac{1}{2}tr\left[S^{-1}(S-\Sigma)\right]^2$
ULS: Unweighted Least Square	$F_{ULS} = \frac{1}{2}tr(S-\Sigma)^2$
SLS: Scale free Least Squares	$F_{SLS} = \frac{1}{2}tr\left[D^{-1}(S-\Sigma)\right]^2 \quad mit \quad D = diag(S)$
ADF: Asymptotically Distribution Free	$F_{ADF} = \left[vec(S) - vec(\Sigma(\pi))\right]' U^{-1}\left[vec(S) - vec(\Sigma(\pi))\right]$

mit:

p:	Anzahl der manifesten Variablen
q:	Anzahl der zu schätzenden Parameter
π:	Parametervektor mit Länge q
Σ:	modelltheoretische Kovarianzmatrix (bzw. $\hat{\Sigma}$)
S:	empirische Kovarianzmatrix
tr:	Summe der Diagonalelemente (Trace) einer quadratischen Matrix
vec:	Matrixelemente werden als einspaltiger Vektor geschrieben
diag:	Diagonalelemente einer quadratischen Matrix

Abb. 3.24 Diskrepanzfunktionen iterativer Schätzalgorithmen in AMOS 21

3.3.2.3   Schätzalgorithmen der Kovarianzstrukturanalyse

Im Rahmen der Kovarianzstrukturanalyse werden die Modellparameter so geschätzt, dass mit Hilfe der modelltheoretischen Varianz-Kovarianzmatrix ($\hat{\Sigma}$; im Folgenden Σ) die empirische Varianz-Kovarianzmatrix (S) der manifesten Messvariablen möglichst genau reproduziert werden kann. Die zu minimierende *Zielfunktion* im Rahmen der Kovarianzstrukturanalyse lautet:

Zielfunktion der Kovarianzstrukturanalyse:

$$F = (S - \Sigma) \rightarrow Min! \tag{3.18}$$

Da die Funktion F die Differenz (Diskrepanz) zwischen S und Σ betrachtet, wird sie auch als *Diskrepanzfunktion* bezeichnet (Jöreskog 1978, S. 446 f.; Reinecke 2005, S. 107 ff.). Zur Minimierung von F stehen verschiedene Schätzalgorithmen zur Verfügung, die sich vor allem im Hinblick auf Verteilungsannahmen und die Gewichtung von Diskrepanzen unterscheiden. In Abb. 3.24 sind die im Programmpaket AMOS 21 verfügbaren Diskrepanzfunktionen aufgeführt (Arbuckle 2012, S. 593 ff.; Bollen 1989, S. 107 ff.; Reinecke

2005, S. 109 ff.). Die jeweils zu minimierende Diskrepanzfunktion C für den Fall *einer Gruppe und ohne Mittelwerte* ergibt sich aus C = (N − 1) F; mit N = Stichprobenumfang. Die Auswahl eines für den jeweiligen Anwendungsfall geeigneten Schätzalgorithmus orientiert sich an den folgenden Kriterien:

1. Multinormalverteilung der manifesten Variablen
2. Skaleninvarianz der Fitfunktion
3. erforderliche Stichprobengröße
4. Verfügbarkeit von Inferenzstatistiken, insbesondere χ^2

Das erste entscheidende Kriterium für die Auswahl des zu verwendenden Schätzalgorithmus stellt die geforderte *Verteilung der manifesten Variablen* dar. Die Maximum Likelihood-Methode (ML) und die Methode der Generalized Least Square (GLS) setzen Messvariablen voraus, die aus einer *normalverteilten Grundgesamtheit* stammen. Die anderen in AMOS verfügbaren iterativen Schätzverfahren können auch eingesetzt werden, wenn die Messindikatoren nicht multinormalverteilt sind. Ist die Annahme der Multinormalverteilung erfüllt, so liefert die ML-Methode bei großem Stichprobenumfang die präzisesten Schätzer.

Das zweite Kriterium betrifft die *Skaleninvarianz* der Diskrepanzfunktion. Eine Schätzmethode ist skaleninvariant, wenn das Minimum der Diskrepanzfunktion von der Skalierung der Variablen unabhängig ist (Jöreskog 1978, S. 446). Das bedeutet, dass sich bei einer Änderung der Skalierung der Messvariablen z. B. von EURO in Cents die Ergebnisse der Parameterschätzungen nur insofern ändern, als dass sie die Änderung in der Skalierung der analysierten Messvariablen widerspiegeln. Bei skalenabhängigen Schätzmethoden, wie der Methode der Unweighted Least Square (ULS), führt eine Änderung der Skalierung zu verschiedenen Minima der Diskrepanzfunktion, wobei diese dann nicht nur die Änderung der Skalierung widerspiegeln. Daher wird empfohlen, bei Verwendung des ULS-Schätzers die Messvariablen vor Berechnung der Kovarianzmatrix zunächst zu standardisieren (Long 1983, S. 77 ff.).

Als drittes Kriterium für die Auswahl des zu verwendenden Schätzalgorithmus ist der notwendige *Stichprobenumfang* (N) zu berücksichtigen. Üblicherweise wird zur Parameterschätzung in der Literatur ein Stichprobenumfang dann als ausreichend angesehen, wenn der Stichprobenumfang N fünf Mal so groß ist wie die Zahl der zu schätzenden Parameter (t), also wenn gilt: N ≥ 5 t (Loehlin 1987, S. 60 f.; Boomsma 1983, S. 113; Bagozzi und Yi 1988, S. 80.; Bentler, 1985, S. 3). Andere Empfehlungen lauten, dass von einem ausreichenden Stichprobenumfang dann ausgegangen werden kann, wenn N − t > 50 ist (Bagozzi 1981b, S. 380). Bei Verwendung asymptotisch verteilungsfreier Schätzmethoden, wie der ADF-Methode, liegen die erforderlichen Stichprobengrößen jedoch noch wesentlich höher. Für eine zuverlässige Berechnung der asymptotischen Kovarianzmatrix, die die

Kriterium	ML	GLS	ULS	SLS	ADF
Annahme einer Multinormal-verteilung	Ja	Ja	nein	nein	nein
Skaleninvarianz	Ja	Ja	nein	ja	ja
Stichprobengröße (N) (t = Parameterzahl)	≥ 5 t *oder* N-t > 50	≥ 5 t *oder* N-t > 50	≥ 5 t *oder* N-t > 50	≥ 5 t *oder* N-t > 50	$\geq 1{,}5 \cdot t(t+1)$
Inferenzstatistiken (χ^2)	ja	Ja	nein	Nein	ja

Abb. 3.25 Anforderungen und Eigenschaften iterativer Schätzverfahren

Schätzung von Momenten vierter Ordnung voraussetzt, ist ein Stichprobenumfang von mindestens $N \geq 1{,}5 \cdot t(t+1)$ erforderlich.[11]

Das letzte Auswahlkriterium betrifft die *Verfügbarkeit von Inferenzstatistiken*, insbesondere des χ^2-Tests, mit dessen Hilfe die Nullhypothese geprüft werden kann, dass die empirische der modelltheoretischen Varianz-Kovarianz-Matrix entspricht. Die mit AMOS errechneten χ^2-Werte sind für die Schätzverfahren ML, GLS, ULS und SLS nur dann korrekt, wenn die manifesten Variablen einer Multinormalverteilung folgen. Bei Verwendung des ADF-Schätzers sind asymptotisch effiziente Parameterschätzungen und Inferenzstatistiken auch bei *nicht* normalverteilten Ausgangsvariablen gegeben. Abbildung 3.25 fasst die Anforderungen und Eigenschaften der einzelnen iterativen Schätzverfahren nochmals zusammen.

3.3.2.4   Zusammenfassende Empfehlungen

Die Kovarianzstrukturanalyse ist das geeignete Prüfinstrument für SGM mit latenten Variablen, wenn ein *eingehend theoretisch und/oder sachlogisch fundiertes Hypothesensystem* vorliegt. Aufgrund des simultanen Schätzansatzes und der Ausrichtung an der empirischen Varianz-Kovarianz-Matrix ist sie in der Lage, die theoretisch vermuteten Kausalstrukturen ganzheitlich zu schätzen und inferenzstatistisch zu prüfen. Bei weniger „ausgereiften" Kausalmodellen führt die Anwendung der Kovarianzstrukturanalyse oft zu Problemen im Sinne von Fehlspezifikationen und „unsinnigen" Parameterschätzungen. Nicht ohne Grund wird im Zusammenhang mit dem kovarianzanalytischen Ansatz deshalb auch von *„hard modeling"* gesprochen.

Zielsetzung und zentrale Merkmale der Kovarianzstrukturanalyse sind nochmals zusammenfassend in Abb. 3.26 dargestellt. Mit Hilfe entsprechender Parameterspezifikationen des allgemeinen Modells ist der Ansatz auch in der Lage, Submodelle der SGA wie z. B. die Pfadanalyse (Strukturmodell ohne Messmodelle) oder die konfirmatorische Faktorenanalyse (Messmodell ohne Strukturmodell) zu schätzen.

---

[11] Dies gilt für den Fall von p $\geq$ 12 manifesten Variablen. Bei p < 12 genügt ein n $\geq$ 200.

Allgemeines Gleichungssystem der Kovarianzstrukturanalyse

$\eta = B\,\eta + \Gamma\,\xi + \zeta$ Strukturmodell

$y = \Lambda_y\,\eta + \varepsilon$ Messmodell latenter endogener Variablen

$x = \Lambda_x\,\xi + \delta$ Messmodell latenter exogener Variablen

Zentrale Charakteristika der Kovarianzstrukturanalyse:

- *Faktoranalytischer* Ansatz, bei dem die Beziehungszusammenhänge zwischen allen Parametern eines Kausalmodells *simultan* geschätzt werden (sog. *full-information-approach*).
- *Zielsetzung* der Analyse ist die möglichst genaue Reproduktion der *empirischen Varianz-Kovarianzmatrix* und somit die simultane Schätzung der gesamten Kausalstruktur.
- Die latenten Variablen stellen *Faktoren* im Sinne der *klassischen Faktorenanalyse* dar. Das bedeutet, dass Konstruktwerte für die latenten Variablen nach erfolgter Modellschätzung zwar noch geschätzt werden können, diese aber zu keinem Zeitpunkt im Rahmen der eigentlichen Modellschätzung bekannt sein müssen und somit immer latent bleiben.
- Die *Maximum-Likelihood-Methode* ist der am häufigsten verwendete Ansatz zur Schätzung der Modellparameter, der aber eine Multinormalverteilung der Ausgangsvariablen fordert. Ist diese Annahme bei einem entsprechend großen Stichprobenumfang erfüllt, so ermöglicht die Kovarianzstrukturanalyse eine Vielzahl inferenzstatistischer Testmöglichkeiten.
- Die *Messfehler* der manifesten Variablen werden isoliert und beeinflussen somit *nicht mehr* die Schätzung der Parameter im Strukturmodell.

Abb. 3.26 Steckbrief zur Kovarianzstrukturanalyse

3.3.3 Der varianzanalytische Ansatz (LVPLS, PLS)

3.3.3.1 Grundidee des varianzanalytischen Ansatzes

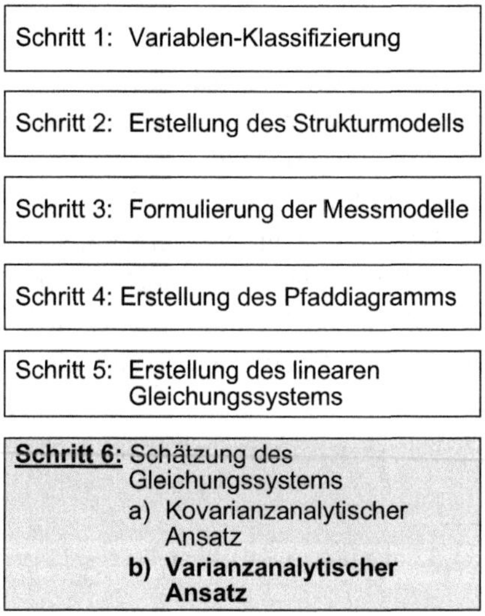

Schritt 1: Variablen-Klassifizierung

Schritt 2: Erstellung des Strukturmodells

Schritt 3: Formulierung der Messmodelle

Schritt 4: Erstellung des Pfaddiagramms

Schritt 5: Erstellung des linearen Gleichungssystems

Schritt 6: Schätzung des Gleichungssystems
  a) Kovarianzanalytischer Ansatz
  b) Varianzanalytischer Ansatz

Der varianzanalytische Ansatz der SGA geht auf Wold (1966, 1975, 1982, S. 325 ff.) zurück, der die *Fallwerte der Ausgangsdatenmatrix* mit Hilfe einer Kleinst-Quadrate-Schätzung, die auf der Hauptkomponentenanalyse und der kanonischen Korrelationsanalyse aufbaut, möglichst genau zu prognostizieren versucht. Der *Partial Least Square-Ansatz* (PLS) von Wold wurde von Lohmöller (1984, 1989) in dem Statistikprogramm LVPLS (*Latent Variables Path Analysis with Partial Least Squares Estimation*) implementiert, das auch heute noch die Basis für andere Programme zur PLS-Schätzung bildet (z. B. Visual PLS; PLS-Graph, SmartPLS). Werden nur reflektive Messmodelle betrachtet, so kann die PLS-Schätzung eines Kausalmodells im Prinzip auch mit Hilfe von SPSS durchgeführt werden: Zu diesem Zweck werden im ersten Schritt mit Hilfe der *Hauptkomponentenanalyse* die Konstruktwerte für die latenten Variablen geschätzt.[12] Im zweiten Schritt werden dann unter Verwendung der Konstruktwerte die Effektgrößen des Strukturmodells mit Hilfe der *Regressionsanalyse* – analog zum Ansatz der Pfadanalyse (vgl. Kap. 3.2) – bestimmt. Strukturgleichungsanalyse (SGA)

> **Varianzanalytischer Ansatz der Strukturgleichungsanalyse**
> Auf der Kleinst-Quadrate-Schätzung basierender zweistufiger Ansatz, bei dem im ersten Schritt fallbezogen konkrete Schätzwerte für die latenten Variablen (scores; construct values) aus den empirischen Messdaten ermittelt werden, die dann im zweiten Schritt zur Schätzung der Parameter des Strukturmodells verwendet werden.

Der varianzanalytische Ansatz verdankt seinen Namen der Zielsetzung, die Varianz der Fehlervariablen *sowohl* im Messmodell als *auch* im Strukturmodell zu minimieren, um so eine möglichst genaue Annäherung an die empirischen Ausgangsdaten zu erhalten. Die Zielsetzung der gleichzeitigen Minimierung von Messfehler- und Konstruktvarianz hat allerdings zur Folge, dass PLS diese Varianzen „gemeinsam" betrachtet, d. h. sie sind *konfundiert*, und somit können Messfehlervarianzen bei der Schätzung des Strukturmodells nicht „herausgerechnet" werden. Basis der Analyse ist die *Ausgangsdatenmatrix* der Messvariablen, weshalb Lohmöller (1989, S. 6) den Ansatz auch als „[. . .] data-structure oriented [. . .]" bezeichnet. Die Konzentration der Analyse auf die Datenstruktur resultiert aus der Zielsetzung von Wold (1980, S. 70), auch schon dann „brauchbare" Schätzergebnisse erzielen zu können, wenn die Informationsbasis bezüglich der „wahren" Kausalstruktur noch relativ gering ist.

3.3.3.2   Schätzalgorithmus des PLS-Ansatzes
In der Sprache von PLS werden die Messmodelle der latenten Variablen zusammenfassend auch als *„äußeres Modell"* und das Strukturmodell als *„inneres Modell"* bezeichnet.

---

[12] Die *Hauptkomponentenanalyse* ist in SPSS als eine *von* sieben *Extraktionsmethoden* im Rahmen der Faktorenanalyse implementiert (*Menüfolge: „Analysieren → Dimensionsreduzierung → Faktorenanalyse"*). Vgl. zur Hauptkomponentenanalyse im Unterschied zur Faktorenanalyse Backhaus et al. 2011, S. 356 f.

Stufe I: Bestimmung von **Konstruktwerten** für jede LV j
Methodik: Hauptkomponentenanalyse bei *reflektivem* Messmodell
Multiple Regression bei *formativem* Messmodell

Stufe II: Bestimmung der **Pfadkoeffizienten** des Strukturmodells
unter Verwendung der Konstruktwerte aus Stufe I
Methodik: Pfadanalyse

Stufe III: Bestimmung der **Mittelwerte und Konstanten** (Intercepts)
für die Regressionsbeziehungen

Abb. 3.27 Stufen des PLS-Schätzalgorithmus

Die Schätzung eines Kausalmodells erfolgt im Rahmen des PLS-Ansatzes in drei Stufen, welche in Abb. 3.27 dargestellt sind: Auf der *ersten Stufe* werden unter Verwendung der Ausgangsdaten, d. h. der empirischen Informationen zu den Messvariablen, konkrete Werte für jede latente Variable (LV) bei jedem erhobenen Fall (i. d. R. befragte Personen) bestimmt. Diese Schätzwerte für die latenten Variablen werden auch als „Konstruktwerte", „scores" oder „case values (CV)" bezeichnet. Stehen diese Konstruktwerte für jede LV fest, so werden sie auf der *zweiten Stufe* dazu verwendet, um die Effektgrößen des Strukturmodells zu schätzen. Da auf dieser Stufe konkrete Konstruktwerte vorliegen, kann hier auf die *Pfadanalyse* zurückgegriffen werden (vgl. Kap. 3.2). Es wird auf der zweiten Stufe somit letztendlich ein Strukturgleichungsmodell mit „manifesten Variablen" geschätzt. Stehen auch die Pfadkoeffizienten fest, so werden auf der *dritten Stufe* noch die Mittelwerte und der konstante Term für die linearen Regressionsfunktionen geschätzt.

Im Folgenden wird nur noch die *Stufe I* einer genaueren Betrachtung unterzogen, während die Vorgehensweise auf Stufe II bereits in Kap. 3.2 (Pfadanalyse) behandelt wurde. Es werden folgende Abkürzungen verwendet:

CVj = (endgültiger) Konstruktwert für die LV j
$CVIj$ = (innerer) Konstruktwert für die LV j auf Basis des inneren Modells
$CVAj$ = (äußerer)Konstruktwert für die LV j auf Basis des äußeren Modells

Iterationsprinzip des PLS-Schätzalgorithmus auf Stufe I: Um möglichst valide Konstruktwerte für eine latente Variable j (CV_j) für jeden Erhebungsfall zu erhalten, verwendet PLS Informationen aus dem Messmodell *und* dem Strukturmodell. Der Ablauf des iterativen *Schätzalgorithmus* auf Stufe I des PLS-Ansatzes ist zusammenfassend in Abb. 3.28 dargestellt. Die Abbildung macht deutlich, dass sowohl bei der inneren als auch bei der äußeren Schätzung jeweils *zwei Schritte* vollzogen werden. Da die Schätzung des Kon-

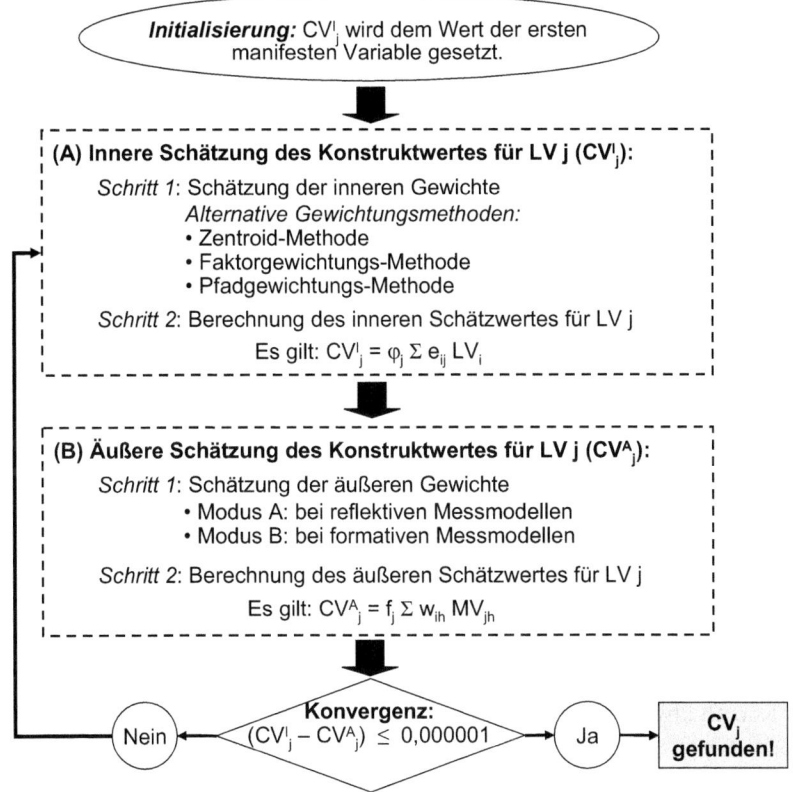

Abb. 3.28 Iterative Schätzung der Konstruktwerte auf Stufe I

struktwertes einer LV bei beiden Schätzungen einem Regressionsansatz folgt, sind im ersten Schritt zunächst die Gewichtungsgrößen des Ansatzes (e_{ij} bzw. w_{jh}) zu bestimmen, die dann im zweiten Schritt zur Berechnung der Konstruktwerte herangezogen werden. Im Folgenden wird zuerst die Ermittlung des Konstruktwertes einer LV j (CV^I_j) im Rahmen der inneren Schätzung betrachtet und anschließend die Ermittlung von CV^A_j im Rahmen der äußeren Schätzung.

(A) Innere Schätzung des Konstruktwertes für LV j (Basis: Strukturmodell): Im Ausgangspunkt erfolgt eine *Initialisierung* der Schätzung, in dem der Konstruktwert der LV j (CV^I_j) gleich dem Wert der ersten manifesten Variablen (MV) gesetzt wird. Dieser Initialwert wird verwendet, um mit der *inneren Schätzung* der latenten Variablen j beginnen zu können. Der Konstruktwert der LV j errechnet sich als Linearkombination aus den Konstruktwerten aller LV i, die mit der LV j in Verbindung stehen, und es gilt:

$$CV^I_j = \varphi_j \; \Sigma \; e_{ij}LV_i \tag{3.19}$$

mit:

CV^I_j = Konstruktwert der LV j aus dem inneren Modell (Strukturmodell)
φ_j = Normierungsgröße für LV j
e_{ji} = (innere) Gewichtungsgröße
LV_i = latente Variable i, die die LV j beeinflusst

Zur Berechnung von CV^I_j fehlen damit nur noch die Gewichtungsgrößen e_{ij}, die mit Hilfe von folgenden drei unterschiedlichen *Gewichtungsmethoden* geschätzt werden können:

- *Zentroid-Methode (Centroid Weighting Scheme)*:
  Besteht eine Verbindung zwischen den latenten Variablen (LV), so ist e_{ij} gleich dem *Vorzeichen der Korrelation* zwischen LV_i und LV_j; ansonsten gilt: $e_{ij} = 0$.
- *Faktorgewichtungs-Methode (Factor Weighting Scheme)*:
  Besteht eine Verbindung zwischen den latenten Variablen, so ist e_{ij} gleich der *Korrelation* zwischen LV_i und LV_j gesetzt; ansonsten gilt: $e_{ij} = 0$.
- *Pfadgewichtungs-Methode (Path Weighting Scheme)*:
  Ist die latente Variable LV_i ein Nachfolger der Variablen LV_j, so wird e_{ij} gleich der *Korrelation* zwischen LV_i und LV_j gesetzt (Faktorgewichtungs-Methode). Ist die latente Variable LV_i hingegen ein Vorgänger der Variablen LV_j, so wird für e_{ij} der Regressionskoeffizient bij verwendet, der sich aus der multiplen Regression der Variablen LVj mit dem Konstruktwert CVj als abhängige und allen anderen Vorgänger als unabhängige Variable ergibt.

Ist die Gewichtungsgröße e_{ij} für die latente Variable j mit Hilfe einer der obigen Methoden bestimmt, so wird im *zweiten Schritt* das gefundene Gewicht verwendet, um den Konstruktwert für LV j gem. Formel (3.19) zu berechnen. Dieser Wert geht dann in die folgende äußere Konstruktwertschätzung ein.

(B) Äußere Schätzung des Konstruktwertes für LV j (Basis: Messmodelle): Bei der äußeren Schätzung ergibt sich der Konstruktwert einer LV j als Linearkombination aus den der LV_j *zugeordneten manifesten* Variablen MV j, und es gilt:

$$CV^A_j = f_j \Sigma w_{jh} MV_{jh} \qquad (3.20)$$

mit:

CV^A_j = Konstruktwert der LV j aus dem äußeren Modell (Messmodell)
f_j = Standardisierungsfaktor für LV j
w_{jh} = (äußere) Gewichtungsgröße
MV_i = manifeste Messvariable j, die der LV_j zugeordnet ist

Dabei werden die Werte für die zugeordneten manifesten Variablen (Messvariablen) der Ausgangsdatenmatrix entnommen, während auch hier die Gewichtungsgrößen w_{jh} noch zu schätzen sind. In Abhängigkeit des für die LV j unterstellten *Messmodells* sind zwei Schätzverfahren relevant:

Modus A für reflektive Messmodelle: Bei *reflektiven Messmodellen* (Modus A) erfolgt die Bestimmung der äußeren Gewichtungsgrößen w_{jh} mit Hilfe der *Hauptkomponentenanalyse*, wobei die dabei gefundenen *Ladungen* der relevanten MV j auf die LV j als *äußere* Gewichtungsgrößen w_{jh} verwendet werden. Die Bestimmung der Gewichte erfolgt mit Hilfe des reflektiven Messmodell-Ansatzes:
Schätzung der Gewichte im Modus A:

$$MVj = \Lambda_x LV_j + \delta \tag{3.21}$$

mit:

MV_j = manifeste Variable j aus dem der LV j zugeordneten Variablen-Block
Λ_x = Matrix der Faktorwerte
LV_j = latente Variable j
δ = Fehlervariable

Es liegt damit für jede MV j ein *einfaches Regressionsmodell* mit der LV j als unabhängige und der MV j als abhängige Variable vor. Als Werte für die LV j wird dabei der aus der *inneren Schätzung* gewonnene Konstruktwert verwendet. Der Regressionskoeffizient entspricht im Fall standardisierter Variablen, wovon hier ausgegangen wird, den sog. Faktorladungen. Weiterhin gilt in diesem Fall für die äußere Gewichtungsgröße: $cov(MV_j; CV^I_j) = r(MV_j; CV^I_j)$.

Modus B für formative Messmodelle: Bei *formativen Messmodellen* (Modus B) erfolgt die Bestimmung der Gewichtungsgrößen mit Hilfe der *multiplen Regressionsanalyse*, wobei die dabei gefundenen *multiplen Regressionskoeffizienten* als *äußere* Gewichtungsgrößen w_{jh} verwendet werden. Die Bestimmung der Gewichte erfolgt mit Hilfe des formativen Messmodell-Ansatzes:
Schätzung der Gewichte im Modus B:

$$CV^I_j = W\, MV_j + \delta \tag{3.22}$$

mit:

CV^I_j = Ergebnis-Konstruktwert der LV j aus der inneren Schätzung
MV_j = manifeste Variable j aus dem er LV j zugeordneten Variablen-Block
W = Matrix der multiplen Regressionskoeffizienten
LV_j = latente Variable j
δ = Fehlervariable

Als Werte für die LV j wird auch hier der aus der *inneren Schätzung* gewonnene Konstruktwert verwendet. Ist die Gewichtungsgröße w_{jh}, für die latente Variable j geschätzt, so wird im *zweiten Schritt* mit Hilfe des gefundenen Gewichts der Konstruktwert für LV j gem. (3.20) berechnet.

Sind die Konstruktwerte für die LV j im Rahmen der äußeren Schätzung bestimmt, so werden diese mit den Konstruktwerten aus der inneren Schätzung verglichen. Wold (1982, S. 14) schlägt dabei vor, solange wieder mit der inneren Schätzung unter Verwendung von CV^A_j zu beginnen und den Prozess erneut zu durchlaufen, bis gilt:

Konvergenzkriterium:

$$\left(CV^I_j - CV^A_j\right) \leq 10^{-5} \tag{3.23}$$

mit:

CV^I_j = Ergebnis-Konstruktwert der LV j aus der inneren Schätzung
CV^A_j = Ergebnis-Konstruktwert der LV j aus der äußeren Schätzung

Ist das Konvergenzkriterium erfüllt, so ist der endgültige Konstruktwert für die LV j gefunden, und dieser kann dann in der Stufe II zur Schätzung der Pfadkoeffizienten des Strukturmodells im Rahmen der Pfadanalyse verwendet werden.

Das Iterationsprinzip macht deutlich, dass bei der Schätzung der Konstruktwerte jeweils abwechselnd einmal der innere und einmal der äußere Schätzwert „festgehalten" wird, um mit seiner Hilfe den jeweils anderen Schätzwert zu bestimmen. Diesem Iterationsprinzip verdankt der PLS-Ansatz auch seinen Namen, da bei beiden Schätzungen auf eine Kleinst-Quadrate-Schätzung (engl. Least Squares) zurückgegriffen wird, bei denen aber jeweils nur ein Teil (engl. partial) der Gesamtinformation (nämlich entweder die aus dem äußeren oder die aus dem inneren Modell) verwendet wird.

3.3.3.3 Zusammenfassende Empfehlungen

Der varianzanalytische Ansatz ist das geeignete Prüfinstrument für SGM mit latenten Variablen, wenn eine möglichst gute Reproduktion der Ausgangsdatenmatrix das Ziel der Analyse ist. Auch erst wenig *theoretisch und/oder sachlogisch fundierte Hypothesensysteme* lassen sich mit Hilfe des PLS-Ansatzes schätzen, weshalb in diesem Zusammenhang auch von „*soft modeling*" gesprochen wird."

Allgemeines Gleichungssystem des PLS-Ansatzes

(A) $\xi = \Gamma\,\xi + \zeta$	Strukturgleichungssystem	
(B) $x = \Lambda_x\xi + \varepsilon$	Messgleichungssystem	(reflektiv)
$\xi = \Pi_x x + \delta$	Messgleichungssystem	(formativ)
(C) $\xi = \Sigma w\,x$	Gewichtungsgleichungssystem	

Zentrale Charakteristika des PLS-Ansatzes:

- *Regressionsanalytischer* Ansatz, bei dem die Beziehungszusammenhänge zwischen den Parametern eines Kausalmodells *sukzessive* geschätzt werden (sog. partial-information-aproach).

- *Zielsetzung* der Analyse ist die möglichst genaue Reproduktion der *empirischen Ausgangsdatenmatrix* bei Minimierung der Messfehler im Modell.

- Jeder latenten Variablen wird ein Block von manifesten Variablen (Messvariablen) zugeordnet, mit dessen Hilfe im ersten Schritt ein *konkreter Messwert* (Konstrukt-wert) für die latente Variable als gewichtete Linearkombination des Variablen-Blocks berechnet wird.

- Die *Konstruktwerte* werden im zweiten Schritt zur *pfadanalytischen* Schätzung der Parameter im Strukturmodell verwendet. Das bedeutet, dass die Schätzung des Strukturmodells letztendlich nicht mehr auf „latenten" Variablen basiert, sondern auf konkreten „Messwerten".

- Durch die Schätzung der Konstruktwerte mittels wechselseitiger Anpassung aus den Daten der Messmodelle und dem Beziehungsgefüge des Strukturmodells enthalten die Konstruktwerte Messfehleranteile aus den manifesten Variablen, die damit auch die Schätzung der Parameter im Strukturmodell beeinflussen.

- Es werden keine Annahmen zur Verteilung der Stichprobenwerte gemacht, und eine Modellschätzung ist bereits bei einem relativ geringen Stichprobenumfang möglich. Aufgrund fehlender Verteilungsannahmen sind aber auch keine inferenzstatisti-schen Testmöglichkeiten gegeben. Allerdings ist die Schätzung von Standardfehlern der Modellparameter mit Hilfe von Resampling-Verfahren (Bootstrapping) mög-lich.

Abb. 3.29 Steckbrief des varianzanalytischen Ansatzes

PLS-Schätzungen beruhen ausschließlich auf dem Regressionsprinzip und erfordern damit *keine Verteilungsannahmen* und sind auch bereits bei relativ kleinem Stichprobenumfang durchführbar. Als Richtwert für die Stichprobengröße wird oft der Hinweis von Chin (1998b, S. 311) angeführt, wonach die Fallzahl mindestens das 10-fache des Maximums aus (a) der Zahl an Indikatoren des Blocks mit der größten Zahl an formativen Indikatoren und (b) der maximalen Zahl an Regressionspfaden auf eines der endogenen Konstrukte betra-gen sollte. Bezogen auf das Beispiel in Abb. 3.17 betragen sowohl (a) als auch (b) genau 2, womit insgesamt eine Fallzahl von mindestens 20 gefordert wäre. Zielsetzung und zentrale Merkmale des PLS-Ansatzes sind nochmals zusammenfassend in Abb. 3.29 dargestellt.

3.3.4 Vergleich der kausalanalytischen Ansätze

Bei der empirischen Prüfung von Kausalmodellen werden der kovarianzanalytische Ansatz (LISREL) und der varianzanalytische Ansatz (PLS) oft als substitutiv betrachtet. Allerdings zeigt sich bei der praktischen Anwendung, dass häufig der PLS-Ansatz „rechnet" und durchaus plausible Modellschätzungen erbringt, während das gleiche Modell mit LISREL oder AMOS nicht oder nicht plausibel geschätzt werden kann. Die Gründe hierfür sind vor allem darin zu sehen, dass – wie in Abb. 3.30 gegenübergestellt – elementare Unterschiede

Kriterium	Kovarianzanalytischer Ansatz	Varianzanalytischer Ansatz
Zielsetzung	bestmögliche Reproduktion der empirischen Varianz-Kovarianzmatrix	Bestmögliche Vorhersage der Datenmatrix bzgl. der Zielvariablen
Theoriebezug	Theorie-testender Ansatz (hard modeling)	daten- und prognoseorientierter Ansatz (soft modeling)
Zielfunktion	Minimierung der Differenz zwischen empirischen und modelltheoretischen Kovarianzen: $(S - \hat{\Sigma}) \rightarrow$ Min!	Minimierung der Differenz zwischen beobachteten und geschätzten Falldaten
Methodik	faktoranalytischer Ansatz mit simultaner Schätzung *aller* Parameter des Kausalmodells	regressionsanalytischer Ansatz bei zweistufiger Schätzung von Messmodellen und Strukturmodell
Datenbasis	Varianz-Kovarianz-Matrix	Ausgangsdatenmatrix
Latente Variable	Faktoren im Sinne der Faktorenanalyse und *Isolierung* der Fehlervarianz der Messvariablen bei der Schätzung des Strukturmodells	Dimensionen im Sinne der Hauptkomponentenanalyse und *Konfundierung* von Faktor- und Fehlervarianz bei der Schätzung der Konstruktwerte
Strukturmodell	rekursive und nicht-rekursive Modelle	nur rekursive Modelle
Messmodelle	*primär* reflektiv	formativ & reflektive Messmodelle
Verteilungsannahmen	Multinormalverteilung (bei ML-Methode)	keine
Gütebeurteilung	globale und lokale inferenzstatistische Gütemaße	partielle Gütekriterien bzgl. Vorhersage der Datenmatrix
Stichprobenumfang	große Stichproben	kleine Stichproben ausreichend
Modellvergleiche	möglich	nur eingeschränkt möglich
Programmpakete	LISREL; EQS; AMOS	LVPLS; PLS Graph; SmartPLS

Abb. 3.30 Zentrale Unterschiede zwischen dem kovarianzanalytischen und dem varianzanalytischen Ansatz der Kausalanalyse

zwischen beiden Ansätzen bestehen und auch unterschiedliche Zielsetzungen bei der Analyse von Kausalmodellen verfolgen. Im Folgenden werden Empfehlungen gegeben, die dem Anwender die Entscheidung für eine Verfahrensvariante erleichtern sollen:

▶ **Empfehlung** Die Entscheidung für LISREL oder PLS ist sachlogisch zu fundieren und vor dem Hintergrund der unterschiedlichen Zielsetzungen der beiden Ansätze zu treffen.

Die *Kovarianzstrukturanalyse* verfolgt die ganzheitliche und simultane Schätzung der Kausalstruktur eines Modells *insgesamt*. Entscheidend ist dabei *nicht* die Reproduktion der Ausgangsdaten (Fallwerte), sondern die Reproduktion der Varianz-Kovarianz-Matrix, die die empirisch gemessenen *Beziehungen* zwischen allen Messvariablen widerspiegelt. Damit ist der kovarianzanalytische Ansatz ein die *Gesamtheit* der Variablenbeziehungen *prüfender* Ansatz und herausragend zur Theorieevaluation geeignet. Erst ansatzweise oder nicht hinreichend theoretisch und/oder sachlogisch fundierte Modelle sind häufig der Grund dafür, dass LISREL, EQS oder AMOS „nicht rechnen" bzw. keine plausiblen Lösungen schätzen.

Genau hierin ist auch ein wesentlicher Grund dafür zu sehen, dass der PLS-Ansatz auf die Reproduktion der Ausgangsdaten abstellt. Es war das Ziel von Wold (1980, S. 70), auch dann schon „brauchbare" Schätzergebnisse zu erzielen, wenn die Informationsbasis bezüglich der „wahren" Kausalstruktur noch relativ gering ist bzw. die theoretischen Überlegungen zur Fundierung eines Kausalmodells noch nicht hinreichend ausgereift sind. Durch die möglichst genaue Schätzung der Ausgangsdaten ist der PLS-Ansatz besonders für *Prognosezwecke* geeignet, wenn Repräsentativität der Erhebungsdaten unterstellt werden kann.

Der LISREL-Ansatz folgt in allen Teilen dem Denkansatz der *Faktorenanalyse*. Die Faktorenanalyse ist ein statistischer *Modellansatz*, bei dem manifeste Variablen als Linearkombination aus hypothetischen Größen (Faktoren) dargestellt werden. Von besonderer Bedeutung ist dabei, dass die Faktorenanalyse die Gesamtvarianz einer Messvariablen in die Faktorvarianz und die Fehlervarianz zerlegt (vgl. auch Abb. 3.23) und mit der Faktorvarianz nur denjenigen Varianzanteil zu erfassen versucht, der auf den Faktor oder die Faktoren als *Ursache* zurückgeführt werden kann. Bei der Schätzung der Beziehungen im Strukturmodell findet dann nur noch die Faktorvarianz Berücksichtigung. Nach Bollen (2002, S. 605 ff.) spiegelt die Faktorvarianz den „wahren Wert" einer latenten Variablen wider, und mit ihrer Hilfe kann eine valide Messung hypothetischer Größen vorgenommen werden. Der LISREL-Ansatz folgt dieser Überlegung und führt die Korrelationen zwischen den Messvariablen *ursächlich* auf die jeweils zugeordneten latenten Variablen (Faktoren im Sinne der Faktorenanalyse) und deren Beziehungen zurück. Deshalb sind *reflektive Messmodelle* für die latenten Variablen auch als *typisch* für den LISREL-Ansatz anzusehen.

Demgegenüber folgt die Bestimmung der Konstruktwerte bei reflektiv gemessenen Konstrukten beim PLS-Ansatz dem Denkansatz der *Hauptkomponentenanalyse*. Hauptkomponenten (häufig auch als Dimensionen bezeichnet) sind *lineare Transformationen* der betrachteten Messvariablen, und eine Hauptkomponente bildet sich als Linearkombination der Messvariablen. Sie vereinigen bzw. komprimieren damit einen größtmöglichen Anteil der *Gesamtvarianz* der betrachteten Variablen (Gesamtinformation) auf eine Hauptkomponente. Damit strebt die Hauptkomponentenanalyse einen geringstmöglichen Informationsverlust bei der Reproduktion eines Bündels von Messvariablen durch eine Hauptkomponente an.

Entsprechend wird letztendlich auch *keine* Zerlegung der Gesamtvarianz vorgenommen, so dass bei Extraktion von ebenso vielen Hauptkomponenten wie Variablen 100 % der Variablenvarianzen reproduziert werden. Im Gegensatz zur Faktorenanalyse nimmt die Hauptkomponentenanalyse *keine* Trennung zwischen Faktorvarianz und Einzelrestvarianz vor und abstrahiert damit auch von der spezifischen Varianz der Messvariablen. Als *Fehlervarianz* wird bei der Hauptkomponentenanalyse die Restvarianz bezeichnet, die nicht durch die betrachteten Hauptkomponenten erklärt wird. Damit sind latente Variable im PLS-Ansatz als Hauptkomponente zu verstehen, die wesentlich enger an die zugeordneten Messvariablen „gebunden" ist. Auch sind Hauptkomponenten nicht als „Ursache" der Messvariablen zu interpretieren, sondern als deren „Konglomerat" oder als „übergreifende Eigenschaft" der Messvariablen.

Bei *formativ* spezifizierten Konstrukten folgen beide Verfahrensvarianten der Kausalanalyse dem regressionsanalytischen Modell und verstehen eine latente Variable als *Ergebnisgröße* der sie bestimmenden Messvariablen. Allerdings ist im PLS-Ansatz die Spezifizierung formativer Konstrukte sowie die gemeinsame Verwendung von reflektiven *und* formativen Messmodellen in *einem* Kausalmodell wesentlich „einfacher" möglich.

▶   **Empfehlung** Die Entscheidung für LISREL oder PLS ist an dem theoretischen Verständnis der im Hypothesensystem verwendeten latenten Variablen zu orientieren: Elementar ist hier die theoretische Sichtweise, ob latente Variable als item-verursachende Faktoren (LISREL) oder als item-bündelnde Dimensionen (PLS) zu verstehen sind.

Die Entscheidung für den LISREL- oder den PLS-Ansatz sollte jedoch nicht an der „Einfachheit" der Modellspezifikation orientiert werden, sondern an dem theoretisch begründeten Verständnis der hypothetischen Konstrukte. Es ist also zu prüfen, ob latente Variable aus theoretischer Sicht eher als Faktoren im Sinne der Faktorenanalyse oder als Dimensionen im Sinne der Hauptkomponentenanalyse zu verstehen sind. Latente Variable im Sinne von Hauptkomponenten sind „Dimensionen" und damit „übergeordnete Beschreibungen" eines Variablenbündels, durch die möglichst wenig Information bei der Variablenkomprimierung verloren gehen soll. Demgegenüber sind latente Variable im Sinne von „Faktoren" der Faktorenanalyse „Erklärungen" für die Messvariablen, die als Ursache für die Korrelation zwischen Variablen interpretiert werden können.

Aufgrund der Varianzzerlegung werden beim kovarianzanalytischen Ansatz die Beziehungen im Strukturmodell nur auf Basis der Faktorvarianzen geschätzt, während die Einzelrestvarianz „eliminiert" werden kann. Dadurch können die Schätzungen des

Strukturmodells als *verlässlich* für die Konstruktbeziehungen angesehen werden. Demgegenüber sind die Strukturmodell-Schätzungen des PLS-Ansatzes immer auch durch die Messfehlervarianzen beeinflusst, wodurch die „wahren" Beziehungen im Strukturmodell nur bedingt abgebildet werden können und die Pfadkoeffizienten tendenziell überschätzt werden. Dabei ist auch zu beachten, dass der PLS-Ansatz im ersten Schritt Konstruktwerte für die latenten Variablen errechnet, mit deren Hilfe dann das Strukturmodell in einem zweiten Schritt geschätzt wird.

▶   **Empfehlung** Die Entscheidung für LISREL oder PLS ist an der Bedeutsamkeit der Kenntnis von Konstruktwerten für die Prüfung der theoretischen Modellierung zu orientieren.

Die Schätzung der Konstruktwerte ist dabei nicht nur von den Messfehlern beeinflusst, sondern es wird auch unterstellt, dass die Konstruktwerte valide Ausprägungen der latenten Variablen darstellen, die dann der Kleinst-Quadrate-Methode zur Schätzung der Beziehungen im Strukturmodell dienen. Damit sind bei der Schätzung des Strukturmodells die latenten Variablen im Prinzip aber gar nicht mehr latent, sondern „Projections of Latent Structures (Wold et al. 2001, S. 131 ff.), die durch die Konstruktwerte (scores, case values) in „manifester Form" vorliegen. Demgegenüber verwendet der LISREL-Ansatz zu keinem Zeitpunkt Konstruktwerte, sondern schätzt die Variablenbeziehungen allein aufgrund der empirischen Varianz-Kovarianz-Matrix. Konstruktwerte sind im LISREL-Ansatz Faktorwerte, die mit Hilfe der sog. *Factor Score Weights* unter Verwendung der Ausgangsdaten geschätzt werden. Sie sind weder zur Modellschätzung noch zur Modellprüfung relevant und dienen nur dem Anwender für weiterführende Analysen.

▶   **Empfehlung** Die Entscheidung für LISREL oder PLS ist an der Bedeutsamkeit zu orientieren, mit der die in einer empirischen Erhebung gewonnene „Gesamtinformation" durch ein Kausalmodell reproduziert werden soll.

Ein weiterer zentraler Unterschied ist in den zur Anwendung kommenden Schätzverfahren beider Verfahrensvarianten der Kausalanalyse zu sehen. Der PLS-Ansatz nimmt im ersten Schritt eine Schätzung der Konstruktwerte für jede latente Variable vor und verwendet diese im zweiten Schritt zur regressionsanalytischen Schätzung des Strukturmodells. Bei der Konstruktwerte-Schätzung werden nur diejenigen Blocks an Messvariablen berücksichtigt, die sich einer latenten Variablen über Pfade zuordnen lassen. Da in dieser Weise für jede latente Variable „isoliert" vorgegangen wird, erzielt PLS keine globale Optimierung, sondern eine nur partielle Optimierung im Hinblick auf die betrachteten Variablen und die Maximierung der jeweils erklärten Varianz. Demgegenüber erreicht der LISREL-Ansatz eine simultane bzw. globale Optimierung *aller Zusammenhänge* des gesamten Hypothesensystems. Durch die Spezifizierung von freien Parametern schätzt der Optimierungsalgorithmus alle theoretisch vermuteten Beziehungen und berücksichtigt durch feste Parameter in Form von Nullwerten auch alle theoretisch ausgeschlossenen

Beziehungen in einem Kausalmodell in expliziter Weise, was im PLS-Ansatz nicht (oder nur unter Einführung von Nebenbedingungen) möglich ist.

Das unterschiedliche Verständnis von latenten Variablen und die verschiedenen Schätzverfahren führen dazu, dass die Parameterschätzungen nach dem LISREL- und dem PLS-Ansatz *nicht vergleichbar* sind und nur dann konvergieren, wenn fehlerfreie Messungen unterstellt werden können oder die Zahl der betrachteten Messvariablen gegen unendlich geht (sog. Consistency at Large-Effekt). Scholderer und Balderjahn (2006, S. 61) weisen vor diesem Hintergrund auf zwei systematische *Fehlerquellen von PLS-Schätzungen* hin:

1. Bei reflektiven Messmodellen werden von PLS i. d. R. die Faktorladungen überschätzt, und bei unterschiedlichen Indikator-Reliabilitäten besteht die Tendenz, die Höhe der Faktorladungen anzugleichen.
2. Bei positiver Messfehlervarianz mindestens einer Messvariablen für eine latente Variable werden im Strukturmodell von PLS alle Beziehungen mit dieser latenten Variablen unterschätzt. Der Grund hierfür ist darin zu sehen, dass PLS im Gegensatz zum LISREL-Ansatz keine Minderungskorrektur der Regressionskoeffizienten, d. h. die Schätzung von reliablen Varianzanteilen unter Kontrolle der Messfehler, vornehmen kann.

▶ **Empfehlung** Ist die möglichst umfassende empirische Prüfung eines theoretisch eingehend fundierten Hypothesensystems das Ziel der Kausalanalyse, so ist dem LISREL-Ansatz der Kausalanalyse der Vorzug zu geben.

Abschließend lässt sich festhalten, dass der LISREL- und der PLS-Ansatz für unterschiedliche Zielsetzungen der Kausalanalyse geeignet sind und damit nicht substitutiv betrachtet werden sollten. Der kovarianzanalytische Ansatz weist zur „echten" Theorieprüfung die wesentlich höhere Eignung auf und sollte hier die erste Wahl darstellen. Der PLS-Ansatz sollte nach Chin und Newsted (1999, S. 337) bevorzugt werden, wenn:

• die zu erforschenden Phänomene noch relativ neuartig sind und keine fundierten Mess- und Konstrukttheorien vorliegen;
• Modelle eine hohe Anzahl von Messvariablen aufweisen und komplex sind;
• das Treffen von Vorhersagen im Vordergrund steht;
• nur relativ kleine Stichproben vorhanden sind.

Literatur

Arbuckle, J. L. (2012). *Amos^{TM} 21.0 user's guide*. Chicago: SPSS.
Backhaus, K., & Weiber, R. (2007). Forschungsmethoden der Datenauswertung. In R. Köhler, H.-U. Küpper, & A. Pfingsten (Hrsg.), *Handwörterbuch der Betriebswirtschaft* (6 Aufl., S. 524–535). Stuttgart: Schäffer-Poeschel.

Backhaus, K., Erichson, B., Plinke, W., & Weiber, R. (2011). *Multivariate Analysemethoden* (13. Aufl.). Heidelberg: Springer.

Bagozzi, R. P. (1981b). Evaluating structural equation models with unobservable variables and measurement error: A comment. *Journal of Marketing Research, 18,* 375–381.

Bagozzi, R. P., & Yi, Y. (1988). On the evaluation of structural equation models. *Journal of the Academy of Marketing Science, 16,* 74–94.

Bentler, P. M. (1985). *Theory and implementation of EQS: A structural equations program.* Los Angeles: Multivariate Software, Inc.

Blalock, H. M. (1964). *Causal inferences in nonexperimental research.* Chapel Hill: The University of North Carolina Press.

Bollen, K. A. (1989). *Structural equations with latent variables.* New York: Wiley-Interscience.

Bollen, K. A. (2002). Latent variables in psychology and the social sciences. *Annual Review Psycholog, 53,* 605–634.

Boomsma, A. (1983) *On the robustness of LISREL (Maximum Likelihood Estimation) against small sample size and non normality.* Haren: Phd thesis.

Brown, T. (2006). *Confirmatory factor analysis for applied research.* New York: Guilford Press.

Chin, W. W. (1998b). The partial least squares approach for structural equation modeling. In G. A. Marcoulides (Hrsg.), *Modern methods for business research* (S. 295–336). London: Lawrence Erlbaum Associates.

Chin, W. W., & Newsted, P. R. (1999). Structural equation modeling analysis with small samples using partial least squares. In R. Hoyle (Hrsg.), *Statistical methods for small sample research* (S. 307–342). Thousand Oaks.

Eberl, M. (2004). *Formative und reflektive Indikatoren im Forschungsprozess, Schriften zur Empirischen Forschung und Quantitativen Unternehmensplanung* (Heft 19). München.

Fassott, G., & Eggert, A. (2005). Zur Verwendung formativer und reflektiver Indikatoren in Strukturgleichungsmodellen: Bestandsaufnahme und Anwendungsempfehlungen. In F. Bliemel et al. (Hrsg.), *Handbuch PLS-Pfadmodellierung* (S. 31–47). Stuttgart: Schäffer-Poeschel.

Hildebrandt, L. (1983). *Konfirmatorische Analysen von Modellen des Konsumentenverhaltens.* Berlin: Duncker & Humblodt.

Jarvis, C. B., MacKenzie, S. B., & Podsakoff, P. M. (2003). A critical review of construct indicators and measurement model misspecification in marketing and consumer research. *Journal of Consumer Research, 30,* 199–218.

Jöreskog, K. G. (1970). A general method for analysis of covariance structures. *Biometrika, 57,* 239–251.

Jöreskog, K. G. (1973). A general method for estimating a linear structural equation system. In A. S. Goldberg & O. D. Duncan (Hrsg.), *Structural equation models in the social sciences* (S. 85–112). New York: Academic Press.

Jöreskog, K. G. (1978). Structural analysis of covariance and correlation matrices. *Psychometrika, 43,* 443–477.

Jöreskog, K. G., & Sörbom, D. (1983). *LISREL: Analysis of linear structural relationships by the method of maximum likelihood.* User's Guide, Versions V and VI, Chicago: Scientific Software.

Loehlin, J. C. (1987). *Latent variable models.* Hillsdale: Lawrence Erlbaum Associates.

Lohmöller, J. B. (1984). Das Programmpaket LVPLS für Pfadmodelle mit latenten Variablen. *ZA-Information, (Bd. 1) 14,* 44–51.

Lohmöller, J. B. (1989). *Latent variable path modeling with partial least squares.* Heidelberg: Springer.

Long, J. S. (1983). *Confirmatory factor analysis: A preface to LISREL.* Beverly Hills: Sage.

Opp, K.-D., & Schmidt, P. (1976). *Einführung in die Mehrvariablenanalyse.* Reinbek: Rowohlt.

Reinecke, J. (2005). *Strukturgleichungsmodelle in den Sozialwissenschaften.* München: Oldenbourg Verlag.

Scholderer, J., & Balderjahn, I. (2006). Was unterscheidet harte und weiche Strukturgleichungsmodelle nun wirklich? *Marketing ZFP, 28*(1), 57–70.

Temme, D., & Hildebrandt, L. (2009). Gruppenvergleiche bei hypothetischen Konstrukten – Die Prüfung der Übereinstimmung von Messmodellen mit der Strukturgleichungsmethodik. *Zfbf, 61*(2), 138–185.

Temme, D., Paulssen, M., & Hildebrandt, L. (2009). Common method variance. *Die Betriebswirtschaft, 69*(2), 123–146.

Wold, H. (1966). Nonlinear estimation by partial least squares procedures. In F. N. David (Hrsg.), *Research papers in statistics* (S. 411–444). New York: Wiley.

Wold, H. (1975). Path models with latent variables: The NIPALS approach. In H. M. Blalock (Hrsg.), *Quantitative sociology: International perspectives on mathematical and statistical model building* (S. 307–357). New York: Academic Press.

Wold, H. (1980). Model construction and evaluation when theoretical knowledge is scarce. In J. Kmenta & J. B. Ramsey (Hrsg.), *Evaluation of econometric models* (S. 47–74). New York: Academic Press.

Wold, H. (1982). Soft modeling: The basic design and some extensions. In K. G. Jöreskog & H. Wold (Hrsg.), *Systems under indirect Observation, Part II* (S. 1–54). Amsterdam: North-Holland.

Wold, S., Trygg, J., Berglund, S., & Antti, H. (2001). Some recent developments in PLS modelling. *Chemometrics and Intelligent Laboratory Systems, 58*, 131–150.

Wright, S. (1921). Correlation and causation. *Journal of Agricultural Research, 20*, 557–585.

Wright, S. (1923). The theory of path coefficients: A reply to nils criticism. *Genetics, 8*, 239–255.

Wright, S. (1934). The method of path coefficients. *The Annals of Mathematical Statistics, 5*, 161–215.

Weiterführende Literatur

Betzin, J., & Henseler, J. (2005). Einführung in die Funktionsweise des PLS-Algotihmus. In F. Bliemel, et al. (Hrsg.), *Handbuch PLS-Pfadmodellierung: Methode, Anwendung, Praxisbeispiele* (S. 49–69). Stuttgart: Schäffer-Poeschel.

Chin, W. W. (1995). Partial least squares is to LISREL as principal components analysis is to common factor analysis. *Technology Studies, 2*, 315–319.

Diamantopoulos, A., & Siguaw, J. A. (2000). *Introducing LISREL*. London: Sage.

Dijkstra, T. (1983). Some comments on maximum likelihood and partial least squares methods. *Journal of Econometrics, 22*, 67–90.

Fornell, C., & Bookstein, F. L. (1982). Two structural equation models: LISREL and PLS applied to consumer exit-voice-theory. *Journal of Marketing Research, 19*, 440–452.

Hair, J. F., Ringle, C. M., & Sarstedt, M. (2012). Editorial: Partial least squares: The better approach to structural equation modeling? *Long range planning, 45*(5/6), 312–319.

Hair, J. F., Hult, T. M., Ringle, C. M., & Sarstedt, M. (2013). *A Primer on Partial Least Squares Structural Equation Modeling (PLS-SEM)*. Thousand Oaks: Sage.

Heidergott, B. (1996). *Pfadanalyse stochastischer Netzwerke*. Hamburg: Kovač.

Hildebrandt, L., & Homburg, C. (Hrsg.). (1998). *Die Kausalanalyse: Ein Instrument der empirischen betriebswirtschaftlichen Forschung*. Stuttgart: Schäffer-Poeschel.

Holm, K. (Hrsg.). (1977). *Die Befragung : Pfadanalyse und Coleman-Verfahren* (Bd. 5). München: Francke.

Homburg, C., Pflesser, C., & Klarmann, M. (2008). Strukturgleichungsmodell mit latenten Variablen: Kausalanalyse. In A. Herrmann, C. Homburg, & M. Klarmann (Hrsg.), *Handbuch Marktforschung* (3. Aufl., S. 547–577). Wiesbaden: Gabler.

Hoyle, R. H. (1995). The structural equation modelling approach: basic concepts and fundamental issues. In R. H. Hoyle (Hrsg.), *Structural equation modelling: Concepts, issues, and applications* (S. 1–15). Thousand Oaks: Sage.

Huber, F., et al. (2007). *Kausalmodellierung mit Partial Least Squares: Eine anwendungsorientierte Einführung.* Wiesbaden: Gabler.

Land, K. C. (1969). Principles of path analysis. In E. F. Borgatta & G. W. Bornstedt (Hrsg.), *Sociological methodology* (S. 3–37). San Francisco: Jossey-Bass.

Tenenhaus, M., et al. (2005). PLS path modeling. *Computational Statistics & Data Analysis, 48,* 159–205.

Teil II
Kausalanalyse

Hypothesen und Modellbildung

4

Inhaltsverzeichnis

4.1 Ablaufschritte der Kausalmodellierung

Im Teil II des Buches liegt der Fokus der Betrachtungen auf der *Anwendung der Kovarianzstrukturanalyse* mit Hilfe des Programmpakets AMOS 21 anhand eines konkreten Fallbeispiels. Dabei wird der *vollständige Prozess* der *Strukturgleichungsmodellierung* nachgezeichnet und die Ausführungen vor allem auf die Klärung der inhaltlich zu beantwortenden Fragen konzentriert. Allgemeine methodische Grundlagen werden hier nicht mehr diskutiert, sondern es wird an den entsprechenden Stellen auf die Ausführungen in Teil I des Buches verwiesen. Im Fallbeispiel wird *unterstellt*, dass alle Konstrukte aus theoretischer Sicht ausschließlich *reflektiv* zu messen sind, und als Schätzverfahren wird die *Maximum-Likelihood-Methode* verwendet. Weiterhin ist es Kap. 15 des Buches vorbehalten, das Fallbeispiel auch mit Hilfe des PLS-Ansatzes zu rechnen und die Ergebnisse mit denen der AMOS-Schätzung zu vergleichen.

Strukturgleichungsmodelle (SGM) bilden a-priori formulierte und theoretisch und/oder sachlogisch begründete komplexe Zusammenhänge zwischen Variablen in einem linearen Gleichungssystem ab. Da SGM mit latenten Variablen als das *„allgemeine Modell"* der SGA bezeichnet werden können, wird im Folgenden auch der Prozess der Strukturgleichungsmodellierung für diesen allgemeinen Fall, nämlich für die *Kausalanalyse*, besprochen. Die in Abb. 4.1 dargestellten acht Ablaufschritte dieses Prozess werden wie folgt begründet:

R. Weiber, D. Mühlhaus, *Strukturgleichungsmodellierung*, Springer-Lehrbuch,   85
DOI 10.1007/978-3-642-35012-2_4, © Springer-Verlag Berlin Heidelberg 2014

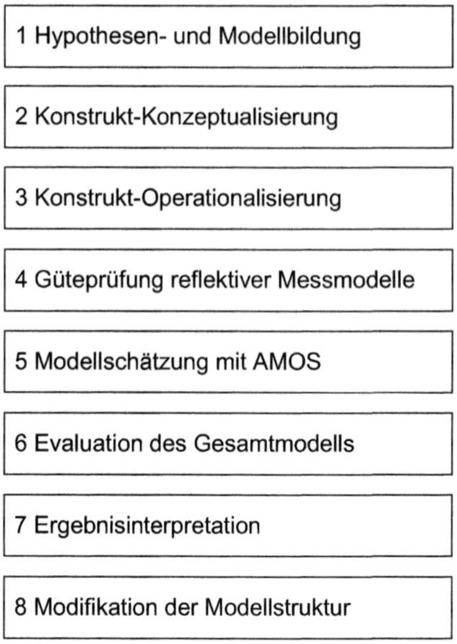

1 Hypothesen- und Modellbildung

2 Konstrukt-Konzeptualisierung

3 Konstrukt-Operationalisierung

4 Güteprüfung reflektiver Messmodelle

5 Modellschätzung mit AMOS

6 Evaluation des Gesamtmodells

7 Ergebnisinterpretation

8 Modifikation der Modellstruktur

Abb. 4.1 Allgemeiner Prozess der Strukturgleichungsmodellierung

Strukturgleichungsmodellierung
Die Strukturgleichungsmodellierung umfasst den gesamten Prozess von der theoretischen und/oder sachlogischen Formulierung eines Strukturmodells und seiner Messmodelle bis hin zur Beurteilung der empirisch mittels Strukturgleichungsanalyse gewonnenen Ergebnisse.

Ausgangspunkt der Strukturgleichungsmodellierung bildet immer die eingehende theoretische und/oder sachlogische Begründung eines Hypothesensystems. Da es den Theorien oder der Sachlogik aus den jeweils betrachteten Anwendungsfeldern vorbehalten ist, die theoretische Fundierung eines Hypothesensystems vorzunehmen, wird im *ersten Schritt* auf ein Fallbeispiel zurückgegriffen und unterstellt, dass die dort vermuteten Zusammenhänge auf der langjährigen Erfahrung des betrachteten Anwenders beruhen. Da die Kausalanalyse Beziehungen zwischen hypothetischen Konstrukten (latenten Variablen) betrachtet, die sich einer direkten Beobachtbarkeit auf der empirischen Ebene entziehen, ist im *zweiten Schritt* zunächst eine Konzeptualisierung der theoretischen Konstrukte vorzunehmen. Mit Festlegung des Konstruktverständnisses muss im *dritten Schritt* eine Operationalisierung der hypothetischen Konstrukte erfolgen. Auch die hier relevanten Überlegungen sind theoretisch und/oder sachlogisch vorzunehmen und nicht durch die Verfahrensvarianten der Kausalanalyse beeinflusst. Da im Fallbeispiel (zunächst) nur *reflektiv* definierte Konstrukte betrachtet werden, sind die Überlegungen in diesem Kapitel auf die Konstruktion *reflektiver Messmodelle* konzentriert, für die im Detail auch die

Reliabilitäts- und Validitätsprüfung aufgezeigt wird. In diesem *vierten Schritt* werden deshalb zunächst diverse Methoden zur Selektion und Bereinigung geeigneter Messvariablen bei reflektiven Messmodellen (Indikatoren) behandelt.

Abschließend wird eine Konstruktprüfung mit Hilfe der *konfirmatorischen Faktorenanalyse* unter Verwendung von AMOS vorgenommen, die ein Submodell des allgemeinen Modells der SGA (Messmodell ohne Strukturmodell) darstellt. Mit den ersten vier Schritten sind die erforderlichen „Vorarbeiten" zur Formulierung eines empirisch testbaren Hypothesensystems abgeschlossen, so dass nun die eigentliche empirische Prüfung mit Hilfe der SGA erfolgen kann. Für die Verfahrensvariante der *Kovarianzstrukturanalyse* wird in diesem *fünften Schritt* unter Verwendung von AMOS die empirische Schätzung der Modellparameter mit Hilfe der *Maximum-Likelihood-Methode* vorgenommen. Dabei wird den allgemeinen Ablaufschritten der SGA gefolgt (vgl. Kap. 3.3.1), wobei diese hier nur noch für das Fallbeispiel konkretisiert werden.

Sind die Modellparameter geschätzt, so ist im *sechsten Schritt* zu prüfen, wie gut die empirischen Daten das a-priori postulierte Kausalmodell insgesamt stützen. In diesem Kapitel werden vor allem solche Prüfkriterien behandelt, die auch in AMOS implementiert sind und die die Prüfung der *Modellstruktur als Ganzes* ermöglichen, da die Prüfung der Messmodelle bereits in Schritt 4 vorgenommen wurde.

Erst mit der Modellprüfung hat der Anwender ausreichende Anhaltspunkte zur Güte der Schätzergebnisse, so dass erst bei hinreichender Modellgüte im *siebten Schritt* die Interpretation der Ergebnisse erfolgen sollte. In diesem Zusammenhang erfolgt die inhaltliche Beurteilung einzelner Parameterschätzungen (auch mittels statistischer Kriterien) sowie des Strukturmodells in seiner Gesamtheit.

In vielen Fällen führt die empirische Prüfung eines Kausalmodells nicht zu einem aus Anwendersicht „zufriedenstellenden" Ergebnis, so dass anhand der empirischen Daten nach einer *Modelloptimierung* gesucht wird. Im *achten Schritt* wird deshalb gezeigt, mit welchen Methoden Verbesserungen einer unterstellten Modellstruktur gefunden werden können. Allerdings ist dabei streng zu beachten, dass damit die SGA ihren *konfirmatorischen Charakter* verliert und zu einem *explorativen Datenanalyseinstrument* wird, da eine Veränderung der Modellstruktur immer neue bzw. modifizierte Hypothesen beinhaltet. Die Prüfung eines „optimierten Modells" ist deshalb letztendlich anhand einer erneuten Erhebung bzw. eines neuen Datensatzes vorzunehmen.

4.2 Fallbeispiel: Kundenbindung

Die Hypothesen- und Modellbildung stellt den Ausgangspunkt der Strukturgleichungsmodellierung dar und steht ganz in der Verantwortung der einschlägigen Theorien des betrachteten Anwendungsfeldes und/oder der sachlogischen Kenntnisse eines Anwenders. Die herausragende Bedeutung von Theorie und Sachlogik als Ausgangspunkt der Kausalanalyse wurde bereits in Kap. 1 allgemein behandelt.

1 Hypothesen- und Modellbildung

2 Konstrukt-Konzeptualisierung

3 Konstrukt-Operationalisierung

4 Güteprüfung reflektiver Messmodelle

5 Modellschätzung mit AMOS

6 Evaluation des Gesamtmodells

7 Ergebnisinterpretation

8 Modifikation der Modellstruktur

Zur Verdeutlichung wird deshalb im Folgenden auf ein *Fallbeispiel* zurückgegriffen, bei dem ein Hotelbesitzer aufgrund seiner langjährigen Erfahrungen bestimmte Vermutungen über die Einflussgrößen der Kundenbindung und deren Zusammenwirken formuliert hat. Die dabei aufgestellten Hypothesen sind sachlogisch plausibel und decken sich auch mit der einschlägigen Literatur zur Kundenbindung, sodass hier auf die Referierung der einschlägigen wissenschaftlichen Literatur zur Kundenbindung verzichtet wird. Das Fallbeispiel ist zwar fiktiv, die dabei von unterstellten Wirkbeziehungen wurden aber aus der einschlägigen Literatur abgeleitet.

Der an der Materie von Kundenzufriedenheit[1] und Kundenbindung[2] interessierte Leser sei hier auf die einschlägige Literatur verwiesen. Im Folgenden wird unterstellt, dass die im Fallbeispiel vermuteten Kausalbeziehungen aufgrund der Sachlogik und der Erfahrung des betrachteten Hotelbesitzers als eingehend fundiert gelten können und damit die Voraussetzungen für eine hinreichend fundierte Sachlogik erfüllen.

Fallbeispiel

Ein Hotelbesitzer betreibt mehrere Urlaubs- und Wellnesshotels in Deutschland sowie in der Schweiz. Aufgrund der in letzter Zeit zunehmenden Fluktuationen bei den Buchungen möchte er versuchen, die Bindung seiner Gäste an die von ihm betriebenen

---

[1] Vgl. zur Kundenzufriedenheitsforschung stellvertretend: Homburg (2011); Künzel (2005); Peter (1997).

[2] Vgl. zur Kundenbindungsforschung stellvertretend: Bruhn und Homburg (2010); Hinterhuber und Matzler (2006); Krafft (2007); Musiol und Kühling (2009).

Hotels wieder zu stärken. Zu diesem Zweck möchte er wissen, ob sich seine in der Vergangenheit gemachten Erfahrungen hinsichtlich der die *Kundenbindung* beeinflussenden Größen auch empirisch bestätigen lassen:

Seine Erfahrungen in den letzten zehn Jahren haben gezeigt, dass vor allem die *Zufriedenheit* seiner Gäste mit dem Hotelaufenthalt dazu führte, dass auch Folgebuchungen vorgenommen wurden. Allerdings hat sich auch immer wieder gezeigt, dass die Zufriedenheit vor allem durch ein gutes *Preisniveau* bestimmt war.

Darüber hinaus konnte er mit seinen Stammkunden-Angeboten, seinen hauseigenen Kundenkarten (Premium-, Gold-, Platin-Karte) und anderen Maßnahmen bei den Kunden erkennbare *Wechselbarrieren* aufbauen, was ebenfalls zu positiven Auswirkungen bei den Folgebuchungen führte. Probleme bereitete ihm allerdings das sog. *Variety Seeking*-Verhalten mancher Kunden: Hierunter wird der Wunsch nach Abwechslung und dem Streben nach Neuem verstanden, wodurch Kunden trotz Zufriedenheit zu anderen Hotels wechselten und sich damit nicht nur die Wechselbarrieren verringerten, sondern auch die Kundenbindung negativ beeinflusst wurde. Der Hotelbesitzer ist sich bewusst, dass sowohl die Kundenbindung als auch die Größen, die die Bindung beeinflussen – mit Ausnahme des Preisniveaus – hypothetische Größen darstellen, die zunächst einer geeigneten Konzeptualisierung bedürfen und sich nur mit Hilfe geeigneter Indikatoren empirisch erfassen lassen. Im ersten Schritt möchte er deshalb die erforderliche Konzeptualisierung der Konstrukte vornehmen.

Im Anschluss soll im Team mit den Hotelmitarbeitern eine Reihe von Fragen zu jedem Konstrukt generiert werden, die im Rahmen einer Voruntersuchung (Pretest) mit 40 befragten Hotelgästen auf Verlässlichkeit zur Konstrukt-Operationalisierung geprüft werden sollen. In einem weiteren Schritt soll mit den identifizierten „validen" Konstruktindikatoren eine Breitenerhebung zunächst bei den deutschen Hotels durchgeführt werden.

Mit Hilfe der in dieser Hauptuntersuchung bei insgesamt 192 Hotelgästen gewonnenen Daten möchte der Hotelbesitzer schließlich prüfen, ob die von ihm vermutete Kausalstruktur auch empirisch bestätigt werden kann. Darüber hinaus möchte er aber auch wissen, ob sich aus der Empirie zudem Anhaltspunkte für eine Modifikation seiner Überlegungen finden lassen.

In Abhängigkeit der Ergebnisse aus Deutschland plant er in einem weiteren Schritt auch eine Untersuchung bei den Gästen seiner Hotels in der Schweiz, die er dann gerne mit denen aus der deutschen Studie vergleichen möchte (vgl. Kap. 14.3).

Die Erfahrungen und bisherigen sachlogischen Überlegungen des Hotelbesitzers im Fallbeispiel werden im Folgenden als „hinreichend" für die fundierte Formulierung der Beziehungszusammenhänge zur Erklärung des Konstruktes „Kundenbindung" angesehen. Die theoretische und/oder sachlogische Fundierung von Hypothesen kennzeichnet den typischen *Ausgangspunkt* der Strukturgleichungsmodellierung: Sie erfordert nun die Überführung der im Fallbeispiel dargestellten Zusammenhänge in *Einzelhypothesen*, wobei im ersten Schritt eine Unterteilung nach endogenen und exogenen latenten Variablen

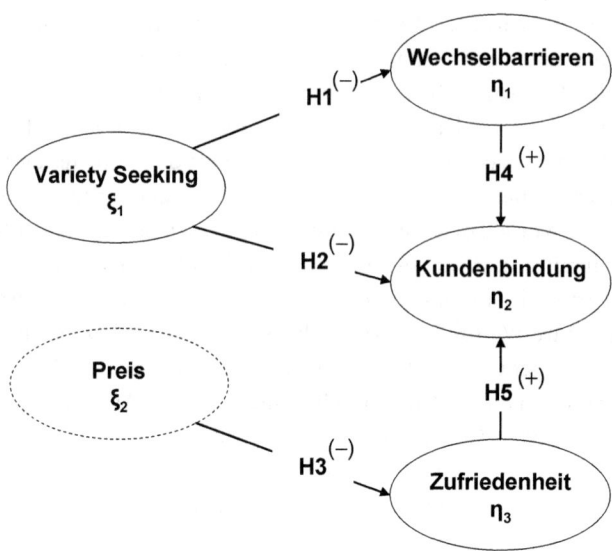

Abb. 4.2 System der Kausalhypothesen im Fallbeispiel

vorzunehmen ist. Als *endogene Variable* sind im Fallbeipiel die hypothetischen Konstrukte „Kundenbindung", „Zufriedenheit" und „Wechselbarrieren" anzusehen, da deren nicht beobachtbare Ausprägungen durch andere Konstrukte beeinflusst und damit erklärt werden. Demgegenüber stellen der Preis und das Konstrukt „Variety Seeking" rein erklärende Größen und damit *exogene Variable* im Beziehungssystem dar. Die geäußerten Vermutungen des Hotelbesitzers lassen sich durch folgende, zu prüfende Hypothesen präzisieren:

H1:   Je größer der Wunsch nach Abwechslung (Variety Seeking) ist, desto geringer sind die Wechselbarrieren.

H2:   Je größer der Wunsch nach Abwechslung (Variety Seeking) ist, desto geringer ist die Kundenbindung.

H3:   Je höher der wahrgenommene Preis ist, desto geringer ist die Zufriedenheit.

H4:   Je stärker die Wechselbarrieren sind, desto stärker ist die Kundenbindung.

H5:   Je höher die Zufriedenheit ist, desto stärker ist die Kundenbindung.

Die Wirkungsbeziehungen zwischen diesen fünf Hypothesen bilden das sog. *Strukturmodell*, das sich auch grafisch, wie in Abb. 4.2 dargestellt, verdeutlichen lässt. Zur Erstellung des Strukturmodells werden die Regeln in Abb. 3.20 verwendet.

Im Folgenden „begleiten" wir den Hotelbesitzer bei der empirischen Prüfung des von ihm vermuteten Hypothesensystems und geben im ersten Schritt Hinweise zur Konzeptualisierung der hypothetischen Konstrukte. Anschließend werden geeignete Indikatoren für jedes hypothetische Konstrukt generiert, wobei unterstellt wird, dass alle Konstrukte über *reflektive Messmodelle* erhoben werden (vgl. Kap. 4.3). Die Ausdehnung der Betrachtungen auf *formative Messmodelle* erfolgt dann in Kap. 12. Für die reflektiven

Messmodelle des Fallbeispiels werden deren Operationalisierung und die Prüfung von Reliabilität sowie Validität im Detail aufgezeigt. Die empirische Prüfung des vermuteten Kausalmodells erfolgt dann auf Basis der Daten aus der Hauptuntersuchung mit Hilfe der Kovarianzstrukturanalyse unter Verwendung des Programmpaketes AMOS 21. [3]

Unter Anwendung von AMOS werden die Modellparameter mit Hilfe der *Maximum-Likelihood-Methode* geschätzt, eine Güteprüfung der erzielten Ergebnisse vorgenommen und die Ergebnisinterpretation durchgeführt. Abschließend wird noch geprüft, ob durch *Modifikationen der Modellstruktur* eine Verbesserung des Modell-Fits erreicht werden kann. Die Prüfung des Kausalmodells sowohl für Deutschland als auch für die Schweiz wird mit Hilfe der *Mehrgruppen-Kausalanalyse* in Kap. 14 vorgenommen. Schließlich wird in Kap. 15 das Fallbeispiel auch mit Hilfe des PLS-Ansatzes und unter Verwendung von SmartPLS analysiert und ein Vergleich zwischen den Schätzungen mit AMOS und SmartPLS durchgeführt.

4.3 Indikatoren zum Fallbeispiel

Für das Fallbeispiel zur Kundenbindung aus Kap. 4.2 wurden nachfolgend aufgeführte Indikatoren (Statements; Fragen) generiert, durch die die verschiedenen Konstrukte des Hypothesensystems in Abb. 4.2 reflektiv gemessen werden.

Die für die Indikatoren durch Befragung erhobenen Daten bilden den Datensatz des Fallspiels aus Kap. 4.2. Zusätzlich enthält Abb. 4.3 auch diejenigen Indikatoren, die der Erweiterung des Fallbeispiels dienen und für spätere Analysen (z. B. Formative Messmodelle; Second-Order-Faktorenanalye) benötigt werden.

---

[3] AMOS ist die Abkürzung für Analysis of Moment Structures (Arbuckle 2012). Die sog. Momente werden in der Statistik zur Beschreibung von Verteilungen herangezogen, wobei das erste Moment den Mittelwert (Erwartungswert), das zweite Moment die Varianz, das dritte Moment die Schiefe und das vierte Moment die Wölbung (auch Exzess oder Kurtosis genannt) einer Verteilung widerspiegelt. AMOS kann auf in SPSS abgelegte Daten zurückgreifen und wird von SPSS auch als eigenständiges Programmmodul angeboten. (http://www-142.ibm.com/software/products/us/en/spss-amos).

Indikator	Statement
Kundenbindung	
Beziehung	Wie stark ist Ihr Wunsch eine langfristige Beziehung zu dem Hotel aufzubauen?
Planung	Wie konkret haben Sie bereits geplant einen nächsten Urlaub in diesem Hotel zu verbringen?
Längere_Besuche	Wie stark ist Ihre Neigung zukünftig auch längere Aufenthalte in diesem Hotel vorzunehmen?
Wiederwahl	Wie sicher werden Sie dieses Hotel bei einem nächsten Urlaub in der Region wieder aufsuchen?
Belegung	Wie stark werden Sie sich bei der Planung Ihres Urlaubs an den Belegungszeiten im Hotel orientieren?
Gemeinschaft	Wie stark werden Sie versuchen auch Freunde und Bekannte für einen gemeinsamen Urlaub in diesem Hotel zu überzeugen?
Fehlen	Wie stark fehlt Ihnen etwas, wenn Sie bei einem Urlaub in der Region nicht in diesem Hotel gewohnt haben?
Verpflichtung	Wie stark fühlen Sie sich dem Hotel gegenüber verpflichtet?
Nachhaltigkeit	Wie wichtig ist Ihnen nachhaltig Einfluss auf die Entwicklung des Hotels nehmen zu können?
Planungssicherheit	Wie wichtig ist Ihnen bzgl. eines Urlaubs Planungssicherheit?
Bindungsvorteile	Wie stark sind die Vorteile, die Sie sich als Stammgast in dem Hotel erwarten?
Wechselbarrieren	
Tradition	Wie stark fühlen Sie sich dem Hotel aus Tradition verbunden?
Identifikation	Wie stark identifizieren Sie sich mit dem Hotel und seinen Angestellten?
Gewöhnung	Wie stark haben Sie sich bereits an das Hotel und seine Umgebung gewöhnt?
Umfeldkenntnis	Wie gut kennen Sie sich im Umfeld des Hotels aus?
Zufriedenheit (reflektiv)	
Weise_Entscheidung	Für wie weise bzw. klug erachten Sie die Wahl dieses Urlaubshotels?
Richtige_Wahl	Wie überzeugt sind Sie, mit der Wahl des Urlaubshotels das "Richtige" getan haben?
Erwartungserfüllung	Wie stark hat das Hotel die Erwartungen, die Sie an einen gelungenen Urlaub haben erfüllt?
Zufriedenheit (formativ): Wie zufrieden sind Sie mit...	
Einfühlungsvermögen	dem Einfühlungsvermögen des Hotelpersonals
Preis_Leistung	dem Preis-Leistungsverhältnis
Zuverlässigkeit	der Zuverlässigkeit des Hotelservices
Leistungskompetenz	der Kompetenz des Personals
Reaktionsfähigkeit	der Reaktionsfähigkeit auf spezifische Wünsche der Gäste
Umfeld	dem Hotel-Umfeld
Ausstattung	mit der Ausstattung des Hotels
Variety Seeking	
Ausprobieren	Wie stark ist Ihre grundsätzliche Neigung verschiedene Dinge auszuprobieren?
Abwechslung	Wie groß ist Ihr Wunsch nach Abwechslung?
Neue_Stile	Wie gerne probieren Sie neue und unterschiedliche Stile aus?
Preis*	
Preis	Wie beurteilen Sie den Übernachtungspreis in diesem Hotel verglichen mit anderen Hotels in der Region?
Bei allen Items gilt folgende Ratingskala: 1=geringe Ausprägung (z. B. wenig zufrieden, sehr gering, nicht gerne etc.) bis 6=hohe Ausprägung (z. B. sehr unzufrieden, sehr groß, sehr gerne etc.)	

Abb. 4.3 Indikatoren zum Fallbeispiel

Literatur

Arbuckle, J. L. (2012). *Amos™ 21.0 User's Guide*. Chicago: SPSS.

Bruhn, M., & Homburg, C. (Hrsg.). (2010). *Handbuch Kundenbindungsmanagement* (7. Aufl). Wiesbaden: Gabler.

Hinterhuber, H. H., & Matzler, K. (Hrsg.). (2006). *Kundenorientierte Unternehmensführung: Kundenorientierung, Kundenzufriedenheit, Kundenbindung* (5. Aufl.). Wiesbaden: Gabler.

Homburg, C. (Hrsg.). (2011). *Kundenzufriedenheit* (8. Aufl.). Wiesbaden: Gabler.

Krafft, M. (2007). *Kundenbindung und Kundenwert* (2. Aufl.). Heidelberg: Physica.

Künzel, H. (Hrsg.). (2005). *Handbuch Kundenzufriedenheit*. Berlin: Springer.

Musiol, G., & Kühling, C. (2009). *Kundenbindung durch Bonusprogramme*. Heidelberg: Springer.

Peter, S. I. (1997). *Kundenbindung als Marketingziel: Identifikation und Analyse zentraler Determinanten*. Wiesbaden: Gabler.

Konstrukt-Konzeptualisierung

5

Inhaltsverzeichnis

Die Strukturgleichungsmodellierung setzt die Existenz eines Hypothesensystems *voraus*, welches mit Hilfe der SGA einer empirischen Prüfung unterzogen werden kann. Zu diesem Zweck müssen die in einem Hypothesensystem in Beziehung gesetzten Größen auch empirisch messbar sein. Für unser Fallbeispiel ist diese Voraussetzung direkt jedoch nur für den „Preis" erfüllt, während alle anderen Größen sog. *hypothetische Konstrukte* darstellen, die im Rahmen der SGA als *latente Variable* bezeichnet werden. Hypothetische Konstrukte sind nicht nur dadurch gekennzeichnet, dass sie sich einer direkten Beobachtbarkeit entziehen, sondern sie sind am Anfang eines Forschungsprozesses meist auch noch nicht greifbare Phänomene. Im ersten Schritt müssen deshalb die hypothetischen Konstrukte zunächst genau beschrieben und definiert werden. Diese sog. *Konzeptualisierung hypothetischer Konstrukte* erfolgt in der Wissenschaft meist aufgrund von einschlägigen Theorien, weshalb häufig auch von *theoretischen Begriffen* gesprochen wird (vgl. Kap. 1). In der Praxis wird hingegen oft aufgrund von Erfahrungen und vor allem in der Sachlogik begründeten Plausibilitätsbetrachtungen eine Konzeptualisierung vorgenommen.

R. Weiber, D. Mühlhaus, *Strukturgleichungsmodellierung*, Springer-Lehrbuch,
DOI 10.1007/978-3-642-35012-2_5, © Springer-Verlag Berlin Heidelberg 2014

1 Hypothesen- und Modellbildung

2 Konstrukt-Konzeptualisierung

3 Konstrukt-Operationalisierung

4 Güteprüfung reflektiver Messmodelle

5 Modellschätzung mit AMOS

6 Evaluation des Gesamtmodells

7 Ergebnisinterpretation

8 Modifikation der Modellstruktur

Konzeptualisierung hypothetischer Konstrukte
Die Konzeptualisierung eines hypothetischen Konstruktes (*latente Variable*) beinhaltet die möglichst konkrete Beschreibung eines Konstruktes und seiner Eigenschaften und mündet in der abschließenden Konstruktdefinition.

Ziel der Konstrukt-Konzeptualisierung ist es, ein Konstrukt so eindeutig zu definieren, dass auf dieser Basis im zweiten Schritt eine *Operationalisierung* vorgenommen werden kann. Da sich hypothetische Konstrukte einer direkten Beobachtbarkeit *entziehen*, ist nach geeigneten Indikatoren zu suchen, durch die ein Konstrukt beschrieben werden kann. Weil bei SGM Konstrukte in Beziehungszusammenhängen betrachtet werden, sollte bei der Konstrukt-Konzeptualisierung auch die Relation bzw. Abgrenzung zu anderen Konstrukten beachtet werden. Es ist deshalb zweckmäßig, vor der Konstrukt-Konzeptualisierung das Kausalmodell auf der Basis von theoretischen und/oder sachlogischen Überlegungen eingehend zu fundieren und erst dann die Konzeptualisierung der Konstrukte vorzunehmen.

Mit der Konstruktdefinition soll eine möglichst eindeutige und intersubjektiv nachprüfbare Beschreibung eines (theoretischen) Phänomens erreicht werden. In Anlehnung an Rossiter (2002, S. 309) erfordert die Konstruktdefinition die Beachtung von drei zentralen Ebenen bzw. Fragen:

1. *Subjektebene*: Wer soll die Beurteilung eines Konstruktes vornehmen (Zielpersonen)?
2. *Objektebene*: Was soll beurteilt werden (Träger der Beurteilungen)?
3. *Attributebene*: Welche Eigenschaften des Objektes sollen beurteilt werden?

Bezogen auf unser Fallbeispiel wäre z. B. bei der Konzeptualisierung des Konstruktes „Zufriedenheit" zu beachten, *wer* (Subjektebene) die Zufriedenheit beurteilen soll (Gäste, Zertifizierungsorganisation, Manager usw.), *was* (Objektebene) beurteilt werden soll (Hotel, Sportanlagen, Restaurant usw.) und auf welche Aspekte (Attributebene) sich die Zufriedenheitsbeurteilung beziehen soll (z. B. bei einer Hotelbeurteilung durch Gäste: Lage, Zimmerausstattung, Personal usw.). Wenngleich die Festlegung auf der Subjekt- und Objektebene nicht zur eigentlichen Konzeptualisierung latenter Konstrukte zu zählen ist, so weisen beide Entscheidungen doch einen erheblichen Einfluss auf die nachfolgenden Ablaufschritte, insb. auch auf die Interpretation oder mögliche Verallgemeinerung der Ergebnisse auf. In Abhängigkeit der Festlegungen auf der Subjekt- und Objektebene resultieren dann auf der Attributebene, die die eigentliche Konzeptualisierung eines Konstruktes darstellt, bisweilen unterschiedliche Vorgehensweisen, wenn z. B. nicht Hotelgäste die Zielpersonen darstellten, sondern Experten oder Branchenkenner. Auch hängen die Betrachtungstiefe und die Auswahl der zur Messung der Konstrukte zu verwendenden Indikatoren maßgeblich von den Entscheidungen auf der Objektebene ab.

5.1 Festlegungen auf der Subjektebene

Grundsätzlich sollen Theorien allgemeine Aussagen erlauben, die nicht nur auf einen bestimmten Einzelfall im Sinne eines speziellen Personenkreises oder Situationskontextes zutreffen. Der Aussagegehalt und damit auch die Relevanz von Theorien ist somit stark davon abhängig, in welchem Ausmaß diese *verallgemeinerbar* sind. So würde das theoretische Konzept des Fallbeispiels für den Hotelbesitzer keinen Bedeutungsinhalt aufweisen, wenn es lediglich für den Urlauber „Müller" im Februar 2010 an einem warmen Sonntagnachmittag Gültigkeit besitzen würde. Analog verhält es sich auch mit den im Rahmen einer Theorie enthaltenen theoretischen Konstrukten. Im Zuge der Konstruktdefinition ist deshalb zu berücksichtigen, auf welche Situationen und Personen eine Theorie abzielt. Wird der Subjektebene keine hinreichende Beachtung geschenkt, so läuft die Konzeptualisierung Gefahr, dass sie Facetten eines Konstruktes beschreibt, die von bestimmten Personengruppen gar nicht wahrnehmbar oder für diese nicht relevant sind.

Bezogen auf unser *Fallbeispiel* ergibt sich aus dieser Forderung, dass z. B. nur diejenigen Personen, die bereits eines der Hotels des Hotelbetreibers besucht haben, überhaupt als Auskunftspersonen von Bedeutung sind, da ansonsten Konstrukte wie „Kundenbindung" oder „Zufriedenheit" gegenstandslos sind. Eine Eingrenzung der Gäste auf z. B. Familien oder Kurgäste hingegen möchte der Hotelbetreiber nicht vornehmen. Die Festlegungen auf der Subjektebene sind unmittelbar auch für die Objekt- und Attributebene von Bedeutung: So kann zwar theoretisch relativ eindeutig ausgesagt werden, was unter Zufriedenheit zu verstehen ist, jedoch sind die überhaupt wahrnehmbaren Komponenten der Zufriedenheit auf der Objektebene (Hotel) stark von der Zielgruppe abhängig. Weiterhin erfordert auch die Operationalisierung latenter Konstrukte eine klare Definition des Kreises der

Zielpersonen, da das abzuleitende Set an beobachtbaren Indikatoren sowie die sprachliche Formulierung von Indikatoren stark von den avisierten Zielpersonen abhängt.

In unserem *Fallbeispiel* wurde unterstellt, dass der Hotelbesitzer als Zielpersonen allgemein „Hotelgäste" definiert, was bei den weiteren Überlegungen zu beachten ist.

5.2   Festlegungen auf der Objektebene

Diamantopoulos (2005, S. 3) schlägt eine Klassifikation der Objekte in zwei übergeordnete Kategorien vor: *Konkrete Objekte* sind solche Objekte, unter denen alle Zielpersonen dasselbe verstehen. Demgegenüber bestehen *abstrakt kollektive Objekte* („abstract collective") aus verschiedenen Objektgruppen. Bei derartigen Konstrukten erscheint eine weitere Unterteilung danach zweckmäßig, *wie* sich das Objekt aus den verschiedenen Unterkategorien zusammensetzt. Diamantopoulos (2005, S. 3) unterscheidet hier zwischen vollständigen („inclusive") und prototypischen („prototypical") Objekten. Dabei weisen Objekte (z. B. Hotels) der ersten Kategorie *alle* relevanten Unterobjektgruppen auf (z. B. Urlaubshotels und Nicht-Urlaubshotels) und werden hierdurch vollständig beschrieben. Bei der zweiten Kategorie handelt es sich um eine typische oder repräsentative Auswahl aller Unterobjektgruppen, d. h. es werden nicht alle Unterobjekte herangezogen (z. B. Urlaubs-, Kur- und Sporthotels).

Im Hinblick auf unser *Fallbeispiel* beziehen sich die zu prüfenden Hypothesen auf die Objektgruppe „Hotels des Betreibers", wobei es sich hier um ein konkretes Objekt handelt, da der Hotelbetreiber nur Gäste seiner Hotels befragt, womit hier – im Anschluss an einen Aufenthalt im betreffenden Hotel – jeder Gast dasselbe verbindet.

5.3   Festlegungen auf der Attributebene (Konstrukt-Dimensionen)

Die Festlegungen auf der Subjektebene (Hotelgäste) sowie auf der Objektebene (Urlaubs- und Wellnesshotels) sind leitend für die Frage nach den konkreten Eigenschaften, durch die ein hypothetisches Konstrukt beschrieben wird. Nach Bagozzi (1984, S. 10) beinhaltet die Ableitung und Beschreibung von Eigenschaftsmerkmalen eines Konstruktes zwei Definitionsebenen:

1. Die *attributive Definition* eines Konstruktes beinhaltet eine möglichst genaue Beschreibung dessen, was das Konstrukt „ausmacht".
2. Die *strukturelle Definition* beinhaltet die Einordnung eines Konstruktes in ein Netz von Aussagen und beschreibt, wie die verschiedenen, im Rahmen einer Theorie relevanten, Konstrukte aufeinander einwirken und welche Wirkbeziehungen dabei bestehen.

Die *strukturelle Definition* eines Konstruktes ergibt sich sozusagen „automatisch" durch die Aufstellung des Hypothesensystems bzw. eines Kausalmodells. Die Formulierung des Hypothesensystems hat dabei wiederum vor dem Hintergrund der betrachteten Theorie(n) und/oder aufgrund der Sachlogik zu erfolgen. Für das vorliegende Fallbeispiel beinhaltet das in Abb. 4.2 dargestellte Hypothesensystem die strukturellen Konstruktdefinitionen. Die verwendete Sachlogik begründet sich dabei in der Fachkenntnis und dem Erfahrungsfundus des Hotelbetreibers.

Die *attributive Konstruktdefinition* kann in einen dispositiven und einen funktionalen Aspekt zerlegt werden: Der *dispositive* Aspekt beinhaltet die möglichst exakte Beschreibung, aus welchen unterschiedlichen Dimensionen sich ein theoretischer Begriff zusammensetzt und was unter diesen Konstrukt-Dimensionen jeweils genau zu verstehen ist. Mit der dispositiven Beschreibung wird gleichzeitig der *Abstraktionsgrad* festgelegt, mit dem Aussagen im Rahmen der empirischen Untersuchung geprüft werden sollen. Grundsätzlich kann dabei zwischen eindimensionalen und mehrdimensionalen Konstrukten unterschieden werden: Während *eindimensionale Konstrukte* nur aus einer einzigen Komponente bestehen, wird bei *mehrdimensionalen Konstrukten* unterstellt, dass sich die Konstrukte aus verschiedenen Facetten oder Komponenten (Dimensionen) zusammensetzen bzw. formieren. Ob Konstrukte als ein- oder als mehrdimensional betrachtet werden, hängt dabei insbesondere auch von der Intention ab, die durch das theoretische Gesamtkonzept verfolgt wird. So ist es z. B. in unserem Fallbeispiel zweckmäßig, das Konstrukt „Zufriedenheit" als eindimensional zu interpretieren, da der Hotelbesitzer primär an der Analyse der Wirkung der Zufriedenheit auf das Konstrukt „Kundenbindung" interessiert ist. Wäre der Hotelbesitzer hingegen an der Analyse der Zufriedenheit seiner Gäste mit den unterschiedlichen Leistungsbereichen des Hotels (Zimmerausstattung, Service, Restaurant, Freizeit usw.) interessiert, so wäre das Konstrukt mehrdimensional zu definieren. Das theoretische Konzept bzw. der jeweilige Anwendungsfall sind damit maßgeblich für die Disposition der attributiven Konstruktdefinition.

Der *funktionale* Aspekt der attributiven Konstruktdefinition ist nur bei *mehrdimensionalen* Konstrukten relevant und betrifft die Frage, in welcher Relation die Dimensionen eines Konstruktes zueinander stehen. Dabei können die Konstrukt-Dimensionen zum einen sowohl manifeste als auch latente Variablen und damit selbst ebenfalls theoretische Begriffe darstellen. Zum anderen ist eine Festlegung darüber zu treffen, ob es sich um reflektive oder formative Konstrukte handelt (vgl. Kap. 3.3.1.2). Sind die Konstrukt-Dimensionen latente Variablen und wird ein Konstrukt als „*reflektiv*" verstanden, so stellen die Konstrukt-Dimensionen „Konsequenzen" oder „Auswirkungen" des betrachteten Konstruktes dar. Das betrachtete Konstrukt wird damit als Ursache der Konstruktdimensionen verstanden, und das Prüfinstrument bildet hier die sog. Second Order-Faktorenanalyse (vgl. Kap. 13). Bei *formativen Konstrukten* hingegen sind die Konstrukt-Dimensionen die Bestimmungsgrößen des betrachteten Konstruktes, was nur über ein Strukturmodell abgebildet werden kann, und das Prüfinstrument bildet hier die Strukturgleichungsanalyse selbst. Im Rahmen des kovarianzanalytischen Ansatzes werden zur Prüfung formativer Messmodelle meist sog. *MIMIC-Modelle* verwendet (vgl. Kap. 12.3).

Abbildung 5.1 zeigt den Zusammenhang für die Konstrukte „Marktorientierung" und „Bindung", für die beispielhaft jeweils drei Konstrukt-Dimensionen als relevant erachtet

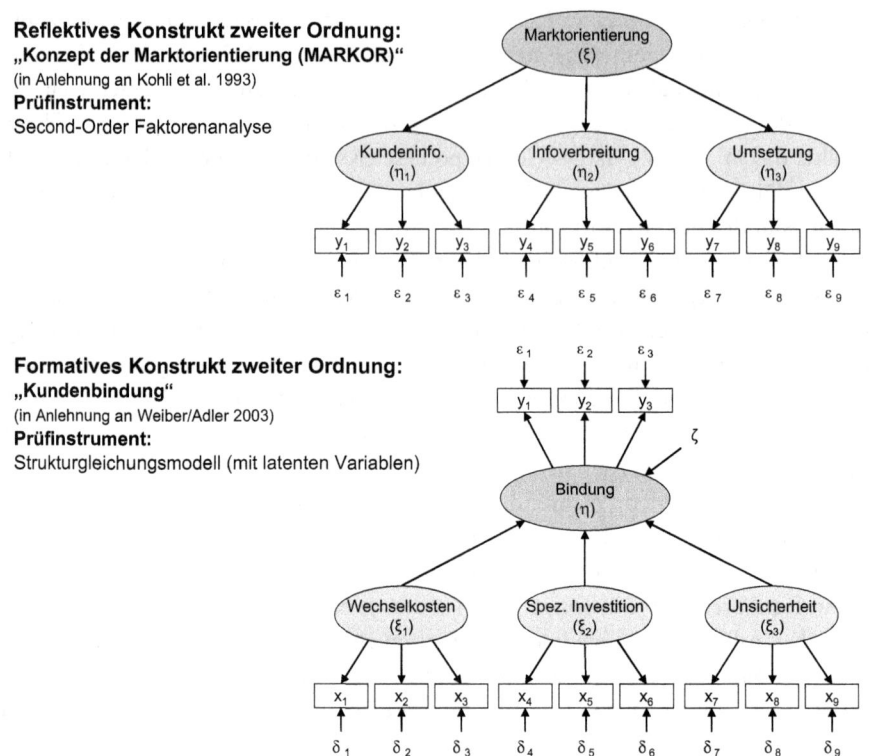

Reflektives Konstrukt zweiter Ordnung:
„Konzept der Marktorientierung (MARKOR)"
(in Anlehnung an Kohli et al. 1993)
Prüfinstrument:
Second-Order Faktorenanalyse

Formatives Konstrukt zweiter Ordnung:
„Kundenbindung"
(in Anlehnung an Weiber/Adler 2003)
Prüfinstrument:
Strukturgleichungsmodell (mit latenten Variablen)

Abb. 5.1 Reflektive und formative Konstrukt-Konzeptualisierungen

wurden. Die den Konstrukt-Dimensionen „angefügten" x- bzw. y-Variablen bezeichnen
dabei die Messindikatoren auf der empirischen Ebene, die es im Folgenden abzuleiten gilt.

Sofern keine verlässlichen Kenntnisse über die Zusammensetzung bzw. die Dimensionen eines Konstruktes vorliegen, so erscheint bisweilen eine empirisch orientierte
bzw. datengestützte Vorgehensweise zweckmäßig. Über die in den nachfolgenden Kapiteln dargestellten Ansätze kann insbesondere mit Hilfe der explorativen Faktorenanalyse
(vgl. Kap. 7.1.1) die Dimensionalität eines Konstruktes geprüft und einzelne Komponenten
identifiziert bzw. interpretiert werden. Diese Vorgehensweise wird daher oft im Rahmen
der Konzeptualisierung von gänzlich neuen Konstrukten genutzt.

Entscheidungen im Fallbeispiel: Für unser Fallbeispiel wird unterstellt, dass der Hotelbetreiber seine Theorie bzw. die von ihm vermuteten Zusammenhänge nur für Gäste seiner
Hotels (Subjektebene) untersuchen möchte. Dabei nimmt er keine Einschränkung der Ho-
telkategorie vor, so dass hier Urlaubs- und Wellnesshotels in Deutschland und der Schweiz
die Untersuchungsobjekte (Objektebene) darstellen, die Träger der Beurteilungen der Hotelgäste sind. Da in diesem Rahmen weniger die Zusammensetzung der Konstrukte im Untersuchungsfokus liegt, als vielmehr die Prüfung der verschiedenen Wirkbeziehungen zwischen ihnen, werden alle relevanten Konstrukte als eindimensional unterstellt (Attributebene). Wäre der Hotelbetreiber primär an der Analyse der Zusammensetzung bzw. der

Ablaufschritte		Inhaltsbereich
1	Hypothesenformulierung	Formulierung der Hypothesen anhand von theoretischen wohl fundierten Überlegungen
2	Geltungsbereich	Festlegung der Zielpersonen
		Klassifikation der Objekte in konkret singulär, inklusiv und prototypisch
3	Konstruktdefinition	Exakte Definition der Konstrukte auch in Relation zu anderen Konstrukten
3.1	Dispositive und funktionale Konstrukt-Definition:	
	Exakte Definition bzw. Spezifikation des Konstruktes in all seinen Facetten (attributive Definition)	
	Festlegung der Dimensionalität (dispositive Definition) und	
	der Beziehungsstruktur der Dimensionen (funktionale Definition)	
3.2	Strukturelle Konstrukt-Definition:	
	Einbettung der Konstrukte in ein nomologisches (theoretisches) Netz mit anderen Konstrukten	
	Ist über die Hypothesenformulierung (grundsätzlich) bereits erfolgt	

Abb. 5.2 Ablaufschritte zur Konzeptualisierung von latenten Konstrukten

Struktur der Konstrukte interessiert, so könnten bspw. die Konstrukte „Kundenbindung" und „Zufriedenheit" sicherlich in Dimensionen wie „Psychologische Bindung", „Soziale Bindung", „Ökonomische Bindung" usw. bzw. „Servicezufriedenheit" mit denkbaren Unterdimensionen „Kompetenz", „Freundlichkeit", „Erscheinungsbild", „Zufriedenheit mit der Lage" usw. weiter untergliedert werden (vgl. zu derartigen Unterteilungen stellvertretend Peter 1997; Parasuraman et al. 1988).

5.4 Zusammenfassende Empfehlungen

Abbildung 5.2 zeigt zusammenfassend die einzelnen Ablaufschritte im Rahmen der Konstrukt-Konzeptualisierung. Dabei ist der Schritt der „Hypothesenformulierung" streng genommen *nicht* der Konzeptualisierung zuzurechnen, sondern dieser vorgelagert. Da diese jedoch einen maßgeblichen Einfluss auf die folgenden Ablaufschritte „Geltungsbereich" und „Konstruktdefinition" aufweist, wurde sie in den Ablaufprozess aufgenommen.

Literatur

Bagozzi, R. P. (1984). A prospectus for theory construction in marketing. *Journal of Marketing, 48,* 11–29.
Diamantopoulos, A. (2005). The C-OAR-SE procedure for scale development in marketing: A comment. *International Journal of Research in Marketing, 22,* 1–9.

Kohli, A., Jaworski, B., & Kumar, A. (1993). MARKOR: A Measure of Market Orientation. *Journal of Marketing Research*, 30 (4), 467–477.

Parasuraman, A., Zeithaml, V. A., & Berry, L. L. (1988). SERVQUAL a multiple-item scale for measuring consumer perceptions of service quality. *Journal of Retailing, 64,* 12–40.

Peter, S. I. (1997). Kundenbindung als Marketingziel: Identifikation und Analyse zentraler Determinanten. Wiesbaden: Gabler.

Rossiter, J. R. (2002). The C-OAR-SE procedure for scale development in marketing. *International Journal of Research in Marketing, 19,* 305–335.

Weiber, R., & Adler, J. (2003). Der Wechsel von Geschäftsbeziehungen beim Kauf von Nutzungsgütern: Das Beispiel Telekommunikation. In: M. Rese, A. Söllner, & B. P. Utzig (Hrsg.), *Relationship marketing: Standortbestimmung und perspektiven* (S. 71–103). Heidelberg.

Weiterführende Literatur

Churchill, G. A. (1979). A paradigm for developing better measures of marketing constructs. *Journal of Marketing Research, 16,* 64–73.

Hildebrandt, L. (2008). Hypothesenbildung und empirische Überprüfung. In A. Herrmann, C. Homburg, & M. Klarmann (Hrsg.), *Handbuch Marktforschung* (3. Aufl., S. 81–105). Wiesbaden: Gabler.

Homburg, C., & Giering, A. (1996). Konzeptualisierung und Operationalisierung komplexer Konstrukte – Ein Leitfaden für die Marketingforschung. *Marketing: Zeitschrift für Forschung und Praxis, 18*(1), 5–24.

Konstrukt-Operationalisierung

6

Inhaltsverzeichnis

Sind die in einem theoretischen Konzept betrachteten hypothetischen Konstrukte vollständig auf der theoretischen Ebene beschrieben, d. h. ist konkret spezifiziert, aus welchen Komponenten sich die zunächst nur theoretischen Begriffe zusammensetzen (dispositiv) und wie diese zur Begründung der Konstrukte beitragen (funktional), so müssen im nächsten Schritt *„empirische Gegengewichte"*, d. h. beobachtbare Indikatoren zu deren Messung auf der Beobachtungsebene gefunden werden. Der Zusammenhang zwischen der Konstruktformulierung auf der Theorieebene und dem Auffinden von *Messindikatoren* auf der empirischen Ebene zur Prüfung einer Theorie kann mit Hilfe der *Zweisprachentheorie von Carnap* verdeutlicht werden:

R. Weiber, D. Mühlhaus, *Strukturgleichungsmodellierung,* Springer-Lehrbuch,   103
DOI 10.1007/978-3-642-35012-2_6, © Springer-Verlag Berlin Heidelberg 2014

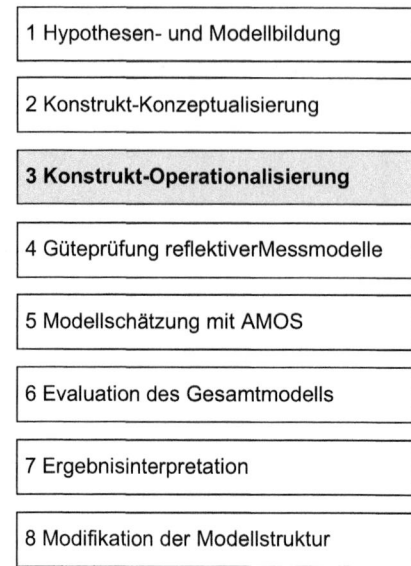

3 Konstrukt-Operationalisierung

Die Konzeptualisierung von Konstrukten erfolgt nach Carnap (1966, S. 223 ff.) auf der Theorieebene, wobei er die dabei verwendete „Sprache" als „theoretische Sprache" bezeichnet. Bezüglich der Konstruktdefinitionen ist dabei darauf zu achten, dass diese theoretischen Begriffe so eindeutig und ausführlich definiert werden, dass auch deutlich wird, was durch sie beschrieben und auf der empirischen Ebene gemessen werden soll. Auf Basis der gefundenen Konstruktdefinitionen sind dann in der sog. *Beobachtungssprache* die zur empirischen Prüfung einer Theorie erforderlichen Beobachtungen zu formulieren. Einschränkend ist dabei allerdings zu vermerken, dass sich nicht alle theoretischen Begriffe und Sachverhalte auch in eine Beobachtungssprache überführen lassen. Nur in den Fällen, in denen theoretische Begriffe (theoretische Variable) über sog. Korrespondenzregeln mit beobachtbaren Variablen in einen sinnvollen Zusammenhang gebracht werden können, liegt eine empirisch gehaltvolle „positive" Theorie vor. Abbildung 6.1 verdeutlicht den Zusammenhang.

Mit Hilfe der *Beobachtungssprache* müssen die Begriffe und Beziehungen der theoretischen Sprache so übersetzt werden, dass sie auf Entsprechungen in realen Gegebenheiten bezogen werden können. Dabei ergeben sich zwei grundsätzliche Probleme: Zum Einen müssen solche Beobachtungen gefunden werden, die die Gegebenheiten in der Wirklichkeit auch erfassen können (sog. *Basissatzproblem*). Zum Anderen müssen die gefundenen Beobachtungen die theoretischen Variablen hinreichend abbilden können, d. h. theoretische Variable (Konstrukt) und beobachtete Variable müssen hinreichend korrespondieren (sog. *Korrespondenzproblem*).

Während das Korrespondenzproblem durch die sorgfältige Konstruktion der *Messinstrumente* zu lösen ist, erfolgt die Lösung des Basissatzproblems über die Suche nach

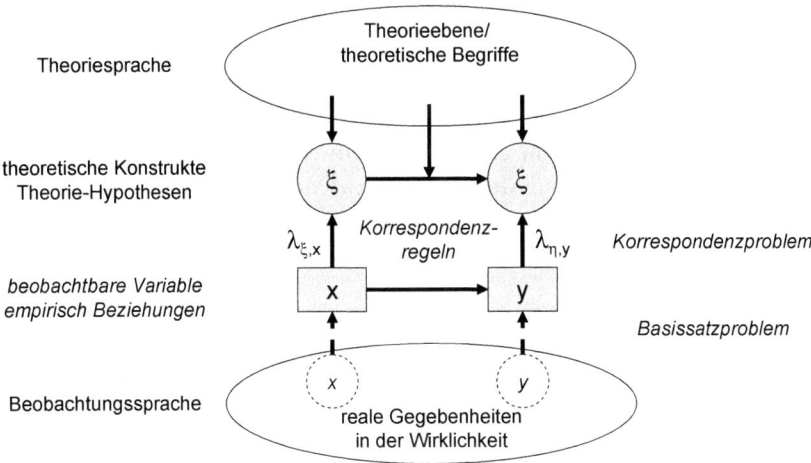

Abb. 6.1 Grundprinzip der Zweisprachentheorie nach Carnap

geeigneten *Indikatoren*. Beide Probleme werden dabei im Rahmen der sog. Operationalisierung latenter Konstrukte adressiert, bei der über die Ableitung geeigneter Indikatoren die Konstruktion von Messmodellen erfolgt, anhand derer die nicht beobachtbaren theoretischen Konstrukte einer Messung zugänglich gemacht werden.

Operationalisierung
bezeichnet die Summe der Anweisungen (Operationen), mit deren Hilfe ein hypothetisches Konstrukt (theoretischer Begriff) über beobachtbare Sachverhalte (Indikatoren) erfasst und gemessen werden soll (Messvorschrift).

Die Operationalisierung entspricht im Rahmen der Strukturgleichumgsmodellierung der *Formulierung der Messmodelle* für die latenten exogenen sowie endogenen Variablen. Analog zur Konzeptualisierung der Konstrukte, sollte auch bei der Entwicklung von Messmodellen zunächst eine genaue Sichtung der einschlägigen Fachliteratur erfolgen, da für viele Konstrukte bereits etablierte und vielfach bewährte Skalen und Messinstrumente verfügbar sind. In vielen Wissenschaftsdisziplinen existieren auch sog. *Skalenhandbücher* (z. B. Bearden und Netemeyer 1998; Bruner et al. 2005 für den Marketing-Bereich; ZUMA-Skalenhandbuch 1983; GESIS 2008 für die Sozialwissenschaft), die einen umfassenden Fundus an Items und Skalen zur Messung von latenten Konstrukten bereitstellen. Die Konsultation der Fachliteratur ist insbesondere vor dem Hintergrund des „wissenschaftlichen Fortschritts" von Bedeutung: Würde jeder Forscher seine eigene Konstrukt-Operationalisierung vornehmen, so käme es zu einer *„Konstruktüberflutung"*. Eine Vergleichbarkeit von unterschiedlichen Studien wäre dann nicht mehr gewährleistet oder nur sehr eingeschränkt möglich. Weiterhin wären auch übergeordnete Wirkbeziehungen nicht mehr identifizierbar bzw. könnten nicht aufgedeckt werden (vgl. zu einer Kritik dieser ad-hoc Forschung stellvertretend Diller 2006, S. 612 f.; Jacoby 1978, S. 91).

Die im Folgenden behandelten Schritte der Konstrukt-Operationalisierung sind deshalb nur dann erforderlich, wenn eine eigenständige bzw. eine neue Operationalisierung von Konstrukten erforderlich ist und Messmodelle bzw. Messindikatoren unbekannt sind. Im Einzelnen sind folgende Ablaufschritte der Operationalisierung von latenten Variablen bzw. hypothetischen Konstrukten erforderlich:

1. *Generierung und Grobklassifikation potenzieller Messindikatoren*:
   Zunächst gilt es, möglichst viele Sachverhalte zu finden, durch die ein Konstrukt bzw. seine Dimensionen auf der Beobachtungsebene beschrieben werden kann. Diese Größen können dabei entweder anhand von Inhalts- oder Dokumentenanalysen aufgedeckt bzw. im Rahmen einer qualitativen Studie bei unterschiedlichen Personen erhoben werden.
2. *Festlegung der Messkonzeption*:
   Mit der Festlegung der Messkonzeption fällt zunächst die Entscheidung für *formative oder reflektive Messmodelle*. In Abhängigkeit dieser Entscheidung sind dann die entsprechenden Messindikatoren zu formulieren, mit deren Hilfe ein hypothetisches Konstrukt operationalisiert werden soll. Bei *reflektiven Messmodellen* ist zusätzlich zu entscheiden, ob die Messung anhand nur eines Indikators (Single-Item Messung) oder mit Hilfe mehrerer Items (Multiple-Item Messung) vorzunehmen ist.
3. *Konstruktion der Messvorschrift*:
   Mit der Konstruktion der Messvorschrift wird festgelegt, wie anhand der Indikatoren geeignete Beurteilungswerte und damit *Messwerte für die Konstrukte* zu ermitteln sind.

6.1 Generierung und Grobklassifikation potenzieller Messindikatoren

Im ersten Schritt der Operationalisierung steht das Ziel im Vordergrund, zunächst einmal möglichst viele Sachverhalte zu finden, durch die ein Konstrukt bzw. seine Dimensionen auf der Beobachtungsebene beschrieben werden können. Solche Indikatoren können direkt *beobachtbare Größen* darstellen. Bezogen auf unser Fallbeispiel könnte der Hotelbesitzer z. B. die Höhe des Trinkgeldes oder die Wiederholfrequenz sowie die Häufigkeit von Hotelbuchungen als Indikatoren für das Konstrukt Zufriedenheit verwenden. I. d. R. sind solche direkt beobachtbaren Indikatoren aber nicht verfügbar oder mehrdeutig, so dass in den Sozial- und Wirtschaftswissenschaften Messindikatoren in den meisten Fällen über *Befragungen* erhoben werden. Die weiteren Betrachtungen werden deshalb auf die *Generierung von Fragen (Items)* zur Operationalisierung hypothetischer Konstrukte bzw. der Konstrukt-Dimensionen konzentriert.

Ebenso wie die Konstrukt-Konzeptualisierung sollte auch die Item-Generierung *theoriegeleitet* erfolgen. Blalock (1982, S. 263) sieht ein auf die Konstrukt-Konzeptualisierung abgestimmtes Vorgehen sogar als *zwingend* erforderlich an, da „[...] multiple measures without a theory will only lead to chaotic results". Für viele Konstrukte (z. B. Einstellung; Zufriedenheit, Stress, Vertrauen) existieren in der Literatur auch theoretisch fundierte und empirisch erprobte Modelle zur Konstrukt-Operationalisierung, mit deren Hilfe sich Messwerte für die Konstrukte erheben lassen. Ist *keine* geeignete Theorie vorhanden, so sollte weiterhin geprüft werden, ob sich aus anderen Theoriebereichen oder von ähnlichen Konstrukten Adaptionen vornehmen lassen. Lassen sich auch hier keine Ansatzpunkte zur theoretischen Deduktion von Messindikatoren finden, so empfiehlt sich der Rückgriff auf folgende *„pragmatische" Möglichkeiten* zur Item-Generierung:

(1) Inhalts- und Dokumentenanalyse: Im Rahmen der Inhalts- und Dokumentenanalyse wird eine Sichtung unterschiedlicher Textdokumente vorgenommen. Hierzu zählt nicht nur die einschlägige Fachliteratur, sondern auch die Sichtung empirischer Studien oder von allgemeinen Textdokumenten, die mit dem betrachteten Konstrukt in Beziehung stehen. Bezogen auf die vorliegende Fallstudie könnte der Hotelbesitzer z. B. verfügbares Werbematerial oder Hotelbeschreibungen heranziehen. Weiterhin bietet auch das Internet und die vielen Plattformen, in denen die Kunden gegenseitig Reiseempfehlungen abgeben und Hotelbeurteilungen vornehmen, eine gute Möglichkeit, zumindest aus Sicht der Gäste, ein umfassendes Set an Indikatoren abzuleiten.

(2) Interaktive Formen der Item-Generierung: Interaktive Formen der Item-Generierung basieren primär auf Gesprächsrunden und Befragungen, bei denen die Sichtweise von unterschiedlichen Personengruppen ermittelt werden soll. So können neben ausgewählten Experten auch Insider oder Personen der Zielgruppe Informationen zur Generierung von Messindikatoren liefern. Dabei ist es zweckmäßig, *keine* konkreten Vorgaben zu machen, sondern die Befragungen im Rahmen von teilstrukturierten oder unstrukturierten Interviews durchzuführen, bei denen die Befragten alle Einschätzungen und Assoziationen nennen sollen, die sie mit einem Konstrukt in Verbindung bringen. Dabei kann auf Techniken der qualitativen Marktforschung zurückgegriffen werden wie z. B. die Critical Incident Technik, Tiefen- oder Gruppeninterviews, Satz- oder Wortergänzungsformen (Kepper 2008, S. 180 ff.).

Mit Hilfe der o. g. Techniken soll vor allem eine möglichst breite Basis an Beschreibungsmerkmalen geschaffen werden, die in einem weiteren Schritt einer groben Klassifikation zu unterziehen ist. Dabei sind zum einen *Redundanzen* in den gefundenen Sachverhalten durch sinnvolle Zusammenfassungen zu beseitigen. Zum anderen ist nun aber auch eine *Zuordnung* der gefundenen Aspekte zu den Konstrukten und ggf. deren Dimensionen entsprechend der vorgenommenen Konzeptualisierung der Konstrukte vorzunehmen. Aspekte, die aus inhaltlichen Erwägungen nicht eindeutig einem der Konstrukte zugewiesen werden können, sind aus der weiteren Analyse auszuschließen (Gerbing und Anderson 1988, S. 189).

Entscheidungen im Fallbeispiel: Bezogen auf unser Fallbeispiel sollten zur Generierung *potenzieller* Messindikatoren *Experten und Branchenkenner* herangezogen werden. Insbesondere bzgl. der hypothetischen Konstrukte ist von diesen eine tiefer gehende „theoretische Betrachtungsweise" zu erwarten. Als *Insider* sollten neben den Mitarbeitern auch Branchenkenner gebeten werden, ihre Erfahrungen zur Identifizierung weiterer Konstruktfacetten einzubringen. Darüber hinaus sind vor allem aber *Hotelgäste* und deren Einschätzungen zu berücksichtigen, da sichergestellt sein muss, dass die Messindikatoren für die spätere Stichprobe auch beurteilbar und überdies relevant sind. Im Folgenden sei für unser Fallbeispiel unterstellt, dass die Überlegungen erbracht haben, dass alle Konstrukte *eindimensional* über beobachtbare Indikatoren erfassbar sind. Es gilt deshalb im nächsten Schritt die geeigneten Messindikatoren für die Konstrukte zu konkretisieren.

6.2   Festlegung der Messkonzeption

Die Festlegung der Messkonzeption beinhaltet vor allem die *Entscheidung zwischen formativen oder reflektiven Messmodellen*. Im Folgenden wird zunächst ergänzend zu den allgemeinen Darstellungen in Kap. 3.3.1.2 der Entscheidungsprozess zur Spezifikation der Messmodelle konkretisiert und dann eine Einschränkung auf reflektive Messmodelle vorgenommen. Zur Konstruktion formativer Messmodelle und den damit in Verbindung stehenden Besonderheiten der Güteprüfung sei der Leser auf Kap. 12.2.2 verwiesen.

6.2.1   Spezifikation der Messmodelle

Erst *nach* der Sammlung potenzieller Sachverhalte zur Abbildung eines Konstruktes auf der Beobachtungsebene ist im zweiten Schritt eine Entscheidung darüber zu treffen, ob die Konstrukte *formativ oder reflektiv* zu messen sind.

Spezifikation der Messmodelle
Die Spezifikation eines Messmodells betrifft die Entscheidung zwischen „formativen oder reflektiven" Messmodellen. Ihr ist eine herausragende Bedeutung beizumessen, da sie wesentliche Konsequenzen für die Formulierung und Auswahl der Items sowie die anzuwendende Prüfmethodik besitzt.

Aufgrund der mit der Spezifikation der Messmodelle verbundenen Konsequenzen für den weiteren Prozess der Strukturgleichungsformulierung muss die Entscheidung für formative oder reflektive Messmodelle mit großer Sorgfalt vor dem Hintergrund des

Nennung	Kategorisierung	Konstrukt-zuordnung	Spezifikation
[...] die Sauberkeit als gut beurteilen.	Sauberkeit	Zufriedenheit	Ursache (formativ)
[...] sehr zufrieden mit der Sauberkeit.			
[...] würde das Hotel weiterempfehlen.	Weiterempfehlung	Zufriedenheit	Folge (reflektiv)
[...] bin so zufrieden, ich werde das Hotel sicherlich wieder aufsuchen.	Wiederbesuchsabsicht	Zufriedenheit und Kundenbindung	Folge (reflektiv)
[...] insgesamt hoch zufrieden.	Zufriedenheit	Zufriedenheit	Folge (reflektiv)
[...] Erwartungen bzgl. des Services sind nicht erfüllt.	Serviceerwartung	Zufriedenheit	Ursache (formativ)
[...] Essen war stets schlecht.	Essensbeurteilung	Zufriedenheit	Ursache (formativ)
[...] halte das Hotel für eine gute Wahl.	gute Wahl	Zufriedenheit	Folge (reflektiv)

Abb. 6.2 Indikatoren-Checkliste für das Konstrukt „Zufriedenheit"

entsprechenden theoretischen Konzeptes getroffen werden. Anhaltspunkt für die Spezifikation kann dabei auch die im ersten Schritt durchgeführte Sammlung potenzieller Messindikatoren selbst liefern. Diese sollten nicht nur kategorisiert und den betrachteten Konstrukten zugeordnet werden, sondern auch im Hinblick auf ihre Spezifikationsrichtung („Folge" oder „Ursache" des Konstruktes) geprüft werden. Abbildung 6.2 gibt hierzu einige Beispiele für das Konstrukt „Zufriedenheit" mit Bezug zu unserem Fallbeispiel. Bei der Zuordnung der Nennungen sollte auch der in Kap. 3.3.1.2 aufgeführte Fragenkatalog (vgl. Abb. 3.15) von Jarvis et al. (2003, S. 203) zur Prüfung herangezogen werden. Die Entscheidung für die formative oder reflektive Formulierung eines Messmodells führt zu unmittelbaren Konsequenzen für die weiteren Schritte der Operationalisierung, da in Abhängigkeit der Spezifikation eines Messmodells die Items für die empirische Erhebung unterschiedlich formuliert werden müssen und auch unterschiedliche Prüfmethoden zur Anwendung kommen. Im Folgenden erfolgt eine Konzentration auf die Konzeption *reflektiver Messmodelle*:

Reflektive Messmodelle
Bei reflektiven Messmodellen stellen die hypothetischen Konstrukte die Ursache der auf der Beobachtungsebene zu erhebenden Messindikatoren dar. Entsprechend müssen die Messindikatoren beobachtbare „Folgen" oder „Konsequenzen" der Wirksamkeit eines Konstruktes auf der Beobachtungsebene widerspiegeln.

Der bei reflektiven Messmodellen unterstellte Zusammenhang zwischen den gemessenen Indikatoren (x_O) als „Folge" der Wirksamkeit des hypothetischen Konstruktes (x_T) lässt sich durch die folgende *Grundgleichung reflektiver Messmodelle* verdeutlichen:

$$x_O = x_T + (x_S + x_R) \qquad (6.1)$$

mit:

x_T: True Value (wahrer Konstruktwert; nicht beobachtbar)
x_O: Observed Value (empirischer Messwert; beobachtbar)
x_S: Systematic Error (systematischer Fehler)
x_R: Random Error (Zufallsfehler)

Die Abweichung zwischen dem über einen Indikator gemessenen Wert und dem „wahren" Konstruktwert ist dabei durch systematische (x_S) und zufällige Messfehler verursacht (x_R).[1]

Bei reflektiver Konstruktmessung geht Guttman (1950, S. 60 ff.) von einem „*Indikatorenuniversum*" aus, das sich aus der Menge aller Konsequenzen und Folgen bildet, die durch ein theoretisches Konstrukt verursacht werden. Entsprechend müssen auf der Beobachtungsebene die Indikatoren jeweils unabhängige Messungen des theoretischen Sachverhaltes darstellen (sog. *Homogenitätsannahme*), so dass sich für jeden theoretischen Begriff eine zufällige Auswahl aus denjenigen Indikatoren bilden ließe, die dessen Eigenschaften erfassen. In ähnlicher Weise unterstellt das *Domain-Sampling-Model* von Nunnally (1967, S. 175 ff.), dass mit der Definition eines hypothetischen Konstruktes gleichzeitig auch sein definitorisches Umfeld (sog. domain) umrissen wird, das alle Indikatoren umfasst, die das betrachtete Konstrukt ausmachen. Da das Indikatorenuniversum realiter aber unbekannt ist, muss nach „Hilfslösungen" gesucht werden, durch die zuverlässig geeignete Indikatoren gefunden werden können. Dabei wird von folgenden Überlegungen ausgegangen:

Da bei reflektiven Messmodellen alle Indikatoren Konsequenzen bzw. Folgen des hypothetischen Konstruktes darstellen, besitzen sie einen *gemeinsamen Kern* und müssen folglich eine hohe Korrelation aufweisen. Können die Indikatoren das Konstrukt fehlerfrei messen, so müssen sie sogar vollkommen korreliert sein, d. h. eine Korrelation von 1 aufweisen. Weiterhin verfügen alle Indikatoren über den gleichen Grad an Validität (Gültigkeit) und stellen somit – bei unterstellter gleich guter Reliabilität (Verlässlichkeit) der Messung – *beliebig austauschbare Messungen* eines Konstruktes dar. Die beliebige Austauschbarkeit reflektiver Indikatoren ist auch dadurch begründet, dass jeder Indikator nur *eine beispielhafte* Manifestierung des theoretischen Begriffs auf der Beobachtungsebene darstellt. Als Konsequenz ergibt sich aus diesen Überlegungen, dass ein theoretischer Sachverhalt auf der empirischen Ebene immer über mehrere Indikatoren (Messitems) erfasst werden sollte.

---

[1] Vgl. zu den Fehlertermen x_S und x_R auch die Ausführungen zu Reliabilität und Validität in Kap. 7.

Entscheidungen im Fallbeispiel: Bezogen auf das *Fallbeispiel* wird im Folgenden davon ausgegangen, dass der Hotelbesitzer alle Konstrukte und die zugehörigen Messmodelle *reflektiv* spezifiziert, und die weitere Vorgehensweise in diesem Teil des Buches sei auf diese Entscheidung abgestellt.[2]

6.2.2 Reflektive Messmodelle: Single-oder Multi-Item-Messungen?

Der Entscheidung für eine formative oder reflektive Konstruktmessung schließt sich unmittelbar die Frage an, ob ein Konstrukt nur über ein Item oder mit Hilfe von mehreren Items gemessen werden soll. Bei formativen Messmodellen kommen aufgrund der Annahme, dass sich ein Konstrukt aus mehreren Facetten bzw. Dimensionen formiert, letztendlich nur Multi-Item-Messungen in Frage. Fuchs und Diamantopoulos (2009, S. 199) stellen deshalb zu Recht fest, dass „a single-item measurement under a formative perspective appears problematic for several reasons". Wird allerdings davon ausgegangen, dass bei formativer Konstrukt-Konzeptualisierung die Konstrukt-Dimensionen wiederum hypothetische Größen darstellen, so kann auch in diesen Fällen eine Single-Item-Messung zweckmäßig sein. Insgesamt kann die Frage nach der Verwendung von Single- oder Multi-Item-Messungen nicht eindeutig und ohne Beachtung des theoretischen Konzeptes eines Kausalmodells beantwortet werden, weshalb im Folgenden zunächst die Vor- und Nachteile beider Messkonzepte aufgezeigt werden, mit deren Hilfe dann die endgültige Entscheidungsfindung gestützt werden kann:

(1) Zweckmäßigkeit von Single-Item-Messungen: *Single-Item-Messungen* liegen vor, wenn ein Konstrukt anhand nur eines Indikators (sog. single item measures oder single item scales) erfasst werden soll. Hierzu werden dann sog. *Globalitems* herangezogen, die die Gesamtheit des Konstruktes möglichst gut widerspiegeln. Bei Globalitems wird meist das Konstrukt selbst in die Frageformulierung aufgenommen und dessen Bedeutung, Intensität, Bewertung usw. durch den Befragten mit Hilfe einer Ratingskala erhoben. So könnte z. B. das Konstrukt Zufriedenheit durch folgende Globalfrage erfasst werden: „Wie zufrieden waren Sie mit dem Hotelaufenthalt?". Die Vorteile einer Single-Item-Messung liegen im Wesentlichen in *praktischen Erwägungen* (Sarstedt und Wilczynski 2009, S. 215 f.; Fuchs und Diamantopoulos 2009, S. 197 ff.):

Bei Single-Item-Messungen ist der Erhebungsaufwand und die Gefahr der „Probandenmüdigkeit" deutlich geringer, wodurch eine höhere Antwortquote erzielt und die Abbruchquote während der Befragung reduziert werden kann (Bergkvist und Rossiter 2007, S. 175). Auch besteht bei Single-Items nicht die Gefahr, dass Probanden keine inhaltlichen Unterschiede zwischen multiplen Items, die allesamt ein und dasselbe Konstrukt messen, wahrnehmen und diese als redundant oder sogar überflüssig ansehen. In diesen Fällen werden häufig nur die ersten genannten Items einer Konstruktmessung inhaltlich

---

[2] Die Konstruktion formativer Messmodelle wird ausführlich in Kap. 12 behandelt.

korrekt beantwortet, während die Folge-Items nicht richtig gelesen und „gedankenlos" (Drolet und Morrison 2001) bzw. im Bestreben nach einer hohen Antwortkonsistenz identisch beantwortet werden (Podsakoff et al. 2003, S. 881 ff.). Darüber hinaus ist der Prozess der Skalenformation bei einem Globalitem deutlich einfacher als bei multiplen Messungen und kann auch auf verschiedene Stichproben (z. B. Hotelgäste, Bankkunden usw.) meist problemlos übertragen werden (Nagy 2002, S. 79). Schließlich ist insbesondere bei komplexen Modellen zu beachten, dass Single-Item-Messungen eine nur geringere Stichprobengröße erfordern. Diese sollte das Zehnfache bzw. bei einer sehr großen Anzahl an Items mindestens das Fünffache der Itemzahl betragen (Fuchs und Diamantopoulos 2009, S. 206).

(2) Vorteile des Konzepts multipler Items: Single-Item-Messungen sind mit dem Problem behaftet, dass bei einer Globalabfrage die Befragten mit einem Konstrukt ein jeweils sehr unterschiedliches Verständnis verbinden können und damit Messungen über mehrere Personen nicht vergleichbar sind. Diese Gefahr ist deutlich geringer, wenn bei reflektiven Messungen *mehrere* beobachtbare Konsequenzen eines Konstruktes erhoben werden, da hier unter Rückgriff auf Maße der internen Konsistenz und der Reliabilität eine Eignungsprüfung der Items vorgenommen werden kann.

> **Konzept multipler Items**
> Das Konzept multipler Items misst ein hypothetisches Konstrukt durch die Abfrage mehrerer reflektiver Indikatoren bei einer Person, um auf diese Weise mögliche Verzerrungen einzelner Indikatorvariablen bei der Abbildung eines Konstruktes auszugleichen.

Weiterhin unterliegen Messungen meist zufälligen Fehlern, die sich im Mittel über ein Set von Indikatoren ausgleichen. Aufgrund der in der Summe der Items feineren Abstufungen der Gesamtskala sind überdies präzisere Schätzwerte als bei der Verwendung nur eines Indikators erzielbar: Werden bspw. zur Messung eines Konstrukts drei Items x_1 bis x_3 unter Verwendung einer Ratingskala mit fünf Abstufungen herangezogen, so weist eine einfache Summenskala ($x_s = \Sigma\ x_i$) eine Kardinalität von 13 verschiedenen Ausprägungen ($x_s \sim [3; 15]$) auf. Verglichen mit den fünf möglichen Abstufungen, die anhand eines einfachen Indikators erzielbar sind, kann somit neben der erhöhten Genauigkeit der Messung auch eine feinere Differenzierung zwischen den Probanden erfolgen (Churchill 1979, S. 66). Darüber hinaus ist die Abschätzung der Reliabilität und der Messfehler eines Single-Indikators nur eingeschränkt möglich, da solche Modelle unteridentifiziert sind (Fuchs und Diamantopoulos 2009, S. 197 f.).

Bei der Ableitung reflektiver Indikatoren im Rahmen des Konzepts multipler Items sind insbesondere folgende Aspekte zu beachten:

- Es ist eine größere, möglichst repräsentative Anzahl an Indikatoren aus dem Indikatorenuniversum auszuwählen, die anschließend einer Eignungsprüfung zu unterziehen sind.
- Nicht hoch korrelierende Indikatoren sind zu *eliminieren*, da sie offensichtlich anderen, ggf. im Modell auch nicht enthaltenen Konstrukten, zuzuordnen sind.
- Indikatoren sollten *unterschiedliche* Folgen der Wirksamkeit des betrachteten Konstruktes darstellen. Reine „Umformulierungen" von Items (wie z. B. „... würde ich empfehlen"; „... würde ich anraten" oder „... würde ich befürworten") sind *nicht* zulässig.

Die Frage nach der *Anzahl* auszuwählender Indikatoren wird in der Literatur sehr unterschiedlich beantwortet: So empfiehlt Bollen (1989, S. 288 ff.) die Verwendung von drei bis vier reflektiven Items, während Churchill (1979, S. 69) zehn Items als „a very small number for most measurements" ansieht. Im Rahmen einer von Peter (1979, S. 12 f.) durchgeführten Metastudie weisen rund die Hälfte der Untersuchungen Itemzahlen je Konstrukt zwischen drei und sechs auf. Aus methodischer Sicht sollten bei reflektiven Messmodellen mit nur einem Konstrukt mindestens vier Indikatoren verwendet werden, während bei Mehr-Konstrukt-Modellen reflektive Konstrukte *mindestens* mit jeweils zwei Indikatoren zu messen sind.

(3) Entscheidungshilfen für die Wahl des Messkonzeptes: Eine allgemeingültige und eindeutige Empfehlung hinsichtlich des Einsatzes von Single-Item- oder Multiple-Item-Messungen kann nicht gegeben werden. Allerdings kann die in Abb. 6.3 zusammenfassend aufgeführte Gegenüberstellung der Vor- und Nachteile beider Messkonzeptionen mit Bezug zu einer konkreten Anwendungssituation als Unterstützung bei der Entscheidungsfindung dienen. Darüber hinaus lassen sich folgende zentrale Argumente für die Verwendung von Single- bzw. Multiple-Item-Messungen vortragen:

Das *Konzept multipler Items* hat insbesondere bei der reflektiven Konstruktmessung die weiteste Verbreitung gefunden und ist in der Wissenschaft zur Messung komplexer sozialwissenschaftlicher Konstrukte anerkannt (Diekmann 2005, S. 201). Da Messungen immer mit Messfehlern behaftet sind (Zufallsfehler und systematische Fehler), können diese bei multiplen Items im Rahmen der SGA explizit berücksichtigt und systematisch verzerrte Items leichter identifiziert werden. Insbesondere können Zufallsfehler durch eine Zusammenfassung multipler Messungen (z. B. über Mittelwertbildung) ausgeglichen werden.[3] Sofern Veränderungen eines hypothetischen Konstruktes z. B. im Zeitverlauf untersucht werden sollen, wird die Verwendung multipler Items besonders empfohlen, da ansonsten der Effekt von zufälligen Fehlern zu stark ist. Weiterhin ist die Reliabilitäts- und Validitätsprüfung von multiplen Items mit statistischen Verfahren relativ leicht durchführbar

---

[3] Dabei ist allerdings zu beachten, dass eine Zusammenfassung fehlerverstärkend wirkt, wenn systematische Messfehler vorliegen. In solchen Fällen erlaubt es aber die Konfirmatorische Faktorenanalyse sog. Messfehlermodelle in die Prüfung der Operationalisierung einzubeziehen.

Single-Item-Messung (Globalitem)	Konzept multipler Items
Auswahl eines Globalitems, welches den Kern des Konstruktes reflektiert	Repräsentative Auswahl an Items aller potenziellen Konsequenzen des Konstrukts (Domain Sampling)
Auswahl der Items	
• Problematisch i. S. einer geeigneten Formulierung • keine statistische Auswahlunterstützung möglich	• relativ unproblematisch anhand der Konstruktfacetten bzw. Konstruktkonsequenzen • Feinauswahl auch mittels statistischer Verfahren
Vorbereitung	
• hohe Flexibilität bei verschiedenen Einsatzfeldern • üblicherweise einfache Konstruktion	• Anpassung auf weitere Einsatzfelder aufwändig • viele Konstruktionsschritte erforderlich
Datenerhebung	
• geringer Zeit- und Kostenaufwand bei der Erhebung • erhöhte Teilnahmebereitschaft	• höherer Zeit- und Kostenaufwand • geringere Teilnahmebereitschaft
Datenqualität	
• geringere Anzahl an fehlenden Werten (kein Sampling bias) • keine Ermüdungseffekte bei den Probanden • kein Konsistenzstreben • höhere Aufmerksamkeit • hoher kognitiver Anspruch (Abstraktionsvermögen)	• höhere Abbruchquote (potenzieller Sampling bias) • hohe Ermüdungseffekte bei den Probanden • Konsistenzstreben über die Items • geringere Aufmerksamkeit, wenn Items als deckungsgleich wahrgenommen werden • geringer kognitiver Anspruch
Datenverarbeitung	
• Segmentierung schwierig • Publikation problematisch, da in der Wissenschaft kaum anerkannt bzw. unüblich • unteridentifiziert, d. h. Messfehler können nicht explizit berücksichtigt werden • fehlende Werte schlechter zu ersetzen • Reliabilität und Validität eingeschränkt prüfbar • Messfehler gehen „unkorrigiert" in die Analyse ein	• Segmentierung unproblematisch • in der Wissenschaft anerkannt • i. d. R. überidentifiziert, d. h. Messfehler können berücksichtigt werden • fehlende Werte einfacher zu ersetzen • Reliabilität und Validität einfach prüfbar • Messfehler gleichen sich (im Mittel über die Items) aus

Abb. 6.3 Vor- und Nachteile von Single-Item-Messungen und Multiple-Item-Messungen

(vgl. hierzu Kap. 7). Schließlich stellen Multiple-Item-Messungen von Konstrukten deutlich geringere Anforderung an das Abstraktionsvermögen der Probanden, da durch die Verwendung mehrerer Items die Facetten bzw. Konsequenzen eines Konstruktes besser verdeutlicht werden können und damit auch ein „gemeinsames Verständnis" von einem Konstrukt durch die Probanden eher erreicht werden kann.

Demgegenüber sind *Single-Item-Messungen über Globalindikatoren* dann sinnvoll, wenn das zu messende Konstrukt sehr komplex ist und aus vielen einzelnen Facetten besteht, die sich in der Gesamtheit anhand von multiplen Items aus forschungsökonomischen Erwägungen nicht erheben lassen. Fuchs und Diamantopoulos (2009, S. 203 ff.). weisen darauf hin, dass Globalindikatoren nur bei „konkreten" Konstrukten im Sinne von Rossiter (2002, S. 309 f.) Verwendung finden sollten; d. h. es muss sichergestellt sein, dass alle Probanden unter einem Konstrukt dasselbe verstehen. Unter Validitätsgesichtspunkten haben Single-Items den Vorteil, dass bei der Abgabe eines Globalurteils die Probanden die Beurteilungen der verschiedenen Facetten eines Konstruktes selber vornehmen, während bei reflektiver Messung anhand mehrerer Items die Gewichtung anhand statistischer Kriterien erfolgt und stark von der vom Forscher getroffenen Auswahl der Items abhängt (Fuchs und Diamantopoulos 2009, S. 204).

Das in der Literatur häufig anzutreffende Argument, dass Single-Items eine geringere Reliabilität und Validität aufweisen, ist allerdings nicht verallgemeinerbar (Spector 1992, S. 4; Sarstedt und Wilczynski 2009, S. 212 f.), da auch bei Studien mit Single-Items relativ gute Reliabilitätswerte erzielt werden konnten (z. B. Bergkvist und Rossiter 2007; Shamir und Kark 2004). Allerdings sollte aufgrund der geringeren „Schätzpräzision" nur dann eine Messung über einen Indikator erfolgen, wenn das Konstrukt als solches nicht im Betrachtungsfokus liegt, sondern eher als Moderator oder Kontrollgröße in einem Modell integriert ist bzw. eine geringere Präzision inhaltlich zu „verkraften" ist.

Entscheidungen im Fallbeispiel: Es wird davon ausgegangen, dass der Hotelbesitzer nicht nur an den Wirkbeziehungen zwischen den postulierten Konstrukten (Zufriedenheit, Kundenbindung, Wechselbarrieren und Variety Seeking), sondern auch an den Vorstellungen der Hotelgäste zu den Konstrukten interessiert ist und eine möglichst hohe Präzision der Messung erreichen möchte. Da die Konstrukte weiterhin relativ abstrakt sind, bei den Befragten aber ein möglichst einheitliches Konstrukt-Verständnis erreicht werden soll, werden alle Konstrukte – abgesehen vom Preis, der als direkt beobachtbar unterstellt wird[4] – *reflektiv* mit Hilfe des *Konzepts multipler Items* erhoben. Weiterhin entscheidet sich der Hotelbesitzer dafür, zunächst sechs bis acht Items pro Konstrukt zu definieren und diese dann in einem Pretest einer Validitäts- und Reliabilitätsprüfung zu unterziehen (vgl. Kap. 7). Da die letztendliche Formulierung der einzelnen Indikatoren aber maßgeblich durch die Wahl der Messvorschrift beeinflusst wird, ist diese zunächst noch festzulegen.

6.3 Konstruktion der Messvorschrift (Skalierung)

Nach Spezifizierung und Formulierung der Messvariablen ist im nächsten Schritt die Festlegung einer *Messvorschrift* erforderlich. Erst durch die Messvorschrift können mit Hilfe von Zahlenwerten die Einschätzungen von Items durch z. B. befragte Personen abgebildet werden. Dieser Vorgang wird auch als *Skalierung* bezeichnet.[5]

---

[4] Da hier streng genommen nicht der Preis, sondern der wahrgenommene Preis erhoben wird, wäre anstelle der direkten Beobachtbarkeit auch die Bezeichnung einer Single-Item Messung angemessen und aufgrund der hinreichenden Konkretheit auch angebracht.

[5] Die Überlegungen in diesem Kapitel sind *unabhängig* von der gewählten Spezifikation eines Messmodells und gelten somit auch für die Formulierung formativer Messmodelle, die in Kap. 12 behandelt wird.

Skalierung
bezeichnet allgemein die Konstruktion einer Messvorschrift mit deren Hilfe qualitative Eigenschaften (Dimensionen) von Sachverhalten quantitativ durch die Zuordnung von Zahlen erfasst werden können. Das Ergebnis eines Skalierungsverfahrens wird als Skala bezeichnet.

In der Literatur existiert eine Vielzahl von Skalierungsverfahren. Diese umfassen Methoden, mit deren Hilfe Messwerte (Skalenwerte) gewonnen werden können. So wird z. B. bei Rangordnungen ein Proband um die Aufstellung einer Reihenfolge von Objekten etwa nach seiner Präferenz gebeten und den einzelnen Rängen werden dann Zahlenwerte (1, 2 usw.) zugeordnet. Weitere bekannte Skalierungsverfahren sind etwa Paarvergleiche, die Likert-Skalierung, die Guttman-Skalierung oder die Magnitude-Skalierung.[6] Aber auch die Conjoint-Analyse und die Multidimensionale Skalierung stellen Methoden zur Gewinnung von Messwerten dar. Ein gemeinsames Merkmal dieser Verfahren ist darin zu sehen, dass auch die Generierung von Items Bestandteil dieser Verfahren ist und nach einer bestimmten Verfahrensvorschrift (Skalierungsmodell) dann die Messwerte ermittelt werden. Die Zuordnung von Zahlenwerten nach Maßgabe einer bestimmten Skalierungsmethode wird als *„Messen"* bezeichnet. Demgegenüber existieren aber auch solche Verfahren, bei denen die Befragten ihre Antworten *selbst* direkt skalenmäßig einstufen. Zu dieser Gruppe gehören die sog. *Rating-Verfahren*, die im Rahmen der Strukturgleichungsmodellierung in der überwiegenden Zahl der Fälle verwendet werden und deshalb im Folgenden auch einer eingehenden Betrachtung unterzogen werden.

6.3.1 Skalierung mit Hilfe von Rating-Verfahren

Ratingskalen
sind Skalen mit mehreren Abstufungen, mit deren Hilfe ein Proband die Ausprägung eines Merkmals subjektiv einordnet. Dabei werden i. d. R. markierte Abschnitte eines Merkmalskontinuums vorgegeben.

Bei *Rating-Verfahren* (Rost 2004, S. 64 ff.; Trommsdorff 1975, S. 84 ff.) nimmt der Befragte die Einstufung eines Sachverhaltes in Form von i. d. R. (vorgegebenen) Zahlenwerten vor. Mit Hilfe von sog. Ratingskalen werden z. B. das Vorhandensein, die Beurteilung oder die Zustimmung zu einem Item auf einem Kontinuum zahlenmäßig erfasst. Bei der

---

[6] Übersichten hierzu finden sich z. B. bei Berekoven et al. 2004, S. 74 ff.; Borg und Staufenbiel 2007, S. 22 f., S. 69 f., S. 125; Schnell et al. 2011, S. 171 ff.

Konstruktion von Ratingskalen sind insbesondere folgende Festlegungen vorzunehmen (Trommsdorff 1975, S. 84 ff.; Weiber und Jacob 2000, S. 558):

- *Zahl der Abstufungen:*
  Je stärker eine Ratingskala abgestuft ist, desto schwieriger wird für den Probanden die eindeutige Zuordnung einer Merkmalsausprägung zu einem bestimmten Skalenwert, d. h. die Diskriminierungsfähigkeit des Befragten sinkt. So kann gezeigt werden, dass Probanden nur zwischen 7 ± 2 unterschiedlichen Reizintensitäten verlässlich differenzieren können (Miller 1956). Andererseits leiden bei nur wenig abgestuften Ratingskalen die gewonnenen Datenwerte an Zuverlässigkeit. Empfohlen werden i. d. R. vier- bis neunstufige Skalen.
- *Gerade oder ungerade Zahl der Abstufung*:
  Ist die Zahl der Abstufungen gerade, so existiert keine mittlere Merkmalsausprägung, womit die Probanden gezwungen werden, sich für eine „Richtung" der Skala zu entscheiden. Bei einer ungeraden Zahl der Abstufungen besteht das Problem, dass beim Ankreuzen der mittleren Kategorie nicht feststellbar ist, ob bei dem Befragten *Indifferenz* (beide Eigenschaftspaare z. B. „hohe Zufriedenheit – geringe Zufriedenheit" sind nicht vorhanden, bzw. nicht beurteilbar) oder *Ambivalenz* (beide Eigenschaftspole werden als gleich stark empfunden) vorliegt.
- *Forcierte Ratings oder Ausweichkategorien*:
  Forcierte Ratings liegen vor, wenn die Befragten „gezwungen" werden, einen Skalenwert anzukreuzen und keine Ausweichmöglichkeiten vorgesehen sind. Das führt zu dem grundsätzlichen Problem, dass die gewonnenen Daten evtl. verzerrt sind und sie die Einschätzung eines Befragten nicht in geeigneter Form abbilden können. Es gilt nämlich zu beachten, dass Skalen durch den Befragten auch als ungeeignet empfunden werden können oder er sich bei der Beantwortung unsicher fühlt. Um diesem Umstand gerecht zu werden, können Ausweichkategorien (z. B. „keine Angabe"; „weiß nicht"; „nicht relevant") bereitgestellt werden. Allerdings ist zu berücksichtigen, dass bei Existenz von Ausweichkategorien manche Probanden geneigt sind, diese bevorzugt anzukreuzen, was i. d. R. den Anteil an fehlenden Werten erhöht.[7]

In der sozialwissenschaftlichen Forschung haben sich *6-stufige Ratingskalen* besonders bewährt, was auch durch einschlägige Untersuchungen belegt ist (Green und Rao 1970, S. 33 ff.; Trommsdorff 1975, S. 93 ff.). Darüber hinaus werden folgende drei Typen von Ratingskalen bei empirischen Untersuchungen häufig verwendet:

1. Zustimmungsskalen (z. B.: trifft voll zu – trifft gar nicht zu)
2. Intensitätsskalen (z. B.: sehr gering – sehr hoch)
3. Bewertungsskalen (z. B.: sehr gut – ungenügend)

---

[7] Vgl. zur Problematik und zur Behandlung fehlender Werte Kap. 8.1.1.

Problematik von Zustimmungsskalen: *Zustimmungsskalen* werden auch als *Likert-Skalen*[8] bezeichnet und besitzen im Rahmen der SGM die wohl weiteste Verbreitung. Bei Zustimmungsskalen wird nicht direkt die Einschätzung der Befragten ermittelt (z. B. geringe Zufriedenheit, hohe Bindung), sondern anhand der Antworten kann nur (indirekt) ein Rückschluss auf die Bewertung oder Einschätzung eines Items gezogen werden. Es ist deshalb streng darauf zu achten, dass die Items bei Verwendung von Zustimmungsskalen als *Extremaussagen* formuliert werden. Ist dies nicht der Fall, so kann z. B. die Ablehnung eines Statements sowohl eine hohe als auch eine geringe Ausprägung des interessierenden Sachverhaltes implizieren. So könnte bspw. das Statement „*Der Hotelaufenthalt hat mir gut gefallen*" sowohl von sehr zufriedenen als auch von sehr unzufriedenen Personen abgelehnt werden. Darüber hinaus weist Rossiter (2002, S. 323) auf das Problem der Mehrdeutigkeit sowie der höheren kognitiven Anforderung an die Befragten bei Zustimmungsskalen hin: Mehrdeutigkeit bedeutet in diesem Zusammenhang, dass Befragte zum Einen unterschiedliche Vorstellungen mit der Aussage „*gut gefallen*" verbinden. Selbst wenn diese Vorstellungen identisch sind, so wird das Ankreuzen einer Zustimmungsskala aber von der tatsächlichen Einschätzung eines Items bestimmt, so dass selbst bei gleichen Ankreuzungen einer Zustimmungsskala letztendlich nicht eindeutig ist, wie z. B. das Hotelangebot wahrgenommen wurde. Weiterhin muss ein Befragter zunächst – zumindest implizit – eine Bewertung bzw. Intensitätseinschätzung eines Items vornehmen, aus der er dann seinen Zustimmungsgrad ableitet. Die damit verbundene höhere kognitive Anforderung an die Befragten ist offensichtlich. Diese wird nochmals größer, wenn negativ formulierte Items verwendet werden (z. B. „Wie schlecht finden sie das TV-Programm?"; vgl. stellvertretend: Swain et al. 2008, S. 121). Aus diesen Gründen wird in der Fachliteratur vielfach sogar angezweifelt, dass sich mit Hilfe von Zustimmungsskalen wirklich präzise und eindeutige Messungen vornehmen lassen (Rossiter und Percey 1987, S. 547).

▶ **Empfehlung**   *Zustimmungsskalen* setzen die Formulierung von Extremaussagen voraus, und erlauben nur indirekt die Ableitung von Bewertungen oder *Intensitätseinschätzungen* eines Sachverhaltes. Soweit möglich, sollte deshalb auf die Verwendung von *Bewertungsskalen* (z. B. Schulnoten) oder Intensitätsskalen (z. B. sehr gering – sehr hoch) zurückgegriffen werden.

Vor obigem Hintergrund wird empfohlen, auf Bewertungs- oder Intensitätsskalen zurückzugreifen, was von Rossiter (2002, S. 323) auch als „better practice" bezeichnet wird. Bei diesen Skalen werden die interessierenden Sachverhalte *direkt* abgefragt (z. B. „Wie beurteilen Sie die Freundlichkeit der Mitarbeiter?" oder „Wie wahrscheinlich ist es, dass Sie das Hotel weiterempfehlen"). Allerdings ist hier zu beachten, dass diese Skalen in den Polen *Extrembedeutungen* enthalten („sehr gut/sehr schlecht"; „sehr wahrscheinlich/sehr

---

[8] Der Bezeichnung „Likert-Skala" begründet sich darin, dass Likert (1932) bei seinem „Verfahren der summierten Einschätzung" (Likert-Skalierung) eine Zustimmungsskala verwendet.

unwahrscheinlich"), wodurch die Verwendung sog. Itembatterien teilweise schwieriger ist und u. U. für jedes Item eine eigene Skala verwendet bzw. konstruiert werden muss.

6.3.2 Konstruktion von Ratingskalen

Die Einfachheit von Konstruktion, Anwendung und Auswertung von *Ratingskalen* hat dazu geführt, dass dieser Skalentyp in der empirischen Forschung eine sehr große Verbreitung gefunden hat. Bei der Analyse von SGM besteht weitgehend Konsens darüber, dass Messungen mit Hilfe von Ratingskalen bei sorgfältiger Konstruktion das von der SGA i. d. R. geforderte *metrische Skalenniveau* (mindestens Intervallskalenniveau) liefern. Dennoch ist hier darauf hinzuweisen, dass bei Abfragen über Ratingskalen grundsätzlich die große Gefahr besteht, dass die erhobenen Daten nur *Ordinalskalenniveau* aufweisen.[9] Der Grund hierfür ist darin zu sehen, dass die Abstufungen (Intervallbreite) zwischen den Zahlenwerten von den Befragten unterschiedlich wahrgenommen und damit *nicht als gleich groß* (*äquidistant*) unterstellt werden können. Der Nachweis, dass Ratingskalen Intervallskalenniveau erbringen ist letztendlich nur mit Hilfe der *axiomatischen Messtheorie* möglich. Bei der Messung hypothetischer Konstrukte besteht dabei jedoch das Problem, dass vielfach nicht nur axiomatische Messansätze fehlen und die Prüfung mit solchen Messansätzen zu aufwendig ist, sondern dass sich hypothetische Konstrukte der direkten Beobachtbarkeit entziehen. Aufgrund der fehlenden Beobachtbarkeit kann jedoch nicht geprüft werden, ob durch ein numerisches Relativ das empirische Relativ abbildbar ist (sog. *Repräsentationstheorem* der axiomatischen Messtheorie). Es kann damit nur hypothetisch *angenommen* werden, dass die Axiome eines Repräsentationstheorems erfüllt sind. Solche Messungen werden deshalb auch als als *Per-fiat-Messungen* („Messung durch Vertrauen") bezeichnet. Bei Per-fiat-Messungen wird auf die empirische Prüfung des erzielten Messniveaus verzichtet und lediglich *angenommen*, dass eine Messung auf Intervallskalenniveau erfolgen kann. Per-fiat-Messungen werden meist über die These begründet, dass durch die empirische Bestätigung einer Forschungshypothese auch die inhaltliche Skalierung als bestätigt angesehen werden kann. Darüber hinaus ist aber die sorgfältige Konstruktion einer Ratingskala von größter Bedeutsamkeit, um Äquidistanz zwischen den Skalenwerten möglichst gut zu gewährleisten. Besonders wichtig ist dabei die inhaltliche Beschreibung der verschiedenen Skalenwerte. Rohrmann (1978, S. 225 ff.) gibt einen Überblick über Graduierungsbegriffe, die zur verbalen Untermalung von verschiedenen Skalenabstufungen (z. B. „sehr gut", „gut", „mittel" oder „hoch") verwendet werden können.

Vor dem Hintergrund der Überlegungen in diesem Kapitel sei abschließend auf folgende Aspekte hingewiesen, die bei der *Formulierung der Messindikatoren* zu beachten sind:

---

[9] Diskussionen über das von Ratingskalen erbrachte Skalenniveau und die Konsequenzen bei der Durchführung von statistischen Analysen finden sich z. B. bei Baker et al. (1966, S. 291 ff.) oder Dolnicar und Grün (2007, S. 108 ff.).

- Die Item-Formulierung muss passend zum verwendeten Skalentyp erfolgen: Während bei Zustimmungsskalen die Items „Extremformulierungen" aufweisen müssen, sind bei Intensitäts- und Bewertungsskalen die Items so zu formulieren, dass sie auch eine Einstufung z. B. nach „sehr gering" bis „sehr hoch" erlauben.
- Innerhalb eines Sets an Items sollte ein Wechsel zwischen positiv (z. B. „hohe Zufriedenheit", „hohe Erwartungserfüllung") und negativ formulierten Items (z. B. „schlechte Wahl", „große Enttäuschung") vorgenommen werden. Damit können nicht nur unaufmerksame Probanden entdeckt, sondern auch inkonsistente Muster identifiziert werden. Auch zeigen sich bisweilen große Unterschiede bei der Beantwortung von positiv und negativ formulierten Items, so dass dieser Effekt bei gemischten Items in der Summe abgeschwächt wird (Arndt und Crane 1975; Rossiter 2002, S. 323). Allerdings sollte im Rahmen der Datenauswertung wieder eine Rekodierung der Daten derart erfolgen, dass hohe und niedrige Item-Beurteilungen die gleiche Richtung aufweisen. Ist dies nicht gewährleistet, so sind die Vorzeichen der Pfadkoeffizienten von negativ formulierten gegenüber positiven Items invertiert, d. h. sie weisen ein anderes Vorzeichen auf, was die inhaltliche Interpretation der Ergebnisse erschwert.[10]
- Items sind so zu formulieren, dass sie von den Befragten auch *beurteilbar* sind und zudem in deren subjektiver Wahrnehmung auch eine *Bedeutsamkeit* aufweisen (vgl. Weiber und Jacob 2000, S. 552). Zur Prüfung dieser Aspekte können in den Pretest zusätzlich Fragen nach der Wichtigkeit und der Beurteilbarkeit aufgenommen werden (z. B. „Wie wichtig ist die Qualifikation des Personals für die Gesamtbeurteilung eines Hotels?" und „Wie gut können Sie die Qualifikation des Personals einschätzen?"). Items, die sich im Rahmen des Pretests als unbedeutend oder nur schlecht beurteilbar erweisen, sind irrelevant und sollten bei der Hauptuntersuchung eliminiert werden.
- Items sollten Differenzierungen zwischen verschiedenen Befragten erlauben: So sollten etwa Items, die zur Erfassung der Gesamtzufriedenheit verwendet werden, auch Unterschiede zwischen Personen mit einer hohen und einer geringen Zufriedenheit reflektieren. Um die Trennschärfe der Indikatoren zu quantifizieren, kann u. a. auf die Spannweite und die Varianz der Angaben zurückgegriffen werden. Dabei sollten Items mit einer sehr geringen Varianz (oder Spannweite) ausgeschlossen werden, da scheinbar alle Personen die entsprechenden Objektbereiche als gleich bzw. sehr ähnlich einschätzen.
- Es sind die generell bei Befragungen anzulegenden Kriterien wie z. B. Verständlichkeit, Eindeutigkeit oder Beurteilbarkeit bei der Item-Formulierung zu beachten (Berekoven et al. 2004, S. 100 ff.; Fantapié Altobelli 2007, S. 62 ff.).

---

[10] Bisweilen ist festzustellen, dass negativ und positiv formulierte Items systematisch verzerrt beurteilt werden, dass z. B. Personen trotz sehr hoher Zufriedenheit bei positiv formulierten Items keine Extremeinschätzung wie etwa „sehr zufrieden" wählen, dies aber bei negativ formulierten Items sehr wohl tun. Werden zur Messung eines Konstruktes gemischte Items verwendet, so kann dieser systematische Effekt die Verlässlichkeit der Gesamtmessung beeinflussen, was aber über die Verwendung sog. *Methodenfaktoren* berücksichtigt werden kann. Einen aktuellen Überblick zu dieser Thematik liefern Temme et al. 2009, S. 123 ff.

Indikator	Statement	Skalenendpole (1) bis (6)
Beziehung	Wie stark ist Ihr Wunsch eine langfristige Beziehung zu dem Hotel aufzubauen?	sehr gering – sehr stark
Planung	Wie konkret haben Sie bereits geplant einen nächsten Urlaub in diesem Hotel zu verbringen?	gar nicht – sehr konkret
Längere_Besuche	Wie stark ist Ihre Neigung zukünftig auch längere Aufenthalte in diesem Hotel vorzunehmen?	sehr gering – sehr stark
Wiederwahl	Wie sicher werden Sie dieses Hotel bei einem nächsten Urlaub in der Region wieder aufsuchen?	gar nicht – sehr sicher
Belegung	Wie stark werden Sie sich bei der Planung Ihres Urlaubs an den Belegungszeiten im Hotel orientieren?	sehr gering – sehr stark
Gemeinschaft	Wie stark werden Sie versuchen auch Freunde und Bekannte für einen gemeinsamen Urlaub in diesem Hotel zu überzeugen?	sehr gering – sehr stark
Fehlen	Wie stark fehlt Ihnen etwas, wenn Sie bei einem Urlaub in der Region nicht in diesem Hotel gewohnt haben?	sehr gering – sehr stark
Verpflichtung	Wie stark fühlen Sie sich dem Hotel gegenüber verpflichtet?	sehr gering – sehr stark

Abb. 6.4 Indikatoren und Statements zur reflektiven Messung des Konstruktes „Kundenbindung" im Fallbeispiel

Die formulierten Items sollten vor der eigentlichen Hauptuntersuchung einem Pretest mit einer kleineren Befragtengruppe unterzogen werden. Auf Basis der Pretest-Ergebnisse sollten dann ggf. Anpassungen bzw. Verfeinerungen der Items erfolgen und ungeeignete Items eliminiert werden. Im Rahmen des Pretests sind auch die Güte bzw. Eignung der Messmodelle insgesamt einer ersten Prüfung zu unterziehen. Mit der Hauptuntersuchung sollte erst begonnen werden, wenn geeignete Messinstrumente vorliegen. Ansonsten besteht die Gefahr, keine brauchbaren Daten erhoben zu haben, was nach dem Prinzip des „Garbage in – Garbage out" auch mit noch so elaborierten Analyseverfahren zu keinen sinnvollen Ergebnissen führt bzw. zulässige Interpretationen verhindert.

Entscheidungen im Fallbeispiel: Entsprechend der in Kap. 6.2 aufgezeigten Überlegungen hat der Hotelbesitzer für jedes der vier hypothetischen Konstrukte ein Set an *reflektiven* Items formuliert, wobei *sechsstufige Intensitätsskalen* verwendet werden. Für das Konstrukt „Kundenbindung" wurden die in Abb. 6.4 aufgeführten acht Indikatoren abgeleitet, die in Kap. 7 auch einer Validitäts- sowie Reliabilitätsprüfung unterzogen werden. Den reflektiven Charakter der Messvariablen möge der Leser mit Hilfe der in Abb. 3.15 aufgeführten Prüffragen selbst kontrollieren. Das Indikatoren-Set der übrigen Konstrukte, das zur Hauptuntersuchung herangezogen wurde, ist in Kap. 4.3 abgebildet.

6.4 Zusammenfassende Empfehlungen

Die Operationalisierung latenter Konstrukte hat mit größter Sorgfalt zu erfolgen, da die hier getroffenen Festlegungen einen maßgeblichen Einfluss auf die erzielbaren Ergebnisse besitzen. Analog des Prinzips „Garbage in – Garbage out" können Fehler bzw. Ungenauigkeiten, die in dieser Phase auftreten, auch mit einer noch so gründlichen Datenanalyse nicht ausgeglichen werden. In der Konsequenz resultieren dann zweifelhafte Ergebnisse, von deren inhaltlicher Interpretation abzuraten ist. Die zentralen Ablaufschritte der Konstrukt-Operationalisierung sind in Abb. 6.5 nochmals zusammenfassend dargestellt.

Im Rahmen der drei „Kernschritte" der Konstrukt-Operationalisierung seien nochmals folgende Punkte besonders herausgestellt:

1. Bei der *Generierung und Grobklasifikation potenzieller Messindikatoren* ist zunächst ein möglichst breites Set an potenziellen Indikatoren für die entsprechenden Konstrukte zu erzeugen. Dabei sollten möglichst unterschiedliche „Blickwinkel" berücksichtigt werden (z. B. von Experten, Branchenkennern, Wissenschaftlern und Personen der Zielgruppe). Diese sind anschließend einer Grobklassifikation zu unterziehen, um Redundanzen zu beseitigen. Hingewiesen sei hier auch auf den Rückgriff auf z. B. Skalenhandbücher, um einer Konstruktüberflutung und damit der unzureichenden Vergleichbarkeit von Studien vorzubeugen.
2. In Abhängigkeit der Entscheidung für reflektive oder formative Indikatoren hat die Item-Formulierung zu erfolgen. Bei reflektiven Indikatoren sollten idealerweise mehrere (üblicherweise 3–6) Items verwendet werden, die das Konstrukt in adäquater Weise widerspiegeln. Handelt es sich bei den Konstrukten jedoch um konkrete oder sehr komplexe Konstrukte, deren gesamte Facetten nicht anhand von einer angemessenen Zahl an Indikatoren erfasst werden können, so erscheint die Verwendung von Globalindikatoren im Rahmen einer Single-Item-Messung sinnvoll.
3. Bei SGM wird die Verwendung von *sechsstufigen Intensitätsskalen* empfohlen, bei denen die betreffenden Sachverhalte direkt beurteilt werden. Dabei sollten nicht alle Items nur positiv formuliert sein, sondern auch negativ formulierte Items je Konstrukt herangezogen werden. Die Bereitstellung einer Ausweichoption („weiß nicht") ist vor dem Hintergrund der konkreten Untersuchung zu treffen. In der Konsequenz aber sollten Indikatoren resultieren, die für die Befragten als relevant für den Untersuchungsgegenstand wahrgenommen werden und Unterscheidungen zwischen diesen erlauben.

Operationalisierung latenter Konstrukte		
	Ablaufschritte	Inhaltsbereich
1	Beobachtungsgrößen	Ableitung eines Sets an (potenziellen) Indikatoren auf möglichst breiter Ebene
1.1	Anwendung interaktiver Formen der qualitativen Marktforschung: • Unstrukturierte (Tiefen)-Interviews, Fokusgruppen • Berücksichtigung von Experten, Brancheninsidern, Personen der Zielgruppe usw.	
1.2	Anwendung statischer Formen sowie Literatursichtung und Dokumentenanalyse	
1.3	Grobklassifikation	• Itembereinigung und Konsolidierung • Spezifikation der (vermuteten) Wirkrichtung • Zuweisung der Items zu den Konstrukten
2	Festlegung der Messkonzeption	Wahl zwischen formativer und reflektiver Konzeption und Anzahl an Indikatoren
2.1	Grundsätzlich besteht die Wahl zwischen zwei Messkonzepten: • formativ (Kapitel 12) • reflektiv (Kapitel 6.2.2)	
2.2	Anzahl und Art der (reflektiven) Items: • Multiple Items (3 bis 6) sollten immer dann verwendet werden, wenn die Konstrukte mit einer hohen Präzision gemessen werden sollen, die Konstrukte moderat komplex sind • Single-Item-Messungen sind zweckmäßig, wenn sinnvolle Globalitems existieren und die Konstrukte entweder konkret bzw. sehr komplex sind und nicht als solche im Untersuchungsfokus stehen	
3	Konstruktion der Messvorschrift	Betrifft die konkrete Ausgestaltung des Messinstruments
3.1	Items sollten so formuliert sein, dass: • Sie für die Befragten verständlich, eindeutig und beurteilbar sind • auch ein Wechsel zwischen positiv und negativ formulierten Items erfolgt	
3.2	Art der Frage: • Grundsätzlich besteht die Wahl zwischen der Verwendung von Zustimmungs- oder Intensitätsfragen • Wie empfehlen die Verwendung von Intensitätsskalen, da sie eindeutige Ergebnisse gewährleisten und kognitiv geringere Ansprüche an die Auskunftspersonen stellen	
3.3	Skalierung der Items: • Die Zahl an Abstufungen sollte im Bereich von 4-7 liegen • Es sollte auf bewährte Graduierungsbegriffe zurückgegriffen werden	

Abb. 6.5 Ablaufschritte zur Operationalisierung latenter Konstrukte

Literatur

Arndt, J., & Crane, E. (1975). Response bias, yea-saying, and the double negative. *Journal of Marketing Research, 12*, 218–220.

Baker, B. O., Hardyck, C. D., & Petrinovich, L. E. (1966). Weak measurement vs. strong statistics: An empirical critique of S. S. Stevens proscriptions of statistics. *Educational and Psychological Measurement, 26*, 291–309.

Bearden, W. O., & Netemeyer, R. G. (1998). *Handbook of marketing scales: Multi-item measures for marketing and consumer behavior research* (2. Aufl.). Newbury Park: Sage.

Berekoven, L., Eckert, W., & Ellenrieder, P. (2004). *Marktforschung: Methodische Grundlagen und praktische Anwendung* (11. Aufl.). Wiesbaden: Gabler.

Bergkvist, L., & Rossiter, J. R. (2007). The predictive validity of multiple-item versus single-item measures of the same constructs. *Journal of Marketing Research, 44,* 175–184.

Blalock, H. M. (1982). *Conceptualisation and measurement in the social science.* Beverly Hills: Sage.

Bollen, K. A. (1989). *Structural equations with latent variables.* New York: Wiley-Interscience.

Borg, I., & Staufenbiel, T. (2007). *Theorien und Methoden der Skalierung* (4. Aufl.). Bern: Huber.

Bruner, G. C., Hensel, P. J., & James, K. E. (2005). *Marketing scales handbook.*

Carnap, R. (1966). *Philosophical foundations of physics: An introduction to the philosophy of science.* New York: Basic Books.

Churchill, G. A. (1979). A paradigm for developing better measures of marketing Constructs. *Journal of Marketing Research, 16,* 64–73.

Diekmann, A. (2005). *Empirische Sozialforschung: Grundlagen, Methoden, Anwendungen* (14. Aufl.). Reinbek: Rowohlt.

Diller, H. (2006). Probleme der Handhabung von Strukturgleichungsmodellen in der betriebswirtschaftlichen Forschung. *Die Betriebswirtschaft, 66*(6), 611–617.

Dolnicar, S., & Grün, B. (2007). How constrained a response: A comparison of binary, ordinal and metric answer formats. *Journal of Retailing and Consumer Services, 14,* 108–122.

Drolet, A. L., & Morrison, D. G. (2001). A practitioner's comment on Aimee L. Drolet and Donald G. Morrison's „Do we really need multiple-item measures in service research?". *Journal of Service Research, 3,* 196–204.

Fantapié Altobelli, C. (2007). *Marktforschung: Methoden – Anwendungen – Praxisbeispiele.* Stuttgart: Lucius + Lucius.

Fuchs, C., & Diamantopoulos, A. (2009). Using single-item measures for construct measurement. *Die Betriebswirtschaft, 69*(2), 195–210.

Gerbing, D. W., & Anderson, J. C. (1988). An updated paradigm for scale development incorporating unidimensionality and its assessment. *Journal of Marketing Research, 25,* 186–192.

GESIS – Leibniz-Institut für Sozialwissenschaften (Hrsg.) (2008). Zusammenstellung sozialwissenschaftlicher Items und Skalen (ZIS), Version 12.0, Bonn. http://www.gesis.org/dienstleistungen/methoden/spezielle-dienste/zis-ehes/. Zugegriffen: 25. Sept. 2013.

Green, P. E., & Rao, V. R. (1970). Rating scales and information recovery – How many scales and response categories to use? *Journal of Marketing, 34,* 33–39.

Guttman, L. (1950). The basis for scalogram-analysis. In S. A. Stouffer et al. (Hrsg.), *Measurement and Prediction* (S. 60–90). Princeton: Princeton University Press.

Jacoby, J. (1978). Consumer research: A state of the art review. *Journal of Marketing, 42,* 87–96.

Jarvis, C. B., MacKenzie, S. B., & Podsakoff, P. M. (2003). A critical review of construct indicators and measurement model misspecification in marketing and consumer research. *Journal of Consumer Research, 30,* 199–218.

Kepper, G. (2008). Methoden der qualitativen Marktforschung. In A. Herrmann, C. Homburg, & M. Klarmann (Hrsg.), *Handbuch Marktforschung* (3. Aufl., S. 175–212). Wiesbaden: Gabler.

Likert, R. (1932). A Technique for the Measurement of Attitudes. *Archives of Psychology, 140,* 1–55.

Miller, G. A. (1956). The magical number seven, plus or minus two: Some limits on our capacity for processing information. *Psychological Review, 63,* 81–97.

Nagy, M. S. (2002). Using a single-item approach to measure facet job satisfaction. *Journal of Occupational and Organizational Psychology, 75,* 77–86.

Nunnally, J. C. (1967). *Psychometric theory.* New York: McGraw-Hill.

Peter, J. P. (1979). Reliability: A review of psychometric basics and recent marketing practices. *Journal of Marketing Research, 26,* 6–17.

Podsakoff, P. M., MacKenzie, S. B., Podsakoff, N. P., & Lee, J.-Y. (2003). Common Method Bias in Behavioral Research. *Journal of Applied Psychology, 88,* 879–903.

Rohrmann, B. (1978). Empirische Studien zur Entwicklung von Antwortskalen für die sozialwissenschaftliche Forschung. *Zeitschrift für Sozialpsychologie, 9*(3), 222–245.

Rossiter, J. R. (2002). The C-OAR-SE procedure for scale development in marketing. *International Journal of Research in Marketing, 19,* 305–335.

Rossiter, J. R., & Percey, L. (1987). *Advertising and promotion management.* New York: McGraw-Hill.

Rost, J. (2004). *Lehrbuch Testtheorie – Testkonstruktionen* (2. Aufl.). Bern: Huber.

Sarstedt, M., & Wilczynski, P. (2009). More for less? A comparison of single-Item and multi-item measures. *Die Betriebswirtschaft, 69*(2), 211–227.

Schnell, R., Hill, P., & Esser, E. (2011). *Methoden der empirischen Sozialforschung* (9. Aufl.). München: Oldenbourg Verlag.

Shamir, B., & Kark, R. (2004). A single-item graphic scale for the measurement of organizational identification. *Journal of Occupational and Organizational Psychology, 77,* 115–124.

Spector, P. E. (1992). *Summated rating scale construction.* Newbury Park: Sage.

Swain, S. D., Weathers, D., & Niedrich, R. W. (2008). Assessing three sources of misresponse to reversed likert items. *Journal of Marketing Research, 45,* 116–131.

Temme, D., Paulssen, M., & Hildebrandt, L. (2009). Common Method Variance. *Die Betriebswirtschaft, 69*(2), 123–146.

Trommsdorff, V. (1975). *Die Messung von Produktimages für das Marketing: Grundlagen und Operationalisierung.* Köln: Heymann Verlag.

Weiber, R., & Jacob, F. (2000). Kundenbezogene Informationsgewinnung. In M. Kleinaltenkamp & W. Plinke, *Technischer Vertrieb: Grundlagen des Business-to-Business Marketing* (2. Aufl., S. 523–611). Berlin: Springer.

ZUMA-Handbuch sozialwissenschaftlicher Skalen. (1983). 3 Bände, Bonn mit ständigen Aktualisierungen durch Loseblattsammlung: Informationszentrum Sozialwissenschaften.

Güteprüfung reflektiver Messmodelle

7

Inhaltsverzeichnis

R. Weiber, D. Mühlhaus, *Strukturgleichungsmodellierung*, Springer-Lehrbuch,
DOI 10.1007/978-3-642-35012-2_7, © Springer-Verlag Berlin Heidelberg 2014

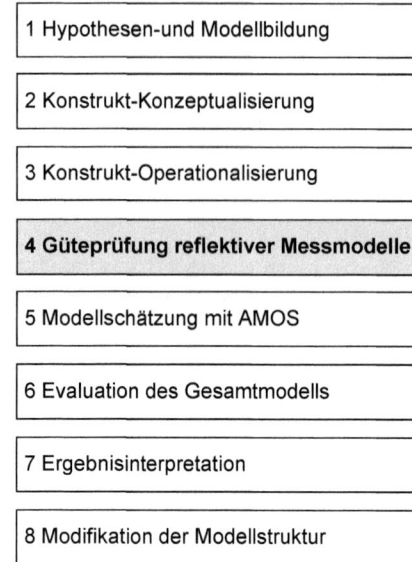

Originäres Ziel der SGA ist die empirische Prüfung der durch das Strukturmodell abgebildeten theoretisch vermuteten Zusammenhänge. Im Rahmen der Kausalanalyse beinhaltet das Strukturmodell die Beziehungsstruktur zwischen hypothetischen Konstrukten, d. h. zwischen nicht beobachtbaren Größen. Die Güte der Parameterschätzungen des Strukturmodells wird damit wesentlich durch die Güte der Messmodelle bestimmt, da entsprechend dem Prinzip „Garbage in – Garbage out" fehlerhaft gemessene Konstrukte auch zu Fehlern in den Schätzungen der Konstruktbeziehungen führen. Der *Güteprüfung der Messmodelle* ist damit bei der Kausalanalyse eine herausragende Bedeutung beizumessen. Im Folgenden werden deshalb die gängigsten Kriterien erläutert, mit deren Hilfe die Prüfung von Reliabilität und Validität auf Indikatoren- und Konstruktebene vorgenommen werden kann.

▶   **Empfehlung** Alle Reliabilitäts- und Validitätsprüfungen sollten zunächst mit den Daten des Pretests vorgenommen werden, um weitgehend sicherzustellen, dass in der Hauptuntersuchung möglichst verlässliche Messmodelle zur Anwendung kommen. Nach Durchführung der Hauptuntersuchung müssen dann alle Güteprüfungen nochmals mit den Daten der Hauptuntersuchung durchgeführt werden, da erst mit diesen Daten die empirische Prüfung des Strukturmodells erfolgt.

Während die *Reliabilität* die Zuverlässigkeit bzw. Genauigkeit eines Messinstrumentes widerspiegelt, bezeichnet die *Validität* das Ausmaß, mit dem ein Messinstrument auch das misst, was es messen sollte. Validität betrifft damit die *Gültigkeit* bzw. konzeptionelle Richtigkeit eines Messinstrumentes. Mit Churchill (1979, S. 65 f.) lässt sich der Zusammenhang zwischen Reliabilität und Validität anhand der *Grundgleichung für reflektive Messmodelle* (Formel (7.1)) wie folgt verdeutlichen: Jede Messung hat zum Ziel, den „wahren Wert" (X_T: true value) eines Sachverhaltes zu erheben. Da empirische Messungen (X_O: observed value) aber Fehlern (X_S und X_R) unterliegen, spiegelt sich der wahre Wert im gemessenen Wert immer nur unvollständig wider, und es gilt:

$$X_O = X_T + X_S + X_R \qquad (7.1)$$

Die Fehlerquellen liegen dabei in systematischen Fehlern und zufälligen Fehlern. *Systematische Fehler* (X_S: systematic error) entstehen aus nicht zufälligen Einflüssen und verzerren z. B. in Form von generellen Zustimmungstendenzen, Haloeffekten oder sozial erwünschtem Antwortverhalten die Messergebnisse. Allerdings kann unterstellt werden, dass sie bei allen Messungen in gleicher Höhe auftreten und durch eine entsprechende Sorgfalt bei der Messung auch reduziert bzw. sogar ganz vermieden werden können. Demgegenüber sind *Zufallsfehler* (X_R: random error) zwar nicht beeinflussbar, dafür aber statistisch abschätzbar. Sie treten bei jeder Messung in unterschiedlicher Stärke ohne erkennbare Systematik auf (z. B. situative Einflüsse, personbezogene Merkmale oder Konzentrationsschwankungen). Eine vollkommen valide Messung liegt dann vor, wenn *beide Fehlerarten gleich Null* sind, während eine Messung als vollkommen reliabel bezeichnet wird, wenn *kein Zufallsfehler* auftritt.

Es wird deutlich, dass ein valides Messinstrument immer auch reliabel ist, während eine reliable Messung nicht zwingend auch valide sein muss. Im Folgenden erfolgt eine Konzentration auf die Reliabilitäts- und Validitätsprüfung *reflektiver Messmodelle*, und es wird eine Unterscheidung zwischen der Prüfung auf Indikatoren- und der Prüfung auf Konstruktebene vorgenommen.[1]

Abbildung 7.1 gibt einen Überblick der Gütekriterien, die im Folgenden besprochen werden, wobei in Klammern die jeweiligen Kapitel ausgewiesen sind. Mit Fornell (1982) werden die Gütekriterien zur Validitäts- und Reliabilitätsprüfung in der Literatur auch nach Gütekriterien der ersten und der zweiten Generation differenziert: Die Gütekriterien der *ersten Generation* wurden vor allem in der psychometrischen Forschung entwickelt und basieren im Wesentlichen auf Korrelationsbetrachtungen zur Reliabilitätsprüfung.[2] Eine wesentliche Voraussetzung zur Anwendung dieser Kriterien ist die Eindimensionalität der betrachteten Konstrukte, was durch die explorative Faktorenanalyse überprüft werden kann. Das große Defizit der Kriterien der ersten Generation ist darin zu sehen, dass sie keine Schätzung der Messfehler erlauben und Modellparameter nicht inferenzstatistisch überprüft werden können.

---

[1] Aufgrund der grundsätzlich verschiedenartigen Operationalisierung formativer Messmodelle (vgl. Kap. 12.1 und 12.2), lassen sich die Gütekriterien zur Prüfung reflektiver Messmodelle *nicht* unmittelbar auf formative Messmodelle übertragen. Zur Güteprüfung formativer Messmodelle vgl. Kap. 12.2.2.

[2] z. B. Cronbach 1947; Cronbach und Meehl 1955; Campbell 1960 oder Campbell und Fiske 1959.

Kriterien der ersten Generation (Korrelationsanalyse und EFA)	
Reliabilitätsprüfung	Validitätsprüfung
Prüfung auf Eindimensionalität (7.1.1): Isolierte EFA für jeweils nur ein Konstrukt	
Indikatorebene (7.1.2): • Item-to-Total-Correlation • Cronbachs Alpha (ohne Item)	gemeinsame explorative Faktorenanalyse (EFA) für alle Konstrukte (7.2.1) Inhalts- und Expertenvalidität (7.3.1)
Konstruktebene (7.1.2): • Cronbachs Alpha • Beta-Koeffizient • Inter-Item-Korrelation	
Kriterien der zweiten Generation (unter Anwendung der KFA)	
Reliabilitätsprüfung	Validitätsprüfung
Indikatorebene (7.2.2.3): • Indikatorreliabilität	Kriteriumsvalidität (7.3.2): • Übereinstimmungsvalidität • Prognosevalidität
Konstruktebene (7.2.2.3): • Faktorreliabilität • Durchschnittlich extrahierte Varianz	Konstruktvalidität (7.3.3): • Konvergenzvalidität (= Faktorreliabilität) • Diskriminanzvalidität (Chi²-Differenztest; Fornell-Larcker Kriterium)
Gütekriterien der konfirmatorischen Faktorenanalyse (KFA) zur Beurteilung des „Gesamtmodells" dienen der gemeinsamen Abschätzung von Validität und Reliabilität *(9.1.2)*	

Abb. 7.1 Gütekriterien zur Prüfung reflektiver Messmodelle

Demgegenüber basieren die Gütekriterien der *zweiten Generation* auf der Anwendung der *konfirmatorischen Faktorenanalyse* und erlauben auch eine Validitätsprüfung. Durch die konfirmatorische Faktorenanalyse können weiterhin Messfehler berücksichtigt und statistische Tests durchgeführt werden.

Güteprüfung reflektiver Messmodelle
Reflektive Messmodelle sollten zunächst mit Hilfe der Gütekriterien der ersten Generation im Rahmen eines Pretests auf Verlässlichkeit geprüft und ggf. bereinigt werden. Mit Hilfe der *konfirmatorischen Faktorenanalyse* sollten dann unter Verwendung der Gütekriterien der zweiten Generation die endgültigen Messmodelle auch auf Basis der Daten der Hauptuntersuchung festgelegt werden.

Im Folgenden werden im ersten Schritt die Kriterien zur Reliabilitätsprüfung auf Indikatoren- und Konstruktebene betrachtet, wobei die Gütekriterien zunächst allgemein und dann jeweils bezogen auf das Fallbeispiel anwendend erläutert werden (vgl. Kap. 7.1). Im zweiten Schritt erfolgt dann die Validitätsprüfung der Konstrukte unter Rückgriff auf die *konfirmatorische Faktorenanalyse* (vgl. Kap. 7.2). Abschließend wird der *Gesamtprozess* der Güteprüfung reflektiver Messmodelle nochmals in einem Ablaufschema zusammenfassend verdeutlicht (vgl. Kap. 7.4).

7.1   Reliabilitätsprüfung reflektiver Indikatoren mit Hilfe der Gütekriterien der ersten Generation

Im Rahmen der Operationalisierung reflektiver Messmodelle sollten im ersten Schritt mit Hilfe des *Konzepts multipler Items* möglichst viele Messindikatoren abgeleitet werden, die dann in einem Pretest zunächst einer Reliabilitätsprüfung zu unterziehen sind. Ziel dieses *ersten Prüfschrittes* ist es, solche Indikatoren zu eliminieren, die zur Messung eines reflektiven Konstruktes wenig geeignet sind und deren Messung als „nicht reliabel" anzusehen ist. Die Annahme, dass reflektive Messindikatoren unterschiedliche Folgen oder Konsequenzen *eines* Konstruktes darstellen und von diesem verursacht werden impliziert, dass die betrachteten Konstrukte *eindimensional* sind. Diese Annahme kann dann als bestätigt angesehen werden, wenn einerseits die Messindikatoren eines Konstruktes hohe Korrelationen aufweisen und andererseits diese Korrelationen auf das hypothetische Konstrukt als verursachende Größe zurückgeführt werden können. Die Prüfung der Eindimensionalität eines Konstruktes stellt deshalb eine Voraussetzung für die Reliabilitätsprüfung reflektiver Indikatoren dar (Gerbing und Anderson 1988, S. 186 f.) und erfolgt unter Anwendung der explorativen Faktorenanalyse.

Im Folgenden wird für das Fallbeispiel zunächst die Vorgehensweise zur Prüfung der Eindimensionalität der Itemstruktur am Beispiel der abgeleiteten acht Messindikatoren für das Konstrukt „Kundenbindung" (vgl. Abb. 6.4) mit Hilfe der explorativen Faktorenanalyse aufgezeigt. Anschießend wird für das als eindimensional anzunehmende Indikatorenset die Reliabilitätsprüfung durchgeführt.

7.1.1   Prüfung der Eindimensionalität der Itemstruktur mit Hilfe der explorativen Faktorenanalyse (EFA)

Die Prüfung der Eindimensionalität eines Indikatorensets im Rahmen des *Pretests* erfolgt durch Anwendung der *explorativen Faktorenanalyse* (EFA).[3] Mit Hilfe der EFA

---

[3] Dabei ist die Verwendung der explorativen Faktorenanalyse jedoch mit Vorsicht zu genießen, da sie insbesondere in frühen Stadien einer Untersuchung, wenn also viele nicht geeignete Indikatoren enthalten sind, dazu tendiert, eine zu große Anzahl an Dimensionen zu entdecken (Campbell 1976, S. 194). Eine anwendungsorientierte Einführung zur explorativen Faktorenanalyse findet sich bei Backhaus et al. 2011, S. 329 ff.

soll herausgefunden werden, ob aufgrund der Pretestdaten und der sich daraus erge-
benden Korrelationsstruktur der Messindikatoren Faktoren extrahiert werden, die den
Zuordnungen der Messindikatoren zu den hypothetischen Konstrukten im Rahmen der
Operationalisierung entsprechen. Werden die Zuordnungen bestätigt, so wird die inhaltliche Interpretation der Faktoren entsprechend den Konstruktbedeutungen als zulässig
und die Faktoren als die „verursachenden Größen" der Messindikator-Korrelationen als
bestätigt angesehen. Diese Vorgehensweise ist damit aber nur „quasi" explorativ, da der
Anwender die Ergebnisse der EFA dazu verwendet, um solche Messindikatoren zu eliminieren, die nicht entsprechend seiner vermuteten Zuordnungen mit einem Faktor
korrelieren, d. h. auf diesen „laden".

Die Prüfung mit Hilfe der EFA kann entweder für jedes Indikatorenset eines Konstruktes separat oder aber mit mehreren bzw. allen Indikatorensets der betrachteten Konstrukte
gleichzeitig durchgeführt werden. Während die Durchführung separater EFA explizit darauf abzielt, eine Ein-Faktorenstruktur, also Eindimensionalität, zu bestätigen, wird bei
simultaner Betrachtung eine Bestätigung der theoretisch abgeleiteten Beziehung der Indikatoren zu den ihnen zugewiesenen Konstrukten geprüft (Homburg und Giering 1996,
S. 12 f.). Im letzten Fall sollten dann diejenigen Indikatoren hohe Ladungen bei denjenigen Konstrukten aufweisen, denen sie auf der konzeptionellen Ebene auch zugeordnet
wurden.[4] Bei der Durchführung einer EFA zur Prüfung der Eindimensionalität eines
Indikatorensets sollten folgende methodische Optionen Berücksichtigung finden:

• Eignungsprüfung der Messindikatoren für eine EFA:
  Die Anwendung einer Faktorenanalyse ist nur sinnvoll, wenn zwischen den Ausgangsvariablen hinreichend hohe Korrelationen bestehen. Diese Annahme deckt sich mit
  der Annahme des Konzepts multipler Items, dass zwischen reflektiven Messindikatoren hohe Korrelation bestehen. Diese Annahme kann im Rahmen der EFA durch eine
  Reihe von Kriterien überprüft werden (Backhaus et al. 2011, S. 339 f.). Als wichtige
  Prüfgrößen auf Variablenebene sind das Measure of Sampling Adequacy (MSA) und
  die Kommunalitäten zu nennen: Die variablenspezifischen MSA-Werte werden von
  SPSS in der Anti-Image-Korrelationsmatrix ausgewiesen und geben an, in welchem
  Umfang eine Variable mit den übrigen Variablen als „zusammengehörend" anzusehen
  ist. Demgegenüber gibt die Kommunalität einer Variablen Auskunft darüber, wie viel
  Prozent der Variablenstreuung durch die extrahierten Faktoren erklärt werden kann.
  MSA-Werte und Kommunalitäten liegen im Intervall [0;1]. Variablen mit Werten kleiner 0,5 sollten aus der EFA ausgeschlossen werden, da sie nur wenig Gemeinsamkeit
  mit den übrigen Variablen aufweisen bzw. ein nur geringer Anteil der Varianz dieser
  Variablen durch die Faktoren erklärt werden kann. Für die Variablenmenge insgesamt
  geben das Kaiser-Meyer-Olkin-Kriteriums (KMO) und der Bartlett-Test Auskunft über

---

[4] Für unser Fallbeispiel verzichten wir im Rahmen des Pretests auf die simultane Prüfung der
Messmodelle aller Konstrukte und nehmen diese nur für die Daten der Hauptuntersuchung vor.
Vgl. hierzu Kap. 7.2.1.

die Zusammengehörigkeit der Variablen. Das KMO-Kriterium bestimmt sich durch Aggregation aus den MSA-Werten und sollte deshalb ebenfalls nicht kleiner als 0,6 sein (Kaiser und Rice 1974, S. 111 ff.). Der Barlett-Test prüft die Nullhypothese, dass die Variablen aus einer unkorrelierten Grundgesamtheit entstammen und sollte abgelehnt werden (Dziuban und Shirkey 1974, S. 358 ff.).

- Extraktionsmethode:
  Es wird unterstellt, dass die Messung der Indikatoren nicht frei von Messfehlern ist und damit theoretisch nicht die ganze Varianz der Ausgangsvariablen erklärt werden kann. Weiterhin gilt die Vermutung, dass die Korrelationen der Messindikatoren durch die extrahierten Faktoren *verursacht* werden. Entsprechend sollte zur Faktorenextraktion auf die Methode der Hauptachsenanalyse (HAA) zurückgegriffen werden. Die HAA nimmt eine explizite Differenzierung der Indikatorenvarianzen nach einem von den extrahierten Faktoren erklärten Varianzanteil (Kommunalität) und der variablenspezifischen Einzelrestvarianz vor.

- Bestimmung der Dimensionalität der Faktorenstruktur:
  Zur Bestimmung der Anzahl der zu extrahierenden Faktoren sollte auf das weit verbreitete Kaiser-Kriterium zurückgegriffen werden.[5] Hiernach ist diejenige Zahl an Faktoren zu wählen, deren Eigenwerte größer als 1 ist (Kaiser 1974, S. 31 ff.). Das bedeutet, dass nur diejenigen Faktoren einen „nennenswerten" Erklärungsgehalt aufweisen, die mehr Varianz erklären können als eine einzelne standardisierte Indikatorvariable selbst, die (nach Standardisierung) eine Varianz von 1 besitzt.

- Rotation der Faktorenstruktur:
  Zur Rotation der Faktorenstruktur sollte die *schiefwinklige Rotation* „Promax" gewählt werden, da ein Indikatorenset inhaltlich demselben Konstrukt zugeordnet ist und damit auch eine gewisse Korrelation zwischen den Faktoren zu vermuten ist, wenn die EFA mehr als einen Faktor extrahiert.[6] Demgegenüber unterstellt die oftmals bei Anwendung der EFA verwendete rechtwinklige Rotation (z. B. Varimax oder Quartimax), dass die extrahierten Faktoren bzw. die anhand der Faktorlösung ermittelten Vektoren der Faktorwerte unabhängig (also orthogonal und somit unkorreliert) voneinander sind.

Entscheidungen im Fallbeispiel: Bezogen auf das Fallbeispiel wird im Folgenden nur für das Konstrukt „Kundenbindung" und das zugehörige Indikatorenset (vgl. Abb. 6.4) exemplarisch der erste Prüfschritt mit Hilfe eines bei 40 Personen durchgeführten Pretests aufgezeigt. Für die übrigen Konstrukte sei auf die Darstellung der EFA verzichtet. Zur

---

[5] Obwohl das Kaiser-Kriterium inhaltlich durchaus plausibel ist, wird kritisiert, dass es tendenziell zu viele Faktoren extrahiert. Eine Übersicht über alternative Ansätze zur Bestimmung einer geeigneten Faktorenzahl finden sich bei Patil et al. (2008); Weiber (1984), S. 37 ff.

[6] Promax stellt eine der am häufigsten verwendeten nicht-orthogonalen Rotationsvarianten dar (Jennrich 2004, S. 16). Der in SPSS voreingestellte Wert für „Kappa" liegt bei 4 und ist für die meisten Anwendungsfelder gut geeignet. Für einen breiten Überblick der verschiedenen Rotationsvarianten vgl. Mulaik 1972, S. 272 ff.

KMO- und Bartlett-Test

Maß der Stichprobeneignung nach Kaiser-Meyer-Olkin		0,832
Bartlett-Test auf Sphärizität	Ungefähres Chi-Quadrat	253,928
	df	28
	Signifikanz nach Bartlett	0,000

Mustermatrix, MSA und Kommunalitäten

	MSA	Kommunalität	Faktor 1	Faktor 2
Beziehung	0,889	0,673	0,631	**0,783**
Planung	0,883	0,539	0,528	**0,714**
Längere_Besuche	0,822	0,838	0,563	**0,912**
Wiederwahl	0,813	0,782	0,532	**0,882**
Belegung	0,778	0,517	0,083	**0,645**
Gemeinschaft	0,786	0,905	**0,949**	0,451
Fehlen	0,757	0,844	**0,911**	0,390
Verpflichtung	0,904	0,835	**0,902**	0,611
Eigenwerte der Faktoren (vor Rotation):			4,602	1,330
Summe der quadrierten Ladungen (nach Rotation):			3,827	3,876
Erklärter Varianzanteil der 2-Faktoren (nach Rotation):			74,153%	

Extraktionsmethode: Hauptachsen-Faktorenanalyse
Rotationsmethode: Promax mit Kaiser-Normalisierung

Korrelationsmatrix für Faktor

Faktor	1	2
1	1	0,541
2	0,541	1

Abb. 7.2 Ergebnisse der EFA für das Konstrukt „Kundenbindung"

Prüfung der Eindimensionalität des für das Konstrukt „Kundenbindung" abgeleiteten Indikatorensets wird den o. g. Empfehlungen zur Einstellung der Methodenoptionen gefolgt und eine EFA durchgeführt, die in SPSS unter der Menüfolge *„Analysieren → Dimensionsreduzierung → Faktorenanalyse"* verfügbar ist.[7] Die Ergebnisse dieser Faktorenanalyse für unser Fallbeispiel sind in Abb. 7.2 zusammenfassend dargestellt:

Das KMO-Kriterium von 0,832, die Ablehnung des Bartlett-Tests sowie die variablenspezifischen MSA-Werte weisen durchgängig auf hinreichende Korrelationen der reflektiven Messindikatoren hin und stützen somit die Annahme des Konzeptes multipler Items. Auch die Kommunalitäten sind mit Werten > 0,5 als hinreichend anzusehen. Ein Variablen-ausschluss ist damit im Vorfeld nicht erforderlich. Allerdings erbringt die EFA nach dem Kaiser-Kriterium eine Zwei-Faktorlösung mit Eigenwerten von 4,602 und 1,330. Obwohl die Korrelation zwischen den Faktoren mit 0,541 als relativ hoch angesehen wer-

[7] SPSS-Syntax und Daten zur EFA findet der Leser auf der Internetplattform zum Buch.

den kann, ist durch die acht Indikatoren *keine* eindimensionale Messung des Konstruktes „Kundenbindung" gegeben.

Werden die beiden Faktoren entsprechend der hohen Faktorladungen (vgl. fett eingetragene Werte) interpretiert, so kann der erste Faktor als *„emotionale Bindungsaspekte"* und der zweite Faktor als *„Planungsaspekte der Bindung"* interpretiert werden.[8] Es liegt nun in der Entscheidung des Anwenders, ob er im Folgenden beide Konstruktdimensionen verwendet oder aber nur auf eine der beiden Dimensionen (Faktoren) zurückgreift. Diese Entscheidung muss letztendlich theoretisch oder sachlogisch vor dem Hintergrund des Untersuchungskonzeptes begründet werden. Hier sei unterstellt, dass der Hotelbesitzer sich aus sachlogischen Gründen gegen die Berücksichtigung der emotionalen Bindungsdimension entscheidet und die Indikatoren „Gemeinschaft", „Fehlen" und „Verpflichtung" aus der folgenden Analyse eliminiert. Damit wird das Konstrukt „Kundenbindung" eindimensional über die ersten fünf Indikatoren gemessen und fokussiert eher Planungsaspekte und Verhaltensabsichten der Kundenbindung. Bei Beibehaltung beider Bindungsdimensionen wäre es empfehlenswert, mit Hilfe der sog. *Second-Order-Faktorenanalyse*[9] die mehrdimensionale Messung des Konstruktes „Kundenbindung" nochmals mit Hilfe der Daten der Hauptuntersuchung zu überprüfen und diese dann in das Gesamtmodell einzubeziehen.

Abschließend sei nochmals darauf hingewiesen, dass die Prüfung der Eindimensionalität analog auch für die Indikatorensets der übrigen Konstrukte zu erfolgen hat. Für unser Fallbeispiel werden diesen Prüfungen jedoch hier nicht mehr dargestellt.

7.1.2 Prüfung der Indikator- und Konstruktreliabilität

Nach Prüfung der Eindimensionalität der Itemstruktur für die hypothetischen Konstrukte ist im Anschluss die eigentliche Reliabilitätsprüfung der Messindikatoren vorzunehmen. Auch diese Prüfung erfolgt zunächst mit Hilfe der *Pretestdaten*, die als reliabel erachteten Indikatoren werden dann in der Hauptuntersuchung verwendet.

Reliabilität
bezeichnet das Ausmaß, mit dem wiederholte Messungen eines Sachverhaltes mit einem Messinstrument auch die gleichen Ergebnisse liefern. Vollkommen reliable (zuverlässige oder genaue) Messungen liegen vor, wenn keine Zufallsfehler ($X_R = 0$) auftreten, während systematische Fehler gegeben sein können. Gemäß Formel (7.1) gilt bei reliablen Messungen: $X_O = X_T + X_S$.

---

[8] Bei *schiefwinkliger Rotation* ist die sog. *Mustermatrix* zur Faktoreninterpretation heranzuziehen.

[9] Vgl. zu dieser Vorgehensweise und zur Second-Order-Faktorenanalyse die Ausführungen in Kap. 13.

Die Reliabilitätsprüfung der Messvariablen bezieht sich auf die Abschätzung des Zufallsfehlers. Nach der klassischen Testtheorie entspricht die Reliabilität der quadrierten Korrelation zwischen den (beobachteten) Messwerten und dem wahren Wert einer Variablen. Je größer diese quadrierte Korrelation wird, desto größer ist der gemeinsame Varianzanteil von X_O und X_T. Da der wahre Wert einer Variablen jedoch unbekannt ist, muss die Reliabilität geschätzt werden, wozu verschiedene Möglichkeiten zur Verfügung stehen. Die verschiedenen Schätzmethoden können danach unterschieden werden, ob sie auf die zeitliche Stabilität oder die Äquivalenz von Messungen abstellen.[10]

Zur Prüfung der *zeitlichen Stabilität* von Messungen wird die Korrelation einer Messung mit einer *Vergleichsmessung* herangezogen (sog. *Test-Retest-Reliabilität*). Da häufig jedoch keine Vergleichsmessungen vorliegen und diese auch die Kosten des Untersuchungsaufbaus deutlich erhöhen, ist dieser Reliabilitätsmessung in der praktischen Anwendung eine nur geringe Bedeutung beizumessen. Bei der Prüfung der *Messäquivalenz* kann zwischen Paralleltest-Reliabilität und Interne-Konsistenz-Reliabilität unterschieden werden. Bei der *Paralleltest-Reliabilität* wird die Korrelation einer Messung mit einer Vergleichsmessung auf einem äquivalenten Messinstrument geprüft. Allerdings ist auch diese Testmöglichkeit wenig verbreitet, da auch hier Messungen doppelt durchgeführt werden müssen und für beiden Messungen auch wirklich „parallel" einzustufende Messinstrumente zu finden sind. Für die praktische Anwendung ist deshalb vor allem die Prüfung der Messäquivalenz in Form der *Interne-Konsistenz-Reliabilität* von Bedeutung, zu deren Prüfung insbesondere die folgenden Kriterien von Bedeutung sind:[11]

- Split-Half-Methode
- Cronbachs Alpha und standardisiertes Alpha
- Item-to-Total-Korrelation (ITK) und Korrigierte ITK (KITK)
- Inter-Item-Korrelation (IIK)

Die *Interne-Konsistenz-Reliabilität* stellt auf Messungen ab, die sich aus mehreren Indikatoren zusammensetzen. Die reflektiven Indikatoren eines Konstruktes werden als „Ansammlung" äquivalenter Tests interpretiert, die alle denselben Sachverhalt (dieselbe Dimension bzw. dasselbe Konstrukt) messen. Stimmen diese Messungen überein, so wird von *interner Konsistenz* gesprochen.

Bei der *Split-Half-Methode* wird ein erhobener Datensatz in zwei Testhälften bzw. Indikatorensets unterteilt und dann die Korrelation zwischen den Messungen der beiden Testhälften bestimmt. Problematisch ist hierbei, dass unterschiedliche Unterteilungen zu

---

[10] Vgl. zum Begriff und zur Beurteilung von Reliabilität ausführlich: Churchill (1979), S. 68 ff.; Himme (2007), S. 376 ff.; Homburg und Giering (1996), S. 8 f.; Peter (1979), S. 6 ff.; Schnell et al. (2011), S. 151 ff.

[11] An dieser Stelle sei nochmals darauf hingewiesen, dass *eindimensionale Messmodelle* die *Grundvoraussetzung* sind, um eine sinnvolle Durchführung der Reliabilitätsprüfung anhand der dargestellten Varianten vorzunehmen (Hildebrandt und Temme 2006, S. 624), was für unser Fallbeispiel im vorangegangenen Kapitel geprüft wurde.

unterschiedlichen Ergebnissen führen können, so dass unklar bleibt, welche Reliabilität die „wahre" ist. Es ist deshalb nahe liegend, die durchschnittliche Reliabilität aus allen Split-Half-Koeffizienten zu bilden. Dieser Überlegung folgt das sog. *Cronbachs Alpha*, das sich gemäß Formel (7.2) berechnet. Je mehr sich Cronbachs Alpha dem Wert 1 nähert, desto höher ist die Interne-Konsistenz-Reliabilität. Nunnally (1994, S. 252) empfiehlt, ein Indikatorenset nur dann zu verwenden, wenn es einen Wert von $\alpha \geq 0{,}7$ aufweist. Nach Churchill (1979, S. 68) ist Cronbachs Alpha „... *absolutely* [...] the first measure one calculates to asses the quality of the instrument". Dennoch werden in der Literatur auch sehr hohe Werte von Cronbachs Alpha nahe 1 als problematisch angesehen, da dies ein Indiz dafür sein könnte, dass die Items inhaltlich und/oder sprachlich deckungsgleich sind.

Cronbachs Alpha (vgl. Peter 1979, S. 8):

$$\alpha = \frac{n}{n-1}\left(1 - \frac{\sum \sigma_i^2}{\sigma_x^2}\right) \tag{7.2}$$

mit:

n $=$ Anzahl der Indikatoren (Items) eines Konstruktes (einer Skala)
σ_i^2 $=$ Varianz des Indikators i
σ_x^2 $=$ Gesamtvarianz des Konstruktes (Skala; Tests)

Schwellenwert für gute Reliabilität (bei mehr als 4 Indikatoren): $\alpha \geq 0{,}7$

Auch in diesem Fall kommt es zu hohen Korrelationen unter den Indikatoren und hohen Alpha-Werten, obwohl keine „vernünftige" Messung mit unterschiedlichen Methoden (hier Indikatoren) vorliegt (Rossiter 2002, S. 316 ff.). Robinson et al. (1991) bezeichnen einen solchen Fall als „empirical redundancy", d. h. die Indikatoren sind empirisch redundant. Dies macht nochmals deutlich, dass beim Konzept multipler Items, die Indikatoren nicht nur „anders formuliert" werden dürfen, sondern unterschiedliche *Folgen* des Konstruktes darstellen müssen.

Zusätzlich zum klassischen Cronbachs Alpha erscheint es manchmal zweckmäßig, das *standardisierte Alpha* zu berechnen. Dabei werden nicht die Urdaten, sondern standardisierte Variablen, die dann einen Mittelwert von 0 und eine Standardabweichung von 1 aufweisen, verwendet. Dieses Maß sollte dann verwendet werden, wenn die einzelnen Indikatorvariablen, die zur Messung eines Konstrukts herangezogen werden, stark unterschiedliche Varianzen aufweisen. Bei der in den Wirtschafts- und Sozialwissenschaften üblichen Verwendung von Ratingskalen ist die Gefahr hierzu jedoch nur dann hoch, wenn unterschiedliche Skalenabstufungen (z. B. 4-stufige und 6-stufige Skalen) innerhalb eines Indikatorensets verwendet werden.

Neben Cronbachs Alpha, das zum Einen selbst dann noch hohe Werte liefert, wenn eine nicht eindimensionale Konstruktmessung vorliegt und überdies stark von der Zahl an verwendeten Indikatoren abhängt, schlägt Rossiter (2002, S. 322) vor, auch den sog. *Beta-Koeffizienten* zu berechnen. Dieser stellt dabei *nicht* die durchschnittliche Reliabilität aller Split-Half-Kombinationen dar, sondern gibt hiervon den minimalen Wert an und stellt damit ein Maß der „worst split-half reliability" (Revelle 1979, S. 60) dar. Er kann damit zur Prüfung herangezogen werden, ob den Daten ein genereller Faktor (eine Dimension) zugrunde liegt, wobei Rossiter (2002, S. 322) einen Wert im Bereich von 0,7 für angemessen hält. Da der Beta-Koeffizient jedoch nicht sehr weit verbreitet ist, wird auf eine ausführliche Darstellung der Vorgehensweise zur Berechnung und der Ergebnisse im Fallbeispiel verzichtet. Weitere Hinweise finden sich in der entsprechenden Fachliteratur z. B. bei Revelle (1979).

Inter-Item-Korrelation:

$$IIK(S) = \frac{2}{n(n+1)} \sum_{i=1}^{n-1} \sum_{j=i+1}^{n} \frac{\text{cov}(x_i, x_j)}{\sigma_{xi}\sigma_{xj}} \tag{7.3}$$

mit:

S   = Skala oder Gesamtkonstruktmessung
n   = Anzahl der Indikatoren (Items) eines Konstruktes (einer Skala)
σ_{xi} = Standardabweichung der Variablen x_i
$\text{cov}(x_i, x_j)$ = Kovarianz zwischen Variable x_i und der Summenvariable x_j

Schwellenwert für gute Reliabilität: IIK $\geq$ 0,3

Ein weiteres Gütemaß zur Abschätzung der Reliabilität auf Ebene der Gesamtkonstruktmessung ist die sog. *Inter-Item-Korrelation*, die für standardisierte und unstandardisierte übereinstimmt. Wenngleich dieses Maß eher selten angewandt wird so soll es hier, der Vollständigkeit halber, trotzdem ausgewiesen werden. Die IIK stellt dabei die durchschnittliche Korrelation aller Items dar, die einem Konstrukt zugewiesen sind. Dabei sind Werte von $\geq$ 0,3 gefordert, um von einer adäquaten Konstruktmessung ausgehen zu können.

Weisen die Werte von Cronbachs Alpha (und auch der IIK) für die jeweiligen Konstrukte einen akzeptablen Wert auf, so können die Indikatorvariablen grundsätzlich beibehalten werden, d. h. eine Veränderung der Indikatoren oder die Reduktion bzw. Erweiterung des Indikatorensets ist nicht zwingend erforderlich. Rossiter (2002, S. 322) befürwortet dabei Alpha-Werte im Bereich von 0,8. Dennoch erscheint es manchmal zweckmäßig, auch bei einem hohen Alpha einzelne Variable zu entfernen. Dies liegt darin begründet, dass Cronbachs Alpha stark mit der Indikatorzahl ansteigt (Homburg und Giering 1996, S. 22). Die interne Konsistenz eines Konstruktes kann evtl. dadurch verbessert werden, dass Indikatoren, die nur wenig zur Konstruktmessung beitragen, aus der Analyse eliminiert werden, was im ersten Schritt mit Hilfe der sog. *Item-to-Total-Korrelation* (ITK) geprüft werden kann. Zur Bestimmung der ITK wird die Korrelation eines Indikators i mit der Summe der Indikatoren eines Konstruktes berechnet.

Item-to-Total-Korrelation (Nunnally 1967, S. 262):

$$ITK(x_i, x_s) = \frac{\text{cov}(x_i, x_s)}{\sigma_{xi}\sigma_{xs}} \tag{7.4}$$

mit:

x_s = Summenvariable, die aus den Werten aller Variablen gebildet wird: Σx_i;

σ_{xi} = Standardabweichung der Variablen x_i

σ_{xs} = Standardabweichung der Skala x_s

cov (x_i, x_s) = Kovarianz zwischen Variable x_i und der Summenvariable x_s

Schwellenwert für gute Reliabilität: ITK $\geq 0,5$

Da zur Berechnung dieses Maßes die einzelnen Variablen partiell mit sich selbst korrelieren, da sie ein konstituierender Teil der Gesamtskala darstellt, wird häufig auf die *Korrigierte Item-to-Total-Korrelation* (KITK) zurückgegriffen. Dabei wird die betrachtete Variable *nicht* in die Summenbildung der Variable x_s einbezogen, was zu insgesamt deutlicheren Ergebnissen führt. Diese beiden Koeffizienten werden auch als *Trennschärfekoeffizienten* bezeichnet und können Werte zwischen -1 und $+1$ annehmen. Ein Indikator sollte dann aus der Analyse ausgeschlossen werden, wenn die ITK oder KITK Werte $< 0,5$ annimmt. Bei kleinen Indikatorzahlen sollte dabei immer die KITK angewandt werden, da hier die Verzerrung durch die Integration der betrachteten Variable in die Bildung der Gesamtskala deutlich größer ist (vgl. Nunnally 1967, S. 263).

Korrigierte Item-to-Total-Korrelation (Nunnally 1967, S. 262):

$$KITK(x_i, x_s) = \frac{\text{cov}(x_i, x_{s^*})}{\sigma_{xi}\sigma_{xs^*}} \tag{7.5}$$

mit:

x_{s^*} = Summenvariable, die aus den Werten der Variablen $j = 1, \ldots I$ für $i \neq j$ gebildet wird: Σx_i;

σ_{xi} = Standardabweichung der Variablen x_i

σ_{xs^*} = Standardabweichung der Skala x_{s^*}

cov (x_i, x_s) = Kovarianz zwischen Variable x_i und der Skala x_{s^*}

Schwellenwert für gute Reliabilität: KITK $\geq 0,5$

Entscheidungen im Fallbeispiel: Im Folgenden werden die o. g. Reliabilitätskriterien wiederum exemplarisch für die Messindikatoren des Konstruktes „Kundenbindung" auf Basis der Pretestdaten im Fallbeipiel berechnet. Zu diesem Zweck wird auf die in SPSS implementierten Prozedur *„Reliability"* zurückgegriffen, die mit der Menüfolge *„Analysieren → Skalierung → Reliabilitätsanalyse"* ausgewählt werden kann. Dabei sollten folgende Einstellungen gewählt werden:

• Modell *„Alpha"*
• Statistiken *„Skala wenn Item gelöscht"* und *„Korrelationen"*

Für die fünf als eindimensional identifizierten und in Kap. 7.1.1 ausgewählten Indikatoren des Konstruktes „Kundenbindung" ergeben sich die in Abb. 7.3 dargestellten Ergebnisse.[12]

---

[12] Abbildung 7.3 entspricht nicht exakt den in SPSS ausgewiesenen Outputs, sondern wurde hier aus Gründen der besseren Übersichtlichkeit in komprimierter Form dargestellt.

Faktor	Indikatoren	Cronbachs Alpha (standardisiert)	Inter-Item-Korrelation	Korrigierte Item-Skala-Korrelation	Cronbachs Alpha (ohne Item)
Kunden-bindung	Beziehung	0,874 (0,887)	0,61	0,721	0,844
	Planung			0,675	0,854
	Längere_Besuche			0,848	0,825
	Wiederwahl			0,825	0,820
	Belegung			0,535	0,893

Abb. 7.3 Reliabilitäten der Messindikatoren für das Konstrukt „Kundenbindung"

Zunächst seien die Gütekriterien *Cronbachs Alpha* und die *Inter-Item-Korrelation* für die Gesamtskalen auf Konstruktebene betrachtet: Es zeigt sich, dass die Konstruktmessung eine hohe Reliabilität aufweist. Der Wert von Cronbachs Alpha mit 0,874 liegt oberhalb der üblichen Schwellenwerte, was auch für das standardisierte Alpha mit 0,887 gilt, wobei beide Maße hier sehr ähnliche Ergebnisse liefern. Dies ist darauf zurückzuführen, dass die Indikatoren, die zur Messung der Kundenbindung herangezogen werden, sehr ähnliche Varianzen aufweisen. Würden sich diese deutlich unterscheiden, z. B. weil Abfrageskalen mit einer unterschiedlichen Zahl an Abstufungen verwendet worden wären, so sollten zur Abschätzung der Güte nur der standardisierte Alpha-Wert betrachtet werden. Bezogen auf die *Inter-Item-Korrelation*, die die durchschnittlichen Korrelationen der Indikatoren, die einem Konstrukt zugewiesen sind, angeben, zeigt sich ein ähnliches Bild. Auch hier ist mit einem Wert von 0,610 die übliche Mindestanforderung an ein reliables Messmodell erfüllt.

Mit den Alpha-Werten und der Inter-Item-Korrelation konnte die grundsätzliche Eignung eines Indikatorensets zur Konstruktmessung geprüft werden. Darüber hinaus sollte aber auch untersucht werden, inwieweit einzelne Indikatorvariablen ein „Problem" darstellen bzw. nicht gut zur Konstruktmessung geeignet sind. Hierzu können die Korrigierte Item-Skala-Korrelation (bzw. *KITK*) und Cronbachs Alpha (ohne Item) herangezogen werden: Anhand der *KITK* zeigt sich nun, dass das Item „Belegung" mit einem Wert von 0,535 nur leicht oberhalb des üblichen Schwellenwertes von 0,5 liegt, so dass dieses einen potenziellen Streichkandidaten darstellt. „*Cronbachs Alpha (ohne Item)*" gibt die Alpha-Werte der Gesamtskala an, die bei Eliminierung des entsprechenden Items erzielt worden wären und kann damit auch zur Identifikation nicht geeigneter Variablen herangezogen werden.

Dabei deuten sehr hohe Werte auf Indikatoren hin, die entfernt werden sollten, da ohne sie eine sehr viel höhere interne Konsistenz erzielbar wäre. Im vorliegenden Fall zeigt sich insbesondere beim Item „Belegung", dass dessen Eliminierung zu einer deutlichen Erhöhung des Alpha-Wertes auf 0,893 führen würde. Insgesamt kann damit festgestellt werden, dass das Messmodell mit den fünf Indikatoren eine hohe Eignung für das Konstrukt „Kundenbindung" aufweist, wobei der Ausschluss der Variable „Belegung" sowohl unter Berücksichtigung der KITK, als auch „Cronbachs Alpha (ohne Item)" zu einer Verbesserung des Messmodells führt. Aus diesem Grund bleibt es hier dem Anwender überlassen, ob das Item aus der Analyse ausgeschlossen werden soll. Anhand der statistischen Analysen wären beide Fälle begründbar, so dass hier für die Entscheidung primär theoretische und/oder sachlogische Erwägungen ausschlaggebend sind. Für das Fallbeispiel sei unterstellt, dass der Hotelbetreiber das Item „Belegung" aus der weiteren Analyse ausschließt.

Grundsätzlich gilt, dass, sofern nach den Reliabilitätskriterien eine oder mehrere Variable eindeutig als „nicht reliabel" einzustufen sind, diese aus der weiteren Analyse auszuschließen sind und die dargestellten Analysen der Interne-Konsistenz-Reliabilität dann für das „reduzierte" Variablenset zu wiederholen sind. Dieses Vorgehen der Prüfung und Anpassung des Indikatorensets ist solange zu wiederholen, bis entsprechend geeignete Messmodelle gefunden sind (Churchill 1979, S. 69). Auf die Darstellung der Analysen für das reduzierte Indikatorenset im Fallbeispiel sei an dieser Stelle verzichtet, da sie analog zu den vorgetragenen Ausführungen erfolgt. Vielmehr sei unterstellt, dass die wiederholte Prüfung nun das Vorliegen eines geeigneten Messmodells mit vier Indikatoren bestätigt.

Abschließend sei hier nochmals darauf hingewiesen, dass die Reliabilitätsprüfungen auch für die Indikatoren der übrigen Konstrukte zu erfolgen hat. Für unser Fallbeispiel werden diese Prüfungen jedoch hier nicht mehr dargestellt. Nach Abschluss der Reliabilitätsprüfung können die gefundenen Indikatorensets für die jeweiligen Konstrukte in die Hauptuntersuchung eingehen und mit ihrer Hilfe der endgültige Datensatz zur empirischen Prüfung des Kausalmodells herangezogen werden.

7.1.3 Zusammenfassende Empfehlungen zur Reliabilitätsprüfung mit Hilfe der Gütekriterien der ersten Generation

Die in den beiden vorangegangenen Kapiteln diskutierten *Gütekriterien der ersten Generation* zur Prüfung von Indikator- und Konstruktreliabilität sind nochmals in Abb. 7.4 zusammengefasst.[13] Alle Kriterien liegen im Definitionsintervall [0;1], wobei in der Abbildung unter Angabe der entsprechenden Quellen diejenigen *Schwellenwerte* aufgeführt sind, ab denen von einer guten Reliabilität ausgegangen wird. Die in der praktischen Anwendung sowie in der Literatur als „*breit akzeptierten*" Schwellenwerte wurden mit einem * gekennzeichnet.

Einschränkend ist jedoch zu vermerken, dass die angegebenen Schwellenwerte lediglich *Richtlinien* darstellen, die nicht unreflektiert übernommen werden sollten. Ihre Anwendung ist insbesondere vor dem Hintergrund der Eigenheiten und Zielsetzungen einer Untersuchung zu prüfen und ggf. nochmals zu begründen. Weiterhin ist darauf hinzuweisen, dass den *Gütekriterien der ersten Generation* in der Literatur nur eine *bedingte Eignung* zur Beurteilung der Reliabilität beigemessen wird (Bagozzi und Phillips 1982; Fornell 1982; Gerbing und Anderson 1988; Homburg und Giering 1996), da sie

---

[13] Die Gütekriterien der ersten Generation werden durch das Programmpaket AMOS *nicht* bereitgestellt und müssen deshalb gesondert berechnet werden. Mit SPSS können diese jedoch über die Prozedur „*Reliability*" bestimmt werden (Menüauswahl: „*Analysieren → Skalierung → Reliabilitätsanalyse*"). Auf der Internetplattform zum Buch findet der Leser auch die SPSS-Syntaxdateien sowie die Daten zum Beispiel.

Kriterium	Formel	Schwellen-werte	Quellen
Reliabilitätsprüfung auf Konstruktebene (Gütekriterien der ersten Generation)			
Cronbachs Alpha (α)	(7.2)	$\approx 0,8$	Rossiter (2002), S. 310
„harte" Aussagen		$\geq 0,9$	Hildebrandt (1984), S. 42
≥ 4 Indikatoren		$\geq 0,7*$	Nunnally (1978), S. 245
exploratives Forschungsstadium		$\geq 0,6$	Robinson/Shaver/Wrightsman (1991), S. 13
Inter-Item-Korrelation (IIK)	(7.3)	$\geq 0,3$	Robinson/Shaver/Wrightsman (1991), S. 13
Reliabilitätsprüfung auf Indikatorebene (Gütekriterien der ersten Generation)			
Item-to-Total-Korrelation (ITK)	(7.4)	$\geq 0,5*$	Bearden/Netemeyer/Teel (1989), S. 475
		$\geq 0,3$	Kumar/Sheer/Steenkamp (1993), S. 12
Korrigierte Item-to-Total-Korrelation (KITK)	(7.5)	$\geq 0,5$	Zaichkowsky (1985), S. 343, Shimp/Sharma (1987), S. 282
*: Cutoff-Werte, die üblicherweise in der Literatur verwendet werden			

Abb. 7.4 Gütekriterien der ersten Generation und Schwellenwerte zur Beurteilung von Indikator- und Konstruktreliabilität

- zum Teil auf sehr restriktiven Annahmen beruhen (Gerbing und Anderson 1988, S. 190 ff., Hildebrandt und Temme 2006, S. 624). So unterstellt z. B. Cronbachs Alpha, dass alle Indikatoren eines Faktors die *gleiche* Reliabilität aufweisen und Eindimensionalität aufweisen, was aber stark von der Indikatorenzahl abhängt.
- auf relativ intransparent festgelegten Schwellenwerten basieren, die nur „Faustregeln" darstellen können.
- keine explizite Schätzung von Messfehlern ermöglichen (Hildebrandt 1984, S. 44).

Trotz dieser Kritikpunkte ist bei praktischen Anwendungen jedoch zu empfehlen, auch die Gütekriterien der ersten Generation zu verwenden, da sie bei noch nicht „ausgereiften" Messmodellen (z. B. im Rahmen des Pretests) sehr gut zur Identifikation „schlechter" Items geeignet sind. Auch sind die z. B. bei der KFA (vgl. 3.3.2.3) erforderlichen hohen Stichprobenzahlen zumeist beim Pretest nicht gegeben, und es besteht hier bei Rückgriff auf „unausgereifte" Messmodelle die Gefahr unplausibler Parameterschätzungen und damit nicht interpretierbarer Ergebnisse. Zudem hat sich in der Literatur (z. B. Churchill 1979, Homburg und Giering 1996) die *kombinierte Anwendung* der Gütekriterien der ersten und der zweiten Generation als *Standardvorgehen* etabliert.

In der praktischen Anwendung sollten zur Reliabilitätsprüfung mit Hilfe der Gütekriterien der ersten Generation folgende zwei Prüfschritte vollzogen werden:

(1) Vor Abschätzung der internen Konsistenz auf der Konstruktebene anhand von Cron-
     bachs Alpha sollte eine *Prüfung auf Eindimensionalität* der Messmodelle mittels EFA
     erfolgen, da hohe Alpha-Werte keinen Schluss auf Eindimensionalität erlauben. Bei
     stark unterschiedlichen Indikatorvarianzen sollten zudem die standardisierten Werte
     von Cronbachs Alpha herangezogen werden.

(2) Examination der Eignung der Einzelindikatoren anhand der korrigierten Item-to-
     Total-Korrelation. Zeigen sich hier einzelne Variablen deutlich weniger geeignet, so
     sollten diese – sofern auch inhaltlich begründbar – ausgeschlossen werden.

Die Prüfschritte (1) und (2) sind solange zu wiederholen, bis sowohl auf Konstrukt- als
auch auf Indikatorenebene zumindest Cronbachs Alpha, der Beta-Koeffizient und die
KITK die o. g. Schwellenwerte überschritten haben. Bei besonders hohen Alpha-Werten
sollte zudem eine kritische Prüfung der Indikatorvariablen vorgenommen werden, um
das Problem der „empirischen Redundanz" auszuschließen. Sofern vorab eine adäquate
Konzeptualisierung und Operationalisierung der Konstrukte und ihrer Messindikatoren
vorgenommen wurde, so ist die Gefahr hierfür gering.

7.2   Reliabilitätsprüfung reflektiver Messmodelle mit Hilfe der konfirmatorischen Faktorenanalyse (KFA)

Die bisher diskutierten Gütekriterien der ersten Generation zur Reliabilitätspüfung erlauben *keine* explizite Schätzung von Messfehlern und lassen letztendlich auch *keine*
statistische Validitätsprüfung zu. Erst mit den Arbeiten von Jöreskog (1967, 1969, 1970,
1971a, b) zur *konfirmatorischen Faktorenanalyse* (KFA) wurde eine Möglichkeit eröffnet,
Messfehlervarianzen von *reflektiven Messmodellen* abzuschätzen und vor allem die *Diskriminanzvalidität* von hypothetischen Konstrukten zu prüfen. Die aus der KFA ableitbaren
Gütekriterien werden seit der Arbeit von Fornell (1982) auch als Gütekriterien der *zweiten
Generation* bezeichnet. Mit ihrer Hilfe ist es möglich, vor allem auch die Reliabilität der
Konstruktmessung zu prüfen sowie die Validität zu untersuchen.

Um nicht alle Analysen doppelt darstellen zu müssen, werden die folgenden Gütekriteri-
en direkt auf die endgültigen Daten der Hauptuntersuchung mit 192 Fällen bezogen, wobei
die in der Hauptuntersuchung verwendeten Messmodelle zuvor mit Hilfe der *Pretestdaten*
der umfänglichen Prüfung mit den Gütekriterien der ersten sowie der zweiten Generation getestet wurden. Weiterhin wurden die Daten der Hauptuntersuchung in einem
vorbereitenden Schritt um Ausreißer bereinigt, einer Prüfung auf Multinormalverteilung
unterzogen und fehlende Werte geeignet ersetzt.[14]

Aufgrund der mit insgesamt vier latenten und anhand von multiplen Items gemessenen Konstrukten recht umfänglichen Modellstruktur werden die nachfolgenden Schritte

---

[14] Vgl. zu diesen Prüfungen die Ausführungen in Kap. 8.1.3.

der Reliabilitätsprüfung unter Rückgriff auf die KFA aus Gründen der besseren Anschauung jedoch nur für die drei Konstrukte „Kundenbindung", „Zufriedenheit" und „Wechselbarrieren" aufgezeigt. Bei realen Anwendungen sind jedoch *alle* Konstrukte eines Strukturmodells in die Prüfung einzubeziehen. Die Ergebnisse für das Gesamtmodell sind auf der Internetplattform zum Buch bereit gestellt.

Im Folgenden wird zunächst nochmals für die Daten der Hauptuntersuchung eine Prüfung der *Eindimensionalität der Messmodelle* bei simultaner Betrachtung der hypothetischen Konstrukte mit Hilfe der EFA vorgenommen und im Anschluss die eigentliche *Reliabilitätsprüfung* mit Hilfe der Kriterien der *zweiten Generation* auf Basis der KFA durchgeführt.

7.2.1 Prüfung der Eindimensionalität bei simultaner Berücksichtigung aller Konstrukte mit Hilfe der explorativen Faktorenanalyse

Ebenso wie bei den Prüfkriterien der ersten Generation sollte auch der Anwendung der Prüfkriterien der zweiten Generation im Rahmen der Hauptuntersuchung eine EFA bei *simultaner Betrachtung aller Konstrukte* vorangestellt werden. Auch hier dient die EFA der Überprüfung der Eindimensionalität der Messmodelle, d. h. es wird kontrolliert, ob die einzelnen manifesten Indikatorvariablen auch anhand der explorativen Faktorenanalyse zu den unterstellten Konstrukten „gruppiert" werden.

Auf diese Weise soll insbesondere geprüft werden, ob einzelne Messindikatoren von mehreren Konstrukten beeinflusst werden und ob die Indikatoren auch in der Gesamtschau die Konstrukte widerspiegeln können. Die methodischen Optionen werden dabei entsprechend den Empfehlungen in Kap. 7.1.1 vorgenommen (Hauptachsenanalyse; Kaiser-Kriterium; Promax-Rotation). Da die grundsätzliche Vorgehensweise im Rahmen der EFA bereits in Kap. 3.3.2.1 besprochen wurde (vgl. auch Backhaus et al. 2011, S. 329 ff.), wird im Folgenden eine nur knappe Darstellung der Ergebnisse für das Fallbeispiel vorgenommen.[15] Die Ergebnisse für die insgesamt 14 Indikatorvariablen der vier hypothetischen Konstrukte in unserem Fallbeispiel zeigt zusammenfassend Abb. 7.5.

Zunächst ist zu konstatieren, dass mit einem KMO-Wert von 0,84 die Variablengesamtheit sehr gut für die Anwendung einer Faktorenanalyse geeignet ist. Dies bestätigt mit einem Signifikanzniveau von 0 auch der Bartlett-Test. Die variablenbezogenen MSA-Werte liegen mit Werten zwischen 0,704 („neue Stile") und 0,923 („Identifikation") ebenfalls im akzeptablen Bereich. Die Extraktion liefert, wie theoretisch unterstellt, eine Lösung mit vier Faktoren und kann insgesamt 76,822 % der Varianz der Ausgangsvariablen erklären, was bei 14 Indikatorvariablen einen recht guten Wert darstellt. Auch die Mustermatrix, die die Korrelationen der Indikatoren mit den Faktoren (Faktorladungen) angibt, bestätigt die

---

[15] Auf der Internetplattform zum Buch sind Daten, Syntax und SPSS-Output zu diesem Beispiel verfügbar.

KMO- und Bartlett-Test

Maß der Stichprobeneignung nach Kaiser-Meyer-Olkin.		0,840
Bartlett-Test auf Sphärizität	Ungefähres Chi-Quadrat	2093,866
	df	91
	Signifikanz nach Bartlett	0,000

Mustermatrix, MSA und Kommunalitäten

	MSA	Kommunalität	Faktor			
			Kunden-bindung	Wechsel-barrieren	Zufrieden-heit	Variety Seeking
Beziehung	0,904	0,777	**0,850**	0,111	-0,087	-0,005
Planung	0,902	0,756	**0,880**	-0,032	-0,007	-0,036
Längere_Besuche	0,894	0,776	**0,851**	0,010	0,055	-0,004
Wiederwahl	0,905	0,753	**0,886**	-0,053	0,040	0,049
Tradition	0,905	0,594	-0,030	**0,772**	0,066	0,078
Identifikation	0,923	0,634	0,107	**0,723**	0,062	0,046
Gewöhnung	0,782	0,803	-0,042	**0,922**	-0,080	-0,067
Umfeldkenntnis	0,825	0,792	0,003	**0,888**	-0,012	-0,039
Weise_Entscheidung	0,793	0,885	-0,022	-0,033	**0,951**	-0,020
Richtige_Wahl	0,813	0,806	0,039	0,018	**0,873**	-0,029
Erwartungserfüllung	0,792	0,854	-0,011	0,034	**0,926**	0,029
Ausprobieren	0,813	0,581	0,059	-0,020	-0,013	**0,772**
Abwechslung	0,707	0,843	-0,024	0,035	-0,011	**0,912**
Neue_Stile	0,704	0,824	-0,030	-0,009	0,004	**0,901**

Extraktionsmethode: Hauptachsen-Faktorenanalyse.
Rotationsmethode: Promax mit Kaiser-Normalisierung.

Korrelationsmatrix und Eigenwerte der Faktoren

Faktor	Anf. Eigenwerte/Rotierte Summe der quadrierten Ladungen	Kunden-bindung	Wechsel-barrieren	Zufrieden-heit	Variety Seeking
Kundenbindung	4,365/5,150	1,000	0,515	0,409	-0,222
Wechselbarrieren	3,700/2,393	0,515	1,000	0,160	-0,030
Zufriedenheit	3,187/2,021	0,409	0,160	1,000	-0,120
Variety Seeking	2,451/1,155	-0,222	-0,030	-0,120	1,000
Gesamt	11,588/13,703	Erklärter Varianzanteil der 4-Faktoren: 76,822 %			

Abb. 7.5 Ergebnisse der explorativen Faktorenanalyse bei simultaner Betrachtung aller hypothetischen Konstrukte

vermutete Struktur.[16] Alle den vier latenten Konstrukten zugewiesenen Indikatoren laden hoch auf die entsprechenden Faktoren (die hier auch so in den Spaltenköpfen bezeichnet wurden) und nur auf diese. Mit Korrelationen im Bereich von 0,7 bis über 0,9 auf dem propagierten Faktor und Werten im Bereich von maximal 0,111 („Beziehung") für die weiteren Faktoren spricht dies zum einen dafür, dass alle Konstrukte eindimensional sind und insgesamt eine hohe Eignung für die nachfolgenden Analyseschritte gegeben ist. Die Kommunalitäten, die angeben, wie viel Prozent der ursprünglichen Varianz einer Varia-

---

[16] Einige Forscher ziehen nicht die Mustermatrix, sondern die Strukturmatrix zur Interpretation einer obliquen Faktorlösung heran. Für die hier vorliegende Zielsetzung, die primär darauf abzielt zu untersuchen, ob Variablen nicht *eindeutig* einzelnen Faktoren zugewiesen werden können, ist die gewählte Vorgehensweise insbesondere bei substantiellen Korrelationen zwischen Faktoren jedoch zweckmäßiger (vgl. Hair et al. 2010, S. 139).

blen über die Faktorenlösung erklärt werden kann, deuten ebenfalls auf eine nennenswerte Faktorenstruktur hin. Lediglich für die Indikatoren „Tradition" und „Ausprobieren" sind diese Werte knapp unterhalb von 0,6 eher mäßig, was bedeutet, dass diese Variablen nicht so gut mit den anderen Indikatoren korrespondieren.

Im unteren Teil von Abb. 7.5 sind die anfänglichen Eigenwerte und die rotierte Summe der quadrierten Ladungen ausgewiesen. Wenngleich Letztere nicht wie bei einer orthogonalen Rotation zur Berechnung des von einem Faktor erklärten Varianzanteils herangezogen werden können sieht man trotzdem, dass die Faktoren „Kundenbindung" und „Wechselbarrieren" sich für den größten Streuungsanteil verantwortlich zeigen. Dies ist dabei nicht überraschend, da diese mit vier und nicht mit drei Indikatoren in die Analyse eingehen. Normiert man diese etwa durch Division der Indikatorenzahl, so stellen sich insbesondere die Faktoren „Kundenbindung" und „Zufriedenheit" besonders varianzstark dar. Weiterhin zeigt sich unter Rückgriff auf die Korrelationen der Faktorwerte, dass die Konstrukte „Kundenbindung" und „Wechselbarrieren" mit r = 0,515 sowie „Kundenbindung" und „Zufriedenheit" mit r = 0,409 stark korrelieren, was ex post die Verwendung der nicht-orthogonalen Promax-Rotation rechtfertigt.

Zusammenfassend kann festgehalten werden, dass die hypothetisch vermutete Struktur anhand der explorativen Faktorenanalyse bestätigt werden kann. Überdies sind die Faktoren als eindimensional zu verstehen, was vor allem für die Durchführung der folgenden Reliabilitätsprüfungen von Bedeutung ist. Weiterhin wurden keine Variablen mehr identifiziert, die nicht nur einem Faktor eindeutig zuzuordnen sind. Eine Elimination von Indikatorvariablen ist somit anhand der Daten der Hauptstudie nicht mehr erforderlich.

7.2.2   Reliabilitätsprüfung auf Konstruktebene mittels konfirmatorischer Faktorenanalyse

Die Reliabilitäts-Prüfkriterien der *zweiten Generation* nehmen im Kern einen Vergleich zwischen der Varianz eines Indikators (= Ladungsquadrat) und der Varianz der Messfehler vor. Das jeweilige Reliabilitätskriterium ist dann umso besser, je größer die erklärte Varianz ist. Alle Prüfkriterien der zweiten Generation werden aus den Ergebnissen der konfirmatorischen Faktorenanalyse (KFA) abgeleitet, die ein *Spezialfall* eines kompletten Strukturgleichungsmodells darstellt. Wegen ihrer großen Bedeutung und zur Verdeutlichung der Unterschiede zur EFA werden im Folgenden zunächst die Ablaufschritte der KFA aufgezeigt sowie ein kurzer Vergleich zwischen EFA und KFA vorgenommen. Erst danach werden die zentralen Kriterien zur Güteprüfung mittels KFA erläutert (vgl. Kap. 7.2.2.3 und 7.2).

7.2.2.1   Ablaufschritte der konfirmatorischen Faktorenanalyse (KFA)
Die konfirmatorische Faktorenanalyse stellt einen „*Spezialfall*" eines vollständigen Kausalmodells dar, da sie „lediglich" die Messmodelle hypothetischer Konstrukte analysiert. Sie ist ein *integrativer Bestandteil* vollständiger SGM mit dem Fokus auf die Güteprüfung *reflektiver* Messmodelle (Backhaus et al. 2013, S. 118 ff.). Die Ablaufschritte im Prozess

Ablaufschritte		SGM	KFA
	~~Hypothesen- und Mo-dellbildung~~	Kapitel 1	**entfällt**, da keine *kausalen* Wirkungsbeziehungen zwischen latenten Variablen betrachtet werden
(1)	Konstrukt-Konzeptualisierung	Kapitel 2	Identisch mit vollständigen SGM
(2)	Konstrukt-Operationalisierung	Kapitel 3	Identisch mit vollständigen SGM; nur *reflektive* Messmodelle
	~~Evaluation der Mess-modelle~~	Kapitel 4	**entfällt**, da Faktorenmodell nicht in ein Kausalsystem einge-bunden wird
(3)	Modellschätzung	Kapitel 5	Identische Schätzverfahren wie bei vollständigen SGM
(4)	Evaluation des Gesamtmodells	Kapitel 6	Identische Gütekriterien wie bei vollständigen SGM
(5)	Ergebnisinterpretation	Kapitel 7	Identisch mit SGM

Abb. 7.6 Ablaufschritte der konfirmatorischen Faktorenanalyse

der Strukturgleichungsmodellierung (vgl. Abb. 4.1) verkürzen sich deshalb bei der „reinen KFA" auf fünf Schritte, die in Abb. 7.6 jedoch zur besseren Abgrenzung in den allgemeinen Prozess der Strukturgleichungsmodellierung eingeordnet sind.

Die Abb. 7.6 macht deutlich, dass bei der KFA die Formulierung eines Hypothesen-systems im Bereich des Strukturmodells entfällt und nur Kausalhypothesen zwischen den hypothetischen Konstrukten (Faktoren) und ihren (reflektiven) Messindikatoren formu-liert werden. Zwischen den Faktoren sind nur korrelative Beziehungen zulässig. Würden hier kausale Beziehungen unterstellt, so befindet man sich bereits im Bereich der vollstän-digen Kausalmodelle (Messmodelle und Strukturmodell). Zu beachten ist lediglich, dass die KFA zusätzlich zu den in Kap. 7 diskutierten Kriterien der Reliabilitäts- und Vali-ditätsprüfung abschließend ebenfalls eine *Beurteilung des KFA-Gesamtmodells* mit Hilfe der Kriterien aus Kap. 9 – soweit anwendbar – vornimmt. Ansonsten bestehen keine Unterschiede zwischen der KFA und vollständigen SGM.

Im Folgenden wird, wegen ihrer großen Bedeutung und zur Verdeutlichung der Unterschiede zur EFA, zunächst ein kurzer Vergleich zwischen EFA und KFA vorgenom-men, und erst anschließend werden die zentralen Kriterien zur Güteprüfung mittels KFA erläutert.

7.2.2.2   Unterschiede zwischen konfirmatorischer Faktorenanalyse (KFA) und explorativer Faktorenanalyse (EFA)

KFA und EFA unterscheiden sich *grundlegend*, obwohl sie beide auf dem Fundamen-taltheorem der Faktorenanalyse basieren und ähnliche Schätzmethoden verwenden (vgl. Kap. 3.3.2.1). Im Gegensatz zur EFA wird bei der KFA aber insbesondere die Anzahl der Faktoren (Konstrukte) und die Zuordnung der empirischen Indikatoren zu den Faktoren durch den Anwender *a-priori festgelegt* und *nicht* aus der Datenstruktur extrahiert. Diese aus theoretischer oder sachlogischer Sicht getroffenen Entscheidungen werden mit Hilfe

	explorative Faktorenanalyse	konfirmatorische Faktorenanalyse
Modell	keine Modellformulierung	a-priori theoretische Modellformulierung
Zielsetzung	Entdeckung von Faktoren als ursächliche Größen für hoch korrelierende Variable	Prüfung der Beziehungen zwischen Indikatorvariablen und hypothetischen Größen
Eignungsprüfung der Variablen	anhand statistischer Kriterien, die ein „Mindestmaß" an Variablenkorrelation verlangen	anhand theoretischer Überlegungen im Rahmen der Modellspezifikation
Zuordnung der Indikatorvariablen zu Faktoren (Faktorladungsmatrix)	es wird eine vollständige Faktorladungsmatrix geschätzt	vom Anwender a-priori vorgegeben, weist i. d. R. eine Einfachstruktur auf
Anzahl der Faktoren	wird aufgrund statistischer Kriterien im Rahmen der Analyse bestimmt	vom Anwender a-priori vorgegeben
Rotation der Faktorladungsmatrix	wird zur leichteren Interpretation der Faktorenstruktur vorgenommen	entfällt, da die Faktorenstruktur a-priori vorgegeben ist
Faktorkorrelation	wird i. d. R. ausgeschlossen (Varimax-Rotation)	wird i. d. R. zugelassen
Interpretation der Faktoren	erfolgt a posteriori mit Hilfe der Faktorladungsmatrix	durch Konstrukte vom Anwender a-priori vorgegeben

Abb. 7.7 Explorative versus konfirmatorische Faktorenanalyse

der KFA geprüft, womit die KFA zu den *Strukturen-prüfenden Verfahren* der multivariaten Datenanalyse zählt.

Demgegenüber werden die Zuordnung der Indikatoren zu Faktoren als auch die Festlegung der zu verwendenden Faktorenzahl im Rahmen der EFA aufgrund der *Analyseergebnisse* der EFA getroffen, weshalb die EFA den *Strukturen-entdeckenden Verfahren* der multivariaten Datenanalyse zuzurechnen ist. Eine Übersicht der Unterschiede beider Verfahren bietet Abb. 7.7.

KFA werden meist *vor* der eigentlichen Spezifizierung eines SGM gerechnet, um die Güte der in einem SGM verwendeten Messmodelle zu prüfen. Darüber hinaus kann die KFA aber auch als integratives Element von SGM mit latenten Variablen angesehen werden, da sie die Messwerte für die latenten Variablen generiert, mit deren Hilfe dann die Beziehungen zwischen den latenten Variablen überprüft werden können. Zur Verdeutlichung der Unterschiede sei unterstellt, dass ein Hotelbetreiber seine Gäste befragt, wie stark die nachfolgenden vier Merkmale bzgl. eines konkreten Hotelaufenthalts bei ihnen ausgeprägt sind: „Erwartungserfüllung" (x_1), „Gefühl eine gute Wahl getroffen zu haben" (x_2), „Wunsch nach Abwechslung" (x_3) und „Neigung neue Hotels auszuprobieren" (x_4). Im Falle der EFA werden zunächst die Korrelationen zwischen den Beurteilungen berechnet. Mit Hilfe des verwendeten Schätzalgorithmus werden dann die Faktorladungen (Korrelationen zwischen Beurteilungsvariablen und Faktoren) so geschätzt, dass mit möglichst wenigen Faktoren die empirischen Korrelationen möglichst gut reproduziert werden können.

Variable	Explorative Faktorenanalyse (EFA): Faktor 1 „???"	Faktor 2 „???"	Konfirmatorische Faktorenanalyse (KFA): „Zufriedenheit"	„Variety Seeking"
X_1:	λ_{11}	λ_{12}	λ_{11}	0
X_2:	λ_{21}	λ_{22}	λ_{21}	0
X_3:	λ_{31}	λ_{32}	0	λ_{32}
X_4:	λ_{41}	λ_{42}	0	λ_{42}

Abb. 7.8 Typische Faktorladungsmatrizen bei EFA und KFA

Die EFA unterbreitet dabei auch einen „Vorschlag" für die Anzahl der zu extrahierenden Faktoren. Unterstellen wir, dass die *statistischen Kriterien* der EFA (z. B. Kaiser-Kriterium) eine Zweifaktorlösung anzeigen, so ist die in Abb. 7.8 dargestellte Faktorladungsmatrix mit insgesamt acht Faktorladungen (λ_{11} bis λ_{42}) zu schätzen. Welche Variable dabei wie stark auf welchen Faktor lädt und damit auch in besonderer Weise zur Interpretation der von der EFA extrahierten Faktoren herangezogen wird, ist das *Ergebnis* des Verfahrens. Die Interpretation der Faktoren erfolgt abschließend aufgrund der gewonnenen Faktorladungsmatrix unter Rückgriff auf die geschätzten Faktorladungen durch den Anwender, wobei eine vorherige Rotation der Faktorladungsmatrix in den meisten Fällen eine Interpretationserleichterung erbringt.

Im Unterschied dazu wird bei der KFA a-priori eine i. d. R. eindeutige Zuordnung der Beobachtungsvariablen zu den betrachteten Konstrukten (Faktoren) vorgenommen, die bereits vorab definiert wurden. Entsprechend hat auch eine auf die betrachteten Faktoren (Konstrukte) abgestimmte Ableitung der zu erhebenden Beobachtungsvariablen zu erfolgen. So zeigt Abb. 7.8, dass die Variablen x_1 und x_2 dem Konstrukt „Zufriedenheit" (Faktor 1) und die Variablen x_3 und x_4 dem Konstrukt „Variety Seeking" (Faktor 2) eindeutig zugeordnet wurden. Diese eindeutige a-priori Zuordnung bedeutet, dass bei der KFA die Faktorladungen λ_{12}, λ_{22}, λ_{31}, und λ_{41} bereits *vor* der Analyse auf 0 festgelegt werden können und damit nur noch vier Faktorladungen (λ_{11}, λ_{21}, λ_{32}, und λ_{42}) zu schätzen sind, wobei diese nur noch der *Beurteilung* dienen, ob die vorgenommenen theoretischen Zuordnungen der Variablen zu den Konstrukten (Faktoren) auch als empirisch bestätigt angesehen werden können. Damit entfallen viele der Ablaufschritte der EFA bei der KFA, da diese bei der EFA aufgrund der Analyseergebnisse vorzunehmenden Entscheidungen (z. B. bzgl. Faktorzahl, Rotation, Faktorinterpretation) bei der KFA bereits im Vorfeld im Rahmen der Modellformulierung vorgenommen werden müssen.

7.2.2.3 Reliabilitätskriterien der zweiten Generation auf Basis der konfirmatorischen Faktorenanalyse

Zur Berechnung der Reliabilitätskriterien der zweiten Generation sind die reflektiven Messmodelle der Konstrukte gemeinsam in einer KFA zu untersuchen. Mit Hilfe der Ergebnisse der KFA können dann folgende Reliabilitätskriterien berechnet werden:

- Indikatorreliabilität (Squared Multiple Correlation)
- Faktorreliabilität (FR) oder auch Composite Reliability (CR)
- durchschnittliche je Faktor extrahierte Varianz (DEV) oder auch AVE (Average Variance Extracted)

Im Folgenden werden zunächst die Formeln zur Berechnung der obigen Kriterien aufgezeigt und diese anschließend auf das Fallbeispiel angewandt.

Die *Indikatorreliabilität* gibt den Anteil der Varianz eines Indikators an, der durch das Konstrukt erklärt wird. Sie werden in AMOS unter der Bezeichnung „*Squared Multiple Correlation*" *(SMC)* ausgegeben und berechnen sich wie folgt.

Indikatorreliabilität (vgl. Bagozzi und Yi 1988, S. 80):

$$\text{Rel}\,(x_i) = \frac{\lambda_{ij}^2 \phi_{jj}}{\lambda_{ij}^2 \phi_{jj} + \theta_{ii}} \tag{7.6}$$

mit:

λ_{ij} = geschätzte Faktorladung

Φ_{jj} = geschätzte Varianz der latenten Variable ξ_j

θ_{ii} = geschätzte Varianz der zugehörigen Fehlervariablen ($= 1 - \lambda_{ij}^2$ bei Betrachtung der standardisierten Lösung)

Schwellenwert für gute Reliabilität: Rel $(x_i) \geq 0{,}4$

Sofern diese anhand der standardisierten Ergebnisse berechnet werden soll, so vereinfacht sich die Formel (7.6) zu Rel(x_i) $= 1 - \lambda_{ij}^2$. Die Indikatorreliabilität sollte dabei Werte größer als 0,4 annehmen, um von einer zumindest akzeptablen Eignung der entsprechenden Indikatorvariablen ausgehen zu können. Zusätzlich hierzu werden oft auch die Ladungen direkt betrachtet (Homburg und Giering 1996, S. 16). Dabei wird gefordert, dass diese statistisch signifikant von Null verschieden sind. Da diese Prüfung deutlich weniger restriktiv ist, kann dies als Mindestanforderung dienen, die bei Nichterfüllung zum Ausschluss des entsprechenden Indikators und damit einer Neukalibrierung des Messmodells führen sollte. Ingesamt wird dabei auf Indikatorebene gefordert, dass die Ladungen signifikant von Null verschieden und bedeutsam i. S. d. Indikatorreliabilität sein sollten (Hildebrandt und Temme 2006, S. 629).

Analog zu Cronbachs Alpha können die nachfolgenden Kriterien als Maß der Reliabilität über die *Gesamtsumme* aller Indikatoren, die ein Konstrukt bilden, verstanden werden: Die sog. Faktorreliabilität entspricht der „Indikatorreliabilität" auf Konstruktebene und sollte nach Bagozzi und Yi (1988) Werte größer als 0,6 annehmen. Sofern diese wiederum anhand der standardisierten Ergebnisse errechnet werden soll und zusätzlich die Varianz der latenten Konstrukte auf 1 fixiert ist (was im vorliegenden Fall gegeben ist), so errechnet sich diese wie folgt:

Faktorreliabilität (vgl. Bagozzi und Yi 1988, S. 80):

$$\mathrm{Rel}\left(\xi_j\right) = \frac{\left(\sum \lambda_{ij}\right)^2 \phi_{jj}}{\left(\sum \lambda_{ij}\right)^2 + \sum \theta_{ii}} \tag{7.7}$$

mit:

λ_{ij} = geschätzte Faktorladung
Φ_{jj} = geschätzte Varianz der latenten Variable ξ_j
θ_{ii} = geschätzte Varianz der zugehörigen Fehlervariablen ($= 1 - \lambda^2_{ij}$ bei Betrachtung der
standardisierten Lösung)

Schwellenwert für gute Reliabilität: Rel $(\xi_j) \geq 0{,}6$

Zusätzlich zur Faktorreliabilität wird in der Literatur oft auch die *durchschnittliche je Faktor extrahierte Varianz* betrachtet. Diese gibt an, wie viel Prozent der Streuung des latenten Konstruktes über die Indikatoren durchschnittlich erklärt wird. Unter denselben Bedingungen (standardisierte Lösung und var(ξ_j) = 1) verkürzt sich die Formel (7.8) zu: DEV(ξ_j) = $\Sigma \lambda^2_{ij}/\Sigma \lambda^2_{ij} + \Sigma (1 - \lambda^2_{ij})$. Werte größer als 0,5 sind dabei in der Literatur gefordert (Fornell und Larcker 1981).

Durchschnittlich extrahierte Varianz (vgl. Fornell und Larcker 1981, S. 45 f.):

$$DEV\left(\xi_j\right) = \frac{\left(\Sigma \lambda^2_{ij}\right) \phi_{jj}}{\left(\Sigma \lambda^2_{ij}\right) + \Sigma \theta_{ii}} \tag{7.8}$$

mit:

λ_{ij} = geschätzte Faktorladung
Φ_{jj} = geschätzte Varianz der latenten Variable ξ_j
θ_{ii} = geschätzte Varianz der zugehörigen Fehlervariablen ($= 1 - \lambda^2_{ij}$ bei Betrachtung der
standardisierten Lösung)

Schwellenwert für gute Reliabilität: DEV(ξ_j) $\geq 0{,}5$

Entscheidungen im Fallbeispiel: Die bisher betrachteten Reliabilitätskriterien der zweiten Generation seien im Folgenden für unser Fallbeispiel betrachtet. Zur Berechnung der Reliabilitätskriterien der zweiten Generation sind die reflektiven Messmodelle der Konstrukte aus unserem Beispiel gemeinsam in einer KFA zu untersuchen. Aus didaktischen Gründen werden im Folgenden jedoch nur die reflektiven Messmodelle für die Konstrukte „Kundenbindung", „Zufriedenheit" und „Wechselbarrieren" betrachtet, während das Messmodell für das Konstrukt „Variety Seeking" vernachlässigt wird. Weiterhin wird nachfolgend auch nur die Berechnung der Kriterien für die Daten der *Hauptstudie* aufgezeigt, obwohl diese Prüfungen bei realen Anwendunge auch für die Pretestdaten vorzunehmen sind.[17]

---

[17] Bei praktischen Anwendungen besteht allerdings auch oft der Zielkonflikt, dass der Pretestdatensatz meist eine nur geringe Fallzahl aufweist, die oftmals für die Durchführung einer KFA zu gering ist.

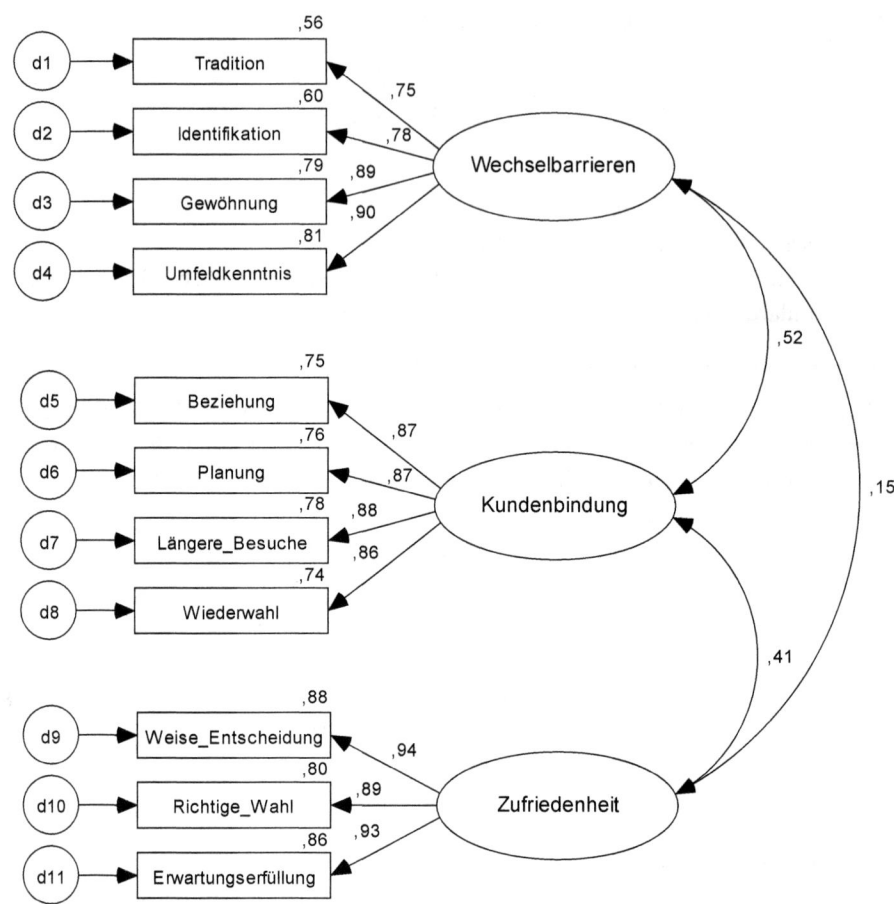

Abb. 7.9 Pfaddiagramm der KFA und standardisierte Parameterschätzungen für das Fallbeispiel

Zur Durchführung einer KFA mit Hilfe des Programmpaketes AMOS ist zunächst mit Hilfe des Moduls „*Amos Graphics*" ein *Pfaddiagramm* mit den drei Messmodellen zu erstellen. Die Vorgehensweise zur Erstellung des Pfaddiagramms ist dabei identisch zur Erstellung eines vollständigen Kausalmodells (= Messmodelle und Strukturmodell) und der Leser sei diesbezüglich auf die Darstellungen in Kap. 8.3 verwiesen.[18] Für unser Fallbeispiel zeigt Abb. 7.9 das Pfaddiagramm der KFA, wobei hier auch bereits die Schätzergebnisse eingetragen sind. Zur Schätzung der Parameter (Faktorladungen und Korrelation der Konstrukte) wurde die *Maximum-Likelihood-Methode* verwendet.[19]

---

[18] Kap. 8.3 erläutert den AMOS-Aufruf, die Erstellung des Pfaddiagramms sowie das Einlesen der Daten.

[19] Die im Rahmen der KFA anwendbaren Schätzverfahren sind identisch zu denen der Strukturgleichungsanalyse. Vgl. hierzu Abb. 3.24 und die Ausführungen in Kap. 3.3.2.3. Zur Auswahl einer Schätzmethodik in AMOS vgl. Kap. 8.3.

Faktor	Indikator	Ergebnisse der KFA			Reliabilitätsberechnungen		
		Faktor-ladungen	Ladungs-quadrate	Fehler-varianz	Indikator-reliabilität	Faktor-reliabilität	DEV
Zufriedenheit	Weise_Entscheidung	0,938	0,880	0,120	0,880		
(Varianz: 1,0)	Richtige_Wahl	0,894	0,799	0,201	0,799	0,942	0,845
	Erwartungserfüllung	0,925	0,856	0,144	0,856		
	Summe	*2,757*	*2,535*	*0,465*			
	Quadrate	*7,601*					
Wechselbarrieren	Tradition	0,751	0,564	0,436	0,564		
(Varianz: 1,0)	Identifikation	0,778	0,605	0,395	0,605	0,900	0,693
	Gewöhnung	0,888	0,789	0,211	0,789		
	Umfeldkenntnis	0,902	0,814	0,186	0,814		
	Summe	*3,319*	*2,771*	*1,229*			
	Quadrate	*11,016*					
Kundenbindung	Beziehung	0,867	0,752	0,248	0,752		
(Varianz: 1,0)	Planung	0,869	0,755	0,245	0,755	0,926	0,757
	Längere_Besuche	0,883	0,780	0,220	0,780		
	Wiederwahl	0,861	0,741	0,259	0,741		
	Summe	*3,480*	*3,028*	*0,972*			
	Quadrate	*12,110*					

Faktorkorrelationen:

	Zufriedenheit	Wechsel-barrieren
Wechselbarrieren	0,522	-
Kundenbindung	0,410	0,150

Quadrierte Faktorkorrelationen:

	Zufrieden-heit	Wechsel-barrieren
Wechselbarrieren	0,272	-
Kundenbindung	0,168	0,023

Abb. 7.10 Reliabilitätsberechnungen für das Fallbeispiel

Zur Berechnung der Reliabilitätskriterien der zweiten Generation, die von AMOS *nicht* direkt ausgewiesen werden, können die Schätzergebnisse der KFA vom Anwender z. B. in die *Tabellenkalkulation Excel* übernommen werden und die erforderlichen Berechnungen gem. den erläuterten Formeln (7.6) bis (7.8) durchgeführt werden.[20] Abbildung 7.10 zeigt das Ergebnis der Berechnungen, wobei die aus der KFA übernommenen Schätzergebnisse grau hinterlegt wurden. Zu beachten ist dabei, dass die Varianzen der drei latenten Variablen (Φ_{jj}) im Rahmen der Modellspezifikation von uns jeweils auf 1 fixiert wurden, d. h. es gilt: $\Phi_{jj} = 1$. Die Fehlervarianz eines Indikators i berechnet sich im Fall von standardisierten Schätzergebnissen als: $\theta_{ii} = 1 - \lambda^2_{ij}$. Die Indikatorreliabilitäten entsprechen somit den Ladungsquadraten und werden in AMOS unter der Bezeichnung *„Squared Multiple Correlation"* direkt im Textoutput unter dem Register *„Estimates"* ausgegeben.

Zur Verdeutlichung sollen die Faktorreliabilität und die durchschnittliche je Faktor extrahierte Varianz für das Konstrukt „Zufriedenheit" nachfolgend berechnet werden. Da hier die Ergebnisse der standardisierten Lösung betrachtet werden, gilt für die Reliabilität des Faktors (Konstruktes) „Zufriedenheit":

$$\text{Rel}\left(\xi_j\right) = (0{,}938 + 0{,}894 + 0{,}925)^2/(0{,}938 + 0{,}894 + 0{,}925)^2$$
$$+ ((1 - 0{,}938^2) + (1 - 0{,}894^2) + (1 - 0{,}925^2))$$
$$= (2{,}757)^2/((2{,}757)^2 + (0{,}465)) = 7{,}601/(7{,}601 + 0{,}405) = 0{,}942$$

---

[20] Die Excel-Datei hierzu findet der Leser auf der Internetplattform zum Buch.

Regression Weights: (Group number 1 - Default model)

			Estimate	S.E.	C.R.	P	Estimate*	SMC
Umfeldkenntnis	<---	Wechselbarrieren	0,960	0,061	15,670	***	0,902	0,814
Gewöhnung	<---	Wechselbarrieren	0,915	0,060	15,279	***	0,888	0,789
Identifikation	<---	Wechselbarrieren	0,843	0,068	12,423	***	0,778	0,605
Tradition	<---	Wechselbarrieren	0,893	0,075	11,836	***	0,751	0,564
Wiederwahl	<---	Kundenbindung	0,869	0,059	14,634	***	0,861	0,741
Längere_Besuche	<---	Kundenbindung	0,859	0,056	15,236	***	0,883	0,780
Planung	<---	Kundenbindung	0,855	0,058	14,867	***	0,869	0,755
Beziehung	<---	Kundenbindung	1,152	0,078	14,789	***	0,867	0,752
Erwartungserfüllung	<---	Zufriedenheit	1,156	0,070	16,613	***	0,925	0,856
Richtige_Wahl	<---	Zufriedenheit	0,912	0,058	15,688	***	0,894	0,799
Weise_Entscheidung	<---	Zufriedenheit	1,013	0,059	17,030	***	0,938	0,880

Abb. 7.11 KFA-Parameterschätzungen für das Fallbeispiel

Die durchschnittliche extrahierte Varianz des Faktors errechnet sich folgendermaßen:

$$DEV(\xi_j) = \Sigma \lambda^2_{ij} / \Sigma \lambda^2_{ij} + \Sigma(1 - \lambda_{ij}^2)$$

$$DEV(\xi_j) = (0,880 + 0,799 + 0,856)/[(0,880 + 0,799 + 0,856)$$

$$+ ((1 - 0,938^2) + (1 - 0,894^2) + (1 - 0,925^2))]$$

$$= (2,535)/[(2,535) + (0,465)] = 2,535/3,000 = 0,845$$

Werden nun die Ergebnisse in Abb. 7.11 betrachtet, so zeigt sich, dass alle Faktorladungen (unstandardisierte Ladungen = Estimate, standardisierte Ladungen = Estimate*) signifikant von Null verschieden sind. In AMOS werden dabei die p-Werte in der Spalte „P" ausgewiesen. Die *** bedeuten dabei, dass alle Indikatorvariablen zu einem Vertrauensniveau von 0,1 % signifikant von Null verschieden sind. Zusätzlich dazu sind alle Ladungen als bedeutsam einzuschätzen, da die jeweiligen Indikatorreliabilitäten (SMC) mit Werten zwischen 0,564 und 0,880 über dem geforderten Mindestniveau von 0,5 liegen. Diese Ergebnisse bestätigen damit die im vorangegangenen Kap. 7.2.1 durchgeführten Untersuchungen, so dass auch unter expliziter Berücksichtigung von Messfehlern von einer hohen Eignung der einzelnen manifesten Variablen ausgegangen werden kann.

Auf Ebene der Konstrukte zeigt sich ein ganz ähnliches Bild: So sind sowohl bei der Faktorreliabilität mit Werten von 0,942, 0,900 und 0,926 als auch bei der DEV mit Werten von 0,845, 0,963 und 0,757 die genannten Mindestwerte von 0,6 bzw. 0,5 deutlich überschritten. Somit ist insgesamt von einer hervorragenden Reliabilität der drei Konstruktmessungen auszugehen.

Zusätzlich zu den Reliabilitätsmaßen sind im unteren Teil der Abb. 7.10 noch die Korrelationen der Faktoren dargestellt, die von AMOS im Textoutput unter „*Estimates → Matrices*" als „*Implied Correlations*" ausgewiesen werden. Die daneben dargestellten quadrierten Korrelationen wurden dabei wieder „per Hand" berechnet, da sie nicht von AMOS direkt ausgewiesen werden und sind erst für die nachfolgende Validitätsprüfung der Konstruktmessungen von Bedeutung.

Kriterium	Formel	Schwellen-werte	Quellen
Reliabilitätsprüfung auf Indikator- und Faktorenebene			
Indikatorreliabilität	(7.6)	$\geq 0,4^*$ $\leq 0,9$	Bagozzi/Baumgartner (1994), S. 402 Netemeyer/Bearden/Sharma (2003), S. 153
$n \leq 1.000$ $n > 1.000$		$\geq 0,4$ $\geq 0,1\text{-}0,2$	Balderjahn (1986), S. 117
Faktorreliabilität	(7.7)	$\geq 0,6^*$ $\geq 0,3\text{-}0,5$	Bagozzi/Yi (1988), S. 82 Balderjahn (1986), S. 118
Durchschnittlich extrahierte Varianz	(7.8)	$\geq 0,5^*$	Fornell/Larcker (1981), S. 46
*: Cutoff-Werte, die üblicherweise in der Literatur verwendet werden			

Abb. 7.12 Gütekriterien der zweiten Generation und Schwellenwerte zur Beurteilung von Indikator- und Faktorreliabilität

7.2.3   Zusammenfassende Empfehlungen zur Reliabilitätsprüfung reflektiver Messmodelle mit Hilfe der Kriterien der zweiten Generation

Die in Kap. 7.2 diskutierten *Gütekriterien der zweiten Generation* zur Prüfung von Indikator- und Konstruktreliabilität sind nochmals in Abb. 7.12 zusammengefasst. Alle Kriterien liegen im Definitionsintervall [0;1], wobei in der Abbildung unter Angabe der entsprechenden Quellen diejenigen *Schwellenwerte* aufgeführt sind, ab denen von einer guten Reliabilität ausgegangen wird. Die in der praktischen Anwendung sowie in der Literatur als „*breit akzeptierten*" Schwellenwerte wurden mit einem * gekennzeichnet.

Auch hier ist einschränkend zu vermerken, dass die angegebenen Schwellenwerte lediglich *Richtlinien* darstellen, die nicht unreflektiert übernommen werden sollten. Ihre Anwendung ist insbesondere vor dem Hintergrund der Eigenheiten und Zielsetzungen einer Untersuchung zu prüfen und ggf. nochmals zu begründen. Liefern die Gütekriterien der zweiten Generation „schlechte" Reliabilitätswerte, so sollte eine Modifikation der Messmodelle vorgenommen werden. Dabei sind zunächst weniger gut geeignete Variablen zu eliminieren, wobei neben der aufgezeigten Möglichkeit unter Rückgriff auf die KITK auch die Indikatorreliabilitäten (z. B. bei Werten kleiner als 0,4) Anhaltspunkte zur Identifikation „schlechter" Indikatoren liefern. Sofern aus sachlogischer Sicht auf keine der Variablen „verzichtet" werden kann, so sind ggf. weitere Indikatorvariablen aufzunehmen. In jedem Fall sind die bisher durchgeführten Prüfungen dann mit der *modifizierten Indikatorgesamtheit* erneut vorzunehmen.

7.3 Validitätsprüfung reflektiver Messmodelle mit Hilfe der konfirmatorischen Faktorenanalyse

Die in den vorangegangenen Kapiteln durchgeführten Reliabilitätsprüfungen sind eine *notwendige Voraussetzung* für die Prüfung der Validität eines Messinstrumentariums. Die Validität weist bei der Operationalisierung hypothetischer Konstrukte eine besondere Relevanz auf, da sie als ein *zusammenfassendes Maß* für die Güte der Messung anzusehen ist.

Validität
 bezeichnet das Ausmaß, mit dem ein Messinstrument auch das misst, was es messen sollte. Validität kennzeichnet damit die Gültigkeit bzw. konzeptionelle Richtigkeit eines Messinstrumentes. Vollkommen valide Messungen sind durch die Abwesenheit von Zufallsfehlern und systematischen Fehlern gekennzeichnet. Gemäß Formel (7.1) gilt bei validen Messungen: $X_O = X_T$.

Aus der Definition von Validität gemäß Formel (7.1) „$X_O = X_T$" lässt sich bereits erkennen, dass

- die Validität einer Messung in letzter Konsequenz *nicht* prüfbar ist, da der „wahre Wert" einer Variablen unbekannt ist;
- Validität Abwesenheit von systematischem Fehler und Zufallsfehler bedeutet;
- Validität immer auch Reliabilität beinhaltet, d. h. valide Messungen sind immer auch reliabel, nicht aber umgekehrt.

Vor diesem Hintergrund sind zur Abschätzung der Validität *Hilfskriterien* heranzuziehen, wobei konform mit der Standardliteratur (Hildebrandt und Temme 2006, S. 621; Bortz und Döring 2006; S. 200 ff.; Hildebrandt 1984, S. 42) drei unterschiedliche Validitätsarten betrachtet werden:[21]

- Inhaltsvalidität (content validity oder Expertenvalidität)
- Kriteriumsvalidität (criterion validity)
- Konstruktvalidität (construct validity)

---

[21] Zum Begriff und zur Beurteilung von Validität vgl. ausführlich: Balderjahn (2003), S. 130 ff.; Churchill (1979), S. 70 ff.; Himme (2007), S. 381 ff.; Peter (1981), S. 133 ff.; Schnell et al. (2011), S. 154 ff.

7.3.1   Inhaltsvalidität

Von Inhaltsvalidität eines Konstruktes kann ausgegangen werden, wenn eine Messung inhaltlich-semantisch auch das der Messung zugrunde liegende Konstrukt repräsentiert. Die Erzielung von Inhaltsvalidität setzt damit vor allem eine fundierte *Konzeptualisierung* eines Konstruktes voraus. Ihre Beurteilung sollte durch *Experten* erfolgen, weshalb sie auch als *Expertenvalidität* (face validity) bezeichnet wird und nicht quantifiziert werden kann.

Inhaltsvalidität (content validity)
liegt vor, wenn die erhobenen Indikatoren eines Konstruktes den inhaltlich-semantischen Bereich des Konstruktes repräsentieren und die gemessenen Items alle definierten Bedeutungsinhalte eines Konstruktes abbilden.

Die Überprüfung der Inhaltsvalidität setzt eine genaue semantische Abgrenzung der Konstrukte und die Festlegung all ihrer Facetten voraus. Üblicherweise kann der Nachweis von Inhaltsvalidität durch eine sorgfältige Auswahl der einzelnen Messindikatoren, durch Expertenurteile und/oder Pretests erbracht werden (Cronbach und Meehl 1955, S. 282; Nunnally 1967, S. 79 ff.). Wenn jedes Konstrukt durch mehrere Items semantisch abgebildet ist, können auch hinreichend hohe Interkorrelationen zwischen diesen Indikatoren als Kriterium für Inhaltsvalidität gedeutet werden (Hildebrandt 1984, S. 42).

Entscheidungen im Fallbeispiel: Für unser *Fallbeispiel* sei unterstellt, dass die in Kap. 5 vorgenommene Konzeptualisierung der Konstrukte sowie die anschließende Ableitung der Messindikatoren im Rahmen der Operationalisierung (vgl. Kap. 6) sachlogisch exakt vorgenommen wurde, so dass Inhaltsvalidität der Konstrukte gegeben ist.

7.3.2   Kriteriumsvalidität

Kriteriumsvalidität kann nur mit Hilfe eines sog. *Außenkriteriums* geprüft werden, das eine enge Verwandtschaft zu dem betrachteten Konstrukt aufweist. Das Kernproblem bei der Messung von Kriteriumsvalidität liegt dabei im Auffinden eines „brauchbaren" Außenkriteriums. Da auch die Außenkriterien hypothetische Konstrukte darstellen, müssen sie ebenfalls entsprechend konzeptualisiert, operationalisiert und empirisch erhoben werden.

Kriteriumsvalidität (criterion validity)
liegt vor, wenn zwischen der Messung eines Konstruktes und einem validen Außenkriterium eine hohe Übereinstimmung besteht.

Bei Vorliegen eines Außenkriteriums kann die Prüfung von Kriteriumsvalidität über die Korrelation zwischen dem betrachteten Konstrukt und dem Außenkriterium vorgenommen werden. Eine hohe Korrelation wird als Indiz dafür gewertet, dass das Außenkriterium das betreffende Konstrukt in direkter oder indirekter Weise repräsentiert oder widerspiegelt (Hildebrandt 1984, S. 42 f.).

Nach dem Zeitpunkt der Erhebung des Außenkriteriums wird zwischen Übereinstimmungsvalidität (concurrent validity) und Prognosevalidität (predictive validity) unterschieden: Von *Übereinstimmungsvalidität* kann dann ausgegangen werden, wenn zwischen dem Konstrukt und einem zum gleichen Zeitpunkt gemessenen Außenkriterium eine bedeutsame Korrelation vorliegt. Zur Überprüfung der Übereinstimmungsvalidität können die Außenkriterien und die Messmodelle der Konstrukte in eine gemeinsame KFA integriert werden, was den Vorteil bietet, dass hierbei um Messfehler bereinigte Korrelationen (corrected for attenuation) zwischen dem betreffenden Konstrukt und dem Außenkriterium errechnet werden können (Bagozzi 1981a, S. 335).

Erfolgt die Messung des Außenkriteriums zu einem späteren Zeitpunkt, so kann das Konstrukt zur Prognose des Außenkriteriums herangezogen werden. Sofern dies gelingt, d. h. hohe Korrelationen zwischen Konstrukt und Außenkriterium ermittelt werden können, ist *Prognosevalidität* gegeben.

Entscheidungen im Fallbeispiel: Für unser Fallbeispiel sei die Kriteriumsvalidität der Konstrukte in Form der *Übereinstimmungsvalidität* geprüft. Ebenso wie bei den Reliabilitätskriterien wird auch diese Prüfung nur für die Hauptuntersuchung mit Hilfe der KFA durchgeführt. Dabei sei unterstellt, dass für die drei Konstrukte „Zufriedenheit", „Kundenbindung" und „Wechselbarrieren" *geeignete Außenkriterien* im Rahmen der Hauptuntersuchung *zeitgleich* mit den Indikatorvariablen in Form folgender Fragen erhoben wurden:[22]

- *Außenkriterium für Zufriedenheit:*
  Welchem Anteil an Freunden und Bekannten haben Sie einen Aufenthalt in diesem Hotel empfohlen? (Skala: 1 = 0 % bis 6 = 100 %)
- *Außenkriterium für Kundenbindung:*
  Haben Sie sich schon entschieden, für einen zukünftigen Urlaub ein Zimmer im Hotel zu buchen? (Skala: 1 = werde dies nicht tun, 2 = werde dies vielleicht noch tun, 3 = werde dies wahrscheinlich noch tun, 4 = Buchung ist bereits erfolgt)
- *Außenkriterium für Wechselbarrieren:*
  Welchen Aufschlag (in Prozent) würden Sie für einen Aufenthalt im Hotel bezahlen, sofern dieser für eine Reservierung erforderlich ist? (1 = 0 (würde keinen Aufschlag akzeptieren) bis 6 = 30 %)

---

[22] Die nachfolgenden Außenkriterien dienen hier vor allem der Verdeutlichung der Vorgehensweise. In realen Anwendungssituationen erweist sich die Festlegung und valide Messung geeigneter Außenkriterien als sehr aufwendig, da hierfür im Prinzip ebenfalls der vollständige Prozess der Konstruktkonzeptualisierung, Operationalisierung und Reliabilitäts- sowie Validitätsprüfung durchlaufen werden müsste.

Da zur Messung der Außenkriterien, die ihrerseits ebenfalls latente Konstrukte darstellen, nur jeweils eine Indikatorvariable verwendet wurde, sei unterstellt, dass die gewählten Indikatoren die Konstrukte fehlerfrei messen. Zu diesem Zweck muss in AMOS über Doppelklick auf die Fehlervarianzen im Untermenü *„Object properties → Variance"* den Außenkriterien jeweils ein Wert von Null zugewiesen werden. Zur Bestimmung der Übereinstimmungsvalidität werden die obigen Außenkriterien den jeweiligen Konstrukten zugewiesen und wiederum mit AMOS eine KFA unter Verwendung der *Maximum-Likelihood Methode* durchgeführt.[23] Das mit Hilfe des Grafik-Moduls von AMOS erstellte Pfaddiagramm dieser KFA sowie die resultierenden Parameterschätzungen zeigt Abb. 7.13.

Zur Prüfung, wie stark die Konstrukte, die über die in den vergangenen Kapiteln aufgestellten Messmodelle erfasst werden, mit den Außenkriterien korrespondieren, werden neben den Kovarianzen zwischen den Zielkonstrukten (reflektive Messmodelle) und den Außenkriterien (Single-Item Messungen) auch die Kovarianzen zwischen den betreffenden Konstrukten und ihrem jeweiligen Außenkriterium geschätzt. Abbildung 7.13 enthält die standardisierte Lösung der KFA und zeigt die um Messfehler bereinigten Korrelationen zwischen den Außenkriterien und den entsprechenden Konstrukten. Mit Koeffizienten von ≥ 0,90 wird deutlich, dass eine relativ hohe Übereinstimmungsvalidität vorliegt. Da weiterhin auch die *Gütekriterien des Gesamtmodells* der KFA (siehe Kasten in Abb. 7.13) akzeptable Ergebnisse aufweisen, kann der Nachweis von Kriteriumsvalidität bzw. von Übereinstimmungsvalidität für unser Fallbeispiel als erbracht angesehen werden.[24]

7.3.3 Konstruktvalidität

Konstruktvalidität betrifft allgemein die Beziehung zwischen einem hypothetischen Konstrukt und seiner Messkonzeption.

> **Konstruktvalidität (construct validity)**
> liegt vor, wenn die Messung eines Konstruktes nicht durch andere Konstrukte oder systematische Fehler verfälscht ist. Sie ist gegeben, wenn konvergente, diskriminante und nomologische Validität bestätigt werden können.

---

[23] Vgl. zum Aufruf von AMOS, die Erstellung des Pfaddiagramms für das KFA-Modell mit Außenkriterien mit Hilfe des Grafik-Moduls sowie das Einlesen der Daten die Ausführungen in Kap. 8.3. Daten und den AMOS-Output für die KFA mit Außenkriterien findet der Leser auf der Internetplattform zum Buch.

[24] Zur Beurteilung der Güte des Gesamtmodells der KFA werden dieselben Kriterien wie bei einem vollständigen Kausalmodell (= Messmodelle plus Stukturmodell) herangezogen; vgl. hierzu im Detail Kap. 9.

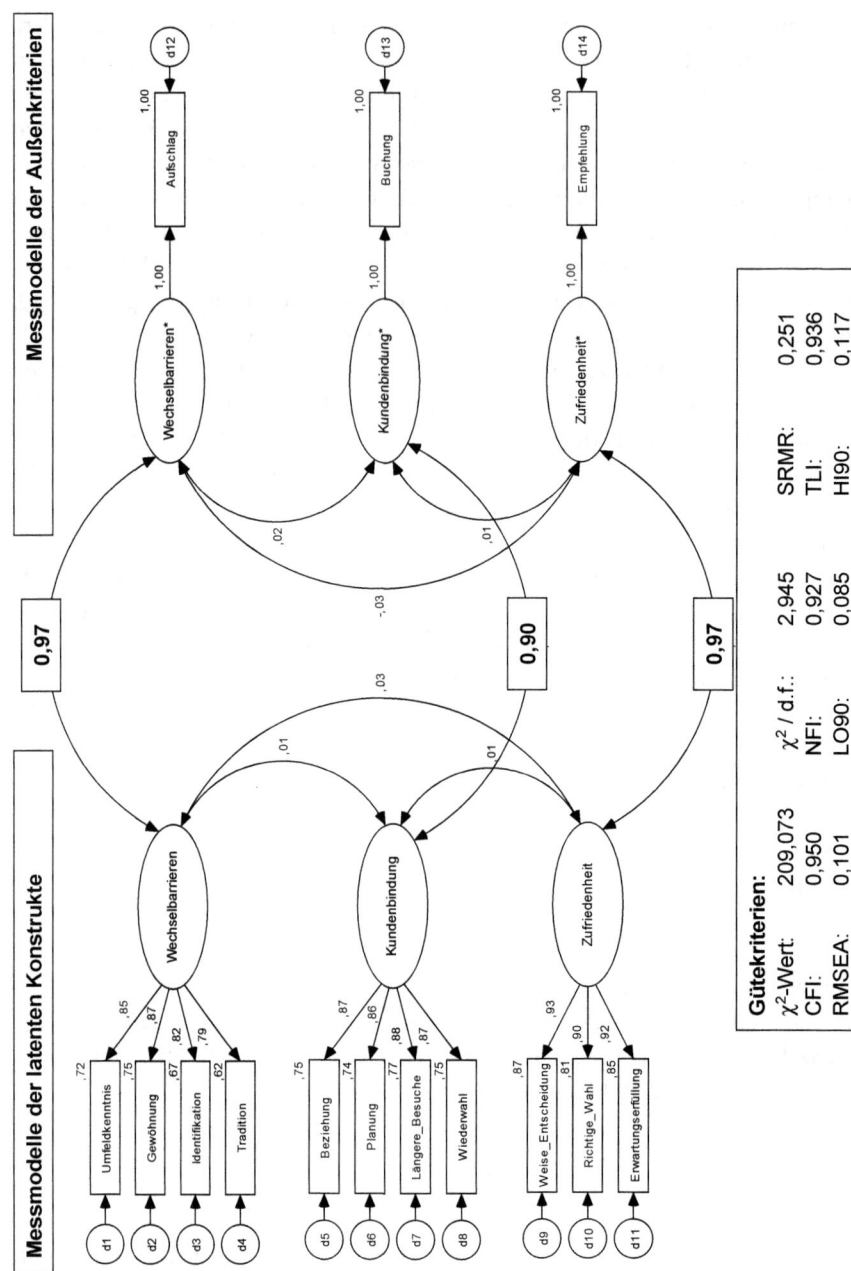

Abb. 7.13 KFA mit Außenkriterien

Nach Peter (1981, S. 135) ist Konstruktvalidität dann gegeben, wenn von konvergenter, diskriminanter und nomologischer Validität der Konstrukte ausgegangen werden kann. Das bedeutet, dass zunächst die theoretischen Zusammenhänge zwischen Indikatoren und Konstrukten (Konvergenzvalidität) sowie zwischen den Konstrukten (nomologische Validität) empirisch bestätigt sein müssen. Darüber hinaus muss dann auch noch eine trennscharfe Messung der Konstrukte (Diskriminanzvalidität) vorliegen.

7.3.3.1   Nomologische Validität und deren Prüfung

Nomologische Validität
als Teilaspekt der *Konstruktvalidität* liegt vor, wenn die Zusammenhänge zwischen zwei oder mehreren Konstrukten (Kausalhypothesen) aus theoretischer Sicht im Rahmen eines sog. nomologischen Netzwerkes theoretisch fundiert werden können.

Als *nomologisches Netzwerk* wird allgemein die Verknüpfung der Begriffe einer Theorie in deren Aussagesystem verstanden. Die nomologische Validierung umfasst dabei sowohl die theoretischen Beziehungen zwischen verschiedenen Konstrukten als auch die Beziehungen der Konstrukte zu ihren jeweiligen Messindikatoren (Peter 1981, S. 135). Da nomologische Validität sich in dem Grad widerspiegelt, mit dem die Kausalbeziehungen zwischen den Konstrukten in einem nomologischen Netzwerk bestätigt werden können (Campbell 1960, S. 547; Hildebrandt 1984, S. 42), kann sie mit Hilfe der Kausalanalyse geprüft werden. Bestätigen die Parameterschätzungen eines vollständigen Kausalmodells (Messmodelle plus Strukturmodell) die theoretisch vermuteten Beziehungen, so kann auf nomologische Validität geschlossen werden. Das ist gegeben, wenn ein Kausalmodell eine hohe Anpassungsgüte aufweist, d. h. die theoretische Modellstruktur die empirischen Daten gut abbilden kann. Weiterhin kann aber auch anhand der Ergebnisse der KFA das Vorliegen von nomologischer Validität untersucht werden. Sofern die Konstrukte untereinander (gemessen anhand der Kovarianzen) und mit den Messindikatoren inhaltlich begründbare Beziehungen aufweisen, so kann dies ebenfalls als Indiz für das Vorliegen nomologischer Validität gewertet werden.

Entscheidungen im Fallbeispiel: Für unser Fallbeispiel ergibt sich die Prüfung der nomologischen Validität der Konstrukte aus der Beurteilung des Gesamtmodells (vgl. Abb. 8.3), dessen Güte mit Hilfe der in Kap. 9 noch zu behandelnden Kriterien geprüft wird. Gemäß dem am Ende von Kap. 9.2.2 unter *„Abschließende Gesamtbeurteilung des Modells im Fallbeispiel"* erzielten Gesamtbeurteilung, kann für das Kausalmodell im Fallbeispiel von nomologischer Validität ausgegangen werden.

Zum jetzigen Zeitpunkt können jedoch zur Prüfung der nomologischen Validität allerdings die Parameterschätzungen der KFA herangezogen werden, die in Kap. 7.2 zur Berechnung der Reliabilitätskriterien der zweiten Generation durchgeführt wurde. Die in Abb. 7.9 bzw. 7.10 abgebildeten Parameterschätzungen machen deutlich, dass zwischen den Konstrukten jeweils positive Korrelationsbeziehungen bestehen. Dies ist inhaltlich sehr gut begründbar und entspricht im Kern den in Kap. 4 aufgestellten Hypothesen, nach denen sowohl die Zufriedenheit als auch die Wechselbarrieren einen positiven Einfluss auf die Kundenbindung aufweisen. Die nur gering positive und nicht signifikante Kovarianz zwischen der Zufriedenheit und den Wechselbarrieren kann darüber erklärt werden, dass Wechselbarrieren hier eher als psychologische Barrieren zu verstehen sind, die bei einer höheren Zufriedenheit stärker werden. Aufgrund der insgesamt positiven und hochsignifikanten Faktorladungen kann deshalb für unser Fallbeispiel von nomologischer Validität der Konstrukte ausgegangen werden.

7.3.3.2 Konvergenzvalidität und deren Prüfung

Konvergenzvalidität
als Teilaspekt der *Konstruktvalidität* liegt vor, wenn die Messungen eines Konstruktes mit zwei maximal unterschiedlichen Methoden übereinstimmen.

Insbesondere im Bereich der Wirtschafts- und Sozialwissenschaften ist die Messung konvergenter Validität (Bagozzi et al. 1991, S. 425; Campbell und Fiske 1959, S. 83 f.) relativ schwierig, da sich nicht ohne Weiteres zwei *„maximal unterschiedliche"* Messmethoden finden lassen. Darüber hinaus ist die Messung eines Konstruktes über zwei Methoden auch sehr aufwendig, weshalb die Messung von Konvergenzvalidität nur selten vorgenommen wird.

Eine Möglichkeit der Messung von Konstrukten über zwei maximal unterschiedliche Methoden bietet die Messung durch Befragung und durch Beobachtung. So könnten in unserem Fallbeispiel mittels *Beobachtung* z. B. das Konstrukt „Zufriedenheit" über die Höhe des Trinkgeldes, die „Kundenbindung" über die Zahl der Wiederholungsbuchungen und die „Wechselbarrieren" über die Art der Kundenkarte (Premium-, Gold-, Platin-Karte) gemessen werden. Mit Hilfe der beiden Messmethoden je Konstrukt (Befragung und Beobachtung) lässt sich dann eine sog. *Multitrait-Multimethod-Matrix* (MTMM-Matrizen) aufstellen, die in Abb. 7.14 mit Bezug zu unserem Fallbeispiel dargestellt ist.

Die MTMM-Matrix erlaubt nach Campbell und Fiske (1959, S. 81 ff.) eine Überprüfung sowohl von konvergenter als auch diskriminanter Validität. Voraussetzung für das Aufstellen einer MTMM-Matrix ist, dass *mindestens zwei verschiedene Konstrukte*, die hier als „Traits" bezeichnet werden, mit mindestens zwei maximal unterschiedlichen Methoden gemessen werden. Traditionell erfolgt die Überprüfung von konvergenter und diskriminanter Validität durch die Analyse der Muster und der Höhe einzelner Korrelationen in der MTMM-Matrix (Bagozzi 1980, S. 130 ff.). Eine MTMM-Matrix setzt sich dabei aus insgesamt 3 Blöcken zusammen, die zur Prüfung von konvergenter und diskriminanter Validität in Relation zueinander betrachtet werden:

(1) Monotrait-Heteromethod-Block: Die Korrelation zwischen den Messungen jeweils desselben Konstruktes mit verschiedenen Methoden stellt das Maß für konvergente Vali-

Methode		Befragung		Beobachtung	
	Konstrukt	Kunden-bindung	Wechsel-barrieren	Kunden-bindung	Wechsel-barrieren
Befragung	Kunden-bindung	1,000			
	Wechsel-barrieren	0,522 ②	1,000		
Beobachtung	Kunden-bindung	0,724 ①	0,215 ③	1,000	
	Wechsel-barrieren	0,364 ③	0,824 ①	0,388 ②	1,000

(1) Monotrait-Heteromethod-Korrelationen
(2) Heterotrait-Monomethod-Korrelationen
(3) Heterotrait-Heteromethod-Korrelationen

Abb. 7.14 MTMM-Matrix für das Fallbeispiel

dität dar. Über alle Konstrukte sollten die Korrelationen dabei positiv, signifikant von Null verschieden und substantiell d. h. größer als 0,5 sein (Bortz und Döring 2006, S. 204). Im vorliegenden Fall kann Konvergenzvalidität mit Werten von 0,724 und 0,824 als gegeben angesehen werden.

(2) Heterotrait-Monomethod-Block: Hier werden die Korrelationen der Messung verschiedener Konstrukte mit jeweils denselben Methoden betrachtet. Eine Voraussetzung für Diskriminanzvalidität ist, dass diese nicht zu groß sein sollten. Da diese Werte (0,522 und 0,388) signifikant kleiner als die unter (1) ausgewiesenen Monotrait-Heteromethod-Korrelationen von 0,724 und 0,824 sind, ist die erste Bedingung für Diskriminanzvalidität erfüllt.

(3) Heterotrait-Heteromethod-Block: Um von Diskriminanzvalidität ausgehen zu können, müssen zusätzlich auch die Korrelationen zwischen den Messungen der verschiedenen Konstrukte bei unterschiedlichen Methoden signifikant kleiner als die Monotrait-Heteromethod-Korrelationen (1) sein. Da auch diese Bedingung im Beispiel mit Werten von 0,364 und 0,215 (die signifikant kleiner als 0,724 und 0,824 sind) erfüllt ist, kann insgesamt vom Vorliegen sowohl von konvergenter als auch von diskriminanter Validität ausgegangen werden.

Weiterhin werden auch *kausalanalytische Modelle* zur Konstruktvalidierung mittels der MTMM-Matrix vorgeschlagen. Diese Validierung basiert im Allgemeinen auf der Anwendung der *KFA*, wobei eine Aufspaltung der Beobachtungswerte in eine Trait-, eine Methoden- und eine Fehlerkomponente vorgenommen wird (zur Analyse von MTMM-Matrizen mittels KFA vgl. Hildebrandt 1984, S. 45 ff.). Bei Modellen mit einem hinreichend guten Fit lässt sich konvergente und diskriminante Validität dann anhand der Höhe der Faktorladungen auf den Traits bzw. der Korrelationen zwischen den verschiedenen Traits prüfen.

Darüber hinaus werden in der Forschungspraxis zur Überprüfung der konvergenten
und diskriminanten Validität statt „maximal unterschiedlicher Methoden" lediglich *mehrere Indikatoren* für dasselbe Konstrukt erhoben (Konzept multipler Items), wobei in
diesem Fall die Indikatoren jedoch mit derselben Methode, nämlich der Befragung, gemessen werden (Fornell und Larcker 1981, S. 40; Anderson und Gerbing 1988, S. 416). Aus
messtheoretischer Sicht kann dadurch konvergente Validität jedoch *nicht* geprüft werden,
sondern lediglich die Konvergenz des Messverfahrens und die Differenziertheit der Konstrukte (Bagozzi 1981b, S. 375 ff.). Nach Fornell und Larcker (1981, S. 46) kann jedoch
dann auf konvergente Validität *geschlossen* werden, wenn der im Rahmen der KFA mittels
Formel (7.8) ermittelte Wert der DEV für die einzelnen Konstrukte über dem Schwellenwert von 0,50 liegt. Auch wenn hierdurch *keine* Bestätigung für Konstruktvalidität
erzielt werden kann, so lassen sich daraus zumindest Hinweise auf ein *Nichtvorhandensein*
konvergenter und diskriminanter Validität ableiten.

Entscheidungen im Fallbeispiel: Da in unserem Fallbeispiel *nicht* mehrere Messmetho-
den zur Erhebung der Konstrukte eingesetzt wurden, lassen sich Anhaltspunkte für die
Konvergenzvalidität nur aus dem in Kap. 7.2.2.3 berechneten Faktorreliabilitäten ableiten.
Die Ergebnisse in Abb. 7.10 zeigen, dass alle Faktorreliabilitäten Werte größer 0,5 auf-
weisen, so dass damit insgesamt *kein Hinweis* auf das *Nichtvorhandensein* konvergenter
Validität besteht.

7.3.3.3   Diskriminanzvalidität und deren Prüfung

Diskriminanzvalidität
als Teilaspekt der *Konstruktvalidität* liegt vor, wenn sich die Messungen verschiedener Konstrukte signifikant unterscheiden.

Diskriminanzvalidität sollte erst geprüft werden, wenn die Reliabilitätsprüfungen auf reliable Indikatoren schließen lassen und im Ergebnis reliable Messmodelle gefunden sind.
Für die als reliabel erachtete Indikatormenge kann zunächst, wie bereits in Kap. 7.2.1
beschrieben, eine *explorative Faktorenanalyse* durchgeführt werden. Erzeugt diese eine
Einfachstruktur, bei der alle Indikatoren jeweils auf einen Faktor laden, für dessen Operationalisierung sie auch formuliert wurden, so ist das ein guter Indikator für das Vorliegen
von Diskriminanzvalidität.

Im zweiten Schritt sollten dann zur Prüfung der diskriminanten Validität *zwei
konfirmatorische Faktorenanalysen* mit den zugehörigen Indikatorvariablen durchgeführt werden: Zum ersten ist eine KFA mit *freier Schätzung* der Faktorkorrelationen
vorzunehmen (sog. *unrestringiertes Modell*: M_u), und zum zweiten ist die KFA mit
einer auf 1 *restringierten* Faktorkorrelation zwischen zwei Konstrukten zu rechnen (sog.

restringiertes Modell: M_r).[25] Durch die Fixierung der Faktorkorrelation auf $\Phi_{ij} = 1$ wird die Nullhypothese formuliert, dass diese Konstrukte ξ_i und ξ_j dasselbe messen. Die Güte dieser beiden Modelle (M_u und M_r) ist zu prüfen, wobei das restringierte Modell bei Vorliegen von Diskriminanzvalidität auf jeden Fall die schlechtere Güte aufweisen muss. Als Maß für die Güte der Modelle kann auf den sog. Chi-Quadrat-Wert (χ^2-Wert) der Modelle zurückgegriffen werden.[26] Die Differenz beider χ^2-Werte kann dann mit Hilfe des sog. χ^2-*Differenztest* auf Signifikanz geprüft werden. Ist der Differenzwert signifikant von Null verschieden, so kann die Nullhypothese (beide χ^2-Werte sind gleich) abgelehnt werden, d. h. es liegt Diskriminanzvalidität beider Konstrukte vor.

χ^2-Differenztest (vgl. Jöreskog 1971a, S. 117 ff):

$$\chi^2\text{-} M_r - \chi^2\text{-} M_u \geq 3,841 (5\%\text{-Signifikanzniveau}) \tag{7.9}$$

mit

χ^2-M_r $= \chi^2$-Werte des restringierten Modells ($cov(\xi_i,\xi_j) = 1$)
χ^2-M_u $= \chi^2$-Werte des unrestringierten Modells (Faktorkorrelationen frei geschätzt)

Ein weiteres Kriterium zur Prüfung der Diskriminanzvalidität, das in der Forschung eine weite Verbreitung gefunden hat, wurde von *Fornell/Larcker* vorgeschlagen. Dieses Kriterium ist dabei wesentlich strenger und stellt die durchschnittlich durch einen Faktor erfasste Varianz (DEV in Gleichung (7.8)) mit jeder quadrierten Korrelation (Φ^2_{ij}), die der betrachtete Faktor i mit einem anderen Faktor j aufweist, gegenüber. Da die quadrierte Korrelation zwischen zwei Faktoren als gemeinsame Varianz dieser Faktoren interpretiert werden kann, liegt nach Fornell/Larcker Diskriminanzvalidität dann vor, wenn diese gemeinsame Varianz kleiner ist als die DEV der jeweiligen Faktoren.

Fornell/Larcker-Kriterium (vgl. Fornell und Larcker 1981, S. 46):

$$DEV\left(\xi_j\right) \geq \Phi^2_{ij}; \quad \text{für alle } i \neq j \tag{7.10}$$

mit:

$DEV(\xi_j)$ $=$ DEV des Faktors ξ_j gemäß Gleichung (7.8)
Φ^2_{ij} $\quad = $ quadrierte Korrelation zwischen ξ_i und ξ_j

Entscheidungen im Fallbeispiel: Für unser Fallbeispiel sei unterstellt, dass der Hotelbesitzer auf die Erhebung der Konstrukte mit unterschiedlichen Methoden aus Kostengründen verzichtet hat und deshalb zur Prüfung der Diskriminanzvalidität nur auf die multiplen Messmodelle zurückgreifen kann:

Zur Prüfung der Diskriminanzvalidität zeigen die Ergebnisse der in Kap. 7.2.1 durchgeführten *explorativen Faktorenanalyse* (vgl. Abb. 7.5), dass alle Indikatoren jeweils auf den Faktor laden, für dessen Operationalisierung sie auch formuliert wurden. Das kann als erster Hinweis für das Vorliegen von Diskriminanzvalidität im Fallbeispiel gewertet werden.

---

[25] Zur Güteprüfung mittels Modellvergleich vgl. auch Kap. 9.2.
[26] Vgl. zum Chi-Quadrat-Wert als globales Gütemaß eines Modells Kap. 9.1.2.1.

Zur Prüfung der Diskriminanzvalidität mit Hilfe der *KFA* kann zunächst auf die bereits in Kap. 7.2.2 für das Fallbeispiel durchgeführte KFA zur Beurteilung der Reliabilität der Messmodelle mit Hilfe der Kriterien der zweiten Generation zurückgegriffen werden. Die dort durchgeführte KFA entspricht dem sog. *unrestringierten Modell (M$_u$)*, das einen Chi-Quadrat-Wert von $\chi^2\text{-}M_u = 71{,}83$ besitzt.[27] Um nun den $\chi^2\text{-}Differenztest$ für unserer Fallbeispiel mit drei latenten Konstrukten durchführen zu können, sind insgesamt drei weitere KFA mit $\Phi_{12} = 1$; $\Phi_{13} = 1$ und $\Phi_{23} = 1$ zu berechnen.[28] Für diese drei KFA-Modelle ergeben sich im Fallbeispiel folgende χ^2-Werte bzw. nach Verminderung dieser Werte um den χ^2-Wert von 71,83 des unrestringierten Modells folgende χ^2-Differenzwerte:[29]

$$\chi^2\text{-}M_r(\Phi_{12} = 1) = 530{,}39 \Rightarrow \chi^2\text{-Differenz}_{12} = 458{,}56$$

$$\chi^2\text{-}M_r(\Phi_{13} = 1) = 588{,}10 \Rightarrow \chi^2\text{-Differenz}_{13} = 516{,}27$$

$$\chi^2\text{-}M_r(\Phi_{23} = 1) = 411{,}35 \Rightarrow \chi^2\text{-Differenz}_{23} = 339{,}52$$

mit:

Φ_{12}: Kovarianz zwischen Zufriedenheit und Kundenbindung
Φ_{13}: Kovarianz zwischen Zufriedenheit und Wechselbarrieren
Φ_{23}: Kovarianz zwischen Kundenbindung und Wechselbarrieren

Da alle χ^2-Differenzwerte deutlich oberhalb des kritischen Wertes von 3,84 beim Konfidenzniveau $\alpha = 0{,}05$ liegen, können die Nullhypothesen verworfen werden, dass die jeweils zwei Konstrukte, zwischen denen die Faktorkorrelation auf 1 restringiert wurden, dasselbe messen. Auch dies spricht insgesamt für das Vorliegen von Diskriminanzvalidität im Fallbeispiel.

Schließlich weist auch das *Fornell-Larcker-Kriterium* auf Diskriminanzvalidität der Konstrukte im Fallbeispiel hin, was aus den Ergebnissen der KFA, die bereits im Rahmen der Reliabilitätsprüfung durchgeführt wurde, zu entnehmen ist (vgl. Abb. 7.10). Die DEV-Werte der drei Konstrukte liegen zwischen 0,693 und 0,845 und sind damit deutlich größer als die quadrierten Korrelationen zwischen den Faktoren, die nur Werte zwischen 0,023 bis 0,272 aufweisen.

---

[27] Die Ergebnisse dieser KFA sind auf der Internetplattform zum Buch verfügbar.

[28] Die Pfaddiagramme dieser drei KFA entsprechen dem des unrestringierten Modells mit dem Unterschied, dass die Kovarianz zwischen den entsprechenden Konstrukten jeweils auf 1 zu fixieren sind. Zu diesem Zweck ist im AMOS-Grafikmodus jeweils über einen Doppelklick auf den Pfeil, der die Kovarianz zwischen den entsprechenden Konstrukten angibt, unter „Object Properties → Parameters" für die entsprechende Kovarianz („Covariance") jeweils der Wert 1 anzugeben. Im Textoutput werden dann unter „Model Fit" beim „Default Model", die χ^2-Werte (CMIN) für das zur Schätzung herangezogene Modell ausgegeben. Syntax, Daten und AMOS-Outputs zu diesen drei KFA findet der Leser auf der Internetplattform zum Buch.

[29] Zum Aufruf von AMOS, der Erstellung des Pfaddiagramms mit Hilfe des Grafik-Moduls für die jeweiligen KFA sowie zum Einlesen der Daten vgl. Kap. 8.3.

Kriterium	Schwellenwerte	Quellen
Inhaltsvalidität:		
Bestätigung der Übereinstimmung des Messmodells mit dem inhaltlich-semantischen des Konstruktes (z. B. durch Experten)		Churchill (1979), S. 69
Kriteriumsvalidität:		
Konkurrenzvalidität	Cor $(\xi_{i,t=0}, \xi_{i,t=0})$ hoch bzw. sign.	Zaltmann/Pinson/Angelmar (1973), S. 45
Prognosevalidität	Cor $(\xi_{i,t=0}, \xi_{i,t=1})$ hoch bzw. sign.	
Konstruktvalidität:		
Erfordert Konvergenz-, Diskriminanz- und nomologische Validität		Peter (1981), S. 135
(1) Konvergenzvalidität	DEV$(\xi_i) \geq 0{,}5$	Fornell/Larcker (1981), S. 46
(2) Diskriminanzvalidität		
Fornell/Larcker Kriterium	DEV$(\xi_i) > \Phi^2_{ij} \; \forall \, i, j$	Fornell/Larcker (1981), S. 46
χ^2-Differenztest	$> 3{,}84$	Homburg (1998), S. 101
(3) Nomologische Validität	KFA/SGM-Modell mit hoher Güte	Bagozzi (1979), S. 14

Abb. 7.15 Gütekriterien und Schwellenwerte zur Validitätsprüfung

Betrachtet man zusätzlich noch die Anpassungsgüte des Gesamtmodells, anhand der erst später in Kap. 9.1.2 dargestellten Kriterien, so sei an dieser Stelle lediglich vermerkt, dass sie für eine sehr gute Anpassung der KFA Modelle mit und ohne Außenkriterien sprechen.[30] Insgesamt kann somit aufgrund der Ergebnisse des χ^2-Differenztests, des Fornell-Larcker Kriteriums und der hohen Modellgüte das Vorliegen von Diskriminanzvalidität insgesamt als bestätigt angesehen werden.

7.3.4   Zusammenfassende Empfehlungen zur Validitätsprüfung

Der Validitätsprüfung kommt im Rahmen der SGM eine besondere Bedeutung zu, da die Validität ein zusammenfassendes Gütemaß darstellt und bei Vorliegen von Validität auch Reliabilität gegeben ist. Die in Kap. 7.3 diskutierten Ansätze zur Prüfung der Validität sind in Abb. 7.15 nochmals zusammengefasst.

Empirische Bestätigung und Schlussfolgerung auf Validität
Die Validität hypothetischer Konstrukte kann *nicht* bewiesen, sondern nur anhand der Gütekriterien geschlussfolgert werden. Dieser „Schluss" wird bei praktischen Anwendungen dann als gerechtfertigt angesehen, wenn neben der Reliabilität der Messungen auch der Nachweis von Inhalts- und Konstruktvalidität erbracht ist. Während

---

[30] Die detaillierten Ergebnisse hierzu sind auf der Internetplattform zum Buch verfügbar.

die sorgfältige Konzeptualisierung der Konstrukte den Schluss auf Inhaltsvalidität erlaubt, wird Konstruktvalidität vor allem im Sinne von *Diskriminanzvalidität* interpretiert und mit Hilfe der KFA geprüft.

Basierend auf den Besonderheiten der unterschiedlichen Konzepte zur Prüfung der Validität, insbesondere aber aufgrund der Schwierigkeit, geeignete Außenkriterien zu definieren und diese valide zu messen, hat sich in der Forschungspraxis folgender *Prüfprozess zur Abschätzung der Validität* durchgesetzt:

(1) *Abschätzung der Inhaltsvalidität*:
    Die sorgfältige und anhand der in den Kap. 5 und 6 aufgezeigten Ausführungen gestützte Konzeptualisierung und Operationalisierung der Konstrukte ist Voraussetzung zur Erzielung von Inhaltsvalidität. Diese sollte dann unter Rückgriff auf Experteneinschätzungen qualitativ evaluiert werden. Erst wenn von Inhaltsvalidität ausgegangen werden kann, sollte die Prüfung von Konstruktvalidität erfolgen. Ansonsten ist eine Anpassung der Messmodelle und ggf. eine Neukonzeptualisierung der Konstrukte erforderlich.

(2) *Abschätzung der Konstruktvalidität*:
    Sind die DEV für alle Konstrukte $\geq 0,5$, so kann Konvergenzvalidität als gegeben angesehen werden. Sind weiterhin die DEV-Werte aller Konstrukte größer als die quadrierten Korrelationen mit den anderen Konstrukten, so liegt nach dem Kriterium von Fornell-Larcker auch Diskriminanzvalidität vor. Kann zusätzlich der Nachweis von nomologischer Validität erbracht werden, indem die Beziehungen (Kovarianzen oder Regressionskoeffizienten) zwischen den Konstrukten den theoretisch vermuteten Wirkbeziehungen entsprechen, so kann insgesamt auf das Vorliegen von Konstruktvalidität geschlossen werden.

Die Prüfung von *Kriteriumsvalidität* wird in der Anwendungspraxis aufgrund von meist fehlenden Außenkriterien nicht vorgenommen. Sind hingegen Außenkriterien vorhanden, so sind im Rahmen einer KFA die Kovarianzen zwischen Konstrukten und Außenkriterien zu schätzen, wobei hohe positive (zumindest signifikant von Null verschiedene) Werte für das Vorliegen von Kriteriumsvalidität sprechen.

7.4 Gesamtprozess der Güteprüfung reflektiver Messmodelle

Der Güteprüfung der Messmodelle ist im Rahmen der SGM eine herausragende Bedeutung beizumessen. Nur sofern diese als reliabel und auch als valide beurteilt werden können, ist die Prüfung von Hypothesen sinnvoll bzw. zulässig. Andernfalls ist nicht sichergestellt,

Prüfphase A: *Entwicklung der Messmodelle und Pretest*	
1	Prüfung der inhaltlichen Relevanz: (Kapitel 2) • Relevanz der betreffenden Indikatoren für die Zielpersonen • Verlässlichkeit der Beurteilungen • Trennschärfe des Sachverhalte; Differenzierung zwischen Personen
2	Prüfung der Dimensionalität der Konstrukte: (Kapitel 3) • Gemeinsame EFA für *alle* Indikatoren, die die theoretische Struktur der Konstrukt-Indikator-Beziehungen widerspiegeln sollte. • Getrennte EFA für die einzelnen Konstrukte (bei mehr als 4 Indikatoren), die Eindimensionalität bestätigen sollte. • Items, die nicht klar zuzuordnen sind, sollten aus der Analyse (sofern dies inhaltlich begründbar ist) ausgeschlossen werden
3	Reliabilitätsprüfung anhand der Kriterien der 1.Generation von multiplen Items bei eindimensionalen Konstrukten: • Cronbachs Alpha sollte je (eindimensionalem) Konstrukt größer 0,7 sein, *ansonsten* • sukzessive Elimination der Indikatoren mit den geringsten KITK- oder „Alpha ohne Item"-Werten
4	Validitätsprüfung anhand der Kriterien der 2.Generation (KFA): • Konstruktvalidität: DEV $\geq$ 0,5 und DEV(ξ_i) > Φ_{ij} • ggf. ist Kriteriumsvalidität anhand geeigneter Außenkriterien zu prüfen (hohe und inhaltlich begründete Korrelationen zwischen Außen- und Zielkriterium) • Falls Konstruktvalidität *nicht* bestätigt, sukzessive weitere Indikatoren aufnehmen oder entfernen; ggf. Neukonzeption der Konstrukte (dann Wiederholung ab Schritt 2)
5	Prüfung von *Inhaltsvalidität* und ggf. Konstrukt-Neukonzeption; Aufnahme/Elimination von Indikatoren (dann Wiederholung ab Schritt 2)
Prüfphase B: *Konstruktmessung im Rahmen der Hauptuntersuchung*	
1	Prüfung der Dimensionalität der Konstrukte *
2	Reliabilitätsprüfung anhand der Kriterien der 1.Generation *
3	Reliabilitätsprüfung anhand der Kriterien der 2.Generation (KFA) *
4	Validitätsprüfung anhand der Kriterien der 2.Generation (KFA) *
* Inhalte und Entscheidungstatbestände sind mit denen von Phase A identisch.	

Abb. 7.16 Phasen und Ablaufschritte der Konstruktprüfung bei reflektiven Messmodellen

ob wirklich die Sachverhalte untersucht werden, die Gegenstand der Hypothesen sind oder aber ob die Konstruktmessung von Fehlereffekten stark verzerrt werden. Vor diesem Hintergrund sollte ein *zweistufiger Prüfprozess* durchgeführt werden:

• *Prüfphase A*: *Entwicklung der Messmodelle und Pretest*
  Nach sorgfältiger Konzeptualisierung und Operationalisierung der Konstrukte sind im Rahmen eines Pretests mit Hilfe der besprochenen Gütekriterien die *Reliabilität* (zusammenfassend: vgl. Abb. 7.4 und 7.12) und *Validität* (zusammenfassend: vgl.

Abb. 7.15) auf Indikator- sowie Konstruktebene zu prüfen und ggf. Anpassungen vorzunehmen.[31] Im Ergebnis sollte diese Prüfphase zu Messmodellen führen, die anhand der Pretestdaten als valide angesehen werden können. Die damit gefundenen Indikatoren sollten dann im Rahmen der Hauptstudie erhoben werden.

- *Prüfphase B: Konstruktmessung durch Hauptuntersuchung*
  Nach der „Optimierung" der reflektiven Messmodelle anhand der Pretestdaten sollten *alle* Prüfungen der ersten Prüfphase auch nochmals mit den Daten der *Hauptuntersuchung* vorgenommen werden. Erst wenn auch diese Prüfungen positiv sind, kann von validen Messmodellen ausgegangen werden, mit deren Hilfe dann die Prüfung des Hypothesensystems im Strukturmodell erfolgt.

Die einzelnen Schritte, die im Rahmen der beiden Prüfphasen durchlaufen werden sollten, sind zusammenfassend nochmals in Abb. 7.16 mit kurzen Kommentierungen dargestellt.

Literatur

Anderson, J. C., & Gerbing, D. W. (1988). Structural modeling in practice: A review and recommended two step approach. *Psychological Bulletin, 103,* 411–423.

Backhaus, K., Erichson, B., Plinke, W., & Weiber, R. (2011). *Multivariate Analysemethoden* (13. Aufl.). Berlin: Springer.

Backhaus, K., Erichson, B., & Weiber, R. (2013). *Fortgeschrittene Multivariate Analysemethoden* (2. Aufl., Kap. 3). Berlin: Springer.

Bagozzi, R. P. (1979). The role of measurement in theory construction and hypothesis testing. In O. C. Ferrel, S. W. Brown, & C. W. Lamb (Hrsg.), *Conceptional and theoretical developments in marketing* (S. 15–33). Chicago: American Marketing Association.

Bagozzi, R. P. (1980). *Causal models in marketing.* New York: Wiley.

Bagozzi, R. P. (1981a). An examination of the validity of two models of attitude. *Multivariate Behavioral Research, 16,* 323–359.

Bagozzi, R. P. (1981b). Evaluating structural equation models with unobservable variables and measurement error: A comment. *Journal of Marketing Research, 18,* 375–381.

Bagozzi, R. P., & Phillips, W. L. (1982). Representing and testing organizational theories: A holistic construal. *Administrative Science Quarterly, 27,* 459–489.

Bagozzi, R. P., & Yi, Y. (1988). On the evaluation of structural equation models. *Journal of the Academy of Marketing Science, 16,* 74–94.

Bagozzi, R. P., & Baumgartner, H. (1994). The evaluation of structural equation models and hypotheses testing. In R. P. Bagozzi (Hrsg.), *Principles of marketing research* (S. 386–422). Cambridge: Blackwell.

Bagozzi, R. P., Yi, Y., & Phillips, L. W. (1991). Assessing construct validity in organizational research. *Administrative Science Quarterly, 36,* 421–458.

Balderjahn, I. (1986). *Das umwelbewußte Konsumentenverhalten.* Berlin: Duncker & Humblot.

---

[31] Es sei daran erinnert, dass formative Messmodelle andere Prüfroutinen erfordern. Vgl. hierzu Kap. 12.2.2.

Bearden, W. O., Netemeyer, R. G., & Teel, J. E. (1989). Measurement of consumer susceptibility to interpersonal influence. *Journal of Consumer Research, 15,* 473–481.

Bortz, J., & Döring, N. (2006). *Forschungsmethoden und Evaluation* (4. Aufl.). Heidelberg: Springer.

Campbell, D. T. (1960). Recommendations for APA test standards regarding construct, trait, or discriminant validity. *American Psychologist, 15,* 546–553.

Campbell, J. P. (1976). Psychometric Theory. In M. D. Dunette (Hrsg.), *Handbook of industrial and organizational psychology* (S. 185–222). Chicago: Wiley.

Campbell, D. T., & Fiske, D. W. (1959). Convergent and discriminant validity by the multitraid-multimethod-matrix. *Psychological Bulletin, 56,* 81–105.

Churchill, G. A. (1979). A paradigm for developing better measures of marketing constructs. *Journal of Marketing Research, 16,* 64–73.

Cronbach, L. J. (1947). Test „Reliability": Its meaning and determination. *Psychometrika, 12,* 297–334.

Cronbach, L. J., & Meehl, P. E. (1955). Construct validity in psychological tests. *Psychological Bulletin, 52,* 281–302.

Dziuban, C. D., & Shirkey, E. C. (1974). When is a correlation matrix appropriate for factor analysis?. *Psychological Bulletin, 81,* 358–361.

Fornell, C. (1982). A second generation of multivariate analysis: An overview. In C. Fornell (Hrsg.), *A second generation of multivariate analysis: Classification of methods and implications for marketing research* (1. Aufl., S. 1–21). New York: Greenwood.

Fornell, C., & Larcker, D. F. (1981). Evaluation structural equation models with unobservable variables and measurement error. *Journal of Marketing Research, 18,* 39–50.

Gerbing, D. W., & Anderson, J. C. (1988). An updated paradigm for scale development incorporating unidimensionality and its assessment. *Journal of Marketing Research, 25,* 186–192.

Hair, J. F., Anderson, R. E., Tatham, R. L., & Black, W. C. (2010). *Multivariate data analysis* (7. Aufl.). New Jersey: Prentice Hall.

Hildebrandt, L. (1984). Kausalanalytische Validierung in der Marketingforschung. *Marketing: Zeitschrift für Forschung und Praxis, 6*(1), 41–51.

Hildebrandt, L., & Temme, D. (2006). Probleme der Validierung mit Strukturgleichungsmodellen. *Die Betriebswirtschaft, 66*(6), 618–639.

Himme, A. (2007). Gütekriterien der Messung: Reliabilität, Validität und Generalisierbarkeit. In S. Albers et al. (Hrsg.), *Methodik der empirischen Forschung* (2. Aufl., S. 375–390). Wiesbaden: Gabler.

Homburg, C. (1998). *Kundennähe von Industriegüterunternehmen* (2. Aufl.). Wiesbaden: Gabler.

Homburg, C., & Giering, A. (1996). Konzeptualisierung und Operationalisierung komplexer Konstrukte – Ein Leitfaden für die Marketingforschung, *Marketing: Zeitschrift für Forschung und Praxis, 18*(1), 5–24.

Jennrich, R. I. (2004). Rotation to simple loadings using component loss functions: The oblique case. *Psychometrika, 71,* 173–191.

Jöreskog, K. G. (1967). Some contributions to maximum likelihood factor analysis. *Psychometrika, 32,* 443–482.

Jöreskog, K. G. (1969). A general approach to confirmatory maximum likelihood factor analysis. *Psychometrika, 34,* 183–202.

Jöreskog, K. G. (1970). A general method for analysis of covariance structures. *Biometrika, 57,* 239–251.

Jöreskog, K. G. (1971a). Statistical analysis of sets of congeneric tests. *Psychometrika, 36,* 109–133.

Jöreskog, K. G. (1971b). Simultaneous factor analysis in serveral populations. *Psychometrika, 36,* 409–426.

Kaiser, H. F. (1974). An index of factorial simplicity. *Psychometrika, 39,* 31–36.

Kaiser, H. F., & Rice, J. (1974). Little Jiffy, Mark IV. *Educational and Psychological Measurement, 34,* 111–117.

Kumar, N., Scheer, L., & Steenkamp, J. B. (1993). *Powerful suppliers, vulnerable resellers, and the effects of supplier fairness: A cross-national study.* Arbeitspapier des Instituts für the Study of Business Markets, Pennsylvania.

Mulaik, S. (1972). *The foundations of factor analysis.* New York: Chapman and Hall.

Netemeyer, R. G., Bearden, W. O., & Sharma, S. (2003). *Scaling procedures. Issues and applications.* Thousand Oaks: Sage.

Nunnally, J. C. (1967). *Psychometric theory.* New York: McGraw-Hill.

Nunnally, J. C. (1978). *Psychometric Theory* (2. Aufl.). New York.

Nunnally, J. C., & Bernstein, I. H. (1994). *Psychometric theory* (3. Aufl.). New York: McGraw-Hill.

Patil, V. H., Singh, S. N., Mishra, S., & Donovan, D. T. (2008). Efficient theory development and factor retention criteria: Abandon the ‚eigenvalue greater than one' criterion. *Journal of Business Research, 61,* 162–170.

Peter, J. P. (1979). Reliability: A review of psychometric basics and recent marketing practices, *Journal of Marketing Research, 26,* 6–17.

Peter, J. P. (1981). Construct validity: A review of basic issues and marketing practices. *Journal of Marketing Research, 28,* 133–145.

Revelle, W. (1979). Hierarchical clustering and the internal structure of tests. *Multivariate Behavioral Research, 14,* 57–74.

Robinson, J. P., Shaver, P. R., & Wrightsman, L. S. (1991). Criteria for scale selection an evaluation. In J. P. Robinson, P. R. Shaver, & L. S. Wrightsman (Hrsg.), *Measures of personality and social psychological attitudes* (S. 1–15). San Diego: Gulf Professional Publishing.

Rossiter, J. R. (2002). The C-OAR-SE procedure for scale development in marketing. *International Journal of Research in Marketing, 19,* 305–335.

Schnell, R., Hill, P. B., & Esser, E. (2011). *Methoden der empirischen Sozialforschung* (9. Aufl.). München: Oldenbourg Verlag.

Shimp, T. A., & Sharma, S. (1987). Consumer ethnocentrism: Construction and validation of the CETSCALE. *Journal of Marketing Research, 24,* 280–289.

Weiber, R. (1984). *Faktorenanalyse.* St. Gallen: Surbir.

Zaichkowsky, J. L. (1985). Measuring the involvement construct. *Journal of Consumer Research, 12,* 341–352.

Zaltmann, G., Pinson, C., & Angelmar, R. (1973). *Metatheory and consumer research.* New York: Holt, Reinhart and Winston.

Weiterführende Literatur zur Reliabilitäts- und Validitätsprüfung

Bergkvist, L., & Rossiter, J. R. (2007). The predictive validity of multiple-item versus single-item measures of the same constructs. *Journal of Marketing Research, 44,* 175–184.

Bornstedt, G. W. (1970). Reliability and validity assessment in attitude measurement. In G. F. Summers (Hrsg.), *Attitude measurement* (S. 80–99). Chicago.

Modellschätzung mit AMOS

8

Inhaltsverzeichnis

Die Schätzung eines (vollständigen) Kausalmodells verfolgt im Rahmen der *Kovarianzstrukturanalyse* das Ziel, durch die modelltheoretische Varianz-Kovarianzmatrix ($\hat{\Sigma}$) die empirische Varianz-Kovarianzmatrix (S) der manifesten Messvariablen möglichst genau zu reproduzieren. In Kap. 3.3.2 wurden bereits die allgemeinen Überlegungen zur Kovarianzstrukturanalyse dargestellt, so dass im Folgenden direkt die Schätzung des Kausalmodells im *Fallbeispiel* betrachtet werden kann.

R. Weiber, D. Mühlhaus, *Strukturgleichungsmodellierung*, Springer-Lehrbuch,
DOI 10.1007/978-3-642-35012-2_8, © Springer-Verlag Berlin Heidelberg 2014

| 1 Hypothesen- und Modellbildung |
| 2 Konstrukt-Konzeptualisierung |
| 3 Konstrukt-Operationalisierung |
| 4 Güteprüfung reflektiver Messmodelle |
| **5 Modellschätzung mit AMOS** |
| 6 Evaluation des Gesamtmodells |
| 7 Ergebnisinterpretation |
| 8 Modifikation der Modellstruktur |

Mit der vorgenommenen Prüfung der Messmodelle anhand der erhobenen Daten der Hauptuntersuchung kann davon ausgegangen werden, dass die hypothetischen Konstrukte im Fallbeispiel auch im Rahmen der Hauptuntersuchung reliabel erhoben wurden und Diskriminanzvalidität aufweisen. Auf dieser Basis kann nun die *Schätzung des Kausalmodells* im Fallbeispiel (d. h. die simultane Schätzung der reflektiven Messmodelle *und* des Strukturmodells) mit Hilfe von AMOS erfolgen. Bevor die Modellschätzung vorgenommen wird, ist jedoch eine Aufbereitung des Datensatzes vorzunehmen, bei der insbesondere Ausreißer eliminiert, fehlende Werte ersetzt und Verteilungsannahmen geprüft werden. Im Folgenden werden zunächst die im Rahmen der Datenaufbereitung erforderlichen Prüfungen und Maßnahmen aufgezeigt (vgl. Kap. 8.1) und anschließend die Festlegungen in AMOS zur Modellschätzung vorgenommen (vgl. Kap. 8.2).

8.1   Datenaufbereitung und Analysevorbereitung

Zur Vorbereitung der Modellschätzung ist bei praktischen Anwendungen der erhobene Datensatz zunächst auf fehlende Werte (sog. missing values) und Ausreißer zu überprüfen. Bei Verwendung der Maximum-Likelihood (ML-) Methode oder der Generalized Least-Square (GLS-) Methode ist zusätzlich eine Prüfung der Daten auf Multinormalverteilung erforderlich. Diese Prüfungen sind dabei von *elementarer Bedeutung*, da sie einen großen Einfluss auf die Schätzergebnisse ausüben und bei unsachgemäßer (oder auch unreflektierter) Vorgehensweise die Ergebnisse stark beeinträchtigen oder gar unbrauchbar machen können.

Vor diesem Hintergrund ist es umso verwunderlicher, dass bei praktischen Anwendungen bezüglich dieser Prüferfordernisse häufig ein nur *mangelndes Problembewusstsein* besteht. Das zeigt sich selbst in „hochrangigen" Publikationen, wobei an dieser Stelle bewusst keine Autoren oder Studien genannt seien und es dem gewogenen Leser überlassen sei, dies zu prüfen.[1] Beispiele finden sich aber genügend! Im Folgenden werden zu allen drei Aspekten die grundlegenden Überlegungen vorgetragen und entsprechende Maßnahmen zur Problembehebung aufgezeigt.

8.1.1   Analyse und Behandlung fehlender Werte

Das Problem der fehlenden Werte (sog. *missing values*) bzw. der Umgang hiermit ist in empirischen Wissenschaften allgegenwärtig und insbesondere bei der Anwendung von Strukturgleichungsmodellen von besonderer Bedeutung, da die SGA das Vorliegen einer *vollständigen Datenmatrix voraussetzt.* Marsh (1998, S. 22) betont sogar: „Missing data are a problem in most structural equation modeling studies".

Das Ignorieren oder die Nicht-Berücksichtigung von fehlenden Werten, die nicht zufällig, sondern systematisch auftreten, kann dazu führen, dass die gesamten Untersuchungsergebnisse nicht brauchbar und systematisch verzerrt sind. Auch das arglose Ersetzen von fehlenden Werten (z. B. durch die Mittelwerte, Mediane oder den jeweiligen Modus der entsprechenden Indikatorvariablen) hat einen deutlichen Effekt auf die im Rahmen der Kausalanalyse erzielbaren Ergebnisse, was sich insbesondere in verzerrten und ineffizienten Schätzern niederschlägt. Die Ursachen fehlender Werte sind vielfältig und können z. B. in fehlerhaften Untersuchungsdesigns, Antwortverweigerungen, mangelnder Kenntnis der Befragten sowie Kodier- und Übertragungsfehlern begründet sein (Bankhofer und Praxmarer 1998, S. 109 f.).

Missing Values können verschiedene Formen aufweisen, wobei hier mit Rubin (1976) drei Arten von fehlenden Werten unterschieden werden:[2]

1. *Not missing at random* (NMAR):
   Hier liegt ein systematischer Ausfallmechanismus vor, der auch als „non ignorable missing data" bezeichnet wird (Kim 2001). Dieser ist gegeben, wenn die Wahrscheinlichkeit einer fehlenden Angabe bei Variable x von deren „wahren", aber unbeobachtbaren Wert selbst abhängt.

---

[1] Der unreflektierte Umgang mit fehlenden Werten belegt z. B. die Untersuchung von Backhaus und Blechschmidt 2009, S. 266, die anhand einer Sichtung der Zeitschriften „Die Betriebswirtschaft" und „Journal of Marketing" im Zeitraum 2002 bis 2007 nachweisen, dass viele der hier publizierten empirischen Studien das Problem der fehlenden Werte nur unzureichend thematisieren. Einen kritischen Hinweis darauf, dass vor der Auswahl eines Schätzverfahrens vielfach *keine* Verteilungsprüfung der Variablen vorgenommen wird, gibt z. B. Byrne 2001, S. 268.

[2] Darüber hinaus werden fehlende Werte häufig auch nach *Item-Non-Response* (einzelne Beobachtungswerte bei einer Person fehlen) und *Total-Non-Response* (der komplette Datensatz einer Person fehlt) unterschieden (Decker und Wagner 2008, S. 56).

2. *Missing completely at random* (MCAR):
   Hier treten fehlende Werte rein zufällig auf, d. h. das Fehlen der Werte steht in keiner Beziehung zu den fehlenden oder vorhandenen Werten. Die Wahrscheinlichkeit einer fehlenden Angabe bei einer Variable x ist dabei unabhängig sowohl vom „wahren" Wert dieser Variable als auch von den anderen Variablen y.
3. *Missing at random* (MAR):
   Hier hängt die Wahrscheinlichkeit einer fehlenden Angabe bei Variable x (z. B. Einkommen) von den Angaben bei einer oder mehrerer Variablen y (z. B. Geschlecht, Alter oder Nationalität) ab, *nicht* aber von der Variablen x selbst.

In Abhängigkeit der Art fehlender Werte existieren unterschiedliche Ansätze, wie mit diesen umgegangen werden kann:

(1) Ersetzen fehlender Werte vom Typ „NMAR": Sind fehlende Werte vom Typ „NMAR", so ist eine adäquate Behandlung nur möglich, wenn der *Ausfallmechanismus* (z. B. die Antwortverweigerung auf Fragen nach dem Einkommen ist bei einkommensschwachen Personen besonders hoch) bekannt ist. In diesem Fall können die fehlenden Werte anhand eines geeigneten Modells, das den systematischen Ausfall explizit berücksichtigt, geschätzt werden. Einen ersten Hinweis auf systematisch fehlende Angaben kann dabei anhand der Häufigkeiten fehlender Werte je Variable und Person gewonnen werden. Weisen einige Personen (oder Variablen) einen besonders hohen Anteil auf, so deutet dies eher auf einen systematischen Ausfall hin. Im Rahmen der Prozedur *„Analysieren →* *Analyse fehlender Werte → Muster"* bietet SPSS einige Optionen zur Identifikation des Ausfallmechanismus an (z. B. deskriptive Häufigkeits- und Kreuztabellen sowie t-Tests). Einen umfassenden Überblick und verschiedene Anwendungen von Verfahren zur Examination des Ausfallmechanismus gibt z. B. Bankhofer (1995). Ist der Ausfallmechanismus unbekannt, so kann keine adäquate Behandlung der fehlenden Werte erfolgen.

(2) Ersetzen fehlender Werte vom Typ „MAR" oder „MCAR": Liegen fehlende Werte vom Typ „MAR" oder „MCAR" vor, so kann auf Verfahren zurückgegriffen werden, die Maximum Likelihood-Schätzungen vornehmen. Der bekannteste Ansatz hier ist der sog. *EM-Algorithmus* (Dempster et al. 1977), der über hervorragende Eigenschaften verfügt (Malhotra 1987, S. 83; Schnell 1986, S. 90 f.). Er ist neben stochastischen Regressionsverfahren in SPSS unter *„Transformieren → Analyse fehlender Werte → Schätzung"* verfügbar, wobei die hier implementierten Prozeduren jedoch nicht ohne Kritik sind (Allison 2002, von Hippel 2004).

Darüber hinaus bietet aber auch AMOS mit einer *Full Information Maximum Likelihood* (*FIML-*)*Schätzung* die Möglichkeit zur Imputation fehlender Werte (Arbuckle 1996). Die Besonderheit der FIML-Technik ist dabei darin zu sehen, dass sie fehlende Werte *direkt* im Rahmen der Parameterschätzung eines Modells ersetzt.

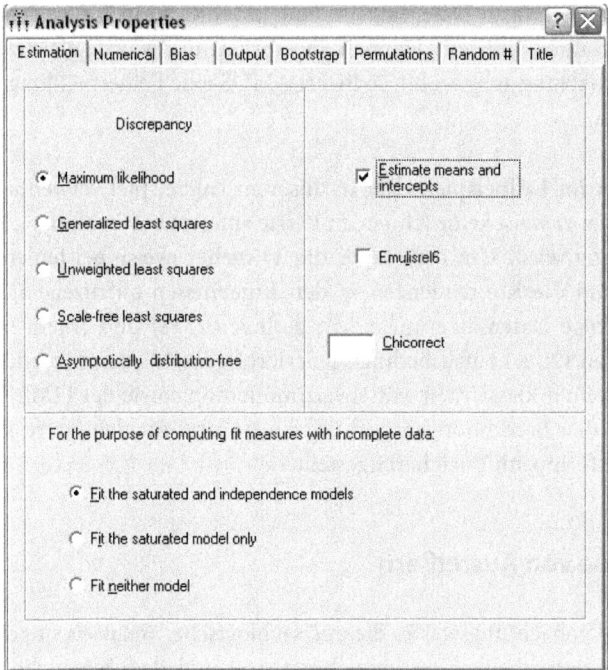

Abb. 8.1 Aktivierung der FIML-Schätzung in AMOS

- Ist MCAR gegeben, liefern die FIML-Schätzer konsistente (erwartungstreue) und statistisch effiziente Schätzungen.
- Bei MAR sind die Schätzer asymptotisch unverzerrt und selbst wenn die MAR Bedingung nicht vollständig erfüllt ist, so weist die Verwendung der FIML-Schätzung die geringsten Verzerrrungen auf (Little und Rubin 1989; Backhaus und Blechschmidt 2009, S. 285).

Da die FIML-Technik durch hervorragende Eigenschaften gekennzeichnet (Arbuckle 2012, S. 270; Baltes-Götz 2007, S. 25) ist, wird im Rahmen der Analyse von Kausalmodellen mit AMOS empfohlen, nach Möglichkeit auf dieses Verfahren zurückzugreifen.[3]

Um in AMOS mit unvollständigen Datensätzen arbeiten zu können, muss, wie in Abb. 8.1 dargestellt, unter *„Analysis properties → Estimation"* das Feld *„Estimate means and intercepts"* aktiviert werden. Auch wenn man nicht an den hier vorgenommenen Schätzungen der Konstanten (Intercepts) oder den Mittelwerten der latenten Variablen (Means) interessiert ist, kann die Verarbeitung über die FIML-Schätzung nur so erfolgen. Über die Aktivierung des Button *„Calculate Estimates"* erfolgt dann die Schätzung der Parameter und der Ausweis der Schätzergebnisse. Ein Nachteil dieser Prozedur ist, dass

---

[3] Zusätzlich bietet AMOS über *„Analyze → Data imputation"* auch die Möglichkeiten einer Regressionsimputation, einer stochastische Regressions- und einer Bayes-Imputation (vgl. hierzu Arbuckle 2012, S. 270 ff. und 473).

AMOS bei unvollständigen Datensätzen keine „Modification Indices" berechnen kann. Werden „Modification Indices" dennoch angefordert und wurde gleichzeitig die Option für die FIML-Schätzung ausgewählt, so liefert AMOS eine Fehlermeldung und führt keine Schätzung durch.

Entscheidungen im Fallbeispiel: Der in unserem Fallbeispiel verwendete Datensatz ist „vollständig", d. h. er weist keine fehlenden Werte auf, was bei Strukturgleichungsanalysen auch *vorausgesetzt* wird. Um dem Leser die Vorgehensweise bei fehlenden Werten zu verdeutlichen und die Konsequenzen in den Ergebnissen aufzuzeigen, wurden jedoch zwei unvollständige Datensätze mit einem geringen (5 %) und einem hohen Anteil an fehlenden Werten (20 %) zufallsbedingt generiert.[4] Anschließend wurden die fehlenden Werte mit Hilfe einer klassischen Mittelwertimputation sowie der FIML-Technik ersetzt. Die entsprechenden Berechnungen und Ergebnisse sind für den interessierten Leser auf der Internetplattform zum Buch bereitgestellt.

8.1.2 Analyse von Ausreißern

Ausreißer sind Beobachtungswerte, die aus sachlogischer Sicht als ungewöhnlich, nicht plausibel und widersprüchlich zu bezeichnen sind und dadurch nicht zu den übrigen Beobachtungswerten einer Variablen bzw. deren Verteilung passen. Als Ursachen von Ausreißern sind vor allem zu nennen:

- Verfahrenstechnische Fehler, die z. B. durch fehlerhafte Kodierung, Fehler bei der Dateneingabe oder Fehler bei der Datenspeicherung entstanden sind.
- Ungewöhnliche Werte, die aber den tatsächlichen Antworten der Befragten entsprechen und aus sachlogischer Sicht auch erklärbar sind.
- „Echte" Ausreißer, die dann vorliegen, wenn sich ungewöhnliche Werte sachlogisch nicht erklären lassen.

Allgemein wird zwischen univariaten und multivariaten Ausreißern unterschieden: Während *univariate Ausreißer* dann vorliegen, wenn einzelne Werte eines erhobenen Merkmals als ungewöhnlich zu bezeichnen sind, ist bei *multivariaten Ausreißern* die Kombination der Werte von mehreren Merkmalen, die bei einem Befragten auftreten, als ungewöhnlich anzusehen.

Bei kleineren Datensätzen kann zur Identifikation von Ausreißern bereits eine manuelle Sichtung des Datensatzes hilfreich sein. Bei größeren Datensätzen hingegen ist zur Identifikation *univariater Ausreißer* die Erstellung eines Streudiagramms oder eines Box-Plots sinnvoll. Mit Hilfe des *Box-Plots*, der in SPSS über *„Diagramme →*

---

[4] Kline (1998, S. 75) spricht ab 10 % fehlenden Werten von einem großen („large") Ausmaß unvollständiger Daten.

Diagrammerstellung..." angefordert werden kann, wird die Verteilung der Beobachtungswerte einer Variablen in einem Datensatz grafisch verdeutlicht und dabei der Median, das untere sowie das obere Quantil und die beiden Extremwerte der Daten in das Diagramm eingezeichnet. Der Box-Plot weist dabei direkt gemäß der Datenstruktur als Ausreißer zu bezeichnende Werte aus und gibt für diese auch die zugehörige Kennung der befragten Person an.

Liegt Normalverteilung der Daten vor, so kann die Prüfung von *multivariaten Ausreißern* mit Hilfe der sog. *Mahalanobis-Distanz* vorgenommen werden, die für jeden Fall prüft, wie stark er vom Datenzentrum, d. h. den multivariaten Mittelwerten, abweicht.

Mahalanobis-Distanz:

$$d_i^M = (x_i - \bar{x})' \hat{S}^{-1} (x_i - \bar{x}) \tag{8.1}$$

mit:

x_i = Vektor der Ausprägungen der Variablen bei Objekt i
$\bar{x}$ = Vektor der Mittelwerte der Ausprägungen der Variablen über alle Objekte
$\hat{S}^{-1}$ = Inverse der unverzerrten Schätzung der Kovarianzmatrix aller Variablen

Werden die Mahalanobis-Distanzen der Größe nach sortiert, so nehmen bei einem homogenen Datensatz die sortierten Distanzen kontinuierlich ab. Liegen dagegen Ausreißer vor, deren Beobachtungswerte deutlich von denen der gesamten Stichprobe abweichen, so zeigt der Verlauf der Distanzen einen starken „Knick". Fälle, die deutlich höhere Mahalanobis-Distanzen als die restlichen Fälle aufweisen, führen in besonderer Weise auch zur Verletzung der Normalverteilungs-Prämisse und sollten näher inspiziert werden. Sofern sich keine offensichtlichen und behebbaren Gründe für die hohen Distanzen finden lassen, so stellen diese Fälle tatsächliche Ausreißer dar und sollten aus dem Datensatz eliminiert werden. Allerdings ist darauf hinzuweisen, dass sich keine Schwellenwerte für Ausreißer angeben lassen, so dass der Anwender aufgrund sachlogischer Überlegungen den Wert definieren muss, ab dem er von einem Ausreißer ausgeht. In AMOS kann die Mahalanobis-Distanz über die Menüfolge „*Analysis properties → Output → Tests for normality and outliers*" angefordert werden. Unter dem Register „*Observations farthest from the centroid*" werden dann die 100 Werte mit den höchsten Mahalanobis-Distanzen ausgewiesen.

Entscheidungen im Fallbeispiel: Der in unserem Fallbeispiel verwendete Datensatz wurde vorab mit Hilfe der Mahalanobis-Distanz um Ausreißer eliminiert, was dann zu den in diesem Buch verwendeten 192 Befragungsdaten führte. Der interessierte Leser findet zu dem Datensatz mit Ausreißern (195 Fälle), die mit AMOS vorgenommene Ausreißer-Identifikation auf der Internetplattform zum Buch.

8.1.3   Prüfung auf Multinormalverteilung der Daten

Von denen im Rahmen der Kovarianzstrukturanalyse verwendeten Schätzverfahren (vgl. Kap. 3.3.2.3) setzen der Maximum-Likelihood- und der Generalized-Least-Square-Algorithmus eine *Multinormalverteilung* der erhobenen Daten voraus (vgl. Abb. 3.24). Ist diese *nicht* gegeben, so kommt es zu starken Verzerrungen sowohl der Modellgüte als auch der Parameterschätzer, was zu inhaltlich falschen Schlüssen führen kann. Die Prüfung auf Multinormalverteilung sollte dabei in zwei Schritten erfolgen:

1. Test der einzelnen Variablen auf univariate Normalverteilung
2. Test der Variablengesamtheit auf multivariate Normalverteilung

(1) Prüfung der einzelnen Variablen auf Normalverteilung (univariat): Die Prüfung der Normalverteilungsannahme einzelner Variablen wird üblicherweise mit Hilfe von Schiefe- und Wölbungsmaßen sowie statistischen Tests vorgenommen.

Eine exakt normalverteilte Variable liegt vor, wenn *Schiefe und Wölbung* einer manifesten Variablen einen Wert von Null aufweisen. Die Schiefe (Skewness) betrifft dabei die Asymmetrie einer Verteilung, wobei hier ausgehend vom Schwerpunkt (dem Mittelwert) die beiden Verteilungsseiten (unterhalb und oberhalb des Mittelwertes) gegenübergestellt werden. Sind beide Verteilungsseiten identisch, so liegt eine symmetrische Verteilung vor und weist einen Schiefekoeffizienten von Null auf. Negative Werte indizieren eine rechtssteile (linksschiefe) Verteilung, positive Werte eine linkssteile (rechtsschiefe) Verteilung. Demgegenüber misst die Wölbung (Kurtosis oder auch Exzess) die Dichteverteilung einer Variablen. Vergleicht man die Wölbung der Verteilung einer manifesten Variablen mit der Normalverteilung bei gleicher Standardabweichung, so deuten Wölbungskoeffizienten größer als 0 auf eine flachere Verteilung hin, wohingegen Werte kleiner 0 eine hochgipflige Verteilung anzeigen. Ab wann von einer im Rahmen der SGM bedeutsamen Verletzung der Normalverteilungsannahme auszugehen ist, ist in der Literatur umstritten: So nehmen einige Autoren eine konservative Sichtweise ein und fordern, dass sowohl die Schiefe- als auch Wölbungsmaße betragsmäßig nicht größer als 1 sein sollen (Temme und Hildebrandt 2009, S. 166). Demgegenüber sprechen West et al. (1995, S. 74) erst ab Werten von $|>2|$ für den Schiefe- und $|>7|$ für den Wölbungskoeffizienten von einer substantiellen Abweichung von der Normalverteilung.[5]

Zur Prüfung der univariaten Normalverteilungsannahme mittels *statistischer Tests* können eine Modifikation des Kolmogorov-Smirnoff-Test (KS-Test) oder der Shapiro-Wilk-Test (SW) herangezogen werden. Beim KS-Test werden die beobachteten Häufigkeiten der einzelnen Ausprägungen (z. B. Stufen einer Ratingskala) mit denjenigen verglichen,

---

[5] In SPSS können Schiefe und Wölbung der Verteilung einer manifesten Variablen unter der Menüfolge „*Analysieren*" → „*Deskriptive Statistiken*" → „*Häufigkeiten*" unter „*Statistiken*" angefordert werden.

die bei einer vorliegenden Normalverteilung (mit den Parametern Mittelwert und Standardabweichung der Stichprobe) zu erwarten wären. Hohe Abweichungen deuten dabei darauf hin, dass keine Normalverteilung vorliegt. Die Nullhypothese H_0 lautet dabei: „Die empirische Verteilung der Variable x stimmt mit der Referenzverteilung (Normalverteilung mit μ = Mittelwert von x, und σ = Standardabweichung von x) überein. Beim SW-Test wird explizit die Nullhypothese getestet, dass eine Variable x normalverteilt ist. Bei diesem Test ist jedoch zu beachten, dass er erst bei Stichproben größer 30 sinnvoll ist und insgesamt sehr sensitiv auf die Stichprobengröße reagiert (vgl. Hair et al. 2010, S. 74). In SPSS sind beide Testverfahren unter „*Analysieren* → *Deskriptive Statistik* → *Explorative Datenanalyse*" verfügbar. Hierzu muss dann unter „*Diagramme*" die Option „*Normalverteilungsdiagramm mit Tests*" gewählt werden.

Zusätzlich zu den Verteilungskoeffizienten der Schiefe s_s und Wölbung s_k können auch deren Standardfehler $sf(s_s)$ und $sf(s_k)$ geschätzt werden. Dividiert man die empirisch ermittelten Koeffizienten durch den Standardfehler, so erhält man die sog. Critical Ratios (C.R.). C.R.-Werte größer als 1,96 deuten bei streng konservativer Auslegung darauf hin, dass eine zum Niveau 5 % signifikante Verletzung der Normalverteilungsannahme besteht. Bei moderat-konservativer Interpretation wird von einer Verletzung der Normalverteilung erst ab C.R.-Werten größer 2,57 (α = 1 %) ausgegangen.

Obwohl die statistischen Tests aufgrund ihrer Objektivität bei praktischen Anwendungen häufiger genutzt werden, ist hier deutlich herauszustellen, dass anhand von Ratingskalen erhobene Daten nur äußerst selten die „strengen" Test-Kriterien erfüllen. Da die aus einer Verletzung der Normalverteilung aufgezeigten Verzerrungen der Gütemaße und Standardfehler der Parameterschätzer jedoch erst bei einer *nennenswerten* Abweichung von der Normalverteilung auftreten, erscheinen diese im Rahmen der SGA zu restriktiv. Aus diesem Grund werden deren Ergebnisse in der Literatur zwar immer ausgewiesen aber in einem weiteren Schritt geprüft, ob eine nennenswerte Verletzung der Normalverteilungsprämisse vorliegt. Hierzu wird dann auf Betrachtung der Schiefe- und Wölbungsmaße zurückgegriffen. Weiterhin ist zu betonen, dass die Forderung nach multivariat-normalverteilten Daten in den meisten sozialwissenschaftlichen Fragestellungen, bei denen Ratingskalen zur Abfrage verwendet werden, nicht erfüllt ist (Scholderer und Balderjahn 2006, S. 62). Es gilt deshalb die „Stärke" der Verletzung der NV-Annahme zu prüfen. Sofern es sich um eine moderate Verletzung handelt, können trotzdem die Schätzer ML- und GLS verwendet werden (vgl. Bollen 1989, S. 425).

(2) Prüfung auf multivariate Normalverteilung: Das Vorliegen univariat normalverteilter Variablen ist eine notwendige, aber noch keine hinreichende Bedingung für das Vorliegen einer Multinormalverteilung (DeCarlo 1997, S. 296). Zur Überprüfung der *multivariaten Normalverteilung* wird häufig das von Mardia (1970) vorgeschlagene Maß der multivariaten Wölbung herangezogen.

Mardia's Koeffizient der multivariaten Wölbung:

$$S_k^M \frac{1}{n} \sum_{i=1}^{n} \left[(x_i - \bar{x})' \hat{S}^{-1} (x_i - \bar{x}) \right]^2 - \frac{p(p+2)(n-1)}{n+1} \text{ mit } sf\left(s_k^M\right) = \sqrt{\frac{8p(p+2)}{n}} \quad (8.2)$$

Der Mardia-Koeffizient ist unter der Annahme einer Multinormalverteilung ebenfalls normalverteilt mit dem Erwartungswert 0 und der angegebenen Standardabweichung sf. Sofern für dieses Maß ein signifikant von Null verschiedener Wert resultiert, ist die Annahme einer multivariat normalverteilten Variablengesamtheit abzulehnen. Hierzu kann analog zur univariaten Prüfung auf die C.R.-Werte zurückgegriffen werden, wobei auch hier geforderte Werte kleiner als 1,96 bzw. 2,57 eine strenge bzw. moderate Prüfung bedeuten. Da nach Browne (1982, S. 100) die Wölbung im Rahmen der Strukturgleichungsmodellierung deutlich stärker für Verzerrungen verantwortlich ist, wird die Prüfung lediglich des multivariaten Wölbungskoeffizienten (ohne weitere Prüfung des Schiefekoeffizienten) in den meisten Anwendungsfällen als hinreichend erachtet.

(3) Ansätze zur Handhabung nicht-normalverteilter Daten: Ist die Annahme normalverteilter Variablen für einen Datensatz *nicht* haltbar, so sollte der Datensatz – soweit noch nicht erfolgt – zunächst auf *Ausreißer* untersucht und diese eliminiert werden. Sind keine Ausreißer zu identifizieren, so sind die Daten inhärent nicht-normalverteilt. Insbesondere dann, wenn der Anwender nicht auf Inferenzstatistiken verzichten möchte, kann eine *Transformation* der manifesten Variablen vorgenommen werden. Dabei werden die Abstände zwischen den Beobachtungswerten x_i verändert, ohne jedoch deren Rangfolge zu beeinflussen. Dies kann bspw. über Logarithmieren (log(x)) oder Potenzieren (x^a) der manifesten Variablen erfolgen. Einen Überblick hierzu liefern West et al. (1995, S. 71 f.). Dieses Vorgehen wird in der Praxis allerdings eher selten angewandt, was neben dem hier großen Manipulationsspielraum auch auf Interpretationsschwierigkeiten der erzielbaren Ergebnisse zurückzuführen ist.

Entscheidungen im Fallbeispiel: Für die in unserem Fallbeispiel betrachteten 15 Variablen führten die mit SPSS durchgeführten univariaten KS- und SW-Tests zu dem Ergebnis, dass die Annahme der univariaten Normalverteilung für keine der 15 Variablen aufrechterhalten werden kann. Dieses Ergebnis ist jedoch wenig überraschend, da die Variablen mit Hilfe von Ratingskalen erhoben wurden, was üblicherweise zu nicht normalverteilten Daten führt. Da diesen Tests jedoch ein sehr „strenges Verständnis" von Normalverteilung zugrunde liegt, das für die Anwendung von Strukturgleichungsmodellen so nicht zwingend erforderlich ist, wurde weiterhin die in AMOS unter dem Menü „*Analysis Properties* → *Output*" verfügbare Option „*Test for normality and outliers*" aktiviert. Abb. 8.2 zeigt die in AMOS im Textoutput unter dem Register „*Assessment for Normality*" ausgewiesenen Ergebnisse für unser Fallbeispiel.

Für unser Fallbeispiel zeigt sich, dass sowohl bezüglich der Schiefe also auch beim Wölbungskoeffizienten keine Variable einen betragsmäßigen Wert größer als 1 aufweist, was grundsätzlich dafür spricht, dass *keine* substantielle Abweichung von der Normalverteilung vorliegt. Die C.R.-Werte für die Schiefekoeffizienten liegen nur für die Variablen „Erwartungserfüllung", „Tradition", „Identifikation", „Gewöhnung" und „Umfeldkenntnis" betragsmäßig oberhalb von 2,57. Bei den Wölbungskoeffizienten zeigen sich keine

Assessment of normality (Group number 1)

Variable	min	max	skew	c.r.	kurtosis	c.r.
Preis	1	6	-0,341	-1,931	0,447	1,266
Erwartungserfüllung	1	6	-0,496	-2,806	-0,720	-2,036
Richtige_Wahl	1	6	-0,451	-2,550	-0,380	-1,076
Weise_Entscheidung	1	6	-0,321	-1,818	-0,528	-1,494
Wiederwahl	1	6	0,006	0,033	-0,252	-0,714
Längere_Besuche	1	6	-0,076	-0,427	-0,008	-0,024
Planung	1	6	0,038	0,212	-0,175	-0,495
Beziehung	1	6	0,244	1,378	-0,533	-1,507
Ausprobieren	1	6	0,166	0,941	-0,135	-0,383
Abwechslung	1	6	0,138	0,780	-0,071	-0,200
Neue_Stile	1	6	0,178	1,005	-0,283	-0,800
Tradition	1	6	0,559	3,161	-0,244	-0,690
Identifikation	1	6	0,476	2,690	-0,373	-1,054
Gewöhnung	1	6	0,730	4,132	0,239	0,676
Umfeldkenntnis	1	6	0,732	4,143	0,280	0,792
Multivariate					8,064	2,474

Abb. 8.2 Schiefe- und Wölbungsmaße der Variablen im Fallbeispiel

Hinweise auf Verletzung der Normalverteilung. Die Prüfung auf Indikatorenebene spricht damit insgesamt für eine *nur moderate Verletzung* der Normalverteilungsannahme.

Auch Mardia's Maß der multivariaten Wölbung (vgl. letzte Zeile „Multivariate") weist mit einem Wert von 8,064, der signifikant von Null verschieden ist und mit einer C.R. von 2,474 darauf hin, dass eine nur moderate Verletzung der Multinormalverteilung vorliegt. Vor dem Hintergrund dieser Ergebnisse wird für die folgenden Betrachtungen davon ausgegangen, dass *keine nennenswerte* bzw. eine nur moderate Verletzung der Multinormalverteilungsannahme im Fallbeispiel vorliegt. Damit kann im nächsten Schritt auch eine Modellschätzung mit Hilfe der ML-Methode vorgenommen werden, von deren Verwendung nach Bollen (1989, S. 425) nur dann Abstand genommen werden sollte, wenn eine *extreme* Verletzung der Multinormalverteilungsannahme besteht – was im vorliegenden Fall somit nicht gegeben ist.

8.1.4 Zusammenfassende Empfehlungen

Bevor erhobene Daten im Rahmen der SGM verwendet werden, sollte zunächst immer eine Ausreißerprüfung vorgenommen werden. Darüber hinaus *müssen* fehlende Werte ersetzt werden, da die SGA „vollständige Datensätze" voraussetzt. Aufgrund ihrer hervorragenden Eigenschaften sollte zum Ersetzen die FIML-Technik verwendet werden. Sollen als Schätzverfahren die ML- oder die GLS-Methode verwendet werden, so sollte im ersten Schritt eine Eliminierung von Ausreißern auf Basis der Mahalanobis-Distanz erfolgen. Anschließend sollte mit Hilfe des in AMOS implementierten „*Assessment for Normality*" eine Prüfung der Multinormalverteilung erfolgen, wobei zur Entscheidung die in diesem Kapitel gemachten Empfehlungen herangezogen werden können.

8.2   Festlegungen in AMOS zur Modellschätzung

Entsprechend den allgemeinen Darstellungen zu SGM mit latenten Variablen (vgl. Kap. 3.3.1) und zur Verfahrensvariante der Kovarianzstrukturanalyse (vgl. Kap. 3.3.2) sind folgende Punkte zur Durchführung der Modellschätzung mit AMOS im Hinblick auf unser Fallbeispiel zu konkretisieren:[6]

- Konstruktion des Pfaddiagramms
- Festlegung der Parameterrestriktionen
- Prüfung der Identifizierbarkeit des Modells
- Auswahl der Schätzmethodik

8.2.1   Pfaddiagramm des Kausalmodells im Fallbeispiel

Im ersten Schritt ist das Pfaddiagramm mit Hilfe des Moduls „Amos Graphics" zu erstellen, und die Daten der Hauptuntersuchung mit 192 Fällen sind einzulesen.[7] Als „Vorlage" zur Erstellung des Pfaddiagramm des vollständigen Kausalmodells empfiehlt es sich, auf das im Rahmen der Hypothesenbildung erstellte Strukturmodell zurückzugreifen (vgl. Abb. 4.2 in Kap. 4.2) und dieses um die (bereits der Reliabilitäts- und Validitätsprüfung unterzogenen) reflektiven Messmodelle der hypothetischen Konstrukte zu ergänzen (vgl. Abb. 7.9).[8] Zur Erleichterung der Vorgehensweise und zur Vermeidung von Fehlern ist es zweckmäßig, eine Tabelle der latenten Konstrukte mit ihren zugehörigen Messvariablen zu erstellen. Für das (vollständige) Kausalmodell in unserem *Fallbeispiel* zeigt Abb. 8.3 diese Tabelle.

Mit Hilfe der in Abb. 3.18 aufgeführten allgemeinen Konstruktionsregeln kann nun das Pfaddiagramm des Kausalmodells unter Beachtung folgender Punkte erstellt werden:

- Die Variablen x_1 bis x_3 stellen Messvariable für die latente exogene Variable „Variety Seeking" dar und sind als Kästchen links im Pfaddiagramm darzustellen. Die manifeste Variable „Preis" (x_4) muss im Pfaddiagramm ebenfalls über eine latente Variable dargestellt werden (als „Preis*" bezeichnet), wobei der Pfadkoeffizient auf „1" festzusetzen ist.[9]

---

[6] Auf die Darstellung des Mehrgleichungssystems für unser Fallbeispiel wird an dieser Stelle verzichtet, da AMOS dies nicht verlangt. Es ist aber auf der der Internet-Plattform zum Buch bereitgestellt.

[7] Vgl. zum AMOS-Aufruf, der Erstellung des Pfaddiagramms sowie zum Einlesen der Daten Kap. 8.3.

[8] Es ist darauf hinzuweisen, dass in Abb. 7.9 nur die Messmodelle der latenten endogenen Variablen enthalten sind, da aus Gründen der Komplexitätsreduktion in Kap. 7 auf die (eigentlich erforderliche) Aufnahme des Messmodells der latenten exogenen Größe „Variety Seeking" sowie die Variable „Preis" verzichtet wurde.

[9] Die latente Variable „Preis" wurde mit einem * versehen, da AMOS zur Schätzung eindeutige Variablenbezeichnungen benötigt.

Latente Variable	Messvariable (Indikatoren)
Exogene Variable (ξ):	
ξ_1: Variety Seeking	x_1: Ausprobieren
	x_2: Abwechslung
	x_3: Neue Stile
(ξ_2: Preis*)	x_4: Preis
Endogene Variable (η):	
η_1: Wechselbarrieren	y_1: Tradition
	y_2: Identifikation
	y_3: Gewöhnung
	y_4: Umfeldkenntnis
η_2: Kundenbindung	y_5: Beziehung
	y_6: Planung
	y_7: Längere_Besuche
	y_8: Wiederwahl
η_3: Zufriedenheit	y_9: Weise_Entscheidung
	y_{10}: Richtige_Wahl
	y_{11}: Erwartungserfüllung

Abb. 8.3 Latente Variable und Messvariablen im Fallbeispiel

- Zwischen den beiden latenten exogenen Variablen „Variety Seeking" und „Preis" ist eine Kovarianzbeziehung durch Einzeichnung eines gebogenen Doppelpfeils zu berücksichtigen.
- Die Variablen y_1 bis y_{11} stellen Messvariable für die drei latenten endogenen Variablen dar und sind ebenfalls als Kästchen rechts im Pfaddiagramm darzustellen.
- Alle latenten Variablen sind im Pfaddiagramm als Kreise darzustellen.
- Die Wirkungsrichtungen zwischen den betrachteten latenten Variablen und ihren manifesten (Mess-) Variablen werden immer als positiv (+) unterstellt, d. h. dass höhere Werte der latenten Variable zu höheren Werten bei den jeweiligen Indikatoren führen.
- Da davon auszugehen ist, dass bei der empirischen Erhebung Messfehler auftreten, werden für jede Variable Residualvariablen d_1 bis d_4 und e_1 bis e_{11} berücksichtigt und in das Pfaddiagramm als kleine Kreise eingezeichnet.
- Die Wirkrichtungen der zu prüfenden Hypothesen des Strukturmodells sind im Pfaddiagramm als gerichtete Pfeile entsprechend der unterstellten Wirkrichtungen einzuzeichnen.

Im Ergebnis ergibt sich das in Abb. 8.4 dargestellte Pfaddiagramm des vollständigen Kausalmodells für das Fallbeispiel.[10] Es enthält *alle* Informationen, die bisher in den Hypothesen aufgestellt wurden und umfasst sowohl das Strukturmodell (also die Beziehungen

---

[10] Das Pfaddiagramm in Abb. 8.4 beinhaltet auch weitere Informationen z. B. bzgl. der Parameterrestriktionen, die jedoch erst an späterer Stelle besprochen werden.

zwischen den latenten Variabelen analog zu Abb. 4.2 in Kap. 4.2) als auch die verwendeten Indikatoren (Messvariable) der Messmodelle. Die Indikatoren zum Fallbeispiel wurden in Kap. 4.2, Abb. 4.3 zusammengefasst.

8.2.2 Festlegung von Parametertypen, Konstruktmetrik und Prüfung der Identifizierbarkeit im Fallbeispiel

(1) **Festlegung der Parametertypen im Fallbeispiel:** Zur Verdeutlichung der Handhabung der unterschiedlichen Typen von Parametern (vgl. Kap. 3.3.1.4) im Rahmen der Analyse eines SGM werden für das Fallbeispiel die Parameter wie folgt festgelegt, die bereits in das in Abb. 8.4 dargestellte Pfaddiagramm integriert sind:

1. *Feste Parameter:* Es wird unterstellt, dass die Indikatoren „Umfeldkenntnis", „Neue Stile", „Beziehung" und „Weise Entscheidung" die entsprechenden Konstrukte besonders gut widerspiegeln. Aus diesem Grund werden sie zur Bestimmung der Konstruktmetrik jeweils als Referenzindikatoren ausgewählt und die Pfadkoeffizienten auf 1 fixiert. Weiterhin wird zur Schätzung der Parameter festgelegt, dass zwischen den Fehlertermen (δ_1 bis δ_4, ε_1 bis ε_{11} und ζ_1 bis ζ_3) und den Konstrukten ebenfalls ein Regressionsgewicht von 1 besteht. Lediglich bei dem Single-Item-Konstrukt „Preis" sei unterstellt, dass der Indikator das Konstrukt fehlerfrei messen kann. Deshalb wurde hier die Varianz von δ_4 auf 0 fixiert.
2. *Restringierte Parameter:* Im vorliegenden Fall sei unterstellt, dass *theoretische Überlegungen* gezeigt haben, dass die übrigen Parameter unabhängig voneinander sind, so dass die Verwendung von restringierten Parametern hier nicht angezeigt ist.
3. *Freie Parameter:* Alle übrigen zu schätzenden Parameter werden in der in Abb. 8.4 spezifizierten Form beibehalten und stellen *freie Parameter* dar.

Die obigen Festlegungen sind in das Pfaddiagramm zu übernehmen, damit sie auch bei der Modellschätzung berücksichtigt werden. Zu diesem Zweck ist auf den entsprechenden Pfeilen des Pfaddiagramms (Regressionsgewichte und Pfadkoeffizienten) bzw. den manifesten und latenten Variablen (Varianzen) ein Doppelklick auszuführen. Zur Fixierung von Parametern auf einen bestimmten Wert, können in der sich jeweils öffnenden Dialogbox (vgl. Abb. 8.5) die gewünschten Regressionsgewichte oder Varianzen eingetragen werden. Ein Gleichsetzen von bestimmten Parametern erfolgt dadurch, dass statt einer Zahl (z. B. 1) bei den gleichzusetzenden Parametern jeweils der gleiche Buchstabe (z. B. a, b, c etc.) eingetragen wird.

(2) **Festlegung der Konstruktmetrik im Fallbeispiel:** Da die latenten Variablen über keine empirische Messmetrik verfügen, muss ihnen eine entsprechende Metrik aus einer manifesten Messvariablen zugewiesen werden, die dann als „Referenzindikator" bezeichnet wird. Für die vier hypothetischen Konstrukte im Fallbeispiel wurden als Referenzvariable die Messvariablen „Gewöhnung" (x_3), „Abwechslung" (x_6), „Beziehung" (y_4) und „Weise Entscheidung" (y_7) ausgewählt, wobei die Wahl jeweils dadurch begründet ist, dass aus

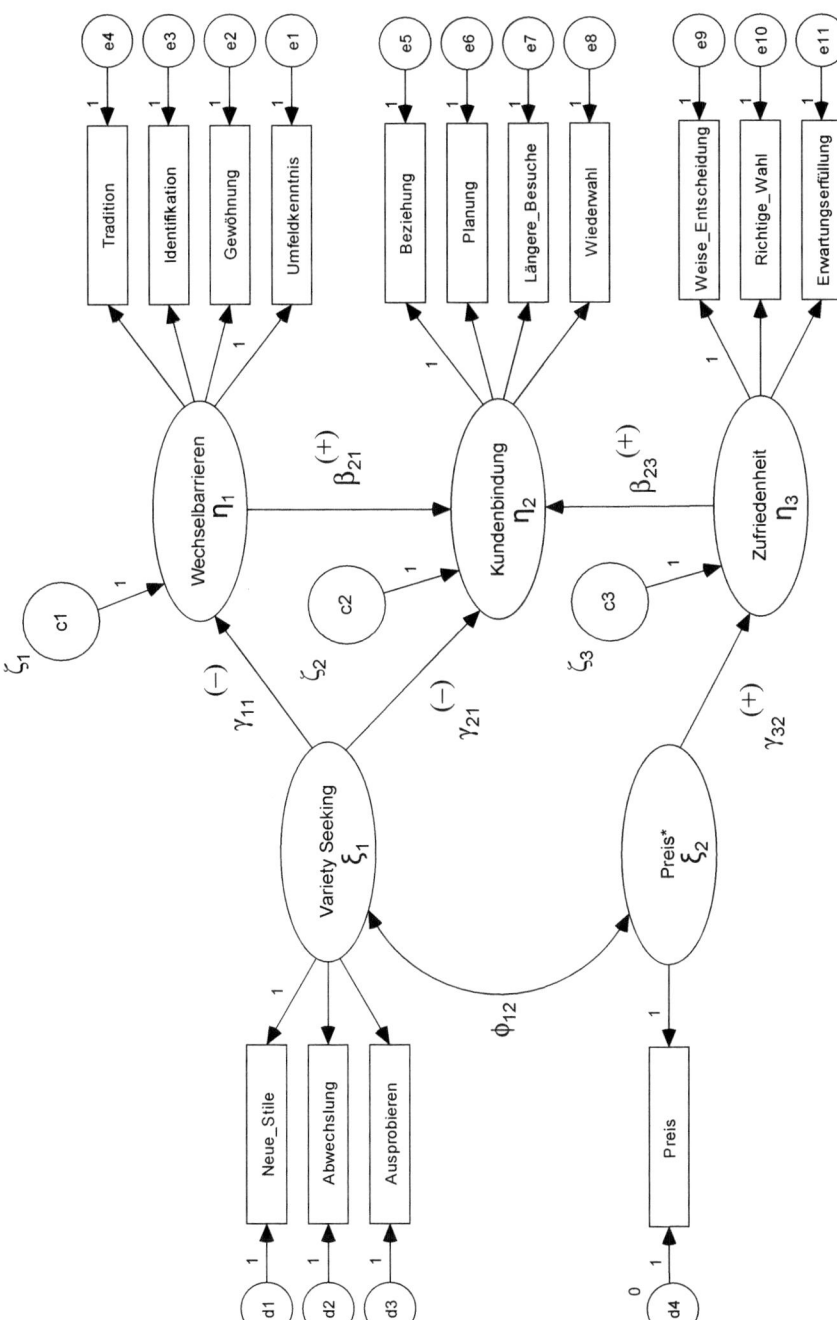

Abb. 8.4 Pfaddiagramm des vollständigen Kausalmodells im Fallbeispiel

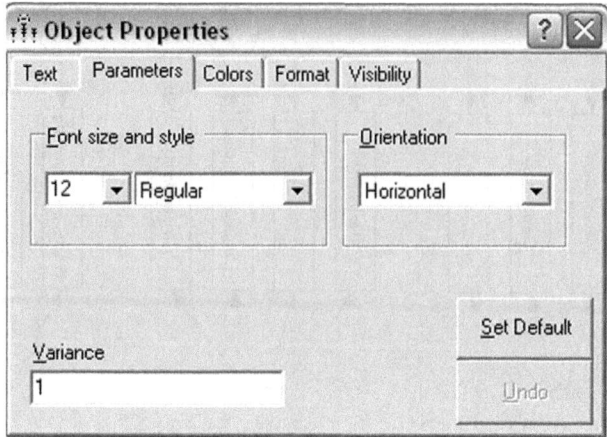

Abb. 8.5 Dialogfenster zur Festlegung von Pfadgewichten und Varianzen

sachlogischer Sicht unterstellt wurde, dass diese Indikatoren das jeweilige Konstrukt am besten repräsentieren. Zusätzlich wurde unterstellt, dass der Preis fehlerfrei gemessen werden kann, weshalb die Varianz des Fehleritems δ_4 auf einen Wert von 0 fixiert wurde. Alle anderen Parameter sind unrestringiert, d. h. sie werden im Rahmen der Modellschätzung frei geschätzt.

(3) Prüfung der Identifizierbarkeit des Kausalmodells im Fallbeispiel: Als notwendige Bedingung für Identifizierbarkeit muss die Anzahl der Modellparameter kleiner sein als die Zahl der empirisch ermittelten Varianzen und Kovarianzen. In unserem Fallbeispiel liefern die 4 exogenen und die 11 endogenen manifesten Messvariablen insgesamt $\frac{1}{2} \cdot (4 + 11) \cdot (4 + 11 + 1) = 120$ empirische Varianzen und Kovarianzen. Die Zahl der in unserem Modell zu schätzenden Modellgrößen beträgt 35 und ermittelt sich wie folgt:[11]

- Faktorladungen der Indikatorvariablen:

   $\lambda_{11}; \lambda_{21}; \lambda_{31}; \dots; \lambda_{93}; \lambda_{103}; \lambda_{113} = 15$ Modellgrößen

- Messfehler der Indikatorvariablen:

   $\delta_1; \delta_2; \delta_3; \varepsilon_1; \varepsilon_2; \varepsilon_3; \varepsilon_4; \varepsilon_5; \varepsilon_6; \varepsilon_7; \varepsilon_8; \varepsilon_9; \varepsilon_{10}; \varepsilon_{11} = 14$ Modellgrößen

- Weiterhin soll die Kovarianz zwischen den latenten Variablen „Variety Seeking" sowie „Preis" (Φ_{12}) geschätzt werden $= 1$ Modellgröße
- Zusätzlich sind die fünf Pfadkoeffizienten, konform zu den aufgestellten Hypothesen ($\beta_{21}; \beta_{23}; \gamma_{11}; \gamma_{21}; \gamma_{32}$), zu schätzen $= 5$ Modellgrößen

---

[11] Diese Angaben finden sich nach der Modellschätzung im AMOS Textoutput unter *„Variable summary → Parameter summary"*.

Damit beträgt die Anzahl an Freiheitsgraden $120 - 35 = 85$, womit die Identifizierbarkeit des Modells gegeben ist (vgl. Formel (3.17) in Kap. 3.3.2.2). Diese Angaben werden von AMOS auch im Textoutput in dem Register „Notes for model" ausgewiesen. Die Relation aus Freiheitsgraden zur Zahl an Parametern kann damit insgesamt als angemessen eingestuft werden. Weiterhin wurden von AMOS auch keine Warnhinweise ausgegeben, so dass alle relevanten Matrizen positiv definit sind, was als weiteres Indiz für Identifizierbarkeit zu werten ist.

8.2.3   Auswahl des Schätzverfahrens, Spezifizierung des Ergebnisoutput und Start des Schätzalgorithmus

Die Schätzung der unbekannten Parameter erfolgt mit dem Ziel, dass die modelltheoretische Kovarianzmatrix $\Sigma = \Sigma(\hat{\pi})$ sich der empirischen Kovarianzmatrix S möglichst stark annähert. Dies geschieht durch Minimierung der Diskrepanzfunktion F. Wie in Kap. 3.3.2.3 erläutert, existieren zur Ermittlung der Parameter unterschiedliche iterative Schätzverfahren.

Für das Fallbeispiel wird als Schätzmethode bzw. Diskrepanzfunktion die *Maximum Likelihood-Methode* (*ML*) verwendet, die die Wahrscheinlichkeit maximiert, dass die modelltheoretische Kovarianz- bzw. Korrelationsmatrix die betreffende empirische Kovarianz- bzw. Korrelationsmatrix erzeugt hat. Die Verwendung der ML-Methode ist hier vor allem darin begründet, dass sie das in der Praxis am häufigsten angewendete Verfahren im Rahmen der Kausalanalyse darstellt, die Berechnung von Inferenzstatistiken erlaubt und bei vorliegender Multinormalverteilung der Messvariablen[12] die präzisesten Schätzungen liefert (vgl. zu den übrigen von AMOS bereitgestellten Schätzverfahren die allgemeinen Ausführungen in Kap. 3.3.2.3).

Nach der Wahl des Schätzalgorithmus sind im nächsten Schritt noch die gewünschten Ausgabe-Optionen zu bestimmen. Für unser Fallbeispiel wurden alle möglichen Ergebnisoutputs angefordert, da diese im Folgenden auch im Detail besprochen werden. Eine Kurzbeschreibung der einzelnen Outputs findet der Leser in Abb. 8.11 in Kap. 8.3. An dieser Stelle wird überdies auch die Vorgehensweise zur Auswahl der Output-Optionen in AMOS sowie zum Start der Analyse erläutert.

8.3   Pfadmodellierung mit AMOS 21

Zur Durchführung von Kovarianzstrukturanalysen und konfirmatorischen Faktorenanalysen (KFA) stehen diverse Softwarepakete (z. B. LISREL, EQS) zur Verfügung. In diesem Buch wird auf das Programmpaket **IBM SPSS-AMOS 21** zurückgegriffen, das

---

[12] Multinormalverteilung der Variablen ist für unser Fallbeispiel gegeben. Vgl. zur Prüfung auf Multinormalverteilung die Darstellungen in Kap. 8.1.3.

in SPSS als eigenständiges Programmmodul verfügbar ist und auch das Einlesen von SPSS-Datenfiles erlaubt (vgl. zur Bedienung von AMOS 21 Arbuckle 2012). Informationen zum Programmpaket findet der Leser unter:

http://www-142.ibm.com/software/products/us/en/spss-amos

Nach der Installation ist AMOS unter Windows entweder als Unterprogramm von SPSS oder als eigenständiges Programm verfügbar. Zur Durchführung einer KFA bzw. einer Kovarianzstrukturanalyse sind folgende generellen Schritte zu durchlaufen:

- Erstellung eines Pfaddiagramms
- Zuweisung der Rohdaten
- Auswahl des Schätzverfahrens
- Spezifizierung des Ergebnisoutputs
- Start des Schätzalgorithmus und Ausgabe der Ergebnisse

Nachfolgend werden nur die obigen generellen Schritte erläutert, während die jeweils spezifischen Festlegungen in AMOS für das in diesem Buch behandelte vollständige Kausalmodell und die konfirmatorische Faktorenanalyse in den jeweiligen anwendungsbezogenen Kapiteln erfolgt.

8.3.1   Erstellung eines Pfaddiagramms

Zunächst ist das Programm „Amos Graphics" zu starten, das dem Anwender eine Grafikoberfläche mit diversen Zeichenwerkzeugen zur Verfügung stellt. Mit ihrer Hilfe lässt sich das gewünschte Pfaddiagramm leicht erstellen. Die Grafikoberfläche, die nach Aufruf des Programms erscheint, ist in Abb. 8.6 wiedergegeben.

Auf der „leeren" Fläche sind im ersten Schritt die einzelnen Elemente des gewünschten Pfaddiagramms d. h. die latenten Konstrukte und die entsprechenden Messindikatoren mit Hilfe der jeweils geeigneten Werkzeuge zu zeichnen. Dabei stehen dem Anwender zur Erstellung des Pfaddiagramms die in Abb. 8.7 aufgeführten Zeichenwerkzeuge und Schaltflächen zur Verfügung.

Bevor ein Pfaddiagramm mit *Amos Graphics* erstellt wird, ist es jedoch empfehlenswert, das Pfaddiagramme zunächst auf einem „Blatt Papier" unter Verwendung der in Abb. 3.18 aufgeführten Regeln aufzuzeichnen. In Kap. 3.3.1.3 findet der Leser hierzu auch allgemeine Hinweise. Darüber hinaus sind ggf. *feste und restringierte Parameter* festzulegen, was durch einen Doppelklick auf die entsprechenden Pfeile des Pfaddiagramms bzw. die manifesten und latenten Variablen erfolgt. Es öffnet sich dann eine *Dialogbox* (vgl. z. B. Abb. 8.5) in die die gewünschten Werte eingetragen werden können. Sollen Parameter gleichgesetzt (restringiert) werden, so ist an Stelle einer Zahl (z. B. 1) bei den gleichzusetzenden Parametern jeweils der gleiche Buchstabe (z. B. a, b, c etc.) einzutragen. Bei der Erstellung eines Pfaddiagramms in AMOS sollte mit dem Einzeichnen der latenten Variablen begonnen werden.

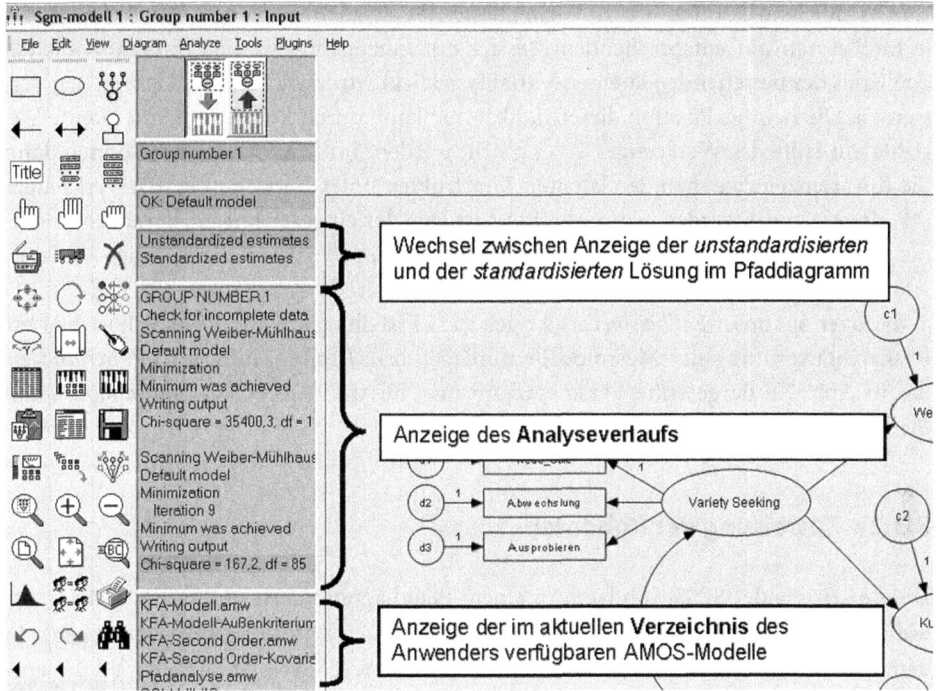

Abb. 8.6 Grafikoberfläche und Toolbox von *Amos Graphics*

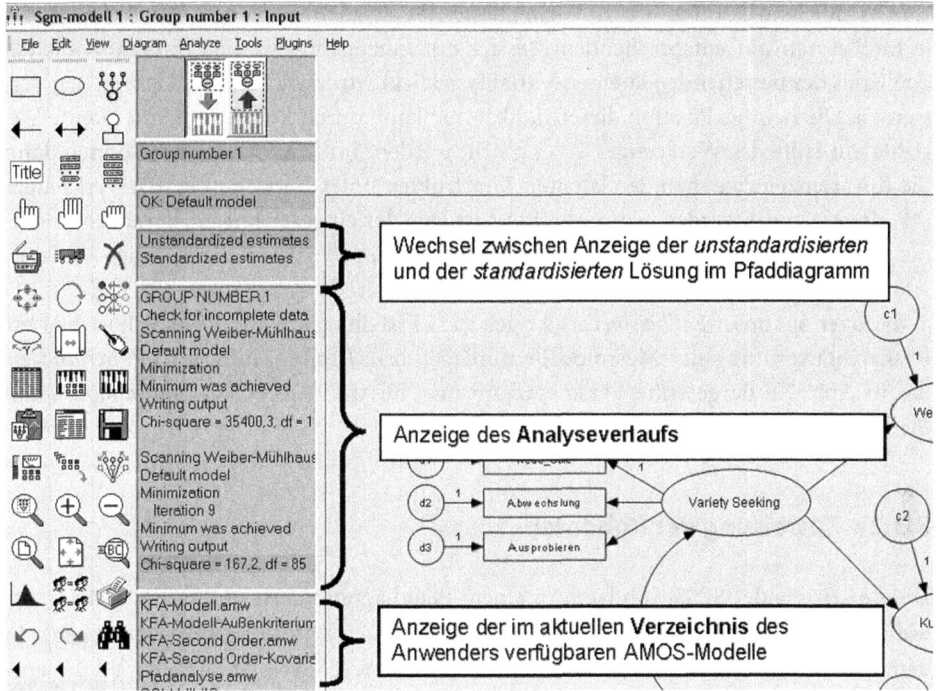	manifeste Variable zeichnen		Markierung löschen
	latente Variable zeichnen		Kopieren
	Indikator mit Messfehler zeichnen		Verschieben
	Kausalpfeil zeichnen		Löschen
	Kovarianz zeichnen		Form einer Variablen oder eines (Doppel-)Pfeils verändern
	Messfehler zeichnen		Rotieren
	ein Element markieren		Zauberstab: Kausalpfeile und Kovariate an der manifesten oder latenten Variablen ausrichten
	alle Elemente markieren		

Abb. 8.7 Ausgewählte Zeichenwerkzeuge zur Pfaddiagramm-Erstellung

Anschließend können durch Verwendung des Zeichenwerkzeuges 👿 beliebig viele Indikatoren mit entsprechenden Messfehlern hinzugefügt werden, indem so oft auf
den Kreis der betreffenden latenten Variable geklickt wird, wie Messindikatoren benötigt
werden. Die richtige Position dieser Indikatoren kann durch Rotation um die latente Variable mit Hilfe des Werkzeuges ⟲ erreicht werden. Im Anschluss daran können dann
die Kovarianzen zwischen den latenten Konstrukten unter Verwendung des Werkzeuges
↔ eingezeichnet werden. Zum Abschluss ist jede der eingezeichneten Variablen mit einer Bezeichnung zu versehen. Dies erfolgt durch Doppelklick auf die jeweilige Variable,
woraufhin sich ein entsprechendes Dialogfenster öffnet.

Bezogen auf unser *Fallbeispiel* ergibt sich nach Erstellung z. B. für die im Fallbeispiel zur
Realiabilitätsprüfung der Messmodelle durchgeführte *konfirmatorische Faktorenanalyse*
das in Abb. 7.9 dargestellte Pfaddiagramm und für das *vollständige Kausalmodell* das
Pfaddiagramm in Abb. 8.4.

8.3.2 Zuweisung der Rohdaten

Die Zuweisung der SPSS-Rohdaten zu einem Pfaddiagramm erfolgt durch die Menüauswahl „*File → Data Files…*" oder durch das Symbol ▦ (Rohdatendatei festlegen). In
dem sich daraufhin öffnenden Dialogfenster (vgl. Abb. 8.8) erfolgt die Auswahl der entsprechenden Rohdatendatei durch Klick auf den Button „*File Name*". Neben SPSS werden
auch weitere Dateiformate wie z. B. dBase, Excel, Foxpro, Lotus, MS Access oder Text
unterstützt. Für unser Fallbeispiel umfasst der Datensatz im Rahmen der Hauptuntersuchung 192 Fälle. Durch Drücken des Button „*View Data*" wird SPSS aufgerufen und die
Daten werden nochmals angezeigt. Der Button „*Grouping Variable*" ist nur bei der Multi-
Group-Analysis relevant, und hier kann die im Datensatz enthaltene Gruppierungsvariable
ausgewählt werden (vgl. Abb. 14.15).

8.3.3 Auswahl des Schätzverfahrens bzw. der Diskrepanzfunktion

AMOS stellt fünf verschiedene Schätzverfahren bzw. Diskrepanzfunktionen zur Verfügung, die in Kap. 3.3.2.3 allgemein erläutert sind (vgl. auch Abb. 3.24). Die Auswahl des
gewünschten Schätzverfahrens erfolgt in AMOS über den Menüpunkt „*View → Analysis
Properties → Estimation*" oder über einen Klick auf das Werkzeug ▦ In dem erschei-
nenden Dialogfenster (vgl. Abb. 8.9) lässt sich dann unter dem Register „*Estimation*" das
gewünschte Schätzverfahren auswählen.

8.3.4 Spezifizierung des Ergebnisoutputs

Die gewünschten Analyseergebnisse können über das das Menü „*View → Analysis Properties → Output*" (vgl. Abb. 8.10) festgelegt werden. Die einzelnen Output-Optionen sind

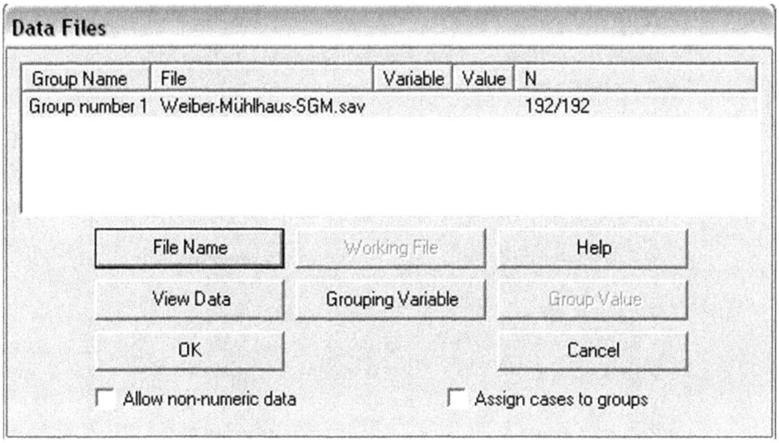

Abb. 8.8 Dialogfenster zur Auswahl der Rohdatendatei

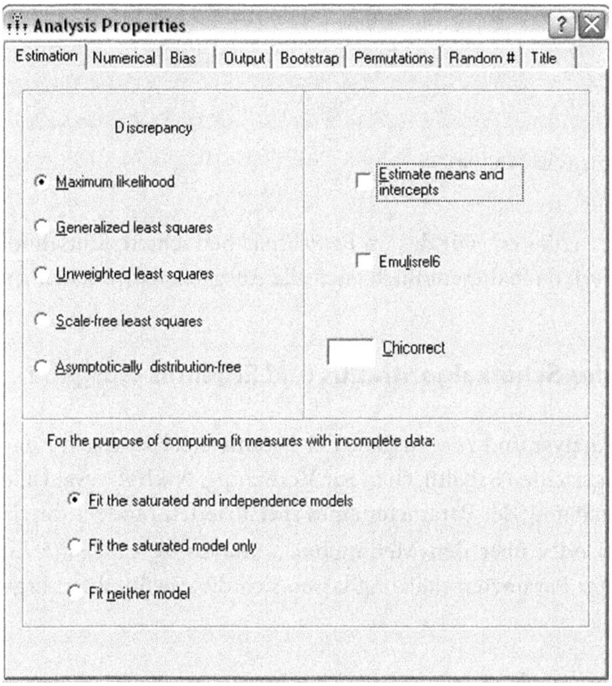

Abb. 8.9 Dialogfenster „Estimation"

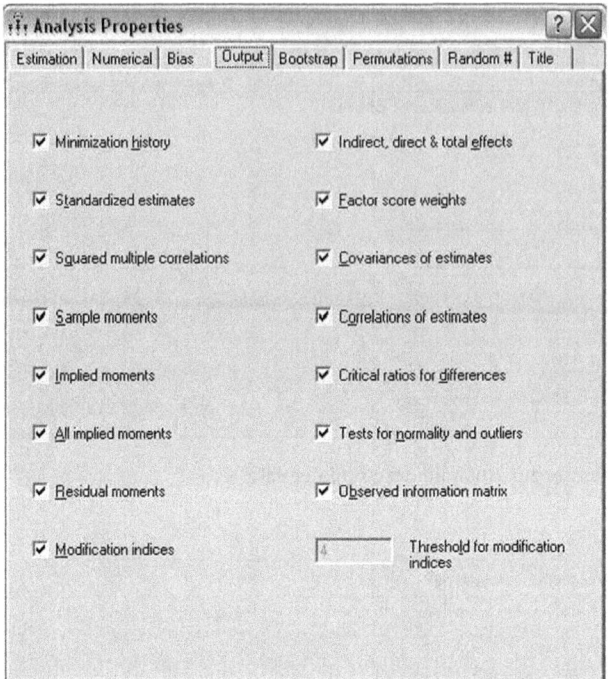

Abb. 8.10 Dialogfenster „Output"

in Abb. 8.11 kurz erläutert. Für das im *Fallbeispiel* betrachtete Kausalmodell wurden alle Optionen markiert, da in diesem Buch auch alle Ausgaben besprochen werden.

8.3.5 Start des Schätzalgorithmus und Ergebnis-Ausgabe

Zum Start der Analyse und zur Ausgabe der Parameterschätzungen stehen in AMOS die in Abb. 8.12 dargestellten Schaltflächen zur Verfügung. Nach Auswahl aller Analyseoptionen wird die Schätzung der Parameter eines spezifizierten Modells durch einen Klick auf ▦ (Berechnen) oder über den Menüpunkt „*Analyze → Calculate Estimates*" gestartet. Nach erfolgter Parameterschätzung lassen sich die gewünschten Ergebnisse wie folgt anzeigen:

1. Die Parameterschätzer können durch einen Klick auf die zweite rechteckige Box oben links ▦ in Abb. 8.6 direkt auf dem Pfaddiagramm angezeigt werden. Weiterhin kann über das Anklicken von „Unstandardized estimates" bzw. „Standardized estimates" (vgl. Abb. 14.14) zwischen der Anzeige der unstandardisierten und der standardisierten Parameterschätzungen im Pfaddiagramm gewechselt werden. Die *standardisierte Lösung* hat den Vorteil, dass sie leichter interpretiert werden kann, da deren Werte betragsmäßig auf das Intervall von 0 bis 1 fixiert sind. Dadurch können auch die Lambda-Matrizen als Faktorladungsmatrizen interpretiert werden.

Output-Optionen	Erläuterung
Minimization History	Schätzstatistiken von AMOS, die angeben, wie sich der Wert der Diskrepanzfunktion über die verschiedenen Iterationen verändert hat
Standardized estimates	Ausweis der jeweils standardisierten Parameter
Squared multiple correlations	Indikatorreliabilitäten für die einzelnen manifesten Variablen sowie die R^2-Werte der latent endogenen Konstrukte
Sample moments	Empirische Kovarianz- und Korrelationsmatrix des Urdatensatzes
Implied moments	Modelltheoretische Kovarianz- und Korrelationsmatrix basierend auf der Schätzung (nur für Indikatoren)
All implied moments	Modelltheoretische Kovarianz- und Korrelationsmatrix basierend auf der Schätzung für Indikatoren und Konstrukte
Residual moments	Residuelle Kovarianzmatrix und standardisierte Residuen
Modification indices (M.I.)	Ausweis der M.I. für alle Parameter (restringiert oder fest) im Modell, die oberhalb des eingestellten Schwellenwertes liegen
Indirect, direct & total effects	Ausweis der indirekten, direkten und totalen Effekte
Factor score weights	Entspricht der Faktorladungsmatrix bei der EFA und weist die Korrelation jeder Variable mit jedem Faktor aus
Covariances of estimates	(Modelltheoretische) Kovarianzmatrix aller geschätzten Parameter
Correlations of estimates	(Modelltheoretische) Korrelationsmatrix aller geschätzten Parameter
Critical ratios (C.R.) for differences	C.R.-Wert für die Differenz von zwei geschätzten Parametern
Tests for normality and outliers	Univariate Schiefe- und Wölbungsmaße, Mardia´s Maß der multivariaten Kurtosis und die Ausreißerstatistik für die 100 am stärksten vom multivariaten Zentrum abweichenden Fälle
Observed information matrix	Gibt an, ob die Kovarianzmatrix der Schätzer nach Invertierung der erwarteten oder exakten zweiten Ableitung berechnet werden soll
Threshold for modification indices	Schwellenwert, ab dem die M.I. ausgewiesen werden

Abb. 8.11 Inhalte der Optionen des „Output"- Dialogfensters

	Rohdatendatei festlegen		Textausgabe der Schätzergebnisse anzeigen
	Analyse-Eigenschaften festlegen		Berechnung starten

Abb. 8.12 Schaltflächen zum Start und zum Anzeigen der Ergebnisse

2. Alle weiteren angeforderten Informationen können in der Textausgabe abgerufen werden. Hierzu ist das Symbol (Textausgabe) anzuklicken bzw. der Menüpunkt „*View → Text Output*" zu wählen

Der Aufbau der Ergebnis-Ausgabe in AMOS kann Abb. 14.16 entnommen werden, wobei im Eingruppenfall lediglich die Differenzierung der Ergebnisse nach unterschiedlichen Gruppen und Modellvarianten entfällt.

Literatur

Allison, P. D. (2002). *Missing data*. Thousand Oaks: Sage.

Arbuckle, J. L. (1996). Full information estimation in the presence of incomplete data. In G. A. Marcoulides & R. E. Schumacker (Hrsg.), *Advanced structural equation modeling: Issues and techniques* (S. 243–277). Mahwah: SPSS.

Arbuckle, J. L. (2012). *Amos^{TM} 21.0 user's guide*. Chicago: SPSS.

Backhaus, K., & Blechschmidt, B. (2009). Fehlende Werte und Datenqualität – Eine Simulationsstudie am Beispiel der Kausalanalyse. *Die Betriebswirtschaft, 69*(2), 265–287.

Baltes-Götz, B. (2007). *Behandlung fehlender Werte in SPSS und Amos*. Universität Trier.

Bankhofer, U. (1995). *Unvollständige Daten- und Distanzmatrizen in der Multivariaten Datenanalyse*. Bergisch-Gladbach: Eul.

Bankhofer, U., & Praxmarer, S. (1998). Zur Behandlung fehlender Werte in der Marktforschungspraxis. *Marketing ZFP, 20*(2), 109–118.

Bollen, K. A. (1989). *Structural equations with Latent variables*. New York: Wiley-Interscience.

Browne, M. (1982). Covariance structures. In D. M. Hawkins (Hrsg.), *Topics in applied multivariate analysis* (S. 72–141). Cambridge: Cambridge University Press.

Byrne, B. M. (2001). *Structural equation modeling with Amos*. Mahwah: Lawrence Erlbaum Associates.

DeCarlo, L. T. (1997). On the meaning and use of Kurtosis. *Psychological Methods, 2*, 292–307.

Decker, R., & Wagner, R. (2008). Fehlende Werte: Ursachen, Konsequenzen und Behandlung. In A. Herrmann, C. Homburg, & M. Klarmann (Hrsg.), *Handbuch Marktforschung* (3. Aufl., S. 53–79). Gabler.

Dempster, A. P., Laird, N. M., & Rubin, D. B. (1977). Maximum likelihood from incomplete data via the EM Algorithm. *Journal of the Royal Statistical Society, Series B, 39*, 1–22.

Hair, J. F., Anderson, R. E., Tatham, R. L., & Black, W. C. (2010). *Multivariate data analysis* (7. Aufl.). New Jersey: Prentice Hall.

Kim, Y. (2001). *The curse of the missing data, online verfügbar*. http://www.2ndmoment.com/articles/missingdata.php. Zugegriffen: 25. Sept. 2013.

Kline, R. B. (1998). *Principles and practice of structural equation modelling*. New York: Guilford Press.

Little, R. J. A., & Rubin, D. B. (1989). The analysis of social science data with missing values. *Sociological Methods and Research, 18*, 292–326.

Malhotra, N. K. (1987). Analyzing marketing research data with incomplete information on the dependent variable. *Journal of Marketing Research, 24*, 74–84.

Mardia, K. V. (1970). Measures of multivariate skewness and kurtosis with applications. *Biometrika, 57*, 519–530.

Marsh, H. W. (1998). Pairwise deletion for missing data in structural equation models: Nonpositive definite matrices, parameter estimates, goodness of fit, and adjusted sample sizes. *Structural Equation Modeling, 5*, 22–36.

Rubin, D. B. (1976). Inference and missing data. *Biometrika, 63*, 581–592.

Schnell, R. (1986). *Missing-Data-Probleme in der empirischen Sozialforschung*. Bochum: Ruhr-Universität Bochum.

Scholderer, J., & Balderjahn, I. (2006). Was unterscheidet harte und weiche Strukturgleichungsmodelle nun wirklich? *Marketing ZFP, 28*(1), 57–70.

Temme, D., & Hildebrandt, L. (2009). Gruppenvergleiche bei hypothetischen Konstrukten – Die Prüfung der Übereinstimmung von Messmodellen mit der Strukturgleichungsmethodik. *Zfbf, 61*(2),138–185.

von Hippel, P. T. (2004). Biases in SPSS 12.0 missing value analysis. *The American Statistician, 58,* 160–164.

West, S. G., Finch, J. F., & Curran, P. J. (1995). Structural equation models with nonnormal variables: Problems and remedies. In R. H. Hoyle (Hrsg.), *Structural equation modeling* (S. 56–75). London: Sage.

Weiterführende Literatur

Carter, R. L. (2006). Solutions for missing data in structural equation modeling. *Research & Practice in Assessment, 1,* 1–6.

Jamshidian, M., & Bentler, P. M. (1999). Using complete data routines ML estimation of mean and covariance structures with missing data. *Journal of Educational and Behavioral Statistics, 24,* 21–41.

Evaluation des Gesamtmodells

9

Inhaltsverzeichnis

| 1 Hypothesen- und Modellbildung |
| 2 Konstrukt-Konzeptualisierung |
| 3 Konstrukt-Operationalisierung |
| 4 Güteprüfung reflektiver Messmodelle |
| 5 Modellschätzung mit AMOS |
| **6 Evaluation des Gesamtmodells** |
| 7 Ergebnisinterpretation |
| 8 Modifikation der Modellstruktur |

R. Weiber, D. Mühlhaus, *Strukturgleichungsmodellierung*, Springer-Lehrbuch,
DOI 10.1007/978-3-642-35012-2_9, © Springer-Verlag Berlin Heidelberg 2014

Die Evaluation eines Kausalmodells bildet *das* zentrale Ziel der Kausalanalyse, da hier
geprüft wird, ob sich das a-priori aufgrund von theoretischen und/oder sachlogischen
Überlegungen formulierte Hypothesensystem anhand der erhobenen Daten empirisch
bestätigen lässt. Grundsätzlich kann sich die Evaluation eines Modells beziehen auf die

(a) Beurteilung von *Teilstrukturen*;
(b) Beurteilung des *Gesamtmodells*.

Die *Beurteilung von Teilstrukturen* zielt bei einem vollständigen Kausalmodell primär auf
die Reliabilitäts- und Validitätsprüfung der *Messmodelle* der latenten Variablen ab. Die
dabei relevanten Überlegungen wurden in diesem Buch bereits in Kap. 7 vorgestellt und
Abb. 7.1 gibt einen Überblick zu den Kriterien, die zur *Gütebeurteilung reflektiver Messmodelle* herangezogen werden können. Dieses „Vorziehen" der Evaluation der Messmodelle
ist auch sinnvoll, da bei Fehlspezifikationen oder unzureichender Güte der Messmodelle,
diese zu verändern sind und dann in geeignet modifizierter Form in das Gesamtmodell
eingehen sollten.

Evaluation von Teilstrukturen
Die Evaluation von Teilstrukturen betrifft die Reliabilitäts- und Validitätsprüfung
der Messmodelle. Bei „schlecht" erhobenen Messvariablen werden auch die Kon-
strukte nur ungenau bzw. nicht reliabel gemessen, was sich wiederum auf die
Schätzung der Modellparameter im Strukturmodell und somit den *Gesamtfit* eines
Modells auswirkt.

Im Folgenden konzentrieren sich die Betrachtungen deshalb nur noch auf die Beurteilung
des Kausalmodells (Messmodelle plus Strukturmodell) in seiner Gesamtheit (Modell-
Fit). Nach Jöreskog und Sörbom (1983, S. 115) können der Modellevaluation drei
unterschiedliche Intentionen zu Grunde liegen:

1. *Prüfsituation 1: Evaluation des Gesamtmodells*
   In diesem Fall möchte der Anwender „nur" wissen, ob die erhobenen Daten sein Modell
   bestätigen können oder nicht. Anhand unterschiedlicher Gütekriterien wird dann das
   betrachtete Kausalmodell akzeptiert oder abgelehnt. In diesem Fall wird auch von einer
   „streng konfirmatorischen" Prüfsituation gesprochen.[1]
2. *Prüfsituation 2: Vergleichende Evaluation alternativer Modelle:*
   Hier hat der Anwender Modellalternativen formuliert und prüft, welches seiner
   Modelle am ehesten durch die Daten bestätigt werden kann.

---

[1] Zu dieser Prüfsituation zählt auch der Vergleich der Modelanpassung für *unterschiedliche Stichproben*, was mit Hilfe der sog. *Mehrgruppen-Kausalanalyse* geprüft werden kann. Aufgrund der
umfangreichen Vorgehensweise wird diese in diesem Buch gesondert in Kap. 14 behandelt.

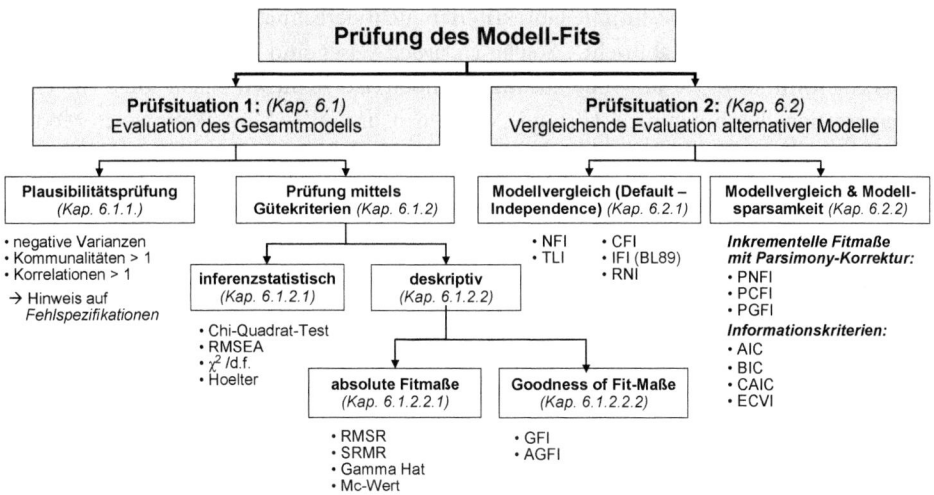

Abb. 9.1 Evaluation eines Gesamtmodells nach Prüfsituationen

3. *Prüfsituation 3: Modifikation der Modellstruktur:*
   Der Anwender möchte in dieser Prüfsituation sein Modell möglichst gut an die Daten anpassen und sucht entsprechend nach Verbesserungsmöglichkeiten.

In der Literatur wurd*en zu allen drei Prüfsituat*ionen umfängliche Prüfkriterien bzw. Gütemaße entwickelt, wobei im Folgenden eine Konzentration auf die ersten beiden Prüfsituationen und primär auf die auch im Programmpaket AMOS implementierten Kriterien vorgenommen wird. Die *dritte Prüfsituation* wird demgegenüber in Kap. 11 einer gesonderten Betrachtung unterzogen, da mit der Modifikation der Modellstruktur der originär konfirmatorische Weg der Kausalanalyse verlassen und die Kausalanalyse zu einem *explorativen Instrument* wird. Demgegenüber bleibt bei *Prüfsituation 2* der konfirmatorische Charakter der Kausalanalyse erhalten, da der Anwender über unterschiedliche theoretische Vorstellungen verfügt, die sich in unterschiedlichen Modellstrukturen niederschlagen und die er anhand der empirischen Daten gegeneinander testet.

Abbildung 9.1 gibt einen Überblick zu den im Folgenden betrachteten Prüfkriterien zur Evaluation eines Gesamtmodells bzw. zur Evaluation des sog. *Model-Fits*, wobei in Klammern die jeweiligen Kapitel ausgewiesen sind.

9.1 Prüfsituation 1: Evaluation des Gesamtmodells

9.1.1 Plausibilitätsprüfung der Parameterschätzungen

Die Parameterschätzungen eines Kausalmodells gelten allgemein dann als „unplausibel", wenn negative Varianzen, Kommunalitäten > 1 oder Korrelationen > 1 auftreten. Das führt dazu, dass Parametermatrizen nicht „positiv definit" und damit nicht invertierbar sind. Die Folge ist, dass bestimmte Gütekriterien nicht berechnet werden können und der Schätzalgorithmus ggf. „abbricht". Solche *Heywood Cases* sind ein Indiz dafür, dass der Schätzalgorithmus keine sinnvolle Lösung gefunden hat. In diesen Fällen sollte von einer Interpretation der Ergebnisse Abstand genommen und eine Modifikation des Modells vorgenommen werden. Abhilfe kann ggf. auch die Vergrößerung der Stichprobe oder die Eliminierung von Ausreißern schaffen (West et al. 1995, S. 61).[2]

Heywood Cases
Heywood Cases stellen unplausible Parameterschätzungen in Form negativer Varianzen oder Kommunalitäten größer als 1 dar. Sie sind häufig das Ergebnis der Nichterfüllung von Voraussetzungen der gewählten Schätzmethodik, kleiner Stichproben oder „schlechter" Startwerte bei der Schätzung.

Weiterhin können unplausible Ergebnisse auch dann auftreten, wenn bspw. einzelne zur Abfrage negativ formulierte Items nicht invertiert wurden. In diesem Fall werden dann zur Konstruktmessung gegenläufige (hoch negativ korrelierte) Indikatoren verwendet, was zum einen inhaltlich nicht sinnvoll ist und überdies eine sinnvolle Schätzung verhindert. Treten also unplausible oder per Definition nicht zulässige Werte bei der Parameterschätzung auf, so sollte auch geprüft werden, ob die Daten aller negativ formulierten Indikatoren (sog. „reverse Items") für die Analyse invertiert wurden.

Darüber hinaus können auch anhand der *standardisierten Lösung* Problemfälle entdeckt werden, da hier sowohl die Pfadkoeffizienten als auch die Fehlervarianzen und Kovarianzen zwischen den Konstrukten auf das Intervall $[-1;1]$ normiert sind. Werte außerhalb dieser Spanne deuten darauf hin, dass keine verlässliche Schätzung ermittelt werden konnte.

Entscheidungen im Fallbeispiel: In unserem Fallbeispiel traten keine Heywood Cases auf, und es konnten alle Gütekriterien berechnet werden. Auch die bereits in Kap. 7 für das Gesamtmodell vorgenommenen Reliabilitäts- und Validitätsprüfungen erbrachten insgesamt zufriedenstellende Reliabilitäten der Indikatoren sowie der latenten Variablen, so dass sich keine Anzeichen ergeben, dass das Kausalmodell im Fallbeispiel fehlspezifiziert ist.

Bei einem eingehend theoretisch fundierten Hypothesensystem sowie sorgfältig durchgeführter Konzeptualisierung und Operationalisierung der Konstrukte kann die Plausibilitätsbetrachtung auch auf die Übereinstimmung der Parameterschätzungen mit den Vermutungen in den formulierten Hypothesen ausgedehnt werden. Die sog. standardisierte Lösung des Fallbeispiels (vgl. Abb. 10.3) bestätigt dabei die theoretisch formulierten Zusammenhänge: Alle Vorzeichen der Faktorladungen (Standardized Regression Weights)

---

[2] Vgl. zur Prüfung von Ausreißern im Datensatz Kap. 8.1.2.

sind positiv, und es zeigen sich mit Werten $> 0,5$ auch akzeptable Ladungen. Die Parameterschätzer sind alle plausibel und konform mit den formulierten Hypothesen.

9.1.2 Prüfung der Gesamtgüte mittels Gütekriterien

Eine hohe Güte eines Kausalmodells (sog. Modell-Fit) ist allgemein dann gegeben, wenn die mit Hilfe der Parameterschätzer berechneten Varianzen und Kovarianzen möglichst gut mit den empirisch gewonnenen Varianzen und Kovarianzen übereinstimmen. Zur Beurteilung des Modell-Fits steht eine Vielzahl von Kriterien zur Verfügung, die sich differenzieren lassen nach:

1. *inferenzstatistischen Gütekriterien,*
   die statistische Tests des Modell-Fits darstellen.
2. *deskriptiven Gütekriterien,*
   die primär auf Erfahrung bzw. Stimulationsstudien beruhen und die Annahme eines Modells an sog. Cutoff-Kriterien (Faustregeln) festmachen.

9.1.2.1 Inferenzstatistische Gütekriterien

Das wichtigste inferenzstatistische Gütekriterium bildet der sog. *Chi-Quadrat-Test* (auch „Likelihood-Ratio-Test" genannt). Dieser Test entspricht einem Chi-Quadrat-Anpassungstest, und es wird folgende Nullhypothese H_0 gegen die Alternativhypothese H_1 geprüft:

H_0: Die modelltheoretische Varianz-Kovarianzmatrix ($\hat{\Sigma}$) entspricht den wahren Werten der Grundgesamtheit.

H_1: Die modelltheoretische Varianz-Kovarianzmatrix ($\hat{\Sigma}$) entspricht einer beliebig positiv definiten Matrix A.

Die zugehörige Prüfgröße Chi-Quadrat (χ^2) wird aus der in der Analyse verwendeten Diskrepanzfunktion F_j (vgl. Abb. 3.24) gemäß Formel (9.1) berechnet und ist Chi-Quadrat-verteilt mit ½p $(p + 1)$ – t Freiheitsgraden (d.f.).

Chi-Quadrat-Teststatistik:[3]

$$\chi^2 = (N - 1)F_j \tag{9.1}$$

mit:

F_j = Minimum der verwendeten Diskrepanzfunktion j
N = Stichprobenumfang

Im Fallbeispiel folgt das Ergebnis: $\chi^2 = (192 - 1)*0,87547 = 167,215$

---

[3] Vgl. Reinecke 2005, S. 116; Zur Definition der Diskrepanzfunktionen F in AMOS vgl. Arbuckle 2012, S. 593 ff.

Je geringer die Differenz $(S-\hat{\Sigma})$, d. h. die Abweichungen zwischen empirischer Varianz-Kovarianz-Matrix (S) und modelltheoretisch errechneter Varianz-Kovarianz-Matrix $(\hat{\Sigma})$ ist, desto geringer ist auch der χ^2-Wert. AMOS weist zu dem errechneten χ^2-Wert die Wahrscheinlichkeit p (probability level) aus, dass die *Ablehnung der Nullhypothese eine Fehlentscheidung* darstellt.

Der Chi-Quadrat-Wert ist allerdings mit Vorsicht zu interpretieren.[4] Das gilt insbesondere vor dem Hintergrund, dass er ein Maß für die Anpassungsgüte des *gesamten Modells* darstellt, also auch dann hohe Werte annimmt, wenn komplexe Modelle nur in Teilen von der empirischen Varianz-Kovarianz-Matrix abweichen. Darüber hinaus testet er die vollständige Übereinstimmung von S und $\hat{\Sigma}$ (perfekter Fit) und reagiert zudem sehr stark auf eine Vergrößerung der Stichprobe. Dadurch werden Modelle, die anhand eines großen Datensatzes geprüft werden, i. d. R. aufgrund des χ^2-Wertes abgelehnt (vgl. Bentler und Bonnet 1980, S. 591). Aus diesen Gründen empfehlen z. B. Browne und Mels (1992, S. 78) von der Verwendung des Chi-Quadrat-Test Abstand zu nehmen, da „it does not help much to know whether or not the statistical test [with a null hypothesis of perfect fit, Anm. der Autoren] has been able to detect that it is false".

Weiterhin entspricht $(1-p)$ der sog. Irrtumswahrscheinlichkeit bzw. dem Fehler 1. Art der klassischen Testtheorie. In der Praxis werden Modelle häufig dann verworfen, wenn p kleiner als 0,1 ist (z. B. Bagozzi 1980, S. 105). Die Chi-Quadrat-Teststatistik ist aber *nicht* in der Lage, eine Abschätzung des Fehlers 2. Art vorzunehmen, d. h. es lässt sich keine Wahrscheinlichkeit dafür angeben, dass eine falsche Modellstruktur als wahr angenommen wird. Schließlich ist die Berechnung des Chi-Quadrat-Wertes an eine Reihe von *Voraussetzungen* geknüpft, und er ist nur dann eine geeignete Teststatistik, wenn (Reinecke 2005, S. 116 f.):

- alle beobachteten Variablen multinormalverteilt sind
  (bei Verwendung der Schätzalgorithmen ML und GLS)
- die durchgeführte Schätzung auf Basis der Varianz-Kovarianz-Matrix erfolgt
  (*nicht* Korrelationsmatrix)
- ein „ausreichend großer" Stichprobenumfang vorliegt;
- die Hypothese $S = \hat{\Sigma}$ (Modellparameter) exakt stimmt.

Obige Voraussetzungen sind bei praktischen Anwendungen jedoch häufig nicht erfüllt, weshalb zum einen „Anpassungen" in der Chi-Quadrat-Teststatistik vorgenommen wurden und zum anderen weitere Gütekriterien entwickelt wurden, die die Güteprüfung eines Modells unterstützen können.

Um die Probleme des χ^2-Tests zu umgehen, kann auf den von Steiger/Lind entwickelten *Root-Mean-Square-Error of Approximation* (RMSEA) zurückgegriffen werden. RMSEA ist ebenfalls ein *inferenzstatistisches* Maß und prüft, ob ein Modell die Realität gut approximie-

---

[4] Bei einem hohen Anteil fehlender Werte ist AMOS teilweise *nicht* in der Lage, das saturierte Modell oder das Unabhängigkeitsmodell mit der ML-Prozedur zu schätzen (vgl. Kap. 8.1.1). In diesem Fall sind dann alle Gütekriterien, die diese Modelle als Referenz heranziehen wie z. B. die χ^2-Statistiken oder der CFI nicht verfügbar.

ren kann und ist damit weniger „streng" formuliert als der χ^2-Test, der die „Richtigkeit" eines Modells prüft. RMSEA errechnet sich als Wurzel aus dem um die Modellkomplexität bereinigten, geschätzten Minimum der Diskrepanzfunktion in der Grundgesamtheit entsprechend Formel (3.13). Die Modellkomplexität wird dabei durch die Freiheitsgrade des Modells erfasst.

RMSEA (vgl. Steiger 1990, S. 173 ff.):

$$RMSEA = \sqrt{\max\left[\frac{\chi^2 - d.f.}{d.f.(N-g)}; 0\right]} \qquad (9.2)$$

mit:

N = Stichprobenumfang
g = Anzahl betrachteter Gruppen (im Normalfall gilt: g = 1)
χ^2 = Chi-Quadrat-Wert des formulierten Modells
d.f. = Anzahl der Freiheitsgrade

Im Fallbeispiel: RMSEA = {MAX[(167,125 − 85)/85*(192 − 1)]; 0}^{0,5} = 0,071

Nach *Browne* und *Cudeck* lassen sich die Werte für den RMSEA wie folgt interpretieren (Browne und Cudeck 1993, S. 136 ff):

- RMSEA$\leq$0.05: guter („close") Modell-Fit
- RMSEA$\leq$0.08: akzeptablen („reasonable") Modell-Fit
- RMSEA$\geq$0.10: inakzeptabler Modell-Fit

AMOS gibt zudem die *Irrtumswahrscheinlichkeit* für die Nullhypothese an, dass der RMSEA $\leq$ 0.05 ist (sog. PCLOSE-Wert). Ist diese Wahrscheinlichkeit kleiner als eine vorgegebene Irrtumswahrscheinlichkeit (z. B. α = 0.05) kann auf einen guten Modell-Fit geschlossen werden. Zusätzlich dazu wird auch das 90%-Konfidenzintervall mit der unteren Grenze LO90 und der oberen Grenze HI90 ausgewiesen.

Bei praktischen Anwendungen sind oftmals die Voraussetzungen der Chi-Quadrat-Teststatistik nicht erfüllt, so dass empfohlen wird, den Chi-Quadrat-Wert nur als *deskriptives Gütekriterium* zu interpretieren und mit den Freiheitsgraden (d.f.) ins Verhältnis zu setzen. Von AMOS wird dieser Quotient unter „Model Fit" als „CMIN/DF" ausgegeben (vgl. Arbuckle 2012, S. 601).

Chi-Quadrat als deskriptive Prüfgröße:

$$\chi^2/d.f. \qquad (9.3)$$

mit:

χ^2 = Chi-Quadrat-Wert des formulierten Modells
d.f. = Anzahl der Freiheitsgrade

Im Fallbeispiel: 167,125/85 = 1,967

Nach Homburg und Baumgartner (1995, S. 172) sollte das Verhältnis zwischen dem χ^2-Wert und den Freiheitsgraden kleiner oder gleich 2,5 sein. Eine restriktivere Forderung stellt z. B. Byrne (1989, S. 55), wonach dieser Wert nicht größer als 2 sein sollte. Insgesamt gilt: Je kleiner der Wert ist, desto besser ist der Modell-Fit.

Auch die Frage des „ausreichenden" Stichprobenumfangs spielt bei der Verwendung der Chi-Quadrat-Statistik eine zentrale Rolle, da der Chi-Quadrat-Wert äußerst sensitiv auf eine Veränderung des Stichprobenumfangs und Abweichungen von der Normalverteilungsannahme reagiert. So steigen z. B. die Chancen, dass ein Modell angenommen wird, mit kleiner werdendem Stichprobenumfang und umgekehrt. Wann ein „ausreichender" Stichprobenumfang erreicht ist und wie sensitiv der Chi-Quadrat-Wert auf den Stichprobenumfang reagiert, wurde in der Literatur durch eine Vielzahl von Simulationsstudien untersucht (z. B. Backhaus et al. 2006, S. 711 ff.; Boomsma 1982, S. 149 ff.; Bearden et al. 1982, S. 425 ff.). AMOS stellt in diesem Zusammenhang den *Test von Hoelter* zur Verfügung, der die „kritische" Stichprobengröße (N_{kSP}) angibt, bei der das betrachtete Modell anhand des Chi-Quadrat-Tests mit einer Irrtumswahrscheinlichkeit von $\alpha = 0,01$ bzw. 0,05 gerade noch akzeptiert würde.[5] Stichproben größer als N_{kSP} führen in diesem Fall zur Ablehnung der Nullhypothese des Chi-Quadrat-Tests.

HOELTER kritische Stichprobe:[6]

N_{kSP} = Stichprobengrose, bei der Modell gem. χ^2-Tests gerade akzeptiert wird   (9.4)

Im Fallbeispiel: N_{kSP} = 123 (für α = 0,05) und 136 (für α = 0,01)

Aufgrund der Sensitivität des χ^2-Wertes hinsichtlich der Freiheitsgrade ist eine solche „absolute Aussage" zum Hoelter Test allerdings höchst zweifelhaft.

Entscheidungen im Fallbeispiel: In AMOS werden die inferenzstatistischen Gütekriterien für das in unserem Fallbeispiel betrachtete Kausalmodell (sog. *Default model*) mit $n = 192$ Fällen unter dem Register „*Notes for Model*" und im Rahmen der „*Model Fit Summary*" ausgegeben (vgl. Abb. 9.2). Den „*Notes for Model*" ist zu entnehmen, dass 120 empirische Varianzen und Kovarianzen ermittelt wurden, denen 35 zu schätzende Parameter gegenüberstehen, was zu insgesamt $(120 - 35 =)$ 85 Freiheitsgraden (d.f.) führt.

Bei der von uns durchgeführten ML-Schätzung erreichte die ML-Diskrepanzfunktion (F) nach 9 Iterationen ihr Minimum mit einem Wert von 0,8755 (ausgewiesen unter

---

[5] Ähnlich der Vorgehensweise beim Hoelter Test zeigt Kim (2006), wie für die hier besprochenen Fitmaße CFI oder RMSEA die zur Erreichung eines vorgegebenen Cutoff Wertes (z. B. CFI = 0,95 oder RMSEA = 0,05) notwendige Stichprobengröße ermittelt werden kann. Dabei hängt die Teststärke und die minimale Stichprobenumfang u. a. von den unterschiedlichen Fitmaßen, der Anzahl an Freiheitsgraden und des anhand des vorliegenden Modells bzw. der genutzten Daten erzielten Fitwerte ab (vgl. Kim 2006, S. 387).

[6] Vgl. Hoelter 1983, S. 325 ff.; Arbuckle 2012, S. 615 f.

Notes for Model (Default model)

Computation of degrees of freedom (Default model)

Number of distinct sample moments:	120
Number of distinct parameters to be estimated:	35
Degrees of freedom (120 - 35):	85

Result (Default model)

Minimum was achieved

Chi-square = 167,215
Degrees of freedom = 85
Probability level = 0,000

Auszug aus "Model Fit Summary"

FMIN

Model	FMIN	F0	LO 90	HI 90
Default model	0,875	0,430	0,258	0,644
Saturated model	0	0	0	0
Independence model	11,736	11,186	10,400	12,012

RMSEA

Model	RMSEA	LO 90	HI 90	PCLOSE
Default model	0,071	0,055	0,087	0,017
Independence model	0,326	0,315	0,338	0,000

HOELTER

Model	HOELTER .05	HOELTER .01
Default model	123	136
Independence model	12	13

Abb. 9.2 Inferenzstatistische Gütekriterien für das Fallbeispiel in AMOS

„FMIN").[7] Der von AMOS ausgewiesene Chi-Quadrat-Wert errechnet sich damit durch $191*0,8755 = 167,215$. Als *Probability level* wurde p = 0,000 ausgewiesen, d. h. die Nullhypothese (empirische und modelltheoretischen Kovarianzmatrizen sind gleich) muss *verworfen* werden, da eine Ablehnung mit einer Wahrscheinlichkeit von 0,000 ein Fehler wäre. Unser Modell kann damit nach dem Chi-Quadrat-Test *nicht* als gute Anpassung an die Realität angesehen werden, da eine nur geringe Äquivalenz von empirischer und mo-

---

[7] Der Verlauf des Iterationsprozesses mit der Anzahl der Iterationsschritte kann in AMOS unter dem Register *„Minimization History"* nachvollzogen werden.

delltheoretischer Varianz-Kovarianz-Matrix vorliegt. Wird der Chi-Quadrat Wert jedoch durch die Zahl der Freiheitsgrade dividiert, so ergibt sich als deskriptives Gütemaß ein Wert von 1,967, was dann nach Byrne (1989, S. 55) auf einen insgesamt guten Modell-Fit hinweist.

Demgegenüber zeigt der RMSEA-Wert von 0,071 einen akzeptablen Model-Fit, wenn der Einschätzung von Browne und Cudeck gefolgt wird. Für PCLOSE weist AMOS einen Wert von 0,017 aus, was dafür spricht, dass der „wahre" RMSEA größer als 0,05 ist, was auch durch das angegebene Konfidenzintervall [0,055; 0,087] bestätigt wird.

Nach Hoelter liegt die minimalen Stichprobengrößen für die beiden von AMOS verwendeten Irrtumswahrscheinlichkeiten von 1% und 5% unterhalb der tatsächlichen Stichprobengröße von 192 in unserer Untersuchung. Dies wiederum bestätigt das Ergebnis des Chi-Quadrat-Tests und zeigt, dass erst bei einem deutlich geringeren Stichprobenumfang das Modell bestätigt werden würde.

Insgesamt sprechen damit der χ^2-Test und der Hoelter Test *gegen* die Gültigkeit des Kausalmodells im Fallbeispiel, wohingegen der RMSEA und das deskriptive χ^2/d.f.- Maß eine gute bis akzeptable Eignung anzeigen.

9.1.2.2 Deskriptive Gütekriterien

In der Anwendungspraxis wird die Annahme des χ^2-Tests, dass die modelltheoretische Varianz-Kovarianz-Matrix $\hat{\Sigma}$ eine strenge Funktion *allein der Modellparameter* darstellt, meist als unrealistisch betrachtet (Jöreskog 1969, S. 200). Mit Hilfe der sog. deskriptiven Gütekriterien wird deshalb versucht, Hinweise dafür zu geben, ob eine bestehende Differenz zwischen S und $\hat{\Sigma}$ aus Anwendungssicht vernachlässigt werden kann. Deskriptive Gütekriterien können damit aber nur einen *näherungsweisen bzw. approximativen* Modell-Fit untersuchen.

Deskriptive Gütekriterien

Deskriptive Gütekriterien beantworten die Frage, ob eine bestehende Differenz zwischen der empirischen (S) und der modelltheoretischen Varianz-Kovarianzmatrix ($\hat{\Sigma}$) vernachlässigt werden kann. Aufgrund von Simulations- und Vergleichsstudien werden Cutoff-Werte (Faustregeln) angegeben, deren Überschreiten auf einen „guten" Modell-Fit hinweist. Da diese Maße keine statistischen Tests darstellen, sind sie unabhängig vom Stichprobenumfang und relativ robust gegenüber Verletzungen der Multinormalverteilungsannahme.

In der Literatur wurde eine Vielzahl deskriptiver Gütekriterien entwickelt, die nach absoluten Fitmaßen und den sog. Goodness-of-Fit-Maßen unterschieden werden können. Bei den nachfolgend diskutierten Kriterien wird auch jeweils der *Schwellenwert bzw. Cutoff-Wert* angegeben, der erreicht sein sollte, damit ein Modell nach dem jeweiligen Kriterium angenommen werden kann.

9.1.2.3 Absolute Fitmaße

Die im Folgenden dargestellten *absoluten Fitmaße* werden nicht automatisch von AMOS ausgewiesen, können aber auf Basis der von AMOS ermittelten Einzelwerte leicht vom Anwender ausgerechnet werden.

> **Absolute Fitmaße**
> Absolute Fitmaße setzen den Chi-Quadrat-Wert oder den Differenzwert von $(S - \hat{\Sigma})$ in Relation zur *Komplexität* eines Modells, die durch die Zahl der Freiheitsgrade, die Anzahl der Modellparameter, die Zahl an manifesten Variablen und/oder die Stichprobengröße ausgedrückt wird.

Wird die Summe der quadratischen Abweichungen zwischen den Varianzen bzw. Kovarianzen der empirischen und der modelltheoretischen Matrizen S und $\hat{\Sigma}$ berechnet und mit der Anzahl der insgesamt erhobenen Messvariablen (Indikatoren) in Beziehung gesetzt, so erhält man als Gütemaß die *Root Mean Square Residuals* (RMR).

Root Mean Square Residual:[8]

$$RMR = \sqrt{\frac{2\sum\sum (s_{ij} - \sigma_{ij})^2}{p(p+1)}} \qquad (9.5)$$

mit:

s_{ij} = empirische Varianz-Kovarianz der Variablen x_{ij}
σ_{ij} = modelltheoretisch errechnete Varianz-Kovarianz der Variablen x_{ij}
p = Anzahl der Indikatoren

Im Fallbeispiel: RMR = $[2*1{,}643/(15*(15+1))]^{0{,}5} = 0{,}117$

Je kleiner die RMR-Werte sind, desto besser ist die modelltheoretische Anpassung an die empirischen Daten gelungen. Ein Wert von Null bedeutet dabei, dass die empirischen Kovarianzen mit den modelltheoretischen übereinstimmen und spricht für einen *perfekten Fit*.

Beim RMR ist allerdings zu beachten, dass die Skalierung der Indikatoren die Höhe von Varianzen und Kovarianzen beeinflusst. Dieser Effekt wird im *Standardized Root Mean Square Residual* (SRMR) vermieden, bei dem die quadrierten Differenzen $(s_{ij} - \sigma_{ij})^2$ durch das Produkt der empirischen Varianzen der Variablen i und j $(s_{ii}*_{jj})$ bereinigt werden.

---

[8] Vgl. Jöreskog und Sörbom 1983, I.41. Der Differenzwert für S-$\hat{\Sigma}$ wird von AMOS *nicht* ausgegeben und muss vom Anwender selbst errechnet werden.

Standardized Root Mean Square Residual:[9]

$$SRMR = \sqrt{\frac{2 \sum \sum \left(\frac{s_{ij} - \sigma_{ij}}{S_{ii} S_{jj}}\right)^2}{p\,(p+1)}} \tag{9.6}$$

mit:

s_{ij} = empirische Varianz-Kovarianz der Variablen x_{ij}
σ_{ij} = modelltheoretisch errechnete Varianz-Kovarianz der Variablen x_{ij}
p = Anzahl der Indikatoren

Schwellenwert für guten Modell-Fit: SRMR$\leq$0,10
    Im Fallbeispiel: SRMR = $[2^*[1,331]/(15^*(15+1))]^{0,5}$ = 0,105

Der SRMR stellt mittlerweile eines derjenigen Gütemaße dar, die in jedem Fall zur Modellevaluation herangezogen werden sollten (Weston und Gore 2006, S. 743). In der Literatur gelten Modelle mit einem SRMR kleiner gleich 0,10 als akzeptabel, wobei hier auch strengere Forderungen nach einem Cutoff-Wert von 0,05 genannt werden (Homburg et al. 2008, S. 88).
    Zusätzlich zu den beiden vorgestellten absoluten Fitmaßen existieren aber auch andere Kriterien wie *Gamma Hat* (Hu und Bentler 1999, S. 3) oder der Centrality Index von McDonald (1989, S. 99). Diese sind jedoch weniger weit verbreitet, weshalb an dieser Stelle nicht näher darauf eingegangen wird.

Entscheidungen im Fallbeispiel: Von AMOS wird nur der RMR als absolutes Fitmaß direkt ausgewiesen, so dass alle übrigen Kriterien vom Anwender selbst zu berechnen sind. Für das Fallbeispiel wurden diese Berechnungen jeweils unterhalb der Formeln bereits ausgeführt. Unter dem Register *„Model Fit Summary"* liefert AMOS für die RMR einen Wert von 0,117, woraus sich ein SRMR-Wert von 0,105 errechnet (vgl. auch Abb. 9.3). Dieser Wert weist entsprechend dem Cutoff-Kriterium von 0,10 auf einen gerade noch akzeptablen Modell-Fit hin.

9.1.2.4 Goodness-of-Fit-Maße
Als „klassische" Goodness-of-Fit-Maße sind der sog. *Goodness-of-Fit-Index* (GFI) und der *Adjusted-Goodness-of-Fit-Index* (AGFI) zu nennen, die in der Vergangenheit häufig zur Beurteilung des Modell-Fits herangezogen wurden.

---

[9] Vgl. Hu und Bentler 1999, S. 3. Der SRMR-Wert wird von AMOS nicht standardmäßig ausgewiesen. Hierzu muss im Menü unter „Plugins" das Fenster „Standardized RMR" geöffnet werden. Bei der nachfolgenden Modellschätzung wird der SRMR in diesem Fenster automatisch angezeigt.

Model Fit Summary

RMR, GFI

Model	RMR	GFI	AGFI	PGFI
Default model	0,117	0,900	0,859	0,638
Saturated model	0	1		
Independence model	0,426	0,314	0,216	0,275

Abb. 9.3 RMR-Wert und Goodness of Fit-Indices in AMOS

Goodness-of-Fit-Maße

setzen den für ein Modell ermittelten Minimalwert der Diskrepanzfunktion in Relation zu dem Minimalwert der Diskrepanzfunktion, der sich ergibt, wenn die modelltheoretische Kovarianzmatrix auf Null gesetzt wird.

Der GFI wurde von Jöreskog und Sörbom (1983, I.40) für ML und ULS-Schätzungen entwickelt und von Tanaka und Huba (1985, S. 197 ff.) auf GLS-Schätzungen erweitert. GFI misst die relative Menge an Varianz und Kovarianz, der das Modell insgesamt Rechnung trägt und ist im Gegensatz zum Chi-Quadrat-Test unabhängig von der Stichprobengröße. Er entspricht dem *Bestimmtheitsmaß* (R^2) im Rahmen der Regressionsanalyse und kann somit Werte zwischen 0 und 1 annehmen. Für GFI $= 1$ können alle empirischen Varianzen und Kovarianzen durch das Modell exakt wiedergegeben werden, d. h. es gilt ($S = \hat{\Sigma}$), und es liegt ein perfekter Modell-Fit vor.

Goodness-of-Fit-Index:[10]

$$GFI = 1 - \frac{\hat{F}}{\hat{F}_{\Sigma = 0}} \tag{9.7}$$

mit:

$\hat{F}$ = Minimalwert der Diskrepanzfunktion des betrachteten Modells
$\hat{F}_{\Sigma = 0}$ = Wert der Diskrepanzfunktion für den Fall, dass die modelltheoretische Varianz-Kovarianzmatrix gleich Null gesetzt wird

Schwellenwert für guten Modell-Fit: GFI $\geq 0,9$

Im Fallbeispiel: GFI $= 1-(0,875/8,761) = 0,900$

Da die Werte von GFI durch die Modellkomplexität beeinflusst werden, wird in der praktischen Anwendung häufig auf den *Adjusted-Goodness-of-Fit-Index* (AGFI) zurückgegriffen, der ebenfalls ein Maß für die im Modell erklärte Varianz bildet. Der AGFI „versucht" die Modellkomplexität durch die Zahl der Modellparameter und die Zahl der

---

[10] Vgl. Jöreskog und Sörbom 1983, S. I.40. Zur Programmierung in AMOS vgl. Arbuckle 2012, S. 613 f.

Freiheitsgrade zu erfassen und den GFI mit deren Hilfe zu korrigieren. AGFI kann damit auch als korrigiertes R^2 interpretiert werden (Weston und Gore 2006, S. 741).

Adjusted-Goodness-of-Fit-Index (vgl. Arbuckle 2012, S. 614):

$$AGFI = 1 - \left(\frac{p\,(p+1)}{2 \cdot d.f.} \,(1 - GFI) \right) \tag{9.8}$$

mit:

GFI = Goodness-of-Fit-Index
p   = Anzahl der manifesten Variablen
d.f. = Zahl der Freiheitsgrade

Schwellenwert für guten Modell-Fit: AGFI $\geq$ 0,9

Im Fallbeispiel: AGFI = 1 − [15*(5 + 1)/285](1 − 0,900) = 0,859

Die Leistungsfähigkeit des GFI und aller hierauf aufbauenden Maße sind jedoch aufgrund von aktuellen Simulationsstudien stark in Frage zu stellen, so dass bei praktischen Anwendungen von deren Verwendung mittlerweile abgeraten wird (vgl. stellvertretend Sharma et al. 2005, S. 42).

Entscheidungen im Fallbeispiel: AMOS gibt die Goodness-of-Fit-Maße GFI und AGFI unter dem Register *„Model Fit Summary"* aus. Mit den in Abb. 9.3 aufgeführten Werten von GFI = 0,9 und AGFI = 0,859 würden sie für das Fallbeispiel unter Berücksichtigung der üblichen Cutoff-Werte ($\geq$0,9) auf einen *gerade noch akzeptablen Fit des Modells* im Fallbeispiel hinweisen.

9.2   Prüfsituation 2: Vergleichende Evaluation alternativer Modelle

In konkreten Anwendungssituationen besitzt der Anwender häufig unterschiedliche Vorstellungen darüber, welche Kausalpfade im Strukturmodell auch in der Realität wirklich von Bedeutung sind. Eine Entscheidungshilfe kann in diesen Fällen dadurch erreicht werden, dass Kausalmodelle mit *gleichen Konstrukten aber unterschiedlichen Kausalpfaden* gegeneinander getestet und anhand von Gütekriterien beurteilt werden. Zu diesem Zweck wurden in der Literatur neben den bisher behandelten Kriterien eine Reihe weiterer Kriterien entwickelt, die zusätzlich der Prüfung der absoluten Modellanpassung speziell für den Vergleich von Modellen geeignet sind.

Ein solcher Modellvergleich kann „standardmäßig" vorgenommen werden, in dem das vom Anwender formulierte Modell (Default model) einerseits mit dem sog. Basismodell (Independence Model) und andererseits mit dem sog. saturierten Modell (Saturated Model) in Beziehung gesetzt wird:[11]

---

[11] Mit Ausnahme der ML-Schätzung errechnet AMOS für alle anderen Schätzverfahren weiterhin Fitmaße für das sog. *Nullmodell*, bei dem alle Parameter auf 0 fixiert sind.

(a) *Independence Model*:

Das Independence Model wird auch als *Basismodell* bezeichnet und betrachtet alle manifesten (gemessenen) Variablen als statistisch *unabhängig*. Somit gehen in das Basismodell nur die empirischen Varianzen ein, d. h. jeder Modellparameter erklärt nur sich selbst, womit die Zahl der im Modell enthaltenen Parameter immer gleich der Anzahl der Indikatorvariablen ist. Das Basismodell hat damit *keine Vorhersagekraft*, da jeder Parameter nur sich selbst erklärt. Entsprechend besitzt es auch *keine inhaltliche Plausibilität*.

(b) *Saturated Model*:

Das „gesättigte" Modell postuliert, dass alle Modellvariablen miteinander korrelieren. Es entspricht immer der empirischen Datenstruktur, weil es alle denkbaren Beziehungen zwischen den Variablen zulässt. Damit ist die Anzahl Modellparameter immer gleich der Anzahl der empirischen Varianzen und Kovarianzen und somit die Zahl der Freiheitsgrade im gesättigten Modell immer gleich Null. Das saturated Model ermöglicht die statistisch beste Anpassung des Modells an die erhobenen Daten. Allerdings ist auch dieses Modell „aussageleer", da es den besten Fit nicht aufgrund sachlogischer, sondern rein modellspezifischer Überlegungen erzielt, in dem es alle in einem Modell möglichen Parameterbeziehungen schätzt. Entsprechend ist auch der χ^2-Wert für das gesättigte Modell immer gleich Null.

Die Fitmaße des formulierten Modells (Default model) liegen immer zwischen denen des Basismodells und denen des gesättigten Modells. Ist der Fit des Default model nicht wesentlich besser als der des Basismodells, so ist das eigene Modell auf jeden Fall abzulehnen. Alle von AMOS berechneten Fitmaße werden automatisch immer für *alle drei Modellvarianten* (Default – Saturated – Independence) ausgewiesen. Dabei wird zwischen den Modellen eine hierarchische Beziehung unterstellt, d. h. Modellverbesserungen ergeben sich ausgehend vom Basismodell allein aufgrund der Aufgabe von Freiheitsgraden. Im Folgenden werden die von AMOS ausgewiesenen Kriterien zum Modellvergleich erläutert, wobei folgende Unterscheidung vorgenommen wird:

1. *Inkrementelle Fitmaße zum Vergleich von Default und Independence Model (vgl. Kap. 9.2.1)*:
Hier werden nur solche Kriterien betrachtet, die einzig auf einen Modellvergleich mit dem Independence Model abzielen.

2. *Gütekriterien zum Modellvergleich und zur Beurteilung der Modellsparsamkeit (vgl. Kap. 9.2.2)*:
Hier werden zum einen die sog. inkrementellen Fitmaße behandelt, die *zusätzlich* zum „reinen" Modellvergleich gleichzeitig auch die sog. Modellsparsamkeit (Parsimony) beurteilen, wobei auch hier als Vergleichsmodelle das „Saturated model" sowie das „Independence model" verwendet werden. Zum anderen werden mit den sog. *Informationskriterien* solche Fitmaße betrachtet, die bei einem Vergleich von *echten Modellalternativen*, die unterschiedliche theoretische Strukturen reflektieren, heranzuziehen sind.

Auch bei den nachfolgend diskutierten Kriterien wird wiederum jeweils der *Schwellenwert bzw. Cutoff-Wert* angegeben, der mindestens erreicht sein sollte, damit ein Modell nach dem jeweiligen Kriterium angenommen werden kann.

9.2.1 Inkrementelle Fitmaße zum Vergleich von Default und Independence Model

Kausalmodellen wird allgemein dann ein „guter Fit" zugesprochen, wenn die Differenz zwischen empirischer (S) und modelltheoretischer ($\hat{\Sigma}$) Varianz-Kovarianzmatrix möglichst gering ist. Wie groß die Differenz (S $-$ $\hat{\Sigma}$) ist, lässt sich am Minimalwert der verwendeten Diskrepanzfunktion sowie am Chi-Quadrat-Wert eines Modells ablesen. Je kleiner diese Werte sind, desto besser ist das betrachtete Modell. Ein *grundlegender Modellvergleich (baseline comparisons)* kann nun dadurch erreicht werden, dass mit den empirisch erhobenen Daten auch das sog. *Independence Modell (Basismodell)* berechnet wird, das auf jeden Fall am schlechtesten an die Daten angepasst ist und für die erhobenen Daten immer den *schlechtesten Fit* erzielt.

Vergleich zwischen Default Model und Independence Model
Vergleichskriterien zwischen Default Model und Independence Model spiegeln den Prozentsatz wider, mit dem das Default Model das Independence Model (Basismodell) hinsichtlich des Chi-Quadrat-Wertes bzw. des Minimalwertes der Diskrepanzfunktion übertrifft. Unterscheidet sich das default model nur wenig vom Basismodell, so weisen diese Maße einen Wert von nahe Null auf. Demgegenüber zeigt ein Wert von nahe 1 eine „deutliche Verbesserung" gegenüber dem Basismodell an. Ein gutes Modell wird dabei i. d. R. dann angenommen, wenn der Indexwert der entsprechenden Maße größer 0,9 ist.

In der Literatur wurde eine Vielzahl an Indizes entwickelt, die einen Vergleich zwischen Default Model und Independence Model vornehmen. Ihre Aussagekraft wurde in unterschiedlichen Simulationsstudien überprüft.[12]

In Abb. 9.4 sind diejenigen Vergleichsindizes der *Baseline Comparisons* zusammengestellt, die auch von AMOS bereitgestellt werden und denen in der Anwendungpraxis auch eine hohe Bedeutung beigemessen wird.

---

[12] Stellvertretend sei hier auf die Simulationsstudie von Haughton et al. (1997, S. 1477 ff.) verwiesen, die insgesamt 18 Indizes analysieren.

Normed Fit Index:[a]	$NFI = 1 - \dfrac{\hat{C}}{\hat{C}_b} = 1 - \dfrac{\hat{F}}{\hat{F}_b}$	(9.9)

Schwellenwert für guten Modell-Fit: NFI ≥ 0,9

Im Fallbeispiel: NFI = 1– (167,215/2241,608) = 1 – (0,875 / 11,736) = 0,925

Tucker-Lewis-Index:[b]	$TLI = \dfrac{\dfrac{\chi_B^2}{d.f._B} - \dfrac{\chi^2}{d.f.}}{\dfrac{\chi_B^2}{d.f._B} - 1}$	(9.10)

Schwellenwert für guten Modell-Fit: TLI ≥ 0,9

Im Fallbeispiel: TLI = (2241,608/105 – 167,215/85)/((2241,608/105) – 1) = 0,952

Comparative Fit Index:[c]	$CFI = 1 - \dfrac{\max\left(\hat{C} - df ;0\right)}{\max\left(\hat{C}_b - df_b ;0\right)}$	(9.11)

Schwellenwert für guten Modell-Fit: CFI ≥ 0,9

Im Fallbeispiel: $CFI = 1 - \dfrac{\max\left(167,215 - 85;0\right)}{\max\left(2241,608 - 105_b ;0\right)} = 0,962$

Inkremental Fit Index (BL89):[d]	$IFI = \dfrac{\left(\chi_B^2 - \chi^2\right)}{\left(\chi_B^2 - d.f.\right)}$	(9.12)

Schwellenwert für guten Modell-Fit: IFI ≥ 0,9

Im Fallbeispiel: IFI = (2241,608 – 167,125)/(2241,608 – 85) = 0,962

Relative Noncentrality Index:[e]	$RNI = \dfrac{\left(\chi_B^2 - d.f._B\right) - \left(\chi^2 - d.f.\right)}{\left(\chi_B^2 - d.f._B\right)}$	(9.13)

Schwellenwert für guten Modell-Fit: RNI ≥ 0,95 (Hu/Bentler 1999, S. 17)

Im Fallbeispiel: RNI = [(2241,608 – 105) – (167,215 – 85)]/(2241,608 – 105) = 0,962

Legende:
C;   = nF   = Minimalwert der Diskrepanzfunktion des formulierten Modells
C_b = nF_b = Minimalwert der Diskrepanzfunktion des Basismodells
χ_B^2 = Chi-Quadrat-Wert des Basismodells
χ^2 = Chi-Quadrat-Wert formulierten (default) Modells
d.f._B = Freiheitsgrade des Basismodells
d.f.   = Freiheitsgrade des formulierten (default) Modells

[a] Vgl. Bentler/Bonnet 1980, S. 599.
[b] Vgl. Bollen 1989, S. 273. Der TLI wird auch als Non-Normed-Fit-Index (NNFI) bezeichnet.
[c] Vgl. Bentler 1990, S. 238 ff.
[d] Vgl. Bollen 1989. Der Inkremental Fit Index (IFI) wird bisweilen auch als BL89 abgekürzt.
[e] Vgl. McDonald/Marsh 1990, S. 249ff.

Abb. 9.4 Übersicht der zentralen inkrementellen Fitmaße

Model Fit Summary

Baseline Comparisons

Model	NFI Delta1	RFI rho1	IFI Delta2	TLI rho2	CFI
Default model	0,925	0,908	0,962	0,952	0,962
Saturated model	1		1		1
Independence model	0	0	0	0	0

Abb. 9.5 Indices der „Baseline Comparisons" in AMOS

Während der von Bentler und Bonnet entwickelte *Normed Fit Index* (NFI) die einfache Differenz der χ^2-Werte des formulierten Modells und des Basismodells betrachtet, berücksichtigt der *TLI* zusätzlich noch die Freiheitsgrade der beiden Modelle. Der TLI kann auch Werte größer 1 annehmen, was dann darauf hinweist, dass im formulierten Modell mehr Parameter als notwendig spezifiziert wurden (sog. *overfitting*). Sowohl NFI als auch TLI unterstellen die Gültigkeit der χ^2-Verteilung. Der *Comparative Fit Index* (CFI) von Bentler berücksichtigt hingegen Verteilungsverzerrungen und ist – im Gegensatz zum TLI – ebenfalls auf das Intervall [0;1] normiert. Der *Incremental Fit Index* (IFI; oft auch als „BL89" abgekürzt), der von Bollen (1989) vorgeschlagen wurde, setzt die Differenz der χ^2-Werte in Relation zur Differenz des χ^2-Wertes des Basismodells und der Freiheitsgrade im formulierten Modell. In der Anwendungspraxis haben sich besonders der TLI und der CFI bewährt. Zusätzlich dazu wird oft auch der RNI angegeben, der jedoch von AMOS nicht ausgewiesen wird. Er kann aber unter Rückgriff auf die entsprechenden Outputs unter Verwendung von Formel (9.13) relativ einfach „per Hand" errechnet werden.

Entscheidungen im Fallbeispiel: In unserem Fallbeispiel wurden 15 reflektive Messvariable erhoben, mit deren Hilfe sich (15*(15 + 1)/2 =) 120 empirische Varianzen und Kovarianzen errechnen lassen. Da beim *Independence Model* die Zahl der im Modell enthaltenen Parameter immer gleich der Anzahl der Indikatorvariablen ist, besitzt das Independence Model im Fallbeispiel (120 − 15 =)105 Freiheitsgrade (d.f.) und der zugehörige χ^2-Wert beträgt 2241,608. Demgegenüber besteht das zu unserem Beispiel gehörende *gesättigte Modell* aus 120 Modellparametern (= Anzahl der empirischen Varianzen und Kovarianzen) und hat einen χ^2-Wert von Null mit d.f. = 0. Das von dem Hotelbesitzer formulierte Kausalmodell reicht mit einem χ^2-Wert von 167,215 somit recht nahe an das gesättigte Modell heran, was bei einer großen Zahl an Freiheitsgraden von d.f. = 85 für die Güte des Modells spricht.

Für das Fallbeispiel weist Abb. 9.5 die von AMOS berechneten Indizes des grundlegenden Modellvergleichs (baseline Comparisons) in der Zeile „Default Model" aus. Dabei zeigt sich, dass alle inkrementellen Fitmaße mit Werten von jeweils deutlich über 0,90 auf einen sehr guten Fit des Kausalmodells im Fallbeispiel hinweisen. Im Gegensatz zu den *absoluten Fitmaßen* sprechen diese Kriterien somit durchgängig für ein brauchbares Modell.

9.2.2   Gütekriterien zum Modellvergleich und zur Beurteilung der Modellsparsamkeit

Ziel der Modellbildung ist es, möglichst solche Modelle zu entwickeln, die eine hohe Erklärungskraft bei möglichst *geringer Komplexität* besitzen. Ist eine gute Modellanpassung durch eine geringe Anzahl an Modellparametern möglich, so wird von *Modellsparsamkeit* (parsimony) gesprochen.

> **Modellsparsamkeit (parsimony)**
> liegt vor, wenn mit nur wenigen Modellparametern ein guter Modell-Fit erzielt werden kann. Die Komplexität eines Modells wird dabei über die Anzahl der Freiheitsgrade bzw. die Anzahl der Modellparameter erfasst.

Zum Vergleich von Modellen stehen grundsätzlich zwei Klassen von Kriterien zur Verfügung, die *gleichzeitig* auch die Modellsparsamkeit berücksichtigen:

1. *Inkrementelle Fitmaße mit Parsimony-Korrektur*
   führen einen Vergleich unter Berücksichtigung der Modellsparsamkeit zwischen Default und Independence Modell durch, bei denen die Zahl der betrachteten latenten Variablen *identisch* ist.
2. *Informationskriterien*
   führen einen Vergleich unter Berücksichtigung der Modellsparsamkeit zwischen *„echten"* *Modellalternativen* durch, die durch mit *unterschiedlicher Zahl* an latenten Variablen und *unterschiedliche Hypothesenstrukturen* gekennzeichnet sind.

(1) Inkrementelle Fitmaße mit Parsimony-Korrektur: Wird jeweils nur ein Vergleich zwischen einem formulierten Modell und dem Independence Modell angestrebt, der gleichzeitig aber auch die Modellsparsamkeit berücksichtigen soll, so können die in Kap. 9.2.1 vorgestellten Indices als Basis der Betrachtung verwendet werden. Weiterhin können als Indikator für die Sparsamkeit eines Modells die Zahl der Freiheitsgrade interpretiert werden: Je mehr Freiheitsgrade ein Modell besitzt, desto geringer ist die Anzahl der im Modell enthaltenen Parameter.

Als „reines" Maß für die Modellsparsamkeit kann zunächst der AGFI herangezogen werden, da dieses Fitmaß eine „Korrektur" des GFI durch die Zahl der Modellparameter und die Zahl der Freiheitsgrade vornimmt (vgl. Formel (9.8)). Soll die Modellsparsamkeit aber *gleichzeitig* zum Modellvergleich beurteilt werden, so ist AGFI alleine nicht aussagekräftig. In diesen Fällen ist es zweckmäßig, auf die gängigen Indices der „Baseline Comparisons" (NFI, RFI, CFI) zurückzugreifen und diese mit der Modellkomplexität zu relativieren. Als Maß für die Modellkomplexität wird dabei das Verhältnis der Freiheitsgrade des formulierten (default) Modells und des Basismodells verwendet, das auch als *Parsimony-Korrektur* bezeichnet wird. Damit ergeben sich folgende Fitmaße.

Parsimony Normed Fit Index (vgl. Kaplan 2000, S. 109):

$$\text{PNFI} = \text{NFI} \, (\text{d.f.}/\text{d.f.}_B) \tag{9.14}$$

mit:

NFI = Normed Fit Index
df_B = Freiheitsgrade des Basismodells
df   = Freiheitsgrade des formulierten (default) Modells

Im Fallbeispiel: PNFI = 0,925*(85/105) = 0,749
   Parsimony Centrality Fit Index (vgl. Arbuckle 2012, S. 613):

$$\text{PCFI} = \text{CFI} \, (\text{d.f.}/\text{d.f.}_B) \tag{9.15}$$

Im Fallbeispiel: PCFI = 0,962*(85/105) = 0,778
   Parsimony Goodness-of-Fit Index (Arbuckle 2012, S. 15)

$$\text{PGFI} = \text{GFI} \, (\text{d.f.}/\text{d.f.}_B) \tag{9.16}$$

Im Fallbeispiel: PGFI = 0,900*(85/105) = 0,638

Für die inkrementellen Fitmaße mit Parsimony-Korrektur können *keine* allgemeingültigen Empfehlungen (bzw. Cutoff-Werte) gegeben werden, ab wann ein Modell als akzeptabel einzustufen ist. Diese Maße dienen deshalb primär dem Modellvergleich bzw. der Auswahl des „besseren" Modells, sofern konkurrierende Modelle untersucht werden. Wird die Differenz der Parsimony-Fit Indizes für zwei Modelle berechnet, so kann dieser Wert Aufschluss darüber geben, ob substantielle Unterschiede bestehen oder nicht. Nach Williams und Holahan (1994, S. 161 ff.) deuten beim PNFI Differenzen von 0,06 bis 0,09 zwischen den Modellen auf substantielle Unterschiede hin.

(2) Informationskriterien: Die inkrementellen Fitmaße mit Parsimony-Korrektur beziehen sich lediglich auf den Vergleich zwischen einem formulierten Modell und dem Basismodell. Häufig verfügt der Anwender aber über *unterschiedliche Vorstellungen* zu den Wirkungszusammenhängen in einem Kausalmodell und hat vor diesem Hintergrund *alternative Modelle* formuliert, die durch eine *unterschiedliche Zahl an latenten Variablen* und Modellparametern gekennzeichnet sind. In diesen Fällen wird hier von *„echten" Modellalternativen* gesprochen. Zum Vergleich echter Modellalternativen sollten die sog. *Informationskriterien* („Information-Theoretic Measures", Arbuckle 2012, S. 605 ff..) herangezogen werden, die neben der Anpassung des betreffenden Modells auch die Modellparameter sowie die Stichprobengröße berücksichtigen. Folgende Informationskriterien werden in der Anwendungspraxis häufig verwendet.

Akaike Information Criterion (vgl. Akaike 1987, S. 317 ff.):

$$AIC = \chi^2 + 2t \qquad (9.17)$$

Modellauswahl: Es ist das Modell mit dem geringsten AIC-Wert zu wählen
Im Fallbeispiel: AIC = 167,215 + 2*35 = 237,215
Consistent Akaike Information Criterion (vgl. Bozdogan 1987, S. 345 ff):

$$CAIC = \chi^2 + (1 + \ln N)t \qquad (9.18)$$

Modellauswahl: Es ist das Modell mit dem geringsten CAIC-Wert zu wählen
Im Fallbeispiel: CAIC = 167,215 + (1 + ln (192))*35 = 386,228
Bayes Information Criterion (vgl. Schwarz 1978, S. 461 ff.):

$$BIC = \chi^2 + t \ln(N) \qquad (9.19)$$

Modellauswahl: Es ist das Modell mit dem geringsten BIC-Wert zu wählen
Im Fallbeispiel: BIC = 167,215 + 35*ln (192) = 351,228
Expected Cross Validation Index (vgl. Browne und Cudeck 1993, S. 136 ff):

$$ECVI = \left(\chi^2/N\right) + (2t/N) \qquad (9.20)$$

Modellauswahl: Es ist das Modell mit dem geringsten ECVI-Wert zu wählen.
Im Fallbeispiel: ECVI = (167,215/192) + (2*35/192) = 1,242

mit:

χ^2 = Chi-Quadrat-Wert formulierten (default) Modells
t = Anzahl der Modellparameter
N = Stichprobengröße
ln N = natürlicher Logarithmus der Stichprobengröße

Das AIC setzt den χ^2-Wert mit den zu schätzenden Parameternt des Modells so in Beziehung, dass die Modellkomplexität wie eine „Bestrafung" wirkt. Bei *mehreren Modellvarianten*, wird dann das Modell mit dem kleinsten AIC-Wert gewählt. In gleicher Weise sind der CAIC- und der BIC-Index zu interpretieren, wobei hier zusätzlich noch die Stichprobengröße Berücksichtigung findet, womit hier die Modellkomplexität stärker berücksichtigt wird als beim AIC.

Im Vergleich zum CAIC bewirkt der BIC eine größere „Bestrafung" der Modellkomplexität und hat deshalb eine größere Neigung sparsame Modelle zu wählen. Allerdings unterstellen BIC und CAIC „hinreichend große" Stichproben. In den Fällen, wo nur kleine Stichprobengrößen vorliegen, sollte deshalb auf den zum CAIC interpretativ identischen ECVI zurückgegriffen werden, der weiterhin den Vorteil besitzt, dass sich für diesen Index auch ein Konfidenzintervall berechnen lässt.

Model Fit Summary

Parsimony-Adjusted Measures

Model	PRATIO	PNFI	PCFI
Default model	0,810	0,749	0,778
Saturated model	0	0	0
Independence model	1	0	0

AIC

Model	AIC	BCC	BIC	CAIC
Default model	237,215	243,615	351,228	386,228
Saturated model	240,000	261,943	630,899	750,899
Independence model	2271,608	2274,351	2320,470	2335,470

ECVI

Model	ECVI	LO 90	HI 90	MECVI
Default model	1,242	1,070	1,455	1,275
Saturated model	1,257	1,257	1,257	1,371
Independence model	11,893	11,106	12,719	11,908

Abb. 9.6 Gütekriterien zum Modellvergleich und zur Modellsparsamkeit in AMOS

Da auch die *Informationskriterien* primär dem *Vergleich* von *echten Modellalternativen* dienen, existieren auch hier keine Schwellenwerte, bei deren Erreichen von einem guten oder akzeptablen Modell gesprochen werden kann. Hier sollte immer das Modell gewählt werden, bei dem die entsprechenden Kriterien die geringsten oder höchsten Werte abhängig vom jeweils betrachteten Kriterium aufweisen.

Entscheidungen im Fallbeispiel: Für unser Fallbeispiel zeigt Abb. 9.6 die unterschiedlichen von AMOS bereitgestellten Kriterien zum Modellvergleich bei gleichzeitiger Beurteilung der Modellsparsamkeit. Bezogen auf unser Fallbeispiel ist eine Interpretation dieser Kriterien jedoch *wenig sinnvoll*, da keine unterschiedlichen, vom Anwender formulierten, Modellalternativen vorliegen. Entsprechend ist es für unser Fallbeispiel auch nicht verwunderlich, dass das von unserem Hotelbesitzer formulierte Modell im Vergleich zum Independence Model bei allen Kriterien deutlich bessere Werte aufweist und ihm somit der Vorzug zu geben ist.

Die angegebenen *Informationskriterien* bei Existenz von echten Modellalternativen (AIC und ECVI) sollen hier ebenfalls nicht betrachtet werden, da im Fallbeispiel keine „echten" Modellalternativen vorliegen. Da im Rahmen der Modellmodifikation aber noch ein Alternativmodell für das Fallbeispiel generiert wurde, werden die Informationskriterien in diesem Zusammenhang bezogen auf das Fallbeispiel erläutert (vgl. Kap. 11.3.3).

Abschließende Gesamtbeurteilung des Modells im Fallbeispiel: Zur abschließenden *Gesamtbeurteilung* des Modells im Fallbeispiel ist zunächst zu bemerken, dass das Modell mit einem χ^2-Wert von 167,215 (vgl. Abb. 9.2) keinen akzeptablen Fit aufweist. Allerdings verschlechtert sich der χ^2-Wert auch „automatisch" bei steigendem Stichprobenumfang, und es wird die *strenge Hypothese* geprüft:

$$\text{„S} = \hat{\Sigma} \text{ (Modellparameter)"}$$

Demgegenüber weist der inferenzstatistische RMSEA-Wert von 0,071, auf einen akzeptablen Modell-Fit hin (vgl. Abb. 9.2). Werden zur abschließenden Evaluation zusätzlich die zentralen inkrementellen Fitmaße NFI, TLI und CFI (vgl. Abb. 9.5) betrachtet, so liegen diese alle über den geforderten Cutoff-Werten von 0,9 und zeigen somit einen guten Modell-Fit an. Gestützt wird dieses Ergebnis auch durch die absoluten deskriptiven Fitmaße SRMR (0,105) und $\chi^2/\text{d.f}$ (1,967). Wegen der Nähe der verschiedenen Fitmaße zu den geforderten Cutoff-Werten wird der Modell-Fit des Kausalmodells im Fallbeispiel insgesamt als *„akzeptabel"* bezeichnet.

Aufgrund der Gesamtevaluation des Gesamtmodells kann nun auch eine Aussage zur *nomologischen Validität* der Konstrukte getroffen werden. In Kap. 7.3.3.1 wurde herausgestellt, dass sich die Prüfung der nomologischen Validität aus der Beurteilung des Gesamtmodells ergibt. Wegen des „akzeptablen" Fits des Gesamtmodells kann deshalb auch die nomologische Validität der Konstrukte als gegeben angesehen werden.

9.3 Zusammenfassende Empfehlungen

Es kann als „Normalfall" angesehen werden, dass die in diesem Kapitel diskutierten Gütekriterien zu unterschiedlichen Empfehlungen hinsichtlich des Fits eines Kausalmodells führen. Es stellt sich damit die Frage, wie sich sachlogisch eine *zusammenfassende Entscheidung* finden lässt. Das „einfache" Auszählen der Gütekriterien nach „bestätigt" und „nicht bestätigt" ist hier nicht zweckmäßig, da die verschiedenen Kriterien unterschiedlich sensibel auf Schwachpunkte im Modell, Verletzung von Verteilungsannahmen oder die Stichprobengröße reagieren. Insgesamt muss somit konstatiert werden, dass kein allgemein gültiges „globales Gütekriterium" für alle denkbaren Modellkonstellationen existiert.

In der Literatur werden unterschiedliche Empfehlungen gegeben, welche Kriterien zur Beurteilung der Gesamtgüte eines Modells auf jeden Fall herangezogen werden sollten (z. B. Homburg und Klarmann 2006, S. 740; Sharma et al. 2005, S. 936 ff.; Hu und Bentler 1999, S. 1 ff.).

Grundsätzlich ist es jedoch empfehlenswert, eine „Mischung" von Kriterien aus den in Abb. 9.1 aufgeführten unterschiedlichen Kategorien vorzunehmen, wobei sich ein „gutes" Modell dadurch auszeichnet, dass es

Kriterium	Formel	Schwellenwerte	Quellen
Inferenzstatistische Gütekriterien			
RMSEA	(9.2)	$\leq 0{,}05\text{-}0{,}08^*$	Browne/Cudeck (1993)
		$\leq 0{,}06$	Hu/Bentler (1999), S. 27
(deskriptive) absolute Fit-Indizes			
$\chi^2/\text{d.f.}$	(9.3)	$\leq 3^*$	Homburg/Giering (1996), S. 13
		$\leq 2{,}5$	Homburg/Baumgartner (1995), S. 172
		≤ 2	Byrne (1989), S. 55
SRMR	(9.6)	$\leq 0{,}08$	Hu/Bentler (1999), S. 27
		$\leq 0{,}10^*$	Homburg/Klarmann/Pflesser (2008), S. 288
Inkrementelle Fitmaße zum Modellvergleich (Default – Independence Model)			
NFI	(9.9)	$\geq 0{,}90^*$	Arbuckle (2012), S. 610
TLI (NNFI)	(9.10)	$\geq 0{,}90^*$	Homburg/Baumgartner (1995), S. 174
		$\geq 0{,}95$	Hu/Bentler (1999), S. 27
CFI	(9.11)	$\geq 0{,}90^*$	Homburg/Baumgartner (1995), S. 172
		$\geq 0{,}95$	Carlson/Mulaik (1993)
*: Cutoff-Werte, die üblicherweise in der Literatur verwendet werden			

Abb. 9.7 Gütemaße zur Beurteilung des Gesamtfits eines Modells

- die empirische Varianz-Kovarianzmatrix *möglichst fehlerfrei* vorhersagt (absolute Fitindizes);
- eine möglichst große *Modellsparsamkeit* aufweist, d. h. mit möglichst wenigen zu schätzenden Parametern auskommt;
- erheblich besser ist als das *Basismodell*, das die Beziehungen im Datensatz als zufallsbedingt ansieht (inkrementelle Fitmaße).

Bei der Beurteilung des Gesamtfits eines Modells sollten deshalb Fitmaße aus allen drei Gütekategorien der Abb. 9.7 Berücksichtigung finden: Von den inferenzstatistischen Kriterien sollte der Chi-Quadrat-Test dann verwendet werden, wenn ein ausreichend großer Stichprobenumfang vorliegt und die mit dem Test verbundenen Annahmen als erfüllt gelten können. Weiterhin wird empfohlen, die in Abb. 9.7 aufgeführten Gütemaße zur Entscheidungsfindung heranzuziehen, wobei die dort angegebenen Cutoff-Werte erfüllt sein sollten, um auf einen „guten" Modell-Fit schließen zu können. Dabei wurden diejenigen *Cutoff-Werte* mit einem * gekennzeichnet, die üblicherweise in der Literatur verwendet werden.[13]

---

[13] Die Angabe und der wissenschaftliche Wert von allgemeinen Cutoff-Regeln wird jedoch von einigen Forschern stark in Frage gestellt. So gibt etwa Barrett (2007, S. 819) zu bedenken: „What is the substantive scientific consequence of accepting a model with a CFI of 0.90 rather than one of 0.95?". Auch werden die hier genannten Schwellenwerte als zu restriktiv für praktische Anwendungen eingeschätzt, die so nur sehr selten zu erfüllen sind.

Wird nur *ein* Gütekriterium verwendet, so fordern Hu und Bentler (1999, S. 27) aufgrund ihrer Simulationsstudien strengere Cutoff-Werte (CV). Die Autoren konnten die besten Ergebnisse anhand der folgenden Werte erzielen, wobei ein Modell dann abgelehnt werden sollte, wenn nachfolgende Werte *nicht* erfüllt sind:

*   TLI, IFI (BL89), CFI, RNI ($\geq$ 0,95)
*   SRMR ($\leq$ 0,08)
*   RMSEA ($\leq$ 0,06)

Darüber hinaus wurde in jüngster Zeit aber auch eine Reihe von *Simulationsstudien* durchgeführt, die die Sensitivität von Gütekriterien unter verschiedenen Bedingungen (z. B. Fallzahl, Modellkomplexität, Verteilung der Daten, Schätzmethoden) untersuchten (z. B. Hoyle und Panter 1995; Hu und Bentler 1995; Sharma et al. 2005). Bezüglich dieser Studien kommt Barrett (2007, S. 817) zusammenfassend zu dem Schluss, dass „the most recent paper by Hu und Bentler (1999) has essentially become the ‚bible' for the threshold cutoffs by most SEM investigators". Es wird hier dieser Aussage gefolgt und nachfolgend die zentralen Empfehlungen von Hu und Bentler (1999, S. 27 ff.) zusammengestellt.

Mit ihrer Simulationsstudie wollten Hu und Bentler herausfinden, welche *Kombinationen an Gütemaßen* (sog. „combination rules") unter verschiedenen Bedingungen (z. B. Fallzahl, Modellkomplexität, Verteilung der Daten) besonders gute Eigenschaften bei der Identifikation von mißspezifizierten (ungeeigneten) Modellen aufweisen. Als Zielkriterium zur Evaluation der Kombinationsregeln ziehen sie sowohl den Alpha-Fehler als auch den Beta-Fehler bei verschiedenen Schwellenwerten heran, die sie für die einzelnen Kriterien variieren.[14] Folgende Gütemaße wurden in die Untersuchung einbezogen: RMSEA, SRMR, TLI, CFI, IFI (BL89) und RNI. Unter Anwendung der ML-Schätzung sprechen die Autoren zusammenfassend folgende *Empfehlungen zu Kombinationsregeln* aus, wobei sie ihre Empfehlungen daraus ableiten, dass bei diesen Kombinationen die Summe der Fehler erster und zweiter Art mit steigender Fallzahl zumeist deutlich abnahm:

*   Die *gemeinsame Anwendung* von TLI, IFI (BL89), RNI oder CFI (CV: 0,95-0,96) in Verbindung mit SRMR (CV: 0,09–0,10) stellte sich über die gesamte Studie (mit Fallzahlen von 150 bis 5.000) als die *besten* Kombinationen heraus, bei denen in der Summe die geringsten Fehler erster und zweiter Art resultierten.
*   Bei *geringem Stichprobenumfang* (n $\leq$ 250) empfehlen die Autoren die Verwendung von Kombinationen aus IFI (BL89), RNI, CFI (CV: 0,96) mit SRMR (CV: 0,09). Demgegenüber erachten sie Kombinationen basierend auf TLI und RMSEA für wenig sinnvoll.
*   Bei *großen Stichproben* (n > 250) wird die Verwendung von TLI oder CFI (CV: $\geq$ 0,95–0,96) und der Rückgriff auf den SRMR (CV: $\leq$ 0,09–0,10) empfohlen.

---

[14] Ein Alpha-Fehler liegt vor, wenn ein tatsächlich zutreffendes Modell fälschlicherweise abgelehnt wird, während ein Beta-Fehler dann gegeben ist, wenn ein unzutreffend spezifiziertes Modell fälschlicherweise *nicht* abgelehnt wird.

Literatur

Akaike, H. (1987). Factor analysis and AIC. *Psychometrika, 52,* 317–332.

Arbuckle, J. L. (2012). *Amos^{TM} 21.0 user's guide.* Chicago: SPSS.

Backhaus, K., Blechschmidt, B., & Eisenbeiß, M. (2006). Der Stichprobeneinfluss bei Kausalanalysen. *Die Betriebswirtschaft, 66*(6), 711–726.

Bagozzi, R. P. (1980). *Causal models in marketing.* New York: Wiley.

Barrett, P. (2007). Structural equation modelling: Adjudging model fit. *Personality and Individual Differences, 42,* 815–824.

Bearden, W. O., Sharma, S., & Teel, J. E. (1982). Sample size effects on Chi square and other statistics used in evaluating causal models. *Journal of Marketing Research, 19,* 425–430.

Bentler, P. M. (1990). Comparative fit indexes in structural models. *Psychological Bulletin, 107,* 238–246.

Bentler, P. M., & Bonnet, D. G. (1980). Significance tests and goodness of fit in the analysis of covariance structures. *Psychological Bulletin, 88,* 588–606.

Bollen, K. A. (1989). *Structural equations with latent variables.* New York: Wiley-Interscience.

Boomsma, A. (1982). The robustness of LISREL against small sample sizes in factor analysis models. In K. G. Jöreskog & H. Wold (Hrsg.), *Systems under indirect observations, Part 1, Amsterdam u. a.* (S. 149–173). North-Holland.

Bozdogan, H. (1987). Model selection and Akaike's information criterion (AIC): The general theory and its analytical extensions. *Psychometrika, 52,* 345–370.

Browne, K. A., & Cudeck, J. S. (1993). Alternative ways of assessing equation model fit. In K. A. Bollen & J. S. Long (Hrsg.), *Testing structural equation models* (S. 136–162). Newbury Park: Sage.

Browne, M. W., & Mels, G. (1992). *RAMONA user's guide.* Columbus: Ohio State University Press.

Byrne, B. M. (1989). *A primer of LISREL: Basic applications and programming for confirmatory factor analytic model.* New York: Springer.

Haughton, D., Oud, J., & Jansen, R. (1997). Information and other criteria in structure equation model selection. *Communicational Statistics and Simulation, 26,* 1477–1516.

Hoelter, J. W. (1983). The analysis of covariance structures: Goodness-of-fit Indices. *Sociological Methods Research, 11,* 325–344.

Homburg, C., & Baumgartner, H. (1995). Beurteilung von Kausalmodellen. *Marketing ZFP, 17*(3), 162–176.

Homburg, C., & Giering, A. (1996). Konzeptualisierung und Operationalisierung komplexer Konstrukte – Ein Leitfaden für die Marketingforschung. *Marketing: Zeitschrift für Forschung und Praxis, 18* (1), 5–24.

Homburg, C., & Klarmann, M. (2006). Die Kausalanalyse in der empirischen betriebswirtschaftlichen Forschung—Problemfelder und Anwendungsempfehlungen. *Die Betriebswirtschaft, 66*(6), 727–748.

Homburg, C., Klarmann, M., & Pflesser, C. (2008). Konfirmatorische Faktorenanalyse. In A. Herrmann, C. Homburg, & M. Klarmann (Hrsg.), *Handbuch Marktforschung* (3. Aufl., S. 271–303). Wiesbaden: Gabler.

Hoyle, R., & Panter, A. T. (1995). Writing about strucutral equation models. In R. Hoyle (Hrsg.), *Structural equation modeling: Concepts, issues, and applications* (S. 158–176). Thousand Oaks: Sage.

Hu, L.-T., & Bentler, P. M. (1995). Evaluating model fit. In R. Hoyle (Hrsg.), *Structural equation modeling: Concepts, issues, and applications* (S. 76–99). Thousand Oaks: Sage.

Hu, L.-T., & Bentler, P. M. (1999). Cutoff criteria for fit indexes in covariance structure analysis: Conventional criteria versus new alternatives. *Structural Equation Modeling, 6,* 1–55.

Jöreskog, K. G. (1969). A general approach to confirmatory maximum likelihood factor analysis. *Psychometrika, 34,* 183–202.

Jöreskog, K. G., & Sörbom, D. (1983). *LISREL: Analysis of linear structural relationships by the method of maximum likelihood, user's guide, versions V and VI.* Chicago: Scientific Software.

Jöreskog, K. G., & Sörbom, D. (1993). *LISREL 8: Structural equation modeling with the SIMPLIS command language.* Chicago: Scientific Software.

Kaplan, D. (2000). *Structural equation modeling: Foundations and extensions.* Newbury Park: Sage.

Kim, K. H. (2006). The relation among fit indexes, power, and sample size in structural equation modeling. *Structural Equation Modeling, 12,* 368–390.

McDonald, R. P. (1989). An index of goodness-of-fit-based on noncentrality. *Journal of Classification, 6,* 97–103.

McDonald, R. P., & Marsh, H. W. (1990). Choosing a multivariate model: Noncentrality and goodness of fit. *Psychological Bulletin, 107* (2) 247–255.

Reinecke, J. (2005). *Strukturgleichungsmodelle in den Sozialwissenschaften.* München: Oldenbourg Verlag.

Schwarz, G. (1978). Estimating the dimension of a model. *Annals of statistics, 6,* 461–464.

Sharma, S., Mukherjee, S., Kumar, A., & Dillon, W. R. (2005). A simulation study to investigate the use of cutoff values for assessing model fit in covariance structure models. *Journal of Business Research, 58,* 935–943.

Steiger, J. H. (1990). Structural model evaluation and modification: An interval estimation approach. *Multivariate Behavioral Research, 25,* 173–180.

Tanaka, J. S., & Huba, G. J. (1985). A fit index for covariance structure models under arbitrary GLS estimation. *British Journal of Mathematical and Statistical Psychology, 38,* 197–201.

West, S. G., Finch, J. F., & Curran, P. J. (1995). Structural equation models with nonnormal variables: Problems and remedies. In R. H. Hoyle (Hrsg.), *Structural equation modeling* (S. 56–75). London: Sage.

Weston, R., & Gore, P. A. (2006). A brief guide to structural equation modeling. *The Counseling Psychologist, 34,* 719–751.

Williams, L. J., & Holahan, P. J. (1994). Parsimony-based fit indices for multiple-indicator models. *Structural Equation modeling, 1,* 161–189.

Weiterführende Literatur

Gerbing, D. W., & Anderson, J. C. (1992). Monte Carlo evaluations of goodness of fit indices for structural equation models. *Sociological Methods & Research, 21,* 133–160.

Ergebnisinterpretation 10

Inhaltsverzeichnis

Die Interpretation der gewonnenen Parameterschätzungen erfolgt vor dem Hintergrund des formulierten Kausalmodells und hat zum Ziel, über die empirische Bestätigung des in Schritt 1 des Prozesses der Strukturgleichungsmodellierung aufgestellten Hypothesensystems zu befinden. Dieser Schritt sollte deshalb auch erst dann erfolgen, wenn sowohl die Konstruktmessungen durch die reflektiven Messmodelle als valide angesehen werden können als auch die Modellprüfung zu einem zufriedenstellenden Ergebnis geführt hat.

1 Hypothesen- und Modellbildung

2 Konstrukt-Konzeptualisierung

3 Konstrukt-Operationalisierung

4 Güteprüfung reflektiver Messmodelle

5 Modellschätzung mit AMOS

6 Evaluation des Gesamtmodells

7 Ergebnisinterpretation

8 Modifikation der Modellstruktur

R. Weiber, D. Mühlhaus, *Strukturgleichungsmodellierung,* Springer-Lehrbuch,
DOI 10.1007/978-3-642-35012-2_10, © Springer-Verlag Berlin Heidelberg 2014

Im Rahmen der Ergebnisinterpretation sind die Parameterschätzungen auf Bedeutsamkeit sowie Konsistenz mit den formulierten Hypothesen zu prüfen und die *Analyse kausaler Effekte* vorzunehmen. Darüber hinaus können für evtl. Anschlussanalysen die *Faktorwerte* der Konstrukte (sog. Konstruktwerte) bestimmt werden.

Ergebnisinterpretation
Die Ergebnisinterpretation der Parameterschätzungen im Hinblick auf das theoretisch und/oder sachlogisch abgeleitete Hypothesensystem (vgl. Kap. 4) ist erst sinnvoll, wenn nicht nur reliable und valide Messmodelle vorliegen (vgl. Kap. 7), sondern auch der mit einem Kausalmodell erzielte Modell-Fit (vgl. Kap. 9) als zufriedenstellend angesehen werden kann.

Im Weiteren werden folgende Aspekte einer Prüfung unterzogen:

- Plausibilitätsprüfung der Modellschätzung
- Parameterbeurteilung mittels statistischer Kriterien
- Analyse kausaler Effekte (direkte, indirekte, totale Kausaleffekte)
- Berechnung von Faktorwerten und Anschlussanalysen

10.1 Plausibilitätsprüfung und Parameterbeurteilung mittels statistischer Kriterien

Im Rahmen der *Plausibilitätsprüfung* wird zunächst kontrolliert, ob die Vorzeichen der Modellparameter *konform* zu den im ersten Schritt der Strukturgleichungsmodellierung *aufgestellten Hypothesen* sind und ob hinsichtlich der vermuteten Zusammenhänge zwischen Konstrukten auch die Faktorladungen hinreichende Werte (i. d. R. > 0,5) aufweisen. Die Ergebnisse der Parameterschätzungen werden von AMOS unter dem Register „*Estimate → Scalars*" ausgegeben, wobei zur Plausibilitätsprüfung sowohl die unstandardisierte Lösung (Regression Weights) als auch die standardisierte Lösung (Standardized Regression Weights) herangezogen werden kann. Zur Prüfung der Faktorladungen empfiehlt sich jedoch der Rückgriff auf die standardisierte Lösung, da hier die Pfadkoeffizienten auf das Intervall $[-1; +1]$ normiert sind und damit als Faktorladungen interpretiert werden können. Von Bedeutung ist weiterhin die Reliabilität und Validität der Messmodelle und damit der Konstruktmessungen, deren Prüfung allerdings bereits in Schritt 4 der SGM erfolgt ist.

Die Plausibilitätsprüfung sollte anschließend um die Beurteilung der Parameterschätzung mittels *statistischer Kriterien* ergänzt werden. Zunächst ist zu beachten, dass die Parameterschätzungen sog. *Punktschätzungen* darstellen, d. h. für jeden Parameter wird nur ein konkreter Wert berechnet. Da die empirische Erhebung aber nur *eine* von vielen denkbaren Stichproben aus der Grundgesamtheit darstellt, können diese Schätzungen variieren, wenn andere Stichproben aus der Grundgesamtheit gezogen worden wären. Für alle geschätzten Parameter werden deshalb bei der unstandardisierten Lösung in der Abbildung *„Regression Weights"* die *Standardfehler der Schätzung* (S.E. = Standard Error) ausgegeben, die anzeigen, mit welcher Streuung bei den jeweiligen Parameterschätzungen zu rechnen ist. Sind die Standardfehler sehr groß, so ist dies ein Indiz dafür, dass die Parameterschätzungen nicht sehr zuverlässig sind.

Weiterhin werden für alle im Modell geschätzten Parameter die sog. *Critical Ratio* (C. R.) wie folgt errechnet:

Critical Ratio:

$$C.R._{j} = \pi_{j}/S.E._{j} \tag{10.1}$$

mit:

π_j = geschätzter unstandardisierter Parameterwert j
$S.E._j$ = Standardfehler der Schätzung für Parameters j

Mit Hilfe der C.R.-Werte als Prüfgröße kann unter der Annahme einer Multinormalverteilung der Ausgangsvariablen durch einen *t-Test* die Nullhypothese geprüft werden, dass die geschätzten Werte sich *nicht* signifikant von Null unterscheiden. Liegt ein C.R.-Wert absolut über 1,96, so kann diese Nullhypothese mit einer Irrtumswahrscheinlichkeit von 5 % verworfen werden.[1] Werte über 1,96 sind dann ein Indiz dafür, dass die entsprechenden Parameter einen gewichtigen Beitrag zur Bildung der Modellstruktur liefern.

Neben den C.R.-Werten errechnet AMOS auch die mit *P bezeichnete Wahrscheinlichkeit* eines *zweiseitigen Tests*, dass ein Modellparameter in der Population Null ist. Ist der P-Wert < 0,001, so gibt AMOS drei Sterne aus (***), die anzeigen, dass der Modellparameter mit einer Irrtumswahrscheinlichkeit von 0,1 % signifikant von Null verschieden ist. Dabei ist zu beachten, dass die P-Werte nur bei großen Stichproben und bei normalverteilten Parameterschätzern korrekt berechnet werden können. Allerdings erlauben die P-Werte *keine* Rückschlüsse über die Stärke eines Zusammenhangs, weshalb zusätzlich die auf einen Bereich von [+1; −1] *standardisierten Regressionsgewichte* betrachtet werden sollten. Standardisierte Regressionsgewichte (Pfadkoeffizienten), die betragsmäßig größer als 0,2 sind, werden von Chin (1998a, S. 8) als bedeutungsvoll („meaningful") bezeichnet. Der theoretische Gehalt von kleineren Werten, selbst wenn sie statistisch signifikant oder sogar hochsignifikant von Null verschieden sind, werden hingegen von Chin stark angezweifelt und er gibt zu bedenken: „Paths of .10, for example, represents at best a one-percent explanation of variance. Thus, even if they are ‚real', are constructs with such paths theoretically interesting?"

Da die unstandardisierten Regressionsgewichte immer vor dem Hintergrund der verwendeten Erhebungsskala (im Fallbeispiel wurde eine 6-stufige Ratingskala verwendet) betrachtet werden müssen, sollte zur Interpretation auf die *standardisierte*

---

[1] Der kritische Wert von 1,96 ist dabei der Tabelle der t-Werte für den zweiseitigen Test mit einem Fehler 1. Art $\alpha = 5\%$ und d. f. $= \infty$ zu entnehmen.

Lösung zurückgegriffen werden. Die Standardisierung der Regressionsgewichte und der Messfehlervariablen wird dabei wie folgt vorgenommen:
    Standardisierte Regressionsgewichte:

$$\lambda^s_{ij} = \lambda_{ij}(\sigma^2_{ii}/\sigma^2_{jj})^{0,5} \tag{10.2}$$

mit:

λ^s_{ij} = standardisiertes Regressionsgewicht zwischen Variable i und Variable j
λ_{ij} = partieller unstandardisierter Regressionskoeffizient zwischen Variable i und Variable j
σ^2_{ii} = geschätzte Varianz der latenten (oder unabhängigen) Variable i
σ^2_{jj} = geschätzte Varianz der manifesten (oder abhängigen) Variable j

Standardisierte Messfehlervariable:

$$\delta^2_i = 1 - (\lambda^s_{ij})^2 \tag{10.3}$$

mit:

λ^s_{ij} = standardisiertes Regressionsgewicht zwischen Variable i und Variable j

Als weitere statistische Kriterien werden von AMOS auch die Kovarianzen zwischen den latenten *exogenen* Variablen und die „Squared multiple Correlations" für die Konstrukte ausgewiesen. Die Höhe der Kovarianzen zwischen den latenten exogenen Konstrukten kann dabei Hinweise auf kausale Effekte zwischen diesen Variablen oder die Wirksamkeit eines im Modell nicht erfassten Faktors geben (vgl. Kap. 2.2.2).
    Die Squared multiple Correlations (SMC) der Konstrukte geben an, wie viel Prozent der Varianz der latent endogenen Variablen durch die anderen latenten Größen erklärt wird. Sie können damit analog zum *Bestimmtheitsmaß (R²)* bei der linearen Regression interpretiert und bewertet werden. Für die Interpretation der R^2-Werte bei Kovarianzstrukturanalysen liegen jedoch keine Empfehlungen vor, so dass hier auf die bei Anwendung von PLS-Modellen gängigen Richtwerte zurückgegriffen wird. So beurteilt bspw. Chin (1998b, S. 323) R^2-Werte in einem von ihm analysierten Modell von 0,19 als „schwach", von 0,33 als „moderat" und von 0,66 als „substantiell".

Entscheidungen im Fallbeispiel: In AMOS wird unter dem Register „*Estimates → Scalars*" zunächst die sog. *unstandardisierte Lösung* der Modellparameter (*Regression Weights*) ausgegeben, die für unser Fallbeispiel die in Abb. 10.1 abgebildeten Ergebnisse liefert:
    Unter der Bezeichnung „*Estimate*" sind zunächst die *nicht-standardisierten Regressionskoeffizienten* zwischen den latenten Konstrukten im oberen fett markierten Kasten aufgeführt. Anschließend werden die Pfadkoeffizienten zwischen den Konstrukten und den jeweils zugewiesenen Indikatoren ausgewiesen. In unserem Fallbeispiel beträgt z.B. zwischen dem Indikator „Umfeldkenntnis" und dem Konstrukt „Wechselbarrieren" das nicht-standardisierte Regressionsgewicht 1,000. Dieser Wert resultiert daher, da dieser

Regression Weights: (Group number 1 - Default model)

			Estimate	S.E.	C.R.	P
Zufriedenheit	<---	Preis*	-0,301	0,077	-3,931	***
Wechselbarrieren	<---	Variety Seeking	-0,067	0,087	-0,774	0,439
Kundenbindung	<---	Zufriedenheit	0,373	0,074	5,061	***
Kundenbindung	<---	Wechselbarrieren	0,556	0,082	6,740	***
Kundenbindung	<---	Variety Seeking	-0,230	0,085	-2,720	0,007
Umfeldkenntnis	<---	Wechselbarrieren	1,000			
Gewöhnung	<---	Wechselbarrieren	0,955	0,054	17,526	***
Identifikation	<---	Wechselbarrieren	0,877	0,065	13,416	***
Tradition	<---	Wechselbarrieren	0,930	0,073	12,707	***
Neue_Stile	<---	Variety Seeking	1,000			
Abwechslung	<---	Variety Seeking	0,992	0,059	16,679	***
Ausprobieren	<---	Variety Seeking	0,974	0,075	13,032	***
Beziehung	<---	Kundenbindung	1,000			
Planung	<---	Kundenbindung	0,744	0,047	15,871	***
Längere_Besuche	<---	Kundenbindung	0,747	0,046	16,280	***
Wiederwahl	<---	Kundenbindung	0,753	0,048	15,771	***
Weise_Entscheidung	<---	Zufriedenheit	1,000			
Richtige_Wahl	<---	Zufriedenheit	0,904	0,044	20,639	***
Erwartungserfüllung	<---	Zufriedenheit	1,144	0,051	22,632	***
Preis*	<---	Preis	1,000			

Abb. 10.1 Unstandardisierte Parameterschätzungen im Fallbeispiel

Indikator als *Referenzvariable* für das Konstrukt „Wechselbarrieren" spezifiziert und dabei das Regressionsgewicht auf 1 fixiert wurde. Gleiches gilt für die als Referenzvariable spezifizierten Indikatoren „Neue Stile", „Beziehung", „Weise Entscheidung" und „Preis".

Weiterhin zeigt die Spalte *S.E.* (Standard Error), dass die Standardfehler der Variablen recht homogen sind und alle in einem Bereich von 0,044 bis 0,087 liegen. Die *C.R.-Werte* (Critical Ratios) können in Zusammenhang mit der *Wahrscheinlichkeit P* interpretiert werden. Dabei zeigt sich, dass mit Ausnahme des Pfadkoeffizienten zwischen Wechselbarrieren und Variety Seeking alle C.R.-Werte über 1,96 liegen und entsprechend den Wahrscheinlichkeiten P die Pfadkoeffizienten damit hoch signifikant (von Null verschieden) sind. Die Kennzeichnung durch „***" bedeutet dabei, dass der P-Wert kleiner 0,001 ist.

Die *standardisierte Lösung* lässt sich aus der unstandardisierten Lösung mit Hilfe der in Abb. 10.2 abgebildeten modelltheoretischen Varianz-Kovarianz-Matrix $\hat{\Sigma}$ (Varianzen der Indikatorvariablen und der Konstrukte stehen auf der Hauptdiagonalen) entsprechend Formel (10.2) berechnen, die in AMOS unter dem Register „*Estimates → Matrices*" ausgegeben wird. So berechnen sich z. B. für die Indikatorvariablen des Messmodells für das Konstrukt „Wechselbarrieren" λ^s_{11} bis λ^s_{24} die standardisierten Regressionsgewichte (Standardized Regression Weights) wie folgt:

$$\lambda^s_{11} = 0{,}930(0{,}921/1{,}414)^{0{,}5} = 0{,}751 \ (\text{Wechselbarr.} \rightarrow \text{Tradition})$$

$$\lambda^s_{21} = 0{,}877(0{,}921/1{,}176)^{0{,}5} = 0{,}776 \ (\text{Wechselbarr.} \rightarrow \text{Identifikation})$$

$$\lambda^s_{31} = 0{,}955(0{,}921/1{,}062)^{0{,}5} = 0{,}889 \ (\text{Wechselbarr.} \rightarrow \text{Gewöhnung})$$

$$\lambda^s_{41} = 1{,}000(0{,}921/1{,}133)^{0{,}5} = 0{,}902 \ (\text{Wechselbarr.} \rightarrow \text{Umfeldkenntnis})$$

Matrices (Group number 1 - Default model)

Implied (for all variables) Covariances (Group number 1 - Default model)

Konstrukte und Variablen	K1	K2	K3	K4	K5	V1	V2	V3	V4	V5	V6	V7	V8	V9	V10	V11	V12	V13	V14	V15
K1 Preis*	0,899																			
K2 Variety Seeking	0,252	0,760																		
K3 Zufriedenheit	-0,271	-0,076	1,021																	
K4 Wechselbarrieren	-0,017	-0,051	0,005	0,921																
K5 Kundenbindung	-0,169	-0,232	0,402	0,525	1,267															
V1 Preis	0,899	0,252	-0,271	-0,017	-0,169	0,899														
V2 Erwartungserfüllung	-0,310	-0,087	1,169	0,006	0,459	-0,310	1,563													
V3 Richtige_Wahl	-0,245	-0,069	0,923	0,005	0,363	-0,245	1,056	1,041												
V4 Weise_Entscheidung	-0,271	-0,076	1,021	0,005	0,402	-0,271	1,169	0,923	1,164											
V5 Wiederwahl	-0,127	-0,175	0,303	0,396	0,954	-0,127	0,346	0,273	0,303	0,986										
V6 Längere_Besuche	-0,126	-0,173	0,300	0,392	0,946	-0,126	0,343	0,271	0,300	0,713	0,915									
V7 Planung	-0,125	-0,172	0,299	0,391	0,942	-0,125	0,342	0,270	0,299	0,710	0,704	0,936								
V8 Beziehung	-0,169	-0,232	0,402	0,525	1,267	-0,169	0,459	0,363	0,402	0,954	0,946	0,942	1,707							
V9 Ausprobieren	0,246	0,740	-0,074	-0,050	-0,226	0,246	-0,085	-0,067	-0,074	-0,170	-0,169	-0,168	-0,226	1,239						
V10 Abwechslurg	0,250	0,754	-0,075	-0,051	-0,230	0,250	-0,086	-0,068	-0,075	-0,173	-0,172	-0,171	-0,230	0,734	0,896					
V11 Neue_Stile	0,252	0,760	-0,076	-0,051	-0,232	0,252	-0,087	-0,069	-0,076	-0,175	-0,173	-0,172	-0,232	0,740	0,754	0,922				
V12 Tradition	-0,016	-0,048	0,005	0,857	0,489	-0,016	0,005	0,004	0,005	0,368	0,365	0,363	0,489	-0,046	-0,047	-0,048	1,414			
V13 Identifikation	-0,015	-0,045	0,004	0,807	0,461	-0,015	0,005	0,004	0,004	0,347	0,344	0,343	0,461	-0,044	-0,045	-0,045	0,751	1,176		
V14 Gewöhnung	-0,016	-0,049	0,005	0,880	0,502	-0,016	0,006	0,004	0,005	0,378	0,375	0,373	0,502	-0,048	-0,049	-0,049	0,818	0,771	1,062	
V15 Umfeldkenntnis	-0,017	-0,051	0,005	0,921	0,525	-0,017	0,006	0,005	0,005	0,396	0,392	0,391	0,525	-0,050	-0,051	-0,051	0,857	0,807	0,880	1,133

Abb. 10.2 Schätzergebnisse für die modelltheoretische Varianz-Kovarianz-Matrix $(\hat{\Sigma})$

Entsprechend ergeben sich für die Messfehlervariable gem. Formel (10.3) folgende Werte:

$$\varepsilon^s{}_1 = 1 - (0{,}751)^2 = 0{,}436 \text{ (Tradition)}$$

$$\varepsilon^s{}_2 = 1 - (0{,}776)^2 = 0{,}398 \text{ (Identifikation)}$$

$$\varepsilon^s{}_3 = 1 - (0{,}889)^2 = 0{,}209 \text{ (Gewöhnung)}$$

$$\varepsilon^s{}_4 = 1 - (0{,}902)^2 = 0{,}187 \text{ (Umfeldkenntnis)}$$

Es zeigt sich, dass z. B. nur 18,7 % der Varianz der manifesten Variable „Umfeld-kenntnis" nicht über das Konstrukt „Wechselbarrieren" erklärt wird. Das Ergebnis der standardisierten Lösung für unser Beispiel (vgl. Abb. 8.4) ist in Abb. 10.3 wiedergegeben.

Das Pfaddiagramm mit der standardisierten Lösung enthält oberhalb der entsprechen-den Konstrukte auch die Angabe der „*Squared multiple Correlations*".

Für unser Fallbeispiel zeigt sich, dass z. B. 39,1 % der Varianz der „Kundenbindung" durch die drei, diesem Konstrukt zugewiesenen Größen „Wechselbarrieren", „Variety Seeking" und „Zufriedenheit" erklärt wird (vgl. auch Abb. 10.4).

10.2   Prüfung der Kausalhypothesen und Analyse kausaler Effekte

Die Prüfung der *Kausalhypothesen* konzentriert sich auf das *Strukturmodell* eines vollstän-digen Kausalmodells und hat im Vergleich zu dem in Schritt 1 (vgl. Kap. 4) theoretisch und/oder sachlogisch formulierten Hypothesensystem zu erfolgen. Vor diesem Hinter-grund werden die nachfolgenden Darstellungen auch unmittelbar auf das *Fallbeispiel* bezogen, wobei das von dem Hotelbesitzer in Abb. 4.2 formulierte Hypothesensystem als Referenz dient.

(1) Prüfung der Kausalhypothesen: Bei der Analyse kausaler Effekte sollte zunächst nochmals anhand der Parameterschätzer geprüft werden, ob diese sowohl hinsichtlich Vorzeichen als auch in Bezug auf die Größe als Bestätigung des formulierten Hypothe-sensystems angesehen werden können. Diese Prüfung wird bei Kausalmodellen nur für das Strukturmodell vorgenommen, das die vermuteten Wirkbeziehungen zwischen den hypothetischen Konstrukten enthält. Zweckmäßiger Weise wird dabei auf die *standardi-sierte Lösung* zurückgegriffen, da die standardisierten Regressionskoeffizienten um ggf. unterschiedliche Skalierungen der Messvariablen bereinigt sind. Die im Pfaddiagramm der standardisierten Lösung eingetragenen Parameterschätzer für die hypothetischen Kon-strukte sind in Abb. 10.4 in der letzten Spalte (Estimate*) aufgeführt, während die vorderen Spalten nochmals die Schätzungen der unstandardisierten Lösung (vgl. Abb. 10.1) aufweisen. Diese Parameterschätzer dienen den folgenden Überlegungen als Grundlage.

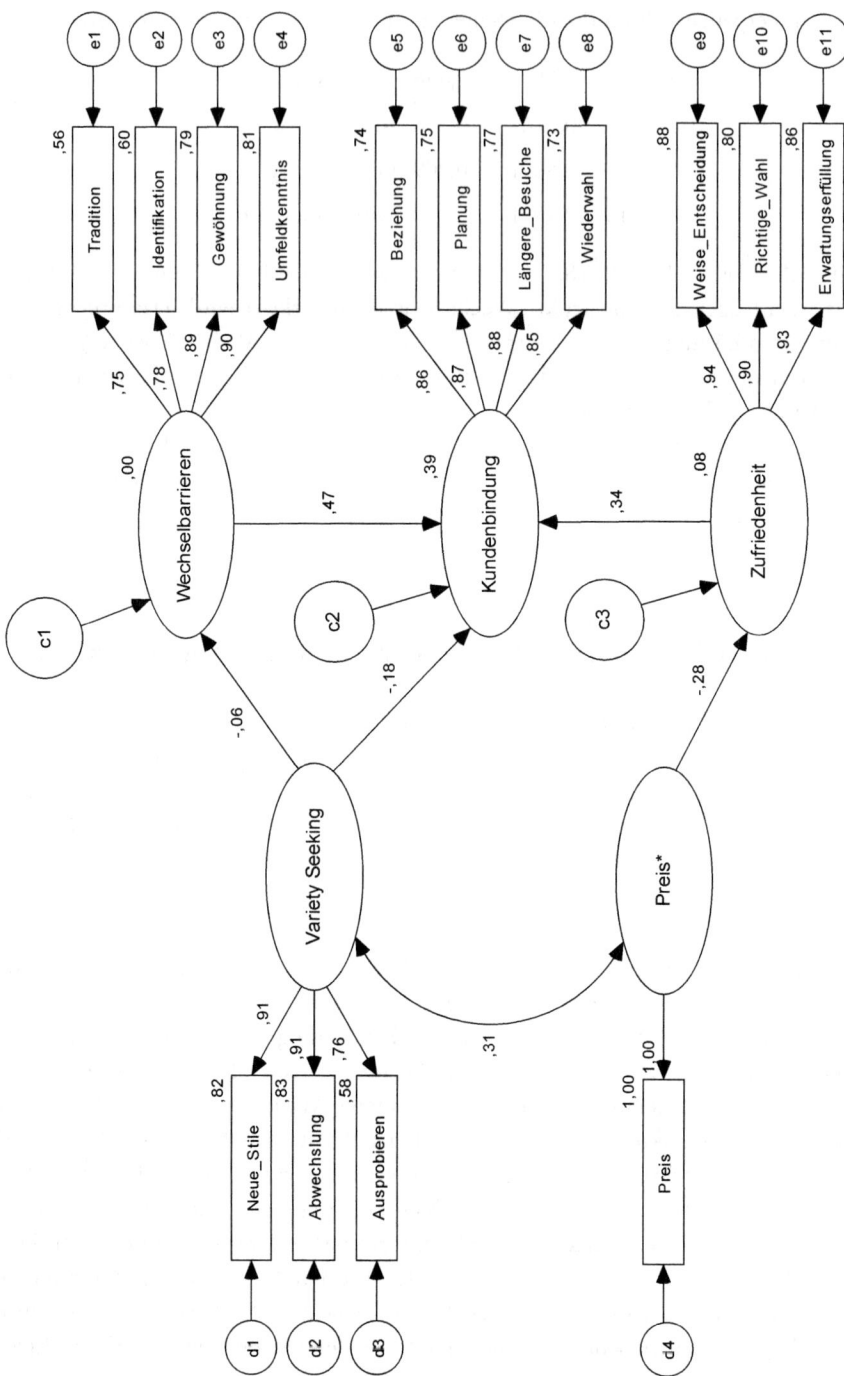

Abb. 10.3 Pfaddiagramm mit standardisierter Lösung im Fallbeispiel

Regression Weights/Standardized Regression Weights: (Group number 1 - Default model)

			Estimate	S.E.	C.R.	P	Estimate*
Zufriedenheit	<---	Preis*	-0,301	0,077	-3,931	***	-0,282
Wechselbarrieren	<---	Variety Seeking	-0,067	0,087	-0,774	0,439	-0,061
Kundenbindung	<---	Zufriedenheit	0,373	0,074	5,061	***	0,335
Kundenbindung	<---	Wechselbarrieren	0,556	0,082	6,740	***	0,474
Kundenbindung	<---	Variety Seeking	-0,230	0,085	-2,720	0,007	-0,178

Covariances/Correlations: (Group number 1 - Default model)

			Estimate	S.E.	C.R.	P	Estimate*
Variety Seeking	<-->	Preis*	0,252	0,066	3,821	***	0,305

Squared Multiple Correlations: (Group number 1 - Default model)

	Estimate
Zufriedenheit	0,080
Wechselbarrieren	0,004
Kundenbindung	0,391
Preis*	1,000

Abb. 10.4 Parameterschätzer des Strukturmodells

Werden die *Vorzeichen der Pfadkoeffizienten* mit den in Kap. 1 aufgestellten Hypothesen (vgl. Abb. 4.2) verglichen, so zeigt sich, dass alle Koeffizienten den im Hypothesensystem unterstellten Wirkrichtungen entsprechen: So führt etwa ein hoher Preis zu einer geringeren Zufriedenheit (−0,301) oder mit steigender Zufriedenheit erhöht sich die Kundenbindung (0,373). Da sowohl die Vorzeichen der Modellschätzung mit den hypothetischen Modellbeziehungen übereinstimmen und zudem die Effekte hochsignifikant sind, können die Hypothesen nicht verworfen werden. Lediglich die Hypothese 1, dass ein „steigender Wunsch nach Abwechslung zu höheren Wechselbarrieren führt", kann nicht aufrecht erhalten bleiben.

Wird weiterhin der Empfehlung von Chin (1998a, S. 8) gefolgt, so sind nur standardisierte Regressionsgewichte gr ößer 0,2 als „bedeutungsvoll" anzusehen. Damit sind die Pfadkoeffizienten, die vom Konstrukt „Variety Seeking" auf „Kundenbindung" und „Wechselbarrieren" ausgehen, mit Werten von − 0,178 und − 0,061 als *nicht substantiell* anzusehen. Die anderen im Modell enthaltenen Wirkbeziehungen zwischen den latenten Konstrukten sind demgegenüber von Relevanz, wobei insbesondere die Wirkung der „Wechselbarrieren" auf die „Kundenbindung" mit 0,474 einen hohen Effekt aufweist. Insgesamt bestätigt damit die empirische Prüfung das sachlogisch abgeleitete Modell des Hotelbesitzers in weiten Teilen, wobei die Kundenbindung am stärksten von den Wechselbarrieren beeinflusst wird, d. h. hohe Barrieren führen auch zu einer hohen Kundenbindung.

Die *„Squared multiple Correlations"* (R^2) zeigen, dass insgesamt 39,1 % der Varianz der „Kundenbindung" durch die drei, diesem Konstrukt zugewiesenen Größen „Wechselbar-

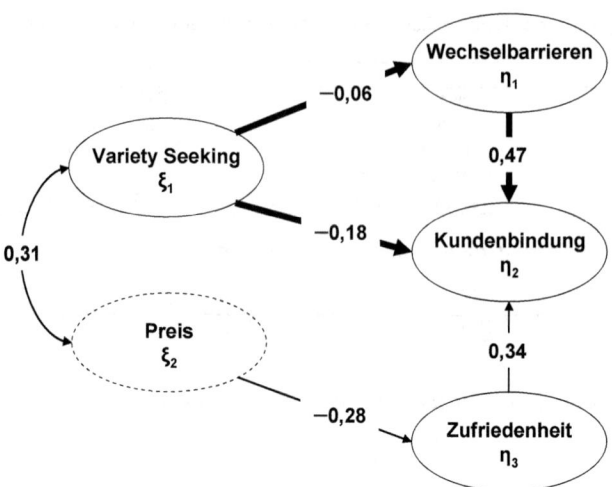

Abb. 10.5 Direkte kausale Effekte in der standardisierten Lösung

rieren", „Variety Seeking" und „Zufriedenheit" erklärt wird, was nach Chin als „moderat" zu bezeichnen ist. Für die verbleibenden zwei Konstrukte „Zufriedenheit" und „Wechsel-barrieren" zeigen sich mit 0,080 und 0,004 nur schwache R^2-Werte. Das Konstrukt „Preis" mit einem Wert von 1,000 ist dabei nicht zu berücksichtigen, da unterstellt wurde, dass der Preis über nur einen Indikator fehlerfrei gemessen werden konnte.

(2) Analyse der kausalen Effekte: Die zwischen den *Konstrukten* eines Kausalmodells wirkenden kausalen Effekte (Strukturmodell) können in direkte, indirekte und totale kausale Effekte unterschieden werden. Zur Bestimmung dieser Effekte wird hier exem-plarisch die *standardisierte Lösung* herangezogen, die in Abb. 10.5 für das Strukturmodell in unserem Fallbeispiel nochmals grafisch verdeutlicht ist und sich aufgrund der leich-teren Interpretierbarkeit für die praktische Anwendung gegenüber der Ermittlung der unstandardisierten Effekte besser eignet. Zur Ermittlung der unstandardisierten Effek-te wird dabei analog vorgegangen, wobei jeweils die entsprechenden unstandardisierten Schätzwerte verwendet werden müssen.

Direkte Kausaleffekte liegen immer dann vor, wenn ein Konstrukt ein anderes Konstrukt direkt beeinflusst, was im Pfaddiagramm an den *Kausalpfeilen* zwischen Konstrukten erkennbar ist. Demgegenüber entstehen *indirekte Kausaleffekte* zwischen Konstrukten dadurch, dass eine latente Variable über eine oder mehrere „*Zwischenvariable*" auf eine andere wirkt. Direkte und indirekte Effekte ergeben zusammen den *totalen Kausaleffekt* zwischen Konstrukten, der sich wie folgt berechnet:

Totaler Effekt = direkt kausaler Effekt + indirekt kausaler Effekt

Während sich die Stärke der direkten Kausaleffekte unmittelbar an den auf den Kausal-pfeilen in Abb. 10.5 eingetragenen unstandardisierten Parameterschätzern ablesen lässt,

Standardized Total Effects (Group number 1 - Default model)

	Preis*	Variety Seeking	Zufrieden-heit	Wechsel-barrieren	Kunden-bindung
Zufriedenheit	-0,282	0,000	0,000	0,000	0,000
Wechselbarrieren	0,000	-0,061	0,000	0,000	0,000
Kundenbindung	-0,095	-0,207	0,335	0,474	0,000
Preis	1,000	0,000	0,000	0,000	0,000
Erwartungserfüllung	-0,261	0,000	0,925	0,000	0,000
Richtige_Wahl	-0,253	0,000	0,895	0,000	0,000
Weise_Entscheidung	-0,265	0,000	0,937	0,000	0,000
Wiederwahl	-0,081	-0,177	0,286	0,404	0,854
Längere_Besuche	-0,083	-0,182	0,295	0,416	0,879
Planung	-0,082	-0,180	0,290	0,410	0,865
Beziehung	-0,082	-0,179	0,289	0,408	0,862
Ausprobieren	0,000	0,763	0,000	0,000	0,000
Abwechslung	0,000	0,913	0,000	0,000	0,000
Neue_Stile	0,000	0,908	0,000	0,000	0,000
Tradition	0,000	-0,046	0,000	0,751	0,000
Identifikation	0,000	-0,048	0,000	0,776	0,000
Gewöhnung	0,000	-0,054	0,000	0,889	0,000
Umfeldkenntnis	0,000	-0,055	0,000	0,902	0,000

Abb. 10.6 Standardisierte totale kausale Effekte im Fallbeispiel

sind zur Bestimmung der indirekten Effekte die entsprechenden Koeffizienten zu multiplizieren: So besteht z. B. ein indirekter kausaler Effekt zwischen „Kundenbindung" ($\eta 2$) und „Variety Seeking"($\xi 1$), da Variety Seeking über die endogene Variable „Wechselbarrieren" ($\eta 1$) auf die „Kundenbindung" einwirkt (vgl. die verstärkt gezeichneten Pfeile in Abb. 10.5). Dieser indirekte Effekt errechnet sich wie folgt:

$$\text{Indirekter Effekt } (\xi_1, \eta_2) = -0{,}061 * 0{,}474 = -0{,}029$$

Neben diesem indirekten Effekt besteht auch noch ein direkter Effekt der latent exogenen Variablen „Variety Seeking" auf die latente endogene Variable „Kundenbindung". Der direkte kausale Effekt beträgt $-0{,}178$. Der *totale kausale Effekt* zwischen „Variety Seeking" und „Kundenbindung" errechnet sich damit wie folgt:

$$\text{Total } (\xi_1, \eta_2) = -0{,}029 - 0{,}178 = -0{,}207$$

Insgesamt wird also die „Kundenbindung" der Hotelgäste negativ durch den Wunsch nach Abwechslung „Variety Seeking" beeinflusst.

Außer den bisher aufgezeigten Effekten besteht im Strukturmodell *kein* weiterer indirekter Effekt. Durch das Programm AMOS werden unter dem Register „*Estimates* → *Matrices* → *Standardized Total Effects*"auf Basis der *standardisierten Lösung* die in Abb. 10.6 dargestellten totalen Beeinflussungseffekte ausgegeben. Die totalen kausalen Effekte auf Basis der *unstandardisierten Lösung* werden unter dem Register „*Estimates* → *Matrices* → *Total Effects*" ausgegeben, auf deren Wiedergabe hier aber verzichtet wird.

Factor Score Weights (Group number 1 - Default model)

	Preis*	Variety Seeking	Zufrieden- heit	Wechsel- barrieren	Kunden- bindung
Preis	1,000	0,025	-0,018	0,000	-0,001
Erwartungserfüllung	0,000	0,002	0,282	-0,005	0,012
Richtige_Wahl	0,000	0,001	0,243	-0,004	0,011
Weise_Entscheidung	0,000	0,002	0,390	-0,007	0,017
Wiederwahl	0,000	-0,005	0,007	0,014	0,264
Längere_Besuche	0,000	-0,006	0,009	0,018	0,336
Planung	0,000	-0,005	0,008	0,016	0,297
Beziehung	0,000	-0,004	0,006	0,011	0,213
Ausprobieren	0,000	0,116	0,001	0,001	-0,003
Abwechslung	0,000	0,415	0,002	0,002	-0,011
Neue_Stile	0,000	0,381	0,002	0,002	-0,010
Tradition	0,000	0,000	-0,001	0,113	0,008
Identifikation	0,000	0,001	-0,002	0,141	0,009
Gewöhnung	0,000	0,001	-0,004	0,323	0,021
Umfeldkenntnis	0,000	0,002	-0,005	0,355	0,024

Abb. 10.7 Matrix der Factor Score Weights für das Fallbeispiel

10.3   Berechnung von Faktorwerten und Anschlussanalysen

Häufig ist es für den Anwender von Interesse, für die Befragten auch die Messwerte der hypothetischen Konstrukte (sog. *Faktorwerte*) zu kennen. Diese wurden zwar nicht erhoben, lassen sich aber ebenfalls mit Hilfe der Modellschätzungen errechnen. Nach dem Fundamentaltheorem der Faktorenanalyse gilt: $Z = A\,P$, wobei P die Matrix der Faktorwerte darstellt. Wäre die Faktorladungsmatrix A quadratisch (d. h. es würden ebenso viele Faktoren wie Variable betrachtet), so könnte sich P leicht durch die Inverse der Matrix A (A^{-1}) berechnen lassen (Weiber 1984, S. 69 ff.):

$$Z = A\,P \qquad \text{durch Multiplikation mit der Inversen von A folgt:}$$

$$A^{-1}Z = A^{-1}A\,P \qquad \text{da } A^{-1}A \text{ gleich der Einheitsmatrix folgt:}$$

$$P = A^{-1}Z$$

Da bei Messmodellen aber die Faktorladungsmatrix nicht quadratisch ist, kann auch die Invertierung nicht vorgenommen werden, so dass A^{-1} z. B. regressionsanalytisch geschätzt wird. Das Ergebnis dieser Schätzung wird von AMOS unter der Bezeichnung „*Factor Score Weights*" ausgewiesen und ist in Abb. 10.7 dargestellt. Durch Multiplikation dieser Matrix mit der Matrix der standardisierten Ausgangswerte (Z) können dann die Faktorwerte der Konstrukte für jede Person berechnet werden. Da Z standardisiert ist, ist auch die Matrix der Faktorwerte (P) standardisiert.

Exemplarisch sei die Berechnung des Faktorwertes „Wechselbarrieren" nachfolgend für die Person 1 dargestellt. In einem ersten Schritt müssen hierfür die standardisierten

Angaben z_{1i} für diese Person und die Variablen Tradition, Identifikation, Gewöhnung und Umfeldkenntnis aus den Erhebungsdaten $x1i = \{3; 2; 3; 3\}$ berechnet werden. Damit ergeben sich die folgenden Werte:

$$z_{11} = (3 - 3,115)/1,192 = -0,096 \quad z_{12} = (2 - 3,130)/1,087 = -1,040$$

$$z_{13} = (2 - 2,729)/1,033 = -0,706 \quad z_{14} = (3 - 2,755)/1,067 = +0,229$$

Unter Rückgriff auf die Factor Score Weights können nun die beiden Faktorwerte p_{1q} für die Person 1 berechnet werden. Für den Faktor „Wechselbarrieren" erhält man einen Wert von $-0,304$. Dies bedeutet, dass dieser Faktor bei der Person 1 im Vergleich zu allen anderen Personen geringer ausgeprägt ist. Unter Berücksichtigung der Skala, wonach hohe Werte für eine hohe Ausprägung bedeuten (in diesem Fall hohe Zufriedenheit indizieren), kann somit geschlossen werden, dass diese Person zu den relativ unzufriedenen zu zählen ist.

$$P_{1,\text{Wechsel.}} = -0,096 * 0,113 - 1,040 * 0,141 - 0,706 * 0,323 + 0,229 * 0,355 = -0,304$$

Basierend auf diesen Faktorwerten können dann weitere Analysen wie z. B. Segmentierungen vorgenommen werden. Dies ist insbesondere dann wichtig, wenn die Ergebnisse auch zur Ableitung konkreter Maßnahmen herangezogen werden sollen. So könnte basierend auf den Faktorwerten dann untersucht werden, welche Gäste besonders unzufrieden sind bzw. was diese (neben der hohen Unzufriedenheit) auszeichnet (z. B. Alter, Einkommen). Hierauf abgestimmt können dann praktische Maßnahmen z. B. zur Steigerung der Zufriedenheit abgeleitet werden.

Literatur

Chin, W. W. (1998a). Issues and opinion on structural equation modeling. *Management Information Systems Quarterly, 22,* 7–16.

Chin, W. W. (1998b). The partial least squares approach for structural equation modeling. In G. A. Marcoulides (Hrsg.), *Modern methods for business research* (S. 295–336). London: Lawrence Erlbaum Associates.

Weiber, R. (1984). *Faktorenanalyse.* St. Gallen: Springer.

Modifikation der Modellstruktur

11

Inhaltsverzeichnis

Mit der Beurteilung der Güte der Parameterschätzungen und der inhaltlichen Interpretation der Modellschätzung ist die Analyse im Rahmen von Strukturgleichungsmodellen zunächst einmal abgeschlossen. Bei praktischen Anwendungen stellt sich häufig jedoch die Frage, welche Maßnahmen ergriffen werden können, wenn die Gütekriterien eine *schlechte Anpassung* der modelltheoretischen Kovarianzmatrix an die empirischen Daten erbracht haben. In einem solchen Fall wäre zunächst einmal die Konsequenz zu ziehen, dass die im Hypothesensystem aufgestellte Theorie nicht durch die erhobenen Daten bestätigt werden kann und somit aus empirischer Sicht zu verwerfen ist, wenn die Repräsentativität der empirischen Erhebung unterstellt werden kann.

R. Weiber, D. Mühlhaus, *Strukturgleichungsmodellierung,* Springer-Lehrbuch,
DOI 10.1007/978-3-642-35012-2_11, © Springer-Verlag Berlin Heidelberg 2014

| 1 Hypothesen- und Modellbildung |
| 2 Konstrukt-Konzeptualisierung |
| 3 Konstrukt-Operationalisierung |
| 4 Güteprüfung reflektiver Messmodelle |
| 5 Modellschätzung mit AMOS |
| 6 Evaluation des Gesamtmodells |
| 7 Ergebnisinterpretation |
| **8 Modifikation der Modellstruktur** |

Es kann aber auch versucht werden, aus dem verwendeten Datenmaterial Anregungen zur Modifikation der aufgestellten Hypothesen zu erhalten. In diesem Fall befinden wir uns in der in Kap. 9 als „*Prüfsituation 3*" bezeichneten Situation.

Modifikation der Modellstruktur
In dieser Prüfsituation möchte der Anwender sein i. d. R. nur „schlecht" geschätztes Modell möglichst gut an die erhobenen Daten anpassen und sucht entsprechend nach Verbesserungsmöglichkeiten. Mit der Modifikation eines Modells aufgrund empirischer Daten wird allerdings der originär konfirmatorische Weg der Kausalanalyse verlassen und die Kausalanalyse wird zu einem explorativen Instrument.

Ein schlechter Modell-Fit gibt *keine* Auskunft darüber, welche Teile im Modell falsch spezifiziert wurden oder für die schlechte Anpassungsgüte des Gesamtmodells verantwortlich sind. Auf der Suche nach Modellverbesserungen ist deshalb eine Prüfung der Messmodelle sowie des Strukturmodells vorzunehmen. Die *Prüfung der Messmodelle* wurde in diesem Buch bereits in Kap. 7 vorgenommen, so dass im Weiteren nur noch eine Konzentration auf die Prüfung des Strukturmodells bzw. des Gesamtmodells vorgenommen wird. Im Folgenden werden unterschiedliche Kriterien (vgl. Abb. 11.1) aufgezeigt, mit deren Hilfe sich Hinweise finden lassen, ob zur Verbesserung einer gegebenen Modellstruktur neue Parameter aufzunehmen sind oder enthaltene Parameter ausgeschlossen werden sollten. Nach Darstellung der Kriterien wird abschließend die Vorgehensweise zur *sukzessiven Verbesserung der Modellanpassung* an die empirischen Daten mit Hilfe des Fallbeispiels verdeutlicht.

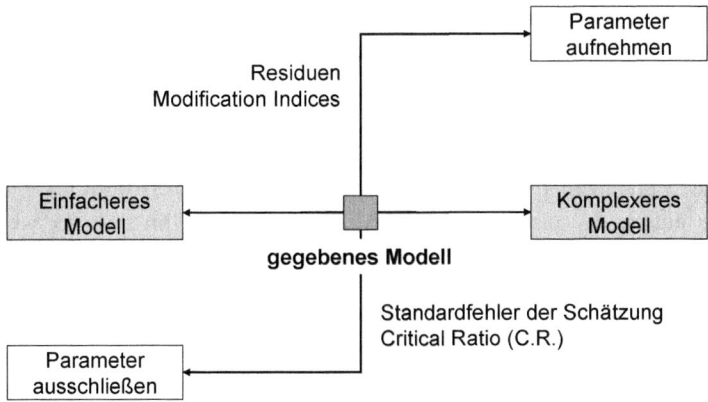

Abb. 11.1 Ansatzpunkte zur Modifikation der Modellstruktur

Bereits an dieser Stelle sei aber mit Nachdruck darauf hingewiesen, dass sich der Anwender bei der Modifikation eines Modells zur besseren Anpassung an empirische Daten bewusst sein muss, dass

- eine solche Vorgehensweise nur dann sinnvoll ist, wenn aufgrund *theoretischer Überlegungen* die Aufnahme eines Parameters plausibel erscheint;
- ein langer Suchprozess irgendwann in den meisten Fällen zu einem *Modell* führt, *das zu den Daten passt;*
- modifizierte Modelle auch lediglich *Charakteristika eines bestimmten Datensatzes widerspiegeln* können und von daher nicht die Allgemeingültigkeit einer Theorie stützen;
- durch eine solche Anwendung der *konfirmatorische Charakter* der Kausalanalyse verloren geht und sie zu einem Instrument der *explorativen Datenanalyse* wird;
- zur Überprüfung einer auf diesem Wege gewonnenen „Theorie" ein *neuer Datensatz* erforderlich ist.

11.1   Vereinfachung der Modellstruktur

Eine gegebene Modellstruktur lässt sich dadurch vereinfachen, dass bisher spezifizierte Parameter wieder aus dem Modell ausgeschlossen werden, wenn damit eine Verbesserung der Anpassungsgüte des Modells erreicht werden kann. Hinweise darauf, welche Parameter *keine* „Erklärungsmächtigkeit" besitzen, liefern insbesondere folgende Teststatistiken:

- Standardfehler der Schätzung
- Critical Ratio (C.R.)

Werden aufgrund dieser Werte Parameter aus dem Modell ausgeschlossen, so wird dadurch auch die Schätzung der übrigen Parameter beeinflusst, was zu einer Verbesserung des Fits eines Modells führen kann.

Die *Standardfehler der Schätzung* geben Auskunft darüber, wie „sicher" eine vorgenommene Schätzung ist, bzw. mit welchen Abweichungen in den Schätzwerten gerechnet werden muss. Treten hier besonders hohe Werte auf, so muss der entsprechende Parameter mit äußerster Vorsicht interpretiert werden, da für ihn nur eine wenig reliable Schätzung vorliegt. Parameter mit großen Standardfehlern sollten deshalb aus dem Modell herausgenommen werden.

Die *C.R.-Werte* der Parameter geben einen Hinweis darauf, ob die Schätzwerte signifikant von Null verschieden sind. Ist dies nicht der Fall, so liefert ein Schätzer keinen großen Beitrag zur Erklärung der Beziehungsstrukturen bzw. seine Erklärungskraft ist nur unter starken Vorbehalten anzuerkennen. Es ist deshalb ratsam, Parameter mit C.R.-Werten absolut kleiner als 1,96 auf Null zu fixieren und somit aus dem Beziehungsgefüge des Modells auszuschließen.

11.2   Erweiterung der Modellstruktur

Die Anpassungsgüte eines Modells kann auch durch Aufnahme bisher als fest deklarierter Parameter (Parameter mit Null-Pfaden) verbessert werden. Dies geschieht in der Weise, dass die entsprechenden festen Parameter zu freien Parametern werden und damit im Modell geschätzt werden. Ansatzpunkte dafür, welche Parameter in ein Modell aufgenommen werden sollen, lassen sich durch folgende Kriterien ermitteln:

- einfache und standardisierte Residuen,
- Modification Indices

Die *einfachen Residuen* ergeben sich aus der Differenz der Elemente der empirischen und der modelltheoretischen Kovarianzmatrix ($S_{ij} - \hat{\Sigma}_{ij}$). Treten hier hohe Werte auf, so ist dies ein Indiz dafür, dass die entsprechende Kovarianz in der Ausgangsmatrix nicht in ausreichendem Maße reproduziert werden konnte. Daraus lässt sich schließen, dass zusätzliche Pfade in die Modellbeziehung aufzunehmen sind, um eine Verbesserung der Ergebnisse zu erreichen. Da die einfachen Residuen jedoch stark von der Höhe der empirischen Kovarianz der manifesten Variablen abhängen, liefern sie keinen eindeutigen Anhaltspunkt, um „Problembereiche" zu identifizieren. Die Differenzwerte sollten deshalb mit der geschätzten Standardabweichung der Residuen standardisiert werden.

Standardized Residuals (vgl. Jöreskog und Sörbom (1983), I. 42):

$$SR_{ij} = \frac{s_{ij} - \sigma_{ij}}{\sqrt{\dfrac{\sigma_{ii}\sigma_{jj} + \sigma_{ij}^2}{N}}} \tag{11.1}$$

mit:

s_{ij} = empirische Varianz der Variablen x_i
σ_{ij} = modelltheoretisch errechnete Varianz-Kovarianz der Variablen x_{ij}
N = Stichprobenumfang

Die von Jöreskog und Sörbom vorgeschlagene Standardisierung ist in Formel (11.1) darge-stellt und korrespondiert mit den von AMOS ausgewiesenen standardisierten residuellen Kovarianzen.

Bei einer hinreichend großen Stichprobe sind Normalized bzw. Standardized Residuals (SR) normalverteilt. Sofern das geprüfte Modell zutreffend ist, sollte der überwiegende Teil der normierten Residuen im Intervall $[-2; +2]$ liegen (Bollen 1989, S. 258). Norma-lized Residuals die außerhalb des Intervalls liegen deuten dabei auf schlecht reproduzierte Modellteile hin. Welche Parameter sinnvoller Weise zur Modellverbesserung aufgenom-men werden sollten, kann anhand der einfachen Residuen jedoch *nicht* ermittelt werden. Hier wäre ein zeitaufwändiges „Trial-and-Error" einer geeigneten Parameterkonstellation seitens des Anwenders von Nöten.

Einen wesentlich besseren Ansatzpunkt zur Ermittlung evtl. freizusetzender Parameter liefern die sog. *Modification Indices*, die sich nur auf solche Parameter beziehen, die bisher *nicht* in die Beziehungsstrukturen des Modells aufgenommen waren (sog. feste Parameter) oder gleichgesetzt (restringiert) wurden. „*Modification Indices*" werden von AMOS für alle Varianzen und Kovarianzen sowie für die Regressionsgewichte (Pfadkoeffizienten) berechnet.

Modification-Index (M.I.)
Der Modification-Index schätzt für jeden als *fest oder restringiert* spezifizierten Para-meter, um wie viel der *Chi-Quadrat-Wert* sinken würde, wenn dieser Parameter freigesetzt wird. Dabei wird unterstellt, dass alle übrigen Parameter ihre bisher geschätzten Werte beibehalten.

Aufgrund der *simultanen Modellschätzung* des kovarianzanalytischen Ansatzes besitzt die Aufnahme (Freisetzung) von bisher mit Null spezifizierten Parametern auch unmittelba-ren Einfluss auf die übrigen Parameterschätzer. Das bewirkt, dass bei der Aufnahme eines Parameters i. d. R. der Chi-Quadrat-Wert um mehr sinkt, als es der Modification-Index berechnet. Bei besonders „schlechten" Modellen kann die Aufnahme eines Parameters aber auch zu einer Vergrößerung des Chi-Quadrat-Wertes führen. Es ist deshalb ratsam, den Modification-Index *nicht „blind" zu verwenden,* sondern *vor dem Hintergrund theo-retischer Überlegungen* zu entscheiden, ob die Aufnahme eines Parameters sinnvoll ist. Der Modification-Index ist für alle bereits im Modell als frei spezifizierten Parameter Null, ebenso wie für solche Parameter, die bei Freisetzung nicht identifiziert werden können.

11.3   Vergleich und Modellmodifikation im Fallbeispiel

11.3.1 Modifikation des Ausgangsmodells im Fallbeispiel

Die Evaluation des Gesamtmodells für unser Fallbeispiel führte zu dem Ergebnis, dass das Kausalmodell des Hotelbesitzers einen gerade noch akzeptablen Fit aufweist, womit es auch durchaus sinnvoll ist, nach Modellverbesserungen zu suchen.

Hinsichtlich einer *Vereinfachung der Komplexität* des Modells im Fallbeispiel liefern die *Standardfehler der Schätzung* (S.E.) keine Anhaltpunkte zur Eliminierung von Parametern, da alle Werte $< 0{,}09$ sind (vgl. Abb. 10.1). Ein leicht anderes Bild ergibt die Inspektion der *C.R.-Werte*, da hier das Regressionsgewicht von „Variety Seeking auf Wechselbarrieren" einen C.R.-Wert von $- 0{,}0774$ aufweist und damit aus dem Modell herausgenommen werden könnte. Für die Eliminierung dieses Pfades sprechen auch die Größe des Koeffizienten von $- 0{,}067$ sowie der zugehörige P-Wert von $0{,}439$. Wird die *Verbindung* zwischen „Variety Seeking" und „Wechselbarrieren" entfernt, so wird damit das Konstrukt „Wechselbarrieren" zu einer latenten *exogenen* Variable. Dadurch entfällt der Fehlerterm ζ_1 dieses Konstruktes und zur Modellschätzung sollten zusätzlich noch Kovarianzbeziehungen zu den beiden anderen latent exogenen Variablen (Variety Seeking und Preis) zugelassen werden. Damit verfügt das modifizierte Modell über nur noch 84 Freiheitsgrade (vorher 85 d. f.) und weist damit eine höhere Komplexität auf. Nach erneuter Schätzung zeigt dieses Modell aber mit einem χ^2-Wert von $138{,}109$ (χ^2/d. f. $= 1{,}644$) eine deutlich höhere Anpassungsgüte als das Default Model (χ^2-Wert $= 167{,}215$).

Wird im zweiten Schritt auch eine mögliche *Erweiterung des Modells* im Fallbeispiel zur Verbesserung der Anpassungsgüte geprüft, so kann zunächst die standardisierte residuelle Kovarianzmatrix betrachtet werden, die AMOS unter dem Register „*Estimates → Matrices → Standardized Residual Covariances*" ausweist. Für unser Fallbeispiel ist diese Matrix in Abb. 11.2 dargestellt. In unserem Fallbeipiel zeigen sich bei insgesamt 15 der 120 ($= 12{,}5\,\%$) Varianzen bzw. Kovarianzen SR-Werte die betragsmäßig größer als 2 sind. Dies spricht für eine noch akzeptable Modellanpassung. Werden nun die einzelnen Variablen betrachtet, so treten diese hohen Werte gehäuft bei zwei Messvariablen auf: „Preis" (8 Werte > 2) und „Identifikation" (5 Werte > 2). Darüber hinaus zeigen sich zwischen „Preis" und „Identifikation" sowie „Längere Besuche" die höchsten SR mit Werten größer als 5. Dies deutet darauf hin, dass die Variable „Preis" nicht gut vom Modell erklärt wird. Da es sich bei dieser Variable jedoch um ein Ein-Variablen Messmodell handelt, scheint dieser Effekt begründbar. Ein gravierenderes Problem stellt die Variable „Identifikation" dar, die ggf. aus dem Modell zu eliminieren ist.

11.3.2 Sukzessive Modellmodifikation zur Verbesserung der
Anpassungsgüte mit Hilfe des Modification-Index

Mit Hilfe des Modification-Index kann sukzessive eine Verbesserung der Anpassungsgüte eines Modells auf Basis der erhobenen empirischen Daten erreicht werden. Um die Vorgehensweise einer *sukzessiven Modellmodifikation* besser verdeutlichen zu können, wird das

Standardized Residual Covariances (Group number 1 - Default model)

		1	2	3	4	5	6	7	8	9	10	11	12	13	14	15
1	Preis	0,000														
2	Erwartungserfüllung	0,070	0,000													
3	Richtige_Wahl	-0,766	-0,047	0,000												
4	Weise_Entscheidung	0,580	0,035	-0,001	0,000											
5	Wiederwahl	-4,016	1,119	1,772	0,772	0,331										
6	Längere_Besuche	-5,184	1,396	1,541	1,024	0,244	0,351									
7	Planung	-4,515	0,538	1,279	0,335	0,380	0,556	0,340								
8	Beziehung	-4,306	-0,232	0,318	-0,639	0,635	0,268	0,244	0,337							
9	Ausprobieren	-0,198	0,297	-0,952	-0,246	0,747	0,957	0,184	0,531	0,000						
10	Abwechslung	-0,343	-0,315	-0,898	-0,797	0,616	-0,071	-0,463	-0,082	0,074	0,000					
11	Neue_Stile	0,235	-0,153	-0,793	-0,815	0,270	-0,656	-0,713	-0,003	-0,040	-0,003	0,000				
12	Tradition	-4,167	2,346	2,607	1,517	0,036	-0,031	0,070	1,152	0,526	1,655	1,301	0,000			
13	Identifikation	-5,104	2,961	3,019	2,298	1,150	1,708	0,781	2,485	0,634	0,461	0,375	0,577	0,000		
14	Gewöhnung	-3,905	1,337	0,628	0,353	-0,592	-0,060	-0,322	0,947	0,169	0,108	-0,877	-0,055	-0,176	0,000	
15	Umfeldkenntnis	-4,181	1,765	2,397	1,182	-0,130	0,537	0,211	1,325	0,156	0,137	-0,456	-0,145	-0,149	0,121	0,000

Abb. 11.2 Standardisierte Residuen im Fallbeispiel

Güte des Ausgangsmodells (Modell 1a) *vor* **Modifikation:**
$$\chi^2=247{,}142 \text{ (d.f.=85) } \chi^2/\text{d.f.=2,908.}$$

1. Modifikation

> ➤ Kovarianz zwischen den Fehlervarianzen der Indikatoren „Beziehung" und „Belegung" zulassen (M.I.: 39,581, Par change: -0,352).
> ➤ Modellgüte nach 1. Modifikation: $\chi^2=181{,}770$ (84) $\chi^2/\text{d.f.=2,164.}$

2. Modifikation

> ➤ Pfadkoeffizient von „Preis*" zu „Wechselbarrieren" aufnehmen (M.I.: 24,033, Par change: –0,374).
> ➤ Modellgüte nach 2. Modifikation: $\chi^2=152{,}700$ (83) $\chi^2/\text{d.f.=1,840.}$

3. Modifikation

> ➤ Pfadkoeffizient von „Preis*" zu „Kundenbindung" aufnehmen (M.I.: 12,971, Par change: –0,243).
> ➤ **Modellgüte für „Modell 2":** $\chi^2=133{,}633$ (82) $\chi^2/\text{d.f.=1,630.}$

Abb. 11.3 Modification Indices für „Modell 1a"

bisherige Modell aus dem Fallbeispiel (vgl. Abb. 10.3) leicht variiert, indem der Indikator „Wiederkauf" durch den Indikator „Belegung" ausgetauscht wird.[1] Ansonsten wird keine Veränderung vorgenommen, so dass auch dieses leicht veränderte Modell (im Folgenden „Modell 1a" genannt) über 85 Freiheitsgrade verfügt. Wird „Modell 1a" mit Hilfe der ML-Methode geschätzt, so führt das im Ausgangspunkt zu einem χ^2-*Wert von 247,142.* Im Folgenden wird mit Hilfe des Modification-Indexes gezeigt, wie *sukzessive Modellver-besserungen* im Sinne der Verkleinerung des χ^2-Wertes für „Modell 1a" erzielt werden können.

1. Modifikationsschritt: Nach ML-Schätzung von „Modell 1a" erhält man sowohl für die Kovarianzen also auch für die Regressionsgewichte (Pfadkoeffizienten) die in Abb. 11.3 ausgewiesenen Modification Indices (M.I.), die in AMOS unter dem Register „*Modification Indices*" ausgegeben werden.

Es zeigt sich, dass für „Modell 1a" insbesondere die zusätzliche Aufnahme einer Kovarianzbeziehung zwischen den Fehlervarianzen der Variablen „Beziehung" und „Belegung" (e4 ↔ e1) mit einem M.I. von 39,581 stark zur Verbesserung des Chi-Quadrat-Wertes beiträgt. Wie stark die Kovarianz ist, sofern diese im Modell geschätzt werden würde, ist der Spalte „*Par Change*" zu entnehmen, welche die sog. „erwarteten Parameteränderungen" enthält (Kaplan 1989, S. 286). Im vorliegenden Fall liegt die erwartete Kovarianz zwischen den Fehlern e1 und e4 bei − 0,332.

Nachdem der „Empfehlung" des Modification-Index gefolgt wurde und zwischen den ehemals als unkorreliert unterstellten Fehlertermen e1 und e4 nun eine Kovarianzbeziehung zugelassen wurde, muss das modifizierte Modell mit nun 84 Freiheitsgraden

---

[1] Diese Variation wird hier aus didaktischen Gründen vorgenommen, da sich in dem für das Fallbeispiel ursprünglich formulierten Modell keine Hinweise auf Modellverbesserungen mit Hilfe des Modification-Indexes aufzeigen lassen.

Modification Indices (Group number 1 - Default model)

Regression Weights: (Group number 1 - Default model)

			M.I.	Par Change
Wechselbarrieren	**<---**	**Preis***	**24,033**	**-0,374**
Kundenbindung	<---	Preis*	15,125	-0,264
Preis*	<---	Wechselbarrieren	23,380	-0,333
Preis*	<---	Kundenbindung	26,709	-0,301

Abb. 11.4 M.I. Werte nach der ersten Modifikation (Auszug)

erneut geschätzt werden. Hierdurch verbessert sich der χ^2-Wert von 247,142 auf nunmehr 181,770. Die tatsächliche Kovarianz zwischen e1 und e4 liegt bei $-0,410$ und ist damit leicht größer, als der erwartete Wert.

2. Modifikationsschritt: Sofern, wie hier unterstellt, dieses Modell den Ansprüchen des Anwenders immer noch nicht genügt, so müssen abermals die M.I. untersucht werden. In diesem Fall zeigt sich nun kein M.I. mit deutlich höheren Werten. Die M.I. für das Regressionsgewicht zwischen den latenten Konstrukten „Wechselbarrieren" und „Preis" weist nun aber mit M.I. = 24,033 einen relativ hohen Wert auf (vgl. Abb. 11.4). Da die Aufnahme der Beziehung „Preis wirkt auf Wechselbarrieren" aus Sicht des Hotelbesitzers sachlogisch gut begründbar erscheint, nimmt er diese in das Modell auf. Dadurch verbessert sich der χ^2-Wert abermals auf nunmehr 152,700 (d. f. = 83).

3. Modifikationsschritt: Genügt auch dieses Modell noch nicht den Anforderungen des Anwenders, so sind abermals die M.I.-Werte zu inspizieren, wobei hier nun die Aufnahme der Pfadbeziehung „Preis" auf „Kundenbindung" mit einem M.I. von 12,971 (Par Change $= -0,243$) die größte Verbesserung des Chi-Quadrat-Wertes verspricht.

Aus diesem Grund wird auch diese Beziehung im Modell berücksichtigt, was zu dem in Abb. 11.6 dargestellten Gesamtmodell führt und als „Modell 2" bezeichnet wird. „Modell 2" weist insgesamt eine hervorragende Güte auf. Die Zwischenergebnisse der für „Modell 1a" sukzessive vorgenommenen Modifikationen sind in Abb. 11.5 nochmals zusammengefasst.

11.3.3   Vergleich von Modellalternativen mittels Informationskriterien

Mit Modell 1a und Modell 2 liegen für unser Fallbeispiel nun zwei alternative Modelle mit unterschiedlichen Strukturen vor, so dass sich die Frage stellt, welchem der beiden

Güte des Ausgangsmodells (Modell 1a) *vor* **Modifikation:**
$$\chi^2=247{,}142 \ (d.f.=85) \ \chi^2/d.f.=2{,}908.$$

1. Modifikation

➤ Kovarianz zwischen den Fehlervarianzen der Indikatoren „Beziehung" und „Belegung" zulassen (M.I.: 39,581, Par change: -0,352).
➤ Modellgüte nach 1. Modifikation: $\chi^2=181{,}770$ (84) $\chi^2/d.f.=2{,}164$.

2. Modifikation

➤ Pfadkoeffizient von „Preis*" zu „Wechselbarrieren" aufnehmen (M.I.: 24,033, Par change: $-0{,}374$).
➤ Modellgüte nach 2. Modifikation: $\chi^2=152{,}700$ (83) $\chi^2/d.f.=1{,}840$.

3. Modifikation

➤ Pfadkoeffizient von „Preis*" zu „Kundenbindung" aufnehmen (M.I.: 12,971, Par change: $-0{,}243$).
➤ **Modellgüte für „Modell 2":** $\chi^2=133{,}633$ (82) $\chi^2/d.f.=1{,}630$.

Abb. 11.5 Prozess der sukzessiven Verbesserung der Modellanpassung für Modell 1a

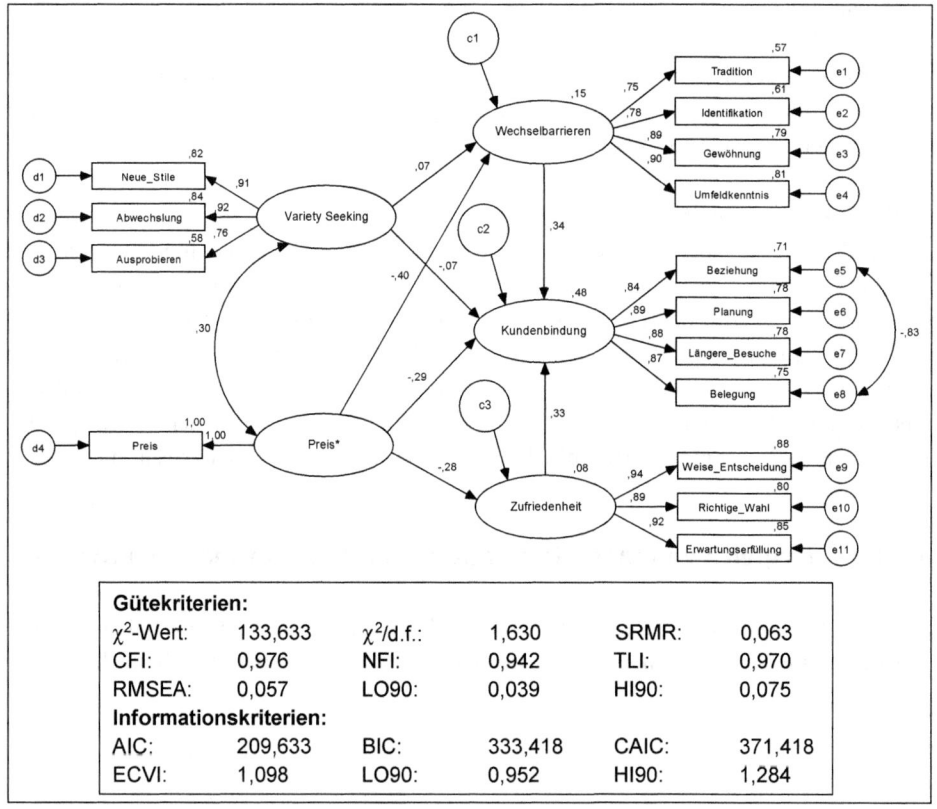

Abb. 11.6 Pfaddiagramm und Güte des modifizierten Modells

Modelle im Hinblick auf die empirischen Daten der Vorzug zu geben ist. Zur Beantwortung dieser Frage wird auf die in Kap. 9.2.2 vorgestellten *Informationskriterien* zurückgegriffen. Allerdings sei bereits an dieser Stelle deutlich herausgestellt, dass die Beurteilung von zwei alternativen Modellen mit Hilfe der Informationskriterien nur dann sinnvoll ist, wenn die Modellalternativen aufgrund *theoretischer und/oder sachlogischer Überlegungen* formuliert wurden, was jedoch in unserem Fall nicht gegeben ist. Dennoch ist ein Modellvergleich mittels der Informationskriterien durchaus sinnvoll, da Modell 2 zwar eine bessere Anpassung an die Daten im Hinblick auf den Chi-Quadrat-Wert besitzt, daraus sich aber *nicht* ableiten lässt, dass es auch im Hinblick auf die *Modellsparsamkeit* die bessere Alternative darstellt.

Da Modell 2 auf der Basis von Modell 1a unter Verwendung der gleichen Daten generiert wurde, basiert auch dieses Modell auf denselben Messmodellen, so dass für Modell 2 keine Reliabilitäts- und Validitätsprüfungen der Messmodelle mehr vorzunehmen sind. Zur Schätzung von Modell 2 wird ebenfalls die *ML-Prozedur* verwendet. Es ergeben sich die in Abb. 11.7 abgebildeten Werte für die „Parsimony adjusted Fit-Indizes" und die „Informationskriterien".[2]

Die Ergebnisse machen deutlich, dass Modell 2 eine gute Anpassung besitzt: Sowohl der χ^2/d. f.-Wert von 1,630 als auch die inkrementellen Fitmaße NFI, TLI oder CFI mit Werten über 0,90, die zudem alle oberhalb der Werte von Modell 1a liegen, belegen die hohe Eignung. Um zu prüfen, welches Modell unter Berücksichtigung der Modellsparsamkeit besser geeignet ist, werden nun zunächst die Werte des PNFI, PCFI und des PGFI verglichen. Hier zeigt sich, dass das komplexere Modell 2 mit PNFI = 0,735, PCFI = 0,762 und PGFI = 0,629 leicht bessere Werte als das ursprüngliche Modell 1a aufweist. Werden zusätzlich noch die Informationskriterien AIC, BIC, CAIC und ECVI berücksichtigt, so zeigt Modell 2 hier jeweils geringere Werte und ist damit zu bevorzugen. Die Betrachtung der Konfidenzintervalle des ECVI für beide Modelle zeigt, dass Modell 2 deutlich geringere Werte aufweist.[3] Damit liefern die Konfidenzintervalle ebenfalls einen Anhaltspunkt dafür, dass das Modell 2 tatsächlich einen geringeren ECVI als das Modell 1a aufweist.

Vor obigem Hintergrund kann insgesamt festgehalten werden, dass das anhand der vorliegenden Daten „optimierte" Modell 2 eine insgesamt höhere Eignung aufweist. Dies zeigt sich sowohl anhand der absoluten und der inkrementellen Fitmaße, also auch anhand

---

[2] Der dargestellte Vergleich der beiden Modelle 1) und 2) wurde auf die einfachste Art der getrennten Spezifikation und Berechnung vorgenommen. Die entsprechenden Ergebnisse wurden dann „per Hand" einander gegenübergestellt. Zum Modellvergleich bietet AMOS auch die Option dies über „*Analyze → Manage Models*" in einem Arbeitsbereich vorzunehmen, wobei diese Vorgehensweise zu identischen Ergebnissen führt, dabei aber deutlich komplizierter ist. Weitere Hinweise hierzu finden sich im AMOS-Handbuch (Arbuckle 2012, S. 116 ff.).

[3] AMOS gibt unter LO90 und HI90 die untere bzw. obere Grenze des 90 %-Konfidenzintervalls für den ECVI an.

Model Fit Summary

CMIN

Model	NPAR	CMIN	DF	P	CMIN/DF
Modell 1a	35	247,142	85	0	2,908
Modell 2	38	133,633	82	0	1,630

Baseline Comparisons

Model	NFI Delta1	RFI rho1	IFI Delta2	TLI rho2	CFI
Modell 1a	0,892	0,866	0,926	0,908	0,926
Modell 2	0,942	0,925	0,977	0,970	0,976

Parsimony-Adjusted Measures

Model	PRATIO	PNFI	PCFI	PGFI
Modell 1a	0,810	0,722	0,749	0,613
Modell 2	0,781	0,735	0,762	0,629

AIC

Model	AIC	BCC	BIC	CAIC
Modell 1a	317,142	323,542	431,154	466,154
Modell 2	209,633	216,582	333,418	371,418

ECVI

Model	ECVI	LO 90	HI 90	MECVI
Modell 1a	1,660	1,434	1,927	1,694
Modell 2	1,098	0,952	1,284	1,134

Abb. 11.7 Gütemaße zum Vergleich der Modelle 1a und 2

der Kriterien, die explizit einen Vergleich von alternativen Modellen erlauben. Unser Hotelbesitzer sollte deshalb sachlogisch und anhand von theoretischen Erwägungen prüfen,
ob das Modell 2 tatsächlich besser geeignet ist, oder aber ob die hohe Eignung nur für den
spezifischen Datensatz gilt.

Literatur

Arbuckle, J. L. (2012). *Amos*[TM] *21.0 user's guide*. Chicago: SPSS.
Bollen, K. A. (1989). *Structural equations with latent variables*. New York: Wiley-Interscience.
Jöreskog, K. G., & Sörbom, D. (1983). *LISREL: Analysis of linear structural relationships by the
    method of maximum likelihood, user's guide, versions V and VI*. Chicago: National Educational
    Resources.
Kaplan, D. (1989). Model modification in covariance structure analysis: Application of the expected
    parameter change statistic. *Multivariate Behavioral Research, 24*, 285–305.

Formative Messmodelle

Inhaltsverzeichnis

In der Vergangenheit führten formative Messmodelle eher ein „Schattendasein" im Rahmen der Kausalanalyse und reflektive Messmodelle waren das „dominante" Konzept. In jüngster Zeit ist jedoch eine steigende Zahl sowohl an methodisch orientierten als auch anwendungsbezogenen Beiträgen zu verzeichnen, die sich mit der Anwendung formativer Messmodelle beschäftigen (Albers und Hildebrandt 2006; Diamantopoulos 2006; Eberl 2006; Howell et al. 2007). Im Journal of Business Research (2008, Vol. 61) wurde 2008 diesem Aspekt sogar eine komplette Ausgabe gewidmet. Ein Grund für das wachsende Interesse an formativen Messansätzen ist in der zunehmenden Verwendung des PLS-Ansatzes zu sehen, mit dem sich formative Messmodelle deutlich leichter spezifizieren lassen als mit kovarianzanalytischen Ansätzen wie sie in den Softwarepaketen LISREL oder AMOS implementiert sind. Vor diesem Hintergrund werden im Folgenden zunächst die zentralen *Besonderheiten formativer Messmodelle* herausgearbeitet und darauf aufbauend deren Konstruktionsprozess erläutert. Abschließend wird anhand eines sog. MIMIC-Modells die Spezifizierung eines formativen Messmodells mit Hilfe von AMOS bezogen auf das Fallbeispiel dargestellt.

R. Weiber, D. Mühlhaus, *Strukturgleichungsmodellierung*, Springer-Lehrbuch,
DOI 10.1007/978-3-642-35012-2_12, © Springer-Verlag Berlin Heidelberg 2014

12.1   Zentrale Besonderheiten formativer Messmodelle

Formative Messmodelle basieren auf einem *völlig anderen „Weltbild"* als reflektive Messmodelle, da sie unterstellen, dass sich ein hypothetisches Konstrukt als *Linearkombination* aus den Messvariablen *ergibt*, während reflektive Messmodelle davon ausgehen, dass die Messvariablen von dem betrachteten Konstrukt *verursacht* werden und damit *Folgen* bzw. Konsequenzen der Wirksamkeit des Konstruktes in der Wirklichkeit darstellen.[1]

Aufgrund der Interpretation hypothetischer Konstrukte als Folge der Wirksamkeit von manifesten (Mess-) Größen werden diese bei der Anwendung formativer Messmodelle in der Fachliteratur häufig als *„Index"* bezeichnet und der Begriff *„Konstrukt"* vermieden. In gleicher Weise werden die Messvariablen bzw. Indikatoren eines Konstruktes bei formativen und reflektiven Messansätzen häufig entsprechend Abb. 12.1 bezeichnet.

Das Konzept formativer Messmodelle geht auf Curtis und Jackson (1962, S. 195 ff.) zurück. Nach Auffassung dieser Autoren kann einem *theoretischen Konzept* (hypothetischen Konstrukt) definitorisch nur die Bedeutung beigemessen werden, die sich auch aus den Messvariablen eines Konzeptes ableiten lässt.

Formative Messmodelle

Bei formativen Messmodellen wird ein hypothetisches Konstrukt als Folge der auf der Beobachtungsebene wirksamen Messindikatoren verstanden. Hypothetische Konstrukte stellen damit eine *Linearkombination der Messvariablen* dar, was dem regressionsanalytischen Denkansatz entspricht.

Stellen hypothetische Konstrukte eine Funktion bzw. Linearkombination ihrer (manifesten) Indikatoren dar, so sind im Gegensatz zum reflektiven Ansatz die Indikatoren nicht mehr beliebig austauschbar, da ein Indikator, der nicht mehr zur Messung des Konstruktes herangezogen wird, den *semantischen Gehalt* eines Konstruktes verändert und damit

	Formative Messansätze	Reflektive Messansätze
Bezeichnung der Messvariablen (Indikatoren)	• formative Indikatoren • causes • formed	• reflektive Indikatoren • cause effects • eliciting

Abb. 12.1 Bezeichnungen von Messvariablen bei formativen und reflektiven Messansätzen

---

[1] Zur Abgrenzung und zu einem grundlegenden Vergleich zwischen formativen und reflektiven Messmodellen vgl. auch Kap. 3.3.1.2. Zur Konstruktion und Prüfung *reflektiver* Messmodelle vgl. Kap. 6 und 7.

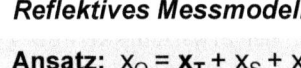

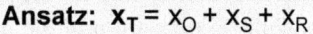

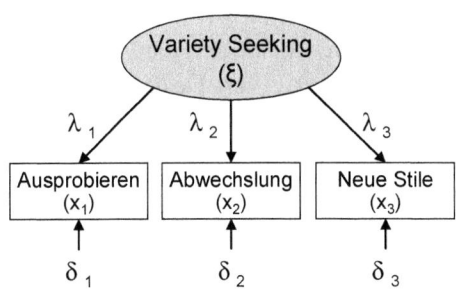

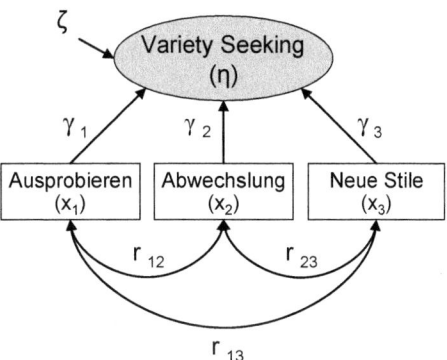

Abb. 12.2 Reflektives versus formatives Messmodell

streng genommen ein anderes Konstrukt gemessen wird (Diamantopoulos und Winklhofer 2001, S. 271). Zur Verdeutlichung der unterschiedlichen „Weltbilder" von reflektiven und formativen Messmodellen sei im Folgenden exemplarisch auf die Messung des Konstruktes „Variety Seeking" aus unserem Fallbeispiel zurückgegriffen. Abbildung 12.2 zeigt die zentralen Unterschiede bei der Messung dieses Konstruktes durch ein formatives oder durch ein reflektives Messmodell (bei Verwendung der gleichen Indikatoren).

Sowohl bei formativen als auch bei reflektiven Messmodellen folgen die Messgleichung(en) einem *Regressionsansatz*. Die *Grundgleichung eines formativen Messmodells* lässt sich dabei wie folgt formulieren:

$$x_T = x_O + (x_S + x_R) \qquad (12.1)$$

mit:

x_T: True Value (wahrer Konstruktwert; nicht beobachtbar)
x_O: Observed Value (empirischer Messwert; beobachtbar)
x_S: Systematic Error (systematischer Fehler)
x_R: Random Error (Zufallsfehler)

Im Unterschied dazu gilt für die *Grundgleichung reflektiver Messmodelle,* der bereits in Kap. 7 in Formel (6.1) formulierte Zusammenhang:[2]

$$x_O = x_T + (x_S + x_R) \qquad (12.2)$$

---

[2] Vgl. zu den Annahmen der SGA mit latenten Variablen auch Kap. 3.3.1. Zu reflektiven Messmodellen vgl. ausführlich Kap. 6.2.1.

Wird von einer *nicht* systematisch verzerrten Messung ($x_S = 0$) ausgegangen, so ist bei Gültigkeit der Annahmen des Regressionsmodells u. a. der Erwartungswert des Zufalls-fehlers Null ($E[x_R] = 0$), und die unabhängigen Variablen sind mit der Fehlervariablen (x_R) unkorreliert (Backhaus et al. 2011, S. 85 ff.). Der entscheidende Unterschied zwischen beiden Messansätzen ist nun darin zu sehen, dass beim *reflektiven Ansatz* die Messvariable (x_O) die abhängige Variable und das Konstrukt die unabhängige Variable darstellt.

Beim formativen Ansatz ist das *genau umgekehrt*. Da hier das Konstrukt die abhängige Variable darstellt, bezeichnen Diamantopoulos und Winklhofer (2001, S. 271) die Er-stellung des Messkonzeptes bei formativen Messmodellen auch als „*Index Construction*", wodurch der Unterschied zum Messkonzept bei reflektiven Messmodellen besonders deutlich wird. Aus diesen grundlegenden Überlegungen lassen sich folgende zentrale Besonderheiten formativer Messmodelle im Unterschied zu reflektiven Modellen ableiten:

(1) Messfehler als Konsequenz unvollständiger Modellspezifikation: Treten beim *re-flektiven Ansatz* Korrelationen zwischen abhängiger Variable (x_O) und Fehlervariable (x_R) auf ($cov[x_O, x_R] \neq 0$), so können diese als „*echte*" *Messfehler* interpretiert werden, da die *Messvariable* mit der Fehlervariablen korreliert, während das Konstrukt (unabhängige Variable) mit den Fehlern unkorreliert ist ($cov[x_T, x_R] = 0$). Treten demgegenüber beim *formativen Ansatz* Korrelationen zwischen abhängiger Variable (x_T) und Fehlervariable (x_R) auf ($cov[x_T, x_R] \neq 0$), so können diese *nicht* als Messfehler interpretiert werden, da das Konstrukt (also der wahre Wert) mit der Fehlervariablen korreliert, während die Messwerte (unabhängige Variable) mit den Fehlern unkorreliert sind ($cov[x_O, x_R] = 0$).

Der „Fehler" im formativen Modell, durch den die Korrelation zwischen x_T und x_R verursacht wird, lässt sich *nur* durch eine *unvollständige Modellspezifikation* begrün-den, d. h. „the error term at the construct level is not measurement error in any sense" (Diamantopoulos 2006, S. 15). Von vielen Autoren wird deshalb der Fehlerterm beim formativen Ansatz auch nicht näher betrachtet und als „Störung" (disturbance) bezeich-net (MacCallum und Browne 1993), und es erfolgt keine inhaltliche Betrachtung, wie dieser Term zu verstehen ist. Weiterhin folgt aus der Grundgleichung des formativen Messmodells, dass die Varianz der „wahren Werte" ($var[x_T] = var[x_O] + var[x_R]$) größer ist als die Varianz der beobachteten Werte ($var[x_O]$), wenn, wie unterstellt, $x_S = 0$ und $cov(x_O, x_R) = 0$ sind. Demgegenüber ist beim *reflektiven Ansatz* die Varianz der Messwer-te ($var[x_O] = var[x_T] + var[x_R]$) größer als die Konstruktvarianz ($var[x_T]$), weshalb z. B. Jarvis et al. (2003, S. 201) hier von einem zusätzlichen, über die Messung des Konstruktes hinausgehenden Bedeutungsgehalt der Messwerte (surplus meaning) sprechen.

(2) Problem der Multikollinearität: Da die Schätzung formativer Modelle grundsätzlich eine multiple Regression darstellt, führt Multikollinearität (d. h. eine hohe lineare Ab-hängigkeit zwischen den Indikatoren) neben inhaltlichen Schwierigkeiten (i. S. einer dann eindimensionalen oder nicht umfassenden Konstruktmessung) auch zu technischen Pro-blemen: So führt dies bei der Schätzung des Modells zum einen dazu, dass die Schätzwerte

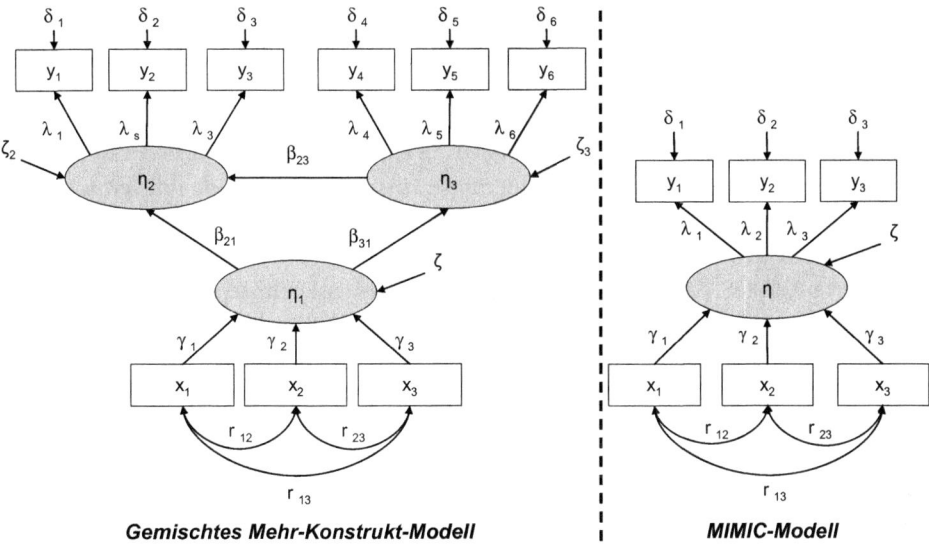

Abb. 12.3 Ansätze zur Schätzung formativer Messmodelle

nicht robust sind und zum anderen werden die Regressionsgewichte für hoch korrelierende Indikatoren systematisch unterschätzt, da sie sich den Erklärungsgehalt „teilen" (vgl.
Backhaus et al. 2011, S. 94). Sofern zwei Indikatoren x_1 und x_2 beide stark korrelieren
und der Indikator x_1 für sich betrachtet einen minimal besseren Erklärungsgehalt für das
latente Konstrukt η aufweist, so führt dies bei einer Schätzung des Modells mit x_1 und
x_2 dazu, dass nur für x_1 ein signifikantes Regressionsgewicht resultiert. Selbst wenn der
Indikator x_2 nur unwesentlich weniger Erklärungsgehalt aufweist, so wird für ihn kein
nennenswertes Regressionsgewicht geschätzt.

(3) Identifizierbarkeit und Schätzung formativer Messmodelle: Formative Modelle
sind für sich „allein betrachtet" empirisch immer *unteridentifiziert* (Bollen und Lennox
1991). So steht z. B. in Abb. 12.2 zur Schätzung der vier Parameter (γ_1, γ_2, γ_3 und ζ) nur
eine Gleichung zur Verfügung, womit eine Schätzung der Messgleichung nicht möglich
ist. Daraus folgt, dass die Modellparameter *ohne* Integration in ein Kausalmodell und in
Beziehung zu anderen Konstrukten nicht geschätzt werden können. Während der varianzanalytische Ansatz der SGA (PLS) aufgrund der Schätzung von Konstruktwerten in der
Lage ist, formative Messmodelle direkt zu schätzen, existieren beim kovarianzanalytischen
Ansatz (LISREL; AMOS) nur zwei Möglichkeiten um formative Messmodelle empirisch
schätzen zu können (vgl. Abb. 12.3):

1. Die Integration des formativ zu messenden Konstruktes in ein sog. nomologisches
   Netzwerk, das weitere vom formativen Konstrukt beeinflusste Konstrukte enthält, die
   ihrerseits aber reflektiv gemessen werden.

2. Die Aufstellung eines sog. MIMIC-Modells, bei dem formativen Konstrukten reflektive Indikatoren zugewiesen werden. Dabei werden entweder „komplette" reflektive Messmodelle oder aber Globalindikatoren verwendet.[3]

Die Integration eines formativen Messmodells in ein *nomologisches Netzwerk* ist aus zwei Gründen problematisch. Zum einen ist hierüber nicht zwingend eine Identifizierbarkeit des Modells gewährleistet, sofern nicht *mindestens* zwei Pfade auf reflektiv gemessene Konstrukte führen (Diamantopoulos und Winklhofer 2001, S. 271). Darüber hinaus weisen Wilcox et al. 2008, S. 1223) darauf hin, dass die Regressionskoeffizienten derselben formativen Indikatoren und damit die empirische Bedeutung des Konstruktes davon beeinflusst wird, welche kausal abhängigen Konstrukte gewählt werden. Franke et al. (2008) zeigen, dass selbst bei *identischer* Operationalisierung der formativen Konstrukte ein Vergleich von Studien bzw. deren Ergebnissen kaum möglich ist.

Die Verwendung von sog. Multiple Indicators, Multiple Causes (MIMIC-) Modellen erscheint dagegen deutlich unkritischer: Da der inhaltliche Gehalt über die reflektiven, einem Konstrukt zugewiesenen, Indikatoren gemessen wird, ist sichergestellt, dass immer dasselbe gemessen und damit eine Vergleichbarkeit zwischen Studien möglich ist. So lautet auch eine verbreitete Empfehlung zum Umgang mit formativen Modellen, dass hierzu immer auch *reflektive Referenzindikatoren* verwendet werden sollten (MacKennzie et al. 2005).

(4) Probleme im Rahmen der Güteprüfung formativer Messmodelle: Bei formativen Messmodellen können Korrelationen zwischen den Indikatoren *nicht* über das Modell erklärt werden, da die Indikatoren als unabhängige Variable exogen determiniert sind. Daraus entstehen bei der Beurteilung von Reliabilität und Validität größere Schwierigkeiten als dies bei reflektiven Messmodellen der Fall ist. Insbesondere ist i. d. R. die Prüfung der Internen-Konsistenz-Reliabilität *nicht* möglich und bei der Validitätsprüfung müssen andere Kriterien herangezogen werden, was in Kap. 12.2.2.2 noch näher erläutert wird. Darüber hinaus können nach Schätzung eines formativen Modells ganz unterschiedliche Konstellationen an Vorzeichen und Höhe der Regressionskoeffizienten auftreten, die so nicht theoretisch begründet werden können. Beim reflektiven Modell werden demgegenüber für alle Pfadkoeffizienten positive Vorzeichen erwartet. Aus diesem Grund ist die Abschätzung der *internen Konsistenz* beim formativen Ansatz nicht zweckmäßig, da sogar negative Vorzeichen inhaltlich begründbar wären. Sofern nach der Schätzung für zwei Indikatoren x_i und x_j einmal ein positives und einmal ein negatives Vorzeichen resultieren, so bedeutet dies weder, dass der eine Indikator eine höhere inhaltliche Relevanz aufweist, noch sind hieraus Anhaltspunkte abzuleiten, welche Indikatoren entfernt werden sollten. In diesem Fall bedeutet das lediglich, dass beide Indikatoren verschiedene Facetten des Konstruktes beleuchten und die Indikatoren keinen Gleichlauf aufweisen.

---

[3] Vgl. zur Konstruktion eines MIMIC-Modells und dessen Berechnung mit AMOS Kap. 12.3.

12.2 Konstruktion formativer Messmodelle

Auch die Begründung zur Verwendung eines formativen Messmodells muss aufgrund theoretischer und/oder sachlogischer Betrachtungen erfolgen, so dass auch hier die in Kap. 5 vorgetragenen Überlegungen von größter Relevanz sind. Die Entscheidung für ein *formatives Konstrukt* fällt bereits bei den Festlegungen auf der Attributebene eines Konstruktes im Rahmen der *Konstrukt-Konzeptualisierung* (vgl. Kap. 5.3). Dabei ist die Festlegung des Inhaltsbereichs eines Konstruktes von herausragender Bedeutung, da ein formatives Konstrukt gegenüber reflektiven Konstrukten deutlich abstrakter ist, so dass die Konstrukt-Indikatoren auf möglichst breiter Ebene aufgestellt werden müssen (Nunnally und Bernstein 1994, S. 484). Nur so kann sichergestellt werden, dass auch alle Facetten eines Konstruktes berücksichtigt werden. Werden einzelne Facetten „vergessen", so wird ein formatives Konstrukt auch nur unvollständig gemessen. Bollen und Lennox (1991, S. 308) weisen deshalb darauf hin, dass „omitting an indicator is omitting a part of the construct".

Die Festlegung auf ein formatives Konstrukt führt dazu, dass gegenüber reflektiven Konstrukten (vgl. Kap. 6.2) *grundlegend andere Aspekte bei der Operationalisierung* zu beachten sind, wohingegen die generellen Ablaufschritte identisch sind. In gleicher Weise unterscheidet sich auch die Güteprüfung eines formativen Messmodells in wesentlichen Aspekten von der bei reflektiven Messmodellen (vgl. Kap. 7). Im Folgenden werden die Besonderheiten formativer Konstrukte im Rahmen der Operationalisierung und im Bereich der Güteprüfung aufgezeigt.

12.2.1 Operationalisierung formativer Konstrukte

Entsprechend der Darstellungen in Kap. 6 sind auch bei der Operationalisierung formativer Konstrukte folgende *Ablaufschritte* erforderlich:

1. Generierung eines Sets an Indikatoren
2. Festlegung der Messkonzeption
3. Konstruktion der Messvorschrift

Während die Überlegungen zur Generierung eines Indikatoren-Sets (vgl. Kap. 6.1) sowie zur Konstruktion der Messvorschrift (vgl. Kap. 6.3) für reflektive und formative Indikatoren *identisch* sind, ergeben sich bei der Festlegung der Messkonzeption eines Konstruktes im Rahmen eines formativen Messmodells die bedeutendsten Unterschiede:

Formative Messmodelle stellen immer *Multi-Item-Messungen* dar, wobei sich die *Formulierung* formativer Indikatoren von der reflektiver Items grundlegend unterscheidet, weshalb hier größte Sorgfalt walten muss. Für alle Facetten eines formativen Konstruktes sind jeweils geeignete Indikatoren zu formulieren, wobei das Verhältnis der Indikatoren je Inhaltsbereich ausgewogen sein sollte. Besteht ein Konstrukt bspw. aus 4 zentralen

Kernbereichen, so sollte vermieden werden, dass z. B. aus einem Bereich deutlich mehr Indikatoren als für die anderen Bereiche gewählt werden, da ansonsten eine inhaltliche und empirische Übergewichtung dieses Aspektes auftreten kann. Da jedoch damit zu rechnen ist, dass Indikatoren aus demselben Inhaltsbereich untereinander stärker korrelieren (und damit allesamt geringere Regressionsgewichte beigemessen werden) ist von einer derartigen Verzerrung nur bei einer starken Übergewichtung einzelner Aspekte auszugehen. Zur Anzahl der zu verwendenden Indikatoren kann keine Empfehlung ausgesprochen werden, da dies stark von der Breite der Definition des Konstruktes abhängt, so sind auch die in der Literatur verwendeten Zahlen an formativen Indikatoren zur Messung jeweils eines Konstruktes recht unterschiedlich.

Zur Prüfung des *formativen Charakters* eines Indikatoren-Sets können die in Abb. 3.15 aufgeführten Entscheidungskriterien (vgl. Kap. 3.3.1.2) herangezogen werden. Allerdings führen diese Kriterien nicht immer zu eindeutigen Entscheidungen, und es besteht noch ein relativ großer Interpretationsspielraum des Anwenders.[4] Weiterhin ist zu beachten, dass die Auswahl formativer Indikatoren *nicht* durch *statistische Kriterien* gestützt werden kann, da die Korrelationen zwischen formativen Indikatoren keinen Aufschluss über deren Eignung zur Messung des Konstruktes geben.

12.2.2 Güteprüfung formativer Messmodelle

Die Güteprüfung formativer Messmodelle ist gegenüber reflektiven Messmodellen um die sog. *Kollinearitätsprüfung* erweitert. Darüber hinaus ist eine Reliabilitätsprüfung nur eingeschränkt möglich und bei der Validitätsprüfung ist eine *grundsätzlich andere Vorgehensweise* erforderlich. Alle drei Aspekte werden im Folgenden behandelt.

12.2.2.1 Kollinearitätsprüfung

Grundsätzlich sollten die Indikatoren (unabhängigen Variablen) eines formativen Messmodells weitgehend unabhängig voneinander sein, da bei perfekter linearer Abhängigkeit (sog. Multikollinearität) eine Regressionsanalyse rechnerisch nicht durchführbar ist. Zur Prüfung der Multikollinearität wird üblicherweise für *jeden* Indikator eine multiple Regression durchgeführt, wobei dieser dabei die abhängige Größe darstellt und die übrigen Indikatoren als unabhängige Variablen in die Regression eingehen. Pro Regression wird dann das sich ergebende Bestimmtheitsmaß (R^2) von 1 subtrahiert, und man erhält die sog. *Toleranz* ($= 1 - R^2$) des als abhängige Größe definierten Indikators. Der Kehrwert der Toleranz ergibt den sog. *Variance Inflation Factor* (VIF), der meist zur Prüfung von Multikollinearität herangezogen wird.

---

[4] Der interessierte Leser sei hier auf den Vorschlag von Eberl (2006), S. 660 verwiesen, der mit Bezug auf den von Bollen und Ting (2000) entwickelten „*Tetrad Test*" eine objektivere komplementäre Vorgehensweise vorschlägt, mit deren Hilfe das Vorliegen eines reflektiven Indikatorensets *ausgeschlossen* werden kann. Allerdings ist damit nicht zwingend eine „gute" formative Operationalisierung gegeben.

Variance Inflation Factor (vgl. Backhaus et al. 2011, S. 95):

$$VIF_i = \frac{1}{1 - R_i^2} \qquad (12.3)$$

mit:

R_i^2: Bestimmtheitsmaß der multiplen Regression:
$x_i = \beta_0 + \sum \beta_j + \varepsilon$ mit $j = 1 \ldots I$ und $i \neq j$

Der Name „*Variance Inflation Factor*" resultiert daraus, dass sich mit zunehmender Multi-kollinearität die Varianzen der Regressionskoeffizienten um eben diesen Faktor vergrößern und damit die Genauigkeit der Schätzparameter abnimmt. In der Literatur wird meist ein VIF-Wert von ≤ 10 als Cutoff-Kriterium angenommen (Diamantopoulos und Winklhofer 2001, S. 272; Herrmann et al. 2007, S. 111). Ein VIF_i von 10 entspricht einem R_i^2 von 0,9, d. h. dass nur noch 10 % der Ausgangvarianz des Indikators *nicht* von den anderen Indikatoren abgebildet werden kann. Dieser Cutoff-Wert ist jedoch als sehr hoch anzusehen, so dass bereits ab VIF-Werten > 3 eine genaue inhaltliche *Examination* der Indikatoren vorgenommen werden sollte. Diamantopoulos und Riefler (2008, S. 1193) schlagen vor, einen Indikator i dann zu eliminieren, wenn $R_i^2 > 0,8$ und damit $VIF_i > 5$ ist *und* der Regressionskoeffizient nicht signifikant ist, sowie überdies die verbleibenden Indikatoren das Inhaltsspektrum des Konstrukts breit genug abdecken.

Liegt ein hoher Grad an *Multikollinearität* zwischen den Indikatorvariablen vor, so sind zum einen die Parameterschätzer nicht mehr robust (Wilcox et al. 2008, S. 1222) und zum anderen werden die Standardfehler der Regressionskoeffizienten überschätzt. Dadurch werden eigentlich bedeutungsvolle Indikatoren anhand der Signifikanzen der Regressions-koeffizienten nicht als inhaltlich relevant identifiziert. Teilen sich zwei Variablen x, y den Erklärungsgehalt und weist eine der Variablen eine höhere Erklärungskraft für das Konstrukt z auf, gilt also cor(x, z) > cor(y, z), so absorbiert ihr Erklärungsgehalt den des anderen Indikators, so dass obwohl dieser einzeln einen hohen Erklärungsgehalt aufweist dessen empirische Bedeutung gegen Null geht. Um diese Probleme zu umgehen sollte zunächst auf *sachlogischer Ebene* inspiziert werden, warum die Indikatoren hoch korrelieren und geprüft werden, ob dies auf einen dahinterliegenden Faktor zurückzuführen ist oder aber stichprobenbedingt auftritt. Darüber hinaus werden in der Literatur folgende zwei Empfehlungen getroffen:

- *Eliminierung* eines der Indikatoren mit sehr hohen VIF-Werten (z. B. Diamantopoulos und Winklhofer 2001, S. 273 ff.), da dieser nur redundante Informationen enthält und somit nicht zu einer breiten Beschreibung des Konstruktes beiträgt.
- *Aggregation* der Indikatoren zu einem eigenständigen Index. Dabei kann entweder eine einfache Summenbildung der Indikatorwerte vorgenommen werden oder aber ein neuer Faktor „kreiert" werden, der als reflektives Konstrukt die als multikollinear identifizierten Indikatoren enthält.

Von der *Konstruktion eines Index* durch *einfache Summation* ist eher abzuraten, da hierbei diejenigen Indikatoren mit einer höheren Varianz auch ein stärkeres Gewicht erhalten. In diesem Fall ist es deshalb besser, ein neues *reflektives* Konstrukt zu bilden. Sofern nur *ein Indikator* einen hohen VIF-Wert aufweist, so ist dieser als einziger linear abhängig von den anderen Variablen und verfügt damit als einziger primär nur über redundante Informationen. Aus diesem Grund kann er zumeist ohne Verlust an Inhaltsvalidität, also ohne eine Beschneidung des Konstruktes, entfernt werden. Weisen *mehrere Indikatoren* hohe VIF-Werte auf, stellt sich die Frage, welche Indikatoren eliminiert werden sollten. Hierzu liefert die Korrelationsmatrix der Indikatoren einen ersten Anhaltspunkt. Sind die Indikatoren mit hohen VIF-Werten stark korreliert, so sollten sie zu einem Index zusammengefasst werden. Da diese Vorgehensweise jedoch nur die direkten Korrelationen zwischen den Indikatoren berücksichtigt, könnte für die Indikatoren mit hohen VIF-Werten alternativ auch eine *explorative Faktorenanalyse* durchgeführt werden.[5]

12.2.2.2   Reliabilitäts- und Validitätsprüfung

Die Reliabilitätsprüfung mit Hilfe der in Kap. 7.1 und 7.2 für reflektive Indikatoren aufgezeigten Kriterien ist bei formativen Indikatoren i. d. R. *nicht* möglich, da diese Kriterien meist auf die *Korrelationen* zwischen Indikatoren abstellen, formative Indikatoren wegen des Kollinearitätsproblem aber möglichst *gering* korreliert sein sollten. Damit entfallen prinzipiell aber alle in Kap. 7.1.2 vorgestellten Möglichkeiten zur Prüfung der *Internen-Konsistenz-Reliabilität*, und es bleibt als Prüfmöglichkeit nur noch die *Test-Retest-Reliabilität*. Die Prüfung der Test-Retest-Reliabilität wird jedoch dadurch erschwert, dass es bei praktischen Anwendungen meist nicht möglich ist, dieselben Sachverhalte bei denselben Personen „doppelt" zu erheben. Im Ergebnis konzentriert sich damit die Güteprüfung formativer Messmodelle vor allem auf die Prüfung der Validität.

Bezüglich der *Validitätsprüfung* sei hier nochmals betont, dass eine Prüfung mit Hilfe der *konfirmatorischen Faktorenanalyse* bei formativen Konstrukten *nicht* möglich ist und diese Prüfoption *nur* bei *reflektiven Modellen* herangezogen werden kann (vgl. Kap. 7.3). Die Validitätsprüfung erfordert deshalb die Anwendung *anderer Prüfkriterien*, wobei aber auch hier zwischen der Prüfung von Indikatorvalidität und Konstruktvalidität unterschieden werden kann:

(1) Prüfung der Indikatorvalidität: Zur Abschätzung der Validität der Indikatoren muss im formativen Ansatz die Prognosevalidität herangezogen werden. Danach weist ein Indikator dann eine hohe Bedeutung zur Begründung eines Konstruktes auf, wenn der Regressionskoeffizient substanziell (signifikant) von Null verschieden ist (Diamantopoulos und Riefler 2008, S. 1189). Diejenigen Indikatoren, die dementsprechend einen nur geringen Erklärungsgehalt für das Konstrukt aufweisen, sind damit folglich nicht valide und

---

[5] Vgl. zur explorativen Faktorenanalyse die Ausführungen in Kap. 7.1.1. Hinweise auf weitere Maßnahmen im Umgang mit korrelierenden Indikatoren geben z. B.: Coltman et al. 2008, S. 1250 ff.; Diamantopoulos und Riefler 2008, S. 1191 ff.; Diamantopoulos et al. 2008, S. 1212.

sollten deshalb *nicht* zur Messung herangezogen werden. Da dies jedoch immer auch den Inhaltsgehalt des Konstruktes ändert, sollte eine Elimination niemals nur aufgrund von statischen Kriterien erfolgen, sondern hierfür sollten immer auch fundierte theoretische Gründe bestehen. Dabei sollte dann auch geprüft werden, wie stark sich nach Eliminierung eines Indikators zum einen der Modellfit verändert und sich zum anderen der Anteil der erklärten Varianz des Konstruktes reduziert. Diese Prüfung kann Aufschluss darüber geben, zu welchem Ausmaß ein Konstrukt insgesamt erfasst wird. Darüber hinaus können die einzelnen Indikatoren auch mit einem *Außenkriterium* korreliert werden, das mit dem theoretischen Konstrukt in Relation steht. Hierzu kann z. B. ein Globalitem herangezogen werden (Diamantopoulos und Winklhofer 2001, S. 272). Für den Fall, dass ein Indikator nicht signifikante Korrelationen mit dem Außenkriterium aufweist stellt er einen Streichkandidaten dar.

(2) Prüfung der Konstruktvalidität: Bei der Prüfung der Konstruktvalidität werden üblicherweise die Beziehungen eines Konstruktes zu denjenigen Konstrukten betrachtet, die erforderlich sind, um überhaupt eine Identifizierbarkeit des formativen Modells sicherzustellen. Zur Prüfung der externen Prognosevalidität schlagen Diamantopoulos und Winklhofer (2001, S. 272 ff.) vor, das Gesamtmodell zu schätzen, wobei dann eine hohe Anpassungsgüte i. V. m. der Bestätigung der theoretisch postulierten Beziehungen zum Nachweis nomologischer Validität dienen kann (vgl. hierzu auch Kap. 7.3.3.1). Dabei müssen dann die entsprechenden Pfade signifikant von Null verschieden sein und in der Wirkrichtung (Vorzeichen) den theoretischen Hypothesen entsprechen. Weiterhin wird häufig das Bestimmtheitsmaß als Signal für Validität einer formativen Konstruktmessung herangezogen.

12.2.3   Zusammenfassende Empfehlungen

Bei der Konstruktion formativer Messmodelle ist von entscheidender Bedeutung, dass die unterschiedlichen Facetten eines Konstruktes auch durch ein möglichst *breites Set an Indikatoren* erfasst werden, wobei darauf zu achten ist, dass die Indikatoren eine nur *geringe Multikollinearität* aufweisen. Sobald der VIF-Wert eines Indikators größer 3 wird, sollte eine eingehende sachlogische Examination des Indikators auf „Notwendigkeit" vorgenommen werden. Eine Eliminierung kann insbesondere dann vorgenommen werden, wenn ohne den Indikator das Bestimmtheitsmaß (R^2) der Schätzung nur geringfügig abnimmt.

Weiterhin ist darauf hinzuweisen, dass *Fehlspezifikationen* der Messkonzeption weniger bei der Schätzung der Ergebnisse als vielmehr im vorgelagerten Prozess der Itemauswahl kritisch zu sehen sind. Zumeist führt allein die Verfahrensweise bei der Indikatorenauswahl bei gleichen Konstrukten zu unterschiedlichen Indikatoren-Sets. Albers und Hildebrandt (2006) zeigen anhand einer Simulationsstudie, dass dies dann die primäre Ursache für stark voneinander abweichende Ergebnisse darstellt, wohingegen die Prozedur der Ergebnisschätzung in diesem Kontext einen nur untergeordneten Effekt aufweist.

Kriterium	Formel	Schwellenwerte	Quellen
Kollinearitätsprüfung			
Variance Inflation Factor (VIF)	(12.3)	≤ 10 ≤ 5	Kim/Timm (2006), S. 63 Diamantopoulos/Riefler (2008), S. 1193
Standardisierte Regressionsgewichte der Indikatoren sollten nennenswert, (z. B. > 0,1) bzw. signifikant sein			Seltin/Keeves (1994), S. 4356
Indikatorvalidität			
signifikante Indikator-Korrelationen mit dem Zielkonstrukt bzw. Außenkriterium			Spector (1992), S. 29ff.
Konstruktvalidität			
R^2 der formativen Konstrukte (z. B. im MIMIC- oder Kausalmodell) sollte hinreichend groß (z. B. ≥ 0,3) sein			i. A. a. Chin 1998b, S. 325
Regressionskoeffizienten der Konstrukte mit anderen Konstrukten im Modell müssen plausibel (und signigikant) sein			Diamantopoulos/Winklhofer (2001), S. 273

Abb. 12.4 Gütekriterien zur Beurteilung formativer Modelle

Von einem validen Messkonzept kann dann ausgegangen werden, wenn die in Abb. 12.4 zusammenfassend dargestellten Kriterien weitgehend erfüllt sind und bei der Messung über ein *MIMIC-Modell* die zentralen Gütekriterien (insbesondere χ^2/d.f., RMSEA, CFI) entsprechend der in Abb. 9.7 aufgeführten Empfehlungen erfüllt sind.

12.3 MIMIC-Modelle als „Standard" zur Operationalisierung formativer Messmodelle in AMOS

12.3.1 Charakteristika von MIMIC-Modellen

Mit Hilfe eines formativen Messmodells kann im Gegensatz zu einem reflektiven Messmodell geprüft werden, welche *Einflussgrößen* mit welcher *Stärke* ein hypothetisches Konstrukt bestimmen. Insbesondere bei praktischen Anwendungen ist diese Frage von besonderer Bedeutung, da formative Messmodelle eine Art „Mehrinformation" gegenüber reflektiven Messmodellen liefern, die „nur" die Folgen der Wirksamkeit eines Konstruktes in der Wirklichkeit abbilden.

Multiple Indicators, Multiple Causes (MIMIC-) Modelle
Ein MIMIC-Modell verwendet gleichzeitig reflektive (Multiple Indicators) und formative Indikatoren (Multiple Causes) zur Messung einer latenten Variablen (hypothetisches Konstrukt). Es besteht immer aus einem konfirmatorischen Faktorenmodell und aus einer Strukturgleichung.

Wie bereits in Kap. 12.1 ausgeführt, besteht ein formatives Messmodell jedoch aus nur *einer Strukturgleichung*, die allein nicht ausreicht, um die Modellparameter zu schätzen (vgl. auch das Beispiel in Abb. 12.2). Damit ist das Messmodell unteridentifiziert. Während der varianzanalytische Ansatz in Form von PLS direkt die Spezifizierung formativer Messmodelle erlaubt und ein formatives Konstrukt in Beziehung zu anderen Konstrukten schätzt, muss beim kovarianzanalytischen Ansatz die Operationalisierung formativer Messmodelle mit Hilfe eines sog. MIMIC-Modells (Hauser und Goldberger 1971, S. 81 ff.; Jöreskog und Goldberger 1975, S. 631 ff.) erfolgen (vgl. auch Abb. 12.3). MIMIC-Modelle besitzen dabei den Vorteil, dass sie eine *umfangreiche Güteprüfung* eines formativen Messmodells erlauben, bevor dieses dann in ein umfassendes Kausalmodell integriert wird (Herrmann et al. 2006, S. 51).

Die Referenzindikatoren können dabei sowohl Singe-Item-Messungen als auch Multiple-Item-Messungen (vgl. hierzu auch Kap. 6.2 und zusammenfassend Abb. 6.3) darstellen. Bei Multiple-Item-Messungen wird im Rahmen der MIMIC-Modellierung zusätzlich immer auch *ein reflektives Messmodell* für das betrachtete Konstrukt konstruiert. Diese (eigentlich) redundante Operationalisierung durch reflektive Indikatoren dient nur der Lösung des Identifikationsproblems formativer Messmodelle im Rahmen des *kovarianzanalytischen* Ansatzes. Im Gegensatz dazu stellt die Identifizierbarkeit von Modellen mit formativen Indikatoren im varianzanalytischen Ansatz (PLS-Ansatz) kein Problem dar, da hier durch die Schätzung von Konstruktwerten für formative Messmodelle multiple Regressionen gerechnet werden können (vgl. hierzu auch die Darstellungen in Kap. 3.3.3). Die Vorteile eines MIMIC Modells sind insbesondere darin zu sehen, dass es *gleichzeitig* die Bedeutsamkeit *einzelner* formativer Indikatoren (Regressionsgewichte) zur Prognose eines Konstruktes als auch die *gemeinsame Vorhersagekraft* der Indikatoren für ein Konstrukt (erklärte Varianz) abschätzen kann. Darüber hinaus kann ein guter Gesamtfit eines MIMIC-Modells als Beleg für die Gültigkeit eines formativen Messansatzes gewertet werden.

12.3.2   Konstruktion eines MIMIC-Modells mit AMOS

Im Folgenden wird die Konstruktion eines formativen Messmodells in Form eines MIMIC-Modells mit Hilfe von AMOS erläutert.[6] Zu diesem Zweck sei das Fallbeispiel wie folgt erweitert:

---

[6] MIMIC-Modelle können auch mit PLS gerechnet werden. Dabei ist allerdings zu beachten, dass in SmartPLS die einmal vorgenommene Spezifikation eines Konstruktes (reflektiv oder formativ) für *alle* diesem Konstrukt zugewiesenen Indikatoren gilt. Zur Konstruktion eines MIMIC-Modells muss deshalb das Zielkonstrukt (hier die Zufriedenheit) in zwei Konstrukte „zerlegt" werden: eines zur reflektiven Messung („Zufriedenheit (R)") und eines, das den formativen Index darstellt („Zufriedenheit (F)"). Beide Konstrukte können dann in einer Strukturgleichung zusammengeführt werden, bei der das reflektive Konstrukt die endogene Größe und das formative Konstrukt die exogene Größe darstellt. Die Berechnung des im Fallbeispiel betrachteten MIMIC-Modells mit SmartPLS sowie ein Vergleich zwischen den Schätzergebnissen des MIMIC-Modells mit AMOS und SmartPLS findet der Leser auf der Internetplattform zum Buch.

- Zufriedenheit mit dem Einfühlungsvermögen des Hotelpersonals
- Zufriedenheit mit dem Preis-Leistungsverhältnis
- Zufriedenheit mit der Zuverlässigkeit des Hotelservices
- Zufriedenheit mit der Kompetenz des Personals
- Zufriedenheit mit der Reaktionsfähigkeit auf spezifische Wünsche der Gäste
- Zufriedenheit mit dem Hotel-Umfeld
- Zufriedenheit mit der Ausstattung des Hotels

Abb. 12.5 Formative Messindikatoren für das Konstrukt Zufriedenheit

Fallbeispiel (MIMIC-Modell)

Der Hotelbetreiber aus unserem Fallbeispiel möchte wissen, *welche Aspekte* die Zufriedenheit seiner Hotelgäste am stärksten beeinflussen. Aufgrund eingehender sach-logischer Überlegungen formuliert er insgesamt sieben Aspekte, von denen er glaubt, dass sie die Facetten der Zufriedenheit mit einem Hotelaufenthalt umfänglich erfassen können. Mit Hilfe eines formativen Messmodells für die Zufriedenheit möchte er nun die Frage beantworten, *warum* seine Gäste mit dem Hotelaufenthalt zufrieden sind. Im Rahmen einer Erhebung bei 192 Hotelbesuchern werden die in Abb. 12.5 aufge-führten formativen Messindikatoren auf einer sechsstufigen Ratingskala ($1 =$ gering bis $6 =$ hoch) erhoben.

Im Folgenden wird die *Güte* des formativen Messmodells für das Konstrukt „Zufrieden-heit" in Form eines MIMIC-Modells mit Hilfe von AMOS geprüft. Zur *reflektiven Messung* des Konstruktes werden die gleichen reflektiven Indikatoren für Zufriedenheit wie im Fallbeispiel verwendet.

Abbildung 12.6 zeigt im oberen Teil das Pfaddiagramm des MIMIC-Modells, bei dem folgende Festlegungen getroffen wurden:

- Für das Faktorenmodell wurde der reflektive Indikator „Weise_Entscheidung" mit ei-nem Pfadkoeffizienten von 1 als *Referenzindikator* für das Konstrukt Zufriedenheit festgelegt.
- Die Fehlervarianzen der reflektiven Indikatoren und des Konstruktes wurden auf 1 fixiert (d1 bis d3 und C1), und es wurden fehlerfreie Messungen der formativen Indika-toren unterstellt. Diese Festlegung kann als „Standardvorgehen" bei MIMIC-Modellen bezeichnet werden.

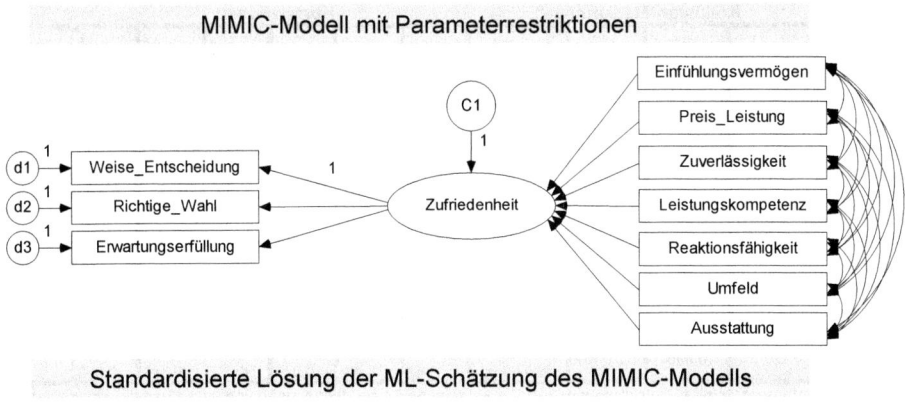

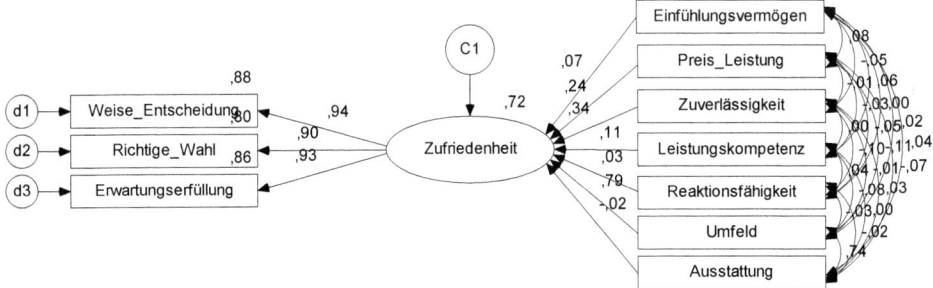

Abb. 12.6 MIMIC-Modell für das Konstrukt „Zufriedenheit"

Als Schätzmethodik wurde die ML-Methode verwendet, wobei vorab das Vorliegen einer Multinormalverteilung geprüft wurde (vgl. Kap. 8.1.3). Die Ergebnisse der standardisierten Lösung sind im unteren Teil der Abb. 12.6 aufgeführt.

Im Folgenden seien die in Kap. 12.2.2 diskutierten Prüfschritte für das Fallbeispiel kurz verdeutlicht:

(1) Kollinearitätsprüfung: Die Kollinearitätsprüfung ist mit AMOS nicht möglich und muss deshalb mit Hilfe von SPSS erfolgen: Unter der Menüfolge „*Analysieren → Regression → Linear . . .* " kann in SPSS eine einfache lineare Regression durchgeführt werden. Hierzu sind eine *beliebige* Variable als abhängige und die sieben formativen Indikatoren als unabhängige Variable auszuwählen. Für unser Fallbeispiel wurde der reflektive Indikator „Weise_Entscheidung" als abhängige Variable ausgewählt. Durch die Wahl der Option „*Kollinearitätsdiagnose*" unter „Statistiken" erhält man dann als Prüfmaße für Multikollinearität u. a. den Toleranz- und VIF-Wert je Indikator.[7]

Aus den in Abb. 12.7 dargestellten Ergebnissen lassen sich folgende Schlussfolgerungen ziehen:

---

[7] Die SPSS-Syntax und Output-Datei zur Berechnung von Toleranz und VIF der einzelnen Indikatoren ist auf der Internetplattform zum Buch bereitgestellt.

	Kollinearitätsdiagnose*			Korrelationen						
	Toleranz	VIF		1	2	3	4	5	6	7
1 Zuverlässigkeit	0,983	1,017	Korrelation	1,000	-0,006	-0,003	-0,048	-0,103	-0,007	0,034
			Signifikanz	-	0,929	0,966	0,510	0,153	0,923	0,643
2 Preis_Leistung	0,977	1,024	Korrelation	-0,006	1,000	-0,033	0,075	-0,054	-0,108	-0,066
			Signifikanz	0,929	-	0,653	0,300	0,457	0,137	0,361
3 Leistungskompetenz	0,979	1,022	Korrelation	-0,003	-0,033	1,000	0,064	0,045	-0,077	0,002
			Signifikanz	0,966	0,653	-	0,375	0,538	0,291	0,975
4 Einfühlungsvermögen	0,985	1,015	Korrelation	-0,048	0,075	0,064	1,000	0,003	0,016	0,045
			Signifikanz	0,510	0,300	0,375	-	0,965	0,828	0,538
5 Reaktionsfähigkeit	0,983	1,017	Korrelation	-0,103	-0,054	0,045	0,003	1,000	-0,033	-0,024
			Signifikanz	0,153	0,457	0,538	0,965	-	0,646	0,746
6 Umfeld	0,44	2,272	Korrelation	-0,007	-0,108	-0,077	0,016	-0,033	1,000	**0,741
			Signifikanz	0,923	0,137	0,291	0,828	0,646	-	0,000
7 Ausstattung	0,445	2,246	Korrelation	0,034	-0,066	0,002	0,045	-0,024	**0,741	1,000
			Signifikanz	0,643	0,361	0,975	0,538	0,746	0,000	-

* Abhängige Variable: Weise_Entscheidung   ** Die Korrelation ist auf dem Niveau von 0,01 (2-seitig) signifikant.

Abb. 12.7 Ergebnisse der Kollinearitätsprüfung

- Sowohl die Toleranz- als auch die VIF-Werte der Indikatoren deuten *nicht* auf das Vorliegen einer ernsthaften Multikollinearität hin.
- Allerdings zeigt die einfache Korrelationsmatrix der Indikatoren, dass die Variablen „Umfeld" und „Ausstattung" mit r = 0,741 dennoch relativ stark korrelieren.
- Die standardisierte Lösung des mit AMOS geschätzten MIMIC-Modells zeigt trotz der noch „vertretbaren" VIF-Werte der Variablen „Umfeld" und „Ausstattung" einen deutlichen Effekt: Die standardisierten Regressionskoeffizienten sind mit Werten von 0,789 (C.R. = 12,033) für „Umfeld" und − 0,025 (C.R. = − 0,391) für „Ausstattung" stark verschieden (vgl. Abb. 12.6). Der eigentliche Erklärungsgehalt der Variable „Ausstattung" wird also von der anderen Variable kompensiert, so dass deren Regressionskoeffizient mit einem C.R. deutlich unterhalb von 1,96 nicht signifikant von Null verschieden ist. Der Indikator „Ausstattung" sollte deshalb eliminiert werden, zumal sich dadurch auch keine inhaltliche Einschränkung des Konstruktes „Zufriedenheit" ergibt.

Im zweiten Schritt wird deshalb der formative Indikator „Ausstattung" aus der Analyse ausgeschlossen und das (reduzierte) MIMIC-Modell (MIMIC 2) erneut mit Hilfe der ML-Methode geschätzt.

Abbildung 12.8 enthält die Ergebnisse dieser zweiten Schätzung, wobei zur Vergleichbarkeit auch die Ergebnisse für das erste Modell (jeweils auf der linken Seite) ausgewiesen wurden. Im Folgenden werden die erzielten Ergebnisse kurz besprochen, wobei wiederum eine Unterteilung nach Modellgüte und Ergebnisinterpretation vorgenommen wird.

(2) Beuteilung der Modellgüte des reduzierten MIMIC-Modells: Die Beurteilung der Modellgüte sollte zunächst für den reflektiven Teil des Modells und anschließend für das Gesamtmodell erfolgen:

Da der *reflektive Teil* des MIMIC-Modells einem *konfirmatorischen Faktorenmodell* entspricht, können hier auch die im Rahmen von Kap. 7.2.2.3 besprochenen Kriterien

Model Fit Summary

		MIMIC 1	MIMIC 2
Modellbeschreibung:	CHI	18,521	11,867
	NPAR	41	33
	DF	14	12
	P	0,184	0,456
Absolute Fit-Maße:	CHI/DF	1,323	0,989
	RMSEA	0,041	0,000
	SRMR	0,010	0,013
Inkrementelle Fit-Maße:	NFI	0,980	0,985
	TLI	0,984	1,001
	CFI	0,995	1,000

Regression Weights: (Default model)

			MIMIC 1					MIMIC 2				
			Estimate	S.E.	C.R.	P	Estimate*	Estimate	S.E.	C.R.	P	Estimate*
Zufriedenheit	<---	Einfühlungsvermögen	0,071	0,045	1,560	0,119	0,066	0,070	0,045	1,544	0,122	0,066
Zufriedenheit	<---	Preis_Leistung	0,233	0,042	5,542	***	0,237	0,232	0,042	5,532	***	0,237
Zufriedenheit	<---	Zuverlässigkeit	0,308	0,039	7,798	***	0,336	0,307	0,039	7,785	***	0,335
Zufriedenheit	<---	Leistungskompetenz	0,132	0,050	2,637	0,008	0,113	0,131	0,050	2,610	0,009	0,111
Zufriedenheit	<---	Reaktionsfähigkeit	0,030	0,041	0,732	0,464	0,031	0,030	0,041	0,732	0,464	0,031
Zufriedenheit	<---	Umfeld	0,816	0,068	12,033	***	0,789	0,797	0,047	16,836	***	0,771
Zufriedenheit	<---	Ausstattung	-0,025	0,064	-0,391	0,696	-0,025	Indikator wurde eliminiert				
Weise_Entscheidung	<---	Zufriedenheit	1,000				0,936	1,000				0,936
Richtige_Wahl	<---	Zufriedenheit	0,905	0,043	21,022	***	0,896	0,905	0,043	21,041	***	0,896
Erwartungserfüllung	<---	Zufriedenheit	1,147	0,049	23,279	***	0,926	1,146	0,049	23,294	***	0,926

* Standardized Regression Weights

Squared Multiple Correlations: (Default model)

	MIMIC 2	MIMIC 2
	Estimate	Estimate
Zufriedenheit	0,720	0,720
Weise_Entscheidung	0,876	0,876
Richtige_Wahl	0,803	0,803
Erwartungserfüllung	0,858	0,857
Faktorreliabilität	0,943	0,943
DEV	0,846	0,846

Abb. 12.8 Ergebnisse zum Vergleich der MIMIC-Modelle 1 und 2

zur Beurteilung der Reliabilität herangezogen werden: Die *Squared Multiple Correlations* geben die Indikatorreliabilitäten an und belegen mit Werten von 0,803 bis 0,876 eine hohe Reliabilität der reflektiven Indikatoren. Die Werte sind für beide Modelle identisch, da die Eliminierung formativer Indikatoren die Schätzung des Faktorenmodells nicht beeinflusst. Berechnet man zur Beurteilung der Faktorreliabilität die Durchschnittlich extrahierte Varianz (DEV) gem. Formel (7.8), so ergibt sich für das reduzierte MIMIC-Modell ein Wert von 0,943, was eine hohe Reliabilität des Konstruktes „Zufriedenheit" belegt.

Bezüglich des *formativen Modellteils* zeigt sich, dass die Regressionskoeffizienten – abgesehen von den Indikatoren „Reaktionsfähigkeit" und „Einfühlungsvermögen" – einen signifikanten Erklärungsgehalt aufweisen ($P < 0,05$). Dies spricht für deren hohe Validität. Die beiden nicht signifikanten Indikatoren könnten in zwei weiteren Schritten sukzessiv aus der Analyse ausgeschlossen werden. Allerdings sei hier aus sachlogischer Sicht unterstellt, dass beide Indikatoren zur umfassenden Messung der Zufriedenheit zwingend erforderlich sind, weshalb hier keine weitere Modellreduktion vorgenommen wird. Weiterhin zeigt das Bestimmtheitsmaß von $R^2 = 0,720$, dass durch die sechs formativen Indikatoren (bzw. den formativen Teil des MIMIC-Modells) 72 % der Varianz des Zufriedenheits-Konstruktes erklärt wird.[8]

Bezüglich des *Gesamtfits des Modells* zeigt die „Model Fit Summary", dass alle Gütekriterien nach den in Abb. 9.7 vorgeschlagenen Schwellenwerten auf einen hervorragenden Gesamtfit des reduzierten MIMIC-Modells hinweisen. Diese hohe Gesamtgüte ist als Indiz für eine insgesamt valide Konstruktmessung durch das MIMIC-Modell zu werten.

(3) **Ergebnisinterpretation:**   Die in der Spalte „Estimate*" unter „Regression Weights" ausgewiesenen standardisierten Regressionskoeffizienten zeigen alle ein positives Vorzeichen. Dies ist auch plausibel, da sowohl für die formativen, als auch die reflektiven Indikatoren dieselbe Skala (1: gering bis 6: hoch) genutzt wurde. Die positiven Regressionskoeffizienten der formativen Indikatoren bestätigen die Vermutung, dass ein besser beurteilter Teilaspekt der Zufriedenheit die Gesamtzufriedenheit positiv beeinflusst. Dabei stellen die drei Bereiche „Preis-Leistung" ($\gamma_2 = 0{,}237$), „Zuverlässigkeit" ($\gamma_3 = 0{,}335$) und „Umfeld" ($\gamma_6 = 0{,}771$) die stärksten Zufriedenheitstreiber dar. Möchte der Hotelbetreiber die Zufriedenheit seiner Gäste weiter erhöhen, so sollten gezielte Maßnahmen genau in diesen drei Bereichen ansetzen. Unter Betrachtung des vollständigen Kausalmodells im Fallbeispiel (vgl. Abb. 10.3) ist dies auch durchaus sinnvoll, da die Zufriedenheit einen stark positiven Effekt auf die Bindung aufweist und damit auch zukünftige Einnahmen erwartet werden können.

Literatur

Albers, S., & Hildebrandt, L. (2006). Methodische Probleme bei der Erfolgsfaktorenforschung – Messfehler, formative versus reflektive Indikatoren und die Wahl des Strukturgleichungs-Modells. *zfbf, 58*(1), 2–33.

Backhaus, K., Erichson, B., Plinke, W., & Weiber, R. (2011). *Multivariate Analysemethoden* (13. Aufl.). Berlin: Springer.

Bollen, K. A., & Lennox, R. (1991). Conventional wisdom on measurement: A structural equation perspective. *Psychological Bulletin, 110*, 305–314.

Bollen, K. A., & Ting, K. -F. (2000). A tetrad test for causal indicators. *Psychological Methods, 5*, 3–22.

Chin, W. W. (1998b). The partial least squares approach for structural equation modeling. In G. A. Marcoulides (Hrsg.), *Modern methods for business research* (S. 295–336). London: Lawrence Erlbaum Associates.

Coltman, T., Devinney, T. M., Midgley, D. F., & Venaik, S. (2008). Formative versus reflective measurement models: Two applications of formative measurement. *Journal of Nusiness Research, 61*, 1250–1262.

Curtis, R. F., & Jackson, E. F. (1962). Multiple indicators in survey research. *American Journal of Sociology, 68*, 195–204.

---

[8] Das Bestimmtheitsmaß ist der unter „Squared Multiple Correlations" für das Konstrukt „Zufriedenheit" als „Estimate" ausgewiesene Wert.

Diamantopoulos, A. (2006). The error term in formative measurement models: Interpretation and modeling implications. *Journal of Modelling in Management, 1,* 7–17.

Diamantopoulos, A., & Winklhofer, H. M. (2001). Index construction with formative indicators: An alternative to scale development. *Journal of Marketing Research, 38,* 269–277.

Diamantopoulos, A., & Riefler, P. (2008). Formative Indikatoren: Einige Anmerkungen zu ihrer Art, Validität und Multikollinearität. *ZfB, 78*(11), 1183–1196.

Diamantopoulos, A., Riefler, P., & Roth, K. P. (2008). Advancing formative measurement models. *Journal of Business Research, 61,* 1203–1218.

Eberl, M. (2006). Formative und reflektive Konstrukte und die Wahl des Strukturgleichungsverfahrens. *Die Betriebswirtschaft, 66*(6), 651–668.

Franke, G. R., Preacher, K. J., & Rigdon, E. E. (2008). Proportional structural effects of formative indicators. *Journal of Business Research, 61,* 1229–1237.

Hauser, R. M., & Goldberger, A. S. (1971). The treatment of unobservable variables in path analysis. In H. L. Costner (Hrsg.), *Sociological methodology* (S. 81–117). San Francisco: Jossey-Bass.

Herrmann, A., Huber, F., & Kressmann, F. (2006). Varianz- und Kovarianzbasierte Strukturgleichungsmodelle – Ein Leitfaden zu deren Spezifikation, Schätzung und Beurteilung. *zfbf, 58*(1), 34–66.

Herrmann, A., Gassmann, O., & Eisert, U. (2007). An empirical study of the antecedents for radical product innovations and capabilities for transformation. *Journal of Engeneering Technology Management, 24,* 92–120.

Howell, R. D., Breivik, E., & Wilcox J. B. (2007). Reconsidering formative measurement. *Psychological Methods, 12,* 205–218.

Jarvis, C. B., MacKenzie, S. B., & Podsakoff, P. M. (2003). A critical review of construct indicators and measurement model misspecification in marketing and consumer research. *Journal of Consumer Research, 30,* 199–218.

Jöreskog, K. G., & Goldberger, A. S. (1975). Estimation of a model with multiple indicators and multiple causes of a single latent variable. *Journal of the American Statistical Association, 70,* 631–639.

Kim, K., & Timm, N. H. (2006). *Univariate and multivariate general linear models* (2. Aufl.). Boca Raton: Chapman & Hall.

MacCallum, R. C., & Browne, M. W. (1993). The use of causal indicators in covariance structure models: Some practical issues. *Psychological Bulletin, 114,* 533–541.

MacKenzie, S. B., Podsakoff, P. M., & Jarvis, C. B. (2005). The problem of measurement model specification in behavioral and organizational research and some recommended solutions. *Journal of Applied Psychology, 90,* 710–730.

Nunnally, J. C., & Bernstein, I. H. (1994). Psychometric theory (3. Aufl.). New York: McGraw-Hill.

Seltin, N., & Keeves, J. P. (1994). Path analysis with latent variables. In: T. Husen & T. Postlethwaite (Hrsg.), *The international encyclopedia of education* (2. Aufl., S. 4352–4359). Oxford.

Spector, P. E. (1992). *Summated rating scale construction.* Newbury Park: Sage.

Wilcox, J. B., Howell, R. D., & Breivik, E. (2008). Questions about formative measurement. *Journal of Business Research, 61,* 1219–1228.

Second-Order-Faktorenanalyse (SFA) 13

Inhaltsverzeichnis

13.1 Relevanz und Grundidee

Bei den in diesem Buch behandelten Kausalmodellen wurde jeweils unterstellt, dass die betrachteten hypothetischen Konstrukte anhand von beobachtbaren Indikatoren über formative oder reflektive Messmodelle erfasst werden können. Konstrukte, die direkt über Messmodelle operationalisiert sind, werden auch als Konstrukte erster Ordnung bezeichnet und stellen im Rahmen der SGM den am häufigsten betrachteten Fall dar. Allerdings wurde im Rahmen der Konstrukt-Konzeptualisierung bei der Analyse der Attributebene (vgl. Kap. 5.3) bereits herausgestellt, dass auch vielfältige Beispiele für sog. Konstrukte zweiter oder auch höherer Ordnung existieren, die nicht über Indikatoren (Messmodelle) gemessen werden, sondern ihrerseits wiederum über latente „Unterkonstrukte" (auch Dimensionen genannt) entweder beeinflusst werden (formativer Ansatz) oder diese verursachen (reflektiver Ansatz; vgl. als Beispiele auch Abb. 5.1).

R. Weiber, D. Mühlhaus, *Strukturgleichungsmodellierung*, Springer-Lehrbuch,
DOI 10.1007/978-3-642-35012-2_13, © Springer-Verlag Berlin Heidelberg 2014

Konstrukte höherer Ordnung

Konstrukte höherer Ordnung liegen dann vor, wenn hypothetische Konstrukte nicht *direkt* über reflektive oder formative Messmodelle mit manifesten Variablen gemessen werden, sondern die Dimensionen oder Folgewirkungen der Konstrukte auf ein oder mehreren vor- bzw. nachgelagerten Ebenen ebenfalls latente Variable darstellen. Auf der jeweils letzten Ebene müssen die Konstrukte erster Ordnung über geeignete Messmodelle operationalisiert sein.

Im Marketing-Bereich werden z. B. Einstellungen (Kroeber-Riel et al. 2009, S. 210 ff.) oder Retail Brand Equity (Hälsig 2008) meist als *formative Konstrukte zweiter Ordnung* aufgefasst, die ihrerseits aus unterschiedlichen Subkonstrukten erster Ordnung (Dimensionen) bestehen. Ein *reflektives Konstrukt höherer Ordnung* liegt demgegenüber vor, wenn das Konstrukt für ein oder mehrere nachgelagerte Ebenen die verursachende Größe von anderen hypothetischen Konstrukten darstellt. So interpretieren z. B. Weiber/Adler das Konstrukt „Effektivitätshemmnis" als verursachende Größe für die Konstrukte „Marktunsicherheit", „Transaktionsunsicherheit" und „Beurteilungsunsicherheit" (Weiber und Adler 2002, S. 10). Eine umfangreiche Übersicht zu Konstrukten höherer Ordnung findet der Leser z. B. bei Jarvis et al. (2003, S. 205 ff.).

Stellen die *Konstrukte erster Ordnung die Ursache* für das Konstrukt höherer Ordnung dar, so handelt es sich analog zu den in Kap. 12.1 dargestellten Modellen um ein *formatives Konstrukt*, hier jedoch höherer Ordnung. Derartige Konstrukte werden über den Ansatz der Strukturgleichungsanalyse empirisch geprüft. Die Vorgehensweise entspricht damit den Ausführungen in Teil II (kovarianzanalytischer Ansatz) bzw. Kap. 15 (varianzanalytischer Ansatz) dieses Buches. Sie wird deshalb im Folgenden nicht mehr thematisiert.

Ist demgegenüber das *Konstrukt höherer Ordnung als Ursache* für die Konstrukte erster Ordnung zu sehen, so handelt es sich um ein reflektives Konstrukt höherer Ordnung. In diesem Fall ist eine Faktorenstruktur gegeben, bei der das Konstrukt höherer Ordnung für die Kovariation der Konstrukte erster Ordnung ursächlich ist. Liegen nur zwei Hierarchieebenen vor, so ist die *Second-Order-Faktorenanalyse* (SFA) das geeignete Prüfinstrument.

Second-Order-Faktorenanalyse (SFA)

Die Second-Order-Faktorenanalyse unterstellt eine Faktorenstruktur zweiter Ordnung, bei der das latente Konstrukt zweiter Ordnung *ursächlich* für die Kovariation der latenten Konstrukte erster Ordnung ist (reflektives Modell). Die unterstellte Faktorenstruktur wird mit Hilfe der *konfirmatorischen Faktorenanalyse* geprüft.

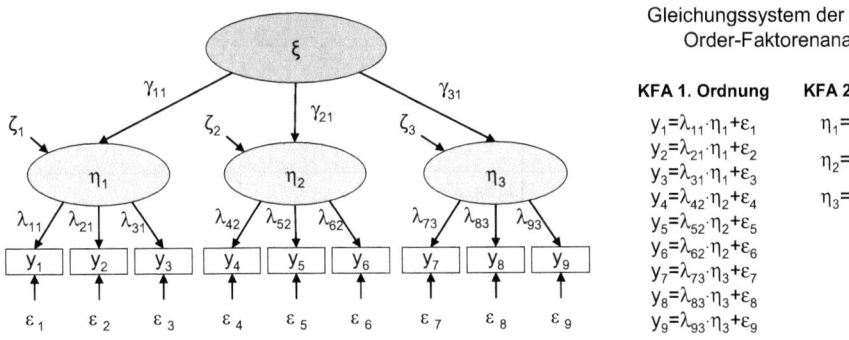

Abb. 13.1 Struktur einer Second-Order-Faktorenanalyse

Wenngleich die Anzahl verschiedener Hierarchieebenen von Konstrukten grundsätzlich *nicht* begrenzt ist, so werden in der Praxis überwiegend Konstrukte mit zwei Ebenen analysiert (Albers und Götz 2006, S. 670), weshalb im Folgenden auch eine Eingrenzung auf *reflektive Konstrukte zweiter Ordnung* vorgenommen wird. Unabhängig vom Ordnungsgrad reflektiver Konstrukte sind jedoch die einzelnen Arbeitsschritte, Konstruktionsprinzipien und Entscheidungstatbestände bei Konstrukten zweiter und höherer Ordnung identisch.

13.2   Faktorenstruktur und Ablaufschritte einer SFA

13.2.1   Faktorenstruktur der SFA

Die Grundidee einer SFA entspricht der konfirmatorischen Faktorenanalyse (KFA), wie sie in Kap. 7.2.2.2 dieses Buches im Unterschied zur explorativen Faktorenanalyse dargestellt ist. Im Rahmen der SFA werden die Konstrukte erster Ordnung (z. B. Bindungsdimensionen) durch ein übergeordnetes Konstrukt zweiter Ordnung (z. B. globale Kundenbindung) beeinflusst. Diese sind jedoch nicht wie bei der einfachen KFA direkt messbare Indikatoren, sondern latente Variablen, die ihrerseits wiederum über Indikatoren gemessen werden. Die Konstrukte erster Ordnung werden dabei als fehlerbehaftete Messung des Konstruktes zweiter Ordndung aufgefasst, so dass entsprechende Messfehler (ζ) bei den Konstrukten erster Ordnung zu berücksichtigen sind, die damit im Modell der SFA *latente endogene Variable* darstellen. Die Konstrukte erster Ordnung werden ihrerseits reflektiv durch Indikatoren erfasst, die ebenfalls als fehlerbehaftet unterstellt und mit entsprechenden Fehlertermen (ε) versehen sind.

Abbildung 13.1 zeigt ein Konstrukt zweiter Ordnung (ξ), das drei Konstrukte (η) erster Ordnung beeinflusst und damit die Kovariationen zwischen den Konstrukten verursacht. Diese Konstrukte sind über jeweils drei manifeste Variable (y) *reflektiv* gemessen. Im rechten Teil der Abbildung ist das korrespondierende Gleichungssystem aufgeführt.

Ablaufschritte		SGM	Second-Order-KFA
(1)	Hypothesen- und Modellbildung	Kapitel 4	Identisch mit SGM
(2)	Konstrukt-Konzeptualisierung	Kapitel 5	Identisch mit SGM
(3)	Konstrukt-Operationalisierung	Kapitel 6	Identisch mit SGM
(4)	Evaluation der Messmodelle	Kapitel 7	• Prüfung der Messmodelle der Konstrukte erster Ordnung und Evaluation der Güte einer gemeinsamen KFA • Examination der Kovarianzen
(5)	Modellschätzung	Kapitel 8	Voraussetzung: es müssen mindestens drei Konstrukte erster Ordnung vorliegen
(6)	Evaluation des Gesamtmodells	Kapitel 9	• Evaluation des Modellfits der SFA absolut und in Relation zum Modell der gemeinsamen KFA aus Schritt 4 • Examination der Prognoserelevanz des Second-Order-Konstruktes im Strukturmodell absolut und in Relation zu den einzelnen First-Order-Konstrukte
(7)	Ergebnisinterpretation	Kapitel 10	Identisch mit SGM

Abb. 13.2 Spezifika der Ablaufschritte der Second-Order-Faktorenanalyse

13.2.2   Ablaufschritte der SFA

Die Ablaufschritte einer SFA entsprechen – ebenso wie die der KFA (vgl. Abb. 7.6) – dem allgemeinen Prozess der Strukturgleichungsmodellierung (vgl. Abb. 4.1).

Der zentrale Unterschied zwischen SFA und KFA ist vor allem darin zu sehen, dass bei der SFA *zusätzliche Arbeitsschritte zur Prüfung* der Zweckmäßigkeit einer SFA eingeführt werden, wobei insbesondere ein Vergleich zu einer (einfachen) KFA mit den Konstrukten erster Ordnung gezogen wird. Darüber hinaus ist eine Examination der Kovarianzen zwischen den Konstrukten erster Ordnung vorzunehmen, die hohe Signifikanzen zeigen sollten (Brown 2006, S. 323). Die zusätzlichen Arbeitsschritte der SFA sind in Abb. 13.2 in die allgemeinen Ablaufschritte einer KFA integriert. Im Folgenden wird eine Konzentration nur auf diese *Besonderheiten der SFA* vorgenommen.

(1) Besonderheiten bei der Evaluation der Messmodelle: Zusätzlich zu den in Kap. 4 vorgetragenen Überlegungen sind im Rahmen einer SFA zwei weitere Arbeitsschritte erforderlich:

1. Evaluation der Messmodelle der einzelnen First-Order-Konstrukte sowie des Modell-Fits einer (gemeinsamen) KFA mit den Konstrukten erster Ordnung
2. Examination der Kovarianzen zwischen den Konstrukten erster Ordnung.

Die Evaluation der Messmodelle der einzelnen First-Order-Konstrukte erfolgt unter Rückgriff auf die Gütekriterien der ersten (vgl. Abb. 7.4) und der zweiten Generation (vgl. Abb. 7.12). Sie sollten jeweils hinsichtlich Reliabilität und Validität eine adäquate Eignung aufweisen. Darüber hinaus wird üblicherweise eine *KFA mit den Konstrukten erster Ordnung* durchgeführt, bei der die Kovarianzen zwischen diesen frei geschätzt werden. Alle Konstrukte sollten dabei die Mindestkriterien an Reliabilität auf Indikator- und Konstruktebene erfüllen sowie im Sinne der Diskriminanzvalidität trennscharf sein. Insgesamt sollte dieses KFA-Modell gemäß den in Kap. 9 aufgezeigten Kriterien einen angemessenen Gesamt-Fit aufweisen. In einem zweiten Schritt werden dann die frei geschätzten Kovarianzen untersucht. Nur sofern diese auch signifikant von Null verschieden sind, erscheint die Durchführung einer SFA sinnvoll.

(2) Besonderheiten bei der Modellschätzung: In Ablaufschritt (5) ist zunächst ein Second-Order-Faktorenmodell zu spezifizieren. Dabei müssen *mindestens 3 Konstrukte erster Ordnung* verfügbar sein, um eine sinnvolle Schätzung zu ermöglichen. Zur Festlegung der Metrik des Konstruktes höherer Ordnung bestehen analog zu den Ausführungen in Kap. 3.3.2.2 zwei Optionen: Festlegung eines „Referenzindikators", der bei der SFA ein *Referenzkonstrukt* darstellt und bei dem der Pfad zum Konstrukt zweiter Ordnung auf 1 restringiert wird oder die Beschränkung der Varianz des Konstruktes zweiter Ordnung auf 1.

(3) Besonderheiten bei der Evaluation des Gesamtmodells: Die Beurteilung des Gesamtmodells der SFA erfolgt zunächst *absolut* unter Rückgriff auf die in Kap. 9 dargestellten Kriterien (vgl. Abb. 9.7), wobei die angegebenen Schwellenwerte auch hier Gültigkeit besitzen. Zusätzlich dazu ist dieses Modell mit dem im Rahmen der Messmodell-Prüfung untersuchten Modell der „KFA mit Konstrukten erster Ordnung" zu vergleichen. Aufgrund der größeren Zahl an freien Parametern liefert eine KFA mit den Einzelkonstrukten üblicherweise bessere Ergebnisse.[1] Um zu prüfen, ob die Verwendung einer SFA, verglichen mit der KFA, sinnvoll ist, müssen daher die in Kap. 9.2.2 dargestellten Gütemaße verwendet werden (vgl. Abb. 9.6), die die Modellkomplexität in Form der Parameterzahl des Modells berücksichtigen.

In einem letzten Schritt sollte eine Evaluation von Struktureffekten im nomologischen Netz (z. B. mittels SGM) mit anderen Konstrukten erfolgen. Dabei sollte das Konstrukt zweiter Ordnung mit anderen Konstrukten theoretisch begründbare Beziehungen aufweisen und zudem verglichen mit einem Modell, in dem die Konstrukte erster Ordnung einzeln integriert sind, eine höhere Prognoserelevanz zeigen. Dies kann z. B. über den bei einem von diesem Konstrukt beeinflussten anderen Konstrukt anhand des R^2-Wertes geprüft werden. So ist die Verwendung eines Faktorenmodells höherer Ordnung nur dann sinnvoll, wenn dieses Konstrukt mehr Varianz einer endogenen latenten Variablen erklärt als die einzelnen Unterdimensionen (Konstrukte erster Ordnung). Im Idealfall sollte hier auch die in Abschn. 7.3.2 dargestellte Prüfung auf Prognosevalidität mittels eines Außenkriteriums erfolgen.

---

[1] Dies gilt nur, wenn die Zahl der Konstrukte erster Ordnung > 3 ist. Bei genau drei Konstrukten erster Ordnung sind beide Modelle bzgl. der Zahl zu schätzender Parameter identisch, da den drei (γ-) Faktorladungen drei zu schätzende Kovarianzen gegenüberstehen.

Insgesamt kann die Struktur eines Second-Order-Faktorenmodells i. A. a. Hair et al. (2010, S. 758) als gegeben erachtet werden, wenn

- die SFA *absolut* anhand der Kriterien aus Kap. 9.1 einen angemessen Modell-Fit aufweist;
- der Gesamt-Fit des SFA-Modells verglichen mit einer KFA mit den einzelnen Konstrukten erster Ordnung unter Berücksichtigung der Kriterien aus Kap. 9.2 (vgl. Abb. 9.6) relativ nicht schlechter ist;
- das Modell andere Konstrukte in einem nomologischen Netz in theoretisch begründeter Weise beeinflusst;
- das SFA-Modell verglichen mit dem Modell der „KFA mit Konstrukten erster Ordnung" eine höhere Prognosevalidität aufweist.

13.3   Fallbeispiel zur SFA mit AMOS

13.3.1   Vorbereitende Hinweise zum Fallbeispiel

Die Vorgehensweise der SFA wird im Folgenden mit Hilfe des Fallbeispiels aus Kap. 4.2 verdeutlicht, wobei die Ergebnisse der faktoranalytischen Konstruktprüfung auf Eindimensionalität (vgl. Kap. 7.1.1) berücksichtigt werden und die Analyse um ein weiteres Konstrukt erweitert wird. Auch für dieses Fallbeispiel sei unterstellt, dass die erhobenen Daten keine Ausreißer sowie fehlenden Werte aufweisen (vgl. Kap. 8.1).

Fallbeispiel (SFA)

Der Hotelbesitzer geht aufgrund seiner Erfahrungen davon aus, dass die „Allgemeine Kundenbindung" ein mehrdimensionales Konstrukt darstellt, das Auswirkungen auf die „Planungsaspekte der Bindung", die „emotionale Bindung" und die „kognitive Bindung" besitzt, wobei er alle drei Aspekte als Konstrukte erster Ordnung interpretiert. Zur Operationalisierung der ersten beiden Konstrukte erster Ordnung greift er auf die auch im Rahmen der explorativen Faktorenanalyse verwendeten Indikatoren zurück (vgl. Kap. 7.1.1; Abb. 7.2), während er für das Konstrukt „kognitive Bindung" zusätzlich die Indikatoren „Nachhaltigkeit", „Planungssicherheit" und „Bindungsvorteile" erhebt. Er möchte nun wissen, ob seine sachlogischen Überlegungen auch empirisch bestätigt werden können.

Die empirisch erhobenen Indikatoren sind in Kap. 4.3, Abb. 4.3 zusammengestellt.

13.3.2 Durchführung der Analyse und Evaluation der Ergebnisse

Ebenso wie bei der KFA ist auch bei der SFA zunächst die Prüfung der einzelnen Messmodelle der drei Konstrukte „Emotionale Aspekte der Bindung", „Planungsaspekte der Bindung" und „Kognitive Aspekte der Bindung" anhand der Gütekriterien der ersten Generation (vgl. Abb. 7.4) und anschließend mittels KFA (vgl. Abb. 7.12) vorzunehmen.[2] Dabei zeigt sich, dass sowohl die einzelnen Messmodelle als auch das Gesamtmodell der KFA mit den drei Konstrukten erster Ordnung eine hohe Eignung aufweisen.[3] Für die KFA ergaben sich im Einzelnen folgende Werte für die Gütekriterien: χ^2/d.f $= 2{,}427$; RMSEA $= 0{,}086$; SRMR $= 0{,}049$; CFI $= 0{,}969$. Weiterhin erbrachte die *Examination der Kovarianzen* der Konstrukte erster Ordnung, dass diese mit Werten im Bereich von 0,585 bis 0,695 allesamt signifikant von Null verschieden sind und so die Durchführung der SFA sinnvoll erscheint.

Zur *Durchführung der SFA* mit Hilfe des Programmpaketes AMOS ist zunächst mit Hilfe des Moduls „Amos Graphics" das *Pfaddiagramm* mit den drei Messmodellen der Konstrukte erster Ordnung sowie dem Konstrukt zweiter Ordnung zu erstellen. Die Vorgehensweise zur Erstellung des Pfaddiagramms ist dabei identisch zur Erstellung eines vollständigen Kausalmodells (= Messmodelle und Strukturmodell), und der Leser sei diesbezüglich auf die Darstellungen in Kap. 8.3 verwiesen. Zur Bestimmung der Metrik für das Konstrukt zweiter Ordnung „Allgemeine Kundenbindung" wurde dessen Varianz auf 1 fixiert und für die drei Konstrukte erster Ordnung jeweils ein geeigneter Referenzindikator („Beziehung", „Gemeinschaft" und „Nachhaltigkeit") festgelegt. Für das Fallbeispiel zeigt Abb. 13.3 das Pfaddiagramm der SFA, wobei hier auch bereits die Schätzergebnisse der standardisierten Lösung sowie die Gütekriterien der SFA eingetragen sind. Zur Schätzung der Parameter (Faktorladungen und Korrelation der Konstrukte) wurde die *Maximum-Likelihood-Methode* verwendet, wobei die Annahme der Multinormalverteilung der Daten als erfüllt angesehen werden konnte (vgl. Kap. 8.1.3).[4]

Zur *Güteprüfung* des SFA-Modells werden die in Kap. 9 herausgearbeiteten Kriterien (vgl. Abb. 9.7) verwendet, wobei sich folgende Ergebnisse zeigen: Insgesamt weist das Modell, gemessen an den üblicherweise verwendeten Gütekriterien, einen akzeptablen Fit auf. Sowohl der [χ^2/d.f-Wert als auch der SRMR, der RMSEA und die Werte von CFI, NFI und TLI liegen im Bereich] der diskutierten Schwellenwerte. Wird das SFA-Modell mit dem KFA-Modell, bei dem die Kovarianzen zwischen den drei Konstrukten erster Ordnung frei geschätzt wurden, verglichen, so zeigt sich ein identischer Fit. Dies ist darauf zurückzuführen, dass in beiden Modellen dieselbe Zahl an Parametern geschätzt

---

[2] Der Indikator „Belegung" wird auch hier aufgrund der in Kap. 7.1.2 vorgenommenen Analysen aus der Betrachtung ausgeschlossen.

[3] Auf den Ausweis der Detailergebnisse dieser Prüfung sei an dieser Stelle verzichtet. Der interessierte Leser findet die Daten sowie die Syntax- und Output-Dateien von AMOS für die KFA mit den drei Konstrukten erster Ordnung auf der Internetplattform zum Buch. Zur Bedienung von AMOS vgl. Kap. 8.3.

[4] Die im Rahmen der SFA anwendbaren Schätzverfahren sind identisch zu denen der Kovarianzstrukturanalyse (vgl. Abb. 3.24 und die Ausführungen in Kap. 3.3.2. Zur Auswahl einer Schätzmethodik in AMOS vgl. Kap. 8.2.3. Auch für dieses Beispiel findet der Leser auf der Internetplattform zum Buch die Daten sowie die Syntax- und Output-Dateien von AMOS.

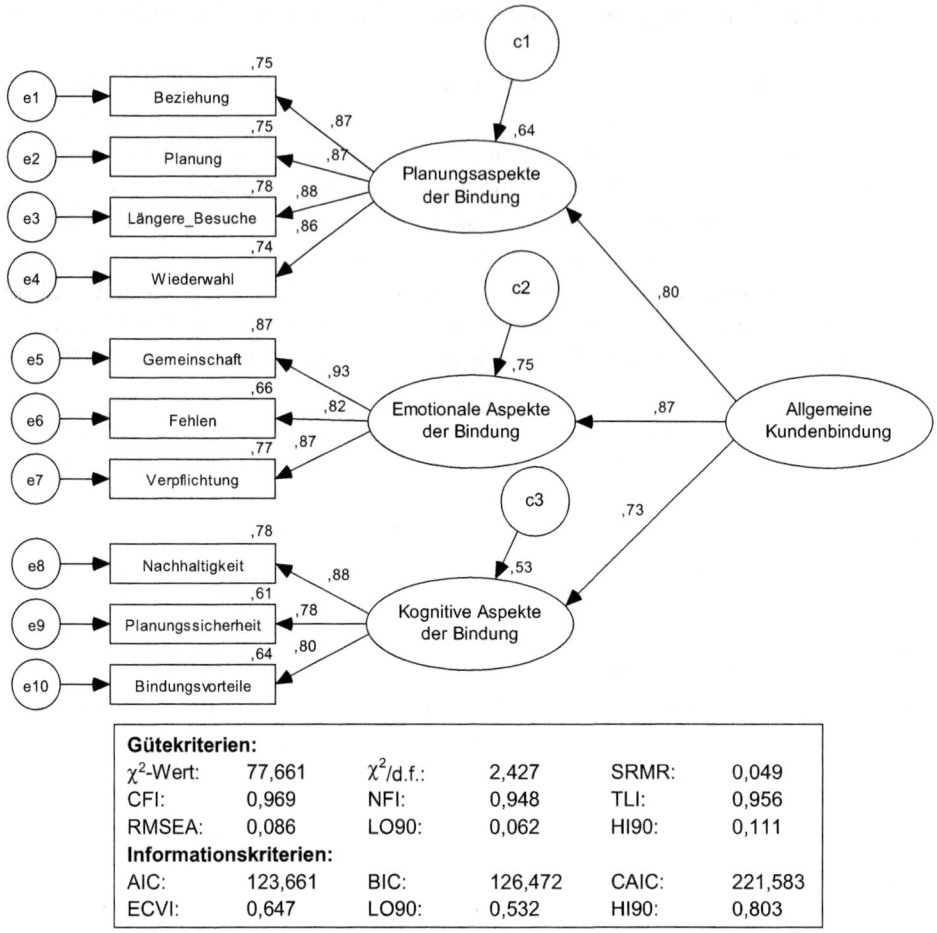

Gütekriterien:					
χ^2-Wert:	77,661	χ^2/d.f.:	2,427	SRMR:	0,049
CFI:	0,969	NFI:	0,948	TLI:	0,956
RMSEA:	0,086	LO90:	0,062	HI90:	0,111
Informationskriterien:					
AIC:	123,661	BIC:	126,472	CAIC:	221,583
ECVI:	0,647	LO90:	0,532	HI90:	0,803

Abb. 13.3 Ergebnisse der Second-Order-Faktorenanalyse im Fallbeispiel

wird. Insgesamt kann damit im vorliegenden Fall die Second-Order-Faktorenstruktur tendenziell bestätigt werden, womit in einem letzten Schritt noch die Beziehungsstruktur zu anderen Konstrukten geprüft werden muss. Hier könnte die allgemeine Kundenbindung als Second-Order-Konstrukt in das aus Kap. 10 bekannte Strukturmodell (vgl. Abb. 10.3) integriert werden.

Zeigen sich theoretisch begründbare Wirkbeziehungen zu den anderen Konstrukten „Variety Seeking", „Zufriedenheit" und „Wechselbarrieren", so müsste weiterhin noch die Prognoserelevanz z. B. anhand eines anderen Datensatzes oder aber unter Berücksichtigung eines geeigneten Außenkriteriums für die Bindung untersucht werden (vgl. Kap. 7.3.2). Auf die Darstellung derartiger Untersuchungen sei hier jedoch verzichtet, und der Leser möge unter Rückgriff auf die entsprechenden Datensätze diese selbständig vornehmen.

Die *Ergebnisinterpretation* einer SFA erfolgt analog zu den Ausführungen in Kap. 10, weshalb an dieser Stelle auf die eingehende Interpretation der Ergebnisse für das Fallbeispiel verzichtet wird.

13.4   Zusammenfassende Empfehlungen

Die Zweckmäßigkeit der Anwendung einer SFA, d. h. die Verwendung von meist relativ abstrakten Konstrukten zweiter Ordnung, ist in besonderem Maße von der Zielsetzung des Anwenders abhängig: So sollte diese Vorgehensweise nur dann gewählt werden, wenn das Konstrukt höherer Ordnung eine bessere Erklärung oder Prognose anderer Größen verspricht, die über die Berücksichtigung der einzelnen Facetten oder Dimensionen (Konstrukte erster Ordnung) dieses Konstruktes nicht zu erwarten ist. Zusätzlich müssen auch hier theoretische und/oder sachlogische Begründungen vorliegen. Insbesondere ist zu begründen, warum davon auszugehen ist, dass die unterstellte Struktur vorliegt. Da eine SFA eher dazu neigt „unsinnige" Schätzergebnisse zu erzeugen, sollte ihre Verwendung nur nach gründlicher Überlegung erfolgen. Hierzu kann der nachfolgende „Fragenkatalog" von Hair et al. (2010, S. 757) dienen, bei dem alle Fragen für die Anwendung einer SFA positiv beschieden werden sollten. Danach ist die Anwendung einer SFA nur dann sinnvoll, wenn

- die Existenz einer Faktorstruktur höherer Ordnung theoretisch und/oder sachlogisch begründbar ist;
- das abstraktere Konstrukt höherer Ordnung verwendet wird, um deren Effekt auf andere Konstrukte von einem vergleichbaren Abstraktionsgrad zu untersuchen;
- alle Konstrukte erster Ordnung eines Second-Order Konstruktes auf andere Konstrukte in einem nomologischen Netz, z. B. einem Strukturmodell, einen gleichgerichteten, positiven oder negativen Effekt ausüben;
- für das Faktormodell höherer Ordnung alle Mindestanforderungen, die auch bei einer KFA erster Ordnung gelten (z. B. Identifizierbarkeit des Modells; Vorliegen geeigneter (valider) Messmodelle), erfüllt sind.

Literatur

Albers, S., & Götz, O. (2006). Messmodelle mit Konstrukten zweiter Ordnung in der betriebswirtschaftlichen Forschung. *Die Betriebswirtschaft, 66*(6), 669–677.

Brown, T. (2006). *Confirmatory factor analysis for applied research.* New York: Guilford Press.

Hair, J. F., Anderson, R. E., Tatham, R. L., & Black, W. C. (2010). *Multivariate data analysis* (7. Aufl.). New Jersey: Prentice Hall.

Hälsig, F. (2008). *Branchenübergreifende Analyse des Aufbaus einer starken Retail Brand*. Wiesbaden: Gabler.

Jarvis, C. B., MacKenzie, S. B., & Podsakoff, P. M. (2003). A critical review of construct indicators and measurement model misspecification in marketing and consumer research. *Journal of Consumer Research, 30*, 199–218.

Kroeber-Riel, W., Weinberg, P., & Gröppel-Klein, A. (2009). *Konsumentenverhalten* (9. Aufl.). München: Vahlen.

Weiber, R., & Adler, J. (2002). Hemmnisfaktoren im Electronic Business: Ansatzpunkte einer theoretischen Systematisierung und empirische Evidenzen. *Marketing ZFP, 24*, Spezialausgabe „E-Marketing", 5–17.

Weiterführende Literatur

Giere, J., Wirtz, B. W., & Schilke, O. (2006). Mehrdimensionale Konstrukte: Konzeptionelle Grundlagen und Möglichkeiten ihrer Analyse mithilfe von Strukturgleichungsmodellen. *Die Betriebswirtschaft, 66*(6), 678–695.

Mehrgruppen-Kausalanalyse (MGKA)

14

Inhaltsverzeichnis

14.1 Relevanz und Grundidee der MGKA

14.1.1 Relevanz der MGKA in der empirischen Forschung

Bei vielen praktischen Fragestellungen ist nicht nur die Prüfung der in einem Hypothesensystem formulierten Wirkbeziehungen von Interesse, sondern auch die Frage, ob die unterstellten Beziehungen in *unterschiedlichen Gruppen* gleichermaßen Gültigkeit besitzen. Beim Vergleich eines Kausalmodells zwischen mehreren Gruppen (Stichproben) sind

R. Weiber, D. Mühlhaus, *Strukturgleichungsmodellierung*, Springer-Lehrbuch,
DOI 10.1007/978-3-642-35012-2_14, © Springer-Verlag Berlin Heidelberg 2014

(1) Messen die gewählten manifesten Indikatorvariablen in verschiedenen Gruppen auch wirklich dasselbe bzw. können in verschiedenen Gruppen (z. B. Ländern, Branchen, Altersgruppen) zur *Konstruktmessung* die gleichen Indikatoren verwendet werden?
(Vergleich der Basisstruktur latenter Variablen)

(2) Besitzen die in einem Hypothesensystem unterstellten Strukturbeziehungen auch in unterschiedlichen Gruppen Gültigkeit, und weisen sie die gleichen Wirkungsstärken auf?
(Vergleich der Strukturbeziehungen zwischen latenten Variablen)

(3) Weist die *durchschnittliche Ausprägung* der Messwerte eines Konstruktes in verschiedenen Gruppen signifikante Unterschiede auf?
(Vergleich der Mittelwerte von latenten Variablen)

Abb. 14.1 Zentrale Anwendungsfragen bei Gruppenvergleichen

in der empirischen Anwendung folgende Fragestellungen als besonders zentral anzusehen (vgl. Abb. 14.1).

Sind die in einem Hypothesensystem betrachteten Variablen *manifeste* und auf metrischem Niveau direkt messbare Größen, so kann die Frage (2) mit Hilfe der Diskriminanzanalyse oder der logistischen Regression und die Frage (3) durch einen Test auf Mittelwertunterschiede beantwortet werden (vgl. zu den genannten multivariaten Analysemethoden z. B. Backhaus et al. 2011). Die Frage (1) ist in dieser Form hingegen nur für latente Variable relevant, die über Messmodelle erhoben werden.

Stellen die betrachteten Variablen demgegenüber jedoch keine manifesten, sondern *latente Variable* dar, so ist die Anwendung der o. g. Analyseverfahren bereits aufgrund der fehlenden Beobachtungswerte für die hypothetischen Konstrukte nicht möglich. Gelingt es, über geeignete Messmodelle verlässliche metrische Messwerte für die Konstrukte (sog. Konstruktwerte bzw. Faktorwerte) zu ermitteln, so können diese nur dann für *Gruppenvergleiche* herangezogen werden, sofern sichergestellt ist, dass die *Messmodelle* in den verschiedenen Gruppen auch identische Sachverhalte messen. Ist dies gewährleistet, so wird von *Messäquivalenz bzw. Messinvarianz* der Messmodelle gesprochen.[1] Aber auch dann, wenn Messäquivalenz gegeben ist und verlässliche Konstruktmessungen vorliegen, „versagen" die genannten multivariaten Analysemethoden, da sie keine Mehrgleichungssysteme handhaben können, die für Kausalmodelle aber typisch sind. Soll also die Gültigkeit eines a-priori formulierten Hypothesensystems, das Wirkungsbeziehungen zwischen *latenten Variablen* (hypothetischen Konstrukten) postuliert, in *mehreren Gruppen* untersucht werden, so ist das nur mit Hilfe der sog. *Multi-Group Analysis* (bzw. Multi-Sample Analysis) möglich, die für solche Fragestellungen als „Standardinstrument" bezeichnet werden kann.

---

[1] Da der Begriff der Messäquivalenz den zugeordneten Sachverhalt der „Äquivalenz von Messmodellen" in verschiedenen Gruppen intuitiv besser beschreibt als der Terminus Messinvarianz, werden wir im Folgenden primär diesen Begriff verwenden, obwohl beide als synonym anzusehen sind.

> **Multi-Group-Analysis (MGA)**
> Die Multi-Group-Analysis (MGA) ermöglicht die *simultane* Schätzung eines
> Kausalmodells über *mehrere Gruppen* hinweg. Entspricht das betrachtete Kau-
> salmodell einem konfirmatorischen Faktorenmodell, so wird von *Mehrgruppen-
> Faktorenanalyse* (MGFA) gesprochen, während die Betrachtung eines vollständigen
> Kausalmodells (Strukturmodell mit zugehörigen Messmodellen) als *Mehrgruppen-
> Kausalanalyse* (MGKA) bezeichnet wird.

Da die Beantwortung aller o. g. Fragestellungen *zwingend* jeweils Äquivalenz der
Konstruktmessungen in allen betrachteten Gruppen voraussetzt, müssen zunächst die
Messmodelle des betrachteten Kausalmodells überprüft werden. Analog zur Kausalanalyse im Eingruppenfall wird auch hier die *konfirmatorische Faktorenanalyse* zur Prüfung der
Messmodelle herangezogen (vgl. Kap. 7.2 und 7.3). Der Unterschied ist hier lediglich darin
zu sehen, dass die Messmodelle für mehrere Gruppen geschätzt werden und anschließend
geprüft wird, ob sie bezüglich der Faktorladungen, der Indikatorenmittelwerte und ggf. der
Messfehler der verwendeten Indikatoren in allen Gruppen identisch (bzw. vergleichbar)
sind. Aufgrund der Erweiterung der konfirmatorischen Faktorenanalyse auf die simultane Betrachtung mehrerer Gruppen wird hier von einer *Mehrgruppen-Faktorenanalyse*
(MGFA) gesprochen. Da sich der *Prüfprozess* für Messäquivalenz jedoch relativ aufwendig gestaltet, wird er in Kap. 14.2 einer separaten Betrachtung unterzogen und an dieser
Stelle zunächst einmal *unterstellt*, dass Messäquivalenz der Konstrukte in den betrachteten
Gruppen gegeben ist.

Die MGFA ist ein „Spezialfall" der MGKA, so dass im Folgenden zunächst die Grun-
didee der MGKA vorgestellt und auf dieser Basis dann die Eignung der MGKA zur
Beantwortung der obigen Fragen allgemein verdeutlicht wird. In Kap. 14.3 wird die
Vorgehensweise der MGKA dann an einem konkreten Fallbeispiel erläutert.

14.1.2   Gleichungssystem und Zielfunktion der MGKA

Die MGKA basiert auf dem kovarianzanalytischen Ansatz der SGA und kann somit, entsprechend den Darstellungen in Kap. 3.3.2 (Formel (3.13)), in allgemeiner Form durch
das in (14.1) dargestellte Mehrgleichungssystem abgebildet werden (Jöreskog und Sörbom
1983, V.15 ff.).[2]

---

[2] Im Unterschied zur MGKA ist für die MGFA nur Gleichung (C) relevant.

Gleichungssystem der Mehrgruppen-Kausalanalyse:

(A) Gleichungen der Strukturmodelle:

$$\eta^{(g)} = B^{(g)}\eta^{(g)} + \Gamma^{(g)}\xi^{(g)} + \zeta^{(g)}$$

(B) Gleichungen der Messmodelle der latenten endogenen Variablen:

$$y^{(g)} = \Lambda_y{}^{(g)}\eta^{(g)} + \varepsilon^{(g)} \tag{14.1}$$

(C) Gleichungen der Messmodelle der latenten exogenen Variablen:

$$x^{(g)} = \Lambda_x{}^{(g)}\xi^{(g)} + \delta^{(g)}$$

mit: $g = 1, 2, \ldots, G$

Das Gleichungssystem macht deutlich, dass die MGKA ungleich komplexer ist als die kovarianzanalytische Kausalanalyse im Eingruppenfall, da die Modellstruktur hier für G unabhängige Gruppen ($g = 1, 2, \ldots, G$) zu schätzen ist. Gegenüber dem Eingruppenfall sind bei der MGKA somit nicht acht Parametermatrizen (vgl. Abb. 3.21), sondern *G mal acht Parametermatrizen* zu berechnen. Der Vektor π der Modellparameter enthält somit auch 8 mal G Parametermatrizen und lautet somit analog zu Formel (3.16):

$$\pi = (B^{(g)}, \Gamma^{(g)}, \Lambda_x{}^{(g)}, \Lambda_y{}^{(g)}, \Phi^{(g)}, \Psi^{(g)}, \Theta_\delta{}^{(g)}, \Theta_\varepsilon{}^{(g)})$$

Die Parameter werden dabei so geschätzt, dass die modelltheoretischen Kovarianzmatrizen ($\hat{\Sigma}^{(g)}$) die G empirischen Kovarianzmatrizen ($S^{(g)}$) in jeder Gruppe möglichst gut reproduzieren.

Zielfunktion der MGKA:

$$F = \left(S^{(g)} - \hat{\Sigma}^{(g)}(\pi)\right) \rightarrow \text{Min!} \tag{14.2}$$

Die Lösung des Minimierungsproblems erbringt die Schätzung der Modellparameter für jede einzelne Gruppe. Zur Schätzung der modelltheoretischen Kovarianzmatrizen können grundsätzlich alle in Kap. 3.3.2.3 dargestellten Diskrepanzfunktionen (vgl. Abb. 3.24) herangezogen werden[3], wobei die MGKA die empirischen Informationen zur Modellschätzung für die einzelnen Gruppen aus den jeweiligen *Kovarianzmatrizen* der betrachteten Gruppen ($S^{(g)}$) bezieht. Allerdings wird im Rahmen der MGKA die *Maximum-Likelihood-Methode* überwiegend eingesetzt. Der Grund hierfür liegt nicht nur in ihren positiven Schätzeigenschaften, sondern auch in der Möglichkeit zur Berechnung von *Modification Indices* (vgl. Kap. 11.2) für die festen und restringierten Parameter eines Modells, die

---

[3] Es ist zu beachten, dass die in Abb. 3.24 (vgl. Kap. 3.3.2.3) dargestellten Diskrepanzfunktionen für den Eingruppenfall und ohne Mittelwerte definiert sind. Für die MGKA müssen sie aber noch um Mittelwerte und Gruppen erweitert werden. Vgl. Arbuckle 2012, S. 593 ff.

wertvolle Hinweise bei Problemen im Bereich der Messäquivalenz geben. Allerdings ist darauf hinzuweisen, dass die ML-Methode Multinormalverteilung der erhobenen Daten voraussetzt, was vorab entsprechend zu prüfen ist (vgl. Kap. 8.1.3). Nach Schätzung der modelltheoretischen Varianz-Kovarianzmatrizen für die G Gruppen $\hat{\Sigma}^{(g)}$ erfolgt dann für alle Gruppen eine *simultane Prüfung* des Gesamtmodells, die es erlaubt, Aussagen über die Gleichheit oder Unterschiedlichkeit der Modellparameter in den Gruppen zu treffen. Der χ^2-Wert des gruppenübergreifenden Gesamtmodells ergibt sich durch Addition aus den χ^2-Werten der gruppenbezogenen Modelle. Die Prüfung der Variabilität bzw. Invarianz des Modells zwischen den Gruppen sowie einzelner Modellparameter kann dann über den χ^2-*Differenztest* gemäß Formel (7.9) erfolgen (Reinecke 2005, S. 64 ff.).

Aufgrund des faktoranalytischen Ansatzes der MGKA ist streng zu beachten, dass alle Konstrukte über *reflektive Messmodelle* erhoben werden müssen, da nur in diesem Fall die Prüfung der Messmodelle auf Messäquivalenz mit Hilfe der MGFA möglich ist (Temme und Hildebrandt 2009, S. 149). Ansonsten entspricht die MGKA in Idee und Vorgehensweise der Kausalanalyse im Eingruppenfall, so dass alle in Teil II dieses Buches vorgetragenen Überlegungen auch für die MGKA Gültigkeit besitzen.

14.1.3 Allgemeine Vorgehensweise der MGKA

Im Folgenden sei die allgemeine Vorgehensweise der MGKA mit Hilfe des bereits in Kap. 3.3.1.3 behandelten einführenden Kausalmodells verdeutlicht (vgl. Abb. 3.17), wobei nun unterstellt sei, dass die Gültigkeit dieses Modells in zwei Gruppen (A und B) geprüft werden soll. Bei den folgenden Erläuterungen wird auf die von AMOS verwendeten Bezeichnungen Bezug genommen, um dem Leser die Zuordnung zu diesem Programmpaket zu erleichtern.

> **Grundidee des Modellvergleichs mit Hilfe der MGKA**
> Über alle betrachteten Gruppen werden zwei *Modellvarianten* geschätzt: Zunächst wird das sog. „*unrestringierte Modell*" (AMOS: Unconstrained Model) für alle Gruppen geschätzt. In diesem Modell werden alle freien Modellparameter entsprechend dem formulierten Kausalmodell unabhängig für die Gruppen getrennt geschätzt. Anschließend wird das „*vollständig restringierte Modell*" (AMOS: Measurement Residuals Model) geschätzt, bei dem *alle* Modellparameter zwischen den Gruppen gleich gesetzt (restringiert) sind. Erbringen beide Modellvarianten den gleichen Gesamt-Fit, so liegen keinerlei gruppenspezifische Unterschiede vor.

Die allgemeine Vorgehensweise der MGKA lässt sich in folgende fünf grundlegende Schritte untergliedern:

1. Schritt: Zuordnung der Stichprobendaten: Um ein Kausalmodell über mehrere Gruppen vergleichen zu können, müssen zunächst die relevanten Gruppen definiert und ihnen die entsprechenden Stichproben zugeordnet werden. Dabei ist zu beachten, dass die Aufteilung einer Stichprobe in mehrere Gruppen (z. B. nach dem Einkommen, dem Kenntnisstand) im Ermessen des Forschers liegt und damit einen hohen Manipulationsspielraum eröffnet, worunter die Objektivität einer Untersuchung leidet (Reinecke 1999, S. 100 f.).

2. Schritt: Schätzung des unrestringierten (unconstrained) Modells (M^U): Da das formulierte Kausalmodell in Struktur und Aufbau für alle Gruppen gleichermaßen Gültigkeit besitzen soll und Unterschiede lediglich in der *Höhe der Parameterschätzer* vermutet werden, wird das Kausalmodell zunächst für alle Gruppen gemäß der Zielfunktion in (14.2) „frei" geschätzt. Das bedeutet, dass für jede Gruppe alle freien Parameter des Kausalmodells so geschätzt werden, dass sie die jeweilige empirische Kovarianzmatrix der Gruppe bestmöglich reproduzieren. Dieses Modell M^U wird als „*unrestringiertes Modell*" (AMOS: Unconstrained Model) bezeichnet. Da die Vorgehensweise in diesem Fall prinzipiell identisch zu der im Eingruppenfall ist, sind hier auch alle in Teil II dieses Buches vorgetragenen Überlegungen relevant.

3. Schritt: Schätzung des vollständig restringierten Modells (M^{MR}): Im dritten Schritt wird eine zweite Modellvariante geschätzt, bei der *alle* freien Parameter des Kausalmodells *restringiert* (vgl. Kap. 3.3.1.4), d. h. für alle Gruppen *gleich* gesetzt werden. Das bedeutet, dass in diesem Kausalmodell unterstellt wird, dass alle zu schätzenden Parameter (Faktorladungen, Strukturparameter, Faktorvarianzen und -kovarianzen sowie Messfehler) in den Gruppen übereinstimmende Werte aufweisen. Da die Gleichheit der Messfehler nur sinnvoll zu prüfen ist, wenn auch alle anderen Parameter über die Gruppen restringiert sind, stellt das in AMOS als „*Measurement Residuals*" (M^{MR}) ausgewiesene Modell die *strengste Restriktion* dar.

4. Schritt: Vergleich der Modell-Fits von M^U und M^{MR}: Sowohl für das unrestringierte (M^U) als auch für das vollständig restringierte Modell (M^{MR}) wird nun der Modell-Fit *simultan* über alle betrachteten Gruppen (Stichproben) errechnet. Der Vergleich der Fit-Werte erlaubt nun eine Aussage über die Gültigkeit des formulierten Kausalmodells in den betrachteten Gruppen. Weist M^{MR} im Vergleich zu M^U einen ähnlichen und auch als gut zu bezeichnenden Gesamt-Fit auf, so kann daraus geschlossen werden, dass in allen Gruppen *dasselbe Kausalmodell mit identischen Parameterschätzungen* Gültigkeit besitzt. Zur Beurteilung des Modell-Fits sollten entsprechend unseren zusammenfassenden Empfehlungen in Kap. 9 (vgl. Abb. 9.7), insbesondere die Gütemaße χ^2/d.f., RMSEA, TLI, CFI und NFI herangezogen werden.

Inferenzstatistisch kann der Unterschied im Gesamt-Fit der beiden Modellvarianten mit Hilfe des Chi-Quadrat-Differenztests (Formel (7.9)) auf Signifikanz geprüft werden. Sofern die Nullhypothese (H_0: beide χ^2-Werte sind gleich) nicht verworfen werden kann, wird gefolgert, dass *keine Unterschiede* in beiden Modellvarianten bestehen. Da dieser Test jedoch als sehr sensitiv zu bezeichnen ist, werden zum Modellvergleich bei der MGKA üblicherweise die Unterschiede bei den dargestellten deskriptiven und inkrementellen Fitmaßen herangezogen.

Deskriptive und inkrementelle Fitmaße zum Modellvergleich
Der Modell-Fit von unterschiedlichen Modellvarianten im Rahmen der Multi-Group Analysis kann dann als *gleich* bezeichnet werden, wenn die Differenzen der betrachteten deskriptiven oder inkrementellen Fitmaße zwischen den Modellvarianten höchstens 0,01 betragen (Cheung und Rensvold 2002, S. 251 f.).[4]

Zu obiger „Faustregel" ist kritisch anzumerken, dass der Schwellenwert von $\leq 0,01$ lediglich als *„erster Richtwert"* gelten kann, da eine umfassende Validierung im Rahmen entsprechender Simulationsstudien noch aussteht (Temme und Hildebrandt 2009, S. 153).

5. *Schritt*: Aufdeckung von Modellunterschieden (Fit-Verbesserungen): Bei praktischen Anwendungen ist es sehr unwahrscheinlich, dass beide Modellvarianten (M^U und M^{MR}) vergleichbare und gleichzeitig auch gute Modell-Fits besitzen. Der Grund hierfür ist darin zu sehen, dass der absolute Modell-Fit schlechter wird je mehr Parameter restringiert sind. Zum anderen ist der Anwender ja gerade auf der Suche nach gruppenspezifischen Unterschieden in den Wirkbeziehungen, so dass auch diese – falls sie existieren – dazu führen, dass bei Restringierung der Modell-Fit abnimmt. Mit Hilfe der *Modifications Indices* für das vollständig restringierte Modell, die separat für jede betrachtete Gruppe ausgewiesen werden, kann der Anwender nun sukzessive nach Verbesserungen im Modell-Fit suchen. M.I.-Werte von restringierten Parametern, die in der Summe über die betrachteten Gruppen die größten Werte aufweisen, können am stärksten den Modell-Fit verbessern und sollten deshalb im nächsten Schritt freigesetzt werden. Führt dies zu einer deutlichen Verbesserung des Modell-Fits, so können dadurch Unterschiede in den betrachteten Gruppen z. B. im Bereich der Wirkbeziehungen im Strukturmodell (insbesondere β- und γ-Werte) „entdeckt" werden. Freisetzungen von restringierten Parametern sollten dabei aber auch immer sachlogisch begründet erfolgen.

AMOS bietet „auf dem Weg" von der Modellvariante M^U zur Modellvariante M^{MR} Hilfestellungen in der Art an, dass unter der Menüfolge *„Analyze → Multi Group Analysis"* dem Anwender sechs weitere *Modellvarianten* zur Auswahl gestellt werden, die jeweils durch die Restringierung ganzer Parametergruppen (z. B. alle Faktorladungen, alle Messfehler, Pfadkoeffizienten im Strukturmodell) gekennzeichnet sind. In welcher Form diese Modellvarianten vom Anwender zweckmäßiger Weise genutzt werden können, wird in Kap. 14.3 anhand des Fallbeispiels im Detail erläutert.

---

[4]Die Differenzwerte der Fitmaße werden von AMOS im Rahmen der MGKA automatisch berechnet und im Textoutput unter *„Model Comparison"* ausgegeben.

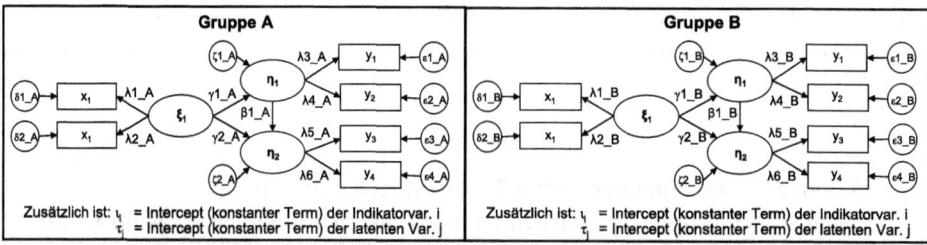

Prüfung der Gleichheit von Wirkbeziehungen und Mittelwerten zwischen Gruppen

Bezeichnung der Identi-tätsrestriktion in AMOS	Allgemein gilt bei Gleichheit zwischen g (1,...,G) Gruppen	Restringierung der Parameter im Beispiel	Voraussetzung bzgl. Messinvarianz
(3)	Structural Weights	$\Gamma\_1 = \Gamma\_2 = ... = \Gamma\_G$ $B\_1 = B\_2 = ... = B\_G$	$\gamma1\_A=\gamma1\_B$; $\gamma2\_A=\gamma2\_B$; $\beta1\_A=\beta1\_B$	Modell 1
(5)	Structural Means	$\mu\_\xi\_1 = \mu\_\xi\_2 = ... = \mu\_\xi\_G$ $\mu\_\eta\_1 = \mu\_\eta\_2 = ... = \mu\_\eta\_G$	$\mu\_\xi\_A = \mu\_\xi\_B$; $\mu\_\eta1\_A = \mu\_\eta1\_B$; $\mu\_\eta2\_A = \mu\_\eta2\_B$	Modelle 1, 2, 3, 4
(6)	Structural Covariances	$\Phi\_1 = \Phi\_2 = ... = \Phi\_G$	nicht prüfbar, da nur eine latente exogene Variable	Modell 1

Abb. 14.2 Prüfung von Gruppenunterschieden mittels MGKA

14.1.4 Beantwortung der zentralen Anwendungsfragen mit Hilfe der MGKA

Im Folgenden wird kurz aufgezeigt, wie mit Hilfe der MGKA die eingangs formulierten „zentralen Anwendungsfragen" (vgl. Abb. 14.1) beantwortet werden können. Zur Verdeutlichung der Zusammenhänge wird auf das bereits in Kap. 3.3.1.3 einführend verwendete Kausalmodell zurückgegriffen (vgl. Abb. 3.17) und dieses auf den Zwei-Gruppen-Fall erweitert.

Identitätsrestriktionen
Die Gleichsetzung von Modellparametern zwischen Gruppen wird als *Identitätsre-striktion* bezeichnet. Dabei werden die korrespondierenden Modellparameter der betrachteten Gruppen derart restringiert, dass für sie in jeder Gruppe derselbe Schätzwert ermittelt wird. Prinzipiell können Identitätsrestriktionen für jeden zu schätzenden Modellparameter festgelegt werden.

Abbildung 14.2 zeigt das entsprechende Kausalmodell für zwei Gruppen A und B, wobei zur Verdeutlichung der Gruppenzuordnungen die Modellparameter mit A bzw. B gekennzeichnet wurden. Im unteren Teil der Abbildung sind die sog. *Identitätsrestriktionen* in allgemeiner Form sowie bezogen auf das Beispiel aufgeführt, die bei Prüfung der drei eingangs formulierten Fragestellungen vorzunehmen sind.

Messäquivalenz (Messinvarianz) von Messmodellen und Strukturmodell			
Bezeichnung der IR in AMOS	**Allgemeine Identitäts-restriktionen (IR)**	**Restringierung der Parameter im Beispiel**	**Invarianz-Stufe**
(1) M^M Measurement Weights	$\Lambda x\_1 = \Lambda x\_2 = ... = \Lambda x\_G$ $\Lambda y\_1 = \Lambda y\_2 = ... = \Lambda y\_G$	$\lambda 1\_A = \lambda 1\_B; \lambda 2\_A = \lambda 2\_B;$ $\lambda 3\_A = \lambda 3\_B; \lambda 4\_A = \lambda 4\_B; \lambda 5\_A = \lambda 5\_B; \lambda 6\_A = \lambda 6\_B$	**Metrische Invarianz** (alle Messmodelle)
(2) M^{SM} Measurement Intercepts	IR 1 *plus* $\iota\_1 = \iota\_2 = ... = \iota\_G$	IR 1 *plus* $\iota.x_1\_A = \iota.x_1\_B; \iota.x_2\_A = \iota.x_2\_B;$ $\iota.y_1\_A = \iota.y_1\_B; \iota.y_2\_A = \iota.y_2\_B;$ $\iota.y_3\_A = \iota.y_3\_B; \iota.y_4\_A = \iota.y_4\_B$	**Skalare Invarianz** (Indikatorvariable)
(3) Sructural Weights	$\Gamma\_1 = \Gamma\_2 = ... = \Gamma\_G$ $B\_1 = B\_2 = ... = B\_G$	$\gamma 1\_A = \gamma 1\_B; \gamma 2\_A = \gamma 2\_B;$ $\beta 1\_A = \beta 1\_B$	*Voraussetzung zur Prüfung von 4, 7, 8*
(4) M^{SS} Structural Intercepts	IR 1 bis 3 *plus* $\tau\_1 = \tau\_2 = ... = \tau\_G$	IR 1 bis 3 *plus* $\tau\_\xi 1\_A = \tau\_\xi 1\_B;$ $\tau\_\eta 1\_A = \tau\_\eta 1\_B;$ $\tau\_\eta 2\_A = \tau\_\eta 2\_B$	**Skalare Invarianz** (latente Variable)
(7) M^{SR} Structural Residuals	IR 1, 3, 6 *plus* $\zeta\_1 = \zeta\_2 = ... = \zeta\_G$	IR 1, 3, 6 *plus* $\zeta 1\_A = \zeta 1\_B; \zeta 2\_A = \zeta 2\_B$	**Messfehler-Invarianz** (Strukturmodell)
(8) M^{MR} Measurement Residuals	IR 1, 3, 6, 7 *plus* $\Theta\_\delta\_1 = \Theta\_\delta\_2 = ... = \Theta\_\delta\_G$ $\Theta\_\varepsilon\_1 = \Theta\_\varepsilon\_2 = ... = \Theta\_\varepsilon\_G$	IR 1, 3, 6, 7 *plus* $\delta 1\_A = \delta\_B; \delta 2\_A = \delta 2\_B;$ $\varepsilon 1\_A = \varepsilon 1\_B ... \varepsilon 4\_A = \varepsilon 4\_B$	**Messfehler-Invarianz** (alle Messmodelle)

Abb. 14.3 Identitätsrestriktionen der verschiedenen Invarianz-Stufen und Zuordnung der AMOS-Modellvarianten

Unterschiedliche Identitätsrestriktionen bzw. Kombinationen von Identitätsrestriktionen führen zu unterschiedlichen *Modellvarianten*, die vom Anwender gegeneinander getestet werden können. In AMOS werden die zu unseren Ausgangsfragen korrespondierenden Modellvarianten „standardmäßig" bereitgestellt und sind ebenfalls in Abb. 14.2 aufgeführt.

Da die Prüfung dieser inhaltlichen Identitätsrestriktionen mit unterschiedlichen Formen der Messäquivalenz korrespondiert, sind in der letzten Spalte auch diejenigen Modellvarianten in AMOS genannt, die diese Äquivalenzprüfung ermöglichen (vgl. zur Prüfung der Messäquivalenz und den zugehörigen Modellvarianten in AMOS Kap. 14.2 und Abb. 14.3). Im Folgenden wird *vorausgesetzt*, dass bei allen Fragestellungen zunächst die Äquivalenz der Messmodelle (Messinvarianz) vom Anwender geprüft und als *hinreichend gegeben* angesehen wurde. Unter dieser Voraussetzung können die eingangs formulierten Anwendungsfragen wie folgt mit Hilfe der MGKA beantwortet werden:

(1) Vergleich der Basisstruktur latenter Variablen: $\rightarrow$ **Messäquivalenz!:** Diese Frage betrifft ausschließlich die Äquivalenz von Messmodellen in den betrachteten Gruppen und wird damit in Kap. 3.2 beantwortet.

(2) Vergleich der Strukturbeziehungen zwischen latenten Variablen: Mit der Identitätsrestriktion (3) in Abb. 14.2 wird die Gleichheit der Beziehungen im Strukturmodell (sog. Structural Weights) geprüft. Ist der Gesamt-Fit eines in dieser Form restringierten Modells vergleichbar zum unrestringierten Modell (M^U), so sind die Strukturbeziehungen in den Gruppen identisch. Ist der Modell-Fit des restringierten Modells hingegen deutlich *schlechter*, so kann dadurch auf die Unterschiede in der Stärke der Wirkbeziehungen in den Gruppen geschlossen werden, sofern metrische Invarianz gegeben ist.

Bei praktischen Anwendungen wird in dieser Form vor allem die Wirksamkeit einer *Moderatorvariable* als Ursache für Modellunterschiede zwischen Gruppen geprüft. Diese Prüfung von Moderatoreffekten auf die Stärke der Wirkbeziehungen in einem Kausalmodell gehört aktuell mit zu den häufigsten Anwendungsfällen der MGKA.[5] Der Einfluss eines Moderators kann bei Mehrgleichungssystemen *nicht* direkt in das Modell integriert werden (wie z. B. bei der moderierten Regression), da er sich nicht nur auf einzelne Kausalbeziehungen auswirkt, sondern auf das System im Ganzen. Bezogen auf unser Fallbeispiel in Teil II des Buches wäre es z. B. denkbar, dass die Einflussstärke des „Variety Seeking" auf die Kundenbindung bei jungen Leuten durchaus höher ist als bei älteren Menschen oder dass die durchschnittliche Zufriedenheit der Hotelgäste in Abhängigkeit der Nationalität (Deutschland, Schweiz) variiert. Um die Wirksamkeit eines Moderators bei Kausalmodellen zu prüfen, ist der empirische Datensatz entsprechend der als Moderator fungierenden Variablen in Gruppen zu zerlegen (z. B. bei „Geschlecht" als vermutetem Moderator in die beiden Gruppen „Männer" und „Frauen"). Anschließend werden für die gebildeten Gruppen die Parameter des Strukturmodells restringiert. Weist das in dieser Form restringierte Modell gegenüber dem unrestringierten Modell einen signifikant *schlechteren* Fit auf, so kann daraus geschlossen werden, dass sich die entsprechenden Parameter tatsächlich zwischen den Gruppen unterscheiden (also *nicht* gleich sind) und somit ein moderierender Effekt vorliegt.

(3) Vergleich der Mittelwerte von latenten Variablen: Mit der Identitätsrestriktion (5) in Abb. 14.2 werden die Konstruktmittelwerte (sog. Structural Means) in den Gruppen als gleich unterstellt. Auch hier weist ein deutlich schlechterer Modell-Fit eines in dieser Form restringierten Modells gegenüber dem unrestringierten Modell (M^U) auf Mittelwertunterschiede hin, sofern skalare und metrische Invarianz gegeben sind. Auf Unterschiede in den Konstruktwerten wird dabei anhand des Modell-Fits nur rückgeschlossen. Inwieweit diese Werte zwischen den Gruppen statistisch signifikant voneinander abweichen muss der Anwender unter Verwendung der Mittelwerte und Standardabweichungen der Konstrukte mittels t-Test jedoch selbst prüfen. Derartige Tests werden nicht von AMOS bereitgestellt.

---

[5] Vgl. zu entsprechenden Anwendungsfällen im Marketing z. B. die Arbeiten von Giering (2000); Beutin (2000); Gregori (2006) und Hälsig (2008).

14.2 Prüfung der Äquivalenz von Messmodellen mit Hilfe der Mehrgruppen-Faktorenanalyse (MGFA)

14.2.1 Probleme bei fehlender Äquivalenz der Messmodelle

Wie bereits mehrfach herausgestellt, setzt die Durchführung der MGKA voraus, dass die Messmodelle eines Kausalmodells in allen betrachteten Gruppen in gleicher Weise Gültigkeit besitzen, so dass die betrachteten Konstrukte in allen Gruppen auch äquivalent gemessen werden. Es ist deshalb vor Durchführung einer MGKA die Messäquivalenz der Konstrukte in den Gruppen zu prüfen.

Die Problematik bei *nicht vorhandener* Messäquivalenz ist vor allem darin zu sehen, dass trotz gleicher Parameterschätzwerte für die betrachteten Gruppen diese in Wahrheit aber *nicht* gleich sind (sich die tatsächlichen Werte der Gruppen also unterscheiden) oder unterschiedliche Schätzwerte trotz tatsächlich gleich ausgeprägter Werte resultieren (sich die tatsächlichen Werte der Gruppen also *nicht* unterscheiden).

> **Vollständige Messäquivalenz (Messinvarianz)**
> Vollständige Messäquivalenz bzw. Messinvarianz eines Messmodells liegt vor, wenn die Anwendung des Messmodells einer latenten Variablen in unterschiedlichen Stichproben bei gleichen Erhebungswerten der Indikatorvariablen auch die gleichen Messwerte für die latente Variable (Konstrukt- bzw. Faktorwerte und Konstruktmittelwert) erbringt.

Sofern im Rahmen der MGKA auch Mittelwerte untersucht werden sollen, so sind die Messgleichungen eines reflektiven Messmodells in folgender Form zu schätzen: $x = \tau + \lambda \cdot \xi + \delta$ bzw. für die Mittelwerte: $\mu = \tau + \lambda \cdot \kappa$.

Dabei ist τ (lies: Tau) eine Konstante (Intercept), die Auskunft darüber gibt, wie stark die Ausprägung eines Messindikators *ohne* Einfluss des Faktors ist. Weiterhin gibt μ (lies: My) den Mittelwert des Indikators und κ (lies: Kappa) den Mittelwert des latenten Konstruktes an. Sind die Mittelwerte der Indikatoren in den Gruppen identisch, gilt z. B. für zwei Gruppen $G = 1$ und 2: $\mu^{G1} = \mu^{G2}$, so sollte dies auch zu identischen Konstrukt-Mittelwerten in den beiden Gruppen führen ($\kappa^{G1} = \kappa^{G2}$). Fehlende Messäquivalenz sowohl bezogen auf die Konstanten als auch auf die Faktorladungen kann nun dazu führen, dass trotz gleicher Indikatormittelwerte ($\mu^{G1} = \mu^{G2}$) unterschiedliche Konstrukt-Mittelwerte ($\kappa^{G1} \neq \kappa^{G2}$) resultieren (Temme und Hildebrandt 2009, S. 140 ff.):

- Sofern $\lambda^{G1} \neq \lambda^{G2}$, so kann $\kappa^{G1} \neq \kappa^{G2}$ resultieren, obwohl $\mu^{G1} = \mu^{G2}$ und $\tau^{G1} = \tau^{G2}$ gilt.
- Sofern $\tau^{G1} \neq \tau^{G2}$, so kann $\kappa^{G1} \neq \kappa^{G2}$ resultieren, obwohl $\mu^{G1} = \mu^{G2}$ und $\lambda^{G1} = \lambda^{G2}$ gilt.

- Sofern $\tau^{G1} \neq \tau^{G2}$ und $\lambda^{G1} \neq \lambda^{G2}$, so kann $\kappa^{G1} \neq \kappa^{G2}$ resultieren, obwohl $\mu^{G1} = \mu^{G2}$ gilt.
- Zur Messung einer latenten Variablen ist eine Konstruktmetrik erforderlich, wobei meist eine Indikatorvariable als Referenz festgelegt wird (vgl. Kap. 5.2). Ist für diesen Referenzindikator in verschiedenen Gruppen keine Messäquivalenz (gilt also $\tau^{G1} \neq \tau^{G2}$ und/oder $\lambda^{G1} \neq \lambda^{G2}$) gewährleistet, so kann dies zu Verzerrungen der Strukturbeziehungen zwischen den latenten Konstrukten führen, so dass diese nicht mehr vergleichbar sind.[6]

Vor dem Hintergrund der obigen Probleme ist deshalb *vor* dem Vergleich von Schätzergebnissen verschiedener Gruppen zu prüfen, ob die latenten Variablen in allen Gruppen einheitlich gemessen wurden. Die Messäquivalenz eines Messmodells ist dabei jedoch kein dichotomes Ereignis (ja/nein), sondern beinhaltet unterschiedliche „Grade" und reicht von dem Vorliegen „konfiguraler Messinvarianz" bis hin zur „vollständigen faktoriellen Invarianz". In Abhängigkeit davon, welche inhaltlichen Vergleiche der Anwender zwischen Gruppen vornehmen möchte (Vergleich der Parameter im Strukturmodell; Vergleich der Konstruktmittelwerte), sind unterschiedliche Invarianz-Arten erforderlich. Im Folgenden werden die unterschiedlichen Arten der Messinvarianz im Einzelnen erläutert und in Kap. 14.3.1 deren Prüfung anhand einer Erweiterung des Fallbeispiels aus Kap. 7.2 auf zwei Gruppen verdeutlicht. Da die Invarianz-Prüfung mit Hilfe der konfirmatorischen Faktorenanalyse erfolgt, die auf den Mehrgruppenfall zu erweitern ist, werden zunächst diese Erweiterungen für die MGFA kurz erläutert.

14.2.2   Modell der konfirmatorischen Faktorenanalyse im Mehrgruppenfall (MGFA)

Die im vorangegangenen Kapitel dargestellten Probleme haben verdeutlicht, dass ein wesentlicher Grund für Messinvarianz in der Unterschiedlichkeit der *Intercepts* einer Messvariablen (konstanter Term der Messgleichung) in den betrachteten Guppen begründet liegt. Um diesen Aspekt erfassen zu können, sind die Messgleichungen der reflektiven Messmodelle entsprechend zu erweitern. Allerdings gilt dies nur, sofern die Mittelwerte der Konstrukte überhaupt untersucht werden sollen. Die bisher betrachtete Messgleichung für einen reflektiven Indikator i lautet:

$$x_i = \lambda_i \cdot \xi + \delta_i$$

---

[6] Bei praktischen Anwendungen wird häufig „blind" die jeweils erste Indikatorvariable eines Messmodells als Referenzindikator gewählt, da dies auch der Voreinstellung in AMOS entspricht. Besteht aber *keine* Invarianz dieser Indikatorvariablen über die Gruppen, so sind die Strukturbeziehungen über die Gruppen nicht vergleichbar (Williams und Thomson 1986, S. 28 ff.).

mit:

x_i: Messwert des Indikators i
λ_i: Pfadkoeffizient (Lambda) des Indikators i
ξ: latente Variable (Ksi)
δ_i: Messfehler des Indikators i (Delta)

Im Mehrgruppenfall sind die Intercepts τ (lies: Tau) der Messindikatoren aber aus o. g. Gründen zur Beantwortung der eingangs formulierten drei Kernfragestellungen von besonderer Bedeutung, so dass die allgemeine Messgleichung eines reflektiven Indikators hier entsprechend zu erweitern ist, und es gilt:

$$x = \tau + \lambda \cdot \xi + \delta \qquad (14.3)$$

Für jede Gruppe g gilt in Matrixschreibweise:

$$X^g = \tau^g + \Lambda^g \cdot \xi^g + \Delta^g$$

Die Ausprägungen des Indikators x können damit als Linearkombination der Konstanten τ, des Pfadkoeffizienten λ, der latenten Variable ξ und des Messfehlers δ dargestellt werden. Unter Gültigkeit der Annahmen der (konfirmatorischen) Faktorenanalyse, die auch denen bei Anwendung von Strukturgleichungsanalysen entsprechen (z. B. Normalverteilung der Fehlervarianzen mit Mittelwert = 0 und Varianz = 1), besteht zwischen den Mittelwerten eines Indikators (μ) und dem Mittelwert der latenten Variable κ folgende Beziehung:

$$\mu = \tau + \lambda \cdot \kappa \qquad (14.4)$$

Für jede Gruppe g gilt in Matrixschreibweise:

$$\mu^g = \tau^g + \Lambda^g \cdot \kappa^g$$

Für die modelltheoretische Varianz-Kovarianzmatrix $\left(\hat{\Sigma}^g\right)$ gilt auch im *Mehrgruppenfall* das Fundamentaltheorem der Faktorenanalyse (vgl. Kap. 3.3.2.1), wobei nun für alle G Gruppen die modelltheoretischen Varianz-Kovarianzmatrizen gemäß Formel (14.5) geschätzt werden:

$$\hat{\Sigma}^g = \Lambda^g \Phi^g \Lambda^{g\prime} + \theta^g \qquad (14.5)$$

mit:

$\hat{\Sigma}^g$: modelltheoretische Varianz-Kovarianzmatrix der Gruppe g
Λ^g: Faktorladungsmatrix der Gruppe g
Ψ^g: Kovarianzmatrix der latenten Variablen der Gruppe g
θ_g: Kovarianzmatrix der Residualgrößen der Gruppe g

Mit Hilfe der obigen Zusammenhänge können nun die unterschiedlichen *Stufen von Mess-äquivalenz* (Messinvarianz) differenziert, die Bedingungen für deren Vorliegen formuliert und die Konsequenzen für den Gruppenvergleich von Messmodellen aufgezeigt werden.

14.2.3 Invarianz-Prüfung von Kausalmodellen mit Hilfe der MGFA

Um eine vollständige Vergleichbarkeit von Gruppen zu gewährleisten, muss aus theoretischer Sicht auch *vollständige faktorielle Messinvarianz* gegeben sein. Dies bedeutet, dass die Gruppen hinsichtlich aller strukturellen Merkmale vergleichbar sein müssen, wobei diese Vergleichbarkeit durch entsprechende Identitätsrestriktionen herbeigeführt wird. In der Literatur (z. B. Steenkamp und Baumgartner 1998, S. 80 f.) werden unterschiedliche Stufen der faktoriellen Invarianz unterschieden, die unterschiedliche Formen des Vergleichs von Kausalmodellen zwischen Gruppen erlauben.

Im Folgenden werden zunächst die unterschiedlichen Stufen der Messinvarianz vorgestellt. Dabei wird wiederum die Verbindung zu AMOS hergestellt, indem die von AMOS bereitgestellten Modellvarianten zur Prüfung der Invarianz-Stufen aufgeführt werden. Bei den folgenden Darstellungen werden zunächst die „strengen" Bedingungen aufgezeigt, die vorliegen müssen, damit aus theoretischer Sicht die jeweilige Invarianz-Stufe erfüllt ist. Da diese Bedingungen bei praktischen Anwendungen meist jedoch nicht vollständig gegeben sind, werden in Kap. 14.2.3.2 Maßnahmen aufgezeigt, mit deren Hilfe *Verletzungen* der Bedingungen identifiziert und behoben werden können. Soweit diese „Verletzungen" aus praktischer Sicht als „akzeptabel" angesehen werden können, wird von *partieller Invarianz* gesprochen und die jeweiligen inhaltlichen Prüfungen können durchgeführt werden.

14.2.3.1 Stufen der faktoriellen Invarianz

Die Stufen der faktoriellen Invarianz (Steenkamp und Baumgartner 1998, S. 80 f.) unterscheiden sich durch *unterschiedliche Identitätsrestriktionen*, die zwischen den Modellparametern der betrachteten Gruppen eingeführt werden. Erbringt ein Modell mit den jeweiligen Identitätsrestriktionen einen ebenso guten Fit wie das gleiche Modell ohne diese Identitätsrestriktionen, so gilt die jeweilige Invarianzstufe als bestätigt. Von AMOS werden zur Invarianz-Prüfung die in Abb. 14.3 dargestellten Modellvarianten bereitgestellt (vgl. hierzu auch die Erläuterungen in Kap. 14.3.1.1, insb. Abb. 14.6). Die Abbildung zeigt in der vorletzten Spalte weiterhin die entsprechenden Identitätsrestriktionen, wie sie bezogen auf unser einführendes Beispiel in Abb. 14.2 zu setzen wären.

Stufe 1: **Konfigurale Messinvarianz (M^K):** Es ist unmittelbar einsichtig, dass die identische *Bezeichnung* von Konstrukten noch lange nicht bedeutet, dass die Konstrukte auch in Wahrheit identisch sind. Da Konstrukte über *Messmodelle* operationalisiert werden, ist die *conditio sine qua non* für gleiche Konstruktmessungen die identische Spezifikation bzw. Konfiguration der Konstrukte. Das bedeutet bei reflektiven Messmodellen, dass diese nur dann die gleiche „*kognitive Struktur*" eines Konstruktes abbilden, wenn sie identische Messkonzepte (insb. gleiche Indikatorvariable) und Messvorschriften verwenden.

Konfigurale Invarianz (schwacher Grad faktorieller Invarianz)
liegt vor, wenn die Struktur (S) der Faktorladungsmatrizen (Measurement Weights) in allen *g* Gruppen identisch ist, und es gilt:

$$\text{Modell } M^K \colon S\left(\Lambda^1\right) = S\left(\Lambda^2\right) = \ldots = S\left(\Lambda^G\right) \tag{14.6}$$

Konfigurale Invarianz ist die *notwendige Bedingung* für Gruppenvergleiche, ansonsten dürfen *keine* Vergleiche durchgeführt werden.

Die Sicherstellung konfiguraler Messinvarianz setzt zunächst voraus, dass die gleiche Konstrukt-Operationalisierung vorliegt. Die MGFA kann bei der Prüfung von konfiguraler Invarianz dadurch wertvolle Hinweise liefern, dass über die verschiedenen Gruppen hinweg dasselbe konfirmatorische Modell geschätzt wird, d. h. die gleichen Parameter als „frei", „fest" und „restringiert" spezifiziert sind. Die Parameterwerte werden dann für jede Gruppe *getrennt* ermittelt.

Der empirische Nachweis von konfiguraler Invarianz erfolgt dann anhand der Modellgüte in den einzelnen Gruppen. Nach Steenkamp und Baumgartner (1998, S. 80) kann von konfiguraler Invarianz ausgegangen werden, wenn

1. das betrachtete Kausalmodell *in jeder Gruppe* einen akzeptablen Fit aufweist;
2. die Faktorladungen substanziell (standardisierte $\lambda_{ij} > 0,6$) und signifikant von Null verschieden sind (p-Wert $< 0,05$ bzw. $0,10$);
3. die Faktor-Korrelationen signifikant kleiner als 1 sind;
4. Diskriminanzvalidität der Konstrukte in jeder Gruppe gegeben ist.

Kann konfigurale Invarianz *nicht* bestätigt werden, so sind Vergleiche zwischen den Gruppen auch *nicht* zulässig (Vandenberg und Lance 2000, S. 12), und die Prüfprozedur sollte hier beendet werden. Die konfigurale Invarianz wird somit für *alle* folgenden Stufen der Messinvarianz als gegeben *vorausgesetzt*!

Stufe 2: **Metrische Messinvarianz (M^M):** Die konfigurale Invarianz von Messmodellen ist *nicht* hinreichend dafür, dass bei reflektiven Messmodellen bestimmte Folgewirkungen (Indikatorwerte) in gleich starker Weise durch ein betrachtetes Konstrukt verursacht werden. Dies ist nur dann gegeben, wenn in allen G Gruppen die *Stärke* des Zusammenhangs (Faktorladung) zwischen dem Konstrukt (Faktor) und einem Indikator *identisch* ist.

Metrische Invarianz (mittlerer Grad faktorieller Invarianz)
liegt vor, wenn die Höhe der Faktorladungen (Measurement Weights) in allen G Gruppen identisch sind, und es gilt:

$$\text{Modell } M^M: \Lambda^1 = \Lambda^2 = \ldots = \Lambda^G \tag{14.7}$$

Liegen konfigurale und metrische Invarianz vor, so können die Beziehungen der Kon-strukte im Strukturmodell (γ- und β-Koeffizienten) zwischen den Gruppen verglichen werden.

Zur empirischen Prüfung der metrischen Invarianz werden alle Faktorladungen restringiert (also zwischen den Gruppen gleich gesetzt), während alle übrigen Modellparameter gruppenbezogen frei geschätzt werden. Liefert der Vergleich der Fitmaße zwischen dem unrestringierten Modell (M^U) und der Modellvariante M^M deutlich *schlechtere* Fitmaße für das Modell M^M, so ist ein Vergleich der Strukturbeziehungen zwischen den Gruppen *nicht* zulässig.

Stufe 3: **Skalare Messinvarianz (M^S):** Konfigurale und metrische Invarianz von Messmodellen sind noch kein hinreichender Nachweis dafür, dass gleiche Konstruktwerte auch gleiche Indikatorwerte erbringen. Um das zu gewährleisten, muss weiterhin vorausgesetzt werden, dass das über die Gruppen fixierte (restringierte) Faktorenmodell in der Lage ist, nicht nur die Kovarianzmatrix der Indikatoren angemessen zu reproduzieren, sondern auch die Indikatormittelwerte. Ist das gegeben, so wird in der Literatur auch vom Vorliegen der sog. „starken Form der faktoriellen Invarianz" (Meredith 1993, S. 534) gesprochen.

Zur empirischen Prüfung der skalaren Invarianz werden – aufgrund der Abhängigkeit der Indikatormittelwerte von den latenten Mittelwerten – die Mittelwerte der latenten Variablen in einer Referenzgruppe auf Null gesetzt und die Konstanten (Intercepts) derselben Indikatoren über alle Gruppen restringiert (gleichgesetzt). Die latenten Mittelwerte in den anderen Gruppen können dann frei geschätzt werden, so dass verschiedene Ausprägungen der Konstrukte in den Gruppen berücksichtigt sind. Liefert der Vergleich der Fitmaße zwischen dem „metrischen Modell (M^M)" und dem Modell M^S deutlich *schlechtere* Fitmaße für das Modell M^S, so ist ein Vergleich der latenten Konstruktmittelwerte zwischen den Gruppen *nicht* zulässig, da skalare Invarianz nicht gegeben ist.

Skalare Invarianz der Indikatoren (starke Form faktorieller Invarianz)
liegt vor, wenn neben der Höhe der Faktorladungen (metrische Invarianz) zusätzlich auch die Konstanten (Measurement Intercepts) der Indikatoren der Messmodelle

übereinstimmen, und es gilt:

$$\text{Modell } M^S \colon \tau^1 = \tau^2 = \ldots = \tau^G \quad \mu^g = \tau + \Lambda \cdot \kappa^g \tag{14.8}$$

mit: $\kappa^1 = 0$ und damit $\mu^1 = \tau$ für eine Referenzgruppe (hier: g = 1)

Liegen konfigurale, metrische und skalare Invarianz vor, so können nicht nur die Beziehungsstrukturen, sondern auch die (geschätzten) Mittelwerte der Konstrukte zwischen den Gruppen verglichen werden.

Stufe 4: **Messfehler-Invarianz (M^{MR}):** Sind die ersten drei Stufen der faktoriellen Invarianz erfüllt, so kann zusätzlich noch geprüft werden, ob auch die *Messfehler* (Measurement Residuals) in allen Gruppen gleich sind (Steenkamp und Baumgartner 1998, S. 80 f.).

Messfehler-Invarianz (strikte faktorielle Invarianz)
liegt vor, wenn zusätzlich zu den ersten drei Stufen der Invarianz auch die Fehlervariablen der Messmodelle über die Gruppen identisch sind, und es gilt (1):

$$(1) \text{ Modell } M^{MR} \colon \Theta^1 = \Theta^2 = \ldots = \Theta^G \tag{14.9}$$

Sind zusätzlich noch die beiden Bedingungen der Faktorkovarianz- und der Faktorvarianz-Invarianz erfüllt, so liegt *vollständige faktorielle Invarianz* vor und die Messmodelle der betrachteten Gruppen sind identisch und gleich reliabel.

$$(2) \text{ Modell } M^{FK} \colon \Phi^1_{jk} = \Phi^2_{jk} = \ldots = \Phi^G_{jk} \tag{14.10}$$

$$(3) \text{ Modell } M^{FV} \colon \Phi^1_{jj} = \Phi^2_{jj} = \ldots = \Phi^G_{jj} \tag{14.11}$$

Zur empirischen Prüfung der strikten faktoriellen Invarianz werden *alle* Parameter eines Kausalmodells (abgesehen von den Mittelwerten, den Konstanten der latenten Konstrukte und den Pfadbeziehungen im Strukturmodell) restringiert und dann dieses vollständig restringierte Modell M^{VFI} mit dem unrestringierten Modell M^U im Ausgangspunkt verglichen. Liefert der Vergleich der Fitmaße zwischen dem unrestringierten Modell (M^U) Modell M^{VFI} gleich gute Fitmaße, so weisen alle Messmodelle in den Gruppen den gleichen Inhaltsgehalt und die gleiche Reliabilität auf. Dies bedeutet, dass resultierende Unterschiede in den Gruppen (z. B. bezogen auf die Mittelwerte der latenten Konstrukte oder die Pfadkoeffizienten im Strukturmodell) auch auf tatsächliche Unterschiede zurückzuführen sind.

Zusätzlich zu diesen „Standard"-Invarianzprüfstufen kann auch die Invarianz der Konstrukt-Konstanten im Rahmen des Strukturmodells geprüft werden. Als Standardeinstellung sind derartige Konstanten in allen Gruppen auf Null fixiert, so dass diese Prüfung im Normalfall nicht vorgenommen werden muss. Sofern die Konstanten jedoch frei geschätzt werden sollen, so kann über diese Prüfung sichergestellt werden, dass die Konstrukt-Mittelwerte nicht durch unterschiedliche Konstanten verzerrt sind und somit ein Vergleich der Konstruktwerte über die Gruppen zulässig ist. Diese Prüfung wird von Amos im Modell 4 „Structural Intercepts" (vgl. Abb. 14.3) vorgenommen.

Invarianz der Konstrukt-Konstanten (skalare Invarianz der Konstrukte)
liegt vor, wenn metrische und skalare Invarianz gegeben sind und auch die Konstanten der latenten Konstrukte im Strukturmodell (Structural Intercepts) sowie die Pfadbeziehungen (Structural Weights) übereinstimmen, und es gilt:

$$\text{Modell } M^S: \tau_\eta^1 = \tau_\eta^2 = \ldots = \tau_\eta^G \quad \kappa_\eta^g = \tau + \Gamma \cdot \kappa_\xi^g \qquad (14.12)$$

14.2.3.2 Das Konzept der partiellen Messinvarianz

Im Rahmen der MGKA gilt die Messinvarianz auf einer bestimmten Stufe dann als bestätigt, wenn der Fit des über die Gruppen betrachteten Gesamtmodells bei Einführung der entsprechenden Identitätsrestriktionen einer Invarianz-Stufe nicht signifikant schlechter wird als der Fit des Gesamtmodells *ohne* Identitätsrestriktionen. Entsprechend der Ausführungen in Kap. 14.1.3 (Schritt 4) ist das dann gegeben, wenn sich die zur Beurteilung herangezogenen deskriptiven bzw. inkrementellen Fitmaße (z. B. CFI) zwischen den Modellvarianten auf aufeinanderfolgenden Invarianzstufen um nicht mehr als 0,01 unterscheiden.

Partielle Messinvarianz
liegt vor, wenn auf einer Invarianz-Stufe einzelne Identitätsrestriktionen aufgehoben werden, so dass sich der Modell-Fit verbessert, die dadurch entstehende „Verletzung" der theoretisch unterstellten Identitäten aus Sicht der Anwendungspraxis aber noch als „akzeptabel" gelten.

Bei praktischen Anwendungen sind die Unterschiede in den Fitmaßen meist jedoch deutlich größer als 0,01, so dass im „streng theoretischen Sinne" aufgrund der fehlenden Invarianz ein Vergleich zwischen Gruppen nicht mehr zulässig ist. Aufgrund des bei vielen Forschungsprojekten sehr hohen Aufwandes für Koordination, Datenerhebung usw.

(z. B. bei länderübergreifenden Studien) erscheint der Verzicht auf einen Gruppenvergleich jedoch eher unbefriedigend. Um dennoch, unter Berücksichtigung der Zielsetzung der jeweiligen Anwendungsstudie, einen Gruppenvergleich durchführen zu können, wird das *Konzept der partiellen Invarianz* eingeführt (Byrne 2004). Dies bedeutet, dass bei einer Verletzung auf einer Prüfebene einzelne Identitätsrestriktionen aufgehoben werden, also die freigesetzten Parameter in den jeweiligen Gruppen frei geschätzt werden. Dabei sind solange Parameter freizusetzen, bis anhand der Fitmaße (partielle) Invarianz auf der entsprechenden Prüfstufe bestätigt werden kann und trotz der Freigabe die Annahme der Invarianz noch aufrecht erhalten werden kann.

Abbildung 14.4 zeigt in Anlehnung an Steenkamp und Baumgartner (1998, S. 83) den Ablauf der Prüfprozedur zum Test auf partielle Invarianz, wobei hier nur die in der Praxis üblicherweise genutzten ersten drei Prüfstufen aufgenommen wurden.[7] Zusätzlich ist im linken Teil der Abbildung ausgewiesen, welche inhaltlichen Rückschlüsse bzw. Analysen je bestätigter Invarianzstufe zulässig sind.[8] Die Herstellung partieller Invarianz erfolgt dabei unter Verwendung der *Modification Indices*, wobei wie in Schritt 5 der allgemeinen Vorgehensweise (vgl. Kap. 14.1.3) zu verfahren ist.

Bei der Aufhebung von Identitätsrestriktionen auf einer bestimmten Invarianz-Stufe ist allerdings immer auch sachlogisch zu prüfen, ob die Aufhebung nicht dazu führt, dass im Prinzip auch partielle Invarianz nicht mehr angenommen werden kann. Grundsätzlich existieren unterschiedliche Empfehlungen, ab wann noch vom Vorliegen partieller Messinvarianz ausgegangen werden darf: So ist z. B. ein Vergleich der latenten Mittelwerte unverzerrt möglich, sobald je Faktor mindestens zwei Faktorladungen und zwei Konstante invariant sind (Steenkamp und Baumgartner 1998, S. 81). Nach Temme und Hildebrandt (2009, S. 162) wird aber von den meisten Autoren gefordert, dass nur eine Minderheit der Indikatoren nicht invariant ist, um vom Vorliegen partieller Invarianz sprechen und die entsprechenden Vergleiche durchführen zu können.

14.2.4 Zusammenfassende Empfehlungen

Bei der Durchführung einer Multi-Group Analysis (MGFA oder MGKA) sollte folgenden Punkten eine besondere Beachtung geschenkt werden:

- Auch die MGA erfordert eine eingehende theoretische und/oder sachlogische Fundierung des über mehrere Gruppen (Stichproben) zu vergleichenden Kausalmodells.

---

[7] Die weiteren Invarianzprüfungen z. B. auf Invarianz der Faktorvarianzen, Kovarianzen oder Messfehler sind in der praktischen Umsetzung eher die Ausnahme (Temme und Hildebrandt 2009, S. 155) und werden an dieser Stelle deshalb ausgespart.

[8] Die Prüfung partieller Invarianz mit Hilfe von Abb. 14.4 stellt eine relativ einfache Vorgehensweise dar, die bei praktischen Anwendungen jedoch weit verbreitet ist. Weitere Ansätze zur Identifikation nicht invarianter Indikatoren zeigen z. B. Krafft und Litfin 2002.

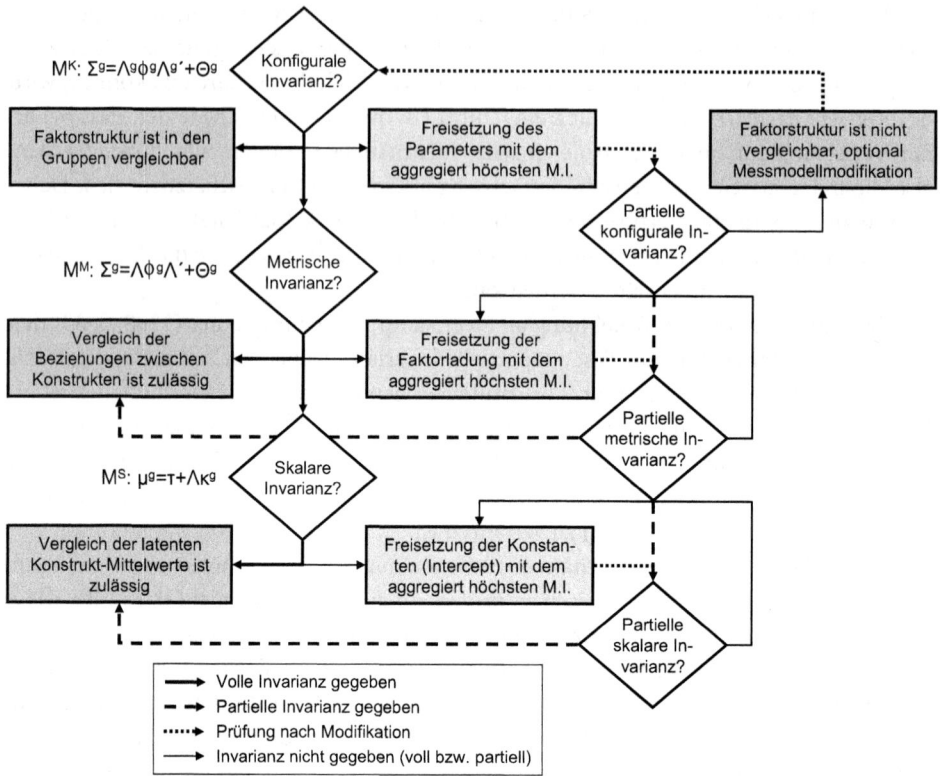

$M^K: \Sigma^g = \Lambda^g \phi^g \Lambda^{g\prime} + \Theta^g$

$M^M: \Sigma^g = \Lambda \phi^g \Lambda^\prime + \Theta^g$

$M^S: \mu^g = \tau + \Lambda \kappa^g$

Abb. 14.4 Prüfschema zur Messinvarianz bei reflektiven Messmodellen

Dabei ist insbesondere bei der *Konstrukt-Konzeptualisierung* (vgl. Kap. 5) darauf zu achten, dass die Betrachtungen im Rahmen von Subjektebene und Objektebene die Vergleichbarkeit von Konstrukten zwischen Gruppen erlauben und somit die vorgenommenen Konstrukt-Operationalisierungen auch in allen betrachteten Gruppen Gültigkeit besitzen.

- Die MGA folgt dem *kovarianzanalytischen* Ansatz der SGA und erfordert deshalb reflektiv formulierte Messmodelle sowie für alle betrachteten Gruppen vollständige Datensätze. Bei fehlenden Werten sind diese in geeigneter Weise zu ersetzen (vgl. Kap. 8.1.1).
- Die ML-Methode ist das „*Standard-Schätzverfahren*" der MGA, so dass vorab eine Prüfung auf Multinormalverteilung vorzunehmen ist.
- Ein Vergleich der Schätzwerte der Modellparameter zwischen mehreren Gruppen ist nur zulässig, wenn *Äquivalenz der Messmodelle* gewährleistet ist. Die Prüfung von Messinvarianz ist deshalb unerlässlich, wobei die Möglichkeiten des Gruppenvergleichs von der bestätigten Invarianz-Stufe abhängen (vgl. Abb. 14.4).

- Werden bei der Prüfung der *Messinvarianz* einzelne Identitätsrestriktionen aufgehoben, so ist immer auch sachlogisch zu prüfen, ob auch nach der Aufhebung noch hinreichende Vergleichbarkeit gewährleistet ist.

14.3 Fallbeispiel zur MGFA und zur MGKA

Im Folgenden wird das Fallbeispiel aus Kap. 4.2 erweitert und anhand eines Zwei-Gruppenfalls sowohl eine MGFA als auch eine MGKA mit Hilfe von AMOS 21 durchgeführt. Zur Möglichkeit von Mehrgruppenanalysen mit Hilfe von PLS sei der Leser auf Sarstedt et al. (2011, S. 195 ff.) verwiesen.

Fallbeispiel (MGKA)

Die Ergebnisse, die mit Hilfe der Kausalanalyse für die deutschen Hotels erzielt wurden, haben den Hotelbesitzer überzeugt. Er möchte deshalb die Untersuchung auch in seinen Hotels in der Schweiz durchführen.

Dabei möchte er das Kausalmodell jedoch derart vereinfachen, dass nur die Wirkungen der „Wechselbarrieren" und der „Zufriedenheit" (exogene latente Variable) auf die „Kundenbindung" (endogene latente Variable) untersucht werden sollen. Insbesondere interessiert es ihn, ob im Bereich dieses Strukturmodells andere Wirkbeziehungen oder zumindest Wirkungsstärken über die Länder resultieren und ob Unterschiede in der durchschnittlichen Zufriedenheit sowie der durchschnittlichen Kundenbindung in beiden Ländern bestehen. Aus Kostengründen werden mit dem gleichen Fragebogen in der Schweiz jedoch nur 96 Personen befragt.

Um die Gefahr einer Verzerrung durch die Stichprobengröße zu vermeiden, zieht er zum Vergleich der beiden Erhebungen aus dem in Deutschland erhobenen Datensatz ebenfalls eine Zufallsstichprobe von 96 Personen und führt mit den dann insgesamt 192 Fällen eine Mehrgruppen-Kausalanalyse durch.[9]

Um das neue Kausalmodell des Hotelbesitzers nun für zwei Länder prüfen zu können, ist zunächst für beide Gruppen die Vollständigkeit der Datensätze zu prüfen. Diese ist gegeben, da keine fehlenden Werte vorliegen. Weiterhin ist in beiden Gruppen auch die Normalverteilungsannahme (vgl. Kap. 8.1.3) zu prüfen, damit die ML-Methode als Schätzverfahren verwendet werden kann. Auch hier haben die Ergebnisse erbracht, dass die Annahme weitgehend als erfüllt angesehen werden kann. Zur Durchführung der MGFA mit Hilfe von AMOS sind zunächst über die Menüfolge „*Analyze → Manage Groups*" die

---

[9] Für die Anwendung der Mehrgruppen-Kausalanalyse gelten grundsätzlich dieselben Anforderungen wie im Eingruppenfall. Es ist deshalb darauf hinzuweisen, dass die Stichprobengröße in unserem Fallbeispiel mit je 96 Fällen pro Gruppe relativ gering ist. Das kann dazu führen, dass die Ergebnisse auch für das „überschaubare" Modell mit einer geringen Zahl an Parametern nicht robust sind. Da hier jedoch primär die Darstellung der Vorgehensweise und weniger die Ableitung inhaltlicher Schlussfolgerungen im Vordergrund steht, sei dies hier nicht näher problematisiert.

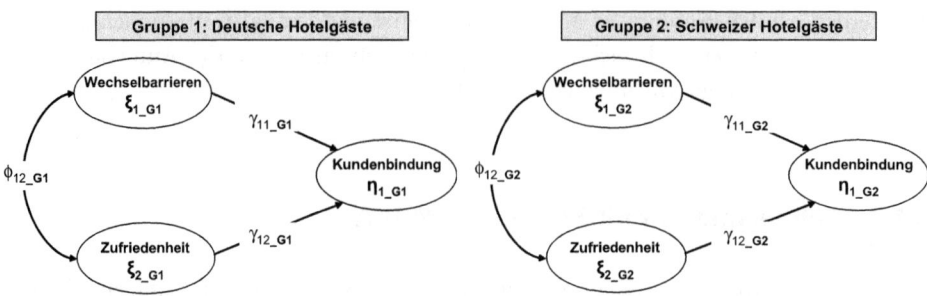

Abb. 14.5 Kausalmodell für den Ländervergleich

Gruppen festzulegen (1: DEU; 2: SUI) und anschließend über die Menüfolge „*File → Data Files*" die in den beiden Ländern erhobenen Datensätze zuzuordnen (vgl. Abb. 14.5).[10]

14.3.1 Prüfung von gruppenübergreifender Äquivalenz der Messmodelle mittels MGFA

Mit Hilfe der MGFA wird in diesem Kapitel zunächst die Äquivalenz der Messmodelle für die beiden Gruppen „Deutschland" und „Schweiz" geprüft. Während diese Prüfung grundsätzlich auch für jedes Messmodell *separat* vorgenommen werden kann, werden hier die Messmodelle aller drei Konstrukte *gemeinsam* analysiert. Dabei werden im Folgenden zunächst die *Invarianzprüfungen* vorgenommen. Ist Messäquivalenz erfüllt, so können anschließend die gruppenspezifischen Unterschiede in den Wirkbeziehungen des Strukturmodells sowie den Konstruktmittelwerten analysiert werden (vgl. Kap. 14.3.2).

14.3.1.1 Prüfung der Äquivalenz der Messmodelle
Auch im Rahmen der MGFA benötigen die latenten Variablen eine Konstrukt-Metrik (vgl. Kap. 8.2.2). Um zu vermeiden, dass hier ein Indikator als Referenzvariable gewählt wird, der *nicht* invariant über die Gruppen ist, werden für die MGFA die Varianzen der drei latenten Größen jeweils auf 1 fixiert. Zur Prüfung der unterschiedlichen Stufen der Invarianz bietet AMOS über das Menü „*Analyze → Multi-Group Analysis*" (MGA) eine recht komfortable Unterstützung bei der Spezifikation der Modelle. Sofern man, wie im vorliegenden Fall, daran interessiert ist, auch die Mittelwerte der Konstrukte zu untersuchen, muss zunächst unter „*View → Analysis Properties → Estimation*" die Option „*Estimate means and intercepts*" aktiviert werden. Dies ist z. B. erforderlich, um das Vorliegen von skalarer Invarianz zu prüfen. Anschließend können über das Menü „*Analyze →*

---

[10] Sofern die Daten, wie hier, für beide Gruppen in einem Datensatz vorliegen, so ist nun noch unter „Grouping Variable" eine Gruppenvariable auszuwählen, die eine Unterscheidung der Gruppen erlaubt. Anschließend ist für jede Gruppe der Wert (Ausprägung) dieser Variablen unter „Group Value" anzugeben.

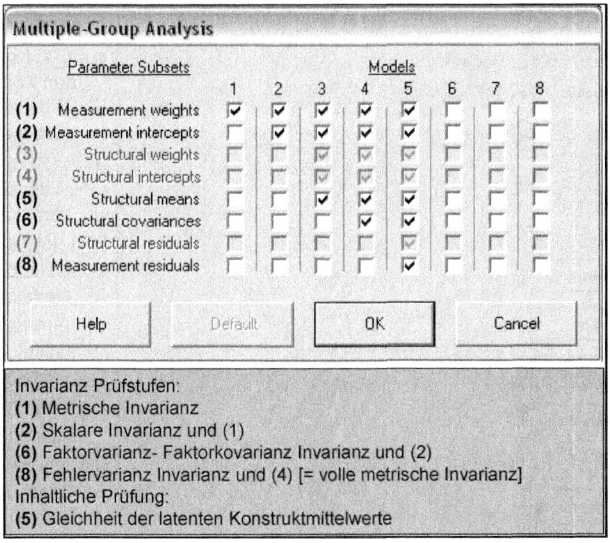

Abb. 14.6 Modellvarianten der MGFA in AMOS

Multi-Group Analysis" die zur Prüfung der verschiedenen Invarianzstufen erforderlichen Modellvarianten ausgewählt werden (vgl. Abb. 14.6). Diese werden dann von AMOS automatisch spezifiziert. Dabei geben die je Modell (standardmäßig) aktivierten „Haken" an, welche Parametergruppen über die verschiedenen Modelle restringiert (also zwischen den Gruppen gleich gesetzt) sind. Im Modell 1 ist nur der Haken bei „Measurement Weights" aktiviert, d. h. die Werte der Pfadkoeffizienten werden über die Gruppen fixiert, womit dann auf metrische Invarianz (vgl. Formel (14.7)) geprüft wird. Es ist allerdings zu beachten, dass nicht alle von AMOS in diesem Menü angebotenen bzw. verfügbaren Modellvarianten zur Prüfung der Messäquivalenz erforderlich sind (vgl. hierzu Abb. 14.3). Die Modellvarianten 5 und 6 stellen Identitätsrestriktionen zur Prüfung der *Gleichheit der Konstruktmittelwerte* (Modellvariante 5) bzw. der *Gleichheit der Kovarianzen* zwischen den Faktoren (Modellvariante 6) dar und dienen damit *nicht* der Prüfung auf Messfehler-Invarianz (vgl. auch Abb. 14.2).

Mit Modellvariante 8 werden die Gruppen auf identische *Reliabilität der Messmodelle* und damit *strikte faktorielle Invarianz* (vgl. Formel (14.9) bis (14.11)) geprüft. Allerdings wird bei Aktivierung aller „Haken" damit auch die Gleichheit der Konstruktmittelwerte sowie der Faktor-Kovarianzen unterstellt.

Wird nun die Schätzung einzelner Modellvarianten über „*Analyze → Calculate Estimates*" vorgenommen, so werden alle fünf ausgewählten Modellvarianten sowie zusätzlich dazu noch drei weitere Modellvarianten („Unconstrained", „Independence" und „Saturated") geschätzt. Das unrestringierte Modell „Unconstrained" (M^U) kann dabei zur Prüfung auf konfigurale Invarianz herangezogen werden, da hier nur die Modellstruktur für beide Gruppen identisch ist, die freien Parameter aber für die Gruppen getrennt geschätzt werden. Die beiden weiteren Modelle dienen zusätzlich lediglich der Abschätzung der Güte

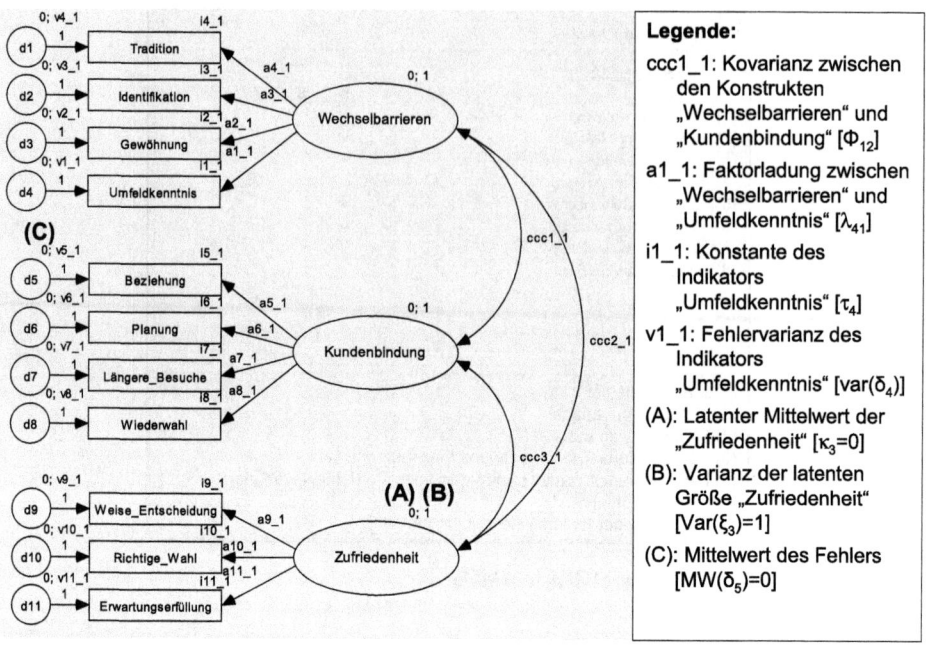

Abb. 14.7 Parameterlabels für die Gruppe 1 (DEU)

der Modellanpassung, was hier aber nicht weiter betrachtet wird (vgl. hierzu ausführlich Kap. 9.1.2). Nach Auswahl der Modellvarianten, die im Rahmen der Invarianzprüfung herangezogen werden sollen, hat AMOS alle Parameter neu belabelt. Dabei werden für die Gruppe 1 (DEU) alle Parameter mit einem Unterstrich „_1" und für die Gruppe 2 (SUI) mit Unterstrich „_2" versehen. In der Abb. 14.7 sind die verschiedenen Labels für die Gruppe 1 (Deutschland) angezeigt und zur besseren Übersicht nochmals rechts in der Legende beschrieben.[11]

Die Informationen zur Beurteilung der unterschiedlichen Invarianz-Stufen können nun im AMOS-Text-Output den Registern „Model Fit" und „Model Comparison" entnommen werden. Zur Beurteilung werden die in Kap. 14.1.3 im Rahmen von Schritt 4 aufgeführten deskriptiven und inkrementellen Fitmaße verwendet sowie eine Differenz von höchstens 0,01 als „Richtwert" für gleiche Fits der Modellvarianten herangezogen.[12]

(1) Konfigurale Invarianz (Formel (14.6)):   Da der Hotelbesitzer auch in der Schweiz Hotels mit gleicher Ausrichtung (Urlaub und Wellness) betreibt und unterstellt wird, dass sich die Hotelgäste in der Schweiz nicht grundlegend von denen in Deutschland

---

[11] Das Pfaddiagramm für die „Schweiz" erhält man durch Anklicken dieser Gruppe im mittleren Bereich des AMOS-Bedien- bzw. Zeichenfeldes.

[12] Nachfolgend wird der Analyseoutput nur in Auszügen besprochen, interessierte Leser finden die vollständigen Ergebnisse auf der Internetplattform.

unterscheiden, kann durch die Verwendung des gleichen Fragebogens die Voraussetzung für konfigurale Invarianz aus inhaltlicher Sicht als gegeben angenommen werden. Darüber hinaus zeigt die Modellvariante „Unconstrained (M^U)" in beiden Gruppen signifikant von Null verschiedene Faktorladungen, und die Faktor-Korrelationen sind mit max. 0,55 (Korrelation zwischen Wechselbarrieren und Kundenbindung in der Gruppe Deutschland) alle deutlich kleiner als 1. Weiterhin sind auch alle Fitmaße (χ^2/d.f. = 1,537; RMSEA = 0,053; TLI = 0,965; CFI = 0,974) unter bzw. über den geforderten Schwellenwerten, so dass bei „freier Schätzung" das Gesamtmodell einen guten Fit in beiden Gruppen aufweist und konfigurale Invarianz als gegeben angenommen werden kann.[13] Aus diesem Grund ist die Prüfung der weiteren Invarianzstufen zulässig.

(2) Metrische Invarianz (Formel (14.7)): Zur Prüfung der metrischen Invarianz werden nun die Anpassungsmaße für die Modellvariante „Measurement Weights" (M^M) betrachtet. Auch hier zeigen sich für die deskriptiven und inkrementellen Fitmaße durchgehend sehr gute Werte (χ^2/d.f. = 1,396; RMSEA = 0,046; TLI = 0,974; CFI = 0,978). Die *Differenzwerte der Fitmaße* (Vergleich der Modelle M^U und M^M) sind nur sehr gering und bei den Kriterien χ^2/d.f. und RMSEA zeigt sich aufgrund der bei diesem Modell höheren Zahl an Freiheitsgraden (93 bei M^M zu 82 bei M^U) sogar eine Verbesserung des Modells. Insgesamt kann damit neben der konfiguralen auch metrische Invarianz als gegeben unterstellt werden.

(3) Skalare Invarianz (Formel (14.8)): Die Modellvariante *„Measurement intercepts"* (M^S) prüft die skalare Invarianz, wobei sich hier nun beim Vergleich der Modellvarianten M^M und M^S eine deutliche Verschlechterung der Fitmaße ergibt (Fit-Differenzen > 0,01), so dass *nicht* von skalarer Invarianz ausgegangen werden kann. Auch absolut betrachtet sind die Fitmaße nun nicht mehr innerhalb der üblicherweise geforderten Werte (χ^2/d.f. = 3,422; RMSEA = 0,113; TLI = 0,843; CFI = 0,852).

14.3.1.2 Sicherstellung von partieller Messinvarianz

Zusätzlich zur Struktur der Faktorladungen soll auch ein Vergleich der Konstruktmittelwerte zwischen den beiden Ländern vorgenommen werden. Es wird deshalb versucht, zumindest partielle skalare Invarianz herzustellen. Hierzu muss zunächst geprüft werden, ob einzelne Variablen für die Verletzung der skalaren Invarianz verantwortlich sind. Dabei kann, wie in Abschn. 11.2 in Teil II dargestellt, wieder auf die Modification Indices zurückgegriffen werden, um erste Anhaltspunkte zu erhalten. Hierzu werden in AMOS getrennt für jede Gruppe und für das entsprechende Modell (hier: „Measurement intercepts") in der Rubrik „Intercepts" die M.I. und die erwarteten Parameteränderungen ausgewiesen. Da es jedoch nicht darum geht, Verbesserungen nur für eine Gruppe zu erzielen, sondern für das komplette (über die Gruppen) restringierte Modell, liefern die gruppenspezifischen

---

[13] Auf die Darstellung der Reliabilitäts- und Validitätsmaße sowie der Faktorladungen sei an dieser Stelle verzichtet. Das Vorgehen zur Prüfung ist dabei mit dem in Kap. 7 dargestellten identisch.

Modification Indices (DEU - Measurement intercepts)

Intercepts: (DEU - Measurement intercepts)

	M.I.	Par Change
Erwartungserfüllung	53,841	0,663
Richtige_Wahl	5,712	-0,131
Weise_Entscheidung	7,242	-0,152
Planung	52,873	0,669
Beziehung	4,584	-0,181

Modification Indices (SUI - Measurement intercepts)

Intercepts: (SUI - Measurement intercepts)

	M.I.	Par Change
Erwartungserfüllung	31,821	-0,392
Richtige_Wahl	5,747	0,132
Weise_Entscheidung	5,456	0,114
Planung	19,978	-0,253

Gesamtwerte über DEU und SUI

	M.I.
Erwartungserfüllung	85,662
Richtige_Wahl	11,459
Weise_Entscheidung	12,698
Planung	72,851
Beziehung	4,584

Abb. 14.8 Modification Indices der Indikator-Konstanten

M.I. nur einen ersten Anhaltspunkt. Sehr hohe Werte z. B. bei den Intercepts „Erwartungs-erfüllung" in Deutschland (M.I. = 53,841) und der Schweiz (M.I. = 31,821) deuten darauf hin, dass die Freisetzung dieses Parameters zu einer deutlichen Modellverbesserung führen würde (vgl. Abb. 14.8). Addiert man die M.I. für die beiden Gruppen (hier als Gesamtwer-te bezeichnet), so sollten zur Sicherstellung der partiellen skalaren Invarianz diejenigen Parameter freigesetzt werden, die die höchsten aggregierten M.I.-Werte aufweisen. Diese Vorgehensweise der Aggregation ist lediglich eine Hilfslösung und garantiert nicht, dass bei Freisetzung der Parameter dann auch tatsächlich partielle skalare Invarianz resultiert.

Unter Umständen ist hier ein wiederholtes „Ausprobieren" und „Modifizieren" erfor-derlich. Im vorliegenden Fall zeigt sich, dass die beiden Variablen „Erwartungserfüllung" und „Planung" über die Gruppen hinweg das größte Potenzial zur Modellverbesserung bieten.

Um die Konstanten (Intercepts) der beiden Variablen (i6 und i11) freizusetzen, muss auf der AMOS-Bedienoberfläche per Doppelklick auf das Modell „Measurement inter-cepts" zunächst die Spezifikation dieser Modellvariante aufgerufen werden. In dem sich öffnenden Dialogfenster „Manage Models" finden sich dann unter „Parameter constraints" alle restringierten Parameter, und es sind nun die Identitätsrestriktionen i6_1=i6_2 und i11_1=i11_1 zu löschen (vgl. Abb. 14.9). Zur besseren Übersicht wird weiterhin der Mo-dellname in „Measurement intercepts (partial)" geändert. Werden im weiteren Verlauf

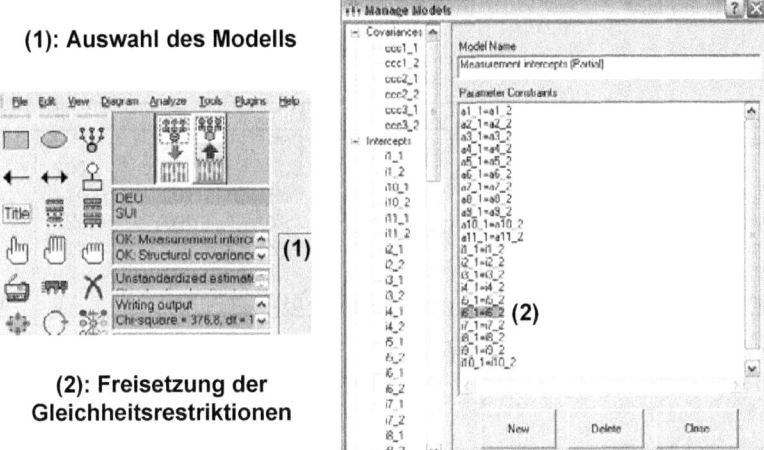

Abb. 14.9 Freisetzung der restringierten Parameter

auch noch die Modellvarianten „Structural Covariances" und „Measurement Residuals" geprüft, so sind in diesen Modellen in analoger Weise die obigen Identitätsrestriktionen aufzuheben.

Nach der erneuten Schätzung der Ergebnisse (*„Analyze → Calculate Estimate"*) sind nun wiederum die Fitmaße zu betrachten. Dabei zeigt sich, dass durch die Freisetzung der beiden Konstanten eine deutliche Verbesserung der Güte der Modellvariante „Measurement intercepts (partial)" erzielt wurde. Die Fit-Differenzen zwischen den Modellvarianten M^M und dem neuen Modell M^S unterschreiten durchgehend den zulässigen höchsten Differenzwert von 0,01, so dass nun vom Vorliegen partieller skalarer Invarianz ausgegangen werden kann.

Die Ergebnisse in Abb. 14.10 zeigen weiterhin, dass durch die Freisetzung der beiden Konstanten auch die weiteren Invarianz-Stufen (Modelle: „Structural covariances (partial)" und „Measurement residuals (partial)") bestätigt werden können.

14.3.2   Prüfung des Kausalmodells

Mit der erfolgten Prüfung auf Messäquivalenz, kann nun das neue Kausalmodell des Hotelbesitzers (vgl. Abb. 14.5) im Hinblick auf Unterschiede in den Konstruktmittelwerten sowie den Wirkbeziehungen des Strukturmodells untersucht werden. Zu diesem Zweck ist das für die MGFA verwendete Pfaddiagramm (vgl. Abb. 14.7) entsprechend des Kausalmodells in Abb. 14.5 anzupassen. Hierfür sind die nachfolgenden „Anpassungsschritte" erforderlich:[14]

---

[14] Die konkrete Umsetzung in AMOS kann unter Rückgriff auf die Ausführungen in Kap. 14.4 vorgenommen werden.

Model Fit Summary

CMIN

Model	NPAR	CMIN	DF	P	CMIN/DF
Unconstrained	72	126,069	82	0,001	1,537
Measurement weights	61	129,837	93	0,007	1,396
Measurement intercepts (partial)	52	135,669	102	0,014	1,330
Structural covariances (partial)	49	136,492	105	0,021	1,300
Measurement residuals (partial)	38	153,422	116	0,011	1,323
Saturated model	154	0	0		
Independence model	44	1810,510	110	0	16,459

Baseline Comparisons

Model	NFI Delta1	RFI rho1	IFI Delta2	TLI rho2	CFI
Unconstrained	0,930	0,907	0,975	0,965	0,974
Measurement weights	0,928	0,915	0,979	0,974	0,978
Measurement intercepts (partial)	0,925	0,919	0,980	0,979	0,980
Structural covariances (partial)	0,925	0,921	0,982	0,981	0,981
Measurement residuals (partial)	0,915	0,920	0,978	0,979	0,978
Saturated model	1		1		1
Independence model	0	0	0	0	0

RMSEA

Model	RMSEA	LO 90	HI 90	PCLOSE
Unconstrained	0,053	0,034	0,071	0,371
Measurement weights	0,046	0,025	0,063	0,636
Measurement intercepts (partial)	0,042	0,020	0,059	0,765
Structural covariances (partial)	0,040	0,016	0,057	0,817
Measurement residuals (partial)	0,041	0,021	0,058	0,794
Independence model	0,285	0,274	0,297	0

Abb. 14.10 Gütekriterien der partiell restringierten Modellvarianten

1. Entfernung der Kovarianzen zwischen den Konstrukten „Wechselbarrieren" und „Kundenbindung" sowie „Zufriedenheit" und „Kundenbindung"
2. Aufhebung der Varianzrestriktion bei „Kundenbindung", d. h. das Feld „Variance" unter *„Object properties → Parameters"* muss bei beiden Gruppen leer sein
3. Wahl des mittels MGFA als äquivalent identifizierten Referenzindikators „Beziehung" zur Festlegung der Metrik für das endogene Konstrukt „Kundenbindung" für beide Gruppen
4. Einzeichnung der Pfadbeziehungen zwischen „Wechselbarrieren" und „Kundenbindung" sowie „Zufriedenheit" und „Kundenbindung"
5. Zuweisung einer Fehlervariable zum jetzt endogenen Konstrukt „Kundenbindung" und Bezeichnung mit einem Namen z. B. „c1"

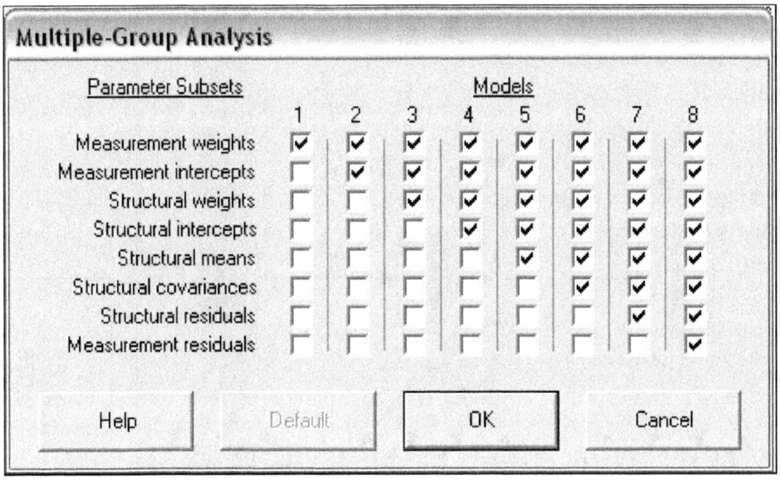

Abb. 14.11 Modellvarianten der MGKA in AMOS

6. Freigabe der Mittelwerte und Intercepts für die drei Konstrukte im Modell der Schweiz, wobei hier je Konstrukt unter „*Object properties* → *Parameters*" in den entsprechenden Feldern „Mean" bzw. „Intercept" die Bezeichnungen „WB_SUI", „KB_SUI" und „ZUF_SUI" eingetragen werden

7. Aktivierung des „Multi-GroupAnalysis" Feldes zur Spezifikation aller von AMOS bereitgestellten Modelle (1 bis 8)

8. Aufhebung der Gleichheitsrestriktion bei den beiden nichtäquivalenten Indikator-Intercepts „Planung" (i6) und „Erwartungserfüllung" (i11) für alle Modelle (außer dem Modell „Unconstrained" und „Measurement Weights")

Da nun ein *vollständiges Kausalmodell* analysiert wird, schätzt AMOS grundsätzlich alle im Rahmen der Multi-Group-Analysis bereitgestellten acht Modellvarianten. Im Vergleich zur MGFA (vgl. Abb. 14.6) sind nun auch die Modellvarianten 3, 4, und 7 verfügbar (vgl. Abb. 14.11). Mit Modellvariante 3 wird die inhaltliche Frage (vgl. Abb. 14.2) nach Gleichheit der Pfadkoeffizienten im Strukturmodell geprüft, während die Modellvariante 4 die skalare Invarianz der latenten Variablen sicherstellt (vgl. Formel (15.1)) und erforderlich ist, um die inhaltliche Frage nach Gleichheit der Konstruktmittelwerte (= Modellvariante 5) zu prüfen. Dabei ist zu beachten, dass bei Freisetzung der Konstruktmittelwerte und Intercepts AMOS die Modelle „Unconstrained" und „Measurement Weights" nicht mehr schätzen kann, da hierfür Referenzwerte fehlen, was jedoch für die Prüfung der inhaltlichen Fragen auch nicht erforderlich ist. Zum Vergleich der Ergebnisunterschiede genügt es hier, nur noch die Ergebnisse des Modells „*Measurement Intercepts*" zu betrachten, da ja lediglich die Unterschiede in den Mittelwerten der latenten Konstrukte sowie die Pfadbeziehungen im Strukturmodell zu untersuchen sind.

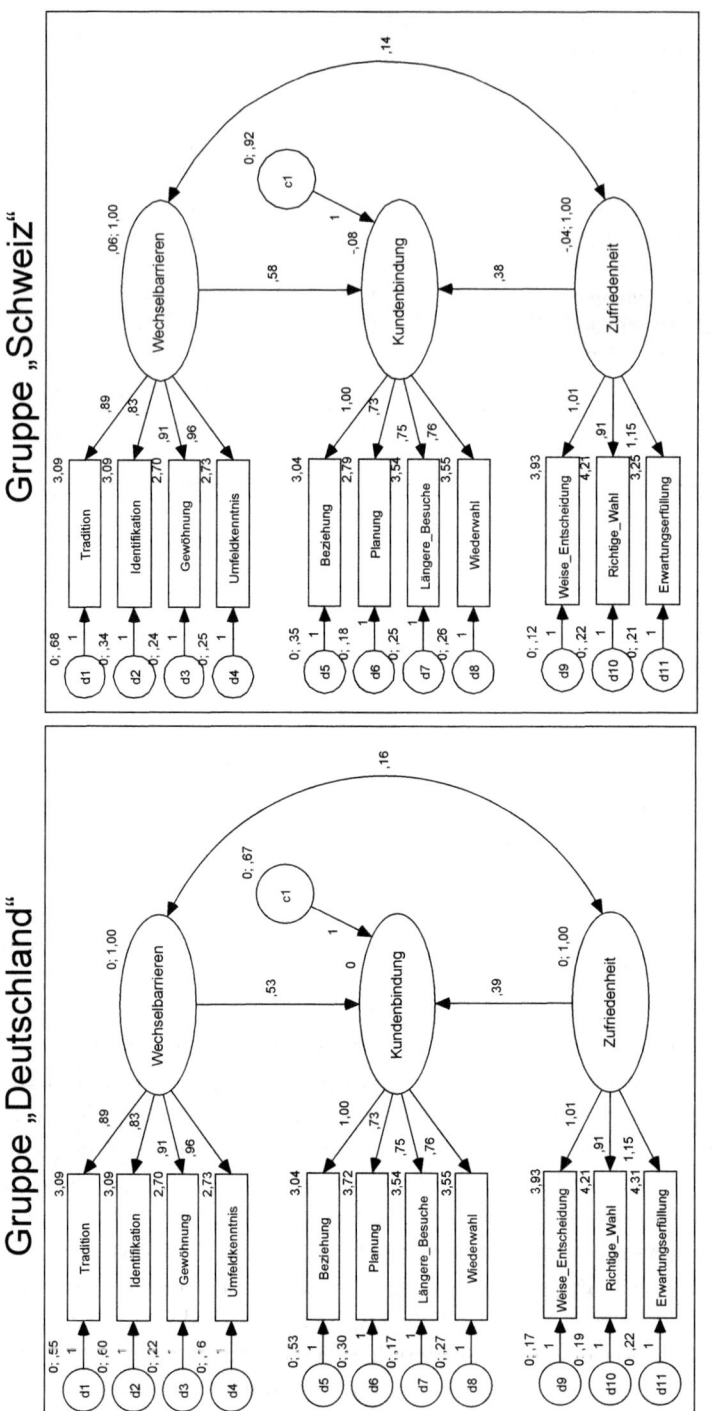

Abb. 14.12 Unstandardisierte Parameterschätzungen für beide Gruppen

Nach der erneuten Schätzung des Modells ergibt sich das in Abb. 14.12 dargestellte Ergebnis. Dabei sind die latenten Mittelwerte der Gruppen jeweils oberhalb der Konstrukte und die resultierenden Pfadkoeffizienten neben den Kausalpfeilen eingetragen. Analog können die entsprechenden Parameterschätzer auch im Textoutput in den jeweiligen Rubriken unter „*Estimates* → *Means*" für die beiden Gruppen im Modell „Measurement Intercepts" abgelesen werden.

Es zeigt sich, dass die schweizer Hotelgäste bzgl. der Wechselbarrieren ($\kappa_1^{SUI} = 0{,}06$) leicht höhere und bei der Zufriedenheit ($\kappa_3^{SUI} = -0{,}04$) leicht geringere Werte als die Deutschen (jeweils von Null) aufweisen. Dies bedeutet unter Berücksichtigung der Abfrageskala (1: gering bis 6: hoch), dass die deutschen Gäste insgesamt geringere Wechselbarrieren verspüren, dabei aber zufriedener sind. Weiterhin ist der Abb. 14.12 zu entnehmen, dass die beiden Pfadkoeffizienten im Strukturmodell sowie auch die Kovarianz zwischen den Konstrukten „Wechselbarrieren" und „Zufriedenheit" recht ähnliche Werte aufweisen. Zudem zeigen sich auch bezogen auf die Messmodelle kaum nennenswerte Unterschiede zwischen den Gruppen. So stellen sich die Indikator- und Faktorreliabilitäten recht ähnlich dar. Lediglich beim Indikator „Planung" zeigen sich leichte Abweichungen. So liegt hier die Reliabilität in Deutschland bei 0,676 gegenüber 0,815 bei den schweizer Befragten.

Nachfolgend seien nochmals die mittels MGKA erzielten Kernergebnisse zusammengefasst. Unter Rückgriff auf die in Abb. 14.13 dargestellten Ergebnisse, die aus dem sehr umfangreichen und teilweise unübersichtlichen AMOS-Ergebnisoutput zusammengetragen sind, können nun die vom Hotelbetreiber eingangs formulierten Fragestellungen beantwortet werden:

1. *Können die beiden Messmodelle bzw. die hierfür verwendeten Indikatoren dieselben „Phänomene" in den beiden Gruppen erfassen?*
   Durch den Nachweis von konfiguraler und metrischer Invarianz wurde gezeigt, dass die beiden Konstrukte dieselben Sachverhalte messen. Grundsätzlich erscheint damit die vorgenommene Operationalisierung in beiden Ländern geeignet, um die drei Konstrukte zu messen. Dies wird überdies auch durch die sehr gute Modellanpassung in beiden Gruppen und die hohen Werte der Indikator- und Faktorreliabilitäten belegt.
2. *Wie unterscheiden sich die beiden Gruppen bzgl. der Wirkbeziehungen im Strukturmodell?*
   Aufgrund des Vorliegens von metrischer Invarianz können zudem auch die Strukturbeziehungen zwischen den Konstrukten untersucht werden. So zeigen sich für beide Gruppen ähnlich starke Pfadbeziehungen. Für die Gruppe der deutschen Hotelgäste ist die Wirkung der „Wechselbarrieren" auf die „Kundenbindung" ($\gamma_{11}^{DEU} = 0{,}535$; $\gamma_{11}^{SUI} = 0{,}582$) leicht geringer, wohingegen die Wirkung der „Zufriedenheit" auf die „Kundenbindung" ($\gamma_{12}^{DEU} = 0{,}390$; $\gamma_{12}^{SUI} = 0{,}380$) leicht höher als in der Schweiz ausfällt. Unter Berücksichtigung der entsprechend geschätzten Standardfehler (S.E.) könnte nun anhand eines „klassischen" t-Tests geprüft werden, ob diese Unterschiede stati-

Indikatorvariable	Konstanten		Faktorladung		Fehlervarianz		Reliabilität	
	DEU	SUI	DEU	SUI	DEU	SUI	DEU	SUI
Tradition	3,087		0,891		0,547	0,678	0,591	0,539
Identifikation	3,091		0,833		0,596	0,339	0,537	0,672
Gewöhnung	2,701		0,910		0,223	0,242	0,789	0,774
Umfeldkenntnis	2,727		0,964		0,158	0,255	0,856	0,785
Beziehung	3,044		1,000		0,274	0,258	0,687	0,806
Planung	3,719	2,793	0,727		0,169	0,245	0,676	0,815
Längere_Besuche	3,541		0,745		0,297	0,175	0,794	0,769
Wiederwahl	3,552		0,756		0,531	0,354	0,709	0,766
Weise_Entscheidung	3,930		1,010		0,166	0,117	0,859	0,897
Richtige_Wahl	4,211		0,914		0,194	0,218	0,812	0,794
Erwartungserfüllung	4,313	3,246	1,147		0,223	0,209	0,856	0,863

Latente Konstrukte	Faktorreliabilität		DEV		Lat. Mittelwert		Varianz	
	DEU	SUI	DEU	SUI	DEU	SUI	DEU	SUI
Wechselbarrieren	0,895	0,895	0,693	0,693	0,000	0,060	1,000	1,000
Kundenbindung	0,891	0,910	0,716	0,789	0,000	-0,059	1,171	1,469
Zufriedenheit	0,942	0,945	0,842	0,851	0,000	-0,042	1,000	1,000

	Pfadkoeffizient		S.E.			R^2	
	DEU	SUI	DEU	SUI		DEU	SUI
Wechselbarrieren → Kundenbindung	0,535	0,582	0,103	0,119	Kundenbindung	0,431	0,371
Zufriedenheit → Kundenbindung	0,390	0,380	0,101	0,111			

	Kovarianz		S.E.	
	DEU	SUI	DEU	SUI
Wechselbarrieren ↔ Zufriedenheit	0,158	0,141	0,107	0,109

Abb. 14.13 Vollständige Ergebnisse des Gruppenvergleichs

stisch signifikant sind (vgl. hierzu Temme und Hildebrandt 2009, S. 172 f., und die dort angegebene Literatur). Diese Arbeit wird dem Anwender jedoch von AMOS abgenommen. Im Textoutput finden sich unter „Pairwise Parameter Comparisons → Critical Ratios for Differences between Parameters" die C.R.-Werte für alle geschätzten Parameter und Modelle. Wird hier das bisher betrachtete Modell „Measurement intercepts" ausgewählt, so können die Parameter direkt verglichen werden: Sowohl für die Wirkung der „Wechselbarrieren" auf die „Kundenbindung" (γ_{11}^{DEU} versus γ_{11}^{SUI}; die in AMOS als b1_1 und b1_2 bezeichnet werden), als auch für die Wirkung der „Zufriedenheit" auf die „Kundenbindung" (γ_{12}^{DEU}; γ_{12}^{SUI} bzw. b2_1 und b2_2) zeigen sich C.R.-Werte die deutlich unterhalb von 1,96 liegen und 0,313 bzw. −0,074 betragen. Insgesamt sind damit die identifizierten, leichten Unterschiede der Pfadkoeffizienten über die beiden Länder nicht signifikant.

3. *Welche Gruppe weist höhere Zufriedenheits- bzw. Bindungswerte (d. h. höhere latente Mittelwerte) auf?*

Nachdem über die Freisetzung der Konstanten der Variablen „Planung" und „Erwartungserfüllung" partielle skalare Invarianz erreicht werden konnte (vgl. Abb. 14.10) ist ein Vergleich der latenten Mittelwerte im Rahmen der Mehrgruppen-KFA zulässig. Hierzu wurden die Mittelwerte der Gruppe DEU auf den Wert 0 fixiert, wohingegen die Werte für die andere Gruppe SUI im Modell in Abb. 14.7 frei geschätzt wurden. Dabei zeigt sich, dass die Konstrukte „Kundenbindung" und „Zufriedenheit" in der schweizer Gruppe geringere Werte und bei den „Wechselbarrieren" höhere Werte aufweisen. Da diese jedoch, mit Werten von $\kappa_1^{SUI} = 0{,}060$, $\kappa_2^{SUI} = -0{,}052$ und $\kappa_3^{SUI} = -0{,}042$ nur leicht von den Werten der anderen Gruppe ($\kappa_1^{DEU} = \kappa_2^{DEU} = \kappa_3^{DEU} = 0$) abweichen, deutet dies eher darauf hin, dass keine Unterschiede zwischen den beiden Gruppen bestehen. Unter Rückgriff auf die ausgewiesenen Varianzen der Konstrukte sind diese Unterschiede auch statistisch mittels t-Test prüfbar, wobei auch hier entsprechende C.R.-Werte von AMOS ausgewiesen werden. Sofern latente Mittelwerte über mehr als drei Gruppen verglichen werden sollen, so könnte wie beim Vergleich der Pfadkoeffizienten auch hier auf die „Pairwise Parameter Comparisons → Critical Ratios for Differences between Parameters" zurückgegriffen werden. Da im vorliegenden Fall jedoch die latenten Mittelwerte für Deutschland jeweils auf den Wert 0 fixiert sind und damit nicht als Parameter geschätzt werden, kann die Signifikanzprüfung über den Ausweis der Mittelwerte (unter „Estimates → Scalars → Means" für das Land „SUI" und das Modell der Measurement intercepts) erfolgen. Dabei zeigt, dass für die drei Konstrukte „Wechselbarrieren", „Kundenbindung" und „Zufriedenheit" C.R.-Werte von 0,394, − 0,337 und − 0,277 resultieren, die betragsmäßig deutlich unterhalb von 1.96 liegen. Damit weichen die Mittelwerte für die Schweiz nicht signifikant von Null ab und unterscheiden sich damit nicht von den Werten für Deutschland abweichen n Unterschiede zwischen den Ländern festzustellen. *Wie unterscheiden sich die beiden Gruppen bzgl. der Wirkbeziehungen im Strukturmodell?*

Aufgrund des Vorliegens von metrischer Invarianz können zudem auch die Strukturbeziehungen zwischen den Konstrukten untersucht werden. So zeigen sich für beide Gruppen ähnlich starke Pfadbeziehungen. Für die Gruppe der deutschen Hotelgäste ist die Wirkung der „Wechselbarrieren" auf die „Kundenbindung" ($\gamma_{11}^{DEU} = 0{,}535$; $\gamma_{11}^{SUI} = 0{,}582$) leicht geringer, wohingegen die Wirkung der „Zufriedenheit" auf die „Kundenbindung" ($\gamma_{12}^{DEU} = 0{,}390$; $\gamma_{12}^{SUI} = 0{,}380$) leicht höher als in der Schweiz ausfällt. Unter Berücksichtigung der entsprechend geschätzten Standardfehler (S.E.) könnte nun anhand eines „klassischen" t-Tests geprüft werden, ob diese Unterschiede statistisch signifikant sind (vgl. hierzu Temme und Hildebrandt 2009, S. 172 f., und die dort angegebene Literatur). Diese Arbeit wird dem Anwender jedoch von AMOS abgenommen. Im Textoutput finden sich unter „Pairwise Parameter Comparisons → Critical Ratios for Differences between Parameters" die C.R.-Werte für alle geschätzten Parameter und Modelle. Wird hier das bisher betrachtete Modell „Measurement intercepts" ausgewählt, so können die Parameter direkt verglichen werden: Sowohl für die Wirkung der „Wechselbarrieren" auf die „Kundenbindung" (γ_{11}^{DEU} versus γ_{11}^{SUI}; die in AMOS als b1_1 und b1_2 bezeichnet werden), als für die Wirkung der „Zufriedenheit" auf die „Kundenbindung" (γ_{12}^{DEU}; γ_{12}^{SUI} bzw. b2_1 und b2_2) zeigen sich C.R.-Werte die deutlich unterhalb von 1,96 liegen und 0,313 bzw. $-0{,}074$ betragen. Insgesamt sind damit die identifizierten, leichten Unterschiede der Pfadkoeffizienten über die beiden Länder nicht signifikant.

4. *Welche Gruppe weist höhere Zufriedenheits- bzw. Bindungswerte (d. h. höhere latente Mittelwerte) auf?*

Nachdem über die Freisetzung der Konstanten der Variablen „Planung" und „Erwartungserfüllung" partielle skalare Invarianz erreicht werden konnte (vgl. Abb. 14.10) ist ein Vergleich der latenten Mittelwerte im Rahmen der Mehrgruppen-KFA zulässig. Hierzu wurden die Mittelwerte der Gruppe DEU auf den Wert 0 fixiert, wohingegen die Werte für die andere Gruppe SUI im Modell in Abb. 14.7 frei geschätzt wurden. Dabei zeigt sich, dass die Konstrukte „Kundenbindung" und „Zufriedenheit" in der schweizer Gruppe geringere Werte und bei den „Wechselbarrieren" höhere Werte aufweisen. Da diese jedoch, mit Werten von $\kappa_1^{SUI} = 0{,}060$, $\kappa_2^{SUI} = -0{,}052$ und $\kappa_3^{SUI} = -0{,}042$ nur leicht von den Werten der anderen Gruppe ($\kappa_1^{DEU} = \kappa_2^{DEU} = \kappa_3^{DEU} = 0$) abweichen, deutet dies eher darauf hin, dass keine Unterschiede zwischen den beiden Gruppen bestehen. Sofern latente Mittelwerte über mehr als drei Gruppen verglichen werden sollen, so könnte wie beim Vergleich der Pfadkoeffizienten auch hier auf die „Pairwise Parameter Comparisons $\rightarrow$ Critical Ratios for Differences between Parameters" zurückgegriffen werden. Da im vorliegenden Fall jedoch die latenten Mittelwerte für Deutschland jeweils auf den Wert 0 fixiert sind und damit nicht als Parameter geschätzt werden kann die Signifikanzprüfung über den Ausweis der Mittelwerte (unter „Estimates $\rightarrow$ Scalar $\rightarrow$ Means" für das Land „SUI" und das Modell der Measurement intercepts) erfolgen. Dabei zeigt, dass für die drei Konstrukte „Wechselbarrieren", „Kundenbindung" und „Zufriedenheit" C.R.-Werte von 0,394, $-0{,}337$ und $-0{,}277$ resultieren, die betragsmäßig deutlich unterhalb von 1,96 liegen. Damit weichen die Werte nicht signifikant von Null ($=$ den Werten für Deutschland) ab, weshalb auch hier keine nennenswerten Unterschiede zwischen den Ländern bestehen.

14.4 Multi-Group-Analysis (MGFA und MGKA) mit AMOS 21

Die Durchführung der Multi-Group-Analysis mit AMOS 21 – hierzu zählen Multi-Group-Faktorenanalysen (MGFA) und Multi-Group-Kausalanalysen (MGKA) – ist grundsätzlich identisch zur Vorgehensweise im Eingruppenfall (vgl. Kap. 8.3). Es sind lediglich folgende Besonderheiten zu beachten bzw. zusätzliche Schritte durchzuführen:

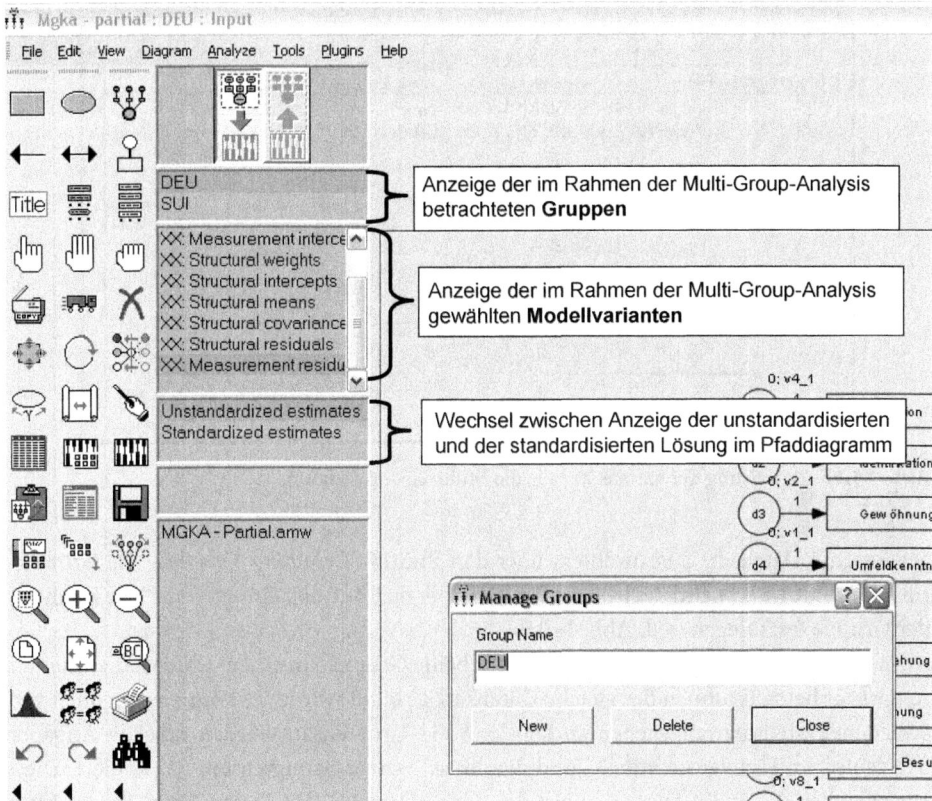

Abb. 14.14 Festlegung der Gruppennamen

(1) **Erstellung des Pfaddiagramms:** Es wird nur *ein* Pfaddiagramm erstellt, dem dann die Daten der unterschiedlichen Gruppen zuzuweisen sind. Zur Kenntlichmachung der Zugehörigkeit der Modellparameter werden diese im Pfaddiagramm durch die Gruppenkennung „_1", „_2" usw. ergänzt. Zwischen den Pfaddiagrammen der betrachteten Gruppen kann durch Anklicken des Gruppennamens auf der AMOS-Grafikoberfläche (vgl. Abb. 14.14) gewechselt werden.

(2) **Anlegen von Gruppen und Zuweisung der Datensätze:** Zunächst sind über das Menü *„Analyze → Manage Groups"* in dem sich öffnenden Textfenster die Namen der zu vergleichenden Gruppen einzutragen. Für unser Fallbeispiel wurden hier die Gruppennamen „DEU" für Deutschland und „SUI" für die Schweiz gewählt (vgl. Dialogfenster in Abb. 14.14).

Diese beiden „Gruppen" erscheinen hiernach im Modellfenster. Nun müssen noch die entsprechenden Datensätze den Gruppen zugewiesen werden. Hierzu ist über den Menüpunkt *„File → Data Files" je benannter Gruppe* über den Button *„File Name"* der

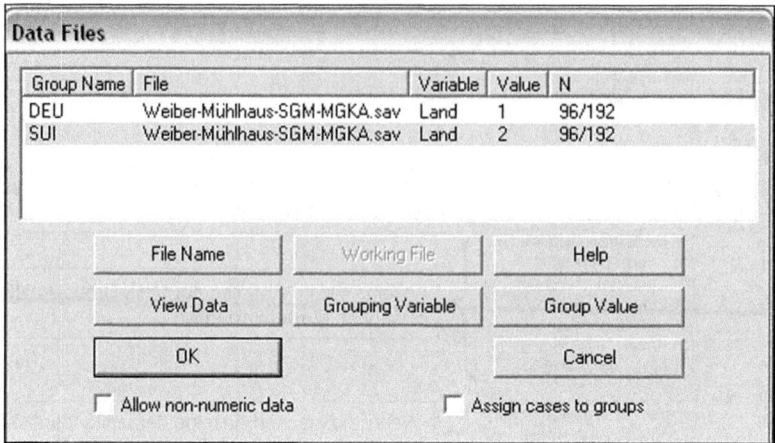

Abb. 14.15 Zuweisung der Datensätze für die Multi-Group-Analysis

gewünschte Datensatz auszuwählen, über den Button „*Grouping Variable*" die Gruppierungsvariable (hier: Land) zu bestimmen und über den Button „*Group Value*" die Kennung
der Gruppe festzulegen (vgl. Abb. 14.15).

In unserem Fallbeispiel sind die Daten für beide Gruppen in einem Datensatz enthalten,
so dass für beide Gruppen der gleiche Datensatz gewählt wurde. Es können aber auch verschiedene Datensätze angegeben werden. Im SPSS-Urdatensatz wurden dabei die Angaben
der deutschen Hotelgäste mit „1" und die der schweizer Befragten mit „2" kodiert. Diese
Werte stellen damit die Ausprägungen der „Group Values" dar. Unter „Freq" weist AMOS
die Fallzahlen für die verschiedenen Werte der Gruppenvariable aus. Im vorliegenden Fall
sind beide Gruppen mit $N_{DEU} = N_{SUI} = 96$ gleich stark besetzt. Sofern nun Modellschätzungen vorgenommen werden, so berechnet AMOS automatisch das spezifizierte Modell
für beide Gruppen unabhängig voneinander.

(3) Festlegung der Modellvarianten der Multi-Group-Analysis: Die Multi-Group-
Analysis wird über das Menü „*Analyze → Multi-Group-Analysis*" aktiviert. Es öffnet sich
dann das Fenster mit den Modellvarianten der MGA, das im Fall der MGFA fünf Modellvarianten (vgl. Abb. 14.6) und im Fall der MGKA acht Modellvarianten (vgl. Abb. 14.11) zur
Auswahl stellt. Dabei ist zu empfehlen, im ersten Schritt die von AMOS standardmäßig spezifizierten Modellvarianten (gekennzeichnet durch entsprechende „Haken") unverändert
durch Drücken des Button „OK" zu akzeptieren. Auch bei der Aufhebung von Identitätsrestriktionen in weiteren Analysen sollte dies über die im Fallbeispiel beschriebene
Vorgehensweise (vgl. Abb. 14.9) erfolgen.

(4) Schätzergebnisse unterschiedlicher Modellvarianten und Gruppen: Nach Auswahl
aller Analyseoptionen wird die Schätzung der Modelle der MGFA bzw. MGKA durch

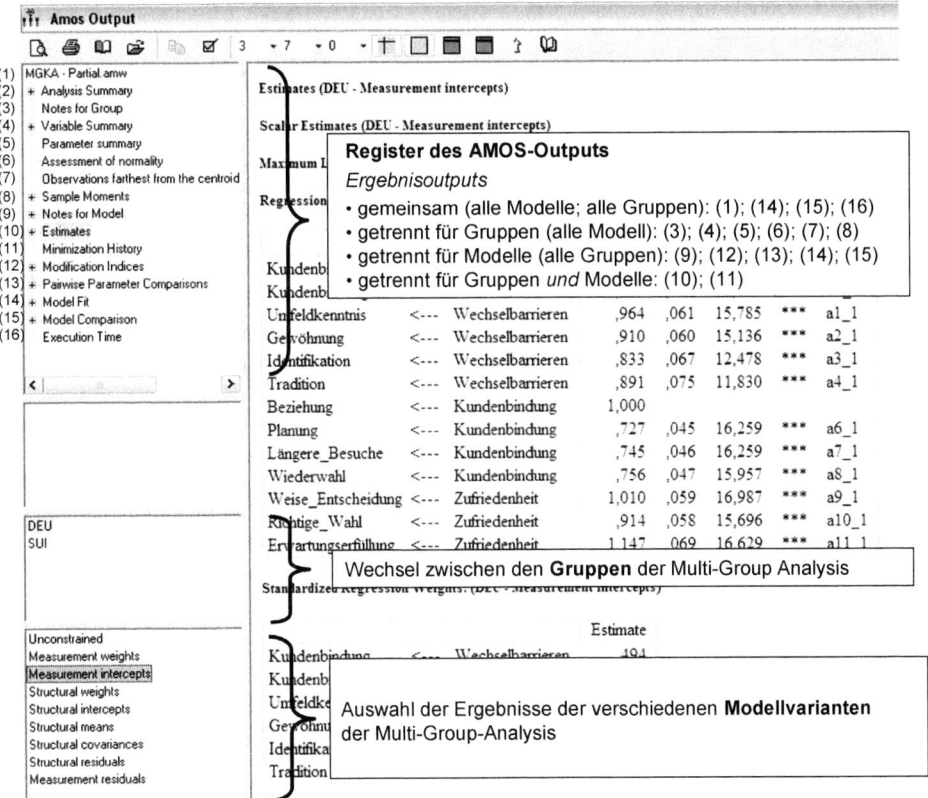

Abb. 14.16 Aufbau des AMOS-Text-Outputs für die Multi-Group-Analysis

einen Klick auf ▦ (Berechnen) oder über den Menüpunkt „*Analyze → Calculate Estima-tes*" gestartet. Der Ergebnis-Output kann über den Menüpunkt „*View → Text Output*" angefordert werden. Abbildung 14.16 zeigt den AMOS-Ergebnis-Output für die Multi-Group-Analysis, wobei die Wechselmöglichkeiten zwischen den verschiedenen Gruppen sowie Modellvarianten gekennzeichnet wurden.

Literatur

Arbuckle, J. L. (2012). *Amos^{TM} 21.0 user's guide.* Chicago: SPSS.

Backhaus, K., Erichson, B., Plinke, W., & Weiber, R. (2011). *Multivariate Analysemethoden* (13. Aufl.). Berlin: Springer.

Beutin, N. (2000). *Kundennutzen in industriellen Geschäftsbeziehungen.* Wiesbaden: Gabler.

Cheung, G. W., & Rensvold, R. B. (2002). Evaluating goodness-of-fit indexes for testing measurement invariance. *Structural Equation Modeling, 9,* 233–255.

Giering, A. (2000). *Der Zusammenhang zwischen Kundenzufriedenheit und Kundenloyalität.* Wiesbaden: Gabler.

Gregori, C. (2006). *Instrumente einer erfolgreichen Kundenoientierung.* Wiesbaden: Gabler.

Hälsig, F. (2008). *Branchenübergreifende Analyse des Aufbaus einer starken Retail Brand.* Wiesbaden: Gabler.

Jöreskog, K. G., & Sörbom, D. (1983). *LISREL: Analysis of linear structural relationships by the method of maximum likelihood, user's guide, Versions V and VI.* Chicago: Scientific Software.

Krafft, M., & Litfin, T. (2002). Adoption innovativer Telekommunikationsdienste: Validierung der Rogers-Kriterien bei Vorliegen potenziell heterogener Gruppen. *Zfbf, 54*(2), 64–83.

Meredith, W. (1993). Measurement invariance, factor analysis and factorial invariance. *Psychometrika, 58*, 525–543.

Reinecke, J. (1999). Interaktionseffekte in Strukturgleichungsmodellen mit der Theorie des geplanten Verhaltens: Multiple Gruppenvergleiche und Produktterme mit latenten Variablen. *ZUMA-Nachrichten, 23*(4), 88–114.

Reinecke, J. (2005). *Strukturgleichungsmodelle in den Sozialwissenschaften.* München: Oldenbourg Verlag.

Sarstedt, M., Henseler, J., & Ringle, C. M. (2011). Multigroup analysis in partial least squares (PLS) path modeling: Alternative methods an empirical results. *Advances in International Marketing. 22*, 195–218.

Steenkamp, J. B., & Baumgartner, H. (1998). Assessing measurement invariance in cross-national consumer research. *Journal of Consumer Research, 25*, 78–90.

Temme, D., & Hildebrandt, L. (2009). Gruppenvergleiche bei hypothetischen Konstrukten – Die Prüfung der Übereinstimmung von Messmodellen mit der Strukturgleichungsmethodik. *Zfbf, 61*(2), 138–185.

Vandenberg, R. J., & Lance, C. E. (2000). A review and synthesis of the measurement invariance literature: Suggestions, practices, and recommendations for organizational research. *Organizational Research Methods, 3*, 4–70.

Williams, R., & Thomson, E. (1986). Normalization issues in latent variable modeling. *Sociological Methods & Research, 15*, 24–43.

Weiterführende Literatur

Byrne, B. M. (2004). Testing for multigroup invariance using AMOS graphics: A road less traveled. *Structural Equation Modeling, 11*, 272–300.

Kausalanalyse mit PLS

15

Inhaltsverzeichnis

Neben der Prüfung von kausalen Strukturen mit Hilfe der Kovarianzstrukturanalyse (LISREL-Ansatz; vgl. Kap. 3.3.2) existiert mit dem varianzanalytischen Ansatz (PLS-Ansatz; vgl. Kap. 3.3.3) eine weitere Verfahrensgruppe für diese Analysezwecke. In Kap. 3.3.4 wurden die Unterschiede zwischen beiden Ansätzen bereits im Detail diskutiert, so dass an dieser Stelle nur nochmals herausgestellt sei, dass beide Ansätze *nicht substitutiv* betrachtet werden sollten, sondern eher *komplementär*: Während der LISREL-Ansatz zur „echten" Theorieprüfung die wesentlich höhere Eignung aufweist, ist dem PLS-Ansatz vor allem in einem frühen Stadium der Modellbildung eine hohe Eignung beizumessen, wenn die zu erforschenden Phänomene noch relativ neuartig sind und keine fundierten Mess- und Konstrukttheorien vorliegen. Vor dem Hintergrund der sehr unterschiedlichen Vorgehensweise bei der Modellschätzung ist der PLS-Ansatz vor allem für *Prognosezwecke*

R. Weiber, D. Mühlhaus, *Strukturgleichungsmodellierung*, Springer-Lehrbuch,   323
DOI 10.1007/978-3-642-35012-2_15, © Springer-Verlag Berlin Heidelberg 2014

geeignet, da er eine möglichst genaue Schätzung der *Ausgangsdaten* anstrebt. Demgegenüber analysiert der LISREL-Ansatz die Varianz-Kovarianzmatrix der Daten und versucht, die empirisch gewonnene *Gesamtinformation* durch das Kausalmodell zu reproduzieren.

Obwohl beide Ansätze in den 60er Jahren begründet wurden (z. B. Jöreskog 1967; Wold 1966), war lange Zeit der LISREL-Ansatz die SGM dominierende Methodik. Erst in der jüngeren Vergangenheit hat der Partial Least Squares (PLS-) Ansatz sowohl in Deutschland als auch international ein „Revival" erfahren, was sich in vielen Publikationen, insbesondere im Marketingbereich niederschlägt (z. B. Hair et al. 2012b, c; Herrmann et al. 2007; Ringle et al. 2012). Einhergehend mit der zunehmenden Verbreitung von PLS haben sich auch die methodischen Möglichkeiten von PLS ausgeweitet. Hingewiesen sei hier nur auf zwei Aspekte:

- Die Einführung einer Moderatorvariablen erlaubt es, auch mit dem PLS-Ansatz *Mehrgrupppen-Kausalanalysen* (vgl. Kap. 14) durchzuführen. Einen Überblick hierzu liefert z. B. der Beitrag von Sarstedt et al. (2011, S. 195 ff.).
- Weist ein Datensatz starke Heterogenität auf, so sind die gewonnenen Parameterschätzer nur bedingt für die Elemente eines Datensatzes (z. B. Befragte) allgemein gültig. In diesem Fall kann der sog. Finite Mixture Parial Least Square-Ansatz (FIMIX-PLS) „unbeobachtete" Heterogenität aufdecken und die Schätzergebnisse relativieren (Sarstedt und Ringle 2008, S. 241 ff.). Dieser Ansatz ist mittlerweile auch in SmartPLS implementiert (Sarstedt et al. 2011, S. 341 ff.).

Weitere Entwicklungen zur Strukturgleichungsmodellierung mit PLS findet der Leser auch in diversen „Special Issues", die hierzu in jüngerer Zeit erschienen sind (z. B. Hair et al. 2011, 2012a, b, c, 2013a, b).

Im Folgenden konzentrieren sich die Betrachtungen auf die zentralen Unterschiede des PLS-Ansatzes im allgemeinen Prozess der SGM. Dabei wird das Kausalmodell des in Kap. 4.2 behandelten Fallbeispiels zur Kundenbindung mit Hilfe der Softwareanwendung SmartPLS (Ringle et al. 2005) berechnet. Abschließend werden ein Vergleich der Schätzergebnisse von AMOS und SmartPLS sowie eine Würdigung der beiden Verfahren vor dem Hintergrund des Fallbeispiels vorgenommen.

15.1 Ablaufschritte der Struktugleichungsmodellierung mit PLS

Der in Kap. 4.1 dargestellte und in Abb. 4.1 visualisierte allgemeine Prozess der Strukturgleichungsmodellierung erfährt durch das verwendete Analyseverfahren keine Änderung. Unterschiede ergeben sich lediglich in der Ausgestaltung des Prozesses und zwar im Bereich der Messmodelle (formativ oder reflektiv), den verwendeten Schätzverfahren, den Möglichkeiten zur Beurteilung des Gesamtmodell-Fits (LISREL oder PLS) und ggf. auch in der Interpretation der Schätzergebnisse. Abbildung 15.1 greift deshalb den allgemeinen Prozess aus Abb. 4.1 nochmals auf und zeigt in der letzten Spalte, wo in besonderem Maße

Ablaufschritte		SGM	Patial Least Squares-Ansatz (PLS)
(1)	Hypothesen- und Modellbildung	Kapitel 4	Identisch mit Kovarianzstrukturanalyse
(2)	Konstrukt-Konzeptualisierung	Kapitel 5	Identisch mit Kovarianzstrukturanalyse
(3)	Konstrukt-Operationalisierung	Kapitel 6	Identisch mit Kovarianzstrukturanalyse
(4)	Evaluation der Messmodelle	Kapitel 7	Identisch mit Kovarianzstrukturanalyse
(5)	Modellschätzung	Kapitel 8	• zweistufige Modellschätzung • Schätzmethodik: Regressionsanalyse
(6)	Evaluation des Gesamtmodells	Kapitel 9	• andere Gütekriterien für Strukturmodell • keine *globalen Gütekriterien* vorhanden
(7)	Ergebnisinterpretation	Kapitel 10	Schätzergebnisse nur unter bestimmten Bedingungen bzw. eingeschränkt mit LISREL vergleichbar

Abb. 15.1 Spezifika des PLS-Ansatzes im allgemeinen Prozess der SGM

Unterschiede zwischen dem LISREL-Ansatz (AMOS) und dem PLS-Ansatz (SmartPLS) bestehen (vgl. auch Kap. 3.3.4).

Bezüglich der identischen Ablaufschritte, die unabhängig von der verwendeten Methodik der SGA sind (vgl. Abb. 3.2), sei der Leser auf die entsprechenden Kapitel in Teil II des Buches verwiesen. Da die Besonderheiten der Modellschätzung mit PLS bereits in Kap. 3.3.3.2 behandelt wurden, werden sie hier ebenfalls nicht nochmals vorgestellt. Stattdessen konzentrieren sich die Betrachtungen im Folgenden auf die Evaluation eines mit PLS geschätzten Gesamtmodells. Die Besonderheiten der Ergebnisinterpretation werden im Rahmen des Fallbeispiels in Kap. 15.3 erläutert.

15.2   Gütekriterien zur Beurteilung von PLS-Modellen

Der PLS-Ansatz verfügt über kein sinnvoll anwendbares *globales* Kriterium zur Beurteilung der Modellgüte (Herrmann et al. 2006, S. 59), so dass diese auch nicht umfassend beurteilt werden kann. Um dennoch die Güte bzw. „Angemessenheit" einer PLS-Lösung zu prüfen, wird empfohlen, alle verfügbaren Einzelkriterien zur Beurteilung der Messmodelle und des Strukturmodells in einer Art „Zusammenschau" zu berücksichtigen (Ringle 2004, S. 23). Entsprechend der Vorgehensweise in Teil II des Buches werden im Folgenden zunächst die (nur wenigen) Besonderheiten bei der Güteprüfung der Messmodelle aufgezeigt und anschließend das Strukturmodell evaluiert.

15.2.1   Güteprüfung des äußeren Modells (Messmodelle)

Die Beurteilung der Güte der verwendeten Messmodelle hat deren Reliabilitäts- und Validitätsprüfung zum Ziel. Da die Konstruktion der Messmodelle unabhängig von der verwendeten Analysemethodik der SGA ist, ergeben sich hier auch keine Unterschiede zwischen dem LISREL- und dem PLS-Ansatz.

Allerdings ist darauf hinzuweisen, dass bei praktischen Anwendungen PLS-Modelle häufig sowohl reflektive als auch formative Messmodelle verwenden.[1] Ebenso wird bei Rückgriff auf formative Messmodelle meist eine Schätzung des Kausalmodells mit PLS durchgeführt, da für den LISREL-Ansatz reflektive Messmodelle typisch sind (vgl. hierzu auch Kap. 3.3.4). Bezüglich der Beurteilung der Messmodelle sind die anwendbaren Gütekriterien aber identisch und der Leser sei auf die ausführlichen Darstellungen in diesem Buch verwiesen:

- **Beurteilung** *reflektiver* **Messmodelle**:
  - Reliabilitätsprüfung (vgl. Kap. 7.1 und 7.2)
    - zusammenfassende Gütekriterien in Abb. 7.4 und 7.12
    - Validitätsprüfung (vgl. Kap. 4.3)
    - zusammenfassende Gütekriterien in Abb. 7.15
- **Beurteilung** *formativer* **Messmodelle**:
  - Reliabilitäts- und Validitätsprüfung (vgl. Kap. 12.2.2.2)
    - zusammenfassende Gütekriterien in Abb. 12.4

An dieser Stelle sei lediglich noch darauf hingewiesen, dass zusätzlich zu den in Kap. 12.2.2 behandelten Kriterien zur Beurteilung der Güte formativer Messmodelle im Rahmen von PLS auch t-Werte berechnet werden können, mit deren Hilfe die Signifikanz der Schätzung der unabhängigen Variablen eines formativen Messmodells geprüft werden kann. Da t-Werte auch zur Beurteilung des Strukturmodells herangezogen werden, sei der Leser auf die entsprechenden Darstellungen im folgenden Kapitel verwiesen.

15.2.2 Güteprüfung des inneren Modells (Strukturmodell)

Zur Beurteilung der PLS-Schätzergebnisse des Strukturmodells können unterschiedliche Kriterien herangezogen werden, die auf die Beurteilung der Pfadkoeffizienten im Strukturmodell, die Beurteilung der Erklärungs- und Prognosekraft des Strukturmodells sowie die Robustheit der Schätzung eines PLS-Modells abzielen:

(1) Beurteilung der Pfadkoeffizienten im Strukturmodell: Ebenso wie beim kovarianzanalytischen Ansatz, können auch bei PLS-Modellen die *standardisierten Pfadkoeffizienten* im Strukturmodell (Beta- und Gamma-Koeffizienten) zur Beurteilung der Wirkungsstärke herangezogen werden. Chin (1998a, S. 11) geht von „bedeutsamen" Zusammenhängen aus, wenn die standardisierten Pfadkoeffizienten größer als 0,2 (besser 0,3) sind.

---

[1] Vgl. zur Konstruktion *reflektiver Messmodelle* insb. die Kap. 3.3.2 bzw. 6.2 und zur Konstruktion *formativer Messmodelle* insb. Kap. 12.2.

Im Gegensatz zum LISREL-Ansatz können beim PLS-Ansatz wegen der fehlenden Verteilungsannahmen jedoch keine *parametrischen Signifikanztests* für die Pfadkoeffizienten durchgeführt werden. Allerdings besteht hier über die sog. *Bootstrapping-Methode* die Möglichkeit, die fehlende theoretische Verteilungsfunktion einer Zufallsvariable durch die empirische Verteilungsfunktion der Stichprobe zu ersetzen (Efron 1979, S. 1 ff.).

Bootstrapping-Methode
Beim Bootstrapping werden aus einem empirischen Datensatz wiederholt Stichproben (b = 1, 2, . . . , B) einer festgelegten Größe (n*) mit Zurücklegen gezogen und mit deren Hilfe Teststatistiken berechnet.[2]

Anhand der mittels Bootstrapping ermittelten empirischen Verteilung der geschätzten Modellparameter (Mittelwert über die Stichproben und Varianz) kann anhand eines *t-Tests* die Nullhypothese geprüft werden, dass sich die geschätzten Pfadkoeffizienten *nicht* signifikant von Null unterscheiden. Mit Hilfe von Formel (15.1) lassen sich für jeden Pfadkoeffizienten die t-Werte berechnen, die mit den C.R.-Werten in AMOS korrespondieren (vgl. Formel (10.1)):

t-Werte (der Bootstrapping-Prozedur):

$$t_{ij} = \frac{\overline{\gamma}_{ijb}}{s_{\gamma_{ijb}}} \qquad (15.1)$$

mit:

$\overline{\gamma}_{ijb}$: Mittelwert des Pfadkoeffizienten γ_{ij} für alle K Stichproben (Subsamples)
$s_{\gamma_{ijb}}$: Standardabweichung des Pfadkoeffizienten γ_{ij}

Liegt ein t-Wert absolut über 1,96, so kann diese Nullhypothese mit einer Irrtumswahrscheinlichkeit von 5 % verworfen werden. Werte über 1,96 sind dann ein Indiz dafür, dass die entsprechenden Parameter einen gewichtigen Beitrag zur Bildung der Modellstruktur liefern.

(2) Erklärungs- und Prognosekraft sowie Robustheit eines PLS-Modells: Zur Beurteilung der Erklärungskraft eines PLS-Modells kann je latent endogener Variable das *Bestimmtheitsmaß* R^2 (korrespondierend zu den Squared multiple Correlations in AMOS; vgl. Kap. 10.1) berechnet werden. R^2 gibt an, wie viel Prozent der Varianz einer latent endogenen Variablen über die ihr zugeordneten unabhängigen (exogenen) Variablen erklärt wird.

---

[2] Die Zahl B wiederholt zu ziehender Stichproben sollte dabei hinreichend groß sein (z. B. B = 100): Für die Bootstrap-Stichprobe (n*) sollte ein Wert im Bereich der Größe des Urdatensatzes gewählt werden. Zu einer allgemeinen Diskussion des Bootstrapping vgl. Efron (1979), Efron (1982, S. 28ff.). Zur Anwendung des Bootstrapping im Rahmen von Strukturgleichungsmodellen vgl. Byrne (2001, S. 269 ff.).

Korrigiertes Bestimmtheitsmaß:

$$R^2_{korr.} = R^2 - \frac{J(1 - R^2)}{K - J - 1} \qquad (15.2)$$

mit:

J   = Zahl an Regressoren
K   = Zahl der Beobachtungswerte
K − J − 1 = Zahl der Freiheitsgrade

Da das Bestimmtheitsmaß jedoch durch die Anzahl an Regressoren beeinflusst wird, sollte auf das *korrigierte Bestimmtheitsmaß* zurückgegriffen werden, bei dem der R^2-Wert um die Zahl an Regressoren korrigiert ist. Dies ermöglicht dann einen Vergleich der Bestimmtheitsmaße für unterschiedliche Konstrukte, auch wenn die Zahl an zugewiesenen exogenen Variablen stark verschieden ist. Zur Beurteilung der R^2-Werte wird oft auf die von Chin (1998b, S. 323) vorgenommene Ergebnisbeurteilung eines von ihm analysierten Modells zurückgegriffen. Hiernach wird ein R^2 von 0,19 als „schwach", von 0,33 als „moderat" von 0,66 als „substantiell" bezeichnet. Allerdings ist die Angabe von Chin nur bedingt verallgemeinerbar, und ein „gutes R^2" ist in Abhängigkeit der jeweiligen Anwendung zu definieren. So werden z. B. in der Käuferverhaltensforschung häufig auch deutlich niedrigere Werte von R^2 schon als gut bezeichnet (vgl. Hair 2012c, S. 414 ff.).

Während das Bestimmtheitsmaß den erklärten Varianzanteil einer *endogenen Variablen* angibt, kann durch die sog. *Effektstärke* zusätzlich geprüft werden, ob eine *latent exogene Variable* einen signifikanten Einfluss (Effekt) auf eine latent endogene Variable ausübt. Hierzu wird üblicherweise neben der Höhe der entsprechenden Pfadkoeffizienten (Beta- und Gamma-Koeffizienten) die *Effektstärke* einer exogenen Variablen f^2 gemäß Formel (15.3) ermittelt (Chin 1998b, S. 316).

Effektstärke (vgl. Chin 1998b, S. 316):

$$f^2_{ij} = \frac{R^2_{ink.} - R^2_{exk.}}{1 - R^2_{ink.}} \qquad (15.3)$$

mit:

$R^2_{ink.}$:   Bestimmtheitsmaß der endogenen Variablen j, sofern *alle* exogenen Variablen zur
               Schätzung verwendet werden
$R^2_{exk.}$:   Bestimmtheitsmaß der endogenen Variablen j, sofern die exogene Variable i *nicht*
               zur Schätzung herangezogen wird

Die Effektstärke einer exogenen Variablen i gibt an, wie stark sich das auf die endogene Variable j bezogene Bestimmtheitsmaß ändert, wenn die betrachtete latent exogene Variable *nicht* zur Schätzung herangezogen wird. Hohe Werte deuten darauf hin, dass der Ausschluss der entsprechenden exogenen Variablen eine deutliche Verschlechterung des

Bestimmtheitsmaßes bewirkt, was im Umkehrschluss für deren hohe Relevanz zur Erklärung der endogenen Variablen spricht. Zur Beurteilung der f^2-Werte schlägt Chin (1998b, S. 317) folgende Leitline vor: 0,02 (gering); 0,15 (mittel) und 0,35 (hoch).

Neben diesen auf die Erklärungskraft des Strukturmodells abzielenden Gütemaßen kann mit dem sog. *Stone-Geisser-Kriterium* (Q^2) die *Prognoserelevanz* von *reflektiv* gemessenen *latent endogenen Variablen* beurteilt werden. Dabei wird der Umstand genutzt, dass PLS, im Gegensatz zum LISREL-Ansatz, auf die Prognose der Urdaten und nicht auf die Reproduktion der Kovarianzstrukturen abzielt. Mit Hilfe der sog. Blindfolding-Prozedur (Tenenhaus et al. 2005, S. 174 ff.) kann das Stone-Geisser-Kriterium gemäß Formel (15.4) berechnet werden.

Stone-Geisser-Kriterium (vgl. Geisser 1975 bzw. Stone 1974):

$$Q_\eta^2 = 1 - \frac{\sum E_\omega}{\sum O_\omega} \tag{15.4}$$

mit:

Q_η^2:   Stone-Geisser-Kriterium (SG) einer reflektiv gemessenen endogenen Variablen η

E_ω: $= (x_{11} - x^*_{11})^2$; Abweichung zwischen den Urdaten (x) und den Prognosewerten (x*) (Fehler der Prognosewerte)

$\sum E_\omega$:   Summe der quadrierten Abweichungen der Modell-Prognosewerte von den Beobachtungswerten (für die fehlende Datenfraktion ω)

O_ω: $= (x_{11} - x^M_{11})^2$; Fehler einer einfachen Mittelwertprognose der verbleibenden Daten $x^M_{11} = \sum x_{11}/(N-1)$ mit $i \neq 1$

$\sum O_\omega$:   Summe der quadrierten Abweichungen aus den anhand der verbleibenden Datenpunkte ermittelten Mittelwerte und den Beobachtungswerten (für die fehlende Datenfraktion ω)

Blindfolding-Prozedur

Im Rahmen der Blindfolding-Prozedur wird während der Parameterschätzung systematisch ein Teil der Urdatenmatrix als *fehlend* angenommen (Datenfraktion ω) und anschließend mit den berechneten Parameterwerten die als fehlend angenommenen Rohdaten wieder prognostiziert.

Liegt der Q^2-Wert oberhalb von Null, so besitzt das Modell eine Vorhersagerelevanz. Ein Wert von Null bedeutet, dass das Modell die Urdaten nicht besser prognostiziert als eine Schätzung per Mittelwert; Werte kleiner als Null sprechen gegen die Prognosegüte der Modellstruktur. Dabei ist zu beachten, dass dieses Maß nur für reflektive Messmodelle sinnvoll verwendet werden kann (Herrmann et al. 2006, S. 58).

Darüber hinaus kann das Stone-Geisser-Kriterium auch für die Evaluation der *Prognosestärke einzelner Pfadbeziehungen* modifiziert werden. Dabei werden dann zur Prognose der entfernten Urdaten nicht alle einer endogenen Größe zugewiesenen Konstrukte berücksichtigt, sondern jeweils eine exogene Größe entfernt. Verschlechtert sich der Q^2-Wert nach Eliminierung einer Regressionsbeziehung, so spricht das für eine hohe Prognoserelevanz dieses Konstruktes. Dabei gilt folgende Formel für das konstrukt- bzw. pfadbezogene q^2:

Pfadbezogenes Stone-Geisser Kriterium (vgl. Chin 1998b, S. 318):

$$q_{ij}^2 = \frac{Q_{ink.}^2 - Q_{exk.}^2}{1 - Q_{ink.}^2} \qquad (15.5)$$

mit:

$Q_{ink.}^2$:   Wert des SG-Kriteriums der endogenen Variablen j sofern alle exogenen Variablen zur Prognose der fehlenden Urdaten verwendet werden

$Q_{exk.}^2$:   Wert des SG-Kriteriums der endogenen Variablen j, sofern die exogene Variable i nicht zur Prognose der fehlenden Urdaten herangezogen wird

Schließlich kann die *Robustheit* der Ergebnisse einer PLS-Schätzung mit Hilfe der *Bootstrapping-Methode* beurteilt werden, indem b = 1, 2, ..., B unterschiedliche Stichproben vom Umfang n* jeweils zur Schätzung des PLS-Modells herangezogen werden (Chin 1998b, S. 320). Variieren die Parameterschätzer stark über die verschiedenen Stichproben, so spricht das gegen die Robustheit der Schätzergebnisse. Üblicherweise werden dann primär die ersten beiden Momente der Verteilungen der einzelnen Schätzer, der Mittelwert und die Standardabweichung über die b Stichproben betrachtet.

15.2.3 Zusammenfassende Empfehlungen

Während die Kovarianzstrukturanalyse eine Vielzahl von Kriterien zur Evaluation eines *Kausalmodells in seiner Gesamtheit* bereitstellen kann (vgl. Kap. 9), verfügt der PLS-Ansatz über *kein* sinnvoll anwendbares *globales* Kriterium zur Beurteilung der Modellgüte. Die diskutierten Gütekriterien zur Beurteilung von PLS-Modellen müssen deshalb in eine „Zusammenschau" gebracht werden (vgl. Abb. 15.2), wobei Chin (1998b, S. 316 ff.) empfiehlt – analog zum Ablauf der PLS-Schätzprozedur (vgl. Abb. 3.28) – zuerst das innere Modell (Strukturmodell) und anschließend das äußere Modell (Messmodelle) zu beurteilen. Können alle für einen Anwendungsfall als relevant erachteten Gütekriterien in allen Teilstrukturen des Modells (Messmodelle und Strukturmodell) als erfüllt angesehen werden, so wird auch das Gesamtmodell als „zuverlässig" eingestuft.

15.3 Analyse des Fallbeispiels mit SmartPLS

Im Folgenden wird das in Kap. 4.2 des Buches betrachtete Kausalmodell (vgl. Abb. 8.4) mit Hilfe von SmartPLS analysiert und abschließend auch mit den AMOS-Schätzergebnissen verglichen. Allerdings sei an dieser Stelle nochmals mit Nachdruck darauf hingewiesen,

Kriterium	Formel	Schwellen-werte	Quellen
Prüfung der Pfadkoeffizienten			
Standardisierte Pfadkoeffizienten	(10.2)	$\geq 0{,}2\text{-}0{,}3$	Chin (1998a), S. 11
		$\geq 0{,}1$	Lohmöller (1989), S. 60f.
t-Werte	(15.1)	$\geq 1{,}65$	vgl. zum zweiseitigen t-Test (alpha=0,1; 0,05)
		$\geq 1{,}96$	
Effektstärke f^2	(15.3)	$\geq 0{,}15$	i. A. a. Chin (1998b), S. 317
Prüfung der Konstrukte			
Bestimmtheitsmaß R^2	(15.2)	$\geq 0{,}19^{*)}$	i. A. a. Chin (1998b), S. 325
Stone-Geisser-Kriterium Q^2	(15.4)	≥ 0	Fornell/Bookstein (1982), S. 449
Prüfung der Robustheit der Schätzung mittels Bootstrapping			
Stichprobe muss repräsentativ für Grundgesamtheit sein			Byrne (2001), S. 270f.
Stichprobenumfang N sollte hinreichend groß sein (z. B. N=100)			
Hinreichend große Zahl an Bootstrap-Stichproben (z. B. B=200)			
Größe n* der Bootstrap-Stichproben vergleichbar mit der Stichprobengröße N			
$^{*)}$ Die Größe eines akzeptablen R^2 ist auch vor dem Hintergrund des jeweiligen Anwendungsfeldes zu definieren			

Abb. 15.2 Gütekriterien zur Beurteilung eines PLS-Strukturmodells

dass der LISREL- und der PLS-Ansatz letztendlich *nicht* „substitutiv" verwendet werden sollten, sondern dem PLS-Ansatz im frühen Stadium der Modellbildung der Vorzug zu geben ist und dieser schon bei relativ kleinem Stichprobenumfang angewandt werden kann. Demgegenüber besitzt der LISREL-Ansatz eine eindeutige Überlegenheit, wenn eine umfassende empirische Prüfung eines theoretisch eingehend fundierten Hypothesensystems vorgenommen werden soll (vgl. hierzu ausführlich Kap. 3.3.4).

SmartPLS erlaubt die Erstellung des Pfaddiagramms ebenfalls mit Hilfe von Grafikwerkzeugen, wobei auch hier als „Vorlage" das im Rahmen der Hypothesenbildung erstellte Strukturmodell dienen sollte (vgl. Abb. 4.2), das um die (bereits der Reliabilitäts- und Validitätsprüfung unterzogenen) reflektiven Messmodelle der hypothetischen Konstrukte zu ergänzen ist. Dabei kann ebenfalls die in Abb. 8.3 dargestellte Tabelle der latenten Konstrukte mit ihren zugehörigen Messvariablen genutzt werden.

Zur Konstruktion des Pfaddiagramms, zum Einlesen der Daten und zu den Einstellungsoptionen des Schätzalgorithmus sei der Leser auf Kap. 15.4 verwiesen. Nach der Schätzung des Modells werden die Regressions- und Pfadkoeffizienten im Grafikmodus angezeigt (vgl. Abb. 15.3).[3] Gemäß den Erläuterungen in Kap. 4.1 werden auch die folgenden Betrachtungen auf die *Evaluation des Gesamtmodells* konzentriert. Entsprechend

---

[3] SmartPLS weist die Indikatorvariablen von oben nach unten in alphabetischer Folge den Konstrukten zu. Dies muss beim Vergleich der Ergebnisse von AMOS und PLS beachtet werden. Zur Darstellung der Schätzergebnisse können im Menü unter „Report" verschiedene Formate gewählt werden. Nachfolgende Ergebnisse wurden über den HTML-Report ausgegeben, der zusätzlich zu den Schätzergebnissen auch einige Gütekriterien zur Evaluation des Modells übersichtlich bereitgestellt.

Kap. 4.2 wird zunächst die Güteprüfung des äußeren Modells und anschließend die des inneren Modells vorgenommen. Die *Ergebnisinterpretation* erfolgt analog zu Kap. 10, weshalb diese im Folgenden nicht weiter betrachtet wird.[4] Anstelle der Ergebnisinterpretation wird abschließend ein Vergleich zwischen den mit SmartPLS und den mit AMOS erzielten Schätzergebnissen vorgenommen.

15.3.1 Evaluation der PLS-Modellschätzung

Bei PLS-Schätzungen besitzt die Wahl der Startgewichte bisweilen einen großen Effekt auf die Lösung (Temme und Kreis 2005, S. 206), so dass zunächst immer eine Plausibilitätsprüfung der PLS-Schätzungen vorgenommen werden sollte. Diese bezieht sich jedoch lediglich auf die geschätzte Wirkrichtung zwischen Indikatoren und dem zugewiesenen Konstrukt. Sofern hier negative Vorzeichen der Pfadkoeffizienten eines Konstruktes auftreten, repräsentiert das Konstrukt auf Ebene der Modellschätzung nicht mehr das intendierte Konstrukt (z. B. Zufriedenheit), sondern das semantische Gegenteil (hier: Unzufriedenheit). Treten solche Fälle ein, so muss dies bei der Evaluation der Wirkbeziehungen im Strukturmodell berücksichtigt werden, da dies ansonsten zu inhaltlich falschen Schlüssen führt. Ansonsten treten beim PLS-Ansatz im Gegensatz zum LISREL-Ansatz keine sog. Heywood-Cases oder entartete Schätzungen auf (vgl. Kap. 9.1.1), da hier nur einfache lineare Regressionen durchgeführt werden (Herrmann et al. 2006, S. 44). Werden vor diesem Hintergrund die Pfadkoeffizienten der verschiedenen Messmodelle sowie des Strukturmodells (vgl. Abb. 15.3) betrachtet, so zeigt sich, dass alle Werte erwartungsgemäß positiv sind und das Strukturmodell eine hypothesenkonforme Struktur aufweist.

(1) Güteprüfung des äußeren Modells (Messmodelle): Zur Prüfung der Reliabilität und Validität der (reflektiven) Messmodelle in PLS können dieselben Kriterien wie beim LISREL-Ansatz herangezogen werden. Im Gegensatz zu AMOS werden diese von Smart-PLS im „Report" vollständig ausgewiesen, so dass keine Nachrechnung z. B. mit SPSS oder Excel erforderlich ist. Informationen zur *Güte der Indikatoren* finden sich bei Smart-PLS unter „*Calculation Results → Outer Loadings*", wo die Faktorladungen der einzelnen Indikatoren notiert sind (vgl. Abb. 15.4).

Im vorliegenden Fallbeispiel weisen die verschiedenen Indikatoren durchgängig eine sehr hohe Reliabilität auf und liegen mit Werten größer als 0,685 („Tradition") deutlich oberhalb des üblicherweise geforderten Schwellenwertes von 0,4.

Bezogen auf die in Abb. 15.5 aufgeführten Werte von *Cronbachs Alpha* (Formel (7.2)) zeigt sich auch hier erwartungsgemäß eine hohe interne Konsistenz der Messmodelle.[5]

---

[4] SmartPLS weist unter „Total Effects" im „Report"-Output unter „PLS" die totalen Wirkbeziehungen zwischen den Konstrukten aus. Darüber hinaus werden analog zu den anhand des AMOS-Outputs berechenbaren Faktorwerten die Faktorwerte unter „Latent Variable Scores" ausgegeben.

[5] Die in Abb. 15.5 ausgewiesenen Informationen zur Abschätzung der Güte der Messmodelle finden sich unter „*PLS → Quality Criteria*".

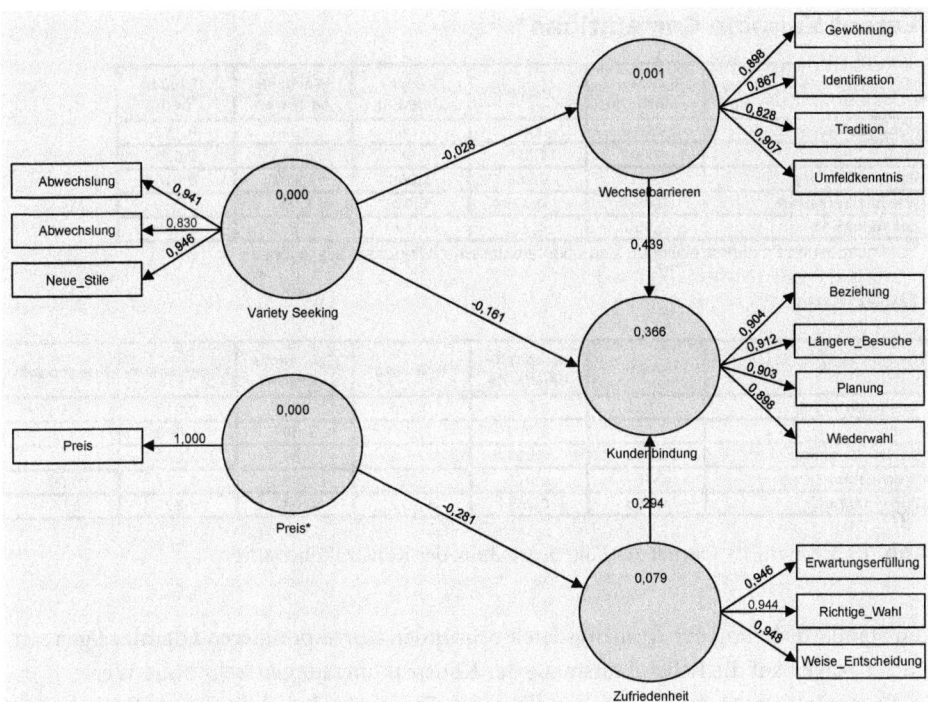

Abb. 15.3 Standardisierte Lösung der PLS-Schätzung für das Fallbeispiel

Outer Loadings

	Kunden-bindung	Preis*	Variety Seeking	Wechsel-barrieren	Zufrieden-heit	Indikator-reliabilität
Beziehung	0,904					0,818
Längere_Besuche	0,912					0,831
Planung	0,903					0,815
Wiederwahl	0,898					0,806
Preis		1,000				1,000
Abwechslung			0,941			0,885
Ausprobieren			0,830			0,689
Neue_Stile			0,946			0,895
Gewöhnung				0,898		0,806
Identifikation				0,867		0,751
Tradition				0,828		0,685
Umfeldkenntnis				0,907		0,824
Erwartungserfüllung					0,946	0,896
Richtige_Wahl					0,944	0,892
Weise_Entscheidung					0,948	0,899

Abb. 15.4 SmartPLS-Output zur Abschätzung der Indikatorreliabilität

Dabei ist darauf hinzuweisen, dass die dargestellten Werte mit den in Teil II ausgewiesenen Werten des standardisierten Alpha übereinstimmen. Dies ist in der vorab durchgeführ-

Latent Variable Correlations*

	Kunden-bindung	Preis*	Variety Seeking	Wechsel-barrieren	Zufrieden-heit
Kundenbindung	1,000	0,257	0,045	0,244	0,152
Preis*	-0,507	1,000	0,082	0,143	0,079
Variety Seeking	-0,211	0,286	1,000	0,001	0,016
Wechselbarrieren	0,494	-0,379	-0,028	1,000	0,030
Zufriedenheit	0,390	-0,281	-0,127	0,173	1,000

* Die quadrierten Faktorkorrelationen sind oberhalb der Hauptdiagonale ausgewiesen

Overview

	AVE	Composite Reliability	R Square	Cronbachs Alpha	Communality	Redundancy
Kundenbindung	0,818	0,947	0,366	0,926	0,818	0,034
Preis*	1,000	1,000		1,000	1,000	
Variety Seeking	0,823	0,933		0,895	0,823	
Wechselbarrieren	0,767	0,929	0,001	0,898	0,767	0,001
Zufriedenheit	0,896	0,963	0,079	0,942	0,896	0,069

Abb. 15.5 SmartPLS-Output zur Gütebeurteilung der Konstruktmessung

ten Standardisierung der Ausgangsdaten begründet. Korrespondierend damit zeigen sich, auch bezogen auf die Reliabilitätsmaße der Konstruktmessungen, sehr hohe Werte:

So liegen sowohl die *Faktorreliabilitäten* („Composite Reliability"; vgl. Formel (7.7)) im Bereich von 0,929 bis 0,963 und damit oberhalb des Grenzwertes von 0,6 sowie auch die *durchschnittlich extrahierte Varianz* (AVE; vgl. Formel (7.8)) mit Werten von 0,767 bis 0,896 ($\geq 0,6$). Diese Maße können dabei als Beleg für Konvergenzvalidität gesehen werden. Werden nun die letztgenannten AVE-Werte den im oberen Teil der Abb. 15.5 ausgewiesenen quadrierten Faktorkorrelationen vergleichend gegenübergestellt, so zeigt sich für jeden Faktor, dass die AVE größer als alle quadrierten Korrelationen mit den anderen Faktoren sind. Damit ist dann das *Fornell/Larcker-Kriterium* (vgl. Formel (7.10)) erfüllt, und es liegt Diskriminanzvalidität vor. Für das Fallbeispiel kann somit auch anhand der PLS-Schätzung auf valide Konstruktmessungen geschlossen werden.

(2) Güteprüfung des inneren Modells (Strukturmodell): Gemessen an den R^2-Werten zeigen die Ergebnisse des Strukturmodells, dass nur die „Kundenbindung" mit einem Wert von 0,366 von den exogenen latenten Konstrukten substantiell erklärt wird, während die Konstrukte „Wechselbarrieren" und „Zufriedenheit" nur zu einem geringen Anteil erklärt werden. Allerdings zeigt sich anhand des Q^2-Wertes des *Stone-Geisser-Kriteriums* („Redundancy"), dass alle latent endogenen Konstrukte mit Werten jeweils größer als 0 eine Prognoserelevanz aufweisen.

Die *Effektstärken* (f^2) und die *pfadbezogenen Stone-Geisser-Kriterien* (q^2) werden von SmartPLS nicht automatisch ausgewiesen. Hierzu müssen im entsprechenden Modell die nachfolgenden Pfade einzeln entfernt und das jeweilige Modell erneut geschätzt werden.

Anhand der R^2- und Q^2-Werte der „reduzierten" Modelle, die im „Report"-Output ausgewiesen werden, können dann unter Verwendung der Formeln (15.3) und (15.5) die Effektstärke f^2 bzw. das q^2 berechnet werden. Da im vorliegenden Fall nur ein Konstrukt („Kundenbindung") mehr als eine Beziehung zu einer latent exogenen Variablen aufweist, ist dieses Vorgehen auch nur hier sinnvoll. Werden nun systematisch die drei Pfade nacheinander entfernt, so resultieren die folgenden Q^2 und R^2-Werte, die zur Berechnung der dargestellten f^2- und q^2-Werte herangezogen werden können.

Vollständiges Modell	R^2: 0,366	Q^2: 0,034		
Wechselbarrieren → Kundenbindung	R^2: 0,184	Q^2: 0,035	→ f^2: 0,287	q^2: − 0,001
Variety Seeking → Kundenbindung	R^2: 0,340	Q^2: 0,196	→ f^2: 0,041	q^2: − 0,168
Zufriedenheit → Kundenbindung[a]	R^2: 0,286	Q^2: 0,036	→ f^2: 0,126	q^2: − 0,002

[a]Zur Schätzung dieses Modells mussten die Konstrukte „Preis*" und „Zufriedenheit" aus dem Modell entfernt werden, da zwischen den beiden nach Entfernung der Beziehung „Kundenbindung → Zufriedenheit" keine Beziehung mehr zu den verbleibenden drei Konstrukten bestand und das Gesamtmodell damit nicht mehr rechenbar wäre

Insgesamt können damit die zwei Beziehungen zwischen der Kundenbindung und den Wechselbarrieren sowie der Zufriedenheit anhand der f^2-Werte als substantiell eingestuft werden. Eine Entfernung dieser beiden Beziehungen führt dabei auch zu einer nur geringen Steigerung des Q^2-Wertes, was bedeutet, dass die Prognoserelevanz der Bindung hiervon nur geringfügig gesteigert wird. Entsprechend sind auch die q^2-Werte sehr klein. Insgesamt muss damit konstatiert werden, dass dem Konstrukt „Variety Seeking" keine große (empirische) Bedeutung im vorliegenden Modell beizumessen ist.

Werden die Ergebnisse der Messmodell- und Strukturmodellprüfung in einer *Zusammenschau* betrachtet, so kann dem Modell eine durchaus akzeptable Eignung zugesprochen werden. Die reflektiven Messmodelle zeigen allesamt sehr hohe Reliabilitätmaße und sind überdies als valide zu bezeichnen. Demgegenüber stellen sich im Strukturmodell einzelne Beziehungen als „nicht nennenswert" heraus, und die endogenen Konstrukte (abgesehen von der Kundenbindung) weisen nur sehr geringe R^2-Werte auf. Insgesamt kann damit, trotz der Eignung der Messmodelle, nur von einer akzeptablen Modelleignung ausgegangen werden.

15.3.2 Vergleich der Schätzergebnisse von AMOS und SmartPLS

Bevor ein Vergleich der Schätzergebnisse von AMOS und SmartPLS vorgenommen wird, sei nochmals darauf hingewiesen (vgl. ausführlich Kap. 3.3.4), dass insbesondere das unterschiedliche Verständnis von latenten Variablen und die verschiedenen Schätzverfahren beider Ansätze dazu führen, dass die Parameterschätzungen nach dem LISREL- und dem PLS-Ansatz letztendlich *nicht* verglichen werden sollten. Die Ergebnisse konvergieren nur dann, wenn fehlerfreie Messungen unterstellt werden können oder die Zahl der betrachteten Messvariablen gegen unendlich geht (Scholderer und Balderjahn (2006, S. 61). Der nachfolgende Vergleich ist deshalb primär im Hinblick auf die Beurteilung der „Konvergenz" der Schätzergebnisse zu sehen, während wir aufgrund der unterstellten sachlogisch eingehenden Fundierung des Hypothesensystems durch den Hotelbesitzer in unserem Fallbeispiel dem LISREL-Ansatz den Vorzug geben würden.

Der nachfolgende Vergleich wird auf die Parameterschätzungen im Strukturmodell konzentriert, weshalb zunächst noch die t-Werte der Pfadkoeffizienten für die PLS-Schätzung zu bestimmen sind. Zu diesem Zweck wird die *Bootstrapping-Methode* angewandt, und für den vorliegenden Datensatz mit n = 192 Fällen werden insgesamt 200 Stichproben von jeweils 192 Fällen gezogen. Die Bootstrapping-Prozedur kann in Smart-PLS unter „*Calculate → Bootstrapping*" aktiviert werden. Im entsprechenden Dialogfenster kann dann spezifiziert werden, wie viele Stichproben („Samples") von welchem Umfang („Cases") zu bilden sind.[6] Da unterstellt sei, dass der vorliegende Datensatz repräsentativ für die Grundgesamtheit „Gäste der Hotels der Betreiberkette" und zudem nicht zu klein ist, erscheint die Anwendung der Bootstrapping-Prozedur angemessen. Nach einer Kalkulation werden die t-Werte für die verschiedenen Modellparameter γ_i ($t_{\gamma i}$ = Mittelwert (γ_{ik})/Standardab-weichung (γ_{ik})) basierend auf den k = 200 unterschiedlichen Stichproben angezeigt. Unter „Report" finden sich zudem alle verfügbaren Informationen zur Bootstrapping-Prozedur wie die Parameterschätzer für die einzelnen Samples. Konform zu den Ergebnissen der AMOS-Modellschätzung zeigen sich alle Pfadkoeffizienten der reflektiven Modelle hochsignifikant von Null verschieden und positiv. Die hier resultierenden t-Werte im Bereich von 14,122 und 140,976 sind dabei deutlich höher als die korrespondierenden C.R.-Werte der Kovarianzschätzung.

Dies ist auf die grundsätzlich unterschiedliche „Philosophie" der beiden Ansätze zurückzuführen. Während der LISREL-Ansatz versucht, die Kovarianzstruktur zu reproduzieren, liegt die Zielsetzung des PLS-Ansatzes darin, die Varianz der Urdaten möglichst gut zu reproduzieren (bzw. abzubilden). Weiterhin werden im LISREL-Ansatz explizit Messfehler berücksichtigt, was bei PLS nicht erfolgt. Aus diesem Grund sind auch die Schätzer für die Pfadkoeffizienten der Messmodelle bei PLS systematisch höher als bei AMOS (Scholderer und Balderjahn 2006, S. 61), was sich auch bei unserem Fallbeispiel deutlich zeigt. Die Koeffizienten zwischen den Konstrukten werden dagegen beim PLS-Ansatz systematisch unterschätzt (vgl. Abb. 14.12). Anhand der mittels Bootstrapping erhaltenen t-Werte (vgl. Abb. 15.6) können dieselben Beziehungen wie auch bei der Kovarianzstrukturschätzung als signifikant bzw. nicht signifikant bestätigt werden. So kann auch anhand der hier vorliegenden Ergebnisse lediglich die Hypothese 1 „Variety Seeking beeinflusst die Wechselbarrieren negativ" nicht bestätigt werden bzw. sie muss verworfen werden (vgl. Abb. 15.7).

---

[6] Dabei behalten wir die Standardeinstellung „No sign changes" bei. Vgl. hierzu das SmartPLS Benutzerhandbuch von Ringle et al. 2005.

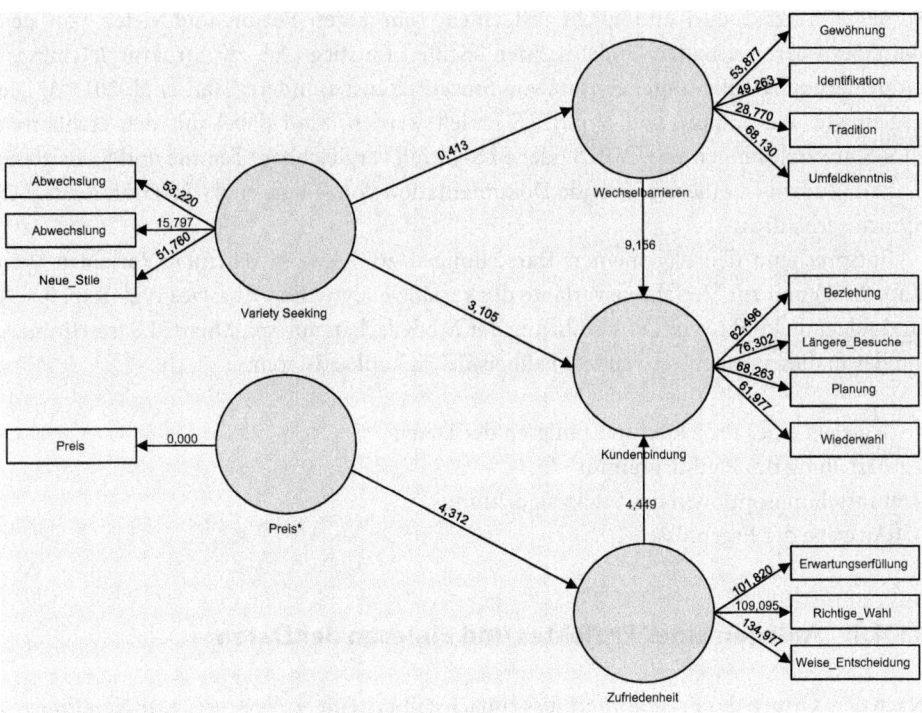

Abb. 15.6 t-Werte der Bootstrapping-Prozedur für das Fallbeispiel

Pfadbeziehung des Strukturmodells			AMOS		SmartPLS	
Endogen		*Exogen*	γ_i	*C.R.* (γ_i)	γ_i	*t* (γ_i)
Zufriedenheit	←	Preis*	-0,282	-3,931	-0,281	-4,412
Wechselbarrieren	←	Variety Seeking	-0,061	-0,774	-0,028	0,383
Kundenbindung	←	Zufriedenheit	0,335	5,061	0,294	4,268
Kundenbindung	←	Wechselbarrieren	0,474	6,740	0,439	8,711
Kundenbindung	←	Variety Seeking	-0,178	-2,720	-0,161	3,127

Abb. 15.7 Vergleich der Parameterschätzer des Strukturmodells der AMOS-und der PLS-Schätzung

15.4 Pfadmodellierung mit SmartPLS

Zur Durchführung von Strukturgleichungsanalysen mit Hilfe des PLS-Ansatzes stehen diverse Softwarepakete (z. B. LVPLS, PLS-Graph) zur Verfügung. In diesem Buch wird auf das Programmpaket **SmartPLS** zurückgegriffen, das aufgrund der ausgereiften grafischen Oberfläche eine komfortable und einsteigergerechte Umsetzung ermöglicht. Überdies ist die Software nach einer Online-Registrierung unter

http:www.smartpls.de

kostenlos nutzbar und ermöglicht mit einem sehr regen Forum und vielen von den Betreibern bereitgestellten Updates einen leichten Einstieg (vgl. zur Strukturgleichungs-modellierung mit PLS unter Einsatz von SmartPLS insbesondere: Hair et al. 2013a). Die Ergebnisse, die anhand von SmartPLS erzielt werden, sind dabei mit den etablierten PLS-Softwarelösungen wie LVPLS oder PLS-Graph vergleichbar (Temme und Kreis 2005, S. 206). Zudem ist eine umfassende Dokumentation von Ringle et al. (2005) in deutscher Sprache erhältlich.

Entsprechend den allgemeinen Darstellungen zu SGM mit latenten Variablen (vgl. Kap. 3.3.1) und zur Verfahrensvariante des varianzanalytischen Ansatzes (vgl. Kap. 3.3.3) sind folgende Punkte zur Durchführung der Modellschätzung mit SmartPLS im Hinblick auf das in diesem Buch verwendete Fallbeispiel zu konkretisieren:

1. Anlegen eines Projektes und Einlesen der Daten
2. Erstellung des Pfaddiagramms
3. Einstellungsoptionen des Schätzalgorithmus
4. Ausgabe der Ergebnisse

15.4.1 Anlegen eines Projektes und Einlesen der Daten

Nach dem Öffnen des Programms muss zunächst über *„File → New → Create New Project"* ein neues Projekt angelegt werden. Nach dem hierfür ein Name eingetragen wurde, muss der Datensatz der Indikatorvariablen ausgewählt werden. Grundsätzlich kann SmartPLS nur mit Urdaten und nicht mit Korrelations- oder Kovarianzmatrizen arbeiten. Wichtig ist zudem, dass alle fehlenden Werte kodiert wurden (z. B. „− 1" oder „99"), da dies beim Importieren der Daten ansonsten zu Problemen führt.

Die Werte sind dann entsprechend unter *„The indicator data contains missing values →* *Missing Value"* einzutragen (z. B. als: − 1; 99). Nach der Auswahl des Datensatzes erscheint dieser grün angezeigt links unter *„Projects"*.

15.4.2 Erstellung des Pfaddiagamms

Zur Konstruktion eines Pfaddiagramms bietet SmartPLS zwei Optionen *„Switch to inserti-on mode"*, mit der die Konstrukte auf der Grafikoberfläche eingezeichnet werden können und *„switch to connection mode"* zur Spezifikation der Wirkbeziehungen zwischen den Konstrukten. Ist das Strukturmodell spezifiziert (vgl. Abb. 15.8), so müssen anschließend die Indikatoren je Konstrukt zugewiesen werden.

Dies kann per *„Drag and drop"* der unter *„Indicators"* angezeigten Variablen erfolgen. Hierzu müssen diese einzeln auf die Konstrukte „verlegt" werden. Sind für alle Konstrukte die entsprechenden Indikatoren zugewiesen, so erscheinen die Konstrukte blau hinterlegt

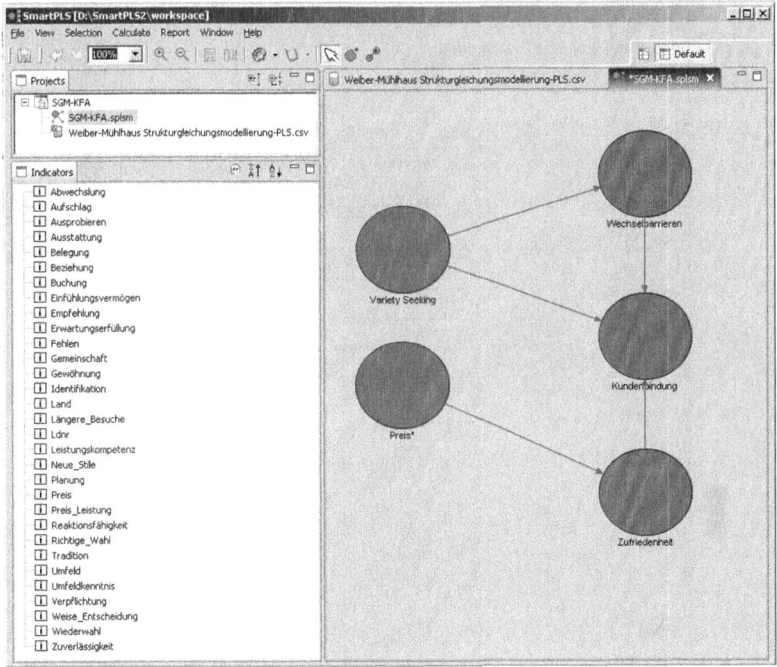

Abb. 15.8 Konstruktion von Kausalmodellen mit SmartPLS

und das Modell kann geschätzt werden.[7] Die automatische Voreinstellung bei SmartPLS sieht *reflektive* Indikatoren vor. Sofern einzelne Konstrukte *formativ* gemessen werden sollen, so kann dies über einen Klick der rechten Maustaste auf das Konstrukt unter „*Invert measurement model*" vorgenommen werden.

15.4.3 Einstellungsoptionen des Schätzalgorithmus

Der von SmartPLS zur Verfügung gestellte Schätzalgorithmus wird unter „*Calculate*" ausgewählt, und es öffnet sich folgendes Dialogfenster (vgl. Abb. 15.9).

Das Dialogfenster erlaubt folgende Einstellungsoptionen:

- *Missing Value Algorithm*: Hier ist zwischen dem Fallweisen Ausschluss („Case Wise Replacement") oder der Imputation der fehlenden Werte anhand des Mittelwerts der entsprechenden Variable („Mean Replacement") zu wählen. Da neben diesen „einfachen" Verfahren keine weiteren Optionen bestehen, erscheint es sinnvoll die fehlenden

---

[7] Zur Verbesserung der Übersichtlichkeit können die Indikatoren automatisch um die Konstrukte gedreht werden. Hierzu müssen über einen Klick der rechten Maustaste auf die Konstrukte die Indikatoren entweder oberhalb („Allign top"), unterhalb („Allign bottom") usw. positioniert werden.

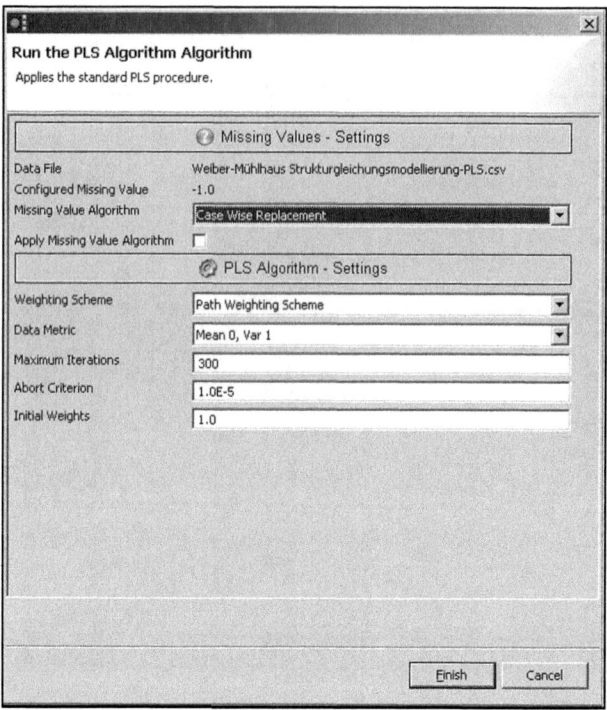

Abb. 15.9 Einstellung der PLS-Schätzung

Werte auf anderem Wege, z. B. durch eine der von SPSS bereitgestellten Prozeduren zu imputieren. Nach Aktivierung des Hakens bei *„Apply Missing Value Algorithm"* erfolgt die ausgewählte Behandlung der fehlenden Werte.

- *Weighting Scheme*: Hier ist zwischen dem *„Factor Weighting Scheme"* (Faktorgewichtungs-Methode), der *„Centroid Weighting Scheme"* (Zentroid-Methode) und der als Standardeinstellung verfügbaren *„Path Weighting Scheme"* (Pfadgewichtungs-Methode) zu wählen (vgl. auch Kap. 3.3.3.2; Abb. 3.28). Diese Option dient dabei der Verbesserung der Schätzungen im Ablauf der gesamten Schätzprozedur. Johansson und Yip (1994, S. 587) stellen dabei aber fest, dass die Ergebnisse, die mit den verschiedenen Methoden erzielt werden, nur geringfügig voneinander abweichen.
- *Data Metric*: Hier kann eingestellt werden, ob mit den Urdaten „Original" oder mit standardisierten Variablen gearbeitet werden soll („Mean 0; Var 1"). Da in unserem Fallbeispiel alle Variablen anhand derselben Skala erhoben wurden und somit keine nennenswerten Unterschiede bzgl. Varianz und Höhe der Ausprägung vorliegen, wäre die Verwendung der Urdaten durchaus sinnvoll. Da aber die Ergebnisse mit denen der standardisierten AMOS-Lösung verglichen werden sollen, wurde für das Fallbeispiel die zweite Option gewählt und zur Schätzung standardisierte Variable verwendet.

- Die weitern drei Einstelloptionen: *„Maximum Iterations", „Abort Criterion"* und *„Initial Weights"* betreffen die Konvergenz des Algorithmus und die Wahl der Startgewichte (vgl. Kap. 3.3.3). Im Fallbeispiel wurden die Standardoptionen beibehalten, wenngleich darauf hinzuweisen ist, dass die Wahl der Startgewichte einen Effekt auf die Lösung aufweisen kann (Temme und Kreis 2005, S. 205 ff.).

15.4.4 Ausgabe der Ergebnisse

Nach der Schätzung des Modells werden die Regressions- und Pfadkoeffizienten im Grafik-modus angezeigt (vgl. Abb. 15.3 für das Fallbeispiel). Zudem können diese Ergebnisse auch unter „Report" in verschiedenen Formaten angezeigt werden. Wird der HTML-Report aus-gewählt, so sind zusätzlich zu den Schätzergebnissen hier auch einige Gütekriterien zur Evaluation des Modells übersichtlich aufbereitet verfügbar.

Literatur

Byrne, B. M. (2001). *Structural equation modeling with amos.* Mahwah: Lawrence Erlbaum Associates.

Chin, W. W. (1998a). Issues and opinion on structural equation modeling. *Management Information Systems Quarterly, 22,* 7–16.

Chin, W. W. (1998b). The partial least squares approach for structural equation modeling. In G. A. Marcoulides (Hrsg.), *Modern methods for business research* (S. 295–336). London: Lawrence Erlbaum Associates.

Efron, B. (1979). Bootstrap methods: Another look at the jacknife. *Annals of statistics, 7,* 1–26.

Efron, B. (1982). *The jacknife, the bootstrap and other resampling plans.* Philadelphia: Society for Industrial and Applied Mathematics.

Fornell, C., & Bookstein, F. L. (1982). Two structural equation models. LISREL and PLS applied to consumer exit-voice-theory. *Journal of Marketing Research, 19,* 440–452.

Geisser, S. (1975). A predictive approach to the random effect model. *Biometrika, 61,* 101–107.

Hair, J. F., Ringle, C. M., & Sarstedt, M. (2011). The use of partial least squares (PLS) to address marketing management topics: From the special issue guest editors. *Journal of Marketing Theory and Practice, 19*(2), 135–138.

Hair, J. F., Ringle, C. M., & Sarstedt, M. (2012a). Editorial: Partial least squares: The better approach to structural equation modeling? *Long Range Planning, 45*(5/6), 312–319.

Hair, J. F., Sarstedt, M., Pieper, T. M., & Ringle, C. M. (2012b). Applications of partial least squares path modeling in management journals: A review of past practices and recommendations for future applications. *Long Range Planning, 45*(5–6), 320–340.

Hair, J. F., Sarstedt, M., Ringle, C. M., & Mena, J. A. (2012c). An Assessment of the use of partial least squares structural equation modeling in marketing research. *Journal of the Academy of Marketing Science, 40*(3), 414–433.

Hair, J. F., Hult, T. M., Ringle, C. M., & Sarstedt, M. (2013a). *A primer on partial least squares structural equation modeling (PLS-SEM).* Thousand Oaks: Sage.

Hair, J. F., Ringle, C. M., & Sarstedt, M. (2013b, forthcoming). Editorial: Partial least squares structural equation modeling: Rigorous applications, better results and higher acceptance. *Long Range Planning, 46*(1/2).

Herrmann, A., Huber, F., & Kressmann, F. (2006). Varianz- und Kovarianzbasierte Strukturgleichungsmodelle – Ein Leitfaden zu deren Spezifikation, Schätzung und Beurteilung. *zfbf, 58*(1),
34–66.

Herrmann, A., Gassmann, O., & Eisert, U. (2007). An empirical study of the antecedents for radical product innovations and capabilities for transformation. *Journal of Engeneering Technology
Management, 24,* 92–120.

Johansson, J. K., & Yip, G. S. (1994). Exploiting globalization potential: U.S. and Japanese strategies.
Strategic Management Journal, 15(8), 579–601.

Jöreskog, K. G. (1967). Some contributions to maximum likelihood factor analysis. *Psychometrika,
32,* 443–482.

Lohmöller, J. B. (1989). *Latent variable path modeling with partial least squares.* Heidelberg: Physica.

Ringle, C. M. (2004). Gütemaße für den Partial Least Squares Ansatz zur Bestimmung von Kausalmodellen, Arbeitspapier Nr. 16 des Instituts für Industriebetriebslehre und Organisation,
K.-W. Hansmann (Hrsg.). Hamburg.

Ringle, C. M., Wende, S., & Will, A. (2005). *SmartPLS 2.0* (beta). Hamburg. www.smartpls.de.

Ringle, C. M., Sarstedt, M., & Straub, D. W. (2012). A critical look at the use of PLS-SEM in MIS
quarterly. *MIS Quarterly, 36*(1), iii–xiv.

Sarstedt, M., & Ringle, C. M. (2008). Heterogenität in varianzbasierter Strukturgleichungsmodellierung: Eine Analyseprozedur zur systematischen Anwendung von FIMIX-PLS. *Marketing ZFP,
30*(4), 241–257.

Sarstedt, M., Becker, J.-M., Ringle, C. M., & Schwaiger, M. (2011). Uncovering and treating unobserved heterogeneity with FIMIX-PLS: Which model selection criterion provides an appropriate
number of segments? *Schmalenbach Business Review, 63*(1), 34–62.

Scholderer, J., & Balderjahn, I. (2006). Was unterscheidet harte und weiche Strukturgleichungsmodelle nun wirklich? *Marketing ZFP, 28*(1), 57–70.

Stone, M. (1974). Cross-validatory choice and assessment of statistical predictions. *Journal of the
Royal Statistical Society, 36,* 111–147.

Temme, D., & Kreis, H. (2005). Der PLS-Ansatz zur Schätzung von Strukturgleichungsmodellen mit latenten Variablen: Ein Softwareüberblick. In F. Bliemel et al. (Hrsg.), Handbuch PLS-Pfadmodellierung: Methode, Anwendung, Praxisbeispiele (S. 193–208). Stuttgart:
Schäffer-Poeschel.

Tenenhaus, M., Vinzi, V. E., Chatelin, Y.-M., & Lauro, C. (2005). PLS path modeling. *Computational
Statistics & Data Analysis, 48,* 159–205.

Wold, H. (1966). Nonlinear estimation by partial least squares procedures. In F. N. David (Hrsg.),
Research papers in statistics (S. 411–444). New York.

Weiterführende Literatur

Bliemel, F. et al. (Hrsg.). (2005). *Handbuch PLS-Pfadmodellierung: Methode, Anwendung,
Praxisbeispiele.* Stuttgart: Schäffer-Poeschel.

Universelle Strukturgleichungsmodelle (USM) 16

Inhaltsverzeichnis

16.1   Relevanz und Grundidee der USM

In vielen Anwendungen der Kausalanalyse stehen Forscher regelmäßig vor dem Problem, dass die relevanten Kernhypothesen nur eingeschränkt in gesicherter Form vorliegen. So ist zwar oft Erfahrungswissen vorhanden, so dass vermeintlich wichtige Hypothesen abgeleitet werden können, es besteht jedoch Unsicherheit darüber, ob diese einen interessierenden Sachverhalt bzw. Entscheidungstatbestand angemessen abbilden. Im Kern steht der Forscher damit nicht nur vor dem „Problem" der Prüfung der Gültigkeit von Hypothesen, sondern auch vor der Evaluation des Hypothesensystems insgesamt. Daher soll meist mehr als lediglich ein Hypothesensystem konfirmatorisch getestet werden. Vielmehr gilt es, herauszufinden, ob und auf welche Weise auch andere Einflussgrößen die Zielgrößen beeinflussen, d. h. es gilt, bisher nicht spezifizierte Hypothesen zu explorieren.[1]

---

[1] Im Rahmen der Kovarianzstrukturanalyse können derartige Fragestellungen unter Rückgriff auf die Modification Indices bearbeitet werden (vgl. Kap. 11.2). Diese zeigen auf, welche zusätzlichen Beziehungen neben den spezifizierten Hypothesen einen besseren Modell-Fit versprechen, so dass hierüber Anhaltspunkte auf unberücksichtigte Kernhypothesen (Beziehungen) abgeleitet werden können.

R. Weiber, D. Mühlhaus, *Strukturgleichungsmodellierung,* Springer-Lehrbuch,   343
DOI 10.1007/978-3-642-35012-2_16, © Springer-Verlag Berlin Heidelberg 2014

Darüber hinaus ist immer wieder festzustellen, dass viele Wirkungszusammenhänge der Realität durch die *Linearitätsannahme* klassischer Verfahren, wie sie auch für die Kovarianzstrukturanalyse oder den varianzanalytischen Ansatz der SGA typisch sind, *nicht* adäquat beschrieben werden können. So zeigen unterschiedliche Studien, dass etwa die Zufriedenheit keinen linearen Effekt auf die Kundenbindung (Homburg et al. 1999, S. 98) oder auf die Zahlungsbereitschaft aufweist (Homburg et al. 2005, S. 90). Zudem haben oftmals *Drittvariableneffekte* (z. B. Interaktionen; Moderatoren; vgl. Kap. 2.2.1) Einfluss auf die Beziehung zwischen Konstrukten (z. B. Kenny und Judd 1984). Auch über diese Form der Zusammenhänge besteht zumeist unzureichendes Vorwissen, d. h. es fehlen fundierte Hypothesen über die Form der unterschiedlichen Wirkungszusammenhänge. Die Beherrschung der drei aufgezeigten Kernprobleme

1. Unsicherheit über die *Vollständigkeit* eines Hypothesensystems insgesamt
2. Unklarheit hinsichtlich der Gestalt und *funktionalen Form der Wirkbeziehungen* zwischen latenten Konstrukten im Strukturmodell
3. unzureichende Möglichkeit der Berücksichtigung von *Moderations- und Interaktionseffekten* im Rahmen der klassischen Verfahren

stellt den zentralen Anspruch der sog. universellen Strukturgleichungsmodelle (USM) dar. Hier werden, basierend auf einem Hypothesensystem, das analog zu den Ausführungen in Teil II dieses Buches konstruiert wird, neben der konfirmatorischen Prüfung von Hypothesen auch die *Gestalt* der Wirkbeziehungen sowie die *Moderatorwirkungen* untersucht und zudem in einem vorgegebenen Rahmen nicht explizit benannte Hypothesen exploriert.

Universelle Strukturgleichungsmodelle (USM)
USM ist ein Methodenverbund, der eine *entdeckende Modellierung* von Strukturgleichungsmodellen ermöglicht. Mit dieser quasi-konfirmatorisch einsetzbaren Methodik können neue Pfade, unbekannte Nichtlinearitäten und zuvor nicht bekannte Interaktions-/Moderationseffekte in Strukturgleichungsmodellen exploriert und beschrieben werden.

Der statistische Ansatz der USM (Buckler und Hennig-Thurau 2008) basiert auf dem Prinzip der Partial Least Squares (PLS) Methodik. Im Gegensatz zum Kovarianzstrukturansatz liegt der Fokus auch bei USM also in der Varianzerklärung der latenten Konstrukte, wobei er sich methodisch vom PLS-Ansatz (vgl. Kap. 15) in zwei zentralen Aspekten unterscheidet:

4. Die lineare Regressionsschätzung im Strukturmodell wird durch eine geeignete *universelle Regressionsmethode* unter Rückgriff auf ein *Bayes'sches Neuronales Netzwerk (BNN)* ersetzt.
5. In einer *Nachverarbeitungsstufe* werden Eigenschaften der Pfade, wie deren Einflussstärke, die Form der *Nichtlinearität* oder die Form von *Interaktionen* extrahiert, quantifiziert und in geeigneter Weise z. B. grafisch aufbereitet.

Der Vorteil des Einsatzes von *Neuronalen Netzen* (vgl. Backhaus et al. 2013, Kap. 5) als universelle Regressionsmethode liegt (neben der Möglichkeit, neue Pfade, Nichtlinearitäten und Interaktionen zu entdecken) auch darin, dass die Anforderungen an das Skalenniveau der Daten geringer sind: So können *kategoriale Variablen* (wie z. B. die Herkunft eines Hotelgastes oder auch das Geschlecht) wie jede metrische Variable in das Strukturgleichungsmodell eingebracht werden. Diese Universaleigenschaften Neuronaler Netze ermöglichen es dem Anwender, *vollständigere Modelle* zu untersuchen, die potentiell relevante Variablen und Pfade nicht außen vor lassen. Im Resultat werden Scheinerkenntnisse im gesamten Modell analog der bekannten Scheinkorrelationsproblematik vermieden (Granger 1980, S. 329).

In der sog. *Nachverarbeitungsstufe* finden Algorithmen Anwendung, die es ermöglichen, das Ergebnis des Neuronalen Netzes (die sog. neuronalen Regressionsfunktionen) in eine verständliche Darstellung zu übersetzen und damit das hier bekannte Black-Box-Problem[2] zu überwinden. Im Rahmen der USM wird je Pfad ein Kennwert ASE (Average Simulated Effect) berechnet, der seinen Beitrag zur Erklärung der abhängigen latenten Variablen misst. Diese neue Kennzahl ist notwendig, da klassische Pfadkoeffizienten lediglich die lineare Einflussstärke bemessen. ASE ist ein Maß, das die Einflussstärke sowohl von linearen als auch von nicht-linearen Zusammenhängen universell vergleichbar macht (Röder 2012, S. 210).

Zusätzlich dazu wird in der Nachverarbeitungsstufe die Linearität der Pfade getestet und die Form des funktionalen Zusammenhangs (wie etwa U-förmige, S-förmige, abflachende oder ansteigende Effekte) exploriert und grafisch dargestellt. Dies geschieht nach einem Algorithmus (Plate 1998), der von den Schätzwerten des neuronalen Regressionsmodells einer abhängigen latenten Variablen η solche Schätzwerte subtrahiert, die entstehen, wenn für die unabhängige latente Variable ξ der Mittelwert eingesetzt wird. Im Ergebnis erhält man genau den Effekt, den eine Änderung von ξ auf η besitzt; denn alle sonstigen Einflüsse werden in der Subtraktion eliminiert. Der Effekt kann grafisch dargestellt werden, indem die Variable ξ als Wert auf der x-Achse und das Rechenergebnis der Subtraktion auf der y-Achse im Streudiagramm dargestellt werden.

Mit dem gleichen Prinzip können auch Interaktions- bzw. Moderationseffekte dargestellt werden. Hierfür werden die beiden jeweils interagierenden latenten Variablen im Algorithmus gleichzeitig durch deren Mittelwert konstant gesetzt. Das Ergebnis kann in einem dreidimensionalen Streudiagramm dargestellt werden. Darüber hinaus kann auf Basis des Rechenergebnisses auch eine Maßzahl für den Anteil der Interaktionseffekte an der gesamten Varianzaufklärung berechnet werden.

---

[2] Neuronale Netze liefern in vielen Anwendungen, bei denen große Datenmengen vorliegen, oft sehr gute Ergebnisse etwa zu Prognosezwecken. Jedoch besteht zumeist das Problem, aus der Netzstruktur interessierende Sachverhalte ableiten zu können. So bleibt üblicherweise verborgen, welche Faktoren besonders wichtig sind oder wie die Wirkbeziehungen konkret aussehen.

16.2   Ablaufschritte zur Durchführung eines USM

Das grundsätzliche Vorgehen mit USM entspricht den allgemeinen Ablaufschritten von SGM mit latenten Variablen (vgl. Abb. 3.11), wie sie in Kap. 3.3.1 dargestellt wurden. Die *Kernablaufschritte* zur Durchführung einer USM sind nachfolgend in knapper Form zusammengefasst, wobei explizit nur auf die Unterschiede zu den bisherigen Ausführungen eingegangen wird:

(1) Konstruktion des Kausalmodells: Die Konstruktion eines Kausalmodells im Rahmen der USM erfolgt analog zu den Ausführungen in Kap. 4 bis 6. Dabei werden neben der Spezifikation des Strukturmodells auch die einzelnen reflektiven oder formativen Messmodelle konstruiert. Der elementare Unterschied zur „klassischen" Kausalanalyse ist nun darin zu sehen, dass nicht lediglich Pfade zugelassen werden, die fundiert sind, sondern *nur Pfade ausgeschlossen werden, die unplausibel sind.* Dabei bietet USM auch vom Anwender die Möglichkeit, den Pfaden a-priori eine Wahrscheinlichkeit zuzuweisen, die angibt, wie wahrscheinlich die *Existenz* eines Pfades ist. Sowohl die zugelassenen Pfade als auch das Unterdrücken von Pfaden sowie die a-priori Wahrscheinlichkeiten sind vom Anwender eingehend theoretisch oder sachlogisch zu fundieren[3]. Im Rahmen der Modellschätzung werden dann diejenigen Wirkbeziehungen ermittelt, die zur Varianzerklärung unbedingt erforderlich sind. In diesem Sinn *definiert der Anwender den Grad der Exploration selbst,* indem er auf Basis seines Vorwissens mehr oder weniger Pfade zulässt.

(2) Modellschätzung: Die USM-Modellschätzung erfolgt in drei Phasen:

- Schätzung der Messmodelle und Ermittlung der Konstruktwerte über den PLS-Ansatz
- Schätzung der Wirkbeziehungen im Strukturmodell (sog. universelle Regressionsfunktionen) mittels Bayes'schem neuronalem Netz
- Extraktion der Ergebnisse des neuronalen Netzes in der Nachverarbeitungphase.

Wie beim klassischen PLS-Verfahren werden die Stufen 1 und 2 im Rahmen der Iterationen abwechselnd mehrfach durchlaufen. Auch alle sonstigen Algorithmen entsprechen denen beim klassischen PLS-Verfahren (vgl. Kap. 3.3.3.2). So wird für jede abhängige latente Variable der zugehörige R^2-Wert berechnet, für die Messmodelle die entsprechenden Gütekriterien ausgewiesen, Pfadkoeffizienten für alle linearen Pfade bestimmt und Signifikanzwerte für die zentralen Kennzahlen mit Hilfe der Bootstrapping-Methode (vgl. Kap. 15.2.2) spezifiziert.

---

[3] A-priori Wahrscheinlichkeiten in Form von subjektiven Wahrscheinlichkeiten können u. a. durch Wettspiele, an denen Themenexperten teilnehmen, ermittelt werden. Das Einbringen von subjektiven Wahrscheinlichkeiten ist im Falle von kleinen Stichproben empfehlenswert (Buckler 2001). Eine apriori Wahrscheinlichkeit von 50 % entspricht dem konventionellen Vorgehen, bei dem ein Pfad zugelassen wird, d. h. auch herkömmliche PLS-Modelle implizieren eine a-priori Wahrscheinlichkeit von 50 % bzw. 0 %.

Phase 1: Schätzung der Konstruktwerte (*) mittels PLS-Ansatz

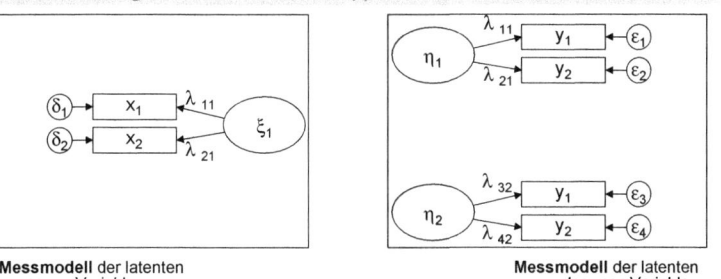

Messmodell der latenten   Messmodell der latenten
exogenen Variablen   *endogenen* Variablen

Phase 2: Schätzung der Pfadkoeffizienten im Strukturmodell mittels BNN

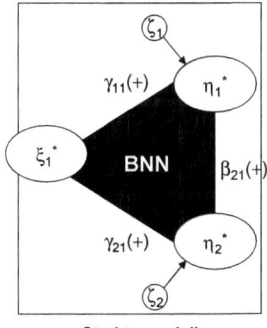

Strukturmodell

Phase 3: Nachverarbeitung und Extraktion der Ergebnisse des BNN

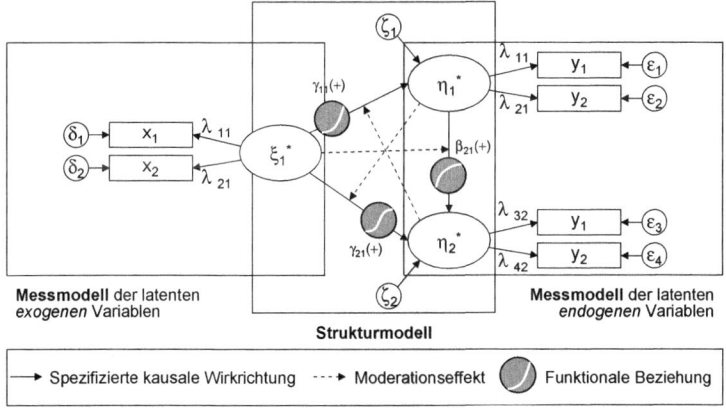

Messmodell der latenten   Messmodell der latenten
exogenen Variablen   *endogenen* Variablen
                    Strukturmodell

→ Spezifizierte kausale Wirkrichtung   ···▸ Moderationseffekt   🎾 Funktionale Beziehung

Abb. 16.1 Schematische Darstellung der Modellschätzung mittels USM

Abbildung 16.1 gibt eine schematische Übersicht der Funktionsweise der USM-Modellschätzung: In der *ersten Phase* werden die Messmodelle der latenten endogenen und
exogenen Konstrukte über den PLS-Ansatz geschätzt, d. h. konkrete Konstruktwerte
für die latenten Variablen ermittelt. Diese Werte werden in der *zweiten Phase* in das
neuronale Netz eingespeist und für alle freigegebenen, d. h. mit a-priori Wahrschein-

lichkeiten versehenen Pfade unter Rückgriff auf ein Bayes'sches Neuronales Netzwerk deren Funktionsgestalt ermittelt. Zudem werden für alle denkbaren Konstrukt-Pfad-Beziehungen Interaktionseffekte ermittelt. In der *dritten Phase*, der Nachverarbeitung, werden anschließend die im neuronalen Netz enthaltenen Informationen ausgelesen.

(3) Evaluation der Modellgüte: Analog zum PLS-Ansatz existiert auch bei USM kein allgemein anerkanntes globales Gütekriterium, weshalb auch hier die Evaluation des Modells analog zum PLS-Ansatz als Zusammenschau aus der Evaluation der Messmodelle und des Strukturmodells vorzunehmen ist.[4] Im Kern werden dabei dieselben Kriterien wie beim PLS-Ansatz herangezogen (vgl. Kap. 15.2.3).

(4) Ergebnisinterpretation und Exploration: Die Interpretation der Ergebnisse erfolgt analog der Vorgehensweise bei PLS oder dem Kovarianzstrukturansatz. Allerdings sollte, sofern nicht-lineare Effekte enthalten sind, auf das verallgemeinerte Maß der ASE zurückgegriffen werden. Es können dann die nachfolgenden zentralen Fragestellungen beantwortet und damit „neues Wissen oder Hypothesen" generiert werden:

- Welche Interaktionseffekte weisen einen hohen Anteil zur Varianzerklärung auf?
- Welche Form des funktionalen Zusammenhangs besteht zwischen den latenten Konstrukten?
- Welche Pfade im Strukturmodell weisen eine besonders hohe Erklärungsrelevanz auf?

Grundsätzlich kann diese USM-Methodik natürlich auch zur rein konfirmatorischen Prüfung herangezogen werden, wenn begründete Hypothesen bzgl. Moderatoreffekten oder der Gestalt der funktionalen Zusammenhänge vorab bestehen. Diese werden dann „lediglich" durch die Analyse geprüft.

16.3 Umsetzung eines USM in NEUSREL

NEUSREL ist die erste Software, in der die USM umgesetzt ist.[5] Das gesamte Modell wird hier durch Spezifikationen in einer Excel-Blatt-Vorlage definiert. Unter Rückgriff auf eine MATLAB-Prozedur erfolgt dann die Schätzung des USM. Der Begriff „Neusrel"

---

[4] Der Vorschlag von Tenenhaus et al. (2005, S. 173) eines globalen Gütemaßes für PLS-Anwendungen testet im Prinzip *nicht* die Gesamtstruktur, sondern nimmt lediglich eine aggregierte Betrachtung der Güte der Messmodelle sowie des Strukturmodells vor.

[5] Die Software NEUSREL bietet neben den hier erwähnten Funktionen weitere interessante Analysefunktionen und Kennzahlen, wie formative als auch reflektive Latente Variablen, nichtlineare Latente Variablen, Fallgewichtungen, Pfadkoeffizienten je Fall, Segmentauswertungen, nichtrekursive Pfadmodelle, Zeitreihendatenverarbeitung oder der Nachweis der Kausalrichtung durch eine neuartige Analyse der Residuenverteilung. Die Software berechnet zum Vergleich auch immer ein konventionelles PLS-Modell.

ist ein Akronym, das auf das Zusammenspiel von Künstlichen *NEU*ronalen Netzen
(vgl. zur Einführung: Backhaus et al. 2013, Kap. 5) und Strukturgleichungsanalyse
(Structural *REL*ationships) verweist. Die Software wurde von Frank Buckler entwickelt
und ist über folgende Hompage zu beziehen:

http://www.neusrel.de

Zur Berechnung eines Kausalmodells mit NEUSREL muss der Anwender zunächst im
sog. „Spezifikations-Tabellenblatt" die Namen der latenten Variablen festlegen und dann
angeben, welche manifesten Variablen zu jeder latenten Variablen gehören, was der Spezifikation der Messmodelle entspricht. Zusätzlich dazu muss in der sog. A-priori-Matrix
definiert werden, welche Pfade im Strukturmodell zugelassen und damit geschätzt werden.
In einem zweiten Tabellenblatt „Options" können weitere Berechnungsoptionen (z. B. das
Ermöglichen von Bootstrapping) geändert werden, und im dritten Blatt „Data" wird der
Datensatz aus SPSS eingefügt.[6] In der MATLAB Kommandozeile wird dann das Modell
mit dem Befehl „xlsload" geladen und die Berechnung mit „NEUSREL" gestartet. Die Software speichert im Ergebnis alle Kennwerte im gleichen Excel-File sowie Grafiken, welche
etwaige nicht-lineare Effekte und Interaktionen visualisieren. Kenntnisse zu MATLAB
sind für die Bedienung von NEUSREL nicht erforderlich.

Im Folgenden sei das explorative Vorgehen von NEUSREL mit Hilfe des Fallbeispiels aus
Kap. 4.2 (vgl. Abb. 4.2) verdeutlicht:[7] Bei der Spezifikation der Pfadbeziehungen im
Strukturmodell wurde hier zusätzlich die Wirkung von „Preis" auf „Kundenbindung"
zugelassen, d. h. diese Beziehung wurde mit einer a-priori-Wahrscheinlichkeit von 50 %
angegeben und damit nicht von vornherein ausgeschlossen. Basierend auf den Schätzergebnissen kann dabei festgestellt werden, dass der direkte Einfluss von „Preis" auf
„Kundenbindung" mit einem ASE von − 0,25 sehr stark und auf 0,01-Niveau signifikannt
ist.[8] Dieser Pfad wurde damit von NEUSREL exploriert, da er für die Varianzerklärung der
abhängigen Variablen „Kundenbindung" eine hohe Bedeutung besitzt. Die Validität des
Modells wird u. a. durch den mit 0,59 deutlich höheren R^2 für Kundenbindung (der auch
für Cross-Validierungsdaten berechnet werden kann) bestätigt.

Weiterhin stellt sich der Einfluss von „Preis" auf „Zufriedenheit" als nicht-linear heraus.
Die von NEUSREL bereitgestellte Ergebnisgrafik (vgl. Abb. 16.2) zeigt dies anschaulich
und ist dabei folgendermaßen zu interpretieren: Eine Verbesserung des wahrgenommenen
Preises von „6 = sehr hoch" auf „1 = sehr gering" kann die Zufriedenheit um ca. 1,4 Punkte
auf ihrer Skala von 1 bis 6 steigern. Dieser Effekt der Zufriedenheitssteigerung wird umso

---

[6] Hierzu muss die SPSS-Datendatei, die üblicherweise im SAV-Format vorliegt, als CSV- oder XLS-
Datei abgespeichert werden und kann dann problemlos in das Excel-Datenblatt kopiert werden.

[7] Bzgl. der notwendigen Stichprobengröße stellt USM aufgrund der Besonderheiten des Bayes'schen
Ansatzes für Neuronale Netze (anders als bei klassischen Neuronalen Netzen) a-priori keine erhöhten
Anforderungen im Vergleich zu PLS (Buckler und Hennig-Thurau 2008, S. 65). Daher konnte eine
Analyse des Beispieldatensatzes mit N = 192 „problemlos" vorgenommen werden.

[8] Dieses Ergebnis ist dabei konform mit den Analysen in Kap. 11.3.2 bei denen anhand der
Modification Indices auch dieser Pfad als besonders relevant identifiziert wurde.

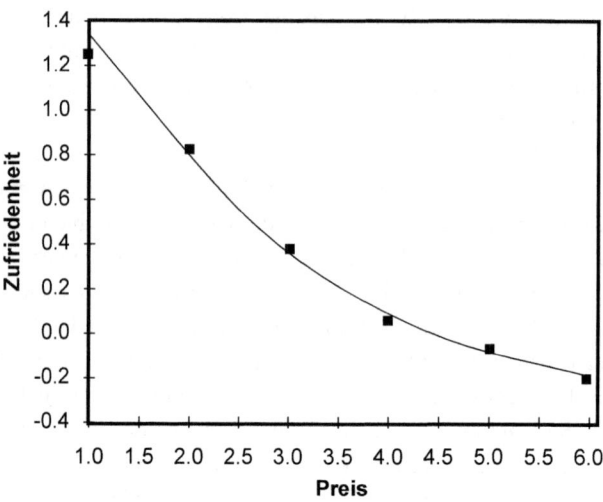

Abb. 16.2 Von NEUSREL geschätzter Wirkungszusammenhang zwischen Preis und Zufriedenheit

größer, je geringer das wahrgenommene Preisniveau ist. So ist eine Verringerung des wahrgenommenen Preises von 3 auf 1 *um das vierfache höher* als der Effekt durch eine Verringerung von 6 auf 4. Möchte der Hotelbesitzer die Zufriedenheit eines Hotelgastes steigern, so erscheint es also wenig effektiv, Personen, die den Preis als sehr hoch beurteilen, Rabatte einzuräumen. Im Gegensatz dazu erscheint es besonders sinnvoll, Personen, die den Preis als eher gering erachten, zusätzlich noch Sonderkonditionen zu offerieren. In diesem Fall scheint der insgesamt sehr geringe Preis Begeisterung hervorzurufen, die einen stark positiven Effekt auf die Zufriedenheit ausübt. Diese beispielhaften Ergebnisse zeigen deutlich das große Informationspotenzial von USM und hier speziell von NEUSREL[9].

16.4   Zusammenfassende Empfehlungen

Zusammenfassend kann festgestellt werden, dass USM eine Kausalanalysemethodik darstellt, die einen automatisierten *explorativen Ansatz* ermöglicht und dabei *selbständig Nichtlinearitäten* und *Interaktionen* mit einer zuvor unbekannten funktionalen Form entdecken kann.

---

[9] NEUSREL findet in jüngster Zeit insbesondere Anwendung in der Unternehmenspraxis, da die Methodik die Komplexität der realen Zusammenhänge meist besser abzubilden weiß. Im Ergebnis führt beispielsweise das Aufzeigen von Nichtlinearitäten oft zu qualitativ anderen Handlungsempfehlungen und hilft Fehlentscheidungen zu vermeiden. Wichtige Anwendungsfelder sind die betriebliche Kundenbindungsforschung, Treiberanalysen zur optimierten Marketingbudgetverteilung, der Modellierung der Preisbereitschaftshebel sowie Analyse der Kundenpräferenzen zur Optimierung von Segmentierung und Positionierung auf Märkten.

USM stellt einen methodisch noch jungen Ansatz dar und bedarf einer weiteren intensiven wissenschaftlichen Auseinandersetzung, um die Fähigkeiten und Grenzen der Methodik präziser aufzeigen zu können. Nur wenn die vielen Annahmen und die notwendigen Hypothesen in konfirmatorischen Ansätzen zutreffen, sind diese Verfahren robuster als explorative Ansätze. Da jedoch davon in vielen Fällen *nicht* ausgegangen werden kann, deckt USM eine bedeutende methodische Lücke und trägt damit zum Erkenntnisfortschritt in vielen Anwendungsgebieten bei.

Aufgrund des *explorativen Charakters* der Methode ist USM nicht als Alternative oder Ersatz klassischer Methoden zu sehen. Vielmehr ergänzt sie das Methodenspektrum für alle Anwendungsfälle, in denen Zweifel über die Validität des Hypothesenmodells angezeigt sind. So erscheint es bisweilen sinnvoll, vor einer SGM eine USM *ergänzend* durchzuführen, um diesbezüglich bestehende Zweifel auszuräumen.

Die Bedeutung der USM liegt vorallem auch darin, dass sie dem Anwender ein Werkzeug an die Hand gibt, welches ihm erlaubt, von unrealistischen Annahmen abzurücken. Dadurch wiederum wird es überhaupt erst möglich, inhaltlich vollständige Modelle zu spezifizieren, die etwa binäre oder ordinale Variablen als auch sachlogisch richtige, jedoch theoretisch unbestätigte Pfade beinhalten. Diese Vollständigkeit ist eine Voraussetzung, um Kausalität interpretieren zu können, da unvollständige Modelle Scheinerkenntnisse analog des Scheinkorrelations-Phänomens produzieren. Somit hilft USM auch in neue Anwendungsgebiete vorzustoßen und Erkenntnisse in Bereichen zu generieren, die bislang aufgrund der verfügbaren Methoden nicht adequat analysiert werden konnten.

Literatur

Backhaus, K., Erichson, B., & Weiber, R. (2013). *Fortgeschrittene Multivariate Analysemethoden* (2. Aufl.). Berlin: Springer.

Buckler, F. (2001). *NEUSREL: Neuer Kausalanalyseansatz auf Basis Neuronaler Netze als Instrument der Marketingforschung*. Göttingen: Cuvillier.

Buckler, F., & Hennig-Thurau, T. (2008). Identifying hidden structures in marketing's structural models through universal structure modeling: An explorative neural network complement to LISREL and PLS. *Marketing Journal of Research and Management, 4*, 47–66.

Granger, C. W. J. (1980). Testing for causality – A personal viewpoint. *Journal of Econometric Dynamics and Control, 2*, 329–352.

Homburg, C., Giering, A., & Hentschel, F. (1999). Der Zusammenhang zwischen Kundenzufriedenheit und Kundenbindung. In M. Bruhn & C. Homburg (Hrsg.), *Handbuch Kundenbindungsmanagement* (2. Aufl., S. 81–112). Wiesbaden: Gabler.

Homburg, C., Koschate, N., & Hoyer, W. D. (2005). Do satisfied customers really pay more? A study of the relationship between customer satisfaction and willingness to pay. *Journal of Marketing, 69*, 84–96.

Kenny, D. A., & Judd, C. M. (1984). Estimating the nonlinear and interactive effects of latent variables. *Psychological Bulletin, 96*, 201–210.

Plate, T. (1998). Controlling the hyper-parameter search in MacKay's Bayesian neural network framework. In G. Orr, K.-R. Müller, & R. Caruana (Hrsg.), *Neural networks: Tricks of the trade* (S. 93–112). Berlin: Springer.

Röder, S. (2012). *Dienstleistungsqualität von Personal-Shared-Service-Organisationen aus Kundensicht.* Berlin: Logos.

Tenenhaus, M., Vinzi, V. E., Chatelin, Y.-M., & Lauro, C. (2005). PLS path modeling. *Computational Statistics & Data Analysis, 48,* 159–205.

Weiterführende Literatur

Buckler, F. (2009). Causal analysis to the rescue: How to find success factors from survey data. *Marketing Research, 21*(3), 6–11.

Zentrale Anwendungsprobleme der Kausalanalyse

17

Inhaltsverzeichnis

Bei der praktischen Durchführung von Kausalanalysen treten häufig Problemfelder auf, die im Wesentlichen auf den *Prozess der Datengenerierung* zurückzuführen sind und im Ergebnis vor allem zu verzerrten Schätzergebnissen und Beeinträchtigungen in den Aussagen der Schätzergebnisse führen. In diesem Kapitel werden deshalb Ansätze aufgezeigt, mit deren Hilfe diese Problemfelder zum einen analysiert und zum anderen auch (weitgehend) neutralisiert oder zumindest relativiert werden können. Konkret werden folgende Problemkreise diskutiert, die bei praktischen Anwendungen besonders häufig auftreten:

1. Existenz von Varianzanteilen, die nicht durch kausale Wirkbeziehungen erklärt werden können, sondern aus dem Einsatz der Erhebungsmethodik resultieren (sog. Common Method Variance) und damit zu Ergebnisverzerrungen (Common Method Bias) führen.

R. Weiber, D. Mühlhaus, *Strukturgleichungsmodellierung,* Springer-Lehrbuch, DOI 10.1007/978-3-642-35012-2_17, © Springer-Verlag Berlin Heidelberg 2014

2. Problem der Korrelation zwischen den unabhängigen Variablen (Prädikatoren) (sog. Multikollinearität), wodurch die Stärke kausaler Wirkbeziehungen überschätzt und die Annahme der Linearität nicht erfüllt ist.
3. Heterogenität der Erhebungsdaten, wodurch die geschätzten Wirkbeziehungen nur bedingte Gültigkeit für z. B. alle in einer Erhebung befragten Probanden besitzen.
4. Wirksamkeit von Interaktions- und Moderatoreffekten, die dazu führen, dass die Stärke der geschätzten Wirkbeziehungn in Abhängigkeit der Moderatoren variiert.
5. Prüfung, ob die Parameterschätzungen robust sind und damit eine hinreichende Stabilität für verallgemeinerbare Aussagen aufweisen.
6. Prüfung der Repräsentativität der Erhebungsdaten, die für die Verallgemeinerbarkeit der Schätzergebnisse unerlässlich ist.

Aufgrund ihrer besonderen Bedeutung werden im Folgenden die Probleme der *Common Method Variance* und der *Multikollinearität* einer detaillerten Betrachtung unterzogen und hierzu auch zentrale Lösungsansätze zur Beherrschung dieser Problemfelder aufgezeigt. Demgegenüber werden die Problemkreise (3) bis (6) in Kap. 17.3 nur in ihrem Kern dargestellt, und es wird vor allem auf Lösungsvarianten in der Literatur hingewiesen, diese aber nicht im Detail behandelt.

17.1 Behandlung von gemeinsamer Methodenvarianz

Ein Großteil der verhaltenswissenschaftlichen empirischen Forschung basiert auf Befragungen. Dabei kommen verschiedene Befragungsformen wie z. B. online, schriftlich oder mündlich sowie unterschiedliche Messinstrumente (vorwiegend Ratingskalen mit unterschiedlichen Ausprägungen und Ausgestaltungen) zur Anwendung. Weiterhin werden meist von *jedem* einzelnen Befragten Urteile zu *allen* im Untersuchungsfokus stehenden Themenfeldern bzw. Konstrukten erhoben. Dies führt aber dazu, dass die auf diese Weise erhobenen Daten oftmals dem Problem der sog. Common Method Variance (CMV) unterliegen, die dann zu Verzerrungen der Schätzergebnisse, den sog. Common Method Bias (CMB), führt (Williams et al. 1989, S. 462 ff.). Die Problematik sei an folgendem Beispiel verdeutlicht:

Beispiel

Ein Anbieter möchte die Wirkung der wahrgenommenen Produktqualität (x_1) und der Servicequalität (x_2) auf die Weiterempfehlungsbereitschaft (y_1) und die Wiederkaufabsicht (y_2) untersuchen. Zur Messung von x_1 und x_2 wird jeweils eine Ratingskala von 1 = sehr gut bis 6 = ungenügend verwendet, während y_1 und y_2 jeweils auf einer Ratingskala von 0 = definitiv nicht bis 10 = definitiv erhoben werden.

Werden, wie im obigen Beispiel, unterschiedliche Skalen zur Erhebung verwendet, so ist nicht auszuschließen, dass hohe Korrelationen jeweils zwischen den Variablen x_1, x_2 sowie y_1, y_2 unter Umständen einzig auf die Verwendung derselben Skalen zurückzuführen sind. Demzufolge kann es sein, dass „unerwartet" geringe Korrelationen zwischen den x- und den y-Variablen einzig daraus resultieren, dass unterschiedliche Erhebungsinstrumente verwendet werden. Die Varianzerklärung ist in diesem Fall ganz oder zumindest teilweise auf den Einsatz der (verschiedenen) Erhebungsmethoden und nicht auf kausale Wirkbeziehungen zurückzuführen, weshalb hier von „Common Method Variance" gesprochen wird.

Common Method Variance
Die Common Method Variance umfasst den Varianzanteil, der durch die Anwendung der Erhebungsmethoden verursacht wird und damit *nicht* auf die unterschiedlichen Ausprägungen der erfassten Konstrukte zurückzuführen ist.

Unter Umständen kann die *gemeinsamen Methodenvarianz*, die die x- und die y-Variablen teilen, zu einer Verzerrung der Wirk- oder Korrelationsbeziehungen zwischen den Konstrukten führen, und es liegt ein sog. *Common Method Bias* (CMB) vor (Podsakoff und Organ 1986, S. 69 ff.). Dieser kann dann zu entsprechend fehlerhaften Interpretationen und Schlussfolgerungen führen. (vgl. zur detaillierten Unterscheidung zwischen CMV und CMB; Temme et al. 2009, 126 ff.).

Common Method Bias
Als Common Method Bias wird die aus der Common Method Variance resultierende Verzerrung in den Korrelationen zwischen Konstrukten bezeichnet aus denen sich dann auch Verzerrungen in den Erhebungsergebnissen ergeben können.

17.1.1 Ursachen von Common Method Variance (CMV)

Es lässt sich eine Reihe von Ursachen ausmachen, die die Existenz einer CMV begünstigen. Nach Podsakoff et al. (2003, S. 881 ff.) existieren vier zentrale Kategorien an Ursachen für die CMV, die in Abb. 17.1 dargestellt sind und für die dann nochmals Einzelursachen ausgewiesen sind, die im Folgenden dargestellt werden.

(1) **Beurteilereffekte („Common rater effects")**: Ein großer Teil der im Rahmen der Methodenvarianz diskutierten Ursachen ist der Tatsache geschuldet, dass oftmals eine einzige Person Urteile zu allen interessierenden Konstrukten abgeben muss. So zeigt sich, dass viele Personen danach streben, möglichst konsistente Angaben vorzunehmen oder

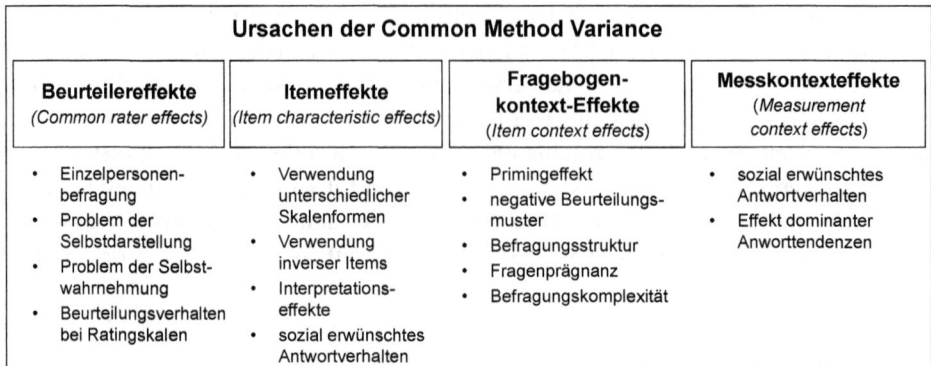

Abb. 17.1 Ursachenkategorien der Common Method Variance

implizite Theorien darüber besitzen, wie bestimmte Sachverhalte einander beeinflussen sollten. Dies kann dazu führen, dass eine Person, die insgesamt mit einem Produkt ganz zufrieden ist, alle einzelnen Qualitätsdimensionen desselben positiv beurteilt, obwohl sich an diese entweder kaum mehr erinnert wird oder aber einzelne auch weniger positiv wahrgenommen werden. Ein solches Muster wird in der Praxis oft beobachtet und ist neben dem Konsistenzstreben auch der impliziten Theorie („eine hohe Zufriedenheit resultiert aus guten Eigenschaften eines Produktes") geschuldet.

Weiterhin zeigt sich oftmals auch, dass Personen, sofern sie sich beobachtet fühlen, dazu neigen Antworten zu geben, von denen sie ausgehen, dass diese von ihnen erwartet werden bzw. von denen sie sich erhoffen, eine positive Selbstdarstellung zu gewährleisten (sog. sozial erwünschte Antworten). Während derartige Effekte bspw. im Marketing seltener auftreten (z. B. bei der Beurteilung umweltfreundlicher Produkte), so erweisen sie sich in der Politik- oder Sozialforschung häufig als sehr bedeutsam (Temme et al. 2009, S. 137). Zusätzlich dazu verzeichnet aber auch das allgemeine Befinden einer Person bzw. die Selbstwahrnehmung zum Zeitpunkt der Untersuchung einen Effekt: So ist davon auszugehen, dass eine gute Laune eher positive Antworten begünstigt, demgegenüber aber eine negative und pessimistische Weltsicht in der Tendenz zu eher negativen Antworten führt. Ein weithin bekannter systematischer Effekt beruht auf dem einer Person eigenen Beurteilungsverhalten von Ratingskalen. So zeigt sich, dass viele Personen vorwiegend ein Ende der Skala (z. B. starke Zustimmung oder starke Ablehnung) als Beurteilungsanker nutzen und bei den einzelnen Bewertungen hiervon nur graduell abweichen. Demgegenüber zeichnen sich aber auch viele Personen durch eine Orientierung an der mittleren Bewertung aus, wobei zu vermuten, ist dass dieser Typus eher bei generell unsicheren Personen oder aber dann vorliegt, wenn eine Frage nicht sicher beantwortet werden kann.

(2) Itemeffekte („Item characteristic effects"): Eine weitere Quelle einer Methodenvarianz ist dem Inhalt bzw. der Ausgestaltung der Fragen und deren Messung zuzuordnen. Neben dem exemplarisch im Eingangsbeispiel aufgezeigten Effekt der Erhebungsform

(Verwendung unterschiedlicher Skalenformen) können auch die verbalen Abstufungen von Ratingskalen einen systematischen Methodeneffekt begünstigen. Darüber hinaus zeigt sich auch, dass die oftmals befürworteten *inversen Items* dazu führen, dass diese vom eigentlich zu erwarteten Beurteilungsmuster abweichen. So kommt es nicht selten vor, dass trotz einer sehr positiven Einstellung bspw. zu einem Produkt mit entsprechend hoher Beurteilung der jeweiligen Qualitätsdimensionen einzelne inverse Items (z. B. „kann ich nicht empfehlen" oder „würde ich nicht wieder kaufen"), für die eigentlich nur geringe Zustimmungsurteile zu erwarten wären, systematisch überbewertet werden und ihnen bspw. auf einer 6-stufigen Ratingskala (mit 1 = volle Zustimmung bis 6 = keine Zustimmung) anstelle einer 6 nur eine 4 oder 5 zugewiesen wird. Schließlich führen bspw. auch vage oder zweideutige Fragen dazu, dass Personen sich hierfür eine eigene Interpretation „zurechtlegen" und die Fragen unter dieser selbstgewählten Bedeutung (*idiosyncratic meaning*) beantworten. Weiterhin können bestimmte Fragen z. B. zur Nutzung umweltfreundlicher Technologien, der Beurteilung von Markenprodukten oder politischen Einstellungen zu einem *sozial erwünschten Antwortverhalten* führen, bei dem nicht die eigene Meinung angegeben wird, sondern sich die Antworten an Erwartungen orientieren.

(3) Effekte des Fragebogenkontexts („Item context effects"): Eine weitere Quelle einer gemeinsamen Methodenvarianz liegt im *Aufbau eines Fragebogens*: So können bspw. die einzelnen Fragen dazu führen, dass die hierin adressierten Inhalte stärker vergegenwärtigt werden und damit eine höhere Bedeutung (sog. *priming*) erfahren, als es tatsächlich der Realität entspricht. Weiterhin kann es sein, dass bspw. die Abfrage von vielen negativen Aspekten und Problemfeldern ein tendenziell negatives Beurteilungsmuster induziert, was sich dann auf andere eher positive Aspekte auswirken kann. Auch kann die Struktur der Befragung und die grundsätzliche Thematik eine bestimmte Laune auslösen, die sich dann auch in den Beurteilungen (stärker positiv oder negativ) niederschlägt. Weiterhin zeigen bspw. Harrison et al. (1996), dass kurze und prägnante Fragen eher dazu führen, dass die Befragten sich an bereits vorgenommene Beurteilungen erinnern und somit ein konsistentes Antwortverhalten eher begünstigen. Die Verteilung von Fragen zu unterschiedlichen Themenfeldern (und zur Messung unterschiedlicher Konstrukte) über den gesamten Fragebogen kann nach Kline et al. (2000, S. 401 ff.) eine systematische Methodenvarianz reduzieren. Dies kann jedoch gleichsam dazu führen, dass nunmehr inhaltlich nicht zusammenhängende Fragen ähnlicher beurteilt werden und zudem die Komplexität der Befragung beim „Springen" durch verschiedene Themenfelder erhöht wird.

Insgesamt ist zu konstatieren, dass der gesamte Aufbau eines Fragebogens auch unter dem Aspekt der CMV mit Bedacht zu wählen ist und die „Standard"-Empfehlungen in der Literatur zur Ausgestaltung eines Fragebogen (vgl. z. B. Schnell et al. 2011, S. 328) um die vorgenommenen Hinweise ergänzt werden sollten.

(4) Messkontexteffekte („Measurement context effects"): Der letzte Teilbereich, der ursächlich für die Existenz einer hohen CMV sein kann, ist der Kontext der Untersuchung. So zeigt sich vielfach, dass der Effekt eines sozial erwünschten Antwortverhaltens größer ist, wenn der Befragte sich „beobachtet" fühlt oder davon ausgeht, dass seine Antworten auf seine Person zurückzuführen sind, was bspw. bei persönlichen Interviews meist stärker ist. Auch ist zu vermuten, dass bspw. bei einer Online-Befragung bzw. einer telefonischen Befragung der Effekt dominanter Antworttendenzen (z. B. das „Ja"-Sagen) weniger stark ausgeprägt ist, als bei einer schriftlichen Befragung. Dies ist einerseits auf den Effekt der sozialen Kontrolle der Form „wenn ich immer ja sage, dann wirkt das, als ob ich mir keine Mühe gebe" oder aber auch aufgrund des höheren Aufwandes für ein Ja-Sage-Verhalten zurückzuführen. So ist es bspw. bei einer schriftlichen Befragung sehr einfach, einen vertikalen Strich durch einen Antwortblock zu ziehen und damit anzudeuten, dass alle Einzelaspekte mit derselben Antwort „beurteilt" werden.

Abschließend kann festgehalten werden, dass das verwendete Erhebungsmedium in Kombination mit unterschiedlichen Fragen einen Methodeneffekt aufweisen kann. Zusätzlich dazu basiert ein zentraler Effekt darauf, dass die Datenerhebung zu einem einzigen Zeitpunkt erfolgt. Damit aber werden Urteile zu zeitlich und kausal durchaus versetzten Ereignissen wie bspw. die Vor-Kauf-Beurteilung und der Kaufakt oder die Produktbeurteilung während der Nutzung und das geplante Wiederkaufverhalten gemeinsam erfasst, obwohl sie eigentlich zwei getrennte Elemente einer Ursache-Wirkungskette repräsentieren. Dabei ist nicht auszuschließen, dass allein die gemeinsame Erfassung dazu führt, dass die Beurteilungen hoch miteinander korrelieren, was dann zu einem starken Maß durch eine gemeinsame Methodenvarianz getrieben ist und tatsächliche kausale Wirkungen anhand der zugrundeliegenden Daten „überschätzt" würden.

17.1.2 Ansätze zur Beherrschung der Common Method Variance

Während die Existenz einer CMV in der Literatur weitgehend unstrittig ist, so besteht in Bezug auf die Wirkungen dieser, d. h. die Frage, ob und zu welchem Ausmaß eine CMV auch zu systematischen Verzerrungen der Wirkbeziehung zwischen unterschiedlichen Konstrukten führt, Unklarheit (z. B. Doty und Glick 1998, S. 381). So stellt bspw. Spector (2006, S. 224 ff.) fest, dass eine CMV vielfach keine nennenswerten Auswirkungen auf die Wirkbeziehung unterschiedlicher Konstrukte aufweist. Dennoch sollten vorsorgliche Maßnahmen zur Vermeidung einer CMV getroffen werden, wobei zwei grundlegende Ansatzpunkte zur Beherrschung der CMV und ihrer Folgen unterschieden werden können.

1. *Optionen im Bereich der Datenerhebung* haben zum Ziel, die CMV soweit wie möglich im Vorfeld einer Untersuchung durch einen geeigneten Untersuchungsaufbau zu kontrollieren bzw. zu reduzieren.
2. *Statistische Ansätze* zur Beherrschung der CMV werden benötigt, da auch bei einer noch so gründlichen Vorbereitung und Durchführung derartige Effekte nicht vollständig auszuschließen sind. Daher sollten basierend auf den erhobenen Daten weitere Prüfungen vorgenommen werden, die erstens eine Abschätzung der CMV erlauben und zudem auch deren Effekte korrigierend bereinigen können.

17.1.2.1   Optionen im Bereich der Datenerhebung

Nach Podsakoff et al. (2003, S. 887 f.) existieren fünf zentrale Ansätze, um bereits im Vorfeld bzw. bei der Ausgestaltung der Datenerhebung wesentliche Ursachen einer CMV auszuschließen bzw. zu reduzieren.

(1) Verwendung unterschiedlicher Datenquellen: Viele der dargestellten Ursachen einer CMV sind darauf zurückzuführen, dass die Messung verschiedener Konstrukte anhand derselben bzw. desselben Befragten erfolgt. Sofern es möglich ist, so erscheint der Rückgriff auf unterschiedliche Datenquellen bzw. die Verwendung von sog. *Multi-Informant Designs* (Homburg und Klarmann 2009) vorteilhaft. Auf diese Weise könnten bspw. im Rahmen einer Mitarbeiterbefragung Konstrukte, die die Arbeitszufriedenheit oder -prozesse betreffen bei unterschiedlichen Mitarbeitern erhoben werden. Aspekte, die auf die Leistungsfähigkeit oder das Engagement der Mitarbeiter abstellen, könnten demgegenüber durch die entsprechenden Vorgesetzten erfasst werden. Zusätzlich dazu könnten Erfolgsgrößen (z. B. Umsatz, Auslastung, Gewinnbeitrag) anhand objektiver Datengrundlagen z. B. basierend auf Geschäftsberichten oder über Zeiterfassungs- und Wirtschaftlichkeitssysteme gemessen werden. In der gemeinsamen Analyse bspw. auf Ebene einzelner Abteilungen ist es so möglich, den Effekt einer CMV deutlich zu reduzieren. Ähnliche Ansätze, bei denen Konstrukte und deren Beziehungen unter Rückgriff auf verschiedene Datenquellen erfolgen, finden in der jüngeren Zeit unter der Bezeichnung „Triangulation" eine wachsende Beachtung (z. B. Homburg et al. 2009, S. 174). Es wird davon ausgegangen, dass durch die Verwendung von Daten aus verschiedenen Datenquellen bzw. verschiedener Daten aus derselben Quelle (sog. Datentriangulation) Verzerrungen innerhalb der einzelnen Datenquellen ausgeglichen werden können.

(2) Getrennte Erfassung von Prädikator und Kriteriumsvariablen: Da die Verwendung unterschiedlicher Datenquellen zur Messung kausal zusammenhängender Konstrukte jedoch oftmals nicht ohne Weiteres möglich ist, sollten alternative Maßnahmen ergriffen werden. Sofern möglich, sollten Prädiktor- und Kriteriumsvariablen getrennt z. B. über verschiedene Zeitpunkte erhoben werden. Ist eine solche de facto getrennte Erfassung bspw. aufgrund von forschungsökonomischen Erwägungen nicht sinnvoll, so sollte versucht werden, eine „künstliche" Trennung vorzunehmen. Dies kann über die Verwendung unterschiedlicher Szenarien oder Beschreibungen innerhalb einer Befragung erfolgen, die dazu führen, dass die Befragten eine zumindest psychologische Trennung zwischen den einzelnen Befragungsblöcken bzw. Konstrukten vornehmen.

(3) Sicherstellung von Anonymität: Eine zentrale Quelle einer CMV ist dem sozial erwünschten Antwortverhalten bzw. dem Konsistenzstreben zuzuschreiben (Steenkamp et al. 2010). Da ein solches Antwortverhalten vorwiegend dann vorliegt, wenn die Befragten „befürchten", dass von ihrem Antwortverhalten auf ihre Person rückgeschlossen werden kann, ist die Durchführung einer anonymen Befragung, bei der eine klare Trennung zwischen den Befragten und den Befragungsdaten vorgenommen wird, eine zweckmäßige Maßnahme zur Reduktion derartiger Effekte.

(4) Ausbalancieren der Fragenreihenfolge: Systematische Effekte können aus dem Aufbau eines Fragebogens resultieren, wenn bspw. unterschiedliche Wahrnehmungen forciert oder Sorgen und bestimmte Gemütszustände induziert werden. Die *Verwendung unterschiedlicher Fragebögen*, die sich in Bezug auf die Fragenreihenfolge unterscheiden, kann derartige Effekte über die Menge der Befragten reduzieren. Dabei sollte jedoch eine sinnvolle und auch für den Befragten plausible Struktur gewahrt bleibt. Grundsätzlich sollte zunächst mit einfach zu beantwortenden allgemeinen Frage begonnen werden und dann eine gezielte Hinführung zum Kern der Befragung erfolgen (Schnell et al. 2011, S. 361 ff.).

(5) Verbesserung der Messindikatoren: Durch die Verwendung geeigneter Fragen und Items können weitere Ursachen einer CMV kontrolliert werden: So sollten insb. unverständliche bzw. komplizierte Fragen vermieden, vage Fragen präzisiert und mehrdeutige Aspekte klar definiert werden (Podsakoff et al. 2003, S. 888). Weiterhin sollten, was im Grundsatz bei allen Befragungen gilt, möglichst einfache Fragen verwendet werden, damit sichergestellt ist, dass alle Befragten hierunter jeweils dasselbe verstehen und somit keine subjektiven Interpretationen zu Verzerrungen führen. Überdies kann die Verwendung verschiedener Skalenoptionen (z. B. Ankerpunkte, verbaler Untermalungen oder Skalenendpole) für unabhängige Prädiktoren und Zielvariablen mitunter die Existenz einer gemeinsamen Methodenvarianz reduzieren. Die Problematik ist dabei aber darin zu sehen, dass die Befragungskomplexität erhöht wird, wenn sich der Befragte jedes Mal einer neuen Skala gegenübersieht. Weiterhin sollte darauf geachtet werden, dass die Verwendung unterschiedlicher Skalen nicht den Inhaltsbereich eines Konstruktes verändert und damit die Validität einer Konstruktmessung beeinträchtigt (Podsakoff et al. 2003, S. 888).

17.1.2.2 Statistische Ansätz zur Beherrschung der CMV

Auch bei einem wohlbedachten Untersuchungsaufbau ist nicht vollständig auszuschließen, dass trotz allem Methodenvarianz vorliegt. Es gilt deshalb unter Rückgriff auf die erhobenen Daten zu prüfen, ob und zu welchem Ausmaß diese besteht. Hierbei können vor allem folgende statistischen Optionen genutzt werden:

(1) Harmans-Ein-Faktor-Test: Die einfachste Möglichkeit zur Prüfung, ob eine nennenswerte CMV vorliegt, bietet der sog. „Harmans-Ein-Faktor-Test" (Podsakoff et al. 2003, S. 889). Dabei wird z. B. unter Rückgriff auf eine explorative Faktorenanalyse geprüft, ob die zugrundeliegende Variablengesamtheit über einen einzigen Faktor hinreichend erklärt werden kann. Ist dies der Fall, so liegt eine große CMV vor, da alle Konstrukte von einem einzigen nicht operationalisierten Faktor beeinflusst werden, der dann als Methodenfaktor interpretiert wird. Der Einfachheit dieses Tests stehen jedoch einige Nachteile entgegen (Temme et al. 2009, S. 131): So kann mit Hilfe dieses Tests nur eine CMV aufgedeckt werden, die zum einen sehr stark ist und zudem auch *alle* Konstrukte bzw. Items gleichermaßen betrifft. Außerdem wird die Wahrscheinlichkeit, eine Ein-Faktorstruktur bestätigen zu können, mit zunehmender Itemzahl immer geringer. Aus diesem Grund werden in der Literatur die nachfolgend vorgestellten Verfahren bevorzugt, die eine differenziertere Betrachtung potenzieller Methodenvarianz erlauben.

(2) Markervariablentechnik: Mit der sog. Markervariablentechnik (Lindell und Whitney 2001, S. 114 ff.) wird versucht, den Methodeneinfluss zu kontrollieren. Hierzu muss eine Variable m genutzt werden, die *keinen* inhaltlichen Bezug zu den Modell-Konstrukten bzw. den entsprechenden Messindikatoren aufweist, und damit theoretisch unkorreliert mit diesen ist, dabei aber denselben Methodeneinflüssen unterliegt. Diese Variable kann damit als „Ersatz" für einen unbekannten bzw. nicht spezifizierten Methodenfaktor dienen und genutzt werden, um die von Methodeneinflüssen bereinigten Korrelationen zwischen den Merkmalsvariablen zu ermitteln. So kann die „wahre" Korrelation zwischen den Indikatoren x und y aus der Partialkorrelation $r_{xy,m}$ zwischen diesen, bereinigt um den Effekt der Markervariable m, berechnet werden (Temme et al. 2009, S. 131). Sofern mehrere potenzielle Markervariablen bestehen, so müssen die entsprechenden Partialkorrelationen höherer Ordnung ermittelt werden (vgl. Formel 17.1). Sofern ein spezifizierter Methoden-faktor z. B. zur Messung der sozialen Erwünschtheit (Steenkamp et al. 2010, S. 202) vorliegt, können die unverzerrten Korrelationen der Merkmalsvariablen auf dieselbe Weise ermit-telt werden. Bei der Anwendung eines Strukturgleichungsmodells mit *latenten Konstrukten* können dann die für alle Variablen-Konstellationen ermittelten Partialkorrelationen in ei-ner Korrelationsmatrix als Grundlage für die Modellschätzung herangezogen werden. Dies ist in AMOS möglich, indem nicht der Urdatensatz, sondern eine Korrelationsmatrix als Eingabematrix in SPSS genutzt wird.

Eine ähnliche Vorgehensweise, allerdings nicht auf Ebene der Merkmalsvariablen, schlagen Malhotra et al. (2006) vor, indem zunächst eine konfirmatorische Faktoren-analyse zur Ermittlung der Faktorwerte durchgeführt wird. Basierend auf diesen Werten können dann wiederum die Partialkorrelationen der jeweiligen Konstrukte unter Verwen-dung der Faktorwerte und der entsprechenden Markervariablen bzw. einem spezifizierten *Markerkonstrukt* vorgenommen werden (Temme et al. 2009, S. 132 ff.).

(3) Verwendung von operationalisierten und unspezifizierten Methodenfaktoren: Eine alternative Vorgehensweise zur Abschätzung und statistischen Kontrolle von Me-thodeneffekten stellt die Verwendung von *latenten Methodenfaktoren* dar (Podsakoff et al. 2003, S. 893 ff.). Hierbei ist grundsätzlich zwischen nicht operationalisierten Faktoren (dargestellt in Abb. 17.2a) und spezifizierten, d. h. über entsprechende Messmodelle ope-rationalisierten Faktoren (vgl. Abb. 17.2b) zu unterscheiden (Temme et al. 2009, S. 135 ff.). In beiden Fällen werden Methodeneffekte abgebildet, indem von den *latenten Methoden-konstrukten* Wirkpfade auf die Indikatoren der anderen Konstrukte spezifiziert werden. Über den Vergleich der Anpassungsgüte der Modelle mit (M^M) und ohne die Verwendung von Methodenfaktoren (M^O) kann dann die Stärke der Methodenvarianz abgeschätzt wer-den. Sofern das Modell M^M – gemessen am Chi-Quadrat Differenztest – eine signifikant bessere Anpassungsgüte aufweist, liegt eine nennenswerte Methodenvarianz vor (Meade et al. 2007, S. 3). Im Vergleich der Pfadkoeffizienten im Strukturmodell kann der Effekt der Methodenfaktoren geprüft werden. Sofern sich diese unterscheiden, liegt zusätzlich auch ein Common Method Bias vor (Temme et al. 2009, S. 137 f.). Für die Interpretation der Ergebnisse und die Ableitung etwaiger Handlungsempfehlungen sollten dann die Bezie-

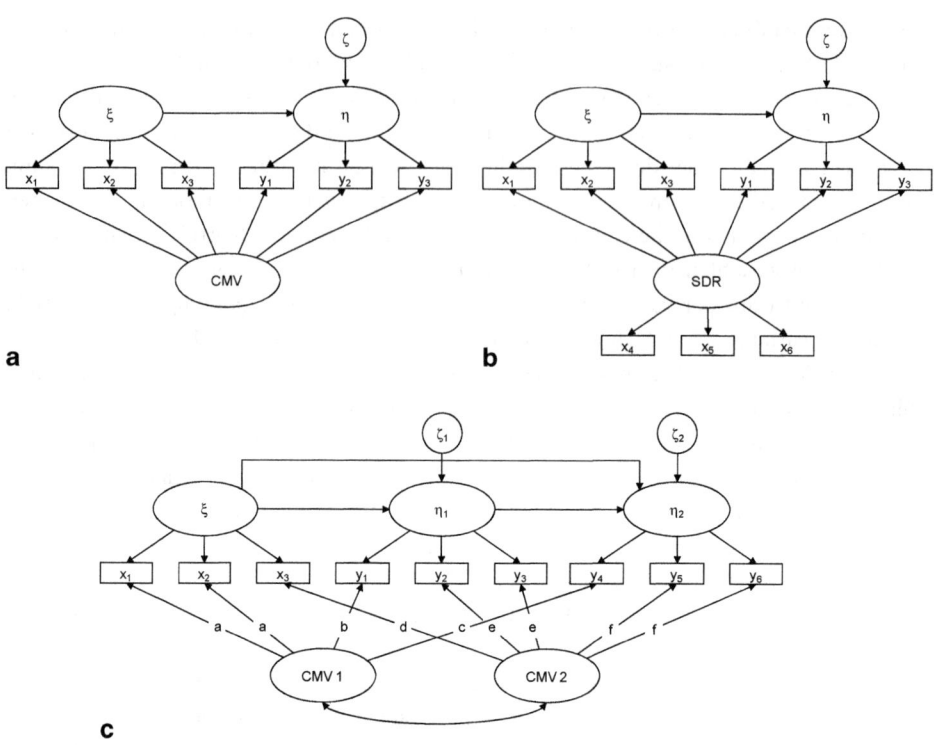

Abb. 17.2 Verwendung von Methodenfaktoren im Kausalmodell

hungen im Modell mit Berücksichtigung der Methodenfaktoren herangezogen werden, da die Wirkbeziehungen im anderen Modell M^O durch den Methodeneinfluss verzerrt sind. Grundsätzlich ist die Zahl an zu verwendenden Methodenfaktoren nicht limitiert, solange die entsprechenden Modelle identifiziert sind.

Allerdings sollte sowohl die Anzahl an Methodenfaktoren, als auch deren Wirkung, d. h. welche Indikatoren hiervon beeinflusst werden, sachlogisch begründet werden. Oftmals sind derartige Modelle aufgrund der deutlich größeren Zahl an zu schätzenden Parametern jedoch nicht identifiziert (Doty und Glick 1998, S. 378). In einem solchen Fall kann über die Aufnahme geeigneter Restriktionen – wie der Gleichsetzung der Pfadkoeffizienten der Methodenkonstrukte für unterschiedliche Itemgruppen – eine Modellschätzung sicherge-stellt werden (vgl. Abb. 17.2c). Dabei ist jedoch theoriegeleitet vorzugehen bzw. es sind nur solche Restriktionen aufzunehmen, die auch sachlogisch begründbar sind. Spector (2006, S. 230) fordert deshalb bei der Anwendung von Methodenfaktoren auch eine stark inhaltliches und weniger „technisch" getriebenes Vorgehen.

17.2 Multikollinearität unabhängiger Prädiktoren

Grundsätzlich basieren Kausalanalysen, ebenso wie die lineare Regressionsanalyse, auf der Annahme unabhängiger erklärender Prädiktor-Variablen (Backhaus et al. 2011, S. 56 ff.). In der Praxis zeigt sich jedoch, dass dies nicht immer gegeben ist und einzelne Variablen mitunter sehr starke Korrelationen aufweisen. Dies kann zum Einen darauf zurückgeführt werden, dass die Prädiktoren einander gegenseitig bedingen (z. B. Qualitäts- und Preisbeurteilungen); es kann aber auch in der Ausrichtung einer Untersuchung begründet sein. Sofern bspw. Befragungen zur Erhebung von Daten verwendet werden, so unterliegen diese zu einem gewissen Maße systematischen Methoden- oder Erhebungseffekten (vgl. Kap. 17.1.1). Sofern etwa untersucht werden soll, welche Produkteigenschaften einen besonders starken Effekt auf die kundenseitige Zufriedenheit aufweisen, so kann es zum Einen sein, dass der Befragte nicht zwischen einzelnen Produktmerkmalen differenzieren kann (z. B. Anwendungsfreundlichkeit oder Einfachheit der Bedienung) und beide Aspekte damit identisch beurteilt werden. Demgegenüber ist aber auch denkbar, dass etwa aufgrund der zeitlich zurückliegenden Produkterfahrung einzelne Wahrnehmungen und Erinnerungen „verschwimmen" und somit von einem nachhaltig in Erinnerung gebliebenen Gesamterlebnis getrieben werden. In beiden Fällen kommt es im Ergebnis zu hohen Korrelationen zwischen den Beurteilungen der einzelnen Produktmerkmale und somit zu einer starken Multikollinearität.

Multikollinearität
Sind mehrere unabhängige Variablen einer linearen Regressionsgleichung miteinander korreliert, so wird von Multikollinearität gesprochen. Bei starker Multikollinearität wird die Messung des Einflusses einer unabhängigen Variablen auf die abhängige Variable erschwert, und es kommt zu Beeinflussungen in der Schätzgenauigkeit der Regressionskoeffizienten.

17.2.1 Prüfung ernsthafter Multikollinearität und deren Auswirkungen

Multikollinearität stellt – abhängig von deren Ausmaß – ein grundsätzliches Problem im Rahmen von Regressions- und damit auch Kausalanalysen dar (von Auer 2011, S. 517 ff.). So führen hohe Korrelationen zwischen den Prädiktoren dazu, dass die Wirkungen der einzelnen Variablen auf die abhängige Größe nicht mehr eindeutig identifiziert werden können, da sie sich den Erklärungsgehalt „teilen". Das führt dazu, dass Parameter nicht mehr effizient geschätzt werden können, die resultierenden Standardfehler der Parameterschätzer deutlich zunehmen und die Parameterschätzer nicht robust sind (Backhaus et al. 2011, S. 93 ff.). Letzteres bedeutet, dass bei einer zusätzlichen Aufnahme weiterer Variablen oder aber der Entfernung einer Variablen mitunter deutlich abweichende Ergebnisse erzielt werden (Farrar und Glauber 1967, S. 94). Dies wird von Gorsuch (2003, S. 162) deutlich plakativer als „bouncing beta"-Effekt bezeichnet. Diese Probleme führen dazu, dass oftmals für einen Teil der Prädiktoren unplausible Schätzer resultieren (z. B. negative Koeffizienten der Wirkung einzelner Zufriedenheiten mit Produkteigenschaften auf die Gesamtzufriedenheit; Schröder und Tien 2007, S. 502) oder viele Parameter als nicht signifikant identifiziert werden. Weiterhin zeigen sich bei einer Modifikation des Modells, also der Aufnahme oder Eliminierung einzelner Variablen, stark voneinander abweichende Schätzergebnisse. Auch können bei vorliegender Multikollinearität anhand von einem Datensatz erzielte Ergebnisse kaum anhand eines vergleichbaren anderen Datensatzes bestätigt werden. Zusammenfassend führt eine hohe Multikollinearität dazu, dass

- die Schätzgenauigkeit der Parameter stark beeinträchtigt wird;
- die Ergebnisse nicht stabil in Bezug auf die Modifikation des Modells sind;
- die Parameterschätzungen nicht robust sind und anhand von alternativen Stichproben kaum bestätigt werden können;
- einzelne Variablen unplausible Parameterschätzer aufweisen;
- Variablen, die z. B. anhand der bivariaten Korrelationen mit der abhängigen Variable als eigentlich wichtig anzunehmen wären, nicht als signifikant identifiziert werden können.

Da die Annahme vollständig unkorrelierter Prädiktoren bei praktischen Anwendungen nicht aufrechterhalten werden kann und Multikollinearität zu einem gewissen Grad somit immer gegeben ist, gilt es abzuschätzen, wann daraus ernsthafte Probleme erwachsen können.

Einen ersten Ansatzpunkt hierzu liefert die Inspektion der Korrelationsmatrix der Prädiktor-Variablen: Zeigen sich hier betragsmäßig hohe Korrelationen (z. B. gößer als 0,5), so liefert dies ein erstes Indiz für eine vorliegende Multikollinearität. Da hierbei jedoch nur bivariate Beziehungen betrachtet werden, und es aber sein kann, dass einzelne Variablen nicht nur mit einer Variable hoch korrelieren, sondern von vielen Variablen linear erklärt werden, sollten weitere Kriterien zur Prüfung herangezogen werden. In diesem Rahmen ist insb. die sog. *Toleranz* anzuführen, die bemisst, welcher Anteil der Varianz einer Variablen *nicht* von den anderen Prädiktoren erklärt werden kann. Hier deuten Werte kleiner als 0,5 auf das Vorliegen von Multikollinearität hin. Weiter verbreitet ist jedoch der sog. *Variance Inflation Factor* (VIF), der sich unmittelbar aus der Toleranz errechnen lässt (vgl. Formel 12.3). Die VIF Werte geben dabei an, um welchen Faktor die Varianz des Schätzfehlers bei der betreffenden Variable im Rahmen eines linearen Regressionsmodells erhöht ist und spiegelt somit das Maß der erwarteten Verzerrung der Parameterschätzer dar. In der Literatur finden sich unterschiedliche Einschätzungen, ab wann ein VIF-Wert auf das Vorliegen ernster Multikollinearität hindeutet. Wurde früher ein maximal zu akzeptierender Wert von 10 angenommen, so erscheint diese Empfehlung zu schwach, da bereits bei deutlich geringeren VIF-Werten nennenswerte Probleme auftreten können. Aus diesem Grund wird in der aktuellen Literatur bereits ab Werten von 5 vom Vorliegen ernster Multikollinearität gesprochen (Diamantopoulos und Riefler 2008, S. 1191 ff.), wobei

Urdaten				
Person	y	x_1	x_2	x_3
1	2	4	1	4
2	4	3	3	3
3	3	1	2	4
4	5	6	6	5
5	1	2	3	1
6	2	3	4	1
7	4	5	3	4
8	1	2	3	1
Korrelationen				
	y	x_1	x_2	x_3
Y	1			
x_1	**0,661**	1		
x_2	0,477	0,514	1	
x_3	0,804	**0,586**	0,067	1

Abb. 17.3 Beispieldaten zur Berechnung der Prädikator-Bedeutung

auch bei Werten ab 2 bereits Probleme auftreten können, wie im folgenden Kapitel noch anhand eines einfachen Beispiels gezeigt wird (vgl. Beispieldaten in Abb. 17.3). Variablen mit einem hohen VIF-Wert sind damit stark den aufgezeigten Problemen unterworfen. Sie sollten deshalb bereits ab VIF-Werten von > 3 einer genaueren Inspektion sowohl aus sachlogischer Sicht, als auch unter Berücksichtigung der Korrelationen zu den andern Prädiktoren, unterzogen werden. Hinweise zur Korrelationsstruktur und Variablen, die für hohe VIF-Werte verantwortlich sind, liefert die Durchführung weiterer Kollinearitätsanalysen wie z. B. die Konditionsstatistik, mit der diejenigen Variablen identifiziert werden können, die maßgeblich für hohe Multikollinearitäten verantwortlich sind. Das Vorgehen hierzu ist im Detail bei Belsley (1991, S. 33 ff.) dargestellt.

17.2.2   Analyseverfahren zum Umgang mit Multikollinearität

Zur Beherrschung der aufgezeigten Probleme von multikollinearen Prädiktoren lassen sich, neben der oftmals nur schwer zu realisierenden Empfehlung der Vergrößerung der Fallzahl (Backhaus et al. 2011, S. 96), zwei Kategorien von Ansätzen unterscheiden:

- Modifikation der verwendeten Urdaten und Variablenbasis
- Alternative Regressionstechniken und Schätzverfahren

17.2.2.1 Modifikation der Prädiktor-Datenbasis (Modellmodifikation)

Relativ einfach umzusetzende Ansätze zum Umgang mit Multikollinearität beruhen auf der *Modifikation der Modellbasis*. Wenngleich diese jeweils spezifische Einschränkungen aufweisen, so sind sie für viele Anwendungen oftmals dennoch hinreichend. Der Vorteil liegt vor allem darin, da sie keine spezifischen Softwareprogramme und alternative Methoden erfordern, weshalb sie in der Praxis häufig auch als „Quick and Dirty"-Lösungen bezeichnet werden.

(1) Eliminierung einzelner Prädikatoren: Multikollinearität kann entgegengewirkt werden, indem einzelne Variablen aus der Analyse ausgeschlossen werden (Hair et al. 2010, S. 205), da diese tendenziell „nur" redundante Informationen enthalten (Diamantopoulos und Siguaw 2006, S. 267). Dabei sollten insb. solche Variablen eliminiert werden, die zu einem sehr starken Maße durch die anderen unabhängigen Variablen erklärt werden. Ansatzpunkte hierzu liefern die *VIF-Werte*. Während diese Vorgehensweise recht einfach ist, so ist sie bei praktischen Anwendungen jedoch dann ungeeignet, wenn etwa einzelne Variablen aus einer theoretischen Sicht unverzichtbar sind. Insbesondere in der Unternehmenspraxis, bei der z. B. für einzelne Produktelemente unterschiedliche Abteilungen verantwortlich sind (z. B. Verpackungsdesign, Gebrauchsanleitung, technische Funktionalität, ergonomische Ausgestaltung), ist es zumeist nicht möglich, auf einzelne Produktmerkmale zu verzichten, auch wenn diese in der kundenseitigen Wahrnehmung sehr ähnlich beurteilt bzw. nicht differenziert wahrgenommen werden. In jedem Fall muss der Ausschluss von Variablen, der damit einer Modifikation des ursprünglichen Regressionsmodells gleichkommt, immer auch sachlogisch begründbar bzw. vertretbar sein (Schneider 2007, S. 191).

(2) Verwendung von Variablenbündeln (Indexbildung): Neben dem Ausschluss einzelner Variablen besteht die Möglichkeit, hoch korrelierende Variablen zusammenzufassen und einen entsprechenden Index (z. B. über Summation oder Mittelwertbildung) als Prädiktor im Rahmen der Regression zu verwenden (Albers und Hildebrandt 2006, S. 13; Berry und Feldman 1985, S. 48). Wenngleich über diesen Ansatz die Probleme der Multikollinearität reduziert werden können, erscheint die Zusammenfassung von Variablen auch nur bedingt praktikabel. So ist insb. die inhaltliche Interpretation eines solchen Index nicht immer eindeutig bzw. zweckmäßig vorzunehmen. Weiterhin muss bei einer Zusammenfassung von Variablen sichergestellt sein, dass dieses auch aus inhaltlicher Sicht zulässig ist. Dabei sollte insb. eruiert werden, ob die entsprechenden Variablen in der Wahrnehmung der Befragten „zusammenhängen" (wie bspw. die technische Qualität und die Haltbarkeit) oder ob diese nur bei der vorliegenden Stichprobe als sehr ähnlich beurteilt werden. Sofern bspw. Beurteilungen zu nur zwei Produkten vorliegen, einem „Premiumprodukt" und einer „Low Budget"-Lösung, so sollten die beiden Produktmerkmale hoher Preis und hohe Qualität sehr hoch korrelieren. Eine Zusammenfassung der beiden Variablen erscheint aber eher ungeeignet, da diese erstens ganz unterschiedliche Inhaltsdimensionen reprä-

sentieren und zweitens einzig aufgrund der spezifischen Stichprobenzusammensetzung
so hoch miteinander assoziiert sind. Vielmehr zeigt sich in vielen Märkten heutzutage
jedoch eine sehr viel größere Angebotsheterogenität, bei der sowohl teure Produkte mit
einer geringen Qualität, aber auch günstige Qualitätsprodukte (z. B. durch eine Produk-
tionsverlagerung in sog. Billiglohnländer) verfügbar sind. Wie bei der Eliminierung von
Variablen sollte auch die Zusammenfassung immer sachlogisch und auf konzeptioneller
Sicht begründet erfolgen (Diamantopoulos und Riefler 2008, S. 1192).

(3) Anwendung der Hauptkomponentenanalyse (explorative Faktorenanalyse): Mit
Hilfe der explorativen Faktorenanalyse kann das Problem der Multikollinearität „neutralisiert" werden. In diesem Fall wird aus dem Set an korrelierten Variablen eine geringe
Zahl an Faktoren extrahiert, die die Korrelationen zwischen den Variablen erklären (siehe
hierzu Kap. 7.2.1). Sofern nur wenige Faktoren extrahiert werden, liegt im Prinzip eine
– wenngleich elaboriertere – Indexbildung vor, die aber ebenfalls den oben aufgezeigt
Problemen unterliegt. Werden demgegenüber mit Hilfe der Hauptkomponentenanalyse als Extraktionsverfahren aus z korrelierten Ausgangsvariablen z orthogonale Faktoren
(Hauptkomponenten) extrahiert, so unterliegen die Hauptkomponenten keiner bzw. nur
noch einer aktzeptablen Multikollinearität und können dann als unkorrelierte Prädiktoren im Rahmen einer Regressionsanalyse als „Repräsentanten" der jeweiligen Variablen
genutzt werden. Dabei sollte die Hauptkomponentenanalyse in Verbindung mit einer
orthogonalen Rotation (z. B. Varimax-Rotation) gewählt werden, da hier kein Informationsverlust auftritt.[1] Die auf diese Weise extrahierten Faktoren können zumeist eindeutig
den ursprünglichen Variablen anhand der rotierten Faktorladungsmatrix zugeordnet werden. Wenngleich bei diesem Vorgehen keine Informationen verloren gehen und prinzipiell
alle Variablen genutzt werden, bestehen aber auch hier einige Einschränkungen: So kann
es bei sehr hoch korrelierten Prädiktoren vorkommen, dass mehrere Variablen auf einem
Faktor hohe Ladungen aufweisen und somit auch hier „Mischungen" der Variablen auftreten. Weiterhin sind die extrahierten Faktoren nicht mit den ursprünglichen Variablen
identisch, sondern es sind jeweils auch kleine Varianzanteile anderer Variablen enthalten,
sodass streng genommen auch nicht die „wahren" und unverzerrten Effekte der einzelnen
Variablen ermittelt werden können.[2]

---

[1] Zur Analyse mit SPSS müssen folgende Optionen in den Menüs der Faktorenanalyse gewählt
werden: Extraktion → Methode „Hauptkomponenten" → zu extrahierende Faktoren „hier muss die
Anzahl an Variablen eingetragen werden"; Rotation → Varimax; Werte → als Variablen speichern;
Methode: Regression.

[2] Die hier beschriebene Vorgehensweise weicht von der als Hauptkomponenten-Regression z. B.
bei Schneider (2007, S. 194) dargestellten Methode ab. Um die in diesem Rahmen oft angeführten
Interpretationsschwierigkeiten zu vermeiden, sollte – wie vorab dargestellt – eine orthogonale Rotation angewendet werden, die in einer Einfachstruktur im Sinne einer eindeutigen Faktor-Variablen
Zuordnung mündet.

	B	Beta (standardisiert)	Signifikanz	Toleranz	VIF
Konstante	-0,629	-	0,514	-	-
x_1	-0,024	-0,027	0,939	0,430	**2,325**
x_2	0,448	0,438	0,164	0,653	1,533
x_3	0,716	0,790	0,044	0,582	1,719
Abhängige Variable: y			R^2=0,827		

Abb. 17.4 Ergebnisse einer Linearen Regression für die Beispieldaten

17.2.2.2 Alternative Regressionstechniken und Schätzverfahren

Neben der Modifikation des Ausgangsmodells bzw. der zugrundliegenden Prädiktoren besteht eine Reihe weiterer Ansätze, die zur *Ermittlung der Prädiktor-Einflussstärke* auch bei Vorliegen von Multikollinearität genutzt werden können (z. B. Johnson 2000; Johnson und Lebreton 2004; Grömping 2009). Nachfolgend wird die von Kruskal (1987) vorgeschlagene Vorgehensweise der Berechnung relativer Bedeutungsgewichte (Relative Importance) der Prädiktoren in ihren Grundzügen dargestellt. Dabei findet sich die hier beschriebene Vorgehensweise bzw. die zugrundeliegende Idee auch in weiteren Ansätzen, wie z. B. der *Shapley Value Regression* (Lipovetsky und Conklin 2001) oder der in R implementierten *Relaimpo Prozedur* (Grömping 2006). Wenngleich graduelle Unterschiede in der finalen Ermittlung der Bedeutungsanteile bestehen, so sind alle Ansätze in der Grundidee identisch und insgesamt vergleichbar. Allerdings stellt SPSS keine Prozedur für derartige Awendungszwecke bereit, sodass die nachfolgenden Berechnungen entweder mit Hilfe einer Tabellenkalkulation erfolgen müssen oder aber eine alternative Software wie bspw. R genutzt werden muss.

Das übergeordnete Ziel dieser Verfahren besteht darin, für jeden Prädiktor abzuschätzen, welchen Beitrag dieser für die Erklärungsgüte der Regression, gemessen am Bestimmtheitsmaß (R^2), aufweist. Während dies bei unabhängigen Prädiktoren unmittelbar anhand der standardisierten Regressionsparameter ersichtlich ist, so stellt sich dies bei multikollinearen Prädiktoren schwieriger dar. Die Grundidee besteht nun darin, die Bedeutung eines Prädiktors daran zu bemessen, welchen Einfluss dessen Hinzunahme auf die Ergebnisverbesserung gemessen am R^2 aufweist. Dabei weist die Reihenfolge, mit der die Prädiktoren aufgenommen werden, einen *großen Einfluss* auf den R^2-Zuwachs auf, sodass alle möglichen Kombinationen (bzw. Sortierungen) betrachtet werden müssen. Die Vorgehensweise ist in Abb. 17.4 anhand der Beispieldaten aus Abb. 17.3 verdeutlicht.

Die Beispieldaten in Abb. 17.3 zeigen die Beurteilungen von 8 Personen in Bezug auf drei Prädiktoren x_1 bis x_3 und die abhängige Variable y. Die hohen Korrelationen zwischen den Prädiktoren von bis zu 0,586 deuten auf eine vorliegende Multikollinearität hin, die jedoch gemessen am höchsten VIF-Werte von 2,325 als moderat zu bezeichnen ist. Die Ergebnisse der durchgeführten linearen Regression in Abb. 17.4 zeigen aber, dass auch in einem solchen Fall Probleme auftreten können, obwohl der VIF-Wert gem. der

Reihenfolge	x_1		x_2		x_3	
	$r_{yx1}^{\ 2}$	$\Delta r_{x1}^{\ 2}$	$r_{yx2}^{\ 2}$	$\Delta r_{x2}^{\ 2}$	$r_{yx3}^{\ 2}$	$\Delta r_{x3}^{\ 2}$
I: $x_1\ x_2\ x_3$	0,438	**0,438**	0,046	**0,026**	0,677	**0,363**
II: $x_1\ x_3\ x_2$	0,438	0,438	0,420	0,125	0,469	0,264
III: $x_2\ x_1\ x_3$	0,305	0,235	0,228	0,228	0,677	0,363
IV: $x_2\ x_3\ x_1$	0,002	0,000	0,228	0,228	0,775	0,598
V: $x_3\ x_1\ x_2$	0,156	0,055	0,420	0,125	0,646	0,646
VI: $x_3\ x_2\ x_1$	0,002	0,000	0,509	0,180	0,646	0,646
Importances	0,224	0,194	0,309	0,152	0,648	0,480
Relative Importance	18,9%	23,5%	26,1%	18,4%	55,0%	58,1%
Erklärung: $r_{yxi}^{\ 2}$: Quadr. Partialkorrelation von y und x_i bereinigt die anderen Variablen $\Delta r_{xi}^{\ 2}$: Zuwachs an Varianzaufklärung durch Aufnahme der Variable x_i						

Abb. 17.5 Ermittlung der relativen Prädikator-Bedeutung

überwiegenden Literatur eher als unkritisch akzeptiert würde, da er deutlich unterhalb der weit verbreiteten Empfehlung (VIF < 10) liegt. So ist der Parameterschätzer für die Variable x_1 negativ, obwohl sie für sich genommen stark positiv mit der abhängigen Variable korreliert ist (r = 0,661). Damit ist hier die Erfordernis der Anwendung einer alternativen Prozedur zur Ermittlung der Variablenbedeutungen durchaus gegeben.

Werden nur drei Prädiktoren x_1 bis x_3 zur Erklärung der abhängigen Größe y untersucht, so existieren insgesamt (3! =) I bis VI unterschiedliche Sortierungen, die in Abb. 17.5 ausgewiesen sind. Sollen die Prädiktoren in der Reihenfolge 1 (x_1, x_2 und x_3) in das Regressionsmodell aufgenommen werden, so kann der R^2-Zuwachs über die jeweilige Aufnahme eines Prädiktors folgendermaßen ermittelt werden:

1. Die Aufnahme des ersten Prädiktors x_1 führt zu einem Regressionsmodell (y = $b_0 + b_1 \cdot x_1$) mit einem Bestimmtheitsmaß in Höhe der quadrierten Korrelation von y und x_1. Damit zeichnet sich in dieser betrachteten Reihenfolge x_1 für einen Varianzerklärungsanteil r_{yx1}^2 verantwortlich. Im Anwendungsbeispiel gilt $r_{yx1} = 0,661$. Da bisher noch keine andere Variable aufgenommen wurde, beträgt der Zuwachs an Varianzerklärung $\Delta r_{yx1}^2 = (0,661^2 - 0) = 0,438$.
2. Um den Effekt der Aufnahme von x_2 zu ermitteln gilt es im Regressionsmodell $y = b_0 + b_1^* x_1 + b_2^* x_2$ zu ermitteln, welchen Anteil der noch verbleibenden Varianz $(1 - r_{yx1}^2)$ von x_2 zusätzlich erklärt wird. Hierzu muss die Partialkorrelation ($r_{yx2 \cdot x1}$) von x_2 mit y, bereinigt um den Effekt der Variable x_1 ermittelt werden. Die Partialkorrelationen erster und zweiter Ordnung lassen sich nach Bortz und Schuster (2010,

S. 341) wie folgt berechnen:

$$\text{Partialkorrelation 1. Ordnung: } r_{xy\cdot z} = \frac{r_{xy} - r_{xz} \cdot r_{yz}}{\sqrt{1 - r_{xz}^2} \cdot \sqrt{1 - r_{yz}^2}} \tag{17.1}$$

$$\text{Partialkorrelation 2. Ordnung: } r_{xy\cdot zm} = \frac{r_{xy\cdot z} - r_{xm\cdot z} \cdot r_{ym\cdot z}}{\sqrt{1 - r_{xm\cdot z}^2} \cdot \sqrt{1 - r_{ym\cdot z}^2}}$$

mit:

Variablen x, y, z, m und r_{xy} = Korrelationskoeffizient von x und y

Das Quadrat der Partialkorrelation gibt dann den Anteil der über x_1 nicht erklärten Varianz an, die durch x_2 erklärt wird. Damit kann der über die Aufnahme von x_2 resultierende Zuwachs am R^2 folgendermaßen ermittelt werden: $\Delta r_{x2|x1}^2 = \left(1 - r_{x1,y}^2\right) r_{x2,y\cdot x1}^2$. Im Beispiel resultiert hier ein Zuwachs in Höhe von$((1 - 0{,}438) \cdot 0{,}046 =) 0{,}026$.

3. Analog ist auch zur Ermittlung des Effektes der zusätzlichen Aufnahme von x_3 zu verfahren. Dabei gibt die quadrierte Partialkorrelation zweiter Ordnung$\left(r_{x3,y\cdot x1x2}^2\right)$ an, welchen Anteil der verbleibenden Varianz über x_3 erklärt wird. Die Multiplikation mit der „Restvarianz" $\left(1 - r_{x1,y}^2 - r_{x2,y\cdot x1}^2\right)$ liefert dann den Zuwachs am R^2. Im Beispiel beträgt die quadrierte Partialkorrelation von x_3 mit y, korrigiert um die Effekte von x_1 und x_2 0,677. Damit kann x_3 einen Anteil von 0,677 der verbleibenden Varianz in Höhe von 0,536 ($= 1 - 0{,}438 - 0{,}026$) erklären, womit der R^2-Wert insgesamt um 0,363 gesteigert werden kann.

Abbildung 17.5 enthält auch die resultierenden Werte für die verbleibenden fünf Reihenfolgen II bis VI. Zur Ermittlung der Bedeutung der einzelnen Variablen sind basierend auf den ausgewiesenen Ergebnissen zwei unterschiedliche Optionen geboten: So können zunächst, wie von Kruskal (1987, S. 7 ff.) vorgeschlagen, die durchschnittlichen Partialkorrelationen für jede Variable über alle Sortierungen ermittelt werden. Setzt man diese Werte dann in Relation zueinander, so erhält man die *relative Bedeutung* der Variablen zur Erklärung der abhängigen Variable y. Eine alternative und intuitivere Vorgehensweise ist die Berechnung der mittleren R^2-Zuwächse je Variable (vgl. Lipovetsky und Conklin 2001, S. 322 ff.). Diese geben ebenfalls die Bedeutung einer Variablen im vorliegenden Regressionsmodell an. Dabei bieten sie aber den Vorteil, dass deren Absolutwert unmittelbar anzeigt, welcher Anteil der Varianz entsprechend erklärt wird. So entspricht die Summe dieser Werte dem R^2 des Gesamtmodells von 0,827, weshalb hierüber nicht nur die relativen Bedeutungen, sondern auch die Gesamtgüte des Modells abschätzbar ist.

Wenngleich die dargestellte Vorgehensweise durchaus nachvollziehbar ist, so sind dennoch einige kritische Anmerkungen erforderlich: Zunächst sind die ermittelten Importance-Werte per Definition immer positiv, sodass zusätzlich noch die bivariaten Korrelationskoeffizienten zwischen der abhängigen Variablen und den Prädiktoren betrachtet werden müssen, um die Wirkrichtung zu ermitteln. Weiterhin zeigen die Werte in dieser Form ausschließlich die Bedeutung der Variablen an und können *nicht* zur Ableitung eines Prognosemodells verwendet werden. Hierfür müssen entweder alternative Verfahren wie die *Ridge Regression*, die bei Mutlikollinearität eine robustere Parameterschätzung als die lineare Regression erlaubt (Mahajan et al. 1977; Malthouse 1999; Gunst 1983) oder aber eine Modifikation der Importances über die Ableitung von sog. Net Effects vorgenommen werden (Lipovetsky und Conklin 2001, S. 325 ff.).

Zusätzlich wird die dargestellte Berechnung der Variablenbedeutung mit steigender Variablenzahl sehr rechenintensiv. Mussten im vorliegenden Beispiel mit drei Prädiktoren lediglich 6 unterschiedliche Reihenfolgen berücksichtigt werden, so steigt diese Zahl bereits bei einer für praktische Anwendungen nicht unüblichen Zahl an 10 Prädiktoren bereits auf 10! = 3.628.800, sodass Modelle mit 20 oder mehr Variablen kaum berechenbar sind. Aus diesem Grund sollten bei Vorliegen einer hoch multikollinearen Datenbasis zunächst die in Kap. 17.2.2.1 dargestellten Ansätze genutzt und eine Reduktion der Variablenzahl vorgenommen werden. Dies erfordert zwingend eine inhaltliche Auseinandersetzung mit der jeweils gegebenen Datenbasis und es muss fallweise geprüft werden, ob (1.) auf einzelne Variablen verzichtet werden kann bzw. (2.) ob Variablengruppen zu Indizes verknüpft werden können. Sofern daraufhin ein fokussiertes, aber immer noch „problematisches" Set an Prädiktoren vorliegt, so können dann Verfahren zur Ermittlung der relativen Importances (z. B. nach Kruskal oder im Rahmen der Shapley Value Regression) oder alternative Regressionsverfahren (z. B. Ridge Regression oder der Hauptkomponenten-Regression) genutzt werden.

Während die Multikollinearitäts-Problematik in der Marktforschungspraxis vielfach gegeben ist (z. B. bei der Analyse von Zufriedenheits- oder Kundenbindungstreibern), so ist sie im Rahmen der Strukturgleichungsmodellierung vorwiegend bei der Anwendung von *formativen Messmodellen* von Bedeutung (Diamantopoulos und Riefler 2008, S. 1191 ff.). Werden demgegenüber *reflektive Messmodelle* verwendet, so sind diese aufgrund der gerade gewünschten hohen Korrelationen zwischen den Indikatoren nicht der Multikollinearitätsproblematik ausgesetzt und diese verlagert sich auf die latenten Konstrukte im Strukturmodell. Allerdings ist die Problematik hier i. d. R. nicht so gravierend, da u. a. die Korrelationen der Konstrukte untereinander nicht zu stark sein dürfen, um *Diskriminanzvalidität* sicherzustellen (vgl. Kap. 7.3.3.3). Ansonsten sollte ohnehin eine Modifikation des Modells bzw. der betreffenden Messmodelle vorgenommen werden. Anhand der Ergebnisse ihrer Simulationsstudien kommen Grewal et al. (2004, S. 528) dann auch zu dem Schluss, dass „good measure reliability, a model whose explanatory power is high, and a large sample size can effectively protect against the deleterious effects of multicollinearity".

17.3 Weitere Spezialprobleme der Strukturgleichungsmodellierung

Neben den bisher dargestellten Anwendungsproblemen der Common Method Variance und der Multikollinearität, die im Rahmen von Kausalanalysen sehr häufig gegeben sind, besteht noch eine Reihe weiterer „Spezialprobleme". Da diese bei einer Standarduntersuchung jedoch seltener relevant sein sollten und für eine ausführliche Darstellung in einem Einsteigerwerk nur bedingt geeignet sind, werden sie nachfolgend nur in knapper Form vorgestellt. Für den an weiteren Details interessierten Leser werden nachfolgend aber entsprechende Literaturhinweise gegeben.

17.3.1 Berücksichtigung von Heterogenität mittels segmentadressierenden Kausalanalysen

Oftmals zeigt sich, dass die Anwendung von Kausalmodellen nur zu unreichenden Anpassungen an die empirischen Daten führt. Dies kann neben einem ungeeigneten Modellansatz auch auf nicht beobachtete Heterogenität in den Daten zurückzuführen sein. In einem solchen Fall erscheint es zweckmäßig, Analysen für verschiedene in sich homogene Gruppen durchzuführen. Sofern diese Gruppen vorab sinnvoll abgegrenzt werden können, so ist die Anwendung von Verfahren der Mehrgruppen-Kausalanalyse sinnvoll (vgl. Kap. 14). Ist es demgegenüber jedoch nicht möglich, geeignete Gruppen ex ante zu definieren, so können Verfahren genutzt werden, die simultan eine Segmentierung der Befragten *und* die Schätzung von Kausalmodellen für die entsprechenden Segmente vornehmen. Im Gegensatz zu den bekannten Verfahren der Segmentierung (z. B. hierarchische oder partitionierende Clusteranalysen; vgl. Backhaus et al. 2011, S. 418 ff.) erfolgt die Segmentbildung hier nicht anhand der Urdaten, sondern anhand der *Wirkbeziehungen im Kausalmodell*. Im Ergebnis resultieren dann Zuordnungen jedes Befragten zu den Gruppen und zusätzlich liegen auf Gruppenebene die Ergebnisse der jeweiligen Kausalanalysen vor. Für multiple Regressionsanalysen beschreiben bspw. DeSarbo und Cron (1988) oder Leisch (2004) entsprechende Maximum-Likelihood Algorithmen. Einen umfassenden Überblick zu dieser Thematik gibt Wedel (1990) in seiner Dissertationsschrift, während DeSarbo et al. (2001) eine konkrete Anwendung im Bereich des B2B-Marketings vornehmen.

Für die Analyse komplexer Kausalstrukturen im Rahmen von PLS bzw. kovarianzbasierter Strukturgleichungsmodelle bestehen ähnliche Ansätze: So stellen bspw. Sarstedt et al. (2011) oder Hahn et al. (2002) einen entsprechenden Ansatz vor, der auch in der Software SmartPLS implementiert ist. Auch im Bereich der kovarianzbasierten Strukturgleichungsmodelle finden sich vergleichbare Ansätze (z. B. Stein 2000; Jedidi et al. 1997). Eine Schwierigkeit bei derartigen Analysen ist jedoch darin zu sehen, dass die resultierenden Segmente trotz teilweise sehr guter Anpassungsmaße oftmals nur schwer zu interpretieren bzw. zu beschreiben sind. Das ist jedoch insbesondere bei der Ableitung konkreter Maßnahmen, etwa im Rahmen einer Marktbearbeitungsstrategie, von übergeordneter Bedeutung. Weiterhin sind diese Ansätze nicht immer robust, und es besteht eine starke Abhängigkeit von den bei der Modellschätzung verwendeten Startwerten, d. h. erzielte Ergebnisse sind bei „neuen" Stichproben nur eingeschränkt reproduzierbar.

	1. Fokus auf eine Moderationsbeziehung	2. Fokus auf mehrere Moderationsbeziehungen
A. diskreter Moderator	Mehrguppenkausalanalyse	
B. manifester, stetiger Moderator (m)	SGM mit spezifiziertem Moderatorkonstrukt $(\xi_x \times m)$	Mehrgruppen-kausalanalyse
C. latentes Moderator-konstrukt (ξ_m)	SGM mit spezifiziertem Moderatorkonstrukt $(\xi_x \times \xi_m)$	

Abb. 17.6 Analyseoptionen in Bezug auf Moderatoreffekte

17.3.2   Berücksichtigung von Interaktions- und Moderatoreffekten

Die bisherigen Ausführungen waren auf die Modellierung linearer Wirkbeziehungen beschränkt, die in vielen Fällen zumindest näherungsweise als gegeben anzunehmen sind. Demgegenüber besteht aber eine ganze Reihe an Forschungsfragen, in denen diese Annahme nicht aufrechtzuerhalten ist bzw. explizit Wechselwirkungen von Variablen untersucht werden sollen (Huber et al. 2006, S. 696). Dabei steht oftmals die Frage nach sog. Interaktions- oder Moderatorbeziehungen im Vordergrund, bei denen die Wirkung einer erklärenden Größe auf eine abhängige Größe von einer anderen sog. Moderatorgröße beeinflusst wird (Hopwood 2007, S. 263 f.). So ist bspw. davon auszugehen, dass die Wirkung der Zufriedenheit mit einem Produkt (x) auf die Neigung zum Folgekauf (y) von der Verfügbarkeit alternativer Konkurrenzprodukte (m) abhängt: Bei Existenz adäquater Alternativen (= hohe Werte von m), sollte die Zufriedenheit einen stark positiven Effekt auf die Wiederkaufneigung aufweisen, da etwa bei einer schlechten Beurteilung ohne Schwierigkeit auf eine alternative Lösung umgestellt werden kann. Sind demgegenüber keine Alternativen verfügbar, so sollte die Zufriedenheit keinen nennenswerten Effekt auf die Neigung zum Wiederkauf aufweisen, da sowohl sehr zufriedene als auch sehr unzufriedene Kunden aus Mangel an „echten" Alternativen (= kleiner Wert von m) zukünftig auch weiterhin Folgekäufe leisten müssen.

Bei der Analyse von Moderatorwirkungen mit latenten Konstrukten bestehen unterschiedliche Ansätze (vgl. zur Vorgehensweise bei beobachtbaren Variablen das Vorgehen nach Baron und Kenny 1986). Diese können im Wesentlichen anhand von zwei Kriterien unterschieden werden (Sauer und Dick 1993, S. 368) und sind in Abb. 17.6 dargestellt.

1. Fokus auf eine Moderatorbeziehung, wobei der Moderator sowohl eine *manifeste Variable* mit diskreter (z. B. Geschlecht, Produktkategorie) oder stetiger Ausprägung (z. B. Einkommen, Nutzungsintensität) sein kann oder eine *latente Variable* (z. B. Bindung, Zufriedenheit).

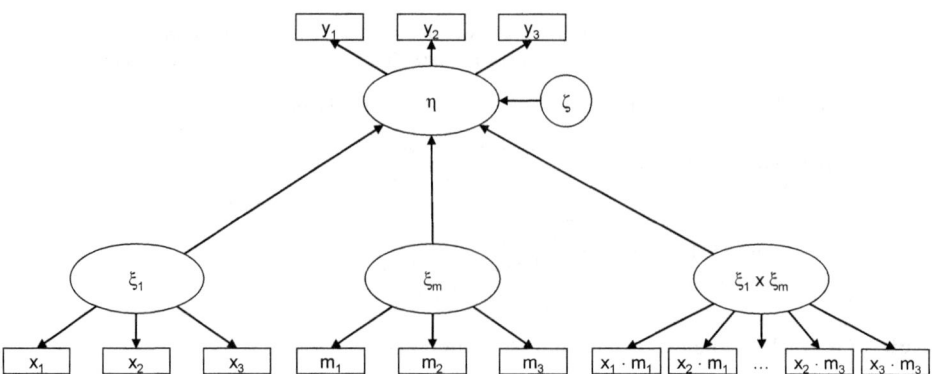

Abb. 17.7 Kausalmodell mit latentem Moderatorkonstrukt

2. Fokus auf die Zahl an Wirkbeziehungen, die von dem Moderator beeinflusst wird,
   wobei entweder eine einzige Beziehung (z. B. m → x) oder aber mehrere Wirkungen
   bzw. ein vollständiges Strukturgleichungsmodell hiervon beeinflusst werden können.

Sofern diskrete Moderatoren vorliegen, stellt die Anwendung der *Mehrgruppen-
Kausalanalyse* (vgl. Kap. 14) das Verfahren der Wahl dar, wobei die unterschiedlichen
Gruppen über die verschiedenen Ausprägungen der Moderatorvariable definiert werden
(Huber et al. 2006, S. 697). Beeinflusst ein Moderator mehrere Wirkbeziehungen, so ist
ebenfalls eine Mehrgruppenkausalanalyse zu bevorzugen. Hier sollten die Gruppen anhand
der Werte bzw. Faktorwerte des Moderators definiert werden.

Im „Standardfall" eines kontinuierlichen (manifesten oder latenten) Moderators ist ein
Strukturgleichungsmodell durchzuführen, wobei in Analogie zur Vorgehensweise nach
Baron und Kenny (1986, S. 1174) ein sog. *Moderator-Konstrukt* ($\xi_x \times \xi_m$) zu spezifizieren ist, das dann als exogene Größe mit in das Kausalmodell aufgenommen wird (vgl.
Abb. 17.7). Dabei werden beim sog.*Produkt-Indikator-Ansatz* die einzelnen Indikatoren
des Moderators ξ_m (m_1 bis m_M) mit den Indikatoren des exogenen Konstrukts ξ_x (x_1 bis x_X)
jeweils paarweise multipliziert ($x_1 \cdot m_1$, $x_2 \cdot m_1$,...,$x_X \cdot m_M$) und die resultierenden
Interaktionsindikatoren (k_{11}, k_{21},...,k_{XM}) dann zur reflektiven Spezifikation des Mode-
ratorkonstrukts verwendet (Scholderer et al. 2006, S. 644). Die Variablen sollten vor der
Multiplikation zentriert werden, um hohe Multikollinearitäten zu vermeiden (Huber et al.
2006, S. 699). Bei der Frage, wie viele dieser Moderatorvariablen verwendet werden müssen, bestehen unterschiedliche Einschätzungen, wobei insbesondere Marsh et al. (2004)
betonen, dass es nicht erforderlich ist, alle Kombinationen an x- und m-Indikatoren zu
verwenden.

Das spezifizierte Moderator-Konstrukt ($\xi_x \xi_m$) wird schließlich als zusätzliche erklärende Größe in das Strukturgleichungsmodell aufgenommen und über den Vergleich der
Modelle mit und ohne Moderator können Rückschlüsse darüber getroffen werden, ob
und in welcher Form eine nennenswerte Interaktionswirkung (z. B. ein reiner oder quasi

Moderationseffekt) vorliegt (Sharma et al. 1981, S. 292 ff.). Die Vorgehensweise ist im Grundsatz bei kovarianz- und varianzbasierten Strukturgleichungsmodellen vergleichbar und bei Chin et al. (1996, S. 25 ff.) für die Anwendung von PLS beschrieben. Für den Fall eines Kovarianz-Strukturmodells liefern Huber et al. (2006) eine Übersicht und Evaluation unterschiedlicher Ansätze.

17.3.3 Stabilitätsprüfung der Parameterschätzung

Bei der Schätzung der Parameter eines Strukturgleichungsmodells ist es wünschenswert, dass diese als relativ stabil angesehen werden können. Sowohl bei klassischen Regressionsanalysen, als auch bei Strukturgleichungsmodellen kann insbesondere bei Vorliegen sehr kleiner Fallzahlen (vgl. Kap. 3.3.2.3) ein diesbezügliches Problem bestehen (für einen Überblick siehe Bentler und Chou 1987): So ist es zunächst denkbar, dass eine entsprechend reduzierte empirische Datenbasis unplausible Ergebnisse und Schätzer liefert, die Konvergenzeigenschaften schlecht und Parameterschätzer nicht robust sind (Homburg und Klarmann 2006, S. 739). Weiterhin kann es sein, dass eine Modellschätzung z. B. bei der linearen Regression aufgrund einer geringen Zahl an Freiheitsgraden sehr stark auf die Besonderheiten eines einzigen Datensatzes angepasst ist, und diese Schätzung den Datensatz „auswendig gelernt" (sog. „overfitting") hat. Damit aber sind die erzielten Ergebnisse nur für diese spezifische Datenkonstellation gültig, und es kann sein, dass bei graduellen Änderungen (z. B. eine neue aber inhaltlich vergleichbare Stichprobe) völlig andere Schätzergebnisse resultieren. Diesen beiden Problembereichen der inrobusten und überangepassten Parameterschätzung kann am besten mit einer Vergrößerung der Stichprobe begegnet werden. Ist dies aber, wie in den meisten Fällen, nicht ohne weiteres möglich, so sollte zumindest eine Abschätzung derartiger Effekte vorgenommen werden. Hierzu schlagen bspw. Cohen et al. (2003, S. 419) vor, die Modellschätzung mit unterschiedlichen Zufallsstichproben desselben Datensatzes vorzunehmen und die erzielten Ergebnisse zu vergleichen. Diese Vorgehensweise ist dabei dem in Kap. 15.3.2 dargestellten *Bootstrapping* ähnlich. Soll nur eine Stabilitätsabschätzung vorgenommen werden, so ist es hinreichend, nur einen kleinen Teil der Daten (bspw. 10 %) zu entfernen und die jeweils verbleibenden 90 % zur Modellschätzung heranzuziehen (Homburg und Klarmann 2006, S. 737). Eine derartige Vorgehensweise im Rahmen eines Strukturgleichungsmodells mit latenten Konstrukten nehmen z. B. Homburg et al. (2007, S. 28) und Weiber et al. (2011, S. 129) vor.

Wenngleich die Durchführung solcher Stabilitätstests grundsätzlich empfohlen werden kann, so wird sie aufgrund des erforderlichen Mehraufwandes jedoch eher selten angewandt. Ist jedoch einer der nachfolgenden Aspekte erfüllt, so ist eine Stabilitätsprüfung der Parameter zu empfehlen:

- Es liegt eine unter Berücksichtigung der Ausführungen in Kap. 3.3.2.3 als klein einzustufende Stichprobe vor.

- Die Konstrukte weisen hohe Korrelationen untereinander auf ($> 0{,}5$), womit potenziell die „Gefahr" von multikollinearitätsbedingten Verzerrungen vorliegt.
- Die Daten weisen eine als nicht mehr moderat einzuschätzende Verletzung der Normalverteilungsannahme auf.
- Es liegen komplexe Wirkstrukturen (z. B. nichtrekursive Beziehungen) und insbesondere formative Messmodelle vor.
- Die Zahl an Indikatoren, die zur Messung der reflektiven Konstrukte verwendet wird, ist gering (< 4).

Sofern die Ergebnisse für unterschiedliche Stichproben auf eine instabile Modellschätzung hindeuten bzw. inrobuste Ergebnisse vorliegen, so kann insbesondere über folgende Maßnahmen versucht werden, dieses Problem zu kontrollieren:

- Ausweitung der Stichprobe
- „Verschlankung" des Modells, d. h. eine Reduktion der zu schätzenden Modellparameter
- Verbesserung der Messmodelle z. B. über die Aufnahme zusätzlicher reflektiver Items oder die Eliminierung multikollinearer Prädiktoren in einer formativen Messkonzeption
- Beherrschung der Heterogenität in den Daten über die Durchführung gruppenzentrierter Analysen
- Aufnahme bisher nicht berücksichtigter Wirkbeziehungen z. B. Interaktions- oder Moderatorwirkungen.

17.3.4 Repräsentativitätsproblem

Empirische Untersuchungen basieren im Wesentlichen auf Stichproben aus einer bestimmten Grundgesamtheit. Dabei wird versucht, aus der reduzierten Stichprobe auf die „wahren" Gegebenheiten der Grundgesamtheit rückzuschließen. Aus diesem Grund kommt der Repräsentativität der Stichprobe eine große Bedeutung bei, die angibt, inwieweit diese mit der Gesamtheit übereinstimmt. Wurden die Merkmalsträger (meist Befragte) in der Stichprobe anhand einer echten Zufallsauswahl ausgewählt, so liegt eine repräsentative Stichprobe vor. Da jedoch oftmals Ausfälle zu beklagen sind, d. h. nicht alle auf dem Zufallsprinzip beruhend ausgewählten Merkmalsträger sind auch tatsächlich in der Stichprobe enthalten, müssen Verfahren zur Abschätzung der Repräsentativität *ex post* zur Anwendung kommen. Dabei wird vereinfacht geprüft, inwieweit die Verteilung der Eigenschaften der Merkmalsträger in der Stichprobe mit denen für die Grundgesamtheit in Bezug auf beobachtbare Merkmale wie Alter, Geschlecht, Bildungsstand, Wohnort usw. übereinstimmen (Schnell et al. 2011, S. 298).

Lassen sich keine verlässlichen Angaben über die Grundgesamtheit oder die Stichprobe machen, so gilt es im Kern herauszufinden, ob ein nennenswertes Maß an Verzerrung vorliegt, das durch die Antwortverweigerung eines Teils der Befragten ausgelöst wird (sog. *Non-Response Bias* (NBR); vgl. Armstrong und Overton 1977, S. 396 ff.). Von den in der Literatur diskutierten Ansätzen zur Abschätzung des Non-Response Bias (z. B. bei Lahaut et al. 2003) erscheint bei fehlenden Angaben zur Grundgesamtheit im Wesentlichen ein Verfahren unter Berücksichtigung der zeitlichen Verteilung der Befragungsteilnehmer vielversprechend. Dieser Ansatz, der von Armstrong und Overton (1977, S. 397) vorgestellt und im Rahmen einiger Studien auch als brauchbar befunden wurde (z. B. Larroque et al. 1999; Füller 2006, S. 641), basiert auf der Annahme, dass diejenigen Personen, die zeitlich erst später an einer Befragung teilnehmen, in stärkerem Ausmaß Charakteristika von Nicht-Teilnehmern aufweisen als die früheren Teilnehmer, bei denen bspw. eine größere Affinität zu einer Befragungen allgemein oder zum Inhalt der Befragung unterstellt werden kann. Wird deshalb ein vorliegender Datensatz anhand des Zeitpunktes der Teilnahme an einer Befragung in eine „frühe" und eine „späte" Teilnehmergruppe zerlegt, so erlaubt dies Rückschlüsse über das Ausmaß des NBR. Unterscheiden sich die beiden Gruppen in Bezug auf interessierende Merkmale signifikant, so deutet dies auf die Existenz eines NRB hin. Das bedeutet, dass die entsprechend erzielten Ergebnisse *nicht* verallgemeinerbar sind, da die Gruppe der Nicht-Teilnehmer stark von der Gruppe der Teilnehmer (repräsentiert über die frühen Teilnehmer) abweicht. Eine derartige Prüfung kann entweder univariat in der Betrachtung jeweils nur eines Merkmals (z. B. anhand eines F-Tests) oder in der gemeinsamen Berücksichtigung aller Merkmale durch Anwendung der Diskriminanzanalyse (Backhaus et al. 2011, S. 187 ff.) erfolgen. Sofern sich keine signifikanten Unterschiede zwischen den Gruppen der „frühen" und der „späten" Befragungsteilnehmer zeigen, kann dies nach Armstrong und Overton (1977) als Indiz dafür angesehen werden, dass die Struktur der Stichprobe mit der Grundgesamtheit im Wesentlichen übereinstimmt und die entsprechenden Ergebnisse auch eher verallgemeinerbar sind.

Literatur

Albers, S., & Hildebrandt, L. (2006). Methodische Probleme bei der Erfolgsfaktorenforschung – Messfehler, formative versus reflektive Indikatoren und die Wahl des Strukturgleichungs-Modells. *zfbf, 58*(1), 2–33.

Armstrong, J. S., & Overton, T. S. (1977). Estimating nonresponse bias in mail surveys. *Journal of Marketing Research, 14,* 396–402.

Backhaus, K., Erichson, B., Plinke, W., & Weiber, R. (2011). *Multivariate Analysemethoden* (13. Aufl.). Berlin: Springer.

Baron, R. M., & Kenny, D. A. (1986). The moderator-mediator variable distinction in social psychological research: Conceptual, strategic, and statistical considerations. *Journal of Personality and Social Psychology, 51,* 1173–1182.

Belsley, D. A. (1991). A guide to using the collinearity diagnostics. *Computational Economics, 4,* 33–50.

Bentler, P. M., & Chou, C. P. (1987). Practical issues in structural modeling. *Sociological Methods and Research, 16,* 78–117.

Berry, W. D., & Feldman, S. (1985). *Multiple regression in practice*. Beverly Hills: Sage.

Bortz, J., & Schuster, C. (2010). *Statistik für Human- und Sozialwissenschaftler* (7. Aufl.). Berlin: Springer.

Chin, W. W., Marcolin, B. L., & Newsted, P. R. (1996). *A partial least squares latent variable modeling approach for measuring interaction effects, Proceedings of the 17th International Conference on Information Systems*. Cleveland.

Cohen, J., Cohen, P., West, S. G., & Aiken, L. S. (2003). *Applied multiple regression/correlation analysis for the behavioral sciences*. Mahwah: Lawrence Erlbaum Associates.

DeSarbo, W. S., & Cron, W. L. (1988). A maximum likelihood methodology for clusterwise linear regression. *Journal of Classification, 5*, 249–282.

DeSarbo, W. S., Jedidi, K., & Sinha, I. (2001). Customer value analysis in a heterogeneous market. *Strategic Management Journal, 22*, 845–857.

Diamantopoulos, A., & Siguaw, J. A. (2006). Formative versus reflective indicators in organizational measure development: A comparison and empirical Illustration. *British Journal of Management, 17*, 263–282.

Diamantopoulos, A., & Riefler, P. (2008). Formative Indikatoren: Einige Anmerkungen zu ihrer Art, Validität und Multikollinearität. *Zeitschrift für Betriebswirtschaft, 78*, 1184–1196.

Doty, D. H., & Glick, W. H. (1998). Common methods bias: Does common methods variance really bias results? *Organizational Research Methods, 1*, 374–406.

Farrar, D. E., & Glauber, R. R. (1967). Multicollinearity in regression analysis: The problem revised. *Review of Economics and Statistics, 49*, 92–107.

Füller, J. (2006). Why consumers engange in virtual new product developments initiated by producers. *Advances in consumer research, 33*, 639–646.

Gorsuch, R. L. (2003). Factor analysis. In I. B. Weiner, J. A. Schinka, & W. F. Velicer (Hrsg.), *Research methods in psychology* (Bd. 2, S. 143–164). New Jersey.

Grewal, R., Cote, J. A., & Baumgartner, H. (2004). Multicollinearity and measurement error in structural equation models: Implications for theory testing. *Marketing Science, 23*, 519–529.

Grömping, U. (2006). Relative importance for linear regression in R: The package relaimpo. *Journal of Statistical Software, 17*(1).

Grömping, U. (2009). Variable importance assessment in regression: Linear regression versus random forest. *The American Statistician, 63*, 308–319.

Gunst, R. F. (1983). Regression analysis with multicollinear predictor variables: Definition, detection, and effects. *Communications in Statistics – Theory and Methods, 12*, 2217–2260.

Hahn, C., Johnson, M. D., Herrmann, A., & Huber, F. (2002). Capturing customer heterogeneity using a finite mixture PLS approach. *Schmalenbach Business Review, 54*, 243–269.

Hair, J. F., Anderson, R. E., Tatham, R. L., & Black, W. C. (2010). *Multivariate data analysis* (7. Aufl.). New Jersey: Prentice Hall.

Harrison, D. A., McLaughlin, M. E., & Coalter, T. M. (1996). Context, cognition and common method variance: Psychometric and verbal protocol evidence. *Organizational Behavior and Human Decision Processes, 68*, 246–261.

Homburg, C., & Klarmann, M. (2006). *Die Kausalanalyse in der empirischen betriebswirtschaftlichen Forschung – Problemfelder und Anwendungsempfehlungen, Arbeitspapier*. Mannheim.

Homburg, C., & Klarmann, M. (2009). Multi Informant-Designs in der empirischen betriebswirtschaftlichen Forschung. *Die Betriebswirtschaft, 69*, 147–171.

Homburg, C., Grozdanovic, M., & Klarmann, M. (2007). Responsiveness to customers and competitors: The role of affective and cognitive organizational systems. *Journal of Marketing, 71*, 18–38.

Homburg, C., Schilke, O., & Reimann, M. (2009). Triangulation von Umfragedaten in der Marketing- und Managementforschung. *Die Betriebswirtschaft, 69*, 173–193.

Hopwood, C. J. (2007). Moderation and mediation in structural equation modeling. *Journal of Early Intervention, 29,* 262–272.

Huber, F., Heitmann, M., & Herrmann, A. (2006). Ansätze zur Kausalmodellierung mit Interaktionseffekten. *Die Betriebswirtschaft, 66*(6), 696–710.

Jedidi, K., Jagpal, H. S., & De Sarbo, W. S. (1997). STEMM: A general finite mixture structural equation model. *Journal of Classification, 14,* 23–50.

Johnson, J. W. (2000). A heuristic method for estimating the relative weight of predictor variables in multiple regression. *Multivariate Behavioral Research, 35,* 1–19.

Johnson, J., & LeBreton, J. M. (2004). History and use of relative importance indices in organizational research. *Organizational Research Methods, 7,* 238–257.

Kline, T. J. B., Sulsky, L. M., & Rever-Moriyama, S. D. (2000). Common method variance and specification errors: A practical approach to detection. *The Journal of Psychology, 134,* 401–421.

Kruskal, W. (1987). Relative importance by averaging over orderings. *The American Statistician, 41,* 6–10.

Lahaut, V., Janse, H., van de Mheen, D., Garrretsen, H., Verdurmen, J., & van Dijk, A. (2003). Response bias in a survey on alcohol consumption. *Alcohol & Alcoholism, 38,* 128–134.

Larroque, B., Kaminski, M., Bouvier-Colle, M.-H., & Hollebecque, V. (1999). Participation in a mail survey: Role of repeated mailings and characteristics of nonrespondents among recent mothers. *Paediatric and Perinatal Epidemiology, 13,* 218–233.

Leisch, F. (2004). FlexMix: A general framework for finite mixture models and latent class regression in R. *Journal of Statistical Software, 11.*

Lindell, M. K., & Whitney, D. J. (2001). Accounting for common method variance in cross-sectional research designs. *Journal of Applied Psychology, 86,* 114–121.

Lipovetsky, S., & Conklin, M. (2001). Analysis of regression in game theory approach. *Applied Stochastic Models in Business and Industry, 17,* 319–330.

Mahajan, V., Jain, A. K., & Bergier, M. (1977). Parameter estimation in marketing models in the presence of multicollinearity: An application of ridge regression. *Journal of Marketing Research, 14,* 586–591.

Malhotra, N. K., Kim, S. S., & Patil, A. (2006). Common method variance in IS research: A comparison of alternative approaches and a reanalysis of past research. *Management Science, 52,* 1865–1883.

Malthouse, E. C. (1999). Ridge regression and direct marketing scoring models. *Journal of Interactive Marketing, 13,* 10–23.

Marsh, H. W., Hau, K. T., & Wen, Z. (2004). In search of golden rules: Comment on hypothesis testing approaches to setting cutoff values for fit indexes and dangers in over-generalizing Hu & Bentler's (1999) findings. *Structural Equation Modeling, 11,* 320–341.

Meade, A. W., Watson, A. M., & Kroustalis, C. M. (2007). *Assessing common methods bias in organizational research, Paper presented at the 22nd Annual Meeting of the Society for Industrial and Organizational Psychology.* New York.

Podsakoff, P. M., & Organ, D. W. (1986). Self-reports in organizational research: Problems and prospects. *Journal of Management, 12,* 69–82.

Podsakoff, P. M., MacKenzie, S. B., Podsakoff, N. P., & Lee, J.-Y. (2003). Common method biasin behavioral research. *Journal of Applied Psychology, 88,* 879–903.

Sarstedt, M., Becker, J.-M., Ringle, C. M., & Schwaiger, M. (2011). Uncovering and treating unobserved heterogeneity with FIMIX-PLS: Which model selection criterion provides an appropriate number of segments? *Schmalenbach Business Review, 63,* 34–62.

Sauer, P. L., & Dick, A. (1993). Using moderator variables in structural equation models. *Advances in Consumer Research, 20,* 636–640

Schneider, H. (2007). Nachweis und Behandlung von Multikollinearität. In S. Albers, D. Klapper, U. Konradt, A. Walter, & J. Wolf (Hrsg.), *Methodik der empirischen Forschung* (2. Aufl., S. 183–198). Wiesbaden.

Schnell, R., Hill, P. B., & Esser, E. (2011). *Methoden der empirischen Sozialforschung* (9. Aufl.). München: Oldenbourg Verlag.

Scholderer, J., Balderjahn, I., & Paulssen, M. (2006). Kausalität, Linearität, Reliabilität: Drei Dinge, die Sie nie über Strukturgleichungsmodelle wissen wollten. *Die Betriebswirtschaft, 66*(6), 640–650.

Schröder, S., & Tien, M. (2007). Jenseits des geraden Wegs – Über den Sinn nicht-linearer Treiberanalysen. In W. J. Koschnick (Hrsg.), *Focus Jahrbuch* (S. 493–514).

Sharma, S., Durand, R. M., & Gur-Arie, O. (1981). Identification and analysis of moderator variables. *Journal of Marketing Research, 18,* 291–300.

Spector, P. E. (2006). Method variance in organizational research. *Organizational Research Methods, 9,* 221–232.

Steenkamp, J.-B., De Jong, M. G., & Baumgartner, H. (2010). Socially desirable response tendencies in survey research. *Journal of Marketing Research, 47,* 199–214.

Stein, P. (2000). Modelle zur Aufdeckung unbeobachteter Heterogenität bei der Erklärung von Lebenszufriedenheit. *Zeitschrift für Soziologie, 29*(2), 138–159.

Temme, D., Paulssen, M., & Hildebrandt, L. (2009). Common method variance. *Die Betriebswirtschaft, 69,* 123–146.

von Auer, L. (2011). *Ökonometrie* (5. Aufl.). Berlin.

Wedel, M. (1990). *Clusterwise regression and market segmentation. Developments and applications, Doctoral thesis.* Wageningen.

Weiber, R., Hörstrup, R., & Mühlhaus, D. (2011). Akzeptanz anbieterseitiger Integration in die Alltagsprozesse der Konsumenten: Erste empirische Ergebnisse. *ZfB, 81*(5), 111–145.

Williams, L. J., Cote, J. A., & Buckley, M. R. (1989). Lack of method variance in self-reported affect and perceptions at work: Reality or artifact? *Journal of Applied Psychology, 74,* 462–468.

Sachverzeichnis

R. Weiber, D. Mühlhaus, *Strukturgleichungsmodellierung,* Springer-Lehrbuch,
DOI 10.1007/978-3-642-35012-2, © Springer-Verlag Berlin Heidelberg 2014

Printed by Books on Demand, Germany